地理学研究生教学丛书

地理建模教程
GEOGRAPHICAL MODELLING TUTORIAL

徐建华　陈睿山　等　著

科学出版社

北京

内 容 简 介

本书从理论与方法（技术）两个层面探讨了地理建模的有关问题。其中，理论篇的内容包括地理模型的概念、功能与分类，地理建模的思维导向、原则与步骤，地理建模方法概述。方法与技术篇的内容包括确定性建模方法、非确定性建模方法、非线性建模方法、系统仿真建模方法，以及地理建模常用软件。另外，本书还对国际上广泛应用的几个经典模型做了评介。

本书自成体系，具有专著与教材相结合的写作风格，既遵从了研究专著的写作规范，又兼顾了教材的系统性、层次性、通俗性等要求，还吸收了作者本人及他人的最新科研成果。本书可供地理学、生态学、环境科学、区域经济学、人口学等专业的研究生和高年级本科生及相关科研人员参考使用。

图书在版编目 (CIP) 数据

地理建模教程／徐建华等著 . —北京：科学出版社，2017.9

（地理学研究生教学丛书）

ISBN 978-7-03-054420-9

Ⅰ.①地… Ⅱ.①徐… Ⅲ.①地理信息系统–系统建模–研究生–教材 Ⅳ.①P208.2

中国版本图书馆 CIP 数据核字（2017）第 221816 号

责任编辑：文 杨 程雷星／责任校对：张小霞
责任印制：张 伟／封面设计：陈 敬

科 学 出 版 社 出版

北京东黄城根北街 16 号
邮政编码：100717
http://www.sciencep.com

北京虎彩文化传播有限公司 印刷
科学出版社发行 各地新华书店经销

*

2017 年 9 月第 一 版 开本：787×1092 1/16
2022 年 1 月第三次印刷 印张：29 1/4
字数：694 000
定价：98.00 元
（如有印装质量问题，我社负责调换）

丛 书 序

地理学是研究地球表层系统中自然与人文要素及其地理综合体的空间格局、演化特征及相互作用规律，具有区域性、综合性、交叉性的特点，可谓"探索自然规律，昭示人文精华"。

地理学是一门经世致用的学科，自地理学诞生伊始就与人类社会的发展和演进紧密联系在一起，从人类地理大发现到现代全球变化和全球经济一体化无不闪耀着地理学的贡献。现代自然环境演进过程中人类活动因素已和自然因素相互交融，20世纪初大规模工业化以来，全球城市化快速发展，人口剧增，人类活动已深刻地影响到全球环境变化。应对这一变化，国际科学界推出了"未来地球"研究计划，旨在从局地、区域和全球尺度寻求通向可持续发展的途径和解决方案。"未来地球"研究计划代表着地理学发展的趋势，强调多学科交叉，多部门参与，强化自然–社会–经济的耦合研究，强调过程研究的深化和复杂系统的模拟和预测。

在研究问题导向驱动下，地理学研究方法和手段也发生着重大的变化。在传统的野外考察、描述记录的基础上，大批的新技术和新方法被引入地理学研究，地理数据收集、处理、分析的效率倍增，物理、化学、生物的测试分析方法与定位观测网络的结合，对地理过程的认识更为深入，地球系统模式的完善不但增强了空间格局演化的预测能力，也将成为新地理规律发现的重要工具，地理学研究的范式正在发生着深刻的变化。

在新一轮地理学大发展的时代背景下，培养和壮大高水平地理学人才队伍是当务之急，其中高质量的研究生培养更是关键。研究生是学科发展中重要的生力军，他们思想最为活跃，求知欲最为旺盛，掌握新技术、新方法最有热情。而目前我国地理学人才培养中还存着明显的不足：①学科批判性思维、理论构建等方面的训练还十分薄弱；②课程多样化水平还不够高；③课程设置上紧密结合全球重大问题，以及社会经济发展的教学内容偏少；④教师背景相对统一，加之学生指导方面分明的专业分割，难以适应地理科学日益明显的交叉学科特征的要求。研究生培养模式的改革，教师队伍建设和教材建设等多要素集成合力，是提升我国研究生培养水平的重要环节。其中研究生教材建设是落实培养模式改革和提升教学质量的基础。

华东师范大学地理学科是我国地理学研究与人才培养的重镇。自 20 世纪 50 年代成立以来，在河口海岸动力地貌学、世界地理学、人口地理学、区域地理学、城市地理学等领域多有建树。紧扣国际地理学的发展，近年来又发展了城市自然地理学、计算地理学、城市环境地理学等一批新的学科方向，成为学科发展新的增长点。华东师范大学研究生培养在国内也有着优良传统，培养了各个时期优秀的研究生群体，出版了系列化的研究生教材，为国内其他高校广泛采用。面向地理学发展的前沿，结合科学研究实践，由刘敏教授担纲主编，组织该校地理学科的精兵强将，编辑出版了该套地理学研究生教学丛书。该丛书特点鲜明：①强调地理学理论体系和方法论在研究生培养中的核心地位，将地理学整体理论发展史和各个分支学科发展史、地球表层系统圈层相互作用思想及地理要素格局与过程耦合思想等置于教材组织的核心位置；②紧密联系科研实践，各本教材在理论知识和前沿阐释部分之后，均以大量的科研实践案例形式组织专题章节，这些科研实践案例均来自于教材编写教师的科研实践，增强了理论和方法的应用。使学生能高效地把握学科前沿动态，掌握研究方法，更便于学生了解研究思路和如何应用，激发学生的学习和研究兴趣，培养学生科研能力；③该丛书涉及的学科门类广，并重视不同学科间的交叉，有利于不同专业研究生全面、系统了解地理科学进展，掌握知识点。

该丛书的出版是我国地理学研究生教育改革的重要标志。将丰富研究生教学组织形式，对国内研究生教学起到良好的示范与引领作用。丛书的内容也对初涉地理学科学研究的青年教师有很高的参考价值。

傅伯杰

中国科学院院士、中国地理学会理事长

2016 年 6 月

前　言

　　地理学的研究对象是自然–人文耦合的地理系统，关注的焦点是地理环境及其与人类活动之间的相互关系。

　　传统地理学方法研究问题的程序是：野外工作（采样/收集资料）→数据处理→概念体系条理化→归纳（概括）→建立理论法则→解释地理现象。由于地球表面各圈层相互作用的人地关系地域系统是一个复杂的巨系统，其各个子系统、要素在空间上的耦合关系及其相互作用、机制与过程非常复杂，仅靠传统的地理学方法，很难产生深刻的认识和新的发现。

　　现代地理学，以分布、形态、类型、关系、结构、联系、过程、机制等概念构筑其理论体系，其研究的目标是认识地理事物的空间格局与地理现象的发生发展及变化规律，追求的目标是人地系统的优化——即人口、资源、环境与社会经济协调发展。地理建模方法，是现代地理学的基本方法之一，它是认识问题的桥梁，是创新研究和科学发现的工具，其作用是不可替代的。

　　研究生（包括博士生和硕士生）教育，是培养地理科学研究人才的重要环节，"地理建模方法"就自然而然地成为地理学专业研究生的专业基础课。正因为如此，国内外许多大学都将该课程作为核心课程，列入地理学各专业研究生的教学计划之中。

　　本书首先从理论方面，归纳了地理模型的概念、功能与分类，地理建模的思维导向、原则，分析了地理建模的程序与步骤；指出了建立与应用地理模型应该注意的问题；从数据分析、机理分析、量纲分析、类比分析、仿真模拟等方面，对地理建模方法做了概述。然后，讨论了一些具体的地理建模方法与技术，包括确定性建模方法、非确定性建模方法、非线性建模方法、系统仿真建模方法，以及地理建模计算常用的软件。最后，对国际学术界广泛使用的几个经典模型做了评介。

　　本书的写作分工是：理论篇（第 1 章 ~ 第 3 章）、方法与技术篇的第 4 章 ~ 第 7 章由徐建华执笔；方法与技术篇的第 8 章第 1 节由王充执笔，第 2 节由卢德彬执笔，第 3 节由杨东阳执笔；经典模型评介篇的第 9 章 ~ 第 11 章由陈睿山执笔，第 12 章由谢雨杉执笔。全书由徐建华统稿。

　　本书自成体系，具有专著与教材相结合的写作风格，既遵从了研究专著的写作规范，又兼顾了教材的系统性、层次性、通俗性等要求，还吸收了作者自己及国内外其他学者的最新研究成果。本书的读者对象，是地理学、生态学、环境科学、区域经济学、人口学等专业的研究生、高年级本科生及相关科研人员。

对于研究生和高年级本科生来说，本书既可以作为教材，也可以作为教学参考或课外阅读书使用；对于科研工作者来说，本书既是工具书，又是科研参考书。

本书的写作与成稿，得到我国地理学界许多著名学者的支持与鼓励。著名的理论地理学与数理地理学家艾南山教授审阅了书稿全部内容。本书的出版，还得到了华东师范大学"双一流"学科建设和研究生课程建设项目，以及上海高校"高峰高原学科"建设计划的支持。

对于所有关心、帮助和支持本书写作出版工作的专家、同行和领导，作者由衷地感谢。

徐建华　陈睿山

2017 年 4 月

目　　录

II 方法与技术篇

Ⅲ　经典模型评介篇

I 理 论 篇

第1章 地理模型的概念、功能与分类

现代地理学，是一门研究地理环境及其与人类活动之间相互关系的综合性、交叉性学科。它以分布、形态、类型、关系、结构、联系、过程、机制等概念构筑其理论体系，注重的是地理事物的空间格局与地理现象的发生发展及变化规律，追求的目标是人地系统的优化——即人口、资源、环境与社会经济协调发展。所采用的研究方法，是定性与定量方法相结合、综合归纳与理论演绎方法并用、规范与实证研究方法并举。

在现代地理学研究中，模型是十分重要的，它是认识地理问题的桥梁，是地理科学发现问题和创新研究的工具，其作用是不可替代的。特别是描述地理过程或地理系统本质的数学模型，是对地理问题进行定量化研究的依据（徐建华，2010，2016）。

1.1 地理模型的概念

1.1.1 模型

通俗地说，模型就是指真实对象的模仿物。

科学模型，则是人们根据科学研究的特定目的，在一定的假设条件下，用物质形式或思维形式再现原型客体的某种本质特征，如关于客体的某种结构（整体的或部分的）、功能、属性、关系、过程等。通过对科学模型的研究，来推知客体的某种性质或规律。这种借助模型来获取关于客体的认识的方法，就是模型方法（孙小礼，2007a）。

在科学研究中，为了揭示客观对象的本质，人们常常借助于实物、文字、符号、公式、图表等，对客观事物的特征、内在联系、变化过程进行概括和抽象描述，这种描述即模型。

一个具体的模型，是对实际对象系统或过程的某一个（一些）特性的描述（王庚和王敏生，2008）。如果按表述给定问题的真实程度，可以把模型划分为三大类，即比例模型（scale model）、符号模型（symbolic model）和模拟模型（analogue model，simulation model）。

（1）比例模型。比例模型，是对真实系统的小规模的重现，也叫做图像模型（iconic model）。例如，地理教学中所用的地球仪就是一个比例模型。另外，风沙模拟实验室里的风洞，研究水土流失而设计的人工降水径流试验场，基于遥感影像建立的三维地貌模型等都是比例模型。

（2）符号模型。符号模型，是将客观对象系统或过程的特性用数学等专门的符号语言表示的一种模型。模型不一定是用公式表示的，也可以是用符号、逻辑图形（图形、表格）表示的。

（3）模拟模型。对于那些结构性质基本清楚，但又难以直接用物理式数学模型表达的系统，往往采用另一系统去替代原系统，这种替代系统称为模拟模型。例如，在电路模拟模型中，用电压模拟机械运动中的速度、电流模拟力、电容模拟质量；在计算机上，通过软件系统的运行模拟一个实际的对象系统或过程等。

1.1.2　地理模型

对研究对象（系统、过程）的描述是科学研究的前提和基础。而对于一个真实的复杂系统的描述，往往需要借助于一定的模型来实现。地理模型，就是指真实的地理对象（过程、系统）的模仿物，它可以用实物、逻辑符号、图形、表格、文字、数学公式、计算机软件来表示。

真实的地理系统中，包含着各种不同的地理要素，这些地理要素之间构成了复杂的关系，其中有物理的、化学的、生物的及社会的各种成分和过程，而且各种成分和过程又都随着时间的变化呈现出不同的空间分布。然而，地理模型是对地理系统的抽象描述，这种描述注重于地理系统的实质性内容和关键性环节，它舍弃了与研究问题无关的次要因素及不必要的环节和过程，从而求得了地理系统内在规律的暴露。由此可见，在地理学研究中，特别是在多要素、多层次的复杂地理系统分析中，利用模型和建造模型具有十分重要的意义。

从广义上来说，地理模型包括语言模型（文字模型）、图形模型、模拟模型等多种形式。但是，数学模型是对地理系统（过程）最为基础、最为深刻的描述。地理数学模型能够反映出真实地理系统（过程）中各主要因素之间的逻辑关系和数学关系，从而使模型成为定量分析和模拟计算的工具。某些地理问题，在现实中是难以借助于实验进行模拟和研究各变量之间的数量关系的，但是当建立了有关的地理数学模型后，就可以借助于计算机技术将其转换为计算机程序，从而实现对真实地理系统的模拟、仿真及系统变量之间的数量关系进行研究。另外，地理系统的演化是一个漫长的过程（徐建华，1991），人们很难在较短的时间内观察出其变化的规律，而地理数学模型和计算仿真模型，可以帮助人们认识其动态变化过程，预测其未来变化趋势，从而为地理系统的优化调控提供科学依据。

地理模型是伴随着地理学的发展而发展的（徐建华，1991）。在地理学"计量运动"的推动下（Burton，1963），20世纪60年代以后，地理模型研究方面出现了第一批"里程碑"式的著作，如Bunge（1962）的《理论地理学》、Haggett（1965）的《人文地理中的区位分析》、Chorley和Haggett（1967）的《地理学中的模型》、Haggett和Chorley（1969）

的《地理学中的网络分析》、Harvey（1969）的《地理学中的解释》等。这些著作标志着地理学走向成熟和理论地理学的诞生，使地理学从一种半文学半科学的知识领域真正地走向了科学化（杨吾扬，1985，1989）。此后，先后经历了多元化、系统化、理论化和计算化等不同阶段的发展（徐建华，2010），使地理模型的研究不断地得到深化（徐建华，2016）。

1.2　地理模型的特点

概括起来，地理模型主要具有如下几个特点。

1.2.1　抽象性

一个具体的模型，是为了某个特定目的，将实际系统（过程）经过简化、提炼后保留其本质属性而构造的原型替代物，地理模型也不例外。从本质上来说，地理模型是借助于有关手段对地理系统（过程）的抽象描述，它以简洁的形式刻画了客观地理系统（过程）的本质。首先，地理模型是在一定假设条件下对现实地理系统（过程）的简化。其次，地理模型不可能与真实地理系统（过程）完全对应，但是它必须包含真实地理系统（过程）中的主要因素，而且只应当包含那些决定系统（过程）本质性的重要因素。如果将所有因素不分主次，一概计入模型，不仅显得十分庞杂，而且事实上无法求解，反而掩盖了问题的本质。

1.2.2　与原型的相似性

地理模型与地理原型（geographical prototype）之间存在着一定的对应关系（徐建华，2010，2014）。任何一个地理模型，都是基于一定的目的对一个地理原型的相似性描述。这里的地理原型，就是地理学家所关心和研究的地理现象、地理事件或地理过程。在地理学领域，人们常常把所考察的地理原型用"××系统"或"××过程"等术语代之，如地貌系统、气候系统、水文系统、土壤系统、生态系统、城市系统、区域经济系统；地貌演化过程、气候变化过程、径流过程、生态演替过程、城市化过程、经济发展过程、污染扩散过程等。

地理模型的用途，就是描述原型系统的要素构成、要素之间的相互关系及其动态演变过程。因此，地理模型与其所描述的原型地理系统（过程），在状态、结构、过程或者功能上，必须具有高度的相似性。

1.2.3　可验证性

模型具有与原型的相似性，但是否是本质上的相似性呢？模型具有简单性，但是否是合理的简单性呢？这些都是需要加以验证的。如果一个模型不具有可验证性，就不是一个科学模型，是没有方法论意义的（孙小礼，2007b）。

一般来说，地理模型具有一定的目的性和应用性，因此可以用于实际问题的计算、分析、仿真和模拟，并得出具体的结果。这样，就可以把模型运行的结果与实际情况进行比较，以此验证模型的有效性。

地理学家，不但要善于建立和运用地理模型，而且要善于对模型的有效性进行检验。如果通过检验发现了模型的缺陷，就要对模型进行修改，甚至代之以新的模型。如果模型经受了实践检验，也还需要进而从理论上论证其科学性，从实践方法验证其应用性。建立了一个地理模型后，就应该从理论和实践应用两个方面，不断地检验—修改—验证—修改，从而使之更加完善。

1.2.4 目的性

地理模型的基本特征是由其目的决定的。

地理学的研究对象，不仅包括地貌、气候、土壤、水文、植物等自然地理学，还包括农业、工业、交通、旅游、文化等人文地理学，同时也包含城市、乡村等区域地理学及综合地理学。不同分支学科的研究目的不同，因而其建立的和应用的地理模型自然也不同。即使在同一个学科中，对应于同一个原型系统，为了不同的目的也可以建立多种模型，不同的模型所反映的内容也因其目的的不同而有所不同。例如，为了研究一个地区的气候变化，可以根据不同的目的，建立若干个不同的模型，可以建立反映气温、降水、湿度等变化规律的动态模型，也可以建立反映它们之间相互关系的相关分析或回归分析模型。在服务于不同目的的模型中，本质变量的选择是不同的。例如，为了研究降水量的年际变化规律，模型就不必描述各月份降水量的变化，但必须反映各年份降水量的变化。也就是说，各月份降水量的变化，对该模型来说是非本质的。相反，如果研究降水量的季节变化规律，那么，各月份降水量变化对于该模型来说就是本质的，模型必须对它进行描述。

从目的性来看，地理模型既有分析的模型，又有综合的模型；既有分布的模型，又有过程的模型；既有扩散模型，又有生灭模型；既有相互作用模型，又有相互联系模型；既有仿真模型，又有模拟模型；既有揭示系统结构与过程机制的机理模型，又有反映系统行为的功能模型；等等。

1.2.5 多时空特征

由于地理学的研究对象具有多种时空尺度，所以描述研究对象的地理模型也具有多种时空尺度的性质。

首先，从空间尺度上来看，地理学的研究对象——地理区域，既可以是全球范围的、洲际范围的、国家范围的，也可以是流域范围的、地区范围的、城市范围的、社区范围的。因此，描述地理区域的各种地理模型，具有多种空间尺度。既有全球尺度的、洲际尺度的、国家尺度的，也有流域尺度的、地区尺度的、城市尺度的、社区尺度的、小区尺度的。在不同的空间尺度上，地理模型的表现形式及其所包含的信息内容是不同的。为了揭示复杂的地理空间结构，就必须从不同的空间尺度上建立地理模型（岳天祥和刘纪远，2003），从而对不同空间尺度的地理系统进行深入的解剖和分析。

其次，从时间尺度上来看，地理学的研究对象——地理过程，既有以地质年代和地层年代衡量的古地理过程，也有以历史年代衡量的历史地理过程，还有以天、月、季度、年等时间单位衡量的现代地理过程。因此，描述地理过程的各种地理模型也具有多种时间尺度。在不同的时间尺度上，地理模型的表现形式及其所包含的信息内容是不相同的。为了揭示复杂的地理过程，就必须从不同的时间尺度上建立地理模型，对各种尺度特征的地理过程进行模拟、仿真和预测。

另外，从一定意义上讲，地理系统（过程）的空间尺度与时间尺度有一定联系，往往较大空间尺度对应较长的时间周期，如全球范围内的气候变化周期可能是几十年或几百年；而城市地籍可能以年为变化周期。正是因为地理系统（过程）的节律性，才决定了地理模型的多时空尺度特征。在实际问题的研究中，仅有单一时间尺度或空间尺度的地理模型是不够的，只有建立多种时空尺度的地理模型系统，才能深入揭示地理系统（过程）的内在规律。因此，地理学家往往以不同的主线特征（如区域、自然要素、社会经济要素或某种应用目的），按照时空关系或逻辑关系建立具有各种时空尺度特征的模型系统，对复杂的地理系统（过程）进行分析、模拟、仿真、预测。

1.2.6 应用性

地理学是研究人类生存的地理环境，以及人类活动与地理环境之间的关系的一门综合性学科，其研究内容广泛，应用性和实践性较强。

人类很早就开始运用地理知识解决生产和生活中的实际问题。早在公元前3000年，古埃及人为了预报洪水，就对尼罗河水位作了记载；由于农业生产发展的需求，中国殷商时期甲骨文中已有连续天气情况的记载。到了近代社会，地理知识的应用又服务于航海事业和工商业的发展。20世纪30年代，地理学主要被用于流域开发和土地利用方面。1933年美国田纳西河流域管理局成立，地理学家参加了对流域的土壤侵蚀、旱涝灾害、土地利用等多方面研究的工作。如今地理学的应用范围更广，包括人口、资源、环境与可持续发展的各个领域，涉及人类生活和生产活动的各个方面。

地理学的应用性决定了地理模型的应用性。地理学的应用性决定了刻画人地关系、模拟和仿真地理系统演化过程及预测和协调人口、资源、环境与社会经济可持续发展的地理模型的应用性。

1.3 地理模型的功能

一般而言，地理模型的功能是描述地理系统的状态，揭示地理系统的结构与功能，说明地理系统的等级规模，模拟地理过程，认识地理系统之间的相互联系等的表征方式。然而，从更高层次的意义上来讲，地理模型的功能主要可以概括为如下几个方面。

1.3.1　认识地理问题的桥梁

在一般人的眼里，"地理"等同于地理知识，关于区位、河流、山川、物产、气候、民族文化风土人情等方面的描述即地理学。但是，由古代地理学经近代地理学，发展到今天的现代地理学，地理学的内涵已经发生了很大的变化。

因为古代地理学是以地理知识的记载为主体，近代地理学是一种对地理现象进行条理化归纳，并对它们之间的关系进行解释性描述的多分支的知识体系，因而在古代地理学和近代地理学中，地理模型建立与应用比较鲜见。而现代地理学，则是把地球表层系统（包括人类活动）看作统一的整体，通过规范研究与实证研究并举，以解释各种地理现象、地理过程相互作用的内在机制，并预测其未来演变的科学，其中，模型的作用是不可替代的。

地理模型能够帮助地理学家从本质上认识问题、剖析问题，并最终解决地理问题。揭示地理系统的内在机制及其演化规律，需要从错综复杂的地理现象中找出本质的东西，以求得地理系统（地理过程）内在规律的暴露，为此必须建立与应用地理模型。

1.3.2　地理科学发现的工具

传统地理学方法研究问题的程序是：考察、收集资料→根据已有的概念体系条理化→归纳（概括）→建立理论法则→解释地理现象。但是，地球表面各圈层相互作用的人地关系地域系统是一个复杂的巨系统，其各个子系统、要素在空间上的耦合关系及其相互作用、机制与过程非常复杂，许多问题是非结构化的，仅靠传统的地理学方法，很难产生新的认识和新的发现。因此，地理学研究的创新，已成当务之急（蔡运龙，2000）。

那么，究竟如何创新呢？首先是思想上的创新，应该充分认识地理复杂性问题，要充分认识人地关系地域系统（包括各种地理系统和地理过程）的复杂性。其次是方法技术的创新，应该充分利用其他学科的最新成果，采用各种现代化技术，创新地理信息获取技术和数据挖掘方法。其中，地理模型的建立与运用，无论在思想创新，还是方法技术创新方面都具有不可替代的作用。模型是现代地理科学发现和创新的基本工具。事实上，对于一个复杂的地理问题，能不能顺利地进行研究，其关键常常就在于能不能针对所要研究的问题构建出一个科学的地理模型。

面对地理系统的复杂性（Rind，1999；Werner，1999；Claval and Staszak，2004；Crawford et al.，2005；甘国辉和杨国安，2004），传统的地理学方法无能为力。周成虎等（1999）指出，基于现代系统科学的思想，在复杂性科学的理论框架下，应用非线性理论和方法来描述、分析、模拟和预测空间系统的复杂动态行为，并构筑新一代的高级分析模型，是地理创新研究的又一次革命。马蔼乃（2001）认为地理非线性模型，是集演绎、归纳与类比为一体的，确定性与不确定性辩证的，图像与数据对应的定量计算模型。这种模型是还原论所不及的，只有运用复杂系统理论才能解决。

1.3.3　综合研究的功能

综合性是地理学的基本特征之一。地理学的研究对象，是多个子系统、多要素相互作用的地球表层系统，这决定了地理学研究的综合性特点。地理学综合研究，不仅局限于研究其各个要素或各个子系统，更重要的是把地球表层系统作为统一的整体，综合地研究其组成要素、各个子系统及它们的空间组合。它着重研究各种要素、各个子系统之间的相互作用、相互关系及其时空变化规律。当然，由于地球表层系统的复杂性，可以对某一要素或子系统进行部门的研究，但这种研究是在地理学综合性的基础上进行的。地理学的部门学科之所以成为地理学的一部分，不仅在于其研究的对象是地球表层系统的一个有机组成部分，而且在方法论上有着共同的基础，即综合性。

地理学的综合性研究分为不同的层次：两个要素相互关系（如气候和水文的关系，或土壤和植物的关系等）的综合研究，是低层次的综合性研究；多个要素相互关系（如地貌、水文、气候、植被和土壤的关系，或聚落、城市、交通、政治等关系）的综合研究，是中层次的综合性研究；地球表面全部要素（包括自然、经济、政治、社会文化）之间相互关系的综合研究，是高层次的综合性研究。层次不同，综合的复杂程度也不同，层次越高复杂程度越大，综合的难度也越大。高层次的综合性研究是当今地理学最高层次的科学难点问题（樊杰，2004）。在传统地理学中，低层次、中层次的综合研究分别形成地理学的一些分支学科（如自然地理学、人文地理学等），这些综合研究并不是地理学所独有的，生态学、社会学等学科也进行综合性研究。但是，高层次的综合研究，即人地关系地域系统的综合研究，则是地理学所特有的。

从科学研究的角度来看，越是综合的问题，越是需要发挥模型的作用，只有通过建立与使用模型，才能更好地理解、认识和解决综合性的问题。因此，从理论上来说，为了完成地理学的综合性研究任务，地理模型的作用不可替代。建立并运用模型可以更好地发挥地理学研究综合性特点。20 世纪 90 年代后期以来，随着复杂系统理论、计算方法和计算机技术的发展，以向量或并行处理器为基础的超级计算机为工具，对"整体性"和"大容量"数据所表征的复杂地理问题进行综合建模和高性能计算的地理计算模型（geocomputational model）（Fotheringham et al. , 1995；Fotheringham，1998），对于促进地理学高层次综合研究起到了一定的作用。

1.4　地理模型的分类

从表现形式上来看，地理模型既有实物模型（如城市规划实体模拟模型、作战地形实体模拟模型等）、文字模型（如地理术语、名词、概念等）、图表模型（各种图像、表格、地图等），也有数学模型。

对于地理学家来说，使用最为广泛的地理模型就是各种各样的地图。例如，地貌学家用地形图、地貌图等描述他们所研究的地貌系统的状态、构成等；水文学家用水系分布图及各种水文地质图来描述他们所研究的水文系统；气象学家则用气温、降水、日照等分布图描述他们研究的天气系统的状况……

因此对于地理模型，地理学家们并不感到陌生。但是，自20世纪50年代以来，随着计量地理学的出现，计量革命风靡全球，以研究地理系统构成要素之间的相互联系、地理事物的分布等为内容的数学模型受到了许多地理学家们的重视，所以现在当人们谈到"模型"二字时，许多人就将它狭义地理解为数学模型，其实，这纯属一种误解。但是，由于地理学研究长期以来处于一种定性的描述或解释性文字描述的水平，因而数学模型的建立和应用无疑对推动地理学朝着科学化、定量化方向发展起到了积极的作用。

从广义上讲，任何一个地理学理论都可以看作是一个地理模型。一般而言，一个成熟、完善的模型，不但有文字性的描述，而且有图表的直观及公式、符号的抽象，更有严密的推理与演绎。例如，人文地理学中的农业区位论、工业区位论、空间相互作用理论、中心地方理论、城市地域结构理论等都具有这些特点。

一般而言，系统分类的结果取决于分类方法，而分类方法又取决于分类者的研究目的。对于地理模型而言，分类的方法很多，从不同的角度出发，可以有不同的分类结果。现列举几种常见的分类结果。

1.4.1 静态模型与动态模型

静态模型是对静态系统的描述。静态系统，又称无记忆系统，即系统在任何一个时刻的输出只与该时刻的输入有关，而与该时刻之前或之后的输入无关。一般地，在较长的时间范围内来看，任何地理系统都是动态系统。但是，有时候为了方便研究，对于某些地理系统，在较短的时间间隔内，人们常用静态的模型描述代之动态模型，从而使原来的系统简化。在这种情况下，也可以将这些地理系统看成是静态系统。

动态模型是对动态系统的描述。动态系统又称为记忆系统，这类地理系统，在任何一个时刻的输出不仅与该时刻的输入有关，也与该时刻以前的输入有关。对于动态的地理系统，还可以进一步将它分为定常系统和时变系统两类。如果一个系统无论在何时都由相同的输入得到相同的输出，则称其为定常系统，否则就称其为时变系统。

1.4.2 线性模型和非线性模型

线性模型和非线性模型分别是对线性系统和非线性系统的描述。它们是按地理系统内部相互作用的性质所作的地理模型的分类。线性地理系统，就是指系统内各个因素共同作用的结果等于每一个因素单独作用结果的机械叠加，用数学语言来说就是满足叠加原理。设 u_1，u_2，$\cdots$，u_n 为系统内部 n 个不同的作用因素，c_1，c_2，$\cdots$，c_n 为 n 个常数，L 代表作用算子，则线性地理系统就是满足

$$L\left(\sum_{i=1}^{n} c_i u_i\right) = \sum c_i L(u_i)$$

的一类地理系统。反之，不满足叠加原理的地理系统就是非线性地理系统。

严格来说，线性的地理系统（过程）是不存在的，任何一个地理系统（过程），一般

都有非线性因素存在。但是因为非线性问题至今没有找到一个通用的准确解法，所以，对于某些在大范围内用非线性模型描述的地理系统（过程），当它的变量保持在一定的阈值范围内时，人们往往用线性模型去逼近它，而且这种逼近也常常能够满足人们提出的精度要求。

1.4.3　离散模型与连续模型

离散模型与连续模型，是按模型所涉及的变量的连续性所作的一种分类。如果某一地理系统（过程）的状态集 X、输入集 U 及输出集 Y 是 R^K（R 为实数集）中的连续集合，就称之为连续地理系统；当 X、U 及 Y 是离散集合时，就称之为离散系统。地理过程是地理学重要的研究内容之一，所以在地理系统研究中，一个十分重要的问题就是从系统动态过程与时间的关系上考察系统的连续性和离散性。如果用来描述系统的时间函数 $f(t)$ 的定义域是连续的，即 $t \in (-\infty, +\infty)$ 或 $(t_0, +\infty)$，则该地理模型就是连续的动态模型；如果 $f(t)$ 的定义域是离散的，即 $t \in \{t_1, t_2, \cdots, t_n, \cdots\}$，则该地理模型就是离散的动态模型。在连续的时间系统中，系统的输入、输出和状态变量是时间的连续函数，连续的动态模型常用微分方程进行描述。但在离散的时间系统中，系统的输入、输出和状态变量都取各时刻的离散值，离散的动态模型常用差分方程来描述。

1.4.4　确定性模型和不确定性模型

对于任何一个地理系统，都可以对它作一般性的形式描述：

$$S = \{X, U, Y, \delta, \beta\}$$

式中：X 为状态空间；U 为输入空间；Y 为输出空间；δ 为动态（状态）转移函数；β 为输出函数。

据此，描述地理系统的模型可被分为两类，即确定性模型和非确定性模型。其中，确定性模型描述的是确定性系统的行为，即系统的实时输入和实时状态能明确唯一地规定下一个状态和实时输出。非确定性模型描述的是不确定性系统的行为，即系统的实时输入和实时状态不能明确唯一地规定下一个状态和实时输出，即被规定的是一些可能状态的集合或一些可能输出的集合。不确定性系统又可以进一步分为概率系统和非概率不确定性系统，其描述模型，被称为概率模型和非概率不确定性模型。对于概率系统，根据实时输入和实时状态能够确定下一状态或实时输出的概率分布。在非概率不确定性系统中，被规定的不是下一状态或实时输出的概率分布，而只是其可能状态或可能输出的集合。对于非概率不确定系统，如果把 X、Y、U 的子集换为各自的模糊子集，就得到模糊系统，其相应的模型就是模糊模型。在模糊系统中，系统的状态不是状态空间中的点，而是它的子集，对于系统的下一个状态，不知其概率分布，只知其关于给定子集的隶属度。

1.4.5　黑色模型、白色模型和灰色模型

这是一种按"颜色"所作的分类。这里，"颜色"是就人们对地理系统的认识程度而

言的形象化描述。黑色模型、白色模型和灰色模型，所描述的系统分别称为黑色系统、白色系统和灰色系统。

黑色系统，是指人们掌握的信息量最少的一类地理系统。对于这种系统，人们只知道系统的输入–输出关系，但不知道实现输入–输出关系的系统结构与过程。白色系统，是指人们不但知道系统的输入–输出关系，而且知道实现输入–输出关系的系统结构与过程。而灰色系统则是介于"黑色"与"白色"之间的一类系统。它是指人们对实现系统的输入–输出关系的结构与过程只有部分的了解，尚无全面的认识。就目前人们的认识程度而言，大多数地理系统是灰色系统。近30年来产生和发展起来的灰色系统理论是研究这类灰色地理系统的有力工具（邓聚龙，1985）。

1.4.6 集中参数模型和分布参数模型

按照精密程度，可以把地理模型分为集中参数模型和分布参数模型。一般而言，集中参数模型中模型的各变量与空间位置无关，而把变量看作在整个系统中是均一的，对于稳态模型，其为代数方程；对于动态模型，则为常微分方程。而分布参数模型中至少有一个变量与空间位置有关，所建立的模型对于稳态模型为空间自变量的常微分方程，对于动态模型为空间、时间自变量的偏微分模型。在许多情况下，分布参数模型借助于空间离散化的方法，可简化为复杂程度较低的集中参数模型。

1.4.7 非参数模型与参数模型

按照模型中是否显式地包含可估参数，可以把地理模型分为非参数模型与参数模型。

非参数模型是指模型中非显式地包含可估参数。它是直接或间接地从实际系统的实验分析中得到的响应。例如，通过实验记录到的系统脉冲响应或阶跃响应就是非参数模型。非参数模型通常以响应曲线或离散值形式表示。非参数模型的辨识可通过直接记录系统输出对输入的响应过程来进行；也可通过分析输入与输出的自相关和互相关函数，或它们的自功率谱和互功率谱函数来间接地估计。

建立参数模型的目的就在于确定已知模型结构中的各个参数。用代数方程、微分方程、微分方程组及传递函数等描述的模型都是参数模型。通过理论分析总是得出参数模型。运用各种系统辨识的方法，可由非参数模型得到参数模型。如果实验前可以决定系统的结构，则通过实验辨识可以直接得到参数模型。

1.4.8 单变量模型与多变量模型

按照模型所含变量的多寡，可以把地理模型分为单变量模型与多变量模型。只有一个变量的模型称为单变量模型，如时间序列模型、单变量判别分析模型等。含有两个以上变量的模型称为多变量模型，如多元回归分析模型、主成分分析模型等。

1.4.9　计算与仿真模型

计算模型（computational model）不同于一般的数学模型，主要是指适合于在计算机上进行求解计算的模型。20世纪90年代后期以来，3S（GNSS、RS、GIS）技术的发展使海量地理数据的获取取得成功，计算机技术的发展产生了以向量或并行处理器为基础的超级计算机，计算理论的发展提供了许多可行的智能计算方法，这些进展使得人们通过计算机对于复杂地理问题实施高性能计算成为可能，地理计算（geocomputation）由此诞生。地理计算模型（geocomputational model）的建造与应用为构筑新的地理学理论、方法提供了有效的工具，而且使地理学的应用领域变得更加广阔。

仿真模型，是指根据计算机的特点、计算方式、精度要求、显示方式等，将地理模型的数学形式转换为计算机演算程序，并通过其运行对地理系统的演化过程进行模拟的计算模型。仿真模型的特点在于面向问题和面向过程的建模过程，并且适合于在仿真环境下，通过模仿系统的行为来求解问题。例如，地理学家常用的系统动力学（system dynamics）模型，其本质就是一种仿真模型。

无论如何分类，每一个地理模型都是从不同的角度和不同的侧面，以不同的形式描述了一个真实地理系统或地理过程，它体现着研究者（建模者）一定的研究目的。

参 考 文 献

蔡运龙. 2000. 自然地理学的创新视角 [J]. 北京大学学报（自然科学版），36（4）：576-582.

邓聚龙. 1985. 灰色系统——社会·经济 [M]. 北京：国防工业出版社.

樊杰. 2004. 地理学的综合性与区域发展的集成研究 [J]. 地理学报，59（7s）：33-40.

甘国辉，杨国安. 2004. 地理学与地理系统复杂性研究 [J]. 系统辩证学学报，7（3）：78-83.

马蔼乃. 2001. 地理复杂系统与地理非线性复杂模型 [J]. 系统辩证学学报，9（4）：19-23.

孙小礼. 2007a. 模型：现代科学的核心方法（一）[N/OL]. 学习时报，2007-07-28. http://www. china. com. cn/xxsb/txt/2007-08/28/content_ 8761229. htm.

孙小礼. 2007b. 模型：现代科学的核心方法（三）[N/OL]. 学习时报，2007-09-24. http://www. china. com. cn/xxsb/txt/2007-09/24/content_ 8943847. htm.

王庚，王敏生. 2008. 现代数学建模方法 [M]. 北京：科学出版社.

徐建华. 1991. 地理系统分析 [M]. 兰州：兰州大学出版社.

徐建华. 2010. 地理建模方法 [M]. 北京：科学出版社.

徐建华. 2014. 计量地理学 [M]. 2版. 北京：高等教育出版社.

徐建华. 2016. 现代地理学中的数学方法 [M]. 3版. 北京：高等教育出版社.

杨吾扬. 1985. 关于地理学的科学化 [J]. 地理学与国土研究，1（2）：59-64.

杨吾扬. 1989. 地理学思想简史 [M]. 北京：高等教育出版社.

岳天祥，刘纪远. 2003. 生态地理建模中的多尺度问题 [J]. 第四纪研究，23（3）：256-261.

周成虎，孙战利，谢一春. 1999. 地理元胞自动机研究 [M]. 北京：科学出版社.

Burton I. 1963. The quantitative revolution and theoretical geography [J]. Canadian geographer, 7（4）：151-162.

Bunge W. 1962. Theoretical geography [M]. Lund Studies in Geography Series C: General and Mathematical

Geography. Lund：Gleerup.

Chorley R J，Haggett P. 1967. Models in geography ［M］. London：Methuen.

Claval P，Staszak J F. 2004. Confronting geographic complexity. Contributions from some Latin countries. Presentation ［J］. Geojournal，60（4）：319-320.

Crawfordt W，Messina J P，MANSON S M，et al. 2005. Complexity science，complex systems，and land-use research ［J］. Environment and planning B，32（5）：792-798.

Fotheringham A S，Densham P J，CURTIS A. 1995. The zone definition problem in location-allocation modeling ［J］. Geographical analysis，27（1），60-77.

Fotheringham A S. 1998. Trends in quantitative methods Ⅱ：stressing the computation ［J］. Progress in human geography，22（2）：283-292.

Haggett P. 1965. Locational analysis in human geography ［M］. London：Edward Arnold.

Haggett P，Chorley R J. 1969. Network analysis in geography ［M］. London：Edward Arnold.

Harvey D. 1969. Explanation in geography ［M］. New York：St. Martin's Press.

Rind D. 1999. Complexity and climate ［J］. Science，284：105-107.

Werner B T. 1999. Complexity in natural landform patterns ［J］. Science，284：102-104.

思考与练习题

1. 什么是地理模型？地理模型与实体地理系统的关系是怎样的？

2. 地理模型有哪些特点？

3. 地理模型的作用是什么？

4. 地理模型包括哪些基本类型？

5. 试谈一谈你自己对地理模型的认识。

第2章　地理建模的思维导向、原则与步骤

建立地理模型，不但要确立科学的思维导向和建模原则，而且需遵循科学、合理、可行的方法与技术路线。地理模型的建立并非地理学研究的归宿，而运用模型解决有关理论与实际问题才是建立地理模型的根本目的（徐建华，1991，2010）。

2.1　地理建模的思维导向

地理模型的科学性和有效性，在一定程度上取决于建模者对于问题的认识深度与概括能力，体现着研究者的建模思维导向（徐建华，2014）。

一般来说，"问题导向""范式导向"和"方法导向"，是地理学研究的三种基本思维导向，也是地理建模的三种基本思维导向。

"问题导向"强调，当遇到一个具体的地理问题时，思想上首先不要受任何条条框框的限制，而运用地理系统的观点分析问题、诊断问题，弄清问题的来龙去脉和前因后果，找出问题的症结所在；然后回头来看，是否存在解决这一问题的现成的技术和方法（席西民，1987）。如果有现成的技术和方法，那么就可以直接用它们解决问题；如果没有现成的技术和方法，那么就需要寻找新的技术和方法解决问题（图2.1.1）。

"范式导向"则强调研究范式的重要性（Chakravarti and Tiwari，1990），它注重于研究问题所采用的范式。"范式导向"的思维方式是，在分析和解决问题之前，受某些传统的或者成功的经典范式的影响，研究者的头脑中已经自觉或不自觉地形成了一个先入为主的必将套用的研究范式，他必然采用这一范式解决问题。如果这个先入为主的范式不适合拟解决的问题时，研究者往往会自觉或不自觉地修改问题以向范式靠拢，或

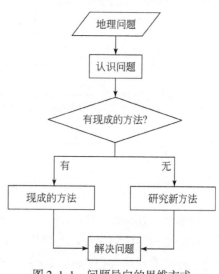

图 2.1.1　问题导向的思维方式

者通过改进范式以适应问题，从而达到"解决"问题的目的（图2.1.2）。

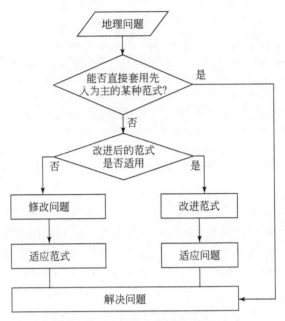

图 2.1.2　范式导向的思维方式

"方法导向"的思维方式，则是在未对具体的地理问题深入分析之前，研究者头脑中已经先入为主地有了一些现成的方法，并考虑好了用哪些方法解决这一问题。如果问题与研究者头脑中先入为主的方法不符，无法直接套用，那么，他只有简化问题以适应方法，或者改进方法以解决问题（图2.1.3）。

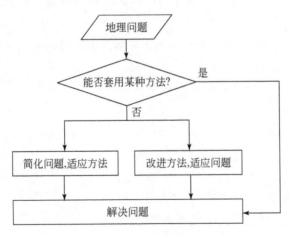

图 2.1.3　方法导向的思维方式

按照"方法导向"的思维方式，地理学家必须事先掌握足够的研究方法，包括数据采集与处理及相关的定量分析与建模方法等；如果没有关键方法的有效支撑，建模研究的目标是不可能实现的（Clifford，2008；Clifford et al.，2010）。

按照不同的思维导向方式，研究解决同样一个地理问题，也许会得到不同的结果。那么，究竟哪些结果更接近于真理呢？一般来说，"问题导向"的思维方式，可以避免或减少研究结果的失真现象，并且可能取得创造性的研究成果。因为这种思维导向，符合人类科学思维的基本规律。在地理学研究中，要正确地解决问题，就必须首先深刻地认识问题。这种思维方式，不从教条出发，先验地支持什么或反对什么，当遇到问题时，不是急于寻找解决问题的方法，而是力求全面深刻地认识问题，从而为正确地解决问题奠定良好的基础。系统科学家 Ackoff（1978）曾经说过："解决错误问题引起的失误比错误地解决正确问题引起的失误要多得多"。这个说法值得地理学家深思。按照"问题导向"的思维方式，在认识问题之前，研究者的头脑中不存在任何条条框框的约束，而是在充分而正确地认识问题后，利用自己的知识和经验，看看是否存在现成的技术方法，如果没有，则研究创造解决问题的新方法。这样，容易激发人们的创造性思维，容易获得创新性的研究成果。

如果按照"范式导向"或"方法导向"去解决问题，研究者在遇到问题时，就会带着已经存在于自己头脑中的某种"范式"或"方法"去考虑问题，这样，常常在无意中就被某些条条框框所束缚，限制了思维范围。这种思维方式，往往不是引导人们根据实际情况研究解决问题的方法，而是有意或无意地用浮现在脑海中的"范式"或"方法"机械地套用问题；如果问题与方法不符，则简化问题或改进范式（方法）。这样，就可能由于问题的简单化或范式（方法）的错误，导致研究结果失真。而且，按照"范式导向"和"方法导向"研究和解决问题，往往还会出现实际问题与研究者事先考虑的"范式"或"方法"相距甚远，从而导致研究工作失败。

在一些人的印象中，地理建模技术似乎只是一些具体的数理方法与计算机应用技术的汇集，其实不然。地理模型的建造，取决于建模者对地理系统（过程）的认识程度。一般来说，对地理现象、地理事实、地理过程认识得越深刻，对地理系统内部各要素之间的关系研究得越清楚，则地理模型的建造就越容易，所建造的地理模型就越切合实际，越能反映客观地理系统的本质。可见，问题比范式和方法更重要，因为首先要明确问题，然后才谈得上如何研究（刘永福，2008）。对于一个实际地理问题来说，最关键的或第一位的，不在于用什么范式和方法进行研究，而在于明确它究竟是什么样的问题。

通过上述分析可以看出，构建地理模型，应该坚持"问题导向"的思维方式。当然，对于地理问题的正确认识不但需要相关科学知识的积累，特别是物理学、化学、生物学、环境学、生态学、经济学、社会学及系统科学等方面的知识积累，而且需要相关方法和技术的支持，特别是相关的数学建模方法、计算方法和 GIS 技术（徐建华，2002，2006，2010，2016）。

2.2　地理建模的原则

地理模型的建立，应该遵循以下几个基本原则。

2.2.1 简单明了原则

判断地理模型的优劣完全在于模型的正确性和应用效果，而不在于采用多少高深的数理知识。在同样的应用效果之下，用初等方法建立的模型可能更优于用高等方法建立的模型。地理建模的主要任务之一，就是在对现实地理系统（过程）本质认识的基础上，分析各个子系统（或要素）之间的关系，找出反映机理的规律。地理建模的最高境界是，用简单的方法，简明扼要地表达地理系统（过程）的机理。如果将所有因素不分主次一概计入模型，不仅显得十分庞杂，而且事实上无法求解，反而掩盖了问题的本质。

建立地理模型的过程，也是对客观的原型地理系统进行科学抽象的过程。要在尽可能周密地进行具体分析的基础上，分清主次。要敢于和善于撇开那些次要因素、次要矛盾、次要关系、次要过程，这样才能突出主要因素、主要矛盾、主要关系、主要过程。舍弃次要的无关大局的细节，正是为了舍末求本，抓住本质性和关键性的东西，从而建立具有科学性的模型。因此，一定要防止主次混淆，更不能以次充主、舍本求末，否则就不能保证模型与原型具有本质上的同构性。

明了就是要求建模者根据研究的目的，将地理系统中最本质的内容和关系突出出来，而将其非本质性的东西舍弃，以求得系统内在规律的暴露。例如，在区位论研究中，杜能（von Thünen，1826）就是在一些基本的假设前提下，抓住了区位地租这一本质性的概念，建立了农业区位论模型（O'Kelly and Bryan，1996）；韦伯（Weber，1909）则通过对所有影响工业区位因子的分析、筛选，建立了运费、劳功力、集聚三指向的工业区位论模型（Tellier，1972）；而克里斯塔勒（Christaller，1933）则以"中心地""中心性""中心货物与服务"等本质性概念为依据，建立了中心地理论模型（Getis，1966）。

简单，就是要求建模者用尽可能简单的文字描述、形象直观的图表、抽象严谨的符号及数学公式对地理系统的特征及其内在联系予以表征（徐建华，1991，2002）。

在数理科学研究中，长期以来，人们积累了许多化繁为简的经验。例如，把不规则的化为规则的；把不均匀的化为均匀的；把不光滑的化为光滑的；把有限的化为无限的；把连续的化为离散的；或把离散的化为连续的；把高维空间化为低维空间；把各向异性化为各向同性；把非线性关系化为线性关系，把非孤立系统化为孤立系统，等等。但是，这些简化是有前提条件的，这些经验不能盲目套用，坚持具体情况具体分析，尤其不能把研究简单系统时所采用的简化方法都照搬到复杂系统研究中（徐建华，1996，2006）。例如，区域气候系统、水文系统、土壤系统、生物系统等，都是与外界存在着物质、能量和信息交换的复杂系统，如果把它们看作简单的孤立系统，把其中的非线性关系简化为线性关系，就会得出不符合实际的研究结论。

2.2.2 量纲一致性原则

量纲分析是物理学中常用的一种定性分析方法，也是在物理领域中建立模型的一个有力工具。这种分析方法，在地理建模中照样适用。利用这种方法可以从某些条件出发，对某一现象推断分析，并以此来确定各变量之间的关系（韩中庚，2005）。

对一个地理要素进行定量描述，总离不开它的一些特性，如时间、长度、高度、面积、体积、质量、密度、速度等，这种表示不同要素特性的量，称为不同的量纲。另外，地理要素的度量又离不开单位，如降水量的单位为 mm、气温的单位为℃、海拔的单位为 m、土地面积的单位为 hm²、人口密度的单位为人/km²等。当人们用数学公式描述一个地理要素（变量）时，等号两端就必须保持量纲的一致性和单位的一致性。量纲一致性原则，是地理建模分析的一个基本原则。

在某些具体问题的分析与评价研究中，会用到一些量纲为 1 的指数或综合评价指标，而这些量纲为 1 的指数或综合评价指标，往往都是由有量纲的数据计算派生出来的。但是，为了消除量纲的影响，常常需要对带有量纲的原始数据进行标准化处理（徐建华，2002，2006）。

2.2.3　依据充分原则

这一原则，要求人们必须依据地理学的有关理论及所研究的地理系统（过程）的发展运动规律来建立地理模型。要求模型的假设前提要有依据可寻，理论演绎、公式推导运算的每一个步骤都要有充分的理由。根据这一原则，地理建模必须首先明确有关的地理学理论、基本概念，并在此基础上，弄清地理事物的空间分布及其随时间变化的动态，抓注地理事件的本质、深刻分析地理事件发生的机制。可以说，地理模型建造的成功与否，主要取决于建模者对地理系统认识或把握的深刻、准确与否，即建模的依据充分与否（徐建华，1991）。

2.2.4　形式标准原则

同类型地理模型形式的标准化，一方面便于模型的推广与应用，另一方面便于有关一般性的地理学理论的推导（徐建华，1991）。因此，对于已建立的有关的地理模型，要不断地进行更新和维护，使其渐趋标准化、完善化。在从事新模型的建造工作时，如果已经存在一些标准化形式的模型可以借鉴，则应尽量应用。这不但避免了建造新模型的复杂工作，而且可以借用已有的计算方法、计算程序。再者，从科学发展的一般性规律来看，标准化是学科发展成熟的标志之一。因而，地理模型的建造应该向形式的标准化方向看齐。

2.2.5　易操作性原则

地理模型的建立不是目的，而是认识地理现象的内在机制和解决实际地理问题的手段。对于一个具体的地理系统，建立模型的根本目的，是认识系统的本质构成，分析要素之间的相互联系，揭示系统的发展变化规律，从而为人地关系地域系统的优化调控提供科学的依据（吴传钧，2008）。因此，模型的易操作性是人们对地理模型的基本要求。否则，这种建模工作是没有意义的。地理模型的建立要尽可能地降低求解的难度（徐建华，1991）。

2.3　地理建模的步骤

在借鉴威尔逊等的见解（Wilson，1971，1974；Wilson and Bennett，1986）的基础上，笔者（徐建华，1996，2002，2010）归纳总结出了如下的地理建模步骤。

第一步：根据研究目的，划定系统边界，研究系统与外界环境之间的关系。在这一步骤中，首先需要明确研究目的，建模者必须明白建模的意图。然后根据研究目的，将与研究问题无关的内容排除于系统之外，明确地确定出系统的界限范围。最后研究系统与其外界环境之间物质、能量、信息的交流关系。

第二步：研究系统机理，找出主要因素，确定主要变量，为系统模型的建立准备必要的条件。这一步骤的主要任务是研究系统的构成及其内部各因素之间相互作用、相互联系、相互依赖的各种机制，并通过各种机制的研究，确定构成系统的主要因素、建立模型所必需的各种变量，明确哪些是数量形式表现的量化变量，哪些是对系统行为具有调控作用的调控变量。

第三步：建立模型。在这一步骤中，首先面临的问题是模型选择，既要求在上一步骤工作的基础上，结合系统的研究目标，根据系统要素及有关变量的性质，确定要建造的系统模型是分析模型还是综合模型、是模拟模型还是仿真模型、是分布模型还是过程模型、是线性模型还是非线性模型、是确定性模型还是随机模型、是静态模型还是动态模型、是结构模型还是功能模型、是优化模型还是调控模型等。当模型的选择工作完成后，就要依据有关的理论方法和技术，用符号、数学公式表达所有关系，并通过推导运算将其简化。一个完整的模型也需要配有一定的图表及文字说明。

第四步：模型检验与修正。通过上述几个步骤所完成的模型是在有关假设前提下，得到的对系统的简化描述，它是否符合客观地理系统的实际情况，其精确性、有效性如何，还需要进一步地进行模型验检与实际情况检验。如果模型与客观地理事实有较大的误差，则需要返回到以上各个步骤环节通过检查失误对所建立的模型进行修正。应该值得一提的是，逐步修正是地理系统建模常用的方法之一。例如，工业区位论的创造人韦伯，就是首先通过寻求最小运费点建立了厂址选择的最佳区位模型，然后分别由劳动指向与集聚指向对原最佳区位作了两次修正。

第五步：模型的地理学解释与应用。一个地理模型建立后，就要对它做出地理学解释，说明它所阐述的理论思想与观点。另外，模型的应用与维护也是必不可少的，任何地理模型的建立都是以应用为目的，建模仅是地理系统分析的手段而不是目的。

以上介绍的地理系统建模的五个基本步骤可以由图 2.3.1 来描述。

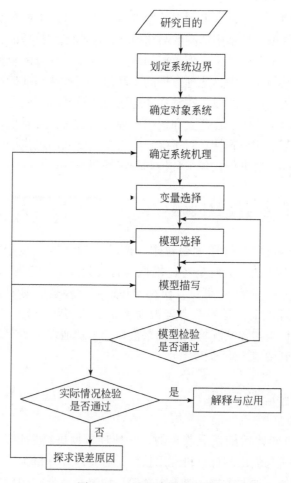

图 2.3.1 地理建模的步骤

2.4 地理建模应该注意的问题

在地理问题的研究中，运用数学方法所建立的定量分析模型，可以被形象地看作加工原料、制造产品的机器或设备，这里的原料就是输入模型的原始地理数据，而产品便是由模型得出的研究结果。显然，产品的质量不仅取决于机器的性能，还依赖于原料的品质，如果输入的地理数据质量不高，则输出的结论就不会可靠。另外，对于复杂的地理计算问题，模型的运行和结果的输出，都必须依赖于 GIS 数据库和 GIS 平台的支持。因此，在现代地理学研究中，为了成功地建立与应用地理模型，必须注意如下几个方面的问题。

2.4.1 地理数据的筛选与质量检验问题

模型在现代地理学研究中的作用无疑是重要的，模型的建立是定量分析、预测和决策的先决条件。但是，地理数据却是建立定量的地理模型的基础。数据在地理模型的建造中有两个方面的重要作用：一是确定模型中的参数与初值；二是检验模型的正确性、合理性和有效性。没有地理数据，模型中的参数与初值将无法确定，模型的正确性与否、合理性和有效性将无法检验。由此可见，地理数据的质量，直接影响着由模型所得出的研究结果的正确性。在地理问题的研究中，地理数据的丰富性、完备性和准确性，也是能否成功地建立和运用地理模型的关键。所以，在建立和运用地理模型研究问题时，就必须注重对地理数据的筛选和质量检验工作。在建立和运用地理模型之前，要对地理数据的真伪进行检验，要检查数据的完备性和准确性。对于失缺的数据，要采用适当的方法进行插补；对于失真的数据要采用各种方法进行比较、分析和校正处理。

2.4.2　模型的建立与检验问题

如果把地理模型的建立与应用过程看作"产品"的"生产过程"，则输入的"原材料"就是地理数据，输出的产品就是经过模型运行（运算）以后输出的有用信息，而模型就是制造加工产品的"机器"。可见，模型的建造与检验是地理学研究的关键环节。针对特定目的建立的地理模型，是否符合客观地理系统的实际情况，其精确性、有效性如何，必须经过数学验检与实际情况检验。如果模型与客观地理事实有较大的误差，则需要进一步修正，直至达到精度要求为止。

2.4.3　与 GIS 结合的问题

GIS 是 20 世纪 70 年代后期发展起来的，对地理数据进行采集、输入、存储、更新、检索、管理及综合分析与输出的计算机应用技术。它是以计算机为工具，综合应用定位观测数据、统计调查数据、地图数据、遥感数据等，通过一系列空间操作与分析，对地理学进行综合研究的现代化手段。地理模型只有很好地与 GIS 技术相结合，才能不断地提高其应用层次与水平，不断地拓宽其应用领域，充分发挥其在现代地理学研究中的作用。

一方面，从地理模型的角度看，对于一些复杂地理问题的研究，采用任何单一的方法和模型都是很难奏效的。解决这类问题，需要综合应用多种数学方法，建立一系列具有分析、模拟、仿真、预测、规划、决策、调控等多种功能的众多模型组成的模型系统。然而这些模型系统的运行，不仅需要大量地理数据构成的数据库的支持，还需要强有力的计算方法与计算机程序的支持，而且由模型系统运行所得到的研究结论也需要以简明扼要的形式——地图、统计图形或表格方式被输出。显然，对模型系统的这些支持，必须由 GIS 技术完成。

另一方面，从 GIS 的角度看，它不仅需要地理模型为其建造空间分析模型，如数字地形模型（DTM）、空间统计分析模型、叠加（overlay）分析模型、缓冲（buffer）区分析模型等，以及综合评价模型、预测模型、规划模型、决策分析模型等，而且 GIS 本身中的一些基本技术，如空间数据的编码、数据格式的转换算法、遥感数据的几何校正、数据模型与数据库的建造等也需要借助有关的数学方法来实现。近几年来所出现的一种针对一些特定领域的面向应用对象的、高层次的智能化的地理信息系统——基于知识的空间决策支持系统（苏理宏和黄裕霞，2000），就是地理模型、人工智能技术与 GIS 技术在地理学应用研究领域中相互结合的成功典范。

参 考 文 献

韩中庚．2005．数学建模方法及其应用［M］．北京：高等教育出版社．

刘永福．2008．关于学术研究中的"问题导向"的几点思考［J］．甘肃社会科学，（2）：47-49．

苏理宏，黄裕霞．2000．基于知识的空间决策支持系统模型集成［J］．遥感学报，4（2）：151-156．

吴传钧．2008．人地关系地域系统的理论研究及调控［J］．云南师范大学学报（哲学社会科学版），（2）：1-3．

席酉民．1987．问题导向与方法导向——谈系统工程的研究思路［J］．系统工程理论与实践，（1）：78-79．

徐建华．1991．地理系统分析［M］．兰州：兰州大学出版社．

徐建华．1996．现代地理学中的数学方法［M］．北京：高等教育出版社．

徐建华．2002．现代地理学中的数学方法［M］．2 版．北京：高等教育出版社．

徐建华．2006．计量地理学［M］．北京：高等教育出版社．

徐建华．2010．地理建模方法［M］．北京：科学出版社．

徐建华．2014．计量地理学［M］．2 版．北京：高等教育出版社．

徐建华．2016．现代地理学中的数学方法［M］．3 版．北京：高等教育出版社．

Ackoff R L. 1978. The art of problem solving［M］. New York：John Wiley and Sons.

Chakravarti A K, Tiwari R C.1990. A basic research paradigm in geography［J］. Journal of geography, 89（2）：53-57.

Christaller W. 1966. Die zentralen orte in Süddeutschland［M］. Fischer, Jena, 1933. Translated by BASKIN CW. Central places in southern Germany. Prentice-Hall, Englewood Cliffs.

Clifford N, French S, Valentine G. 2010. Key methods in geography（2nd edition）［M］. London：Sage Pubns Ltd.

Clifford N. 2008. Models in geography revisited［J］. Geoforum, 39（2）：675-686.

Getis A, Getis J. 1966. Christaller's central place theory［J］. Journal of geography, 65（5）：220-226.

O'Kelly M, Bryan D. 1996. Agricultural location theory：von thiinen's contribution to economic geography［J］. Progress in human geography, 20（4）：457-475.

Tellier L-N. 1972. The Weber problem：solution and interpretation［J］. Geographical analysis, 4（3）：215-233.

von Thünen J H. 1826. Die isolierte Staat in Beziehung auf Landwirtshaft und Nationalökonomie［M］. Hamburg：Perthes.

Weber A. 1929. Über den Standort der Industrie［M］. Tübingen, 1909. Translated with introduction by Friedrich C J. Theory of the Location of Industries. Chicago：University of Chicago Press.

Wilson A G, Bennett R J. 1986. Mathematical methods in human geography and planning［M］. Chichester：John Wiley and Sons.

Wilson A G. 1974. Urban and regional models in geography and planning［M］. London：John Wiley and Sons.

Wilson A G. 1971. A family of spatial interaction models, and associated developments［J］. Environment and planning, 3（1）：1-32.

思考与练习题

1. 试比较"问题导向""范式导向""方法导向"等几种地理建模的思维导向，其优缺点各是什么？

2. 建立地理模型，应该遵从的基本原则有哪些？

3. 结合你的学习与研究体会，谈一谈地理学范式，以及地理学范式与地理建模之间的关系。

4. 建立地理模型的基本步骤有哪些？

5. 地理建模应该注意哪些问题？

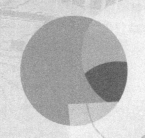

第 3 章　地理建模方法概述

地理模型的建立，是一个从定性到定量的综合集成过程（钱学森，1987）。建立地理模型，不但需要基本地理知识和地理学有关理论的支撑，而且需要借鉴和运用其他相关学科的理论、方法和技术，特别是数理方法和计算机应用技术（马蔼乃，1996，2003）。本章主要概述地理建模的方法，内容包括数据分析法、机理分析法、量纲分析（dimension analysis）法、类比分析法、仿真模拟方法。

3.1　数据分析法

观测、调查、实验是地理学研究的基本手段。而来自观测、调查、实验的结果，就是地理数据。然而，各种各样的地理数据中隐藏的规律是什么呢？解决的办法是让数据说话。那么，怎样才能让数据说话呢？这就需要进行数据分析。数据分析的目的，是从大量杂乱无章的数据中发现隐藏的规律。

对于结构、作用机理、输入–输出行为并不十分清楚的地理系统（或过程），无法通过理论推导建立与原型系统同构的地理模型。对于这一类地理问题，数据分析法就是较好的建模方法之一。

3.1.1　探索性数据分析

探索性数据分析，被认为是 20 世纪统计学方面的一项具有重要影响的贡献。1977 年美国的统计学家 Tukey 出版了《探索性数据分析》一书，引起了统计学界的广泛关注，成为探索性数据分析的第一个正式出版物。20 世纪 80 年代后期，我国一些统计学者将这本著作介绍到国内（陈忠琏等，1998；孙丽君，2005）。

具体来讲，探索性数据分析是对测量、调查、实验所得到的一些初步的杂乱无章的数据，在尽量少的先验假定下进行处理，通过作图、制表等形式和方程拟合、计算某些特征量等手段，探索数据的结构和规律的一种数据分析方法。

探索性数据分析的主要特点是：

（1）探索性数据分析主要是"让数据说话"，它不像数理统计学一样从一个设定的模型（如正态分布）出发，而是在尽量少的先验假定下处理数据，以表格、摘要、图示等直观的手段，探索数据的结构，检测对于某种指定模型是否有重大偏离。该分析方法强调，模型应该产生于数据分析之后。

（2）不执著于方法的理论根据（如概率论），不一定要给方法的"不精确度"的数值度量，而鼓励使用一种比较"loose"和"informal"的方法，对方法的"抗干扰性"的重视不亚于对其效率的重视。

探索性数据分析的过程有四个主题：耐抗性（resistance）、残差（residuals）、重新表述（re-expression）和图表启示（revelation），它们并非孤立的四个步骤，而是常常结合起来使用。

耐抗性，确保对于数据的局部不良行为的非敏感性。当数据的一小部分被新的数值代替后，即使它们与原来的数值很不一样，由耐抗方法得出的结果也只有轻微的改变。耐抗方法很重视数据的主体部分，而对离群值不是特别重视。应该区别耐抗性和另外一个类似的概念——稳健性（鲁棒性）。稳健性一般是指对于既定概率模型假设的背离的不敏感，二者的内容是不一致的。中位数用于概括一个样本的位置，是高度耐抗的，某些用于复杂结构数据的探索性方法都是基于中位数的，但就效率来说，中位数虽然是高度耐抗的，却不是高度稳健的，这是因为还有其他估计量可以对一大类分布达到高得多的效率。相形之下，均值既不耐抗，也不稳健。

残差，是由原始数据减去一个总括统计量或拟合模型以后的残余部分，即残差=数据−拟合。探索性数据分析的基本观点是，分析一组数据而不仔细考察残差，是不完全的。探索性数据分析充分利用了耐抗分析，会把数据中的主导行为和反常行为清楚地分离。当数据的大部分遵从一致的模式时，这个模式决定一个耐抗拟合。而残差包括任何对于该模式的极度的背离，也包括随机波动。残差分析提供一个放大镜，使得模式和基础结构很容易被观察到，这就指出了下一步的分析方向。

重新表达，涉及运用何种尺度会简化分析。探索性数据分析强调，要尽早考虑数据的原始测量尺度是否合适的问题。如果不合适，重新表达成另一个尺度也许有助于发现对称性、变异恒定性、关系直线性或效应可加性。

图表启示，探索性数据分析强调数据图表的启示作用，它能使分析者看出数据、拟合及残差的行为，从而抓住数据中意想不到的特点。探索性数据分析的主要贡献之一就是强调统计数据的视觉展示及各种新的图示技术，如茎叶图、箱线图及其他曲线图等。

探索性数据分析的地理建模方法，是基于实践观测数据和调查数据、通过探索性数据分析、建立地理模型的方法。该建模方法，可以用图3.1.1予以简单的概括。

3.1.2　数据分析的地理建模实例

实际上，在Tukey的专著问世之前，地理学家们就在自觉或不自觉地运用探索性的数据方法研究问题了。在地理学中，有相当一部分模型（包括定律、法则等）就是在大量的

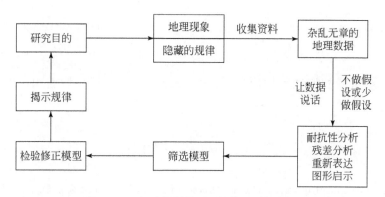

图 3.1.1　探索性数据分析的地理建模方法

观测实践和统计调查的基础上，通过探索性数据分析建立起来的。

1. 城市体系的位序−规模法则

1913 年，奥尔巴哈（Auerbach）指出，在一定地域范围内，城市人口规模与位序之间呈现出一定规则。通常人口规模居第 2 位的城市其人口为居第 1 位城市人口的一半，第 3 位城市为第一位城市人口的 1/3，以下类推。这种城市位序与人口规模之间的关系，称为等级规模，或位序−规模法则（rank-size rule）。1949 年，济普夫（Zipf）更加明确了这一规律，数学表达为（Zipf，1949）

$$P_r = kr^{-q} \quad (r = 1,\ 2,\ \cdots,\ n) \tag{3.1.1}$$

式中：n 为城市数目；r 为各城市按人口从大到小排列的顺序；P_r 为第 r 个城市的人口数；k 为常数，一般可取首位城市的人口数；q 为大于 0 的待定指数。若 $q \leqslant 1$，说明城市体系规模分布相对均匀，规模结构呈序列型；若 $q > 1$，说明规模结构呈首位型。

上述位序−规模法则（Zipf 法则），已成为城市地理学广泛认可的一个基本规律（Ioannides and Overman，2003）。这一规律的发现，就是数据分析法建立地理模型的一个实例。当然，也有人对这一规律的普遍性持有疑问，如 Carroll（1982）认为，在美国城市体系发展的各个阶段，Zipf 法则并不总是成立。

2. 霍登定律

描述河流网络系统数量关系的三定律，即霍登（Horton）三定律，是数据分析法建立地理模型的又一成功实例。这三个定律，是霍登在 20 世纪 40 年代（Horton，1945），通过大量的数据统计研究得到的，其数学表述如下：

（1）河流数定律：

$$N_u = R_b^{m-u} \tag{3.1.2}$$

式中：N_u 为在 m 级水系中 u 级河流数；R_b 为分叉系数，即 $R_b = N_u / N_{u+1}$。

（2）河流长度定律：

$$\overline{L}_u = \overline{L}_1 R_{\overline{L}}^{(u-1)} \tag{3.1.3}$$

式中：$\overline{L}_u$ 为 u 级河流的平均长度；$\overline{L}_1$ 为一级河流的平均长度；$R_{\overline{L}}$ 为河流长度系数，即

$R_{\bar{L}} = L_{u+1} / L_u$。

（3）流域面积定律：

$$\bar{A}_u = \bar{A}_1 R_{\bar{A}}^{(u-1)} \qquad (3.1.4)$$

式中：$\bar{A}_u$ 为 u 级水系的流域平均面积；$\bar{A}_1$ 为一级水系的流域平均面积；$R_{\bar{A}}$ 为流域面积系数。

3.2　机理分析法

机理，是指事物变化的理由与道理。机理分析，就是分析现实系统（或过程）的因果关系、作用原理。机理分析法，是地理建模中常用的方法。

机理分析法建立地理模型的过程，就是构建在结构上或功能上与真实地理系统同构的原型系统的过程。为此，首先必须在通过地理系统分析的基础上，找出表征系统行为变量的输入输出变量，弄清它们之间的相互关系与作用机理，以及系统的演化过程，然后才能建立模型的数学表达式和进行定量计算。

机理分析法建立地理模型的基本原理，主要立足于如下两种基本思想。

3.2.1　结构分析法

结构的系统概念，系指将系统理解为由诸要素相互联系、相互依赖、相互作用、相互耦合而成的整体。诸要素之间的相互联系、相互依赖、相互作用、相互耦合关系赋予系统一个新增加的质。这种质是不能追溯和还原到要素上去的。人们周围存在着各种各样的系统及各种层次的系统结构。从基本粒子到宇宙，它们都有各自的相互作用方式和各自的规律。但同时，每一个更高级的系统结构水平，都应当被看成是发展着的现实所完成的特定质的飞跃和连续的中断。因此，可以推出任何系统的性质，都不是其组成要素性质的总合。例如，任何化合物的分子性质都不是组成该分子的原子的性质的总和；细胞的性质，也不能归结为细胞器的性质等。所以有如下一条定律：系统的整体属性大于组成系统各要素属性的总和。其数学的逻辑表述为

设：系统由 N 个事物（要素）组成，用 A_i 表示第 i 个事物孤立状态时所具有的属性的全体所构成的集合（$i = 1, 2, \cdots, N$），用 A 表示系统的属性的全体所组成的集合，则有如下关系存在（郭俊义，1987）：

$$A \supset \bigcup_{i=1}^{N} A_i, \text{ 且 } A \not\subset \bigcup_{i=1}^{N} A_i \qquad (3.2.1)$$

这一定律对任何系统都是适用的，当然地理系统也不例外。显然，任何地理系统的功能属性都不等于其构成要素属性的简单累加。地理学的某一研究对象之所以被称为地理系统，是其诸构成要素相互联系、相互依赖、相互作用、相互耦合而赋予它一个新的质，从而使它具有某些特定功能。

系统论的结构论学派认为，系统的功能是由结构决定的。如果系统结构合理，系统各要素之间的关系协调，则系统的整体功能就比较完善，系统也就具有较强的稳定性。反之，如果系统结构不尽合理，系统要素之间的关系失调，则系统功能就会缺损，最终导致

系统解体。因此，对于地理系统，有如下事实：

设 a 为系统统一的某功能属性度量单位的数量，度量系统中第 i（$i=1$，2，$\cdots$，N）个组成事物的这一功能属性的数量为 a_i，则客观情况表示 a 和 $\sum a_i$ 的关系有如下三种可能情形。

$$a > \sum_{i=1}^{N} a_i \qquad (3.2.2)$$

式（3.2.2）所表示的情形表明系统内部结构比较合理，各要素之间的关系比较协调，功能比较完善。

$$a = \sum_{i=1}^{N} a_i \qquad (3.2.3)$$

式（3.2.3）是系统维持其存在，不至于解体的基本要求。

$$a < \sum_{i=1}^{N} a_i \qquad (3.2.4)$$

式（3.2.4）表示系统的结构不合理，诸要素之间的关系互不协调，功能缺损；这种情形发展的必然结果是系统走向崩解和灭亡。

基于以上事实，结构分析方法在研究地理系统时，注重系统的结构。这一分析法认为，地理系统分析就是要在其结构现状分析与评价的基础上，寻求一个最优结构，从而保证系统功能的最优。因此，立足于结构分析法建立的地理模型往往是结构优化模型。

然而，结构的优与否是相对于一定的系统目标而言的。所以在用结构分析法对地理系统进行分析时，系统优化目标的选择是非常重要的。一般而言，优化模型既可以是单目标的，也可以是多目标的。例如，对于某区域（生态经济）系统而言，其系统的优化目标选择可以是在维持生态平衡的条件下，使经济收益最大，当然也可以选择生态效益和经济收益作为系统优化的双重目标。

3.2.2　功能分析法

功能分析法的基本理论依据来自于功能的系统概念。功能的系统概念，指暂时不管事物的本质、只着重研究行为的操作问题，即只关心系统在"做什么"，而不管系统"是什么"。系统论的功能学派认为，系统是复杂的，系统的结构难以知道，也无需知道，对系统的研究只从系统的行为入手即可。功能分析法就是在功能系统概念上发展起来的一种系统分析方法。

按照结构分析法，对于一个需要进行分析的地理系统，至少应当在如下三个方面做好分析前的准备：首先，应根据系统的物理性质、化学性质、生物性质及社会性质及其表现，以及它们所服从的有关基本规则和原理，去确定有关的变量（状态变量、参变量等）。其次，对于各变量之间的关系，应当确定一种或多种结构形式。最后，应该获取能够描述各种变量行为的信息。但是，对于结构过于复杂或者结构未知的地理系统而言，要做到上述三点是困难的。这时，就要应用建立在功能系统概念基础上的系统分析方法——功能分析法。可见，功能分析法是地理系统分析的一种重要方法（徐建华，1991；徐建华和佘庆余，1993）。

功能分析法，并不要求去描述地理系统内部的状态变化，更不要求去刻画其中所进行的各种地理过程。因此，功能分析法不可能、也不需要去揭示地理系统内部那些诸如物理的、化学的、生物的或社会的机制，当然也不需要去研究系统内部各要素或各组分之间的相互作用。

功能分析法，只注重地理系统的输入、输出行为，并不注重、也不去研究实现这种输入-输出变换的系统结构与过程，只把注意力集中到输入与输出之间的关系上（图3.2.1）。

下面介绍一个功能分析法的地理建模实例，即地理过程中人类活动作用的定量评估模型（徐建华，1990）。

从功能的系统理论来看，任何自然地理过程（无人类活动参与的自然过程）都可以看作是将一组自然输入要素转化为某种输出的过程（如果某自然过程有许多输出，则可以将它分解为若干个只有一种输出的自然过程）。

如果用x_1，x_2，…，x_n代表一组自然输入要素，y代表与该组输入要素相对应的输出，则这一自然地理过程可以描述为（徐建华，1990）

$$y = f(x_1, x_2, \cdots, x_n) \tag{3.2.5}$$

式中：x_1，x_2，…，x_n都为时间t的函数。

由上述分析知道，对于有人类活功参与的地理过程来说，人类活动的作用实际上相当于一个调节器，它使自然过程的"激励-响应"效果得以放大，从而使一定自然要素输入下的输出发生改变。这种输入-输出关系可以由图3.2.2来描述。

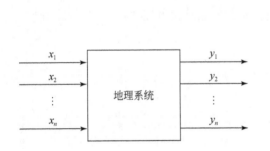

图3.2.1　地理系统功能分析

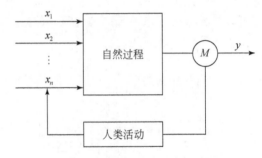

图3.2.2　地理过程的输入-输出变换

这种关系可以被定量地描述为

$$y = Mf(x_1, x_2, \cdots, x_n) \tag{3.2.6}$$

式中：M为该地理过程中人类活动的强度。

对y求导数，得

$$\frac{dy}{dt} = \frac{dM}{dt} \cdot f(x_1, x_2, \cdots, x_n) + \sum_{i=1}^{n} M \cdot \frac{\partial f}{\partial x_i} \cdot \frac{dx_i}{dt} = \frac{dM}{dt} \cdot \frac{y}{M} + \sum_{i=1}^{n} \frac{\partial y}{\partial x_i} \cdot \frac{dx_i}{dt}$$

上式两端同除y，并定义x_i对y的输出弹性系数为

$$\alpha_i = \frac{\partial y}{\partial x_i} \cdot \frac{x_i}{y} \quad (i = 1, 2, \cdots, n)$$

则可以得到

$$\frac{\frac{\mathrm{d}y}{\mathrm{d}t}}{y} = \frac{\frac{\mathrm{d}M}{\mathrm{d}t}}{M} + \sum_{i=1}^{n} \alpha_i \frac{\frac{\mathrm{d}x_i}{\mathrm{d}t}}{x_i} \tag{3.2.7}$$

为了计算方便，式（3.2.7）可用下述差分方程代替：

$$\frac{\frac{\Delta y}{\Delta t}}{y} = \frac{\frac{\Delta M}{\Delta t}}{M} + \sum_{i=1}^{n} \alpha_i \frac{\frac{\Delta x_i}{\Delta t}}{x_i}$$

如果在分析问题时，上式各项中的时间步长 Δt 相同，则有

$$\frac{\Delta y}{y} = \frac{\Delta M}{M} + \sum_{i=1}^{n} \alpha_i \frac{\Delta x_i}{x_i} \tag{3.2.8}$$

式（3.2.8）左端为输出 y 的相对增长率，右端第一项为人类活动强度的相对增长率，第二项为诸输入要素相对增长率与其相应的弹性系数的乘积之和。

在实际问题的分析中，诸自然输入要素的度量值 $x_i(i=1，2，\cdots，n)$ 和输出 y 都可以通过其观察值求出它们在时段 Δt 内的相对增长率。因此，只要能设法确定出诸弹性系数 $\alpha_i(i=1，2，\cdots，n)$ 的值，就可以由式（3.2.8）用余值法求得在时段 Δt 内，人类活动强度的相对增长率 $\Delta M/M$。这样，人类活动对输出 y 变化的贡献率就是

$$m = \frac{\Delta M}{M} \bigg/ \frac{\Delta y}{y} \tag{3.2.9}$$

由以上分析推导过程可以看出，弹性系数 α_i 实际上是输出 y 的相对变化率与输入要素 x_i 的相对变化率的比值，即

$$\alpha_i = \frac{\partial y}{\partial x_i} \cdot \frac{x_i}{y} \approx \frac{\Delta y}{y} \bigg/ \frac{\Delta x_i}{x_i} \quad (i=1，2，\cdots，n)$$

徐建华和艾南山（1988a，1988b）曾运用上述模型评估了人类活动对有关流域水土流失的影响，樊胜岳等（1989，1992）曾运用上述模型评估了人类活动对有关地区沙漠化的影响。

事实上，若将 α_i 与地理过程的类型（如侵蚀过程、堆积过程等）及其发生的环境背景（如地貌形态、植被覆盖状况等）联系起来考虑，那么弹性系数 α_i 则是与地理过程的类型及其发生的环境背景有关的综合性参数，它反映的是与环境背景有关的地理过程的输出 y 对输入要素 x_i 变化的敏感程度。一般在较小的时间尺度和空间范围内，地理过程发生的环境背景可以认为是不变的。因此对某一特定的地理过程而言，从系统分析的敏感性分析角度来看，诸弹性系数 $\alpha_i(i=1，2，\cdots，n)$ 的微小变化不会引起输出 y 的巨变。

有关研究已经证明，从理论上来讲，地理过程的诸弹性系数 α_i 具有分形的性质（陈嵘和刘斌，1995）。

3.3 量纲分析方法

量纲分析（dimension analysis）是 20 世纪初提出的在物理领域中建立数学模型的一种方法（Bridgman，1922；Langhaar，1951），它是在经验和实验的基础上，根据量纲齐次性

原则，确定各物理量之间关系的分析方法。尽管在地理学文献中很少见到专门论述，但是量纲分析的基本原理和求解问题的思路，对于地理建模分析仍具有指导意义。

3.3.1　量纲与基本量纲

为了用数学来描述物理对象，需要对其定量化。物理对象的定量化需要有单位和数值，单位是作为度量标准的某个物理量。被测物理量的数值大小不仅取决于其本身，还取决于所选用的单位。例如，为了描述一块地的范围，需要确定其面积的单位和数值的大小。可以说这是一块大小为 1km² 的地，也可以说这是一块大小为 100 万 m² 的地。离开了单位，仅根据数值无法判断一块地的大小。单位的选取往往带有任意性，如度量长短可以选用米为单位，也可以选用厘米、分米、千米为单位。然而，这些单位都是用来度量同一个物理量——长度的，它们之间可以相互换算，具有某种统一性。这种统一性，就是通过量纲体现的。

一般来说，测量同一个物理量可以有不同的单位，但是它的量纲是唯一的。例如，长度可以厘米、分米、千米甚至光年为单位，但是决不能以千克或吨为单位。不同量纲的物理量之间有本质的区别，相互不能换算。说一根木头长度为 2×10^{-16} 光年虽然很不合适，但是并没有原则性错误；如果说一根木头长度为 100kg，显然就是一个原则性错误（倪致祥，2006）。

量纲，也称为因次，即物理量单位的种类。通常用［量］来表示物理量的量纲，不同的物理量往往有不同的量纲。例如，小时、分、秒是时间的不同测量单位，但这些单位属于同一种类，均为时间单位，用［T］表示，T 就是上述时间单位的量纲。同理，米、厘米、毫米等同属长度单位，用［L］表示长度量纲。吨、千克、克同属质量单位，用［M］表示质量量纲。无单位的物理量的量纲记为 1。

一个具体的对象，往往要有许多不同的物理量来描述其不同的特性，可以把其中的一些看成是基本量，其他的是导出量。基本量的量纲称为基本量纲，其他量的量纲可以由基本量纲导出。例如，取 L、T 和 M 为基本量纲，那么面积的量纲为 L^2，速度的量纲为 LT^{-1}，加速度的量纲为 LT^{-2}。

在物理学中，按照国际单位制，有 7 个基本量：长度、质量、时间、电流、温度、物质的量、发光强度，它们的量纲分别为 L、M、T、I、Θ、J 和 N，称为基本量纲。任一个物理量 q 的量纲都可以表示成基本量纲的幂次之积，即 $[q]=L^{\alpha}M^{\beta}T^{\gamma}I^{\delta}\Theta^{\lambda}J^{\xi}N^{\zeta}$。式中：$\alpha$、$\beta$、$\gamma$、$\delta$、$\lambda$、$\xi$、$\zeta$ 为量纲指数。

3.3.2　量纲齐次性原则与相似定律

1. 量纲齐次性原则

用数学公式来描述任何一个客观规律时，等式两边的量纲必须一致，这个要求称为量纲一致原则。

根据量纲一致原则和牛顿第二运动定律，可以导出力的量纲为 MLT^{-2}。

人口密度 d 是人口地理学中常用变量，其量纲可以由人口 p 的量纲和面积量纲派生出来。如果记人口 p 的量纲为 [P]，则根据人口密度的计算公式（人口除以土地面积）和量纲一致原则可知，人口密度的量纲为 $[d] = PM^{-2}$。

量纲一致原则告诉人们，一个物理方程式的等式两边应该具有相同的量纲。否则，就是错误的物理方程式。也就是说，如果用一个数学方程描述一个物理过程，则方程中各项的量纲必定相同，用量纲表示的物理方程必定是齐次性的。

量纲齐次性原则，用数学语言表述如下（胡云，2006）：

假设某系统（过程）有 n 个物理量 Q_1，Q_2，…，Q_n，基本量的数目为 m，它们对应的量纲分别为 X_1，X_2，…，X_m。那么，任一个物理量 Q 的量纲式可表示为这一组基本量的量纲的幂次积，即

$$[Q] = X_1^{\alpha_1} X_2^{\alpha_2} \cdots X_m^{\alpha_m} \tag{3.3.1}$$

式中：幂次指数 α_1，α_2，…，α_m 为量纲指数。

式（3.3.1）两端取对数，得到

$$\ln[Q] = \alpha_1 \ln X_1 + \alpha_2 \ln X_2 + \cdots + \alpha_m \ln X_m \tag{3.3.2}$$

量纲分析法中更为普遍的方法是著名的 π 定理，又称白金汉定理，它是白金汉（Buckingham）于 1951 年提出的，应用广泛。

π 定理可以表述如下：

某系统（过程）如果包含 n 个有量纲的物理量 Q_1，Q_2，…，Q_n，它们之间的关系为

$$f(Q_1, Q_2, \cdots, Q_n) = 0 \tag{3.3.3}$$

其中，可选出 $m(m < n)$ 个在量纲上互相独立的物理量，其余（$n - m$）个物理量在量纲上是非独立的。那么，这个系统（过程）等价地可由这 n 个物理量组成的（$n - m$）个相互独立的无量纲（量纲为1）的量 Π_1，Π_2，…，Π_{n-m} 所表示的表达式来描述，即

$$F(\Pi_1, \Pi_2, \cdots, \Pi_{n-m}) = 0 \tag{3.3.4}$$

式（3.3.4）与式（3.3.3）相比，所包含的变量数目减少了 m 个，并且无论选取怎样的量纲系统，它们之间的函数关系都是相同的。因此，关系式（3.3.4）比有量纲的关系式（3.3.3）应用更为广泛，如果据此进行试验或模拟，可以使工作量大大减少。

2. 相似定律

相似定律是许多试验研究的依据。该定律认为：两个同类的物理系统（过程）的量纲为 1 的量的 Π_i 值如果相同，则它们的系统状态也相似。因此，量纲为 1 的量的 Π_i 值相同的模型实验的结果，可以用来推测原型。由于物理量成立的关系式是对基本方程进行数学运算得到的，所以关系式中出现的数值系数的数量级多为 1。相反，在几个量之间进行量纲分析时，如果根据实验结果所决定的系数值过大或过小，则可断定在这几个量之间可能存在相关性。

3. 地理相似准则

马蔼乃（1997，2001）认为，数理方程及其求解的条件极其苛刻，只适合极少数的简

单地理现象研究。对于众多的复杂地理现象与地理过程，应该用量纲分析的方法找出地理相似准则，再进行数据统计分析得到地理模型。由此，她提出了地理相似原理，即马氏原理。这一原理的要义如下。

对于一个复杂的地理系统（过程），假设表征该系统行为特征要素（变量）为 y，与 y 相关的要素为 x_1，x_2，$\cdots$，x_n，它们的关系为

$$y = f(x_1, x_2, \cdots, x_n) \tag{3.3.5}$$

那么，可以突破物理学中厘米–克–秒制的限制，得到扩展的 Π 定律，根据地理相似准则，建立量纲方程：

$$\Pi_y = \alpha_0 \Pi_{x_1}^{\alpha_1} \Pi_{x_2}^{\alpha_2} \cdots \Pi_{x_n}^{\alpha_n} \tag{3.3.6}$$

式中：Π_y 和 Π_{x_1}，Π_{x_2}，$\cdots$，Π_{x_n} 为无量纲的地理因子团，因子团中的每个因子都具有明确的物理、环境、生态、人口、经济等意义；α_0 为地理系数；α_1，α_2，$\cdots$，α_n 为地理指数。

求解地理系数与指数的方法是，对式（3.3.6）两端取对数，则有

$$\ln \Pi_y = \alpha_1 \ln \Pi_{x_1} + \alpha_2 \ln \Pi_{x_2} + \cdots + \alpha_n \ln \Pi_{x_n} \tag{3.3.7}$$

令 $X_0 = \ln \alpha_0$，$\ln \Pi_{x_1} = X_1$，$\ln \Pi_{x_2} = X_2$，$\cdots$，$\ln \Pi_{x_n} = X_n$，$\ln \Pi_y = Y$，则有

$$Y = \alpha_0 + \alpha_1 X_1 + \alpha_2 X_2 + \cdots + \alpha_n X_n \tag{3.3.8}$$

式（3.3.8）是一个一般多元一次的统计回归方程，通过它可以反求出地理指数 α_1，α_2，$\cdots$，α_n；从 $X_0 = \ln \alpha_0$ 可求出地理系数 α_0。

上述定律是扩展的 Π 定律或者说是地理相似准则，因为既然 Π_y 和 Π_{x_1}，Π_{x_2}，$\cdots$，Π_{x_n} 为无量纲因子团，没有限定必须是自然因子还是社会因子或经济因子。式（3.3.6）允许各种学科的因子团作为相似准则，这在科学史上是首次跨各类学科的定量计算方法。

3.4 类比分析法

3.4.1 科学发现中的类比法

类比法，是依据两个对象已知的相似性，把其中一个对象已知的特殊性质迁移到另一对象上去，从而获得另一个对象的性质的一种方法。

类比，是指由一类事物所具有的某种属性，推测与其类似的事物也应具有这种属性的思考和处理问题的方法，也称类比推理。

在科学发现中，类比法发挥着重要的作用，具有十分重要的意义。它能启发人们提出科学假说、做出科学发现；可以被当作思想具体化的手段；为模型的建立和实验提供逻辑基础；它还是人们说明某种思想、观点的方法。

拉普拉斯曾指出"甚至在数学里，发现问题的主要工具也是归纳和类比"。数学中许多定理，公式和法则都是用类比推理出的。

类比法是以两个对象之间的类似、对象属性之间的相互联系和相互制约为基础的，但两个对象之间的类似不等于说两个对象的联系是必然的；对象属性之间不仅有相似性，存在着差异性；对象中并存的许多属性，有些是对象的固有属性，有些是对象的偶有属性。

显然，类比推论属于或然性推论，它的结论只有一定程度的可靠性。因此，要提高类比的效能和可靠性。就要力求做到：所依据的两个对象的共有属性，要尽可能地多；被比较的对象的共同属性是这些对象最典型的、同它们的特殊属性密切联系着的属性；所依据的两个对象的共同属性越是本质的，共同属性与类推的属性越是相关的越好。

有人根据对象系统之间的关系所具有的形态，从低级到高级把类比分为简单共存类比、因果类比、对称类比、协变类比、综合类比等几种主要类型；还有的按照类比系统中模型的种类，把类比分为物理类比、数学类比和控制系统类比等。

严格来说，类比法是一种寻求解题思路、猜测问题答案或结论的发现的方法，而不是一种论证的方法，作用是启迪思维，帮助人们寻求解题的思路。它是一种从特殊到特殊的推理方法，是一种或然性推理，其结论是否正确，还需要经过严格的证明（朱月珍，2008）。

类比法，是地理建模中常用的重要方法之一。类比方法的应用，不可避免地要与分析综合、一般化、特殊化等思维方法一起运用，在地理建模中，思维方法往往与建模者已有的知识、经验中类似的形式或结构，类似方法或模式有千丝万缕的联系。

3.4.2　类比实例：地理系统的熵模型

在科学发展史上，某些概念的内涵和外延曾一再被扩大，充分显示了这些概念在科学研究中的重要性与广泛的应用性，熵正属于这样一类概念（张学文和马力，1992）。熵，作为一个科学术语，自诞生至今已有 100 多年的历史了，在这 100 多年的时间里，这一概念的含义曾被多次扩展。在热力学中，人们用熵来测度微观的分子运动的混乱（无序）程度；在信息论中，熵被用来计量信息源发出的代码所含信息量的多少。目前，熵这一概念已被广泛地应用于自然科学、社会科学及有关交叉科学的各个领域。对于地理学家所研究的地理系统，熵则是地理系统演化的标志，可作为地理系统的演化过程及演化方向的判据。

1. 熵的概念及其产生与发展

熵，最初是在人们研究热机效率时引入的一个物理概念。第一次使用熵这个名词的是物理学家克劳修斯（Clausius）。1865 年，为了区别"守恒"和"可逆性"两个概念，他引入了一个不同于能量的新概念，即熵。众所周知，能量是系统状态的一个函数，也就是说，它是一个只依赖于能够确定系统状态的参数（压力、体积、温度）值的函数。但能量这个概念本身并不能区分卡诺循环中"有用的"能量交换与不可逆地浪费掉的"耗散的"能量。为了解决这一问题，克劳修斯定义了一个不同于能量的新的状态函数，这个新的状态函数就是熵，通常被记为 S。

显然，克劳修斯只是希望用一种新的形式去表达一个热机在其循环终点回到其初始状态的必要性。因此，熵仅与系统现时存在的状态有关，而与系统过去经历的热力过程无关。

在可逆的热力过程中有

$$dS = \frac{dQ}{T} \qquad (3.4.1)$$

式中：T 为绝对温度；dQ 为系统在其所经历的过程中吸收的热量。

而在不可逆过程中，则有

$$dS > \frac{dQ}{T} \qquad (3.4.2)$$

这样，结合式（3.4.1）与式（3.4.2），可以得到

$$dS \geqslant \frac{dQ}{T} \qquad (3.4.3)$$

对于一个与外界无能量交换的孤立系统，由于 $dQ=0$，所以

$$dS \geqslant 0 \qquad (3.4.4)$$

式（3.4.4）即热力学第二定律的熵描述，它表明，孤立系统只能朝着熵增大的方向演化。

1870 年前后，玻尔兹曼（Boltzmann）从分子运动论的角度对热力学熵作出了新的微观解释，使熵的含义得到了第一次扩展。他认为熵是分子运动混乱程度大小的一种测度。系统吸收热量，系统物质的内能增加，分子运动速度就增大，这样分子运动就更加混乱，因而系统的熵值就增大了。如果承认分子的每种微观状态出现的机会都相等的话，那么人们就会发现，系统的每一个宏观状态都与极其众多的微观状态相对应，这时，熵就与该宏观状态下对应的微观状态的个数 Ω 的对数之间存在线性关系，即

$$S = K\ln\Omega \qquad (3.4.5)$$

式中：K 为玻尔兹曼常量。

从概率论角度来看，每一种微观状态出现的机会都相等，即意味着每一种微观状态出现的概率为

$$P_i = \frac{1}{\Omega} \quad (i = 1, 2, \cdots, \Omega)$$

这样，式（3.4.5）可以进一步写为

$$S = K\ln\Omega = -K\ln\frac{1}{\Omega} = -K\left(\frac{1}{\Omega}\ln\frac{1}{\Omega} + \frac{1}{\Omega}\ln\frac{1}{\Omega} + \cdots + \frac{1}{\Omega}\ln\frac{1}{\Omega}\right) = -K\sum_{i=1}^{\Omega} P_i\ln P_i$$

$$(3.4.6)$$

从上式可以看出，熵原来是从微观状态的分布对系统宏观状态的一种描述。由此可以看到，玻尔兹曼的解释使熵这一概念从对热力过程（卡诺循环过程）中能量耗损的描述，扩展到从微观状态描述系统宏观表现的一个新领域。

时隔近百年，人们在研究通信时，遇到了如何测度某一信息源传来的信息量多少的问题。现代信息论创始人香农（Shannon，1948）不仅把他的目光投向了信息的概率分布，而且天才般地指出，如果一个信息中某种信号出现的概率为 P_i，那么它所带的信息量就是 $-P_i\ln P_i$，因此，这一信息所含的全部信息量就是 $-\sum P_i\ln P_i$，于是他定义信息熵为

$$H = -C\sum_{i=1}^{n} P_i\ln P_i \qquad (3.4.7)$$

式中：C 为一个单位常数。当 H 的单位取纳特（nat）时，$C=1$；当 H 的单位取比特（bit）

时，$C = 1/\ln 2$。

那么，当 H 的单位取比特（bit）时，式（3.4.7）也可以写成

$$H = -\sum_{i=1}^{n} P_i \log_2 P_i \qquad (3.4.8)$$

对于连续性分布，仿式（3.4.7），其信息熵也可以被定义为

$$H = -\int_{-\infty}^{+\infty} p(x) \ln p(x) \, dx \qquad (3.4.9)$$

式中：$p(x)$ 为随机变量 x 的分布密度函数。

可以看出，香农关于信息熵的定义与玻尔兹曼公式（3.4.5）是非常相似的。按理来说，每一个新学科的创始人都有权给自己提出或使用的概念一个新的名词，但是香农看到，他用于描述信息量多少的信息熵，在数学本质上与玻尔兹曼对克劳修斯的热力学熵的解释完全是一致的。因此，为了概念上的统一，他仍沿用了"熵"这个名词。

香农把熵的概念用于信息论研究中，使熵又一次得到扩展。在这个扩展过程中，熵不但不必与热力学过程相联系，而且不必与微观的分子运动相联系，而是与事物的分布紧密相关的。熵最本质的东西就是对系统状态的科学计量描述。

20 世纪 50 年代以后，随着系统科学的各分支学科的发展和日趋完善，特别是新三论（耗散结构论、协同论、突变论）的产生和发展，已使熵的概念进入各门学科的各个研究领域，并且得到了越来越广泛的应用。

2. 地理系统的熵模型

正当熵的概念向其他学科渗透，并得到广泛应用的时候，已有地理学家将自己的目光投向当代科学发展的这一新动向，不少地理学家都希望将熵这一概念引入自己的研究领域，以推动当代地理学的发展。

为了建立地理系统的熵的概念，一些学者从不同的途径做了一些具有十分有益的尝试性的工作。其中，第一条途径就是从熵概念产生的原源出发，建立地理系统的"热力学熵"。首先，地理学家们从物质扩散和能量运动的角度，将地理系统与热力学系统作了比较，其结果表明，许多地理系统与热力学系统有着惊人的相似。就地球表面的物质扩散过程而言，其发生的机理与热传导过程完全相似。许多地貌学家的研究表明（Culling，1960，1963），地貌发育过程完全可以用热传导方程描述：

$$\frac{\partial H}{\partial t} = a \frac{\partial^2 H}{\partial x^2} + b \frac{\partial^2 H}{\partial y^2} + f(x, y, t) \qquad (3.4.10)$$

式中：H 为地表的高度，它是地平面坐标 x 与 y 及时间坐标 t 的函数；$f(x, y, t)$ 为地球内动力的作用，它相当于热传导过程中的热源项。据此，地貌学家曾在 20 世纪 60 年代初提出过地貌系统的熵的概念（Leopold and Langbein，1962）。首先，他们将地貌参数与热力学参数相类比，如热力学场由温度 T 和热量 Q 来表现，而地貌场则可以类似地用高度 h 和质量 M 来表现，即

$$\begin{cases} T \leftrightarrow h \\ dQ \leftrightarrow dM \end{cases} \qquad (3.4.11)$$

进而地貌系统的熵被定义为

$$dS = \frac{dQ}{T} \leftrightarrow \frac{dM}{h} \tag{3.4.12}$$

后来，我国一些地理学家也通过与热力学系统的类比，提出过类似于地貌系统的其他地理系统的"热力学熵"的概念。牛文元（1989）将热力学场与资源场相类比，提出了资源系统中熵的概念。他的基本思路是：一个二维的热力学场是由温度 $T(x, y)$ 和热量 Q 描述的，相应的，一个二维"资源学场"也可以由浓度 $C(x, y)$ 和质量 M 来描述，即以高出"克拉克水平"（地壳平均浓度）以上的浓度及相应的质量变换去加以理解。这样一来，与式（3.4.11）相类似，就建立了热力学场与资源学场的类比关系：

$$\begin{cases} T \leftrightarrow c \\ dQ \leftrightarrow dM \end{cases} \tag{3.4.13}$$

因而，可以进一步建立资源学熵与热力学熵的类比关系：

$$\begin{cases} dS = \dfrac{dM}{c} & \text{(a)} \\ dS = \dfrac{dQ}{T} & \text{(b)} \end{cases} \tag{3.4.14}$$

式中：（a）表示资源学熵；（b）表示热力学熵。

可以看出，通过与热力学系统相似性的类比，揭示了地理系统的"热力学本质"，并建立地理系统的热力学熵的概念，从而证明了地理系统演化的熵标志具有"时间之矢"的特性，这就为运用耗散结构理论、协同学理论等研究地理系统的演化过程提供了可寻的依据。但是，由这条途径建立的地理系统的熵，存在计量方法上的困难，因此难以直接用它来对地理系统的宏观状态进行有效的描述。因此，一些学者避开了上述思路，从信息论的角度出发，研究地理事物的分布，从而去建立地理系统"信息熵"的概念。根据这条思路，杨吾扬（1989）提出了量度地域结构合理性的地理系统的信息熵：

$$H = -\sum_{i=1}^{n} p_i \ln p_i \tag{3.4.15}$$

式中：p_i 为第 i 种选择的概率。熵值越低，则地理系统向外界输出的信息就越少，从而系统本身的组织水平就越高。在一个由多个区域组成的地理系统中，如果各区域规划合理，结构布局最优，就会使它们的熵值降低；但这样一来，由各区域组成的整个地理系统结构和布局就要变劣，即熵值增加。因此，就全局生产力地域组合来说，系统优选标准应是

$$\Delta H = \sum_{i=1}^{n} \Delta H_i \rightarrow \min \tag{3.4.16}$$

式中：ΔH 为整个地理系统通过规划布局后的熵增量；$\sum_{i=1}^{n} \Delta H_i$ 为各区域通过规划布局的总熵减少量。

按照以上信息熵的思想，还可以借助已有的地理学研究成果提供的信息方便地建立地理系统的信息熵的概念。例如，我国著名的理论地理学家艾南山曾根据斯特拉勒（Strahler，1952）曲线对地貌系统的状态描述，建立了地貌系统的信息熵（艾南山，1987；艾南山和岳天祥，1988）。为了解艾氏地貌系统的信息熵，需要简单地介绍一下斯特拉勒曲线（the Strahler's curve）。斯特拉勒曲线是 20 世纪 50 年代美国理论地貌学家斯

特拉勒提出的流域地貌的面积–高程分析（area-altitude analysis）方法。其做法是：在流域的等高线图上，量出每一条等高线以上的面积（设为 a），再量出每条等高线与流域最低点的高差（设为 h），记全流域的面积为 A，流域最低点与最高点之高差为 H，令 $x=a/A$，$y=h/H$，显然，x 与 y 均在 $[0，1]$ 区间上取值，分别以 x 和 y 为横坐标和纵坐标，就可以在二维平面上绘出一条曲线：

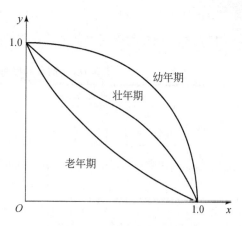

$$y=f(x) \tag{3.4.17}$$

即流域面积–高程曲线（图 3.4.1），又称斯特拉勒曲线。

图 3.4.1　斯特拉勒曲线

积分

$$S = \int_0^1 f(x)\,\mathrm{d}x \tag{3.4.18}$$

即曲线与坐标轴包围的面积，称为斯特拉勒积分（the Strahler's integral）。这个积分值的大小与流域地貌的演化有关。戴维斯（Davis）的地貌循环理论（the theory of geomorphological cycle）所描述的地貌演化的阶段有：$S>0.6$——幼年期（youth）；$0.35 \leqslant S \leqslant 0.6$——壮年期（maturity）；$S<0.35$——老年期（old age）。

艾氏地貌系统的信息熵为

$$H = \int_{-\infty}^{+\infty} g(x)\ln g(x)\,\mathrm{d}x \tag{3.4.19}$$

式中：$g(x)=\begin{cases} f(x)/S & 0 \leqslant x \leqslant 1 \\ 0 & x \notin [0，1] \end{cases}$

蒋忠信（1987）研究发现，滇西北的金沙江、澜沧江、怒江及其支流河谷纵剖面的演化，可用伊凡诺夫（ИВаИОВ）的河流纵剖面方程来描述：

$$h = H \left(\frac{l}{L}\right)^N \tag{3.4.20}$$

式中：h 为纵剖面上某点与河口的高差；l 为该点与河口之间的水平距离；H 和 L 分别为河源与河口之间的高差和水平距离；形态指数 N 恒为正。当 $0<N<1$ 时，剖面上凸；$N=1$ 时，剖面为直线；$N>1$ 时，剖面下凹。后来，受艾氏地貌系统信息熵的启示，蒋忠信也将河谷纵剖面发育的伊凡诺夫曲线描述转化为信息熵描述。其做法是：设 $x=(L-l)/L$，$y=h/H$，则式（3.4.20）就变成

$$y=f(x)=(1-x)^N \tag{3.4.21}$$

显然，$0 \leqslant f(x) \leqslant 1$，$0 \leqslant x \leqslant 1$。这样，仿艾氏地貌系统的信息熵，蒋忠信（1989）定义河谷纵剖面演化的信息熵为

$$H = \int_{-\infty}^{+\infty} g(x)\ln g(x)\,\mathrm{d}x \tag{3.4.22}$$

式中：$g(x)=\begin{cases} (N+1)f(x) & 0 \leqslant x \leqslant 1 \\ 0 & x \notin [0，1] \end{cases}$

无论是用斯特拉勒曲线，还是用伊凡诺夫曲线定义的信息熵，都表示了地貌系统演化的阶段。各个演化阶段与信息熵及有关指标的对应比较关系如下（表3.4.1）。

表 3.4.1　信息熵与河谷纵剖面和流域地貌演化阶段

河谷纵剖面演化				流域地貌演化			
演化阶段	河谷纵剖面抛物线形状	形态指数 N	信息熵 H	演化阶段	斯特拉勒曲线	斯特拉勒积分	信息熵 H
侵蚀回春期	下游上凸 上游下凹	$N<1$ $N>1$	<0.193	幼年期	上凸	$S>0.60$	<0.111
深切侵蚀期	上凸	$N<1$	=0.193	壮年期	接近直线	$0.35 \leqslant S \leqslant 0.60$	0.111～0.40
过渡期	接近直线	$N=1$					
均衡调整期	下凹	$N>1$	>0.193	老年期	下凹	$S<0.35$	>0.40
均衡剖面期	下凹	$N>1$					

截至目前，不同学者从不同的角度出发，应用类比分析方法，针对自己所研究对象的系统，建立了地理系统熵模型。由于篇幅所限，此处不再逐一介绍。

3.5　仿真模拟方法

仿真与模拟，在英文中可以用同一个单词，即"simulation"表述。模拟是用计算机对一定环境下各要素相互作用的真实系统或过程，进行尽可能最大程度的再现或重复。它不同于一般求解确定性的、静态的线性问题的数学解析法，能比较真实地描述和近似地求解复杂系统的问题。它又不同于专门研究系统运行状况的常用的、有很大局限性的真实的实验法，可以使人们在真实系统建立前进行可能办到的、经济方便的有限试验。

仿真模拟方法，是地理学中常用的建模方法之一。在地理学研究中，仿真模拟的作用是：①可以对高度复杂的内部交互作用的系统进行研究和实验；②可以设想各种不同方案，观察这些方案对系统的结构和行为的影响；③可以反映变量间的相互关系，说明哪些变量更重要，如何影响其他变量和整个系统；④可以研究不同时期相互间的动态联系，反映系统行为随时间变化而变化的情况；⑤可以检验模型的假设，以便进一步改进模型的结构。

当然，仿真模拟也有局限性，如方案的选择，可能遗漏掉最优方案；应用的范围只限于能够考察的情况，一旦出现不能模拟的特殊情况，就会发生困难；当模拟的系统规模很大时，资料难以取得，难以模拟细节。

地理系统仿真模拟的步骤，包括确定问题、收集资料、建立模型、编制模型运行的计算程序、检验和证实模型、模拟试验设计、模拟运行、模拟结果分析等一系列紧密相关的环节（图3.5.1）。

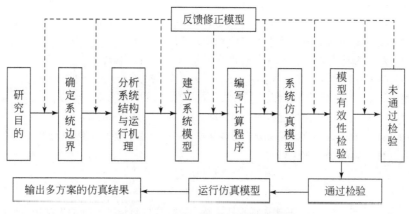

图 3.5.1　地理系统仿真模拟的步骤

　　这里所说的模型必须是模拟模型，一般来说，随机模型比确定性模型、动态模型比静态模型、非线性模型比线性模型更多地使用模拟方法来分析和求解，而成为模拟模型。而仿真模拟模型比较灵活，它不求最优解，但可以回答如果在某个时期采取某种行动对后续时期将会产生什么后果一类的问题。除了模型外，进行模拟还需要计算机程序、模拟语言、实验设计技术等必要知识。

　　目前，在地理学领域中，应用最为广泛的仿真模拟方法，是系统动力学（system dynamics）方法（Forrester，1971，1994）和基于 Multi- agent 的模拟方法（Ferber，1999；Davidsson，2000），有兴趣的读者可以进一步阅读有关参考文献。

参 考 文 献

艾南山．1987．侵蚀流域系统的信息熵 [J]．水土保持学报，1（2）：1-8.

艾南山，岳天祥．1988．再论流域系统的信息熵 [J]．水土保持学报，2（4）：1-9.

陈嵘，刘斌．1995．地理过程中弹性系数的分形研究 [J]．中国沙漠，15（2）：11-13.

大卫 C H，弗雷德里克 M，约翰 W T．1998．探索性数据分析 [M]．陈忠琏，郭德媛，译．北京：中国统计出版社.

樊胜岳，杨根生，艾南山．1989．榆林地区土地沙漠化过程中人文作用的定量分析 [J]．干旱区资源与环境，3（1）：23-30.

樊胜岳，徐建华．1992．水土流失和沙漠化系统中人文作用定量分析 [J]．地理科学，12（4）：305-312.

方创琳，鲍超．2004．黑河流域水-生态-经济发展耦合模型及应用 [J]．地理学报，59（5）：781-790.

郭俊义．1987．论系统科学理论体系的创建 [J]．系统工程，5（3）：1-8.

韩中庚．2005．数学建模方法及其应用 [M]．北京：高等教育出版社.

胡云．2006．基于量纲分析的建模研究 [J]．大学物理，25（12）：18-22.

蒋忠信．1987．滇西北三江河谷纵剖面的发育图式与演化规律 [J]．地理学报，42（2）：16-25.

蒋忠信．1989．矩形流域地貌信息熵的探讨 [J]．水土保持学报，9（4）：83-87.

罗蓉，胡竹菁．2009．类比推理的认知过程与计算模型 [J]．心理学探新，29（6）：42-50.

马蔼乃．1996．论地理科学的发展 [J]．北京大学学报（自然科学版），32（1）：120-129.

马蔼乃．1997．遥感信息模型 [M]．北京：北京大学出版社.

马蔼乃．2001．地理复杂系统与地理非线性复杂模型 [J]．系统辩证学学报，9（4）：19-23.

马蔼乃．2003．论地理科学 [J]．地理与地理信息科学，19（1）：1-4.

倪致祥．2006．量纲分析法［M/OL］．http://www.fync.edu.cn：8080/jxms/nzx/mspdf/nl02.pdf.

牛文元．1989．自然资源开发原理［M］．开封：河南大学出版社．

钱学森．1987．发展地理科学的建议［J］．大自然探索，6（19）：36-46.

孙丽君．2005．探索性数据分析方法及应用［D］．大连：东北财经大学硕士学位论文．

徐建华，艾南山．1988a．水土流失因素定量分析的数学模型［J］．水土保持学报，2（2）：1-7.

徐建华，艾南山．1988b．水土流失过程的人类活动分析［J］．水土保持学报，2（4）：10-16.

徐建华．1990．地理过程中人类活动定量分析的数学模型——以水土流失和沙漠化过程为例［J］．兰州大学学报（社会科学版），18（3）：19-24.

徐建华．1991．地理系统分析［M］．兰州：兰州大学出版社．

徐建华，余庆余．1993．人类生态系统［M］．兰州：兰州大学出版社．

徐建华，白新萍，贺治波．1995.甘肃两西地区扶贫开发性移民对策的系统动力学仿真研究［J］．人文地理，10（3）：14-19.

徐建华，罗格平，牛达奎．1996．绿洲型城市生态经济系统仿真研究［J］．中国沙漠，16（3）：235-241.

杨吾扬．1989．区位论原理：产业、城市和区域的区位经济分析［M］．兰州：甘肃人民出版社．

张学文，马力．1992.熵气象学［M］．北京：气象出版社．

朱月珍．2008．一种特殊的数学思维方法——类比法［J］．甘肃高师学报，13（5）：76-77.

Bridgman P W. 1922. Dimensional analysis［M］. New Haven：Yale University Press.

Carroll G R. 1982. National city-size distribution：what do we know after 67 years of research［J］. Progress in human geography, 6（1）：1-431.

Culling W E H. 1960. Analytical theory of erosion［J］. Journal of geology, 68：336-344.

Culling W E H. 1963. Soil creep and the development of hillside slope［J］. Journal of geology, 71：127-161.

David C et al. 陈忠琏等译. 1998. 探索性数据分析［M］．北京：中国统计出版社．

Davidsson P. 2000. Multi agent based simulation：beyond social simulation［M］//Multi- Agent- Based Simulation. New York：Springer Berlin Heidelberg.

Ferber J. 1999. Multi- agent systems：an introduction to distributed artificial intelligence［M］. Reading：Addison-Wesley.

Forrester J W. 1971. World Dynamics［M］. Cambridge, MA：Wright-Allen Press.

Forrester J W. 1994. System dynamics, systems thinking, and soft OR［J］. System dynamics review, 10（2-3）：245-256.

Horton R E. 1945. Erosional developments of streams and their drainage basins：hydrophysical approach to quantitative morphology［J］. Geological society of America bulletin, 56（3）：275-370.

Ioannides Y M, Overman H G. 2003. Zipf's law for cities：an empirical examination［J］. Regional science and urban economics, 33（2）：127-137.

Langhaar H L. 1951. Dimensional analysis and theory of models［M］. New York：Wiley.

Leopold L B, Langbein W B. 1962. The concept of entropy in landscape evolution［M］. Washington, DC, USA：US Government Printing Office.

Shannon C E. 1948. A mathematical theory of communication［J］. Bell system technical journal, 27：379-423.

Strahler A N. 1952. Hypsometric（Area- Altitud）alysis of erosional topography［J］. Geological society of America bulletin, 63：1117-1142.

Tukey J W. 1977. Exploratory data analysis［M］. Reading, MA：Addison-Wesley.

Zipf G K. 1949. Human behaviour and the principle of least effort：an introduction to human ecology［M］. Cambridge, MA：Addison-Wesley.

思考与练习题

1. 常见的地理建模方法有哪些？
2. 探索性数据分析方法在地理建模中的意义和作用是什么？
3. 地理建模的机理分析法包括哪几种？其意义和作用分别是什么？
4. 试举例说明量纲分析法在地理建模中的意义与作用。
5. 试举例说明类比分析法在地理建模中的意义与作用。
6. 试举例说明仿真模拟方法在地理建模中的意义与作用。
7. 根据你自己的认识和理解，对地理建模方法做简单地归纳与总结。

II 方法与技术篇

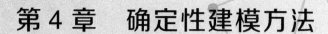

第4章 确定性建模方法

数学方法，是运用数学语言表述研究对象的状态、关系和过程，并加以推导、演算和分析，从而得出对问题的解释、判断和预言的方法。在现代地理学研究中，数学方法不仅是理论演绎与逻辑推理的工具，也是定量分析、模拟运算、预测、决策、规划及优化设计的手段（徐建华，1996）。

数学方法是地理建模的基本工具，而数学方法一般又可进一步分为确定性数学方法和随机性数学方法（徐建华，2010）。本章主要讨论基于确定性数学方法的地理建模问题。

4.1 系统动态建模方法

地理系统总是在时间中运动的，总有着产生、发展和消亡的历史，一成不变的绝对静止的地理系统是不存在的。因此，地理系统动态模型强调研究对象的历时性。这就要求人们在进行地理建模分析时，不仅要注重系统与要素、要素与要素、系统与环境之间的相互联系，还要注重地理系统的演化过程。

系统动态建模法是地理建模中常用的方法之一；而微分方程建模方法又是系统动态过程建模法常用的建模方法之一。

4.1.1 常微分方程建模法

城市化问题是城市地理学关注的主要问题之一。几十年来，许多学者从不同的角度和侧面，致力于城市化模型研究。其中，Keyfitz 模型是一种通过常微分方程建立的人口城市化过程的动态模型（徐建华和余庆余，1993）。

如果记 U 为城市人口，R 为农村人口，则城市人口与农村人口的比率为 $X = U/R$，城市化水平为 $Z = U/(U+R)$。

经过分析研究，Keyfitz（1980）发现城市人口的增长是人口自然增长和农村人口向城市迁移导致的，农村人口与城市人口的增长方程为

$$\frac{\mathrm{d}R}{\mathrm{d}t} = (\alpha - m)R \tag{4.1.1}$$

$$\frac{\mathrm{d}U}{\mathrm{d}t} = \beta U + mR \tag{4.1.2}$$

式中：α 为农村人口的自然增长率；β 为城市人口的自然增长率；m 为农村人口向城市的迁移率。

根据式（4.1.1）和式（4.1.2），做简单的推导运算，可以得到描述城市人口与农村人口的比率（X）的微分方程：

$$\frac{\mathrm{d}X}{\mathrm{d}t} = (\beta - \alpha + m)X + m \tag{4.1.3}$$

当 $\alpha > \beta + m$ 时，$X(t)$ 最终可以达到一个稳定状态：$X = m/(\alpha - \beta - m)$。但是当 $\beta + m > \alpha$ 时，$X(t)$ 将随着时间不断增加。

对方程（4.1.3）积分，得到

$$\ln\left[X(t) + \frac{m}{\beta + m - \alpha}\right] = \ln\left(X_0 + \frac{m}{\beta + m - \alpha}\right) + (\beta + m - \alpha)(t - t_0) \tag{4.1.4}$$

经过简单地推导可知，城市化水平（Z）随时间的动态过程可以用如下微分方程表示：

$$\frac{\mathrm{d}Z}{\mathrm{d}t} = -(\alpha + m - \beta)Z + (\alpha - \beta)Z^2 + m \tag{4.1.5}$$

为了求得 Z 的稳定状态或均衡水平，可以把式（4.1.5）进一步写成

$$\frac{\mathrm{d}Z}{\mathrm{d}t} = (\alpha - \beta)(Z - 1)\left(Z - \frac{m}{\alpha - \beta}\right) \tag{4.1.6}$$

容易求得 Z 的稳定值为 $Z^* = 1$ 或 $Z^* = \dfrac{m}{\alpha - \beta}$。

可以通过线性稳定分析确定系统的稳定状态，即任何对于稳定值的偏离将随着时间递减，使系统回到稳定状态。$\beta + m > \alpha$ 时，城市化水平的稳定值 $Z^* = 1$。这就是说，按照Keyfitz 模型预测，城市化水平的极限值将达到 1。

Keyfitz 模型没有考虑城市人口向农村迁移的情况，Rogers（1984）对 Keyfitz 模型做了进一步修正。Rogers 模型的数学表达如下：

$$\frac{\mathrm{d}R}{\mathrm{d}t} = (\alpha - m)R + \gamma U \tag{4.1.7}$$

$$\frac{\mathrm{d}U}{\mathrm{d}t} = (\beta - \gamma)U + mR \tag{4.1.8}$$

式中：γ 为城市人口向农村的迁移率；其他变量的含义与 Keyfitz 模型中相同。显然，当 $\gamma = 0$ 时，Rogers 模型就变成了 Keyfitz 模型。

根据式（4.1.7）和式（4.1.8），进行推导运算，可以得到描述城市人口与农村人口的比率（X）的微分方程：

$$\frac{\mathrm{d}X}{\mathrm{d}t} = (\beta + m - \alpha - \gamma)X - \gamma X^2 + m \tag{4.1.9}$$

推导运算可知，城市化水平（Z）随时间变化的动态过程，可以用如下微分方程表示：

$$\frac{\mathrm{d}Z}{\mathrm{d}t} = -(\alpha + m + \gamma - \beta)Z + (\alpha - \beta)Z^2 + m \tag{4.1.10}$$

在 Rogers 模型中，除了常数迁移率外，引入以相互作用为基础的引力常数，就得到联合国模型：

$$\frac{\mathrm{d}R}{\mathrm{d}t} = (\alpha - m)R + \gamma U - \delta \frac{UR}{U + R} \tag{4.1.11}$$

$$\frac{\mathrm{d}U}{\mathrm{d}t} = (\beta - \gamma)U + mR + \delta \frac{UR}{U + R} \tag{4.1.12}$$

式中：δ 为引力作用常数；其他变量的含义与 Rogers 模型中相同。

这样，描述城市人口与农村人口的比率（X）变化的微分方程为

$$\frac{\mathrm{d}X}{\mathrm{d}t} = (\beta + m + \delta - \alpha - \gamma)X - \gamma X^2 + m \tag{4.1.13}$$

与式（4.1.10）对应，描述城市化水平（Z）变化的微分方程为

$$\frac{\mathrm{d}Z}{\mathrm{d}t} = -(\alpha + m + \gamma - \beta - \delta)Z + (\alpha - \beta - \delta)Z^2 + m \tag{4.1.14}$$

在上述模型中，各个参数都是常数，这就不可避免地使相应指标只能朝同一方向变动，而这与人口的长期发展趋势明显不相符。而在实际中，各参数的变化取决于自然资源、环境条件和社会经济诸多方面（Ledent，1982）。因此在实际中，这些参数应该都是时变参数，它们都应该与时间变量 t 有关，所以对应于式（4.1.11）~式（4.1.14），它们分别应该被表达为

$$\frac{\mathrm{d}R}{\mathrm{d}t} = [\alpha(t) - m(t)]R + \gamma(t)U - \delta(t)\frac{UR}{U + R} \tag{4.1.15}$$

$$\frac{\mathrm{d}U}{\mathrm{d}t} = [\beta(t) - \gamma(t)]U + m(t)R + \delta(t)\frac{UR}{U + R} \tag{4.1.16}$$

$$\frac{\mathrm{d}X}{\mathrm{d}t} = [\beta(t) + m(t) + \delta(t) - \alpha(t) - \gamma(t)]X - \gamma(t)X^2 + m(t) \tag{4.1.17}$$

$$\frac{\mathrm{d}Z}{\mathrm{d}t} = -[\alpha(t) + m(t) + \gamma(t) - \beta(t) - \delta(t)]Z + [\alpha(t) - \beta(t) - \delta(t)]Z^2 + m(t)$$

$$\tag{4.1.18}$$

这样，就增加了模型的灵活性和使用范围。当各个时变参数为已知函数式时，上述方程就描述了农村人口、城市人口、城市人口与农村人口的比例，以及城市化水平的变化轨迹。

上述例子体现了运用常微分方程建立地理系统动态模型的基本思路（徐建华，2010）。

4.1.2　偏微分方程建模法

除了常微分方程，地理系统动态建模还经常用到偏微分方程。

早在 1960 年，Culling 就运用偏微分方程，建立了侵蚀过程的理论模型（Culling，1960）。

他首先假设地表高度（高程）z 是平面坐标（x，y）和时间 t 的函数，即 $z = z(x$，y，

t）；地表物质流产生的速率正比于梯度。

一般情况下，物质流是依赖于坐标位置和时间的。点 $P(x, y)$ 的物质流，就是在单位时间内，物质穿过位于点 $P(x, y)$ 的垂直平面的单位面积的速率。在地表（地貌曲面）的每一个点上，物质流向量由两个分量 f_x 和 f_y 定义，其模数为

$$f_m = \left[(f_x)^2 + (f_y)^2 \right]^{\frac{1}{2}}$$ (4.1.19)

其方向由余弦 f_x/f_m 和 f_y/f_m 给出。

假设地表物质均匀并且各向同性。在 x 方向上，考虑由 δx 分割的高程 z 和 $z + \delta z$，那么在单位时间内，物质流的增加就是 $-K(\delta z/\delta x)$，其中，K 为常数，它代表着地表物质的流动性。这样，当 $\delta x \rightarrow 0$ 时，就有

$$f_x = -K(\partial z/\partial x)$$ (4.1.20)

同理，在 y 方向上有

$$f_y = -K(\partial z/\partial y)$$ (4.1.21)

为了导出基本方程，考虑地表 P 点的一个邻域单元，其边缘范围为 $2\delta x$ 和 $2\delta y$。那么，在 x 增加的方向上，通过平面 $x - \delta x$ 的物质流速率为 $2\left(f_x - \dfrac{\partial f_x}{x}\delta x \right)\delta y$，通过平面 $x + \delta x$ 的物质流速率为 $2\left(f_x + \dfrac{\partial f_x}{x}\delta x \right)\delta y$，物质增加速率为 $-4\dfrac{\partial f_x}{\partial x}\delta x\delta y$。

类似地，在 y 增加的方向上，通过平面 $y - \delta y$ 和 $y + \delta y$，物质增加速率为 $-4\dfrac{\partial f_y}{\partial y}\delta x\delta y$。

如果用高度表示，那么，对于 P 点的上述邻域单元，物质增加速率为 $4\dfrac{\partial z}{\partial t}\delta x\delta y$。所以，有

$$\frac{\partial z}{\partial t} = -\left(\frac{\partial f_x}{\partial x} + \frac{\partial f_y}{\partial y} \right)$$ (4.1.22)

把式（4.1.20）和式（4.1.21）代入式（4.1.22），得到

$$\frac{\partial z}{\partial t} = K\left(\frac{\partial^2 z}{\partial x^2} + \frac{\partial^2 z}{\partial y^2} \right)$$ (4.1.23)

式（4.1.23）与无热源项的热传导方程具有相同的形式。如果存在类似于热源项的物质产生项 $A(x, y, t)$，那么，式（4.1.23）就变为

$$\frac{\partial z}{\partial t} = K\left(\frac{\partial^2 z}{\partial x^2} + \frac{\partial^2 z}{\partial y^2} \right) + A(x, y, t)$$ (4.1.24)

最终，在稳定状态下，得到

$$\frac{\partial^2 z}{\partial x^2} + \frac{\partial^2 z}{\partial y^2} = 0$$ (4.1.25)

尽管上述模型是一个理想化的侵蚀过程模型，但是其理论意义不可忽视，它为人们从数学物理角度认识地貌演化提供了一个理论基础。后来，在上述模型的基础上，Culling（1963）进一步研究了土壤蠕动和山坡发育问题。

正是基于上述侵蚀过程模型，地理学家通过将地貌场与物理场类比、将地貌参数与热力学参数类比（牛文元，1989），并结合斯特拉勒曲线，进一步建立了地貌系统的信息熵

（艾南山，1987；艾南山和岳天祥，1988）。

4.2　运筹决策建模方法

在工业、农业、物流产业、商业与服务业，以及资源利用与环境保护的各个领域中，与人类活动相关的地理决策问题屡见不鲜（徐建华，1994，2002）。运筹决策建模方法，是地理学中解决有关规划、决策和系统优化问题的重要手段（徐建华，2014，2016）。常见的运筹决策方法，包括线性规划、目标规划、动态规划、网络分析、多目标决策等（《运筹学》教材编写组，1990）。由于篇幅所限，本书不可能介绍所有的运筹决策建模方法，下面主要通过实例介绍运筹决策法建立地理模型的基本思想。

4.2.1　数学规划建模法

数学规划研究的问题主要有两类：一是某项任务确定后，如何统筹安排，以最少的人力、物力和财力去完成该项任务；二是面对一定数量的人力、物力和财力资源，如何安排使用，使得完成的任务最多。实际上，这是一个问题的两个方面，它们都属于最优规划的范畴（《运筹学》教材编写组，1990）。

先列举两个线性规划实例，供读者研究其建模思路。

（1）运输问题。假设某种物资（如煤炭、钢铁、石油等）有 m 个产地，n 个销地；产地 i 的产量为 $a_i(i = 1, 2, \cdots, m)$，销地 j 的需求量为 $b_j(j = 1, 2, \cdots, n)$，它们满足产销平衡条件 $\sum_{i=1}^{m} a_i = \sum_{j=1}^{n} b_j$。如果产地 i 到销地 j 的单位物资的运费为 c_{ij}，试问：如何安排该种物资调运计划，才能使总运费达到最小？

设 x_{ij} 表示产地 i 供给销地 j 的物资调运量，则上述问题可以表述为：求一组实数值变量 $x_{ij}(i = 1, 2, \cdots, m; j = 1, 2, \cdots, n)$，使它们满足

$$\begin{cases} \sum_{i=1}^{m} x_{ij} = b_j(j = 1, 2, \cdots, n) \\ \sum_{j=1}^{n} x_{ij} = a_i(i = 1, 2, \cdots, m) \\ x_{ij} \geqslant 0(i = 1, 2, \cdots, m; j = 1, 2, \cdots, n) \end{cases}$$

而且使

$$z = \sum_{i=1}^{m} \sum_{j=1}^{n} c_{ij}x_{ij} \rightarrow \min$$

（2）资源利用问题。假设某地区拥有 m 种资源，其中，第 i 种资源的拥有量为 $b_i(i = 1, 2, \cdots, m)$；这 m 种资源可用来生产 n 种产品，其中，生产单位数量的第 j 种产品需要消耗的第 i 种资源的数量为 $a_{ij}(i = 1, 2, \cdots, m; j = 1, 2, \cdots, n)$，第 j 种产品的单价为 $c_j(j = 1, 2, \cdots, n)$。试问：如何安排这几种产品的生产计划，才能使规划期内资源利用的总产值达到最大？

设第 j 种产品的产量为 $x_j(j = 1, 2, \cdots, n)$，则上述资源问题就是：在约束条件

$$
\begin{cases}
\sum_{j=1}^{n} a_{ij}x_j \le b_i & (i = 1, 2, \cdots, m) \\
x_j \ge 0 & (j = 1, 2, \cdots, n)
\end{cases}
$$

下求一组实数变量 $x_j(j = 1, 2, \cdots, n)$，使

$$
Z = \sum_{j=1}^{n} c_j x_j \rightarrow \max
$$

对于线性规划模型，常常用单纯性方法（Dantzig, 1951; Dantzig et al., 1955）进行求解，其具体运算可借助于专门软件 Lindo（详见 http://www.lindo.com/）或调用 MATLAB 软件系统优化工具箱中的 linprog 函数（详见 http://cn.mathworks.com/help/optim/ug/linprog.html）完成。

上述两个例子都是单目标规划。在地理学研究中，对于许多规划问题，常常需要考虑多个目标，如经济效益、生态效益、社会效益等（徐建华，1994，2002）。解决这类问题，需要建立并求解多目标规划模型（徐建华，2006，2014）。

多目标规划的例子很多，其形式也千变万化。但是，任何多目标规划问题，都由两个基本部分组成：①两个以上的目标函数；②若干个约束条件。因此，对于多目标规划问题，可以将其数学模型一般地描写为如下形式：

$$
Z = F(X) = \begin{pmatrix}
\max(\min)f_1(X) \\
\max(\min)f_2(X) \\
\vdots \\
\max(\min)f_k(X)
\end{pmatrix}
\tag{4.2.1}
$$

$$
\Phi(X) = \begin{pmatrix}
\varphi_1(X) \\
\varphi_2(X) \\
\vdots \\
\varphi_m(X)
\end{pmatrix} \le G = \begin{pmatrix}
g_1 \\
g_2 \\
\vdots \\
g_m
\end{pmatrix}
\tag{4.2.2}
$$

式中：$X = [x_1, x_2, \cdots, x_n]^T$ 为决策变量向量。

如果将式（4.2.1）和式（4.2.2）进一步缩写，即

$$
\max(\min)Z = F(X)
\tag{4.2.3}
$$

$$
\Phi(X) \le G
\tag{4.2.4}
$$

式中：$Z = F(X)$ 为 k 维函数向量，k 为目标函数的个数；$\Phi(X)$ 为 m 维函数向量；G 为 m 维常数向量；m 为约束方程的个数。

对于线性多目标规划问题，式（4.2.3）和式（4.2.4）可以进一步用矩阵表示：

$$
\max(\min)Z = AX
\tag{4.2.5}
$$

$$
BX \le b
\tag{4.2.6}
$$

式中：X 为 n 维决策变量向量；A 为 $k \times n$ 矩阵，即目标函数系数矩阵；B 为 $m \times n$ 矩阵，即约束方程系数矩阵；b 为 m 维的向量，约束向量。

对于上述多目标规划问题，求解就意味着需要做出如下的复合选择：①每一个目标函

数取什么值问题可以得到最满意的解决？②每一个决策变量取什么值问题可以得到最满意的解决？

在单目标规划问题中，各种方案的目标值之间是可以比较的，因此各种方案总是可以分出优劣的。但在多目标规划中，问题就变得比较复杂。例如，当规划问题是要求所有的目标都取最大值时，一个目标值的增大就有可能导致另一个目标值的减小。因此，多目标规划问题的求解就不能像在单目标规划中那样，只追求一个目标的最优化（最大或最小），而置其他目标于不顾。

在多目标规则问题的求解中，非劣解是一个十分重要的概念，对于这一概念，可以用图 4.2.1 形象地说明。在图 4.2.1 中，就方案①和②来说，①的目标值 f_2 比②大，但其目标值 f_1 比②小，因此无法确定这两个方案的优与劣。在各个方案之间，显然：③比②好，④比①好，⑦比③好，⑤比④好。而对于方案⑤、⑥、⑦，则无法确定优劣，而且也没有比它们更好的其他方案，所以它们就被称为多目标规划问题的非劣解或有效解，其余方案都称为劣解。所有非劣解构成的集合称为非劣解集。

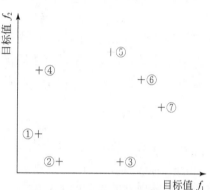

图 4.2.1　多目标规划的劣解与非劣解

当目标函数处于冲突状态时，就不会存在使所有目标函数同时达到最大或最小值的最优解，于是只能寻求非劣解（又称非支配解或帕累托解）。

多目标规划问题的求解，就是要在非劣解集中寻求一个最为满意的规划方案。然而，非劣解集中往往包含有许多非劣解，究竟哪一个最为满意呢？解决这一问题，常常需要将多目标规划问题转化为单目标规划问题去处理（汤兵勇等，1990）。实现这种转化的方法，包括效用最优化模型、罚款模型、约束模型、目标规划模型等。其中，目标规划模型是解决多目标规划最为常用的方法（徐建华，2006，2014）。

目标规划的基本思想是，给定若干目标及实现这些目标的优先顺序，在有限的资源条件下，使总的偏离目标值的偏差最小（Lee，1972）。

为了建立目标规划数学模型，下面引入有关概念。

1. 偏差变量

在目标规划模型中，除了决策变量外，还需要引入正、负偏差变量 d^+、d^-。其中，正偏差变量 d^+ 表示决策值超过目标值的部分，负偏差变量 d^- 表示决策值未达到目标值的部分。因为决策值不可能既超过目标值又未达到目标值，所以 $d^+ \times d^- = 0$ 成立。

2. 绝对约束和目标约束

绝对约束，是指必须严格满足的等式约束和不等式约束。例如，线性规划问题的所有约束条件都是绝对约束，不能满足这些约束条件的解称为非可行解，所以它们是硬约束。

目标约束是目标规划所特有的，可以将约束方程右端项看作是追求的目标值，在达到此目标值时允许发生正的或负的偏差，因此在这些约束条件中加入正、负偏差变量，它们是软约束。线性规划问题的目标函数，在给定目标值和加入正、负偏差变量后可以转化为目标约束，也可以根据问题的需要将绝对约束转化为目标约束。

3. 优先因子（优先等级）与权系数

一个规划问题，常常有若干个目标，决策者对各个目标的考虑，往往是有主次或轻重缓急的。凡要求第一位达到的目标赋予优先因子 p_1，次位的目标赋予优先因子 p_2……并规定 $p_l >> p_{l+1}(l = 1, 2, \cdots, L)$，表示 p_l 比 p_{l+1} 有更大的优先权。这就是说，首先保证 p_1 级目标的实现，这时可以不考虑次级目标；而 p_2 级目标是在实现 p_1 级目标的基础上考虑的；依此类推。若要区别具有相同优先因子 p_l 的目标的差别，就可以分别赋予它们不同的权系数 $\omega_{lk}(k = 1, 2, \cdots, K)$。这些优先因子和权系数都由决策者按照具体情况而定。

4. 目标函数

目标规划的目标函数（准则函数）是按照各目标约束的正、负偏差变量和赋予相应的优先因子而构造的。当每一目标确定后，决策者的要求就是尽可能缩小与目标值的偏离。因此，目标规划的目标函数只能是

$$\min Z = f(d^+, d^-) \tag{4.2.7}$$

式（4.2.7）的基本形式有三种：

（1）要求恰好达到目标值，就是正、负偏差变量都尽可能小，即

$$\min Z = f(d^+, d^-) \tag{4.2.8}$$

（2）要求不超过目标值，即允许达不到目标值，就是正偏差变量要尽可能小，即

$$\min Z = f(d^+) \tag{4.2.9}$$

（3）要求超过目标值，也就是超过量不限，但负偏差变量要尽可能小，即

$$\min Z = f(d^-) \tag{4.2.10}$$

在实际问题中，可以根据决策者的要求，引入正、负偏差变量和目标约束，并给不同目标赋予相应的优先因子和权系数，构造目标函数，建立模型。

借助于上述几个概念，可以给出目标规划模型的一般形式。

假定有 K 个目标，L 个优先级（$L \leqslant K$），n 个决策变量。在同一优先级 p_l 中，不同目标的正、负偏差变量的权系数分别为 ω_{lk}^+、ω_{lk}^-，则多目标规划问题可以表示为

$$\min Z = \sum_{l=1}^{L} p_l \sum_{k=1}^{K} (\omega_{lk}^- d_k^- + \omega_{lk}^+ d_k^+) \tag{4.2.11}$$

$$\sum_{j=1}^{n} c_j^{(k)} x_j + d_k^- - d_k^+ = g_k \quad (k = 1, 2, \cdots, K) \tag{4.2.12}$$

$$\sum_{j=1}^{n} a_{ij} x_j \leqslant (=, \geqslant) b_i \quad (i = 1, 2, \cdots, m) \tag{4.2.13}$$

$$x_j \geqslant 0 \quad (j = 1, 2, \cdots, n) \tag{4.2.14}$$

$$d_k^+, d_k^- \geqslant 0 \quad (k = 1, 2, \cdots, K) \tag{4.2.15}$$

以上各式中，ω_{lk}^+、ω_{lk}^- 分别为赋予 p_l 优先因子的第 k 个目标的正、负偏差变量的权系

数；g_k 为第 k 个目标的预期值；x_j 为决策变量；d_k^+、d_k^- 分别为第 k 个目标的正、负偏差变量。式 (4.2.11) 为目标函数，式 (4.2.12) 为目标约束，式 (4.2.13) 为绝对约束，式 (4.2.14) 和式 (4.2.15) 为非负约束，$c_j^{(k)}$、a_{ij}、b_i 分别为目标约束和绝对约束中决策变量的系数及约束值。其中，$i=1$，2，$\cdots$，m；$j=1$，2，$\cdots$，n；$l=1$，2，$\cdots$，L；$k=1$，2，$\cdots$，K。

目标规划模型的结构，与线性规划模型的结构没有本质的区别，所以可以用单纯形方法求解目标规划问题。但是，考虑目标规划模型的特点，在对其进行求解时，需要对求解线性规划的单纯形方法作相应的改造（徐建华，2006，2014）。

下面介绍一个规划决策建模实例，即农场种植计划。

某农场 I、II、III 等耕地的面积分别为 100hm²、300hm² 和 200hm²，计划种植水稻、大豆、玉米，要求三种作物的最低收获量分别为 190000kg、130000kg、350000kg。I、II、III 等耕地种植三种作物的单产如表 4.2.1 所示。若三种作物的售价分别为水稻 1.20 元/kg、大豆 1.50 元/kg、玉米 0.80 元/kg。那么，①如何制订种植计划，使总产量最大？②如何制订种植计划，使总产值最大？③怎样制定作物种植计划，才能兼顾总产量和总产值双重目标？

表 4.2.1　不同等级耕地种植不同作物的单产　（单位：kg/hm²）

作物	I 等耕地	II 等耕地	III 等耕地
水稻	11000	9500	9000
大豆	8000	6800	6000
玉米	14000	12000	10000

对于上面的农场种植计划问题，可以用数学规划方法建立模型。

根据题意，决策变量设置如表 4.2.2 所示，表中 x_{ij} 表示在第 j 等级的耕地上种植第 i 种作物的面积。

表 4.2.2　作物计划种植面积　（单位：hm²）

作物	I 等耕地	II 等耕地	III 等耕地
水稻	x_{11}	x_{12}	x_{13}
大豆	x_{21}	x_{22}	x_{23}
玉米	x_{31}	x_{32}	x_{33}

三种作物的总产量可以用表 4.2.3 表示。

表 4.2.3　三种作物的总产量　（单位：kg）

作物种类	总产量
水稻	$11000x_{11} + 9500x_{12} + 9000x_{13}$
大豆	$8000x_{21} + 6800x_{22} + 600\,0x_{23}$
玉米	$14000x_{31} + 12000x_{32} + 10000x_{33}$

根据题意，约束方程如下：

耕地面积约束：
$$\begin{cases} x_{11} + x_{21} + x_{31} = 100 \\ x_{12} + x_{22} + x_{32} = 300 \\ x_{13} + x_{23} + x_{33} = 200 \end{cases} \tag{4.2.16}$$

最低收获量约束：
$$\begin{cases} 11000x_{11} + 9500x_{12} + 9000x_{13} \geqslant 190000 \\ 8000x_{21} + 6800x_{22} + 6000x_{23} \geqslant 130000 \\ 14000x_{31} + 12000x_{32} + 10000x_{33} \geqslant 350000 \end{cases} \tag{4.2.17}$$

非负约束：
$$x_{ij} \geqslant 0 \quad (i = 1, 2, 3; j = 1, 2, 3) \tag{4.2.18}$$

（1）追求最大总产量的目标函数为

$$\max Z = 11000x_{11} + 9500x_{12} + 9000x_{13} + 8000x_{21} + 6800x_{22}$$
$$+ 6000x_{23} + 14000x_{31} + 12000x_{32} + 10000x_{33} \tag{4.2.19}$$

对于上述线性规划模型，调用 MATLAB 软件系统优化工具箱中的 linprog 函数（详见 http://cn.mathworks.com/help/optim/ug/linprog.html），进行求解运算，可以得到一个最优解（表4.2.4）。在该方案下，最优值即最大总产量为6892200kg。从表4.2.4可以看出，如果以追求总产量最大为种植计划目标，那么，玉米的种植面积在Ⅰ、Ⅱ、Ⅲ等耕地上都占绝对优势。

表 4.2.4　追求总产量最大的种植计划方案　　　　　　　（单位：km²）

作物	Ⅰ等耕地	Ⅱ等耕地	Ⅲ等耕地
水稻	0	0	21.1111
大豆	0	0	21.6667
玉米	100	300	157.2222

（2）追求最大总产值的目标函数为

$$\max Z = 1.20 \times (11000x_{11} + 9500x_{12} + 9000x_{13}) + 1.50$$
$$\times (8000x_{21} + 6800x_{22} + 6000x_{23})$$
$$+ 0.80 \times (14000x_{31} + 12000x_{32} + 10000x_{33})$$
$$= 13200x_{11} + 11400x_{12} + 10800x_{13} + 12000x_{21}$$
$$+ 10200x_{22} + 9000x_{23} + 11200x_{31} + 9600x_{32} + 8000x_{33} \tag{4.2.20}$$

对于该线性规划模型，调用 MATLAB 软件系统优化工具箱中的 linprog 函数（详见 http://cn.mathworks.com/help/optim/ug/linprog.html）进行求解运算，可以得到一个最优解（表4.2.5）。在该方案下，最优值，即最大总产值为6830500元。从表4.2.5可以看出，如果以追求总产值最大为种植计划目标，那么，水稻的种植面积在Ⅰ、Ⅱ、Ⅲ等耕地上都占绝对优势。

表 4.2.5　追求总产值最大的种植计划方案　　　　　（单位：hm²）

作物	Ⅰ等耕地	Ⅱ等耕地	Ⅲ等耕地
水稻	58.75	300	200
大豆	16.25	0	0
玉米	25	0	0

（3）怎样制定作物种植计划，才能兼顾总产量和总产值双重目标？用多目标规划的思想解决这个问题。

如果对总产量 $f_1(X)$ 和总产值 $f_2(X)$ 分别提出一个期望目标值 $f_1^* = 6100000$（kg）和 $f_2^* = 6600000$（元），并赋予两个目标的优先级分别为 P_1 和 P_2。

如果 d_1^-、d_1^+ 分别表示对应第一个目标期望值的正、负偏差变量，d_2^-、d_2^+ 分别表示对应第二个目标期望值的正、负偏差变量，而且将每一个目标的正、负偏差变量同等看待（即可将它们的权系数都赋为 1），那么，该目标规划问题的目标函数为

$$\min Z = P_1(d_1^- + d_1^+) + P_2(d_2^- + d_2^+) \tag{4.2.21}$$

对应的两个目标约束为

$$f_1(X) + d_1^- - d_1^+ = 6100000 \tag{4.2.22}$$

$$f_2(X) + d_1^- - d_1^+ = 6600000 \tag{4.2.23}$$

即

$$11000x_{11} + 9500x_{12} + 9000x_{13} + 8000x_{21} + 6800x_{22} + 6000x_{23}$$
$$+ 14000x_{31} + 12000x_{32} + 10000x_{33} + d_1^- - d_1^+ = 6100000 \tag{4.2.24}$$
$$13200x_{11} + 11400x_{12} + 10800x_{13} + 12000x_{21} + 10200x_{22} + 9000x_{23}$$
$$+ 11200x_{31} + 9600x_{32} + 8000x_{33} + d_2^- - d_2^+ = 6600000 \tag{4.2.25}$$

除了目标约束以外，该模型的约束条件，还包括硬约束和非负约束的限制。其中，硬约束包括耕地面积约束［式（4.2.16）］和最低收获量约束［式（4.2.17）］；非负约束，不仅包括决策变量的非负约束［式（4.2.18）］，还包括正、负偏差变量的非负约束：

$$d_1^- \geq 0, \ d_1^+ \geq 0, \ d_2^- \geq 0, \ d_2^+ \geq 0 \tag{4.2.26}$$

求解上述目标规划问题，可以得到一个非劣解方案，见表 4.2.6。在此非劣解方案下，两个目标的正、负偏差变量分别为 $d_1^- = 0, d_1^+ = 2114.181, d_2^- = 0, d_2^+ = 122.0324$。

表 4.2.6　目标规划的非劣解方案　　　　　（单位：hm²）

作物	Ⅰ等耕地	Ⅱ等耕地	Ⅲ等耕地
水稻	4.538102	233.4226	199.2212
大豆	13.60935	3.32499	0.528958
玉米	81.82169	63.25245	0.249813

4.2.2　AHP 决策建模分析法

美国运筹学家 Saaty（1980）提出的 AHP（analytic hierarchy process）决策建模分析

法，是一种定性与定量相结合的决策分析方法。它常常被用于多目标、多准则、多要素、多层次的非结构化的复杂决策问题，特别是在战略决策问题的研究中，具有十分广泛的实用性（赵焕臣等，1986）。这种方法是一种将决策者对复杂问题的决策思维过程模型化、数量化的建模分析过程。通过这种方法，可以将复杂问题分解为若干层次和若干因素，在各因素之间进行简单的比较和计算，就可以得出不同方案重要性程度的权重，从而为决策方案的选择提供依据。

AHP 决策建模分析法，是解决复杂的非结构化决策问题的常用方法，是地理决策的重要建模方法之一。

1. AHP 决策建模分析的基本思想

AHP 决策分析方法的基本原理，可以用以下的简单事例分析来说明。假设有 n 个物体 A_1，A_2，$\cdots$，A_n，它们的重量分别记为 W_1，W_2，$\cdots$，W_n。现将每个物体的重量两两进行比较，如下：

	A_1	A_2	$\cdots$	A_n
A_1	W_1/W_1	W_1/W_2	$\cdots$	W_1/W_n
A_2	W_2/W_1	W_2/W_2	$\cdots$	W_2/W_n
$\vdots$	$\vdots$	$\vdots$		$\vdots$
A_n	W_n/W_1	W_n/W_2	$\cdots$	W_n/W_n

若以矩阵来表示各物体重量的相互比较关系，即

$$B = \begin{pmatrix} W_1/W_1 & W_1/W_2 & \cdots & W_1/W_n \\ W_2/W_1 & W_2/W_2 & \cdots & W_2/W_n \\ \vdots & \vdots & & \vdots \\ W_n/W_1 & W_n/W_2 & \cdots & W_n/W_n \end{pmatrix} \qquad (4.2.27)$$

式中：B 为判断矩阵。

若取重量向量 $W = [W_1，W_2，\cdots，W_n]^T$，则有

$$BW = nW \qquad (4.2.28)$$

显然，在式（4.2.28）中，n 是 B 的一个特征值，W 是判断矩阵 B 对应于特征值 n 的特征向量。事实上，根据线性代数知识，不难证明，n 是矩阵 B 的唯一非零的，也是最大的特征值。

上述事实告诉人们，如果有一组物体，想知道它们的重量，而又没有衡器，就可以通过两两比较它们的相互重量，得出每一对物体重量比的判断，从而构成判断矩阵。然后，通过求解判断矩阵的最大特征值 λ_{max} 和它所对应的特征向量，就可以得出这一组物体的相对重量。这一思路提示人们，在复杂的决策问题研究中，对于一些无法度量的因素，只要引入合理的度量标度，通过构造判断矩阵，就可以用这种方法来度量各因素之间的相对重要性，从而为有关决策提供依据。这一思想，实际上就是 AHP 决策分析方法的基本思想，AHP 决策分析方法的基本原理也由此而来。

2. AHP 决策建模分析的步骤

AHP 决策分析建模的基本过程，大体可以分为如下五个基本步骤。

（1）明确问题，即弄清问题的范围、所包含的因素、各因素之间的关系等，以便尽量掌握充分的信息。

（2）建立层次结构模型。这一步骤，要求将问题所含的要素进行分组，把每一组作为一个层次，并将它们按照最高层（目标层）—若干中间层（准则层）—最低层（措施层）的次序排列起来。这种层次结构模型常用结构图来表示（图 4.2.2），图中要标明上下层元素之间的关系。如果某一个元素与下一层的所有元素均有联系，则称这个元素与下一层次存在有完全层次的关系；如果某一个元素只与下一层的部分元素有联系，则称这个元素与下一层次存在有不完全层次的关系。层次之间可以建立子层次，子层次从属于主层次中的某一个元素，它的元素与下一层的元素有联系，但不形成独立层次。

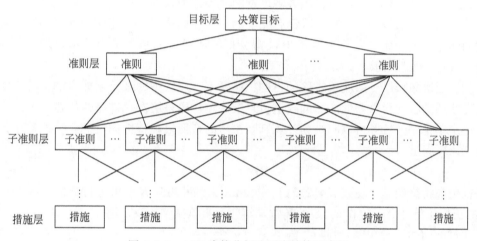

图 4.2.2　AHP 决策分析法层次结构示意图

（3）构造判断矩阵。这一步骤是 AHP 决策分析中一个关键的步骤。判断矩阵表示针对上一层次中的某元素而言，评定该层次中各有关元素相对重要性程度的判断，其形式如下：

A_k	B_1	B_2	$\cdots$	B_n
B_1	b_{11}	b_{12}	$\cdots$	b_{1n}
B_2	b_{21}	b_{22}	$\cdots$	b_{2n}
$\vdots$	$\vdots$	$\vdots$	$\vdots$	$\vdots$
B_n	b_{n1}	b_{n2}	$\cdots$	b_{nn}

其中，b_{ij} 表示对于 A_k 而言，元素 B_i 对 B_j 的相对重要性程度的判断值。b_{ij} 一般取 1、3、5、7、9 等 5 个等级标度，其意义为：1 表示 B_i 与 B_j 同等重要；3 表示 B_i 较 B_j 重要一点；5 表

示 B_i 较 B_j 重要得多；7 表示 B_i 较 B_j 更重要；9 表示 B_i 较 B_j 极端重要。而 2、4、6、8 表示相邻判断的中值，当 5 个等级不够用时，可以使用这几个数。

显然，对于任何判断矩阵都应满足

$$\begin{cases} b_{ii} = 1 \\ b_{ij} = \dfrac{1}{b_{ji}} \end{cases} \quad (i,\ j = 1,\ 2,\ \cdots,\ n) \qquad (4.2.29)$$

因此，在构造判断矩阵时，只需写出上三角（或下三角）部分即可。

一般而言，判断矩阵的数值是根据数据资料、专家意见和分析者的认识，加以平衡后给出的。衡量判断矩阵质量的标准是矩阵中的判断是否具有一致性。如果判断矩阵存在关系：

$$b_{ij} = \frac{b_{ik}}{b_{jk}} \quad (i,\ j,\ k = 1,\ 2,\ \cdots,\ n) \qquad (4.2.30)$$

则称它具有完全一致性。但是，因客观事物的复杂性和人们认识上的多样性，可能会产生片面性，因此要求每一个判断矩阵都有完全的一致性显然是不可能的，特别是因素多、规模大的问题更是如此。为了考察 AHP 决策分析方法得出的结果是否基本合理，需要对判断矩阵进行一致性检验。

（4）层次单排序。层次单排序的目的，是对于上层次中的某元素而言的，确定本层次与之有联系的各元素重要性次序的权重值。层次单排序是层次总排序的基础。

层次单排序的任务可以归结为计算判断矩阵的特征根和特征向量问题，即对于判断矩阵 $\boldsymbol{B}$，计算满足

$$\boldsymbol{BW} = \lambda_{\max} \boldsymbol{W} \qquad (4.2.31)$$

的特征根和特征向量。在式（4.2.31）中，$\lambda_{\max}$ 为判断矩阵 $\boldsymbol{B}$ 的最大特征根；$\boldsymbol{W}$ 为对应于 $\lambda_{\max}$ 的正规化特征向量，$\boldsymbol{W}$ 的分量 $\boldsymbol{W}_i$ 就是对应元素单排序的权重值。

通过前面的分析知道，判断矩阵 $\boldsymbol{B}$ 具有完全一致性时，$\lambda_{\max} = n$。但是，在一般情况下是不可能的。为了检验判断矩阵的一致性，需要计算它的一致性指标：

$$CI = \frac{\lambda_{\max} - n}{n - 1} \qquad (4.2.32)$$

在式（4.2.32）中，当 $CI = 0$ 时，判断矩阵具有完全一致性；反之，CI 越大，表示判断矩阵的一致性就越差。

为了检验判断矩阵是否具有令人满意的一致性，将 CI 与平均随机一致性指标 RI（表4.2.7）进行比较。一般而言，1 阶或 2 阶的判断矩阵总是具有完全一致性。对于 2 阶以上的判断矩阵，其一致性指标 CI 与同阶的平均随机一致性指标 RI 之比，称为判断矩阵的随机一致性比例，记为 CR。一般，当

$$CR = \frac{CI}{RI} < 0.10 \qquad (4.2.33)$$

时，就认为判断矩阵具有令人满意的一致性。否则，当 $CR \geqslant 0.1$ 时，就需要调整判断矩阵，直到满意为止。

表 4.2.7　平均随机一致性指标

阶数	1	2	3	4	5	6	7	8	9	10	11	12	13	14	15
RI	0	0	0.58	0.90	1.12	1.24	1.32	1.41	1.45	1.49	1.52	1.54	1.56	1.58	1.59

（5）层次总排序。利用同一层次中所有层次单排序的结果，就可以计算针对上一层次而言，本层次所有元素的重要性权重值，这就称为层次总排序。层次总排序需要从上到下逐层顺序进行。对于最高层而言，其层次单排序的结果也就是总排序的结果。

假如上一层的层次总排序已经完成，元素 A_1，A_2，$\cdots$，A_m 得到的权重值分别为 a_1，a_2，$\cdots$，a_m；与 A_j 对应的本层次元素 B_1，B_2，$\cdots$，B_n 的层次单排序结果为 $[\ b_1^j,\ b_2^j,\ \cdots,\ b_n^j\ ]^{\mathrm{T}}$（当 B_i 与 A_j 无联系时，$b_i^j = 0$）；那么，B 层次的总排序结果见表 4.2.8。

表 4.2.8　层次总排序表

层次 A / 层次 B	A_1 A_2 $\cdots$ A_m a_1 a_2 $\cdots$ a_m	B 层次的总排序
B_1	b_1^1 $\ b_1^2$ $\ \cdots$ $\ b_1^m$	$\displaystyle\sum_{j=1}^{m} a_j b_1^j$
B_2	b_2^1 $\ b_2^2$ $\ \cdots$ $\ b_2^m$	$\displaystyle\sum_{j=1}^{m} a_j b_2^j$
$\vdots$	$\vdots$ $\ \vdots$ $\ \ddots$ $\ \vdots$	$\vdots$
B_n	b_n^1 $\ b_n^2$ $\ \cdots$ $\ b_n^m$	$\displaystyle\sum_{j=1}^{m} a_j b_n^j$

显然，

$$\sum_{i=1}^{n} \sum_{j=1}^{m} a_j b_i^j = 1 \tag{4.2.34}$$

即层次总排序是归一化的正规向量。

为了评价层次总排序结果的一致性，类似于层次单排序，也需要进行一致性检验。为此，需要分别计算下列指标：

$$\mathrm{CI} = \sum_{j=1}^{m} a_j \mathrm{CI}_j \tag{4.2.35}$$

$$\mathrm{RI} = \sum_{j=1}^{m} a_j \mathrm{RI}_j \tag{4.2.36}$$

$$\mathrm{CR} = \frac{\mathrm{CI}}{\mathrm{RI}} \tag{4.2.37}$$

式中：CI 为层次总排序的一致性指标；CI_j 为与 A_j 对应的 B 层次中判断矩阵的一致性指标；RI 为层次总排序的随机一致性指标；RI_j 为与 A_j 对应的 B 层次中判断矩阵的随机一致性指标；CR 为层次总排序的随机一致性比例。

同样，当 CR<0.10 时，则认为层次总排序的结果具有令人满意的一致性。否则，需

要对本层次的各判断矩阵进行调整，直至层次总排序的一致性检验达到要求为止。

下面用层次分析方法，对某城市主导产业的选择问题进行建模分析。

该城市主导产业的选择问题的层次结构模型如下：

目标层（A）：选择带动城市经济全面发展的主导产业。

准则层（C）包括如下三个方面：①C_1，市场需求（包括市场需求现状和远景市场潜力）；②C_2，效益准则（主要考虑产业的经济效益）；③C_3，发挥地区优势，合理利用资源。

对象层（P）包括如下 14 个产业：P_1，能源工业；P_2，交通运输业；P_3，冶金工业；P_4，化工工业；P_5，纺织工业；P_6，建材工业；P_7，建筑业；P_8，机械工业；P_9，食品加工业；P_{10}，邮电通信业；P_{11}，电器、电子工业；P_{12}，农业；P_{13}，旅游业；P_{14}，饮食服务业。

上述目标层、准则层及对象层中各元素所构成的层次结构关系如图 4.2.3 所示。

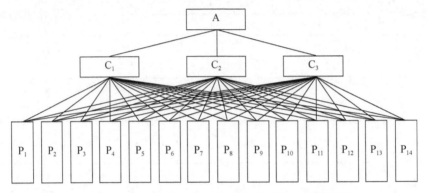

图 4.2.3　某城市主导产业的选择问题的层次结构模型

根据上述层次结构模型（图 4.2.3）构造判断矩阵，进行层次单排序。根据上述模型结构，在专家咨询的基础上，构造了 A-C 判断矩阵、C-P 判断矩阵，并进行了层次单排序计算，其结果如下。

A-C 判断矩阵及其层次排序（既是单排序又是总排序）见表 4.2.9。

表 4.2.9　A-C 判断矩阵及其层次排序

A	C_1	C_2	C_3	W_A
C_1	1	$\frac{1}{3}$	3	0.260
C_2		1	5	0.634
C_3			1	0.106

$\lambda_{max}=3.038$，$CI=0.019$，$RI=0.58$，$CR=0.0328<0.10$。

C_1-P 判断矩阵、C_2-P 判断矩阵和 C_3-P 判断矩阵及它们的层次单排序结果分别见表 4.2.10 ~ 表 4.2.12。

表 4. 2. 10　C_1-P 判断矩阵

C_1	P_1	P_2	P_3	P_4	P_5	P_6	P_7	P_8	P_9	P_{10}	P_{11}	P_{12}	P_{13}	P_{14}	W_1
P_1	1	3	5	2	4	7	6	8	8	8	8	9	9	9	0.235
P_2		1	3	$\frac{1}{2}$	2	5	4	6	9	8	7	8	9	9	0.143
P_3			1	$\frac{1}{4}$	$\frac{1}{2}$	3	2	4	9	6	5	7	8	9	0.084
P_4				1	3	6	5	5	9	8	8	9	9	9	0.186
P_5					1	4	3	5	9	7	6	8	8	9	0.110
P_6						1	$\frac{1}{2}$	2	7	4	3	5	6	8	0.046
P_7							1	3	8	5	4	6	7	9	0.063
P_8								1	6	3	2	4	5	7	0.035
P_9									1	$\frac{1}{4}$	$\frac{1}{5}$	$\frac{1}{3}$	$\frac{1}{2}$	2	0.009
P_{10}										1	$\frac{1}{2}$	2	3	5	0.025
P_{11}											1	3	4	6	0.026
P_{12}												1	2	4	0.016
P_{13}													1	3	0.012
P_{14}														1	0.008

$\lambda_{\max}=15.65$，$CI=0.127$，$RI=1.58$，$CR=0.0804<0.10$。

表 4. 2. 11　C_2-P 判断矩阵

C_2	P_1	P_2	P_3	P_4	P_5	P_6	P_7	P_8	P_9	P_{10}	P_{11}	P_{12}	P_{13}	P_{14}	W_2
P_1	1	2	3	4	5	9	6	9	9	9	7	8	8	9	0.234
P_2		1	2	3	4	8	5	9	9	9	6	7	8	9	0.183
P_3			1	2	3	8	4	9	9	8	5	6	7	9	0.143
P_4				1	2	7	3	9	8	8	4	5	6	9	0.109
P_5					1	6	2	9	8	7	3	4	5	8	0.084
P_6						1	$\frac{1}{5}$	5	3	2	$\frac{1}{4}$	$\frac{1}{3}$	$\frac{1}{2}$	$\frac{1}{4}$	0.017
P_7							1	9	7	6	2	3	8	4	0.065
P_8								1	$\frac{1}{3}$	$\frac{1}{4}$	$\frac{1}{8}$	$\frac{1}{7}$	$\frac{1}{6}$	$\frac{1}{2}$	0.008
P_9									1	$\frac{1}{2}$	$\frac{1}{6}$	$\frac{1}{5}$	$\frac{1}{4}$	2	0.010
P_{10}										1	$\frac{1}{5}$	$\frac{1}{4}$	$\frac{1}{3}$	3	0.015
P_{11}											1	2	3	7	0.047

C_2	P_1	P_2	P_3	P_4	P_5	P_6	P_7	P_8	P_9	P_{10}	P_{11}	P_{12}	P_{13}	P_{14}	W_2
P_{12}												1	2	8	0.028
P_{13}													1	5	0.027
P_{14}														1	0.015

$\lambda_{max}=15.94$，$CI=0.149$，$RI=1.58$，$CR=0.0943<0.10$。

表4.2.12　C_3-P判断矩阵

C_3	P_1	P_2	P_3	P_4	P_5	P_6	P_7	P_8	P_9	P_{10}	P_{11}	P_{12}	P_{13}	P_{14}	W_3
P_1	1	6	8	5	2	7	8	3	9	4	9	9	9	9	0.236
P_2		1	4	$\frac{1}{2}$	$\frac{1}{5}$	2	3	$\frac{1}{4}$	8	$\frac{1}{3}$	5	7	6	9	0.064
P_3			1	$\frac{1}{5}$	$\frac{1}{8}$	$\frac{1}{3}$	$\frac{1}{2}$	$\frac{1}{7}$	5	$\frac{1}{6}$	2	4	6	3	0.026
P_4				1	$\frac{1}{4}$	3	4	$\frac{1}{3}$	9	$\frac{1}{2}$	6	8	9	7	0.084
P_5					1	6	7	2	3	8	9	9	9	9	0.186
P_6						1	2	$\frac{1}{5}$	7	$\frac{1}{4}$	4	5	7	5	0.045
P_7							1	$\frac{1}{6}$	6	$\frac{1}{5}$	3	5	7	4	0.035
P_8								1	9	2	8	9	9	8	0.143
P_9									1	$\frac{1}{9}$	$\frac{1}{4}$	$\frac{1}{2}$	$\frac{1}{3}$	2	0.009
P_{10}										1	7	9	9	8	0.110
P_{11}											1	3	5	2	0.021
P_{12}												1	3	$\frac{1}{2}$	0.011
P_{13}													1	$\frac{1}{4}$	0.008
P_{14}														1	0.015

$\lambda_{max}=15.64$，$CI=0.126$，$RI=1.58$，$CR=0.0797<0.10$。

根据以上层次单排序的结果，经过层总排序计算和一致性检验，可得对象层（P）的层次总排序（表4.2.13）。

表 4.2.13　对象层（P）的层次总排序

A	C_1	C_2	C_3	$W_总$
	0.260	0.634	0.106	
P_1	0.235	0.234	0.236	0.2345
P_2	0.143	0.183	0.064	0.1600
P_3	0.084	0.143	0.026	0.1153
P_4	0.186	0.109	0.084	0.1271
P_5	0.110	0.084	0.186	0.1013
P_6	0.046	0.017	0.045	0.0281
P_7	0.063	0.065	0.035	0.0613
P_8	0.035	0.008	0.143	0.0296
P_9	0.009	0.010	0.009	0.0105
P_{10}	0.025	0.015	0.110	0.0271
P_{11}	0.026	0.047	0.021	0.0398
P_{12}	0.016	0.028	0.011	0.0284
P_{13}	0.012	0.027	0.008	0.0215
P_{14}	0.008	0.015	0.015	0.0135

综合上述建模计算过程，可以得出如下两点基本结论。

（1）从 C 层的排序结果来看，该城市主导产业选择的准则应该是，首先考虑产业的效益（主要是经济效益）；其次考虑市场需求和远景市场潜力；最后考虑发挥地区优势和资源合理利用问题。

（2）从 P 层总排序的结果来看，该城市主导产业选择的优先顺序应该是：P_1（能源工业）>P_2（交通运输业）>P_4（化工工业）>P_3（冶金工业）>P_5（纺织工业）>P_7（建筑业）>P_{11}（电器、电子工业）>P_8（机械工业）>P_{12}（农业）>P_6（建材工业）>P_{10}（邮电通信业）>P_{13}（旅游业）>P_{14}（饮食服务业）>P_9（食品加工业）。

参 考 文 献

艾南山 . 1987. 侵蚀流域系统的信息熵［J］. 水土保持学报, 1（2）：1-8.

艾南山, 岳天祥 . 1988. 再论流域系统的信息熵［J］. 水土保持学报, 2（4）：1-9.

牛文元 . 1989. 自然资源开发原理［M］. 开封：河南大学出版社.

汤兵勇, 姜海涛, 任建, 等 . 1990. 环境系统工程方法［M］. 北京：中国环境科学出版社.

徐建华 . 1994. 区域开发理论与研究方法［M］. 兰州：甘肃科学技术出版社.

徐建华 . 1996. 现代地理学中的数学方法［M］. 北京：高等教育出版社.

徐建华 . 2002. 现代地理学中的数学方法［M］. 2 版 . 北京：高等教育出版社.

徐建华 . 2016. 现代地理学中的数学方法［M］. 3 版 . 北京：高等教育出版社.

徐建华 . 2006. 计量地理学［M］. 北京：高等教育出版社.

徐建华 . 2014. 计量地理学［M］. 2 版 . 北京：高等教育出版社.

徐建华 . 2010. 地理建模方法［M］. 北京：科学出版社.

徐建华，余庆余．1993．人类生态系统［M］．兰州：兰州大学出版社．

《运筹学》教材编写组．1990．运筹学（修订版）．北京：清华大学出版社．

赵焕臣，许树柏，和金生．1986．层次分析法———一种简易的新决策方法［M］．北京：科学出版社．

Culling W E H．1960．Analytical theory of erosion［J］．Journal of geology，68：336-344．

Culling W E H．1963．Soil creep and the development of hillside slope［J］．Journal of Geology，71：127-161．

Dantzig G B．1951．Application of the simplex method to a transportation problem［J］．Activity analysis of production and allocation，13：359-373．

Dantzig G B，Orden A，WOLFE P．1955．The generalized simplex method for minimizing a linear form under linear inequality restraints［J］．Pacific journal of mathematics，5（2）：183-195．

Keyfitz N．1980．Do cities grow by natural increase or by migration？［J］．Geographical analysis，12（2）：142-156．

Ledent J．1982．Rural-urban migration，urbanization，and economic development［J］．Economic development and cultural change，30（3）：507-538．

Lee S M．1972．Goal programming for decision analysis［M］．Philadelphia：Auerback．

Rogers A．1984．Migration，urbanization，and spatial population dynamics［M］．Boulder，Colorado：Westview．

Saaty T L．1980．The analytic hierarchy process［M］．Landon：McGraw-Hill Company．

思考与练习题

1. 你如何理解地理学中的确定性建模法？

2. 系统动态建模常用的方法有哪些？试列举两个地理系统动态建模实例。

3. 一个线性规划模型，由哪几个部分组成，它们分别代表什么含义？试结合你的专业背景，列举两个线性规划建模实例。

4. 试述多目标规划与单目标规划的区别，什么叫多目标规划的非劣解？试结合你的专业背景，列举两个多目标规划建模实例。

5. 目标规划方法解决多目标规划问题的基本思路是什么？在目标规划模型中，正、负偏差变量的含义是什么？什么叫做硬约束和软约束？怎样体现各个目标的优先级及同一个优先级中每一目标的重要性程度？

6. AHP 决策分析方法的基本思路、步骤和计算方法是什么？

7. 你认为 AHP 方法在现代地理学中可以应用于哪些方面的研究？

8. 试结合你的专业背景，运用 AHP 方法建立一个非结构化决策分析模型。

第 5 章　非确定性建模方法

地理现象可以分为两大类，即确定性现象和非确定性现象（徐建华，1996，2010）。

确定性现象是指事先可以预言的现象，即在准确地重复某些条件下，结果总是肯定的。例如，在一个标准大气压下，水被加热到 100℃ 便会沸腾。质量守恒定律、牛顿定律描述的就是这类现象。而非确定现象，又包括随机现象、模糊现象及灰色系统。三者共同的特点是不确定性，但随机现象是指事件的结果不确定，模糊现象中是指事物本身的定义不确定（Zadeh，1965），而灰色系统则是指信息不完全的对象系统（Deng，1982；邓聚龙，1985a，b）。

非确定性地理现象是大量存在的。本章将结合具体实例，针对非确定性地理现象，讨论经典统计学、空间统计、模糊数学和灰色系统理论在建立地理模型方面的应用问题。

5.1　经典统计建模法

随机现象是指事先不可预言的现象，即在相同条件下重复进行试验，每次结果未必相同，或知道事物过去的状况，但未来的发展却不能完全肯定。研究这类现象的数学工具是概率论和数理统计。

建立在概率论与数理统计基础上的经典统计分析方法，是地理学中最基本和最常用的一类建模方法（林炳耀，1985；张超和杨秉赓，1990）。它们适用于各种随机现象、随机过程和随机事件的统计建模。限于篇幅，本节主要讨论几种最基本的、也是最重要的、经典的地理统计建模方法，即统计检验、相关分析、回归分析、聚类分析、主成分分析等。

5.1.1　统计检验

统计检验经常用于以下场合：①检验样本参数是否能代表总体；②统计假设能否成立；③统计分析是否合理。

地理现象的统计检验，主要包括两大类，即参数检验和非参数检验。

参数检验方法，首先假定变量服从特定的已知分布（如正态分布），然后对分布的参数（如均数）做检验。这种检验方法是：首先假定统计假设是成立的，并由此推导出一个结果来，然后间接运用概率论理论中"小概率事件实际上的不可能性"原理，根据结果分布特点决定的出现可能性，检验假设是否成立。当然，否定或肯定某种假设，都是基于一定概率分布基础之上的，其常用的检验包括正态分布检验，t 分布、χ^2 分布和 F 分布检验等。不同的检验方法，比较的统计量是不同的。t 检验等检验方法比较的是均值；χ^2 检验比较的是频数；F 检验比较的是方差。

非参数检验，又称任意分布检验，它不对变量的分布作严格假定，检验不针对特定的参数，而是模糊地对变量分布的中心位置或分布形态做检验。由于非参数检验对总体分布不作严格假定，所以适用性强。

在选择参数与非参数检验时，首要考虑数据的分布情况，能确定分布类型的，则可适当选用参数检验。非参数由于不限制分布，统计方法简便，适用范围广泛，但检验效率较低，应用时应辩证地考虑。

两类检验方法，在数理统计学的文献中可以看到，此处不再赘述。下面重点介绍近年来应用十分广泛的非参数检验方法，即 Mann-Kendall 检验。

Mann-Kendall 方法是一种非参数统计检验方法（Gibbons and Chakraborti，2003），其优点是不需要样本遵从一定的分布，也不受少数异常值的干扰，更适用于类型变量和顺序变量，适用性强，计算也比较方便。该方法不但可以检验时间序列的变化趋势，而且可以检验时间序列是否发生了突变。

1. Mann-Kendall 趋势检验

Mann-Kendall 趋势检验的原理如下。

对于时间序列 X，Mann-Kendall 趋势检验的统计量如下：

$$S = \sum_{i=1}^{n-1} \sum_{j=i+1}^{n} \text{sgn}(x_j - x_i) \qquad (5.1.1)$$

式中：x_j 为时间序列的第 j 个数据值；n 为数据样本的长度；sgn 为符号函数，其定义如下：

$$\text{sgn}(\theta) = \begin{cases} 1 & \theta > 0 \\ 0 & \theta = 0 \\ -1 & \theta < 0 \end{cases} \qquad (5.1.2)$$

Mann（1945）和 Kendall（1975）证明，当 $n \geqslant 8$ 时，统计量 S 大致地服从正态分布，其均值为 0，方差为

$$\text{Var}(S) = \frac{n(n-1)(2n+5) - \sum_{i=1}^{n} t_i(i-1)(2i+5)}{18} \qquad (5.1.3)$$

其中，t_i 为第 i 组数据点的数目。

标准化统计量，按照如下公式计算：

$$Zc = \begin{cases} \dfrac{S-1}{\sqrt{\mathrm{Var}(S)}} & S > 0 \\[2mm] 0 & S = 0 \\[2mm] \dfrac{S+1}{\sqrt{\mathrm{Var}(S)}} & S < 0 \end{cases} \tag{5.1.4}$$

即 Z_c 服从标准正态分布。

衡量趋势大小的指标为斜率 β, 其计算公式为

$$\beta = \mathrm{Median}\left(\frac{x_i - x_j}{i - j}\right) \tag{5.1.5}$$

式中: $1 < j < i < n$。正的 β 值表示"上升趋势"; 负的 β 值表示"下降趋势"。

Mann-Kendall 趋势检验的方法是: 零假设 H_0: $\beta = 0$, 当 $|Z_c| > Z_{1-\alpha/2}$ 时, 拒绝零假设。其中, $Z_{1-\alpha/2}$ 为标准正态方差, α 为显著性检验水平。当 Z_c 的绝对值大于等于 1.28、1.64、2.32 时, 表示分别通过了置信度为 90%、95%、99% 显著性检验。

上述 Mann-Kendall 趋势检验的计算过程, 可以借助于 MATLAB 软件编程实现。

为了检验塔里木河流域气温变化的显著性, 选择流域内 23 个气象台站 (图 5.1.1) 48 年 (1959 ~ 2006 年) 的年平均气温序列数据, 运用 Mann-Kendall 方法做了趋势检验 (Xu et al., 2009)。

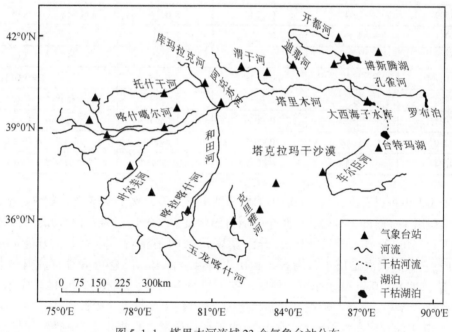

图 5.1.1　塔里木河流域 23 个气象台站分布

基于流域内 23 个气象台站的观测数据, 用年平均气温序列, 计算斜率 β 和统计量 Z_c, 并进行统计检验, 结果如表 5.1.1 所示。

表 5.1.1　年平均气温变化趋势的 Mann-Kendall 检验

台站编号	台站	倾斜度 β	Z_c	显著性
51642	轮台	0.0400	5.4395	显著（$\alpha=0.01$）
51628	阿克苏	0.0389	5.5906	显著（$\alpha=0.01$）
51839	民丰	0.0365	5.2173	显著（$\alpha=0.01$）
51567	焉耆	0.0333	5.1728	显著（$\alpha=0.01$）
51828	和田	0.0318	4.0974	显著（$\alpha=0.01$）
51705	乌恰	0.0314	4.0263	显著（$\alpha=0.01$）
51855	且末	0.0307	4.7107	显著（$\alpha=0.01$）
51467	巴仑台	0.0302	3.6174	显著（$\alpha=0.01$）
51701	吐尔尕特	0.0286	4.3996	显著（$\alpha=0.01$）
51633	拜城	0.0286	4.1241	显著（$\alpha=0.01$）
51765	铁干里克	0.0271	5.3773	显著（$\alpha=0.01$）
51716	巴楚	0.0267	4.6662	显著（$\alpha=0.01$）
51526	库米什	0.0263	4.3640	显著（$\alpha=0.01$）
51818	皮山	0.0262	3.4308	显著（$\alpha=0.01$）
51656	库尔勒	0.0250	4.2929	显著（$\alpha=0.01$）
51709	喀什	0.0240	3.0042	显著（$\alpha=0.01$）
51711	阿合奇	0.0236	3.7330	显著（$\alpha=0.01$）
51777	若羌	0.0227	3.9285	显著（$\alpha=0.01$）
51811	莎车	0.0221	4.0796	显著（$\alpha=0.01$）
51720	柯坪	0.0133	2.5509	显著（$\alpha=0.01$）
51931	于田	0.0066	1.0666	不显著
51730	阿拉尔	0.0063	1.5910	显著（$\alpha=0.1$）
51644	库车	−0.0054	−1.3243	显著（$\alpha=0.1$）

从表 5.1.1 可以看出，从 $\alpha=0.01$ 的置信度水平来看，整个流域绝大多数台站的年平均气温呈现出了显著的上升趋势，整个流域升温幅度为（0.1~0.4℃）/10a，大部分区域升温幅度为（0.12~0.26℃）/10a；升温幅度最大的是轮台、阿克苏，升温幅度均在 0.4℃/10a 左右；其次是民丰、焉耆、和田、乌恰、且末、巴仑台等地区，升温幅度为（0.30~0.37℃）/10a；吐尔尕特、拜城、铁干里克、巴楚、库米什、皮山、库尔勒、喀什、阿合奇、若羌、莎车、柯坪，升温幅度为（0.14~0.29℃）/10a。

从 $\alpha=0.1$ 的置信度水平来看，阿拉尔的年平均气温也呈现出上升趋势，但升温幅度较小。而于田的升温趋势没有通过 $\alpha=0.1$ 的置信度水平的检验。比较特殊的是库车，从 $\alpha=0.1$ 的置信度水平来看，该台站年平均气温呈现出了下降趋势，降温幅度在 0.05℃/10a 左右。导致这种现象出现的原因，一些科学家认为是该台站数据本身的变迁导致的，如气象台站周围环境的变化等，但是这些说法尚无定论（李江风，2003）。

2. Mann-Kendall 突变检验

Mann-Kendall 突变检验的原理如下。

首先，对于时间序列 X（含有 n 个样本），构造一个秩序列：

$$s_k = \sum_{i=1}^{k} r_i \quad (k = 2, 3, \cdots, n) \tag{5.1.6}$$

式中：

$$r_i = \begin{cases} +1 & x_i > x_j \\ 0 & \text{否则} \end{cases} \quad (j = 1, 2, \cdots, i)$$

秩序列 s_k 是第 i 个时刻数值大于 j 个时刻时，数值个数的累加。

在时间序列为随机的假设下，定义统计量：

$$\mathrm{UF}_k = \frac{\left[s_k - E(s_k) \right]}{\sqrt{\mathrm{Var}(s_k)}} \quad (k = 1, 2, \cdots, n) \tag{5.1.7}$$

式中：$\mathrm{UF}_1 = 0$；$E(s_k)$ 和 $\mathrm{Var}(s_k)$ 分别为 s_k 的均值和方差，且 $x_1, x_2, \cdots, x_n$ 互相独立时，它们具有相同的连续分布，可以由下式推算出：

$$E(s_k) = \frac{k(k-1)}{4} \quad (2 \le k \le n) \tag{5.1.8}$$

$$\mathrm{Var}(s_k) = \frac{k(k-1)(2k+5)}{72} \quad (2 \le k \le n) \tag{5.1.9}$$

UF_k 为标准正态分布，它是按时间序列 X 的顺序（$x_1, x_2, \cdots, x_n$）计算出的统计量序列，给定显著性水平 α，查正态分布表，若 $\mathrm{UF}_k > U_\alpha$，则表明序列存在明显的趋势变化。

其次，按时间序列 X 的逆序（$x_n, x_{n-1}, \cdots, x_1$），重复上述过程，并且令 $\mathrm{UB}_k = \mathrm{UF}_k (k = n, n-1, \cdots, 1)$，$\mathrm{UB}_1 = 0$。

一般取显著性水平 $\alpha = 0.05$，那么临界值 $U_{0.05} = \pm 1.96$。将 UF_k 和 UB_k 两个统计量序列曲线和 ± 1.96 两条直线均绘在一张图上。若 UF_k 和 UB_k 的值大于 0，则表明序列呈上升趋势，小于 0 则表明呈下降趋势。当它们超过临界直线时，表明上升或下降趋势显著，超过临界线的范围确定为出现突变的时间区域。如果 UF_k 和 UB_k 两条曲线出现交点，且交点在临界线之间，那么交点对应的时刻便是突变开始的时间。

上述检验计算过程，可以借助于 MATLAB 软件编程实现。

作为 Mann-Kendall 突变检验方法的应用实例，选择位于新疆南疆地区的焉耆气象站，以年平均气温和降水数据为依据，用它们进行突变检验。

图 5.1.2 和图 5.1.3 分别给出了由焉耆气象站 1961～2010 年的年平均气温数据和年降水数据计算得出的 UF 和 UB 曲线。

从图 5.1.2 可以看出，自 1961 年开始，除个别年份（1962 年、1967 年、1970 年、1976）外，UF 值都大于 0；而且从 1977 年开始，UF 值都大于 0，呈现明显的上升趋势。进一步观察 UF 和 UB 曲线的交点，发现其位置在 1990 年，这表明焉耆气象站的气温变化趋势，在 1990 年开始出现转折，发生了突变。

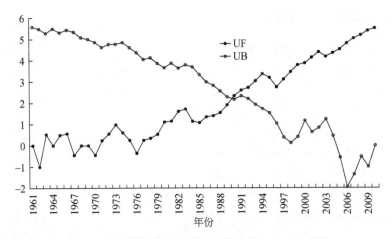

图 5.1.2 焉耆气象站气温突变的 Mann-Kendall 检验

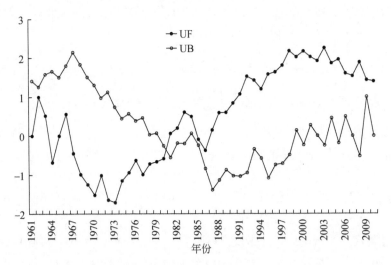

图 5.1.3 焉耆气象站降水突变的 Mann-Kendall 检验

类似地，从图 5.1.3 中 UF 和 UB 两条曲线的交点发现，对于焉耆气象站的降水，其突变点出现在 1981 年。

5.1.2 相关分析与回归分析

相关分析与回归分析，是经典统计分析中最为基本的方法。它们主要是从统计分析的角度，定量地分析地理要素之间的相关程度、拟合地理变量之间的数量关系。

1. 相关分析

相关分析的任务，是揭示地理要素之间相互关系的密切程度。而地理要素之间相互关系密切程度的测定，主要是通过对相关系数的计算与检验来完成的。

对于两个要素（变量）x 与 y，它们之间的相关系数被定义为

$$r_{xy} = \frac{\text{cov}(x,\ y)}{\sigma_x \sigma_y}$$

式中：$\text{cov}(x,\ y)$ 为 x 与 y 之间的协方差；σ_x 为 x 的标准差；σ_y 为 y 的标准差。

如果 x 与 y 的样本值分别为 x_i 与 y_i（$i = 1,\ 2,\ \cdots,\ n$），那么，$\text{cov}(x,\ y)$、σ_x 及 σ_y 的样本估计值分别为 $\text{cov}(x,\ y) = \dfrac{1}{n} \sum\limits_{i=1}^{n} (x_i - \bar{x})(y_i - \bar{y})$、$\sigma_x = \sqrt{\dfrac{(x_i - \bar{x})^2}{n}}$ 和 $\sigma_y = \sqrt{\dfrac{(y_i - \bar{y})^2}{n}}$，其中，$\bar{x}$ 与 $\bar{y}$ 分别为 x 与 y 的平均值。

这样，用样本值计算 x 与 y 之间的相关系数的公式就是

$$r_{xy} = \frac{\sum\limits_{i=1}^{n} (x_i - \bar{x})(y_i - \bar{y})}{\sqrt{\sum\limits_{i=1}^{n} (x_i - \bar{x})^2} \sqrt{\sum\limits_{i=1}^{n} (y_i - \bar{y})^2}} \tag{5.1.10}$$

式中：r_{xy} 为要素 x 与 y 之间的相关系数。

相关系数 r_{xy} 是表示该两要素之间的相关程度的统计指标，它的值介于 $[-1,\ 1]$。$r_{xy} > 0$，表示正相关，即两要素同向相关；$r_{xy} < 0$，表示负相关，即两要素异向相关。r_{xy} 的绝对值越接近于 1，表示两要素的关系越密切；越接近于 0，表示两要素的关系越不密切。显然，相关系数 r_{xy} 具有性质：① $r_{xx} = 1$，$r_{yy} = 1$，即每一个要素与它自己本身的相关程度最大；② $r_{xy} = r_{yx}$，即要素 x 对要素 y 的相关程度与要素 y 对要素 x 的相关程度相等。

当要素之间的相关系数求出之后，还需要对所求得的相关系数进行检验。这是因为，这里的相关系数是根据要素之间的样本值计算出来的，它随着样本数的多少或取样方式的不同而不同，因此它只是要素之间的样本相关系数，只有通过检验，才能知道它的可信度。一般情况下，相关系数的检验，是在给定的置信水平下，通过查相关系数检验的临界值表来完成的。

地理系统是一种多要素的复杂巨系统，其中一个要素的变化必然影响其他要素的变化。在多要素所构成的地理系统中，当研究某一个要素对另一个要素的影响或相关程度时，把其他要素的影响视为常数（保持不变），即暂不考虑其他要素的影响，而单独研究两个要素之间相互关系的密切程度时，则称为偏相关。用以度量偏相关程度的统计量，称为偏相关系数。

偏相关系数，可利用单相关系数来计算。若有三个要素 x_1、x_2、x_3，则它们共有三个一级偏相关系数，分别是 $r_{12 \cdot 3}$、$r_{13 \cdot 2}$ 和 $r_{23 \cdot 1}$。这三个一级偏相关系数，可以由单相关系数（即零级偏相关系数）计算而来，其计算公式分别如下：

$$r_{12 \cdot 3} = \frac{r_{12} - r_{13} r_{23}}{\sqrt{(1 - r_{13}^2)(1 - r_{23}^2)}} \tag{5.1.11}$$

$$r_{13 \cdot 2} = \frac{r_{13} - r_{12} r_{23}}{\sqrt{(1 - r_{12}^2)(1 - r_{23}^2)}} \tag{5.1.12}$$

$$r_{23 \cdot 1} = \frac{r_{23} - r_{12}r_{13}}{\sqrt{(1 - r_{12}^2)(1 - r_{13}^2)}} \tag{5.1.13}$$

在式（5.1.11）~式（5.1.13）中，左端项下标点后面的数字，代表在计算一级偏相关系数时，保持不变的量，如 $r_{12 \cdot 3}$ 代表在 x_3 保持不变的情况下，测度 x_1 和 x_2 之间相关程度的偏相关系数。

若有四个要素 x_1、x_2、x_3 和 x_4，则它们之间有六个二级偏相关系数，即 $r_{12 \cdot 34}$、$r_{13 \cdot 24}$、$r_{14 \cdot 23}$、$r_{23 \cdot 14}$、$r_{24 \cdot 13}$ 和 $r_{34 \cdot 12}$。这六个二级偏相关系数，可以由一级偏相关系数计算而来，其计算公式分别如下：

$$r_{12 \cdot 34} = \frac{r_{12 \cdot 3} - r_{14 \cdot 3}r_{24 \cdot 3}}{\sqrt{(1 - r_{14 \cdot 3}^2)(1 - r_{24 \cdot 3}^2)}} \tag{5.1.14}$$

$$r_{13 \cdot 24} = \frac{r_{13 \cdot 2} - r_{14 \cdot 2}r_{34 \cdot 2}}{\sqrt{(1 - r_{14 \cdot 2}^2)(1 - r_{34 \cdot 2}^2)}} \tag{5.1.15}$$

$$r_{14 \cdot 23} = \frac{r_{14 \cdot 2} - r_{13 \cdot 2}r_{43 \cdot 2}}{\sqrt{(1 - r_{13 \cdot 2}^2)(1 - r_{43 \cdot 2}^2)}} \tag{5.1.16}$$

$$r_{23 \cdot 14} = \frac{r_{23 \cdot 1} - r_{24 \cdot 1}r_{34 \cdot 1}}{\sqrt{(1 - r_{24 \cdot 1}^2)(1 - r_{34 \cdot 1}^2)}} \tag{5.1.17}$$

$$r_{24 \cdot 13} = \frac{r_{24 \cdot 1} - r_{23 \cdot 1}r_{43 \cdot 1}}{\sqrt{(1 - r_{23 \cdot 1}^2)(1 - r_{43 \cdot 1}^2)}} \tag{5.1.18}$$

$$r_{34 \cdot 12} = \frac{r_{34 \cdot 1} - r_{32 \cdot 1}r_{42 \cdot 1}}{\sqrt{(1 - r_{32 \cdot 1}^2)(1 - r_{42 \cdot 1}^2)}} \tag{5.1.19}$$

在式（5.1.14）中，$r_{12 \cdot 34}$ 表示在 x_3 和 x_4 保持不变的条件下，x_1 和 x_2 之间的二级偏相关系数，式（5.1.15）~式（5.1.19）依此类推。

如果所考虑的要素多于四个时，则可以依次考虑计算三级甚至更多级偏相关系数。

偏相关系数具有下述性质：① 偏相关系数分布的范围在 $-1 \sim 1$，例如，固定 x_3，则 x_1 与 x_2 间的偏相关系数满足 $-1 \leqslant r_{12 \cdot 3} \leqslant 1$。当 $r_{12 \cdot 3}$ 为正值时，表示 x_3 固定时，x_1 与 x_2 为正相关；当 $r_{12 \cdot 3}$ 为负值时，表示 x_3 固定时，x_1 与 x_2 为负相关。② 偏相关系数的绝对值越大，表示其偏相关程度越大。例如，$|r_{12 \cdot 3}| = 1$，则表示 x_3 固定时，x_1 与 x_2 完全相关；当 $|r_{12 \cdot 3}| = 0$ 时，表示 x_3 固定时，x_1 与 x_2 完全无关。③ 偏相关系数的绝对值必小于或最多等于由同一系列资料所求得的复相关系数（详见后述），即 $R_{1 \cdot 23} \geqslant |r_{12 \cdot 3}|$。

偏相关系数的显著性检验，一般采用 t-检验法。其统计量计算公式为

$$t = \frac{r_{12 \cdot 34 \cdots k}}{\sqrt{1 - r_{12 \cdot 34 \cdots k}^2}} \sqrt{n - m - 1} \tag{5.1.20}$$

式中：$r_{12 \cdot 34 \cdots k}$ 为偏相关系数；n 为样本数；m 为自变量个数。

查 t 分布表，可得出不同显著水平上的临界值 t_α，若 $t > t_\alpha$，则表示偏相关显著；反之，$t < t_\alpha$，则偏相关不显著。

2. 回归分析

相关分析揭示了要素之间的相关程度。然而，诸要素之间关系的进一步具体化，如某

一要素与其他要素之间的关系若能用一定的函数形式予以近似表达，那么其实用意义将会更大。回归分析方法，就是研究要素之间具体数量关系的一种强有力的工具，运用这种方法能够建立反映地理要素之间具体数量关系的数学模型，即回归模型。

假设某一因变量 y 受 $k(k \geqslant 1)$ 个自变量 x_1，x_2，$\cdots$，x_k 的影响，其 n 组观测值为 $(y_a, x_{1a}, x_{2a}, \cdots, x_{ka})$，$a = 1, 2, \cdots, n$。那么，多元线性回归模型的结构形式为

$$y_a = \beta_0 + \beta_1 x_{1a} + \beta_2 x_{2a} + \cdots + \beta_k x_{ka} + \varepsilon_a \tag{5.1.21}$$

式中：β_0，β_1，$\cdots$，β_k 为待定参数；ε_a 为误差项。

如果 b_0，b_1，$\cdots$，b_k 分别为 β_0，β_1，β_2，$\cdots$，β_k 的拟合值，则回归方程为

$$y = b_0 + b_1 x_1 + b_2 x_2 + \cdots + b_k x_k \tag{5.1.22}$$

式中：b_0 为常数；b_1，b_2，$\cdots$，b_k 为偏回归系数。

偏回归系数 $b_i(i = 1, 2, \cdots, k)$ 的意义是，当其他自变量 $x_j(j \neq i)$ 都固定时，自变量 x_i 每变化一个单位而使因变量 y 平均改变的数值。

根据最小二乘法原理，$\beta_i(i = 0, 1, 2, \cdots, k)$ 的估计值 $b_i(i = 0, 1, 2, \cdots, k)$ 应该使

$$Q = \sum_{a=1}^{n} (y_a - \hat{y}_a)^2 = \sum_{a=1}^{n} \left[y_a - (b_0 + b_1 x_{1a} + b_2 x_{2a} + \cdots + b_k x_{ka}) \right]^2 \to \min \tag{5.1.23}$$

由求极值的必要条件得

$$\begin{cases} \dfrac{\partial Q}{\partial b_0} = -2 \sum_{a=1}^{n} (y_a - \hat{y}_a) = 0 \\[3mm] \dfrac{\partial Q}{\partial b_j} = -2 \sum_{a=1}^{n} (y_a - \hat{y}_a) x_{ja} = 0 \quad (j = 1, 2, \cdots, k) \end{cases} \tag{5.1.24}$$

将方程组（5.1.24）展开整理后得

$$\begin{cases} nb_0 + \left(\sum\limits_{a=1}^{n} x_{1a} \right) b_1 + \left(\sum\limits_{a=1}^{n} x_{2a} \right) b_2 + \cdots + \left(\sum\limits_{a=1}^{n} x_{ka} \right) b_k = \sum\limits_{a=1}^{n} y_a \\[3mm] \left(\sum\limits_{a=1}^{n} x_{1a} \right) b_0 + \left(\sum\limits_{a=1}^{n} x_{1\alpha}^2 \right) b_1 + \left(\sum\limits_{a=1}^{n} x_{1a} x_{2a} \right) b_2 + \cdots + \left(\sum\limits_{a=1}^{n} x_{1a} x_{ka} \right) b_k = \sum\limits_{a=1}^{n} x_{1a} y_a \\[3mm] \left(\sum\limits_{a=1}^{n} x_{2a} \right) b_0 + \left(\sum\limits_{a=1}^{n} x_{1a} x_{2a} \right) b_1 + \sum\limits_{a=1}^{n} (x_{2a}^2) b_2 + \cdots + \left(\sum\limits_{a=1}^{n} x_{2a} x_{ka} \right) b_k = \sum\limits_{a=1}^{n} x_{2a} y_a \\[2mm] \cdots\cdots \\[2mm] \left(\sum\limits_{a=1}^{n} x_{ka} \right) b_0 + \left(\sum\limits_{a=1}^{n} x_{1a} x_{ka} \right) b_1 + \left(\sum\limits_{a=1}^{n} x_{2a} x_{ka} \right) b_2 + \cdots + \left(\sum\limits_{a=1}^{n} x_{ka}^2 \right) b_k = \sum\limits_{a=1}^{n} x_{ka} y_a \end{cases} \tag{5.1.25a}$$

方程组（5.1.25a）被称为正规方程组。

如果引入以下向量和矩阵：

$$b = \begin{bmatrix} b_0 \\ b_1 \\ b_2 \\ \vdots \\ b_n \end{bmatrix}, \quad Y = \begin{bmatrix} y_1 \\ y_2 \\ \vdots \\ y_n \end{bmatrix}, \quad X = \begin{bmatrix} 1 & x_{11} & x_{21} & \cdots & x_{k1} \\ 1 & x_{12} & x_{22} & \cdots & x_{k2} \\ 1 & x_{13} & x_{23} & \cdots & x_{k3} \\ \vdots & \vdots & \vdots & \ddots & \vdots \\ 1 & x_{1n} & x_{2n} & \cdots & x_{kn} \end{bmatrix}$$

$$A = X^T X = \begin{bmatrix} 1 & 1 & 1 & \cdots & 1 \\ x_{11} & x_{12} & x_{13} & \cdots & x_{1n} \\ x_{21} & x_{22} & x_{23} & \cdots & x_{2n} \\ \vdots & \vdots & \vdots & \ddots & \vdots \\ x_{k1} & x_{k2} & x_{k3} & \cdots & x_{kn} \end{bmatrix} \begin{bmatrix} 1 & x_{11} & x_{21} & \cdots & x_{k1} \\ 1 & x_{12} & x_{22} & \cdots & x_{k2} \\ 1 & x_{13} & x_{23} & \cdots & x_{k3} \\ \vdots & \vdots & \vdots & \ddots & \vdots \\ 1 & x_{1n} & x_{2n} & \cdots & x_{kn} \end{bmatrix}$$

$$= \begin{bmatrix} n & \sum_{a=1}^{n} x_{1a} & \sum_{a=1}^{n} x_{2a} & \cdots & \sum_{a=1}^{n} x_{ka} \\ \sum_{a=1}^{n} x_{1a} & \sum_{a=1}^{n} x_{1\alpha}^2 & \sum_{a=1}^{n} x_{1a}x_{2a} & \cdots & \sum_{a=1}^{n} x_{1a}x_{ka} \\ \sum_{a=1}^{n} x_{2a} & \sum_{a=1}^{n} x_{1a}x_{2a} & \sum_{a=1}^{n} x_{2a}^2 & \cdots & \sum_{a=1}^{n} x_{2a}x_{ka} \\ \vdots & \vdots & \vdots & \ddots & \vdots \\ \sum_{a=1}^{n} x_{ka} & \sum_{a=1}^{n} x_{1a}x_{ka} & \sum_{a=1}^{n} x_{2a}x_{ka} & \cdots & \sum_{a=1}^{n} x_{ka}^2 \end{bmatrix}$$

$$B = X^T Y = \begin{bmatrix} 1 & 1 & 1 & \cdots & 1 \\ x_{11} & x_{12} & x_{13} & \cdots & x_{1n} \\ x_{21} & x_{22} & x_{23} & \cdots & x_{2n} \\ \cdots & \cdots & \cdots & \ddots & \cdots \\ x_{k1} & x_{k2} & x_{k3} & \cdots & x_{kn} \end{bmatrix} \begin{bmatrix} y_1 \\ y_2 \\ y_3 \\ \vdots \\ y_n \end{bmatrix} = \begin{bmatrix} \sum_{a=1}^{n} y_a \\ \sum_{a=1}^{n} x_{1a}y_a \\ \sum_{a=1}^{n} x_{2a}y_a \\ \vdots \\ \sum_{a=1}^{n} y_{ka}y_a \end{bmatrix}$$

则正规方程组（5.1.25a）可以进一步写成矩阵形式

$$Ab = B \tag{5.1.25b}$$

求解正规方程组（5.1.25b），可得

$$b = A^{-1}B = (X^T X)^{-1} X^T Y \tag{5.1.26}$$

当回归模型建立后，需要进行显著性检验。可以看出，因变量 y 的观测值 y_1，y_2，$\cdots$，y_n 之间的波动或差异，是由两个因素引起的，一是自变量 x_1，x_2，$\cdots$，x_k 的取值不同；二是其他随机因素的影响。为了从 y 的离差平方和中把它们区分开来，需要对回归模型进行方差分析，也就是将 y 的离差平方和 $S_{总}$（或 L_{yy}）分解成两个部分，即回归平方和 U 与剩余平

方和 Q:

$$S_{总} = L_{yy} = U + Q$$

在多元线性回归分析中，回归平方和表示的是所有 k 个自变量对 y 的变差的总影响，它可以按公式

$$U = \sum_{a=1}^{n} (\hat{y}_\alpha - \bar{y})^2 = \sum_{i=1}^{k} b_i L_{iy}$$

计算，而剩余平方和为

$$Q = \sum_{a=1}^{n} (y_a - \hat{y}_a)^2 = L_{yy} - U$$

它们所代表的意义也相似，即回归平方和越大，则剩余平方和 Q 就越小，回归模型的效果就越好。不过，在多元线性回归分析中，各平方和的自由度略有不同，回归平方和 U 的自由度等于自变量的个数 k，而剩余平方和的自由度等于 $n-k-1$，所以 F 统计量为

$$F = \frac{U/k}{Q/(n-k-1)} \tag{5.1.27}$$

当统计量 F 计算出来之后，就可以查 F 分布表对模型进行显著性检验。事实上，统计量 F 服从于自由度 $f_1 = k$ 和 $f_2 = n-k-1$ 的 F 分布，即 $F \sim F(k, n-k-1)$。在显著水平 α 下，若 $F > F_a(k, n-k-1)$，则认为回归方程在此水平上是显著的。一般，当 $F < F_{0.10}(k, n-k-1)$ 时，则认为方程效果不明显。

如果地理要素之间的关系是非线性的，则只要根据要素之间的关系设定新的变量，通过变量替换就可以将原来的非线性关系转化为新变量下的线性关系。这样，就可以运用上述线性回归分析方法建立其非线性回归模型。

例：表 5.1.2 给出了甘肃省 53 个气象台站的经纬度坐标，以及多年平均的降水量和蒸发量数据。下面，运用这些数据进行相关分析并建立回归模型。

表 5.1.2　甘肃省各气象台站纬度、海拔及降水量与蒸发量（多年平均值）

台站	东经 $x/(°)$	北纬 $y/(°)$	海拔 a/m	年降水量 p/mm	年蒸发量 v/mm
安西	95.92	40.50	1 170.80	48.25	2835.57
白银	104.53	36.60	1707.20	193.72	1947.97
定西	104.63	35.53	1908.80	413.94	1538.10
古浪	102.90	37.48	2072.40	358.60	1756.79
和政	103.35	35.43	2136.40	615.04	1317.64
徽县	106.12	33.82	930.80	752.42	1167.44
会宁	105.15	35.63	2025.10	435.43	1632.93
靖远	104.67	36.57	1397.80	238.55	1594.28
酒泉	98.52	39.77	1477.20	87.85	2005.45
兰州	103.88	36.05	1517.20	316.00	1410.15
礼县	105.13	34.20	1410.00	503.73	1318.59
临洮	103.85	35.38	1886.60	554.04	1229.31

台站	东经 $x/(°)$	北纬 $y/(°)$	海拔 a/m	年降水量 p/mm	年蒸发量 v/mm
临夏	103.18	35.62	1917.00	502.07	1282.17
玛曲	102.08	34.00	3471.40	611.78	1279.50
岷县	104.17	34.38	2314.60	603.66	1159.48
秦安	105.98	34.73	1250.00	501.67	1414.59
天水	105.75	34.58	1131.70	540.16	1277.33
天祝松山	103.53	37.20	2726.70	264.15	1705.98
通渭	105.40	35.12	1765.00	427.11	1295.52
通渭华家岭	104.83	35.42	2450.00	513.09	1303.09
武山	104.88	34.73	1495.00	478.21	1636.53
榆中	104.08	35.85	1873.70	395.25	1326.29
成县	105.72	33.75	970.00	650.14	1190.00
陇南台	104.92	33.40	1079.00	480.24	1816.37
马鬃山	97.03	41.80	1770.00	85.79	3071.70
肃北野马街	96.88	41.58	2159.00	144.38	2533.30
敦煌	94.68	40.15	1138.70	39.17	2476.40
玉门镇	97.04	40.26	1526.00	65.32	2847.66
梧桐沟	98.62	40.72	1591.00	71.88	3522.76
金塔	98.90	40.00	1270.20	58.57	2466.44
鼎新	99.52	40.30	1177.40	54.33	2336.38
高台	99.83	39.37	1332.20	106.33	1830.97
肃南	99.62	38.83	2311.80	257.21	1789.57
临泽	100.17	39.15	1453.70	114.53	2212.45
张掖	100.43	38.93	1482.70	127.49	2038.38
山丹	101.08	38.78	1764.60	194.90	2312.37
民乐	100.82	38.45	2271.00	331.09	1624.50
民勤	103.08	38.63	1367.00	110.57	2646.17
永昌	101.96	38.23	1976.10	194.42	1968.57
武威	102.67	37.92	1530.80	163.89	1936.77
乌鞘岭	102.87	37.20	3045.10	389.90	1546.97
环县	107.30	36.58	1255.60	541.50	1676.52
西峰	107.64	35.73	1421.90	573.03	1450.58
平凉	106.62	35.73	1346.60	521.31	1427.46
灵台	107.40	35.15	1360.00	645.21	1388.38
静宁	105.72	35.52	1650.00	466.28	1430.82
文县	104.66	32.95	1014.30	558.83	1024.54

台站	东经 $x/(°)$	北纬 $y/(°)$	海拔 a/m	年降水量 p/mm	年蒸发量 v/mm
宕昌	104.38	34.03	1753.20	621.02	1275.13
临潭	103.35	34.70	2810.20	515.02	1471.31
甘南	102.90	35.00	2915.70	545.72	1208.73
郎木寺	102.58	34.21	3362.70	786.75	1159.18
宁县	108.00	35.43	1221.20	584.89	1401.28
合水太白	108.63	36.14	1111.70	574.00	1440.26

　　首先计算降水量（p）和纬度（y）之间的相关系数，以及蒸发量（v）和纬度（y）之间的相关系数，分别代入式（5.1.10），计算结果如下：

$$r_{py} = \frac{\sum\limits_{i=1}^{53}(p_i - \bar{p})(y_i - \bar{y})}{\sqrt{\sum\limits_{i=1}^{53}(p_i - \bar{p})^2}\sqrt{\sum\limits_{i=1}^{53}(y_i - \bar{y})^2}} = -0.9035$$

$$r_{vy} = \frac{\sum\limits_{i=1}^{53}(v_i - \bar{v})(y_i - \bar{y})}{\sqrt{\sum\limits_{i=1}^{53}(v_i - \bar{v})^2}\sqrt{\sum\limits_{i=1}^{53}(y_i - \bar{y})^2}} = 0.8808$$

　　对上述两个相关系数进行显著性检验，结果表明：降水量（p）和纬度（y），以及蒸发量（v）和纬度（y）都是高度相关的（在置信度水平 $\alpha = 0.001$ 下）。

　　进一步把降水量（p）看作因变量，把纬度（y）和海拔（a）看作自变量，建立 p 与 y 和 a 之间的线性回归模型，结果如下：

代入样本数据，得到 $X = \begin{pmatrix} 1 & 40.50 & 1170.80 \\ 1 & 36.60 & 1707.20 \\ \vdots & \vdots & \vdots \\ 1 & 36.14 & 1111.70 \end{pmatrix}_{53 \times 3}$，$Y = \begin{pmatrix} 48.25 \\ 193.72 \\ \vdots \\ 574.00 \end{pmatrix}_{53 \times 1}$

　　套用公式（5.1.26），进行矩阵运算，得到回归系数：

$$b = \begin{pmatrix} b_0 \\ b_1 \\ b_2 \end{pmatrix} = (X^T X)^{-1} X^T Y = \begin{pmatrix} 3294.93 \\ -81.168 \\ 0.036 \end{pmatrix}$$

所以，降水量（p）与纬度（y）和海拔高度（a）之间的二元线性回归方程为

$$p = 3294.93 - 81.168y + 0.036a \tag{5.1.28}$$

对于二元线性回归方程（5.1.28），计算可得

$$S_{总} = L_{pp} = \sum_{\alpha=1}^{53}(p_\alpha - \bar{p})^2 = 2401143.189$$

$$U = b_1 L_{yp} + b_2 L_{ap} = 1984908.05$$

$$Q = S_{总} - U = 416235.14$$

所以

$$F = \frac{U/k}{Q/(n-k-1)} = \frac{U/2}{Q/50} = 119.218$$

在置信水平 $\alpha = 0.01$ 上查 F 分布表知：$F_{0.01}$（2，50）= 5.06。由于 $F \gg 5.06$，所以，降水量（p）与纬度（y）和海拔（a）之间的回归方程（5.1.28）是显著的。

需要说明的是，当变量个数和样本数较多时，回归分析的计算工作量也会较大。这时，回归系数的拟合计算与检验工作，就需要借助于有关软件（如 SPSS、MATLAB 等）来完成。

5.1.3 聚类分析与主成分分析

1. 聚类分析

聚类分析，也称群分析或点群分析，它是研究多要素事物分类问题的数量方法。聚类分析是根据样本之间的亲疏关系（相似程度或差异程度）进行分类的，其基本思想是：把相似度高的样本划归为同一类，把差异程度大的样本划分到不同的类。聚类分析的方法有系统聚类法、K-均值法、图论聚类法、模糊聚类法等。

样本之间的亲疏关系（相似程度或差异程度）是聚类分析的基本依据，而样本之间的亲疏关系常常是以距离衡量的。样本之间的距离越大，其差异性越大，相似性就越小。因此，人们常常把距离作为聚类分析的定量化依据。

如果把描述第 k（$k = 1, 2, \cdots, m$）个分类对象（样本）的 n 个指标记为 $X_k = (x_{k1}, x_{k2}, \cdots, x_{kn})^{\mathrm{T}}$，则第 i 和第 j 个分类对象（样本）之间的距离计算公式如下

（1）绝对值距离：

$$d_{ij} = \sum_{s=1}^{n} |x_{is} - x_{js}| \quad (i, j = 1, 2, \cdots, m) \tag{5.1.29}$$

（2）欧氏距离：

$$d_{ij} = \sqrt{\sum_{s=1}^{n} (x_{is} - x_{js})^2} \quad (i, j = 1, 2, \cdots, m) \tag{5.1.30}$$

（3）明科夫斯基距离：

$$d_{ij} = \left[\sum_{s=1}^{n} |x_{is} - x_{js}|^p \right]^{\frac{1}{p}} \quad (i, j = 1, 2, \cdots, m) \tag{5.1.31}$$

在式（5.1.31）中，$p \geqslant 1$。当 $p = 1$ 时，它就是绝对值距离；当 $p = 2$ 时，它就是欧氏距离。

（4）切比雪夫距离：

当明科夫斯基距 $p \to \infty$ 时，式（5.1.31）就变成了切比雪夫距离，即

$$d_{ij} = \max_{s} |x_{is} - x_{js}| \quad (i, j = 1, 2, \cdots, m) \tag{5.1.32}$$

（5）马氏距离：

$$d_{ij} = \sqrt{(\boldsymbol{X}_i - \boldsymbol{X}_j)^{\mathrm{T}} \sum{}^{-1} (\boldsymbol{X}_i - \boldsymbol{X}_j)} \tag{5.1.33}$$

在公式（5.1.33）中，$\boldsymbol{X}_i$ 和 $\boldsymbol{X}_j$ 分别为第 i 和第 j 个样本的 n 个指标所组成的向量；$\sum$ 为样本协方差矩阵。

马氏距离是由印度统计学家马哈拉诺比斯（Mahalanobis）提出的一种协方差距离。其最大优点是，与尺度无关（scale-invariant），不受量纲的影响，两点之间的马氏距离与原始数据的测量单位无关；由标准化数据和中心化数据（即原始数据与均值之差）计算出的两点之间的马氏距离相同。它的缺点是，夸大了变化微小的变量的作用。

选择不同的距离，进行聚类分析，结果可能会有所差异。在地理分区和分类研究中，往往采用几种距离进行计算、对比，选择一种较为合适的距离进行聚类。

系统聚类法的基本思想是：开始将 n 个样本各自作为一类，并计算样本之间的距离和类与类之间的距离，然后将距离最近的两类合并成一个新类，再计算新类与其他类之间的距离；重复进行两个最近类的合并，每次减少一类，直至所有的样本被合并为一类。

一般常用的有八种系统聚类方法，所有这些聚类方法的区别在于类与类之间距离的计算方法不同。

例如，最短距离聚类法是首先在原来的 $m \times m$ 距离矩阵的非对角元素中找出 $d_{pq} = \min\{d_{ij}\}$，把分类对象 G_p 和 G_q 归并为一新类 G_r，然后按计算公式

$$d_{rk} = \min\{d_{pk}, d_{qk}\} \quad (k \neq p, q) \tag{5.1.34}$$

计算原来各类与新类之间的距离，这样就得到一个新的 $(m-1)$ 阶的距离矩阵；再从新的距离矩阵中选出最小者 d_{ij}，把 G_i 和 G_j 归并成新类；计算各类与新类的距离，直至各分类对象被归为一类为止。

最远距离聚类法，是先在原来的 $m \times m$ 距离矩阵的非对角元素中找出 $d_{pq} = \min\{d_{ij}\}$，把分类对象 G_p 和 G_q 归并为一新类 G_r，然后按计算公式

$$d_{rk} = \max\{d_{pk}, d_{qk}\} \quad (k \neq p, q) \tag{5.1.35}$$

计算原来各类与新类之间的距离，这样就得到一个新的 $(m-1)$ 阶的距离矩阵；再从新的距离矩阵中选出最小者 d_{ij}，把 G_i 和 G_j 归并成新类；计算各类与新类的距离，直至各分类对象被归为一类为止。

从式（5.1.34）和式（5.1.35）不难看出，最短距离聚类法具有空间压缩性，而最大距离聚类法具有空间扩张性。它们的这种性质可以形象地用图 5.1.4 来表示。在图 5.1.4 中，最短距离为 $d_{AB} = d_{a_1 b_1}$，最远距离为 $d_{AB} = d_{a_2 b_2}$。这两种聚类方法关于类之间的距离计算，可以用一个统一的公式表示：

$$d_{kr}^2 = \alpha_p d_{pk}^2 + \alpha_q d_{qk}^2 + \gamma \mid d_{pk}^2 - d_{qk}^2 \mid \tag{5.1.36}$$

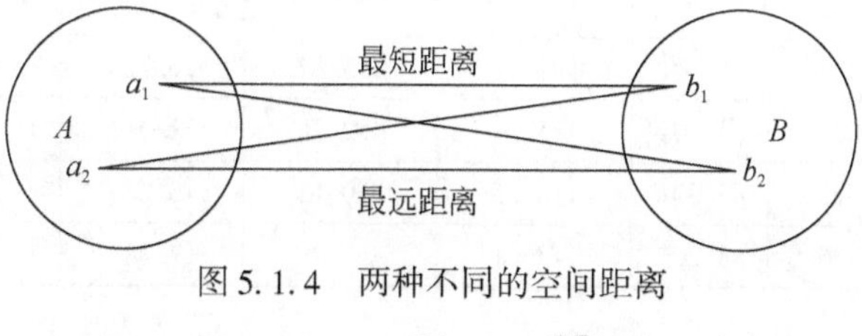

图 5.1.4　两种不同的空间距离

当 $\gamma = -1/2$ 时，式 (5.1.36) 就是最短距离聚类法计算类之间的距离公式 (5.1.34)；当 $\gamma = 1/2$ 时，式 (5.1.36) 就是最远距离聚类法计算类之间的距离公式 (5.1.35)。

除了最短距离聚类法和最远距离聚类法外，系统聚类的方法还有多种，下式

$$d_{kr}^2 = \alpha_p d_{kp}^2 + \alpha_q d_{kq}^2 + \beta d_{pq}^2 + \gamma \mid d_{kp}^2 - d_{kq}^2 \mid \tag{5.1.37}$$

给出了八种不同系统聚类方法计算类之间距离的统一表达式。当 α、β、γ 三个参数取不同的值时，就形成了不同的聚类方法 (表5.1.3)，在表5.1.3中，n_p 是 p 类中单元的个数，n_q 是 q 类中单元的个数，$n_r = n_p + n_q$；β 一般取负值。

表5.1.3 八种系统聚类方法的距离参数值

方法名称	参数				D 矩阵要求	空间性质
	α_p	α_q	β	γ		
最短距离	$1/2$	$1/2$	0	$-1/2$	各种 D	压缩
最远距离	$1/2$	$1/2$	0	$1/2$	各种 D	扩张
中线法	$1/2$	$1/2$	$-1/4 \leqslant \beta \leqslant 0$	0	欧氏距离	保持
重心法	$\dfrac{n_p}{n_p + n_q}$	$\dfrac{n_q}{n_p + n_q}$	$-\dfrac{n_p n_q}{(n_p + n_q)^2}$	0	欧氏距离	保持
组平均法	$\dfrac{n_p}{n_p + n_q}$	$\dfrac{n_q}{n_p + n_q}$	0	0	各种 D	保持
距离平方和法	$\dfrac{n_k + n_p}{n_k + n_r}$	$\dfrac{n_k + n_q}{n_k + n_r}$	$-\dfrac{n_k}{n_k + n_r}$	0	欧氏距离	压缩
可变数平均法	$(1-\beta)\dfrac{n_p}{n_r}$	$(1-\beta)\dfrac{n_q}{n_r}$	<1	0	各种 D	不定
可变法	$\dfrac{1-\beta}{2}$	$\dfrac{1-\beta}{2}$	<1	0	各种 D	扩张

系统聚类分析的计算过程，可以借助于 SPSS 或 MATLAB 软件系统实现。建议读者学习和使用这两个软件系统，分析和解决相关实际问题。

表5.1.4 给出了某农业生态经济系统 21 个地理单元的有关数据。

表5.1.4 21 个地理单元的 9 项指标数据

样本序号	人口密度 x_1/（人/km）	人均耕地面积 x_2/hm^2	森林覆盖率 x_3/%	农民人均纯收入 x_4/（元/人）	人均粮食产量 x_5/(kg/人)	经济作物占农作物面积比例 x_6/%	耕地占土地面积比率 x_7/%	果园与林地面积之比 x_8/%	灌溉田占耕地面积之比 x_9/%
1	363.912	0.352	16.101	192.11	295.34	26.724	18.492	2.231	26.262
2	141.503	1.684	24.301	1752.4	452.26	32.314	14.464	8.455	27.066
3	100.695	1.067	65.601	1181.5	270.12	18.266	0.162	6.474	12.489
4	143.739	1.336	33.205	1436.1	354.26	17.486	11.805	6.892	17.534

续表

样本序号	人口密度 x_1/（人/km）	人均耕地面积 x_2/hm²	森林覆盖率 x_3/%	农民人均纯收入 x_4/（元/人）	人均粮食产量 x_5/（kg/人）	经济作物占农作物面积比例 x_6/%	耕地占土地面积比率 x_7/%	果园与林地面积之比 x_8/%	灌溉田占耕地面积之比 x_9/%
5	131.412	1.623	16.607	1405.1	586.59	40.683	14.401	6.303	22.932
6	68.337	2.032	76.204	1540.3	216.39	8.128	4.065	6.219	4.861
7	95.416	0.801	71.106	926.35	291.52	8.135	4.063	4.125	4.862
8	62.901	1.652	73.307	1501.2	225.25	18.352	2.645	6.347	3.201
9	86.624	0.841	68.904	897.36	196.37	16.861	5.176	2.558	6.167
10	91.394	0.812	66.502	911.24	226.51	18.279	5.643	2.768	4.477
11	76.912	0.858	50.302	103.52	217.09	19.793	4.881	0.309	6.165
12	51.274	1.041	64.609	968.33	181.38	4.005	4.066	4.159	5.402
13	68.831	0.836	62.804	957.14	194.04	9.11	4.484	4.219	5.79
14	77.301	0.623	60.102	824.37	188.09	19.409	5.721	3.558	8.413
15	76.948	1.022	68.001	1255.4	211.55	11.102	3.133	5.128	3.425
16	99.265	0.654	60.702	1251.0	220.91	4.383	4.615	5.217	5.593
17	118.505	0.661	63.304	1246.5	242.16	10.706	6.053	5.154	8.701
18	141.473	0.737	54.206	814.21	193.46	11.419	6.442	3.129	12.945
19	137.761	0.598	55.901	1124.1	228.44	9.521	7.881	4.699	12.654
20	117.612	1.245	54.503	805.67	175.23	18.106	5.789	3.489	8.461
21	122.781	0.731	49.102	1313.1	236.29	26.724	7.162	4.929	10.078

下面运用系统聚类法，对该 21 个地理单元进行聚类分析，步骤如下：①用标准差标准化方法，对 9 项指标的原始数据进行处理；②采用欧氏距离测度 21 个区域单元之间的距离（表 5.1.5）；③选用组平均法，计算类间的距离，依据不同的聚类标准（距离），对各样本（各区域单元）进行聚类，并作出聚类谱系图（图 5.1.5）。

表 5.1.5　21 个地理单元之间的距离矩阵

	1	2	3	4	5	6	7	8	9	10	11	12	13	14	15	16	17	18	19	20	21
1	0.00																				
2	7.15	0.00																			
3	7.72	5.55	0.00																		
4	6.20	2.79	3.55	0.00																	
5	6.87	2.29	6.16	3.75	0.00																
6	9.32	6.26	3.11	4.35	7.13	0.00															
7	7.44	6.72	2.36	4.22	6.97	3.52	0.00														

	1	2	3	4	5	6	7	8	9	10	11	12	13	14	15	16	17	18	19	20	21
8	8.96	5.99	2.26	4.13	6.67	1.48	3.06	0.00													
9	7.09	6.86	2.80	4.51	7.03	3.89	1.63	3.26	0.00												
10	6.99	6.69	2.77	4.35	6.78	3.93	1.54	3.22	0.47	0.00											
11	6.65	7.91	4.61	5.76	7.53	5.80	3.46	5.27	2.56	2.59	0.00										
12	8.02	7.02	2.70	4.47	7.52	3.04	1.53	2.85	1.83	2.00	3.59	0.00									
13	7.50	6.73	2.38	4.19	7.15	3.38	1.18	2.89	1.32	1.40	3.27	0.80	0.00								
14	6.73	6.52	2.65	4.21	6.72	4.29	1.93	3.52	1.01	1.02	2.64	2.11	1.40	0.00							
15	8.08	6.48	1.91	4.07	7.03	2.58	1.47	1.92	1.91	1.89	4.12	1.33	1.16	2.13	0.00						
16	7.56	6.54	2.42	3.92	7.15	3.47	1.46	3.07	2.26	2.24	4.29	1.54	1.25	2.23	1.32	0.00					
17	6.94	5.91	2.06	3.38	6.49	3.54	1.47	2.99	2.00	1.92	4.13	1.98	1.44	1.86	1.49	0.95	0.00				
18	5.86	6.31	2.92	3.82	6.66	4.40	2.10	4.01	1.70	1.80	2.89	2.29	1.80	1.55	2.58	2.20	1.82	0.00			
19	6.14	5.75	2.60	3.17	6.33	4.12	2.00	3.72	2.23	2.20	3.96	2.37	1.85	1.93	2.29	1.55	0.96	1.29	0.00		
20	6.53	6.08	2.62	3.74	6.36	3.53	2.27	3.04	1.49	1.55	2.74	2.13	1.78	1.61	2.18	2.60	2.26	1.58	2.25	0.00	
21	6.30	4.97	2.43	2.93	5.34	4.23	2.86	3.28	2.46	2.26	4.09	3.26	2.60	1.99	2.58	2.68	1.95	2.39	2.03	2.25	0.00

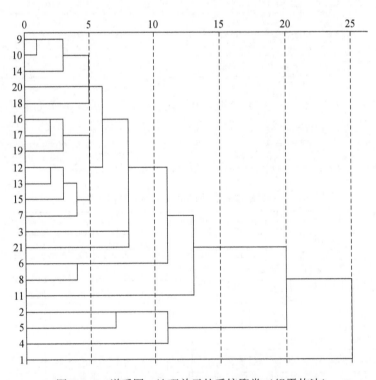

图 5.1.5　谱系图：地理单元的系统聚类（组平均法）

上述计算过程，可以借助于 SPSS 或 MATLAB 软件系统实现。

从聚类谱系图（图 5.1.5）可以看出，聚类的先后顺序是：第 1 次归并，9 和 10 归为一类，即 22 类；第 2 次归并，12 和 13 归为一类，即 23 类；第 3 次归并，16 和 17 归为一类，即 24 类；第 4 次归并，22 和 14 归为一类，即 25 类，它包含 9、10 和 14；第 5 次归并，23 和 15 归为一类，即 26 类，它包含 12、13 和 15；第 6 次归并，24 和 19 归为一类，即 27 类，它包含 16、17 和 19；第 7 次归并，26 和 7 归为一类，即 28 类，它包含 7、12、13 和 15……第 20 次归并，1 和 40 归为一类，此时 21 个地理单元最终被归并为同一类。

2. 主成分分析

地理系统是多要素的复杂系统。在地理学研究中，多变量问题是经常会遇到的。变量太多，无疑会增加分析问题的难度与复杂性，而且在许多实际问题中，多个变量之间是具有一定的相关关系的。因此，人们希望能找出少数几个互不相关的综合变量来尽可能地反映原来数据所含有的绝大部分信息。而主成分分析正是为解决此类问题而产生的多元统计分析方法。

主成分分析出发点，是变量的协方差矩阵或相关系数矩阵。其分析的思路是，在损失较少信息的前提下，把多个变量综合成少数几个独立的综合变量，而且这少数几个独立的综合变量所代表的信息不重叠。

从数学角度来看，主成分分析是把原来多个变量划为少数几个综合指标的一种统计分析方法，这是一种降维处理技术。假定有 n 个地理样本，每个样本共有 p 个变量，这样就构成了一个 $n \times p$ 阶的地理数据矩阵

$$X_{n \times p} = \begin{bmatrix} x_{11} & x_{12} & \cdots & x_{1p} \\ x_{21} & x_{22} & \cdots & x_{2p} \\ \vdots & \vdots & \ddots & \vdots \\ x_{n1} & x_{n2} & \cdots & x_{np} \end{bmatrix} \tag{5.1.38}$$

当 p 较大时，如果在 p 维空间中考察问题，是比较困难的。为了克服这一困难，需要进行降维处理，即用较少的几个综合指标代替原来较多的变量指标，而且使这些较少的综合指标既能尽量多地反映原来较多变量指标所反映的信息，它们之间又是彼此独立的。那么，这些综合指标（即新变量）应该如何选取呢？显然，最简单的方式就是取原来变量的线性组合，适当调整组合系数，使新的变量之间相互独立且代表性最好。

如果把原变量记为 x_1，x_2，$\cdots$，x_p，把新的综合变量（主成分）记为 z_1，z_2，$\cdots$，$z_m (m \leqslant p)$，则

$$\begin{cases} z_1 = l_{11}x_1 + l_{21}x_2 + \cdots + l_{p1}x_p \\ z_2 = l_{12}x_1 + l_{22}x_2 + \cdots + l_{p2}x_p \\ \quad\quad\quad\quad\vdots \\ z_m = l_{1m}x_1 + l_{2m}x_2 + \cdots + l_{pm}x_p \end{cases} \tag{5.1.39}$$

在式（5.1.39）中，系数 l_{ji} 由下列原则来决定：① z_i 与 $z_j (i \neq j; i, j = 1, 2, \cdots, m)$ 相互无关。② z_1 是 x_1，x_2，$\cdots$，x_p 的一切线性组合中方差最大者；z_2 是与 z_1 不相关的，

x_1, x_2, $\cdots$, x_p 的所有线性组合中方差最大者……z_m 是与 z_1, z_2, $\cdots$, z_{m-1} 都不相关的，x_1, x_2, $\cdots$, x_p 的所有线性组合中方差最大者。

这样决定的新变量指标 z_1, z_2, $\cdots$, z_m 分别称为原变量指标 x_1, x_2, $\cdots$, x_p 的第1，第2，$\cdots$，第 m 主成分。其中，z_1 在总方差中所占的比例最大，z_2, z_3, $\cdots$, z_m 的方差依次递减。在实际问题分析中，常挑选前几个最大的主成分，这样既减少了变量的数目，又抓住了主要矛盾，简化了变量之间的关系。

找主成分，就是确定原来变量 $x_j(j = 1, 2, \cdots, p)$ 在诸主成分 $z_i(i = 1, 2, \cdots, m)$ 上的载荷 $l_{ji}(i = 1, 2, \cdots, m; j = 1, 2, \cdots, p)$。数学上已经证明，它们分别是 x_1, x_2, $\cdots$, x_p 的相关系数矩阵的 m 个较大的特征值所对应的单位特征向量。

根据上述主成分分析的基本原理，可以把主成分分析的计算步骤归纳如下。

第一步，计算相关系数矩阵

$$\boldsymbol{R} = \begin{bmatrix} r_{11} & r_{12} & \cdots & r_{1p} \\ r_{21} & r_{22} & \cdots & r_{2p} \\ \vdots & \vdots & \ddots & \vdots \\ r_{p1} & r_{p2} & \cdots & r_{pp} \end{bmatrix} \tag{5.1.40}$$

式中：$r_{ij}(i, j = 1, 2, \cdots, p)$ 为原变量的 x_i 与 x_j 之间的相关系数，其计算公式为

$$r_{ij} = \frac{\sum\limits_{k=1}^{n} (x_{ki} - \bar{x}_i)(x_{kj} - \bar{x}_j)}{\sqrt{\sum\limits_{k=1}^{n} (x_{ki} - \bar{x}_i)^2 \sum\limits_{k=1}^{n} (x_{kj} - \bar{x}_j)^2}} \tag{5.1.41}$$

因为 $\boldsymbol{R}$ 是实对称矩阵（即 $r_{ij} = r_{ji}$），所以只需计算上三角元素或下三角元素即可。

第二步，计算特征值与特征向量：首先解特征方程 $|\lambda \boldsymbol{I} - \boldsymbol{R}| = 0$（其中，$\boldsymbol{I}$ 为单位矩阵），求出特征值 $\lambda_i(i = 1, 2, \cdots, p)$，并使其按大小顺序排列，即 $\lambda_1 \geqslant \lambda_2 \geqslant \cdots \geqslant \lambda_p \geqslant 0$；然后分别求出对应于特征值 λ_i 的特征向量单位 $l_i(i = 1, 2, \cdots, p)$。这里要求 $\sum\limits_{j=1}^{p} l_{ji}^2 = 1$，其中 l_{ji} 表示向量 l_i 的第 j 个分量。

第三步，计算主成分贡献率及累计贡献率：主成分 z_i 的贡献率为

$$\frac{\lambda_i}{\sum\limits_{k=1}^{p} \lambda_k} \quad (i = 1, 2, \cdots, p) \tag{5.1.42}$$

累计贡献率为

$$\frac{\sum\limits_{k=1}^{i} \lambda_k}{\sum\limits_{k=1}^{p} \lambda_k} \quad (i = 1, 2, \cdots, p) \tag{5.1.43}$$

一般取累计贡献率达 $85\% \sim 95\%$ 的特征值 λ_1, λ_2, $\cdots$, λ_m 所对应的第1，第2，$\cdots$，第 m ($m \leqslant p$) 个主成分。

第四步，按照式（5.1.39），写出 m 个主成分的线性组合表达式，并代入原变量计算各主成分的得分。

下面，利用表5.1.4给出的21个地理单元的9项指标数据（原始数据），对区域农业生态经济系统做主成分分析。

第一步：首先将表5.1.4中的数据进行标准差标准化处理，然后用标准化处理后的数据计算相关系数，得出相关系数矩阵（表5.1.6）。

表5.1.6 相关系数矩阵

	x_1	x_2	x_3	x_4	x_5	x_6	x_7	x_8	x_9
x_1	1.000	-0.327	-0.714	-0.336	0.309	0.408	0.790	-0.122	0.744
x_2	-0.327	1.000	-0.035	0.644	0.420	0.255	0.009	0.637	0.094
x_3	-0.714	-0.035	1.000	0.070	-0.740	-0.755	-0.930	-0.135	-0.924
x_4	-0.336	0.644	0.070	1.000	0.383	0.069	-0.046	0.930	0.073
x_5	0.309	0.420	-0.740	0.383	1.000	0.734	0.672	0.520	0.747
x_6	0.408	0.255	-0.755	0.069	0.734	1.000	0.658	0.171	0.707
x_7	0.790	0.009	-0.930	-0.046	0.672	0.658	1.000	0.111	0.890
x_8	-0.122	0.637	-0.135	0.930	0.520	0.171	0.111	1.000	0.308
x_9	0.744	0.094	-0.924	0.073	0.747	0.707	0.890	0.308	1.000

第二步：由相关系数矩阵计算特征值，以及各个主成分的贡献率与累计贡献率（表5.1.7）。由表5.1.7可知，第1，第2，第3主成分的累计贡献率已高达90.837%（大于85%），所以只需要求出第1、第2、第3主成分z_1、z_2、z_3即可。

表5.1.7 特征值及主成分贡献率

主成分	特征值	贡献率/%	累积贡献率/%
z_1	4.716	52.403	52.403
z_2	2.786	30.951	83.354
z_3	0.673	7.482	90.837
z_4	0.329	3.654	94.491
z_5	0.211	2.348	96.839
z_6	0.126	1.400	98.239
z_7	0.107	1.184	99.423
z_8	0.039	0.428	99.851
z_9	0.013	0.149	100.000

第三步：对于特征值 $\lambda_1 = 4.716$，$\lambda_2 = 2.786$ 和 $\lambda_3 = 0.673$，分别求出其单位特征向量 l_1，l_2 和 l_3，就得到了各变量 x_1，x_2，$\cdots$，x_9 在主成分 z_1，z_2 和 z_3 上的载荷（表5.1.8）。

表 5.1.8　主成分载荷

	x_1	x_2	x_3	x_4	x_5	x_6	x_7	x_8	x_9
z_1	0.315	0.099	−0.436	0.072	0.393	0.375	0.424	0.162	0.441
z_2	−0.335	0.486	0.130	0.554	0.195	0.010	−0.148	0.514	−0.059
z_3	0.417	−0.385	0.048	0.323	−0.195	−0.564	0.121	0.415	0.168

第四步：根据表 5.1.8，按照式 (5.1.39)，写出 3 个主成分的线性组合表达式：

$$\begin{cases} z_1 = 0.315x_1 + 0.099x_2 - 0.436x_3 + 0.072x_4 + 0.393x_5 + 0.375x_6 + 0.424x_7 + 0.162x_8 + 0.441x_9 \\ z_2 = -0.335x_1 + 0.486x_2 + 0.130x_3 + 0.554x_4 + 0.195x_5 + 0.010x_6 - 0.148x_7 + 0.514x_8 - 0.059x_9 \\ z_3 = 0.417x_1 - 0.385x_2 + 0.048x_3 + 0.323x_4 - 0.195x_5 - 0.564x_6 + 0.121x_7 + 0.415x_8 + 0.168x_9 \end{cases}$$

　　显然，用上述 3 个主成分代替原来的 9 个变量，可使区域农业生态经济系统的描述进一步简化。

5.2　空间统计建模法

　　空间统计建模方法，是现代地理学中一个发展较快的领域（徐建华，2014，2016）。其主要思想源于地理学第一定律，即在地理空间中邻近的现象比距离远的现象更相似（Tobler，1970）。因此，几乎所有空间数据都具有空间依赖或空间自相关特征，即一个区域单元上的某种地理现象或某一属性值与邻近区域单元上同一现象或属性值相关。

　　空间统计建模，其核心就是认识与地理位置相关的数据间的空间依赖、空间关联或空间自相关，通过空间位置建立数据间的统计关系。从地理学角度来看，许多数据都与空间位置有关（Fotheringham et al.，2000），因此空间统计分析的应用范围包罗万象，包括地质、大气、水文、生态、环境、人口、经济等（艾彬等，2004；王政权，1999；徐建华，2002，2006）。空间统计建模的任务，是运用有关统计分析方法，建立空间统计模型，从凌乱的数据中挖掘空间自相关与空间变异规律（徐建华等，2004）。

　　空间统计建模产生和发展的原因是：空间数据并非完全独立，而是存在某种空间联系和关联性，但是经典的统计分析方法的基本出发点是样本独立假设。由于空间依赖性的存在打破了经典统计分析方法中样本相互独立的基本假设，因此无法直接用经典的统计分析方法揭示与地理位置相关的空间数据关联和依赖性（Anselin，1988）。然而，空间统计建模方法并不是抛弃所有经典的统计分析方法，而是对这些方法加以改造，从而使它们能够适用于空间数据的统计建模分析。

5.2.1　空间自相关分析

1. 空间权重矩阵

　　空间统计分析方法，是以空间联系为基础的。为了揭示现象之间的空间联系，首先需要定义空间对象的相互邻接关系。因此，空间统计分析建模，首先引入了空间权重矩阵的概念。空间权重矩阵，也是空间统计分析与经典统计分析的重要区别之一，它是探索性空间数据分析（exploratory spatial data analysis，ESDA）的前提和基础。

通常定义一个二元对称空间权重矩阵 W 来表达 n 个位置的空间区域的邻近关系，其形式如下：

$$W = \begin{bmatrix} w_{11} & w_{12} & \cdots & w_{1n} \\ w_{21} & w_{22} & \cdots & w_{2n} \\ \vdots & \vdots & \ddots & \vdots \\ w_{n1} & w_{n2} & \cdots & w_{nn} \end{bmatrix} \tag{5.2.1}$$

式中：w_{ij} 为区域 i 与 j 的临近关系，它可以根据邻接标准或距离标准来度量。

确定空间权重矩阵的规则有多种，下面是两种最常用的：

（1）二进制邻接矩阵：

$$w_{ij} = \begin{cases} 1 & \text{当区域 } i \text{ 和 } j \text{ 相邻接} \\ 0 & \text{其他} \end{cases}$$

（2）基于距离的二进制空间权重矩阵：

$$w_{ij} = \begin{cases} 1 & \text{当区域 } i \text{ 和 } j \text{ 的距离小于 } d \text{ 时} \\ 0 & \text{其他} \end{cases}$$

2. 全局空间自相关

Moran 指数和 Geary 系数是两个用来度量空间自相关的全局指标。其中，Moran 指数反映的是空间邻接或空间邻近的区域单元属性值的相似程度，而 Geary 系数与 Moran 指数存在负相关关系。

（1）全局 Moran 指数

如果 x_i 是位置（区域）i 的观测值，则该变量的全局 Moran 指数 I，用如下公式计算：

$$\begin{aligned} I &= \frac{n \sum\limits_{i=1}^{n} \sum\limits_{j \neq i}^{n} w_{ij}(x_i - \bar{x})(x_j - \bar{x})}{\sum\limits_{i=1}^{n} \sum\limits_{j \neq i}^{n} w_{ij} \sum\limits_{i=1}^{n} (x_i - \bar{x})^2} \\ &= \frac{\sum\limits_{i=1}^{n} \sum\limits_{j \neq i}^{n} w_{ij}(x_i - \bar{x})(x_j - \bar{x})}{S^2 \sum\limits_{i=1}^{n} \sum\limits_{j \neq i}^{n} w_{ij}} \end{aligned} \tag{5.2.2}$$

式中：I 为 Moran 指数；$S^2 = \dfrac{1}{n} \sum\limits_{i} (x_i - \bar{x})^2$；$\bar{x} = \dfrac{1}{n} \sum\limits_{i=1}^{n} x_i$。

Moran 指数 I 的取值一般在 $-1 \sim 1$，小于 0 表示负相关，等于 0 表示不相关，大于 0 表示正相关。

对于 Moran 指数，可以用标准化统计量 Z 来检验 n 个区域是否存在空间自相关关系，Z 的计算公式为

$$Z(I) = \frac{I - E(I)}{\sqrt{\text{VAR}(I)}} \tag{5.2.3}$$

根据式（5.2.3）计算出的检验统计量，可以对空间自相关关系进行显著性检验。式中的均值和方差都是理论上的均值和标准方差。可以对零假设 H_0（n 个区域单元的属性值之间不存在空间自相关）进行显著性检验，即检验所有区域单元的观测值之间是否存在空间自相关。显著性水平可以由标准化 Z 值的 P-值检验来确定：通过计算 Z 值的 P-值，再将它与显著性水平 α 进行比较，决定拒绝还是接收零假设；如果 P-值小于给定的显著性水平 α，则拒绝零假设；否则接收零假设。在实际问题分析中，常常取显著性水平 $\alpha = 0.05$。

在实际中，关于显著性检验有两种方法（Cliff and Ord，1981；Cliff，1987）。第一种方法也是最常用的方法，即假设变量服从正态分布，在样本无限大的情况下，Z 值服从标准正态分布，据此可判断显著性水平。第二种方法，是在未知分布的情况下，用随机化方法得到 Z 的近似分布。如果假设区域单元的观测值和位置完全无关，易知 Z 值渐进地服从标准正态分布，据此判断显著性水平。第三种方法是置换方法，假设观测值可以等概率地出现在任何位置之中，但是关于 I 的分布是实证地产生的，即通过观测值在所有空间区域单元随机重排序，每次计算得出不同 I 统计量的值，最后得到 I 的均值和方差。

在正态分布假设下，Moran 指数 I 的期望值与方差分别为

$$E(I) = -\frac{1}{n-1}$$

$$\text{VAR}(I) = \frac{n^2 S_1 - n S_2 + 3 S_0^2}{S_0^2 (n^2 - 1)} - \left[E(I) \right]^2 \tag{5.2.4}$$

式中：$S_0 = \sum_{i=1}^{n} \sum_{j=1}^{n} w_{ij}$；$S_1 = \frac{1}{2} \sum_{i=1}^{n} \sum_{j=1}^{n} (w_{ij} + w_{ji})^2$；$S_2 = \sum_{i=1}^{n} (w_{i\cdot} + w_{\cdot i})^2$；$w_{i\cdot} = \sum_{j=1}^{n} w_{ij}$；$w_{\cdot i} = \sum_{j=1}^{n} w_{ji}$。

随机分布假设下，Moran 指数 I 的期望值与方差分别为

$$E(I) = -\frac{1}{n-1}$$

$$\text{VAR}(I) = \frac{n \left[(n^2 - 3n + 3) S_1 - n S_2 + 3 S_0^2 \right] - k_2 \left[(n^2 - n) S_1 - 2n S_2 + 6 S_0^2 \right]}{(n-1)(n-2)(n-3) S_0^2} - \left[E(I) \right]^2$$

$$\tag{5.2.5}$$

在式（5.2.5）中，S_0、S_1、S_2 与式（5.2.4）中相同；$k_2 = \dfrac{n \sum_{i=1}^{n} (x_i - \bar{x})^4}{\left[\sum_{i=1}^{n} (x_i - \bar{x})^2 \right]^2}$。

当 Z 值为正且显著时，表明存在正的空间自相关，也就是说，相似的观测值（高值或低值）趋于空间集聚；当 Z 值为负且显著时，表明存在负的空间自相关，相似的观测值趋于分散分布；当 Z 值为零时，观测值呈独立随机分布。

（2） Geary 系数 C

Geary 系数 C 计算公式如下：

$$C = \frac{(n-1)\sum\limits_{i=1}^{n}\sum\limits_{j=1}^{n}w_{ij}(x_i - x_j)^2}{2\sum\limits_{i=1}^{n}\sum\limits_{j\neq i}^{n}w_{ij}\sum\limits_{i=1}^{n}(x_i - \bar{x})^2} \tag{5.2.6}$$

式中：C 为 Geary 系数；其他变量同式 (5.2.2)。

Geary 系数 C 的取值一般在 $0 \sim 2$，大于 1 表示负相关，等于 1 表示不相关，而小于 1 表示正相关。当 $C=0$ 时，有很强的空间正相关性（Cliff and Ord, 1981）；当 $C=2$ 时，有很强的空间负相关性。

Geary 系数 C 的标准化比率为

$$Z(C) = \frac{C - E(C)}{\sqrt{\text{VAR}(C)}} \tag{5.2.7}$$

式 (5.2.7) 中：

$$E(C) = 1$$
$$\text{VAR}(C) = \frac{(2S_1 + S_2)(n-1) - 4S_0^2}{2S_0^2(n+1)} \tag{5.2.8}$$

式 (5.2.8) 中，S_0、S_1、S_2 与式 (5.2.4) 中相同。

3. 局部空间自相关

Moran 指数 I 和 Geary 系数 C 对空间自相关的全局评估，存在忽略了空间过程的潜在不稳定性问题。如果进一步考虑是否存在观测值的高值或低值的局部空间集聚，哪个区域单元对于全局空间自相关的贡献更大，以及在多大程度上空间自相关的全局评估掩盖了反常的局部状况或小范围的局部不稳定性时，就必须进行局部空间自相关分析。局部空间自相关分析方法包括三种：LISA、G 统计、Moran 散点图。

1）空间联系的局部指标（LISA）

空间联系的局部指标（local indicators of spatial association，LISA）满足下列两个条件（Anselin, 1995）：①每个区域单元的 LISA，是描述该区域单元周围显著的相似值区域单元之间空间集聚程度的指标；②所有区域单元 LISA 的总和与全局的空间联系指标成比例。

LISA 包括局部 Moran（local Moran）指数和局部 Geary（local Geary）指数。

局部 Moran 指数 I_i 被定义为

$$I_i = \frac{x_i - \bar{x}}{S^2}\sum\limits_{j\neq i}^{n}w_{ij}(x_j - \bar{x}) \tag{5.2.9}$$

式中：$S^2 = \dfrac{1}{n}\sum\limits_{i=1}^{n}(x_i - \bar{x})^2$；$\bar{x} = \dfrac{1}{n}\sum\limits_{i=1}^{n}x_i$。

显然：①每个区域单元 i 的 I_i 是描述该区域单元周围显著的相似值区域单元之间空间集聚程度的指标；②经过简单地推导，容易证明：$I = \sum\limits_{i}I_i / \sum\limits_{i=1}^{n}\sum\limits_{j\neq i}^{n}w_{ij}$。所以，局部 Moran

指数 I_i 是一种描述空间联系的局部指标，即 LISA。

正的 I_i 值表示该区域单元周围相似值（高值或低值）的空间集聚，负的 I_i 值则表示非相似值的空间集聚。

局部 Moran 指数 I_i 检验的标准化统计量为

$$Z(I_i) = \frac{I_i - E(I_i)}{\sqrt{\mathrm{VAR}(I_i)}} \tag{5.2.10}$$

在随机分布假设下，I_i 的期望值和方差计算公式分别为 $E(I_i) = -\dfrac{w_i.}{n-1}$，$\mathrm{VAR}(I_i) = \dfrac{n-k_2}{n-1} \times$

$$\sum_{j \neq i} w_{ij}^2 + \frac{\left[\left(\sum_{j \neq i} w_{ij}\right)^2 - \sum_{j \neq i} w_{ij}^2\right] \times (2k_2 - n)}{(n-1)(n-2)} - E^2(I_i)$$。其中，k_2 与式（5.2.5）中相同。

根据式（5.2.10）计算出检验统计量，可以对有意义的局部空间关联进行显著性检验。

局部 Geary 系数的计算公式为

$$C_i = \frac{1}{S^2} \sum_{j \neq i} w_{ij}(x_i - x_j)^2 \tag{5.2.11}$$

式中：$S^2 = \dfrac{1}{n} \sum_{i=1}^{n} (x_i - \bar{x})^2$；$\bar{x} = \dfrac{1}{n} \sum_{i=1}^{n} x_i$。

可以证明，全局 Geary 系数与局部 Geary 系数具有如下关系：

$$C = \frac{n-1}{2n \sum_{i=1}^{n} \sum_{j \neq i}^{i} w_{ij}} \sum_{i-1}^{n} C_i$$

LISA 方法考虑了对全局指标 Moran 指数的分解，将其分解到每个观测值的贡献上。评估全局统计量在多大程度上代表着局部联系的平均格局很有意义，如果空间过程平稳，则局部统计量围绕着均值波动很小。也就是说，与均值差别很大的局部观测值表示该区域对全局统计量的贡献更大。这些观测值因而是需要进一步深入探究的"界外值"，或者是具有较大影响的极端值。极端值一般可根据 2-sigma 规则（即偏离均值超过两倍于标准差范围的值）来确定。

LISA 作为 ESDA 技术的重要组成部分之一，包含了两个重要的解释：其一为每个观测单元周围的局部空间集聚的显著性评估，这与 G 统计量的解释很相似；其二为小范围内空间不稳定性的指标，可以揭示出界外值和不同的空间联系形式，这与利用 Moran 散点图来识别界外值或者影响较大的极端值相似。

反映空间联系的局部指标可能会与全局指标不一致，实际上，空间联系的局部格局成为全局指标所不能反映的"失常"是很有可能的，尤其在大样本数据中，在强烈而且显著的全局空间联系之下，可能掩盖着完全随机化的样本数据子集，有时甚至会出现局部的空间联系趋势和全局的趋势恰恰相反的情况，这就使得采用 LISA 来探测空间联系很有必要。

2）G 统计量

Getis 和 Ord（1992，1996）建议使用统计量 G_i 来检测小范围内的局部空间依赖性（Ord and Getis，1995）。每一个区域单元 i 的 G_i 统计量为

$$G_i = \sum_i w_{ij}x_j \bigg/ \sum_j x_j \qquad (5.2.12)$$

对 G_i 统计量的检验与局部 Moran 指数相似，其检验值为

$$Z(G_i) = \frac{G_i - E(G_i)}{\sqrt{\mathrm{VAR}(G_i)}} \qquad (5.2.13)$$

式中：$E(G_i) = \dfrac{w_{i.}}{n-1}$；$\mathrm{VAR}(G_i) = \dfrac{S_i^2[w_{i.}(n-1-w_{i.})]}{(n-2)\sum\limits_{j\neq i}^n x_j}$；$S_i^2 = \dfrac{1}{n-1}\sum\limits_{j\neq i}(x_j - \bar{x}_i)^2$；

$\bar{x}_i = \dfrac{1}{n-1}\sum\limits_{j\neq i} x_j$。

G_i 的标准化式（5.2.13）也可以直接写成

$$Z(G_i) = \frac{\sum\limits_{j\neq i} w_{ij}(x_j - \bar{x}_i)}{S_i\sqrt{w_{i.}(n-1-w_{i.})/(n-2)}} \qquad (5.2.13')$$

显著的正 G_i 值表示在该区域单元周围，高观测值的区域单元趋于空间集聚，而显著的负 G_i 值表示低观测值的区域单元趋于空间集聚，与 Moran 指数只能发现相似值（正关联）或非相似性观测值（负关联）的空间集聚模式相比，其具有探测区域单元属于高值集聚还是低值集聚的空间分布模式的功能。

G_i 统计量建立在空间集聚之上，因而能够在不受区域单元 i 观测值影响的条件下，有助于深化对该区域单元周围空间集聚的分析。应该注意到，局部 G 统计量不属于 LISA，因为局部 G_i 统计量和全局 G 统计量没有比例关系。

3）Moran 散点图

以（W_z，z）为坐标点的 Moran 散点图，常来研究局部的空间不稳定性，它是对空间滞后因子 W_z 和 z 数据可视化的二维图示。

全局 Moran 指数，可以看作是 W_z 对于 z 的线性回归系数，对界外值及对 Moran 指数具有强烈影响的区域单元，可通过标准回归来诊断出。由于数据（W_z，z）经过了标准化，因此界外值易由 2-sigma 规则可视化地识别出来。

Moran 散点图的四个象限，分别对应于区域单元与其邻居之间四种类型的局部空间联系形式：第一象限代表了高观测值的区域单元被同是高值的区域所包围的空间联系形式；第二象限代表了低观测值的区域单元被高值的区域所包围的空间联系形式；第三象限代表了低观测值的区域单元被同是低值的区域所包围的空间联系形式；第四象限代表了高观测值的区域单元被低值的区域所包围的空间联系形式。与局部 Moran 指数相比，其重要的优势在于能够进一步具体区分区域单元和其邻居之间属于高值和高值、低值和低值、高值和低值、低值和高值之中的哪种空间联系形式。并且，对应于 Moran 散点图的不同象限，可识别出空间分布中存在着哪几种不同的实体。

将 Moran 散点图与 LISA 显著性水平相结合，也可以得到"Moran 显著性水平图"，图中显示出显著的 LISA 区域，并分别标识出对应于 Moran 散点图中不同象限的相应区域。在给定置信水平下，若 I_i 显著>0且 $z_i>0$，则区域 i 位于 HH 象限（第一象限）；若 I_i 显著>0 且 $z_i<0$，则区域 i 位于 LL 象限（第三象限）；若 I_i 显著<0 且 $z_i>0$，则区域 i 位于 HL 象

限（第二象限）；若 I_i 显著<0 且 z_i<0，则区域 i 位于 LH 象限（第四象限）。

下面介绍一个空间自相关分析实例。

考虑各省份之间的邻接关系，采用二进制邻接权重矩阵[①]，选取各省份 1998～2002 年人均 GDP 的自然对数，依照式（5.2.2），计算全局 Moran 指数 I，用式（5.2.3）计算其检验的标准化统计量 Z（I），结果如表 5.2.1 所示。

表 5.2.1　中国内地省份人均 GDP 的全局 Moran 指数及其检验

年份	I	Z	P
1998	0.5001	4.5035	0.0000
1999	0.5069	4.5551	0.0000
2000	0.5112	4.5978	0.0000
2001	0.5059	4.5532	0.0000
2002	0.5013	4.5326	0.0000

从表 5.2.1 可以看出，1998～2002 年，中国内地 31 个省份人均 GDP 的全局 Moran 指数均为正值；在正态分布假设之上，对 Moran 指数检验的结果也高度显著。这就是说，1998～2002 年，中国内地省份人均 GDP 存在着显著的、正的空间自相关性，也就是说，各省份人均 GDP 水平的空间分布并非表现出完全的随机性，而是表现出相似值之间的空间集聚，其空间联系的特征是：较高人均 GDP 水平的省份相对地趋于和较高人均 GDP 水平的省份相邻，或者较低人均 GDP 水平的省份相对地趋于和较低人均 GDP 水平的省份相邻。

空间自相关的全局评估往往会掩盖反常的局部状况或小范围的局部不稳定性，因此常常需要采用局部统计量 G_i 来探测局部的空间集聚程度。为此，选取 2001 年各省份人均 GDP 数据，依照式（5.2.12）计算局部 G_i 统计量，依照用式（5.2.13）计算局部 G_i 统计量的检验值 $Z(G_i)$，并绘制统计地图（图 5.2.1）。

检验结果表明，贵州、四川、云南西部三省的 Z 值在 0.05 的显著性水平下显著，重庆的 Z 值在 0.1 的显著性水平下显著，该四省份在空间上相连成片分布，而且从统计学意义上来说，与该区域相邻的省区，其人均 GDP 更多地并非处于随机化分布的状态，而是趋于被同样是人均 GDP 低值的省区所包围。由此形成人均 GDP 低值与低值的空间集聚，据此可认识到西部落后省区趋于空间集聚的分布特征。

东部的江苏、上海、浙江三省份的 Z 值在 0.05 的显著性水平下显著，天津的 Z 值在 0.1 的显著性水平下显著。而东部上海、江浙等发达省份趋于被一些相邻经济发展水平相对较高的省份所包围，东部发达地区的空间集聚分布特征也显现出来。

以（W_z，Z）为坐标，进一步绘制 Moran 散点图（图 5.2.2），可以发现，多数省

---

① 海南和广东虽不邻接，但实际上，海南和广东联系密切。所以，在此权重矩阵中，将海南和广东看作互为邻居。

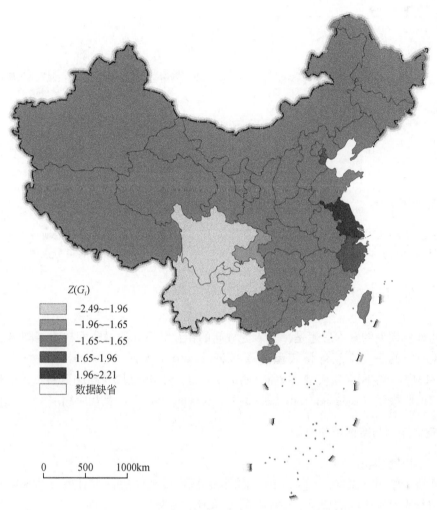

图 5.2.1　2001 年中国内地省份人均 GDP 的 $Z(G_i)$ 值

底图来源：国家测绘地理信息局网络

份位于第一和第三象限内，为正的空间联系，属于低–低集聚和高–高集聚类型，而且位于第三象限内的低–低集聚类型的省份比位于第一象限内的高–高集聚类型的省份更多一些。

　　图 5.2.3 进一步显示了各省人均 GDP 局部集聚的空间结构。从图 5.2.3 可以看出，人均 GDP 水平高值被高值包围的高–高集聚省份有：北京、天津、河南、安徽、湖北、江西、海南、广东、福建、浙江、山东、上海、江苏；低值被低值包围的低–低集聚省份有：黑龙江、内蒙古、新疆、吉林、甘肃、山西、陕西、青海、西藏、四川、云南、辽宁、贵州；被低值包围的高值省份有：重庆、广西、河北；被高值包围的低值省份只有湖南。

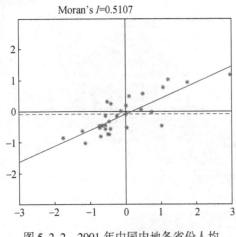

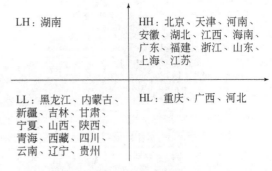

图 5.2.2　2001 年中国内地各省份人均　　　　　图 5.2.3　2001 年中国内地各省份人均

GDP 的 Moran 散点图　　　　　　　　　　　GDP 的 Moran 散点图

5.2.2　空间计量模型

空间计量模型的基本思想是，引入区域间的相互关系，通过空间权重矩阵 W，对线性回归模型进行修正。空间计量模型有很多种。本节主要探讨空间滞后模型（spatial lag model，SLM）与空间误差模型（spatial error model，SEM），以及空间变系数回归模型——地理加权回归模型（geographically weighted regression，GWR）及其应用。

1. 空间滞后与空间误差模型

1）空间滞后模型

空间滞后模型（SLM），主要用于研究相邻机构或地区的行为对整个系统内其他机构或地区的行为存在影响的情况。该模型的数学表达式为

$$y = \rho Wy + X\beta + \varepsilon \tag{5.2.14}$$

式中：y 为因变量；X 为 $n \times k$ 阶的外生解释变量矩阵；W 为 $n \times n$ 阶的空间权重矩阵，即 n 个地区之间相互关系结构矩阵；Wy 为空间滞后因变量；ρ 为空间自回归系数，反映了样本观测值中的空间依赖作用，即相邻区域的观测值 Wy 对本地区观测值 y 的影响方向和程度；β 为 X 的参数向量；ε 为白噪声。

对于空间滞后模型，估计过程如下。

第一，对模型 $y = \beta_0 X + \varepsilon_0$ 作 OLS（最小二乘法）估计。

第二，对模型 $Wy = \beta_L X + \varepsilon_L$ 作 OLS 估计。

第三，分别计算上述两个 OLS 估计的残差 $e_0 = y - \hat{\beta}_0 X$ 和 $e_L = Wy - \hat{\beta}_L X$。

第四，由 e_0 和 e_L 值，通过极大化集中对数似然函数（concentrated log-likelihood function）得到 L_e 的参数 ρ 的估计值 $\hat{\rho}$：

$$L_e = -(n/2)\ln[(1/n)(e_0 - \rho e_L)'(e_0 - \rho e_L)] + \ln|I - \rho W|$$

第五，由 $\hat{\rho}$ 值计算其余参数估计值 $\hat{\beta} = (\hat{\beta}_0 - \hat{\rho}\hat{\beta}_L)$，$\hat{\sigma}_\varepsilon^2 = (1/n)(e_0 - \hat{\rho}e_L)'(e_0 - \hat{\rho}e_L)$，

极大对数似然函数：

$$logL_e = -(n/2)\ln(2\pi) - (n/2)\ln\hat{\sigma}_\varepsilon^2 + \ln|I - \hat{\rho}W|$$
$$- (1/2\hat{\sigma}_\varepsilon^2)(y - \hat{\rho}Wy - \hat{\beta}X)'(y - \hat{\rho}Wy - \hat{\beta}X)$$

如果 SLM 模型设定正确，那么解释变量在重复抽样过程中的变动将会导致 OLS 估计产生有偏且不一致的结果。

2）空间误差模型

在空间误差模型（SEM）中，机构或地区间的相互关系通过误差项来体现。当机构或地区间的相互作用因所处的相对位置不同而存在差异时，则需要采用这种模型。空间误差模型（SEM）的数学表达式为

$$y = X\beta + \varepsilon$$
$$\varepsilon = \lambda W\varepsilon + \mu \tag{5.2.15}$$

式中：ε 为随机误差项向量；λ 为 $n \times 1$ 的截面因变量向量的空间误差系数；μ 为正态分布的随机误差向量。

参数 λ 衡量了样本观察值中的空间依赖作用，即相邻地区的观察值 y 对本地区观察值 y 的影响方向和程度，参数 β 反映了自变量 X 对因变量 y 的影响。SEM 的空间依赖作用存在于扰动误差项之中，度量了邻接地区关于因变量的误差冲击对本地区观察值的影响程度。

对于空间误差模型，估计过程如下。

第一，对模型 $y = \beta X + u$ 进行 OLS 估计，得到 β 的无偏估计值 $\hat{\beta}$。

第二，计算 OLS 估计的残差为 $e = y - \hat{\beta}X$。

第三，由 e 值，通过对数极大似然函数 L_e 得到参数 λ 的估计值 $\hat{\lambda}$：

$$L_e = -n(n/2)\ln[(1/n)(e - \lambda We)'(e - \lambda We)] + \ln|I - \hat{\lambda}W|$$

第四，由 $\hat{\lambda}$ 计算其余参数的估计值，$\hat{\sigma}_\varepsilon^2 = (1/n)(e - \hat{\lambda}We)'(e - \hat{\lambda}We)$，极大对数似然函数：

$$logL_e = -(n/2)\ln(2\pi) - (n/2)\ln\hat{\sigma}_\varepsilon^2 + \ln|I - \hat{\lambda}W|$$
$$- (1/2\hat{\sigma}_\varepsilon^2)e'(1 - \lambda W)'(I - \lambda W)e$$

如果 SEM 模型设定正确，那么误差项的空间依赖将会导致 OLS 估计产生无偏但不一致的结果。

3）空间自相关检验与 SLM、SEM 的选择

判断地区间经济行为的空间相关性是否存在，一般通过 Moran 指数 I 检验、两个拉格朗日乘数（Lagrange multiplier）形式的 LMERR、LMLAG 和稳健（robust）的 R-LMERR、R-LMLAG 等来进行。

由于事先无法根据先验经验推断在 SLM 和 SEM 模型中是否存在空间依赖性，有必要构建一种判别准则，以决定哪种空间模型更加符合客观实际。Anselin 等（2004）提出了如下判别准则：如果在空间依赖性的检验中发现，LMLAG 较 LMERR 在统计上更加显著，且 R-LMLAG 显著而 R-LMERR 不显著，则可以断定适合的模型是空间滞后模型。相反，如果 LMERR 比 LMLAG 在统计上更加显著，且 R-LMERR 显著而 R-LMLAG 不显著，则可

以断定空间误差模型是恰当的模型。

除了拟合优度 R^2 检验以外，常用的检验准则还有自然对数似然函数值（log likelihood, logL）、似然比率（likelihood ratio, LR）、赤池信息准则（Akaike information criterion, AIC）、施瓦茨准则（Schwartz criterion, SC）。对数似然值越大，似然率越小，AIC 和 SC 值越小，模型拟合效果越好。这几个指标也用来比较 OLS 估计的经典线性回归模型和 SLM、SEM，似然值的自然对数最大的模型最好。

2. 地理加权回归模型

当用横截面数据建立计量经济模型时，这种数据在空间上表现出的复杂性、自相关性和变异性，使得解释变量对被解释变量的影响在不同区域之间可能是不同的。假定区域之间的经济行为在空间上具有异质性的差异可能更加符合现实，空间变系数回归模型（spatially varying – coefficient regression model）中的地理加权回归模型（geographically weighted regression, GWR）是一种解决这种问题的有效方法（Leung et al., 2000; Lesage, 2004）。

假定有 $i = 1, 2, \cdots, n$; $j = 1, 2, \cdots, k$ 的系列解释变量观测值 $\{x_{ij}\}$ 及系列被解释变量 $\{y_i\}$，经典的全域（global）线性回归模型为

$$y_i = \beta_0 + \sum_{j=1}^{n} x_{ij}\beta_j + \varepsilon_i \quad (i = 1, 2, \cdots, n) \tag{5.2.16}$$

式中：ε 为整个回归模型的随机误差项，满足球形扰动假设；β_0 为常数。模型参数 β_j 的估计一般采用普通最小二乘法（OLS）。

地理加权回归模型是一种相对简单的回归估计技术，它扩展了普通线性回归模型。在扩展的 GWR 模型中，特定区位 i 的回归系数不再是利用全部信息获得的假定常数，而是利用邻近观测值的子样本数据信息进行局域（local）回归估计而得的、随着空间上局部地理位置 i 变化而变化的变数 β_j，GWR 模型可以表示为

$$y_i = \beta_0(u_i, v_i) + \sum_{j=1}^{k} \beta_j(u_i, v_i)x_{ij} + \varepsilon_i \tag{5.2.17}$$

式中：$\beta_0(u_i, v_i)$ 与 $\beta_j(u_i, v_i)$ 分别为第 i 个地理位置的常数与参数估计值。

GWR 可以对每个观测值估计出 k 个参数向量的估计值，ε_i 是第 i 个区域的随机误差，满足零均值、同方差、相互独立等球形扰动假定。实际上，模型（5.2.17）可以表示为在每个区域都有一个对应的估计函数，其对数似然函数可以表示为

$$logL = L[\beta_0(u, v), \cdots, \beta_k(u, v) \mid M] = -\frac{1}{2\sigma^2} \sum_{i=1}^{n} \left[y_i - \beta_0(u_i, v_i) - \sum_{j=1}^{k} \beta_k(u_i, v_i)x_i \right]^2 + \alpha$$

$$\tag{5.2.18}$$

式中：α 为常数；$M = [y_i, x_{ij}, (u_i, v_i), i = 1, 2, \cdots, n; j = 1, 2, \cdots, k]$。

由于极大似然法的解不是唯一的，Hastie 和 Tibshirani（1993）认为用该方法求解是不恰当的。Tibshirani 和 Hastie（1987）提出了局域求解法，原理与方法如下：

对于第 s 个空间位置 $[(u_s, v_s), s = 1, 2, \cdots, n]$，任取一空间位置 (u_0, v_0) 与其位置邻近，构造一个简单的回归模型

$$y_i = \gamma_0 + \sum_{j=1}^{k} \gamma_j x_{ij} + \varepsilon_i \tag{5.2.19}$$

式 (5.2.19) 中，每个 γ_j 为常数且为 GWR 模型中 $\beta_j(u_s, v_s)$ 的近似值，通过考虑与点 (u_0, v_0) 相邻近的点来校正经典回归模型中的解。一个基本的方法就是采用加权最小二乘法 (WLS)，寻找合适的 $(\gamma_0, \gamma_1, \cdots, \gamma_k)$，使得

$$\sum_{i=1}^{n} W(d_{0i}) \left(y_i - \gamma_0 - \sum_{j=1}^{k} \gamma_j x_{ij} \right)^2 \to \min \tag{5.2.20}$$

式中：d_{0i} 为位置 (u_0, v_0) 和 (u_i, v_i) 之间的空间距离；$W(d_{0i})$ 为空间权值。

令 $\hat{\gamma}_j$ 为 $\hat{\beta}_j(u_s, v_s)$ 的估计值，可得 GWR 模型在空间位置 (u_s, v_s) 上的估计值 $\{\hat{\beta}_0(u_s, v_s), \hat{\beta}_1(u_s, v_s), \cdots, \hat{\beta}_k(u_s, v_s)\}$。

对函数 (5.2.20)，求 γ_j 的一阶偏导数并令其等于 0，可得

$$\hat{\gamma}_j = (X^T \boldsymbol{W}_0^2 X)^{-1} (X^T \boldsymbol{W}_0^2 Y) \tag{5.2.21}$$

式中：$\boldsymbol{W}_0$ 为 $[W(d_{01}), W(d_{02}), \cdots, W(d_{0n})]$ 的对角线矩阵。

可以看出，$\hat{\beta}_j(j = 1, 2, \cdots, k)$ 的 GWR 估计值是随着空间权值矩阵 $\boldsymbol{W}_{ij}$ 的变化而变化的，因此 $\boldsymbol{W}_{ij}$ 的选择至关重要，一般由观测值的空间（经纬度）坐标决定。

常用的空间距离权值计算 (Lesage, 2004) 有三种：

(1) 高斯距离权值：$W_{ij} = \Phi(d_{ij}/\sigma\theta)$。

(2) 指数距离权值：$W_{ij} = \sqrt{\exp(-d_{ij}/\theta)}$。

(3) 三次方距离权值：$W_{ij} = [1 - (d_{ij}/q)^3]^3$。

以上三个公式中：d_{ij} 为第 i 个区域与第 j 个区域间的地理位置距离；Φ 为标准正态分布密度函数；q 为观测值 i 到第 q 个最近邻居之间的距离；σ 为距离向量 d_{ij} 的标准差；θ 为衰减参数（窗宽）。

在空间权值矩阵 $\boldsymbol{W}_{ij}$ 中，d 和 θ 非常关键。如果 d 较大，则局域模型的解越趋向于全域模型的解；如果 d 等于所研究空间任意两点间的最大距离，则全域和局域两个模型将相等，反之则相反。若 θ 趋于无穷大，任意两点的权重将趋于 1，则被估计的参数变成一致时，GWR 就等于以 OLS 估计的经典线性回归；反之，当带宽变得很小时，参数估计将更加依赖于邻近的观测值。

Brunsdon 等 (1996) 用交叉实证 (cross-validation) 方法来选择一个最合适的 θ。θ 的值过大，会使得除回归点外其他观测值点的权重接近于零，从而在参数估计中失去作用，所以 θ 不宜取值太大。一般选择一个较小的 θ。

计算适当的窗宽或衰减函数的原理方法很多，最小二乘法仍然是一般常用的方法，其原理是

$$D = \sum_{i=1}^{n} [y_i - \hat{y}_i(\theta)]^2 \to 0 \tag{5.2.22}$$

式中：$\hat{y}_i(\theta)$ 为用窗宽 θ 计算所得的 y_i 的拟合值。

作为空间计量模型的应用实例，下面介绍吴玉鸣 (2006) 构建的研发与创新模型。

为了检验研发与创新的空间效应，吴玉鸣（2006）建立了双对数线性的知识生产函数模型，如下：

$$\ln I_i = \beta_0 + \beta_1 \ln U + \beta_2 \ln E + \varepsilon_i$$

式中：被解释变量为 10 万人专利授权数（I_i），代表专利创新产出；以大学（U）、企业（E）研发投入占 GDP 的比例为解释变量；β 为回归参数；i 代表以省份为单元的空间样本（$i = 1, 2, \cdots, 31$）；ε_i 为随机误差项。

模型实证分析所用的数据样本，包括了中国内地 31 个省份，数据来源于 2001～2004 年的《中国统计年鉴》，而创新投入则来源于 2001 年的《中国统计年鉴》。

建模的目的是检验大学、企业与区域创新产出活动的相互关系和决定因素，尤其是通过合适的估计方法考察省域创新产出的决定因素和局域溢出效应。

一般来说，创新从投入到产出需要经过一定时期的滞后。为了验证创新投入产出的滞后性假设，以 2000 年、2001 年、2002 年、2003 年的 $\ln I$ 分别为被解释变量，以 2000 年的 $\ln U$、$\ln E$ 作为解释变量。

首先检测 2002 年中国内地 31 个省份创新产出在地理空间上的相关性，即空间相互依赖性。计算得到专利产出的 Moran 指数为 0.3600，其正态统计量 Z 值大于正态分布函数在 0.0020 水平下的临界值，表明中国内地 31 个省份的专利数在空间分布上具有正的自相关性，说明各省份创新的空间分布并非表现出完全随机状态，而是表现出相似值之间的空间集群（clustering），即具有较高产出的省份相对地趋于和较高创新的省份相靠近，较低产出的省份相对地趋于和较低产出的省份相邻。因此，从整体上讲，省份之间的创新是存在空间相关性的，也就是说，存在着空间上明显的集群现象。因此，有必要使用空间计量经济模型进行估计。

空间相关分析已经定量证明了中国内地省份创新产出具有空间相关性，需要采用空间计量经济模型进行估计。为此，以下的思路是：以中国内地 31 个省份为空间单元，进行省份创新的空间计量经济检验和估计。当然，为了比较，先进行普通最小二乘法（OLS）估计。

首先进行 OLS 估计，并通过 Moran 指数检验、两个拉格朗日乘数来判断空间计量经济学模型 SLM 和 SEM 的形式，然后利用极大似然法估计参数。借助于 Anselin（2004）的空间计量经济学软件 GeoDa 0.9.5-i 计算，OLS 估计与空间依赖性检验结果分别如表 5.2.2 和表 5.2.3 所示。

表 5.2.2　OLS 估计结果

模型	回归系数 $\hat{\beta}$	标准差 $\hat{\sigma}$	t 统计值	小概率 P 值
C	-0.7795 ***	0.3998	-1.9496	0.0613
U	0.1792	0.1256	1.4262	0.1649
E	0.5926 *	0.1181	5.0188	0.0000
R^2	0.5852			
R^2_{adj}	0.5556			
F	19.7496 *			0.0000
$\log L$	-32.3352			
AIC	70.6704			

续表

模型	回归系数 $\hat{\beta}$	标准差 $\hat{\sigma}$	t 统计值	小概率 P 值
SC	74.9724			

注：***、*分别表示通过 10%、1% 水平下的显著性检验。

表 5.2.3　空间依赖性检验

空间依赖性检验	MI/DF	统计值	小概率 P 值
Moran's I（error）	0.2778*	2.8046	0.0050
LMLAG	1	3.9817**	0.0460
R-LMLAG	1	0.1430	0.7054
LMERR	1	5.1085**	0.0238
R-LMERR	1	1.2697	0.2598

注：**、*分别表示通过 5%、1% 水平下的显著性检验。

由表 5.2.2 可知，OLS 估计的 31 个省份创新函数的拟合优度达到 55.56%，F 值为 19.7496，模型整体上通过了 1% 水平的显著性检验。变量的显著性检验显示：大学和企业研发投入的回归系数符号均为正，与预期基本一致，但是大学研发投入未能通过 10% 的变量显著性检验，而企业研发通过了 1% 水平的变量显著性检验，说明企业研发对创新产出有显著的正效应。如果不考虑省份创新之间的空间相互作用，分析也就到此为止了。但由于前述的空间统计的 Moran 指数检验已经证明了 31 个省份的创新产出之间具有明显的空间自相关性，这说明忽视空间自相关性直接采用 OLS 法建立模型进行估计分析存在一定问题，出现这种问题的原因可能有两个：一是遗漏了重要的变量；二是模型设定有问题，如未能考虑截面单元（省域）之间的空间相关性。

为了进一步验证空间自相关性的存在，由表 5.2.3 中的 Moran 指数检验、两个拉格朗日乘数的空间依赖性检验结果可知：Moran 指数 I（error）检验表明经典回归误差的空间依赖性（相关性）非常明显（显著性水平为 0.1%）。同时，为了区分是内生的空间滞后还是空间误差自相关，根据前面介绍的判别准则，拉格朗日乘子误差和滞后及其稳健性检验表明，LMLAG 通过了 4.60% 水平下的显著性检验，LMERR 通过了 2.38% 水平下的显著性检验，而 R-LMERR、R-LMLAG 均未能通过 10% 水平下的显著性检验，比较 SLM 和 SEM 模型对数似然函数值 $\log L$、AIC 和 SC 值、LR，相对而言，SEM 模型相对更好一些。当然，这种判断不是特别严格，为此，表 5.2.4 和表 5.2.5 分别给出了 SLM 和 SEM 估计及其统计检验结果。

表 5.2.4　SLM 和 SEM 估计结果

变量	SLM				SEM			
	β	Std. E	t 统计值	P 值	β	Std. E	t 统计值	P 值
C	-0.9607**	-2.5481	0.3770	0.0108	-0.4187	0.3991	-1.0492	0.2941
U	0.0718	0.6109	0.1176	0.5413	0.1052	0.1036	1.0155	0.3099
E	0.5470*	0.1069	5.1155	0.0000	0.5627*	0.0981	5.7353	0.0000

续表

变量	SLM				SEM			
	β	Std. E	t 统计值	P 值	β	Std. E	t 统计值	P 值
ρ/λ	0.3518**	0.1738	2.0239	0.0430	0.5686*	0.1714	3.3186	0.0009

注：**、*分别表示通过 5%、1% 水平下的显著性检验。

表 5.2.5 SLM 和 SEM 估计的统计检验

统计检验	SLM			SEM		
	DF	统计值	P 值	DF	统计值	P 值
R^2		0.6426	0.6840			
$\log L$		−30.4866			−29.4660	
LR	1	3.6971***	0.0545	1	5.7383**	0.0166
AIC		68.9733			64.9321	
SC		74.7092			69.2340	

注：***、**分别表示通过 10%、5% 水平下的显著性检验。

比较表 5.2.3 和表 5.2.5 中的检验结果发现，空间滞后模型和空间误差模型的拟合优度检验值均高于 OLS 模型，当然，由于采用 ML 法估计参数，基于残差平方和分解的拟合优度检验的意义不是很大。为此，比较对数似然函数值 $\log L$ 就会发现，SEM 的 $\log L$ 值（−29.4660）最大，极大似然比率通过了 5% 水平的显著性检验，而 AIC 和 SC 值最小，因此 SEM 模型均比 OLS 和 SLM 估计的模型要好。由此可见，基于 OLS 法的经典线性回归模型由于遗漏了空间误差自相关性而不够恰当。也验证了这样的观点：省份之间的创新产出都不可能没有关系。以往的研究大多假定地区之间相互独立，导致了基于 OLS 法估计结果及推论可能不够可靠，需要引入空间差异性和空间依赖性对经典的线性模型进行修正。

由于 OLS、SLM 和 SEM 模型均为全域估计，这些模型给出的回归系数在整体上被假定为一个常数，无法揭示局域各个省份的因素对局域创新产出的影响。为了解决解决这个问题，基于地理加权回归模型，采用 Lesage（1998）的计算程序，运用加权最小二乘法来进行局域估计。

以高斯（Gaussian）、指数（exponential）和三次方（tricube）距离为权值，估计 GWR 模型的参数估计值。其中，高斯距离权值和指数距离权值的衰减参数（窗宽）θ 为 1.1893 和 4.4721，三次方距离权值的 q 最邻近邻居为 10。图 5.2.4 给出了高斯、指数和三次方距离为权值的 GWR 模型的参数估计值。

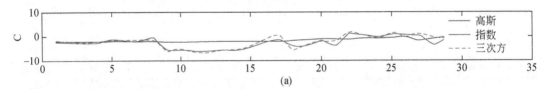

图 5.2.4 高斯、指数和三次方距离权值的 GWR 参数估计值

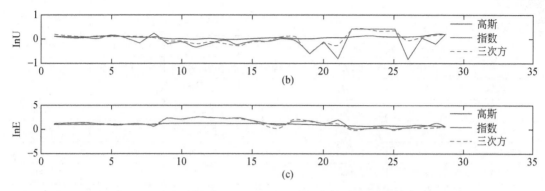

图 5.2.4 高斯、指数和三次方距离权值的 GWR 参数估计值（续）

在高斯距离估计的 GWR 模型中，调整后的 $R^2 = 0.7282$，高于全域估计值 OLS、SLM、SEM（0.5556、0.6426、0.6840），这表明考虑了地理空间位置的地理加权回归模型的整体拟合效果要优于 OLS、SLM、SEM 全域估计模型，假定回归系数 β 固定不变是不完全符合空间和地理邻近性发挥作用的区域创新实践的，也就是说，中国内地 31 个省份的创新产出能力在空间上具有异质性的差异。

表 5.2.6 给出了 31 个省份以高斯距离估计的局域回归系数估计值，结果显示：整体来看，在影响中国内地 31 个省份创新产出的因素中，U 未能通过 5% 水平的变量显著性检验，表明大学研发对区域创新产出虽然具有正的贡献但不明显；所有省份的企业研发变量均通过了 5% 水平下的变量显著性检验，其中上海、浙江、安徽、福建、江苏、山东、江西、河南、吉林、辽宁、天津、河北等东中部地区的研发投入对创新的贡献更大，其弹性系数基本在 1 以上。

表 5.2.6 基于高斯距离权值的 GWR 估计结果

省份	C	t	U	t	E	t
北京	2.0820	2.6482	0.0967	0.6560	0.9704	3.9841
天津	2.1207	2.6786	0.0852	0.5738	0.9899	4.0387
河北	2.1216	2.6698	0.0876	0.5909	0.9858	4.0126
山西	2.1874	2.6222	0.0924	0.6413	0.9694	3.8177
内蒙古	1.9132	2.6031	0.1231	0.8436	0.9247	3.9799
辽宁	2.1297	2.7495	0.0759	0.5057	1.0123	4.1779
吉林	2.1022	2.7887	0.0770	0.5137	1.0126	4.2556
黑龙江	1.9863	2.7740	0.0966	0.6546	0.9757	4.2567
上海	2.5307	2.9311	0.0146	0.0934	1.1622	4.3697
江苏	2.4016	2.8462	0.0237	0.1543	1.1011	4.2382
浙江	2.5067	2.9024	0.0289	0.1845	1.1618	4.3675
安徽	2.4444	2.8390	0.0022	0.0143	1.1164	4.2301
福建	2.3205	2.7758	0.0429	0.2778	1.1156	4.3164

省份	C	t	U	t	E	t
江西	2.2017	2.6795	0.0213	0.1400	1.0644	4.2019
山东	2.3193	2.7997	0.0440	0.2894	1.0671	4.1773
河南	2.3230	2.7115	0.0395	0.2663	1.0418	3.9978
湖北	2.0780	2.5397	0.0324	0.2225	0.9779	3.9226
湖南	1.6839	2.3109	0.0264	0.1861	0.8826	3.9349
广东	1.6978	2.3662	0.0148	0.1028	0.9229	4.1274
广西	1.1004	1.9546	0.0549	0.4239	0.7063	4.0588
海南	1.2020	2.0458	0.0074	0.0562	0.7698	4.1735
重庆	1.2343	1.9957	0.1075	0.8351	0.6926	3.6981
四川	0.7761	1.9797	0.1576	1.3974	0.5229	4.5640
贵州	0.9892	1.8888	0.0962	0.7704	0.6398	4.0121
云南	0.6878	1.8885	0.1139	1.0087	0.5335	4.9463
西藏	0.5506	2.7156	0.1097	1.1154	0.4602	8.8541
陕西	1.8364	2.3433	0.1205	0.8954	0.8384	3.5616
甘肃	0.9255	2.2829	0.2289	2.1808	0.5005	4.3172
青海	0.6704	2.7608	0.1734	1.7183	0.4574	7.1339
宁夏	1.2397	2.0913	0.2026	1.7520	0.6114	3.5020
新疆	0.4472	2.4845	0.0405	0.4420	0.4502	9.4281

5.2.3 地统计方法

地统计学（geostatistics）又称地质统计学，它是在法国著名统计学家 G. Matheron（1963）大量理论研究的基础上逐渐形成的一门新的统计学分支。一般认为，地统计学是以区域化变量理论为基础，以变异函数为主要工具，研究那些在空间分布上既有随机性又有结构性，或空间相关和依赖性的自然现象的科学。因此，凡是在研究空间分布数据的结构性和随机性，或空间相关性和依赖性，或空间格局与变异，并对这些数据进行最优无偏内插估计，或模拟这些数据的离散性、波动性时，均可应用地统计学的理论及相应的方法。地统计学的应用领域非常广泛，从采矿学、地质学渗透到土壤、农业、水文、气象、生态、海洋、森林和环境治理等。目前，地统计方法已经被引入地理学研究领域。

地统计学的理论基础是区域化变量理论，主要研究那些分布于空间中并显示出一定结构性和随机性的自然现象。协方差函数和变异函数是以区域化变量理论为基础建立起来的地统计学的两个最基本的函数。克里金（Kriging）插值方法是地统计最为广泛的应用。

1. 区域化变量

当一个变量呈现为空间分布时，称之为区域化变量（regionalized variable）。这种变量常常反映某种空间现象的特征，用区域化变量来描述的现象称为区域化现象。例如，地质学、水文学、土壤学、生态学中的许多变量都具有空间分布的特点，这些变量实质上都是区域化变量。

区域化变量，也称区域化随机变量，Matheron（1963）将它定义为以空间点 x 的三个直角坐标 x_u，x_v，x_w 为自变量的随机场 $Z(x) = Z(x_u, x_v, x_w)$。区域化随机变量与普通随机变量不同，普通随机变量的取值符合某种概率分布，而区域化随机变量则根据其在一个域内的位置不同而取值。也就是说，区域化随机变量是普通随机变量在一个域内确定位置上的特定取值，它是与位置有关的随机函数。在对所研究的空间对象进行一次抽样或随机观察后就得到它的一个 $Z(x)$，它是一个普通的三元实值函数，或者说是空间的点函数。因此，区域化变量具有两方面的含义，即观测前 $Z(x)$ 是一个随机场，观测后则是一个普通的空间三元函数值或空间点函数值。

区域化变量 $Z(x)$ 具有两个最显著，而且最重要的特征，即随机性和结构性。这似乎是区域化变量两个自相矛盾的性质。正是这两种性质使区域化变量在研究自然现象的空间结构和空间过程方面具有独特的优势。首先，区域化变量是一个随机函数，它具有局部的、随机的、异常的性质。其次，区域化变量具有一般的或平均的结构性质，即变量在点 x 与偏离空间距离为 h 的点 $x+h$ 处的数值 $Z(x)$ 与 $Z(x+h)$ 具有某种程度的自相关，这种自相关依赖于两点间的距离 h 及变量特征。这就体现了其结构性。此外，区域化变量还具有空间的局限性、不同程度的连续性和不同程度的各向异性等特征。

由于区域化变量具有上述特点，所以需要有一种合适的函数或模型来描述，这种函数或模型既能兼顾区域化变量的随机性，又能反映它的结构性。这可以通过描述空间变异性的空间协方差函数和变异函数来实现。

2. 协方差函数

区域化随机变量之间的差异，可以用空间协方差来表示。协方差又叫做半方差，是地统计学中的关键概念。

在概率论中，随机向量 $\boldsymbol{X}$ 与 $\boldsymbol{Y}$ 的协方差被定义为

$$\text{Cov}(\boldsymbol{X}, \boldsymbol{Y}) = E\big[(\boldsymbol{X} - E\boldsymbol{X})(\boldsymbol{Y} - E\boldsymbol{Y})\big]$$

区域化变量 $Z(x) = Z(x_u, x_v, x_w)$ 在空间点 x 和 $x+h$ 处的两个随机变量 $Z(x)$ 和 $Z(x+h)$ 的二阶混合中心矩定义为 $Z(x)$ 的自协方差函数，即

$$\text{Cov}\big[Z(x), Z(x+h)\big] = E\big[Z(x)Z(x+h)\big] - E\big[Z(x)\big]E\big[Z(x+h)\big] \quad (5.2.23)$$

区域化变量 $Z(x)$ 的自协方差函数，也称为协方差函数。一般来讲，它是一个依赖于空间点 x 向量 h 的函数。

设 $Z(x)$ 为区域化随机变量，并满足二阶平稳假设，即随机函数 $Z(x)$ 的空间分布规律不因位移而改变，h 为两样本点空间分隔距离或距离滞后（distance lag），$Z(x_i)$ 为 $Z(x)$ 在空间位置 x_i 处的实测值，$Z(x_i+h)$ 为 $Z(x)$ 在 x_i 处距离偏离 h 的实测值 [$i = 1, 2, \cdots, N(h)$]，根据协方差函数的定义，可得协方差函数的样本计算公式为

$$c(h) = \frac{1}{N(h)} \sum_{i=1}^{N(h)} \big[Z(x_i) - \overline{Z}(x_i)\big]\big[Z(x_i + h) - \overline{Z}(x_i + h)\big] \quad (5.2.24)$$

式中：$N(h)$ 为分隔距离为 h 时的样本点对（paris）总数；$\overline{Z}(x_i)$ 和 $\overline{Z}(x_i + h)$ 分别为 $Z(x_i)$ 和 $Z(x_i + h)$ 的样本平均数，即

$$\overline{Z}(x_i) = \frac{1}{N}\sum_{i=1}^{N} Z(x_i) \tag{5.2.25}$$

$$\overline{Z}(x_i + h) = \frac{1}{N}\sum_{i=1}^{N} Z(x_i + h) \tag{5.2.26}$$

式中：N 为样本单元数。

一般情况下，$\overline{Z}(x_i) \neq \overline{Z}(x_i + h)$（特殊情况下可以认为近似相等）。若 $\overline{Z}(x_i) = \overline{Z}(x_i + h) = m$（常数），则式（5.2.24）可以改写为

$$c(h) = \frac{1}{N(h)}\sum_{i=1}^{N(h)} [Z(x_i)Z(x_i + h)] - m^2 \tag{5.2.27}$$

式中：m 为样本平均数，可由一般算术平均数公式求得，即

$$m = \frac{1}{N}\sum_{i=1}^{n} Z(x_i)$$

3. 变异函数

变异函数（variograms），又称变差函数、变异矩，是地统计分析所特有的基本工具。

区域化变量 $Z(x)$ 在点 x 和 $x + h$ 处的值 $Z(x)$ 与 $Z(x + h)$ 差的方差的一半，称为区域化变量 $Z(x)$ 的变异函数，记为 $\gamma(h)$，即

$$\gamma(x, h) = \frac{1}{2}\mathrm{Var}[Z(x) - Z(x + h)] = \frac{1}{2}E[Z(x) - Z(x + h)]^2$$
$$- \frac{1}{2}\{E[Z(x)] - E[Z(x + h)]\}^2 \tag{5.2.28}$$

在二阶平稳假设条件下，对任意的 h 有

$$E[Z(x + h)] = E[Z(x)]$$

因此，式（5.2.28）可以改写为

$$\gamma(x, h) = \frac{1}{2}E[Z(x) - Z(x + h)]^2 \tag{5.2.29}$$

由式（5.2.29）可知，变异函数依赖于两个自变量 x 和 h，当变异函数 $\gamma(x, h)$ 仅依赖于距离 h 而与位置 x 无关时，$\gamma(x, h)$ 可改写成 $\gamma(h)$，即

$$\gamma(h) = \frac{1}{2}E[Z(x) - Z(x + h)]^2 \tag{5.2.30}$$

有时，人们也把 $\gamma(h)$ 称为半变异函数，而将 $2\gamma(h)$ 称为变异函数，两者使用时不会引起本质上的差别。

在满足二阶平稳假设条件下，变异函数（5.2.30）具有如下性质：① $\gamma(0) = 0$，即在 $h = 0$ 处，变异函数为 0；② $\gamma(h) = \gamma(-h)$，即 $\gamma(h)$ 关于直线 $h = 0$ 是对称的，它是一个偶函数；③ $\gamma(h) \geq 0$，即 $\gamma(h)$ 只能大于或等于 0；④ $|h| \to \infty$ 时，$\gamma(h) \to c(0)$，或 $\gamma(\infty) = c(0)$，即当空间距离增大时，变异函数接近先验方差 $c(0) = \frac{1}{N(h)}\sum_{i=1}^{N} [Z(x_i)]^2 -$

m^2；⑤ $[-\gamma(h)]$ 必须是一个条件非负定函数，由 $[-\gamma(x_i-x_j)]$ 构成的变异函数矩阵在条件 $\sum\limits_{i=1}^{n}\lambda_i=0$ 时，为非负定的。

设 $Z(x)$ 是系统某属性 Z 在空间位置 x 处的值，$Z(x)$ 为一区域化随机变量，并满足二阶平稳假设，h 为两样本点空间分隔距离，$Z(x_i)$ 和 $Z(x_i+h)$ 分别是区域化变量 $Z(x)$ 在空间位置 x_i 和 x_i+h 处的实测值 $[i=1,2,\cdots,N(h)]$，那么，变异函数 $\gamma(h)$ 的样本计算公式为

$$\gamma(h)=\frac{1}{2N(h)}\sum_{i=1}^{N(h)}[Z(x_i)-Z(x_i+h)]^2 \tag{5.2.31}$$

变异函数揭示了在整个尺度上的空间变异格局，而且变异函数只有在最大间隔距离 $1/2$ 之内才有意义。

这样对于不同的空间分隔距离 h，就可以根据式（5.2.24）和式（5.2.31），计算出相应的 $c(h)$ 和 $\gamma(h)$ 值。如果分别以 h 为横坐标，$c(h)$ 或 $\gamma(h)$ 为纵坐标，画出协方差函数和变异函数曲线图，就可以直接展示区域化变量 $Z(x)$ 的空间变异特点。可见，变异函数能同时描述区域化变量的随机性和结构性，从而在数学上对区域化变量进行严格分析，是空间变异规律分析和空间结构分析的有效工具。

变异函数有四个非常重要的参数，即基台值（sill）、变程（range）或称空间依赖范围（range of spatial dependence）、块金值（nugget）或称区域不连续性值（localized discontinuity）和分维数（fractal dimension）。前 3 个参数可以直接从变异函数图中得到（图 5.2.5）。它们决定变异函数的形状与结构。变异函数的形状反映自然现象空间分布结构或空间相关的类型，同时能给出这种空间相关的范围。

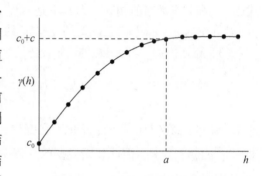

图 5.2.5 变异函数及有关参数

当变异函数 $\gamma(h)$ 随着间隔距离 h 的增大，从非零值达到一个相对稳定的常数时，该常数称为基台值 c_0+c，当间隔距离 $h=0$ 时，$\gamma(0)=c_0$，该值称为块金值或块金方差（nugget variance）。基台值是系统或系统属性中最大的变异，变异函数 $\gamma(h)$ 达到基台值时的间隔距离 a 称为变程。变程表示在 $h\geqslant a$ 以后，区域化变量 $Z(x)$ 空间相关性消失。块金值表示区域化变量在小于抽样尺度时非连续变异，由区域化变量的属性或测量误差决定。上述三个参数可从变异函数曲线图直接得到，或通过估计曲线回归参数得到。

第 4 个参数，即分维数用于表示变异函数的特性，由变异函数 $\gamma(h)$ 和间隔距离 h 之间的关系确定：

$$2\gamma(h)=h^{(4-2D)}$$

分维数 D 为双对数直线回归方程中的斜率，它是一个无量纲数。分维数 D 的大小，表示变异函数曲线的曲率，可以作为随机变异的量度。但该随机分维数 D 与形状分维数有本质的不同。

由区域化变量理论和变异函数的性质可知，实际上，理论变异函数模型是未知的，往往要从有效的空间取样数据中去估计，各种不同的 h 值可以计算出一系列 $\gamma(h)$ 值。因此，需要用一个理论模型去拟合这一系列的 $\gamma(h)$ 值。其中，最为常见（常用）的变异函数理论模型，包括：

（1）球状模型，其一般公式为

$$\gamma(h) = \begin{cases} 0 & h = 0 \\ c_0 + c\left(\dfrac{3h}{2a} - \dfrac{h^3}{2a^3}\right) & 0 < h \leq a \\ c_0 + c & h > a \end{cases} \tag{5.2.32}$$

式中：c_0 为块金（效应）常数；c 为拱高；$c_0 + c$ 为基台值；a 为变程。当 $c_0 = 0$，$c = 1$ 时，称为标准球状模型。球状模型是地统计分析中应用最广泛的理论模型，许多区域化变量的理论模型都可以用该模型去拟合。

（2）指数模型，其一般公式为

$$\gamma(h) = \begin{cases} 0 & h = 0 \\ c_0 + c(1 - e^{-\frac{h}{a}}) & h > 0 \end{cases} \tag{5.2.33}$$

式中：c_0 和 c 意义与前相同；但 a 不是变程。当 $h = 3a$ 时，$1 - e^{-\frac{h}{a}} = 1 - e^{-3} \approx 0.95 \approx 1$，即 $\gamma(3a) \approx c_0 + c$，从而指数模型的变程 a' 约为 $3a$。当 $c_0 = 0$，$c = 1$ 时，称为标准指数模型。

（3）高斯模型，其一般公式为

$$\gamma(h) = \begin{cases} 0 & h = 0 \\ c_0 + c(1 - e^{-\frac{h^2}{a^2}}) & h > 0 \end{cases} \tag{5.2.34}$$

式中：c_0 和 c 意义与前相同；a 也不是变程。当 $h = \sqrt{3}\,a$ 时，$1 - e^{-\frac{h^2}{a^2}} = 1 - e^{-3} \approx 0.95 \approx 1$，即 $\gamma(\sqrt{3}\,a) \approx c_0 + c$，因此高斯模型的变程 a' 约为 $\sqrt{3}\,a$。当 $c_0 = 0$，$c = 1$ 时，称为标准高斯函数模型。

4. 克里金插值方法

克里金插值（Kriging interpolation）法，又称空间局部估计或空间局部插值法，是地统计学的主要内容之一。克里金法是建立在变异函数理论及结构分析基础之上的，它是在有限区域内对区域化变量的取值进行无偏最优估计的一种方法。南非矿产工程师 D. R. Krige 首先将该方法用于寻找金矿上，所以法国著名统计学家 G. Matheron 在 1963 年将克里金的研究理论化和系统化时，就以 Krige 的名字命名了这种方法，即 Kriging。

克里金法适用的条件是，如果变异函数和相关分析的结果表明区域化变量存在空间相关性，则可以运用克里金法对空间未抽样点或未抽样区域进行估计。其实质是利用区域化变量的原始数据和变异函数的结构特点，对未采样点的区域化变量的取值进行线性无偏、最优估计。从数学上看，这是对空间分布的数据求线性最优无偏内插估计的一种方法。具体而言，克里金法是根据待估样本点（或块段）有限邻域内若干已测定的样本点数据，在考虑了样本点的形状、大小和空间相互位置关系，与待估样本点的相互空间位置关系，以及变异函数提供的结构信息之后，对待估样本点值进行的一种线性无偏最优估计。

克里金插值，是根据变异函数模型发展起来的一系列地统计的空间插值方法，包括普通克里金（ordinary Kriging）法、泛克里金（universal Kriging）法、指示克里金（indicator Kriging）法和析取克里金（disjunctive Kriging）法、协同克里金（cokriging）法等。由于篇幅所限，本书不可能详细地介绍每一种方法，下面仅对普通克里金法作一些简单介绍。感兴趣的读者，可以进一步参阅有关文献。

首先假设区域化变量 $Z(x)$ 满足二阶平稳假设和本征假设，其数学期望为 m，协方差函数 $c(h)$ 及变异函数 $\gamma(h)$ 存在，即

$$E[Z(x)] = m$$
$$c(h) = E[Z(x)Z(x+h)] - m^2$$
$$\gamma(h) = \frac{1}{2} E[Z(x) - Z(x+h)]^2$$

假设在待估计点 (x) 的临域内共有 n 个实测点，即 $x_1, x_2, \cdots, x_n$，其样本值为 $Z(x_i)$。那么，普通克里金法的插值公式为

$$Z^*(x) = \sum_{i=1}^{n} \lambda_i Z(x_i) \tag{5.2.35}$$

其中，λ_i 为权重系数，表示各空间样本点 x_i 处的观测值 $Z(x_i)$ 对估计值 $Z^*(x)$ 的贡献程度。

可见，克里金插值的关键就是计算权重系数 λ_i。显然，权重系数的求取必须满足两个条件：一是使 $Z^*(x)$ 的估计是无偏的，即偏差的数学期望为零；二是最优的，即使估计值 $Z^*(x)$ 和实际值 $Z(x)$ 之差的平方和最小。为此，需要满足以下两个条件：

（1）无偏性。要使 $Z^*(x)$ 成为 $Z(x)$ 的无偏估计量，即 $E[Z^*(x)] = E[Z(x)]$。当 $E[Z^*(x)] = m$ 时，也就是当 $E[\sum_{i=1}^{n} \lambda_i Z(x_i)] = \sum_{i=1}^{n} \lambda_i E[Z(x_i)] = m$ 时，则有

$$\sum_{i=1}^{n} \lambda_i = 1 \tag{5.2.36}$$

这时，$Z^*(x)$ 为 $Z(x)$ 的无偏估计量。

（2）最优性。在满足无偏性条件下，估计方差为

$$\sigma_E^2 = E[Z(x) - Z^*(x)]^2 = E[Z(x) - \sum_{i=1}^{n} \lambda_i Z(x_i)]^2$$

使用协方差函数表达，它可以进一步写为

$$\sigma_E^2 = c(x, x) + \sum_{i=1}^{n} \sum_{j=1}^{n} \lambda_i \lambda_j c(x_i, x_j) - 2 \sum_{i=1}^{n} \lambda_i c(x_i, x) \tag{5.2.37}$$

为使估计方差 σ_E^2 最小，根据拉格朗日乘数原理，令

$$F = \sigma_E^2 - 2\mu \left(\sum_{i=1}^{n} \lambda_i - 1 \right) \tag{5.2.38}$$

求 F 对 λ_i 和 μ 的偏导数，并令其为 0，得克里金方程组：

$$\begin{cases} \dfrac{\partial F}{\partial \lambda_i} = 2 \sum_{j=1}^{n} \lambda_j c(x_i, x_j) - 2c(x_i, x) - 2\mu = 0 \\ \dfrac{\partial F}{\partial \mu} = -2 \left(\sum_{i=1}^{n} \lambda_i - 1 \right) = 0 \end{cases} \tag{5.2.39}$$

整理后得

$$
\begin{cases}
\sum_{j=1}^{n} \lambda_j c(x_i, \ x_j) - \mu = c(x_i, \ x) \\
\sum_{i=1}^{n} \lambda_i = 1
\end{cases}
\tag{5.2.40}
$$

解线性方程组（5.2.40），求出权重系数 λ_i 和拉格朗日乘数 μ，代入式（5.2.37），可得克里金估计方差 σ_E^2，即

$$
\sigma_E^2 = c(x, \ x) - \sum_{i=1}^{n} \lambda_i c(x_i, \ x) + \mu
\tag{5.2.41}
$$

在变异函数存在的条件下，根据协方差与变异函数的关系：$c(h) = c(0) - \gamma(h)$ 或 $\gamma(h) = c(0) - c(h)$，也可以用变异函数表示普通克里金方程组和克里金估计方差，即

$$
\begin{cases}
\sum_{j=1}^{n} \lambda_j \gamma(x_i, \ x_j) + \mu = \gamma(x_i, \ x) \\
\sum_{i=1}^{n} \lambda_i = 1
\end{cases}
\tag{5.2.42}
$$

$$
\sigma_K^2 = \sum_{i=1}^{n} \lambda_i \gamma(x_i, \ x) - \gamma(x, \ x) + \mu
\tag{5.2.43}
$$

上述过程也可用矩阵形式表示，令

$$
\boldsymbol{K} = \begin{bmatrix}
c_{11} & c_{12} & \cdots & c_{1n} & 1 \\
c_{21} & c_{22} & \cdots & c_{2n} & 1 \\
\vdots & \vdots & \vdots & \ddots & \vdots \\
c_{n1} & c_{n2} & \cdots & c_{nn} & 1 \\
1 & 1 & \cdots & 1 & 0
\end{bmatrix}, \quad
\boldsymbol{\lambda} = \begin{bmatrix}
\lambda_1 \\
\lambda_2 \\
\vdots \\
\lambda_n \\
-\mu
\end{bmatrix}, \quad
\boldsymbol{D} = \begin{bmatrix}
c(x_1, \ x) \\
c(x_2, \ x) \\
\vdots \\
c(x_n, \ x) \\
1
\end{bmatrix}
$$

则普通克里金方程组为

$$
\boldsymbol{K\lambda} = \boldsymbol{D}
\tag{5.2.44}
$$

解方程组（5.2.44），可得

$$
\boldsymbol{\lambda} = \boldsymbol{K}^{-1}\boldsymbol{D}
\tag{5.2.45}
$$

其估计方差为

$$
\sigma_K^2 = c(x, \ x) - \boldsymbol{\lambda}^{\mathrm{T}}\boldsymbol{D}
\tag{5.2.46}
$$

也可以将克里金方程组和估计方差，用变异函数写成上述矩阵形式，令

$$
\boldsymbol{K} = \begin{bmatrix}
\gamma_{11} & \gamma_{12} & \cdots & \gamma_{1n} & 1 \\
\gamma_{21} & \gamma_{22} & \cdots & \gamma_{2n} & 1 \\
\vdots & \vdots & \vdots & \ddots & \vdots \\
\gamma_{n1} & \gamma_{n2} & \cdots & \gamma_{nn} & 1 \\
1 & 1 & \cdots & 1 & 0
\end{bmatrix}, \quad
\boldsymbol{\lambda} = \begin{bmatrix}
\lambda_1 \\
\lambda_2 \\
\vdots \\
\lambda_n \\
\mu
\end{bmatrix}, \quad
\boldsymbol{D} = \begin{bmatrix}
\gamma(x_1, \ x) \\
\gamma(x_2, \ x) \\
\vdots \\
\gamma(x_n, \ x) \\
1
\end{bmatrix}
$$

$$K\lambda = D \tag{5.2.47}$$

$$\lambda = K^{-1}D \tag{5.2.48}$$

$$\sigma_K^2 = \lambda^{\mathrm{T}}D - \gamma(x, x) \tag{5.2.49}$$

在以上的介绍中，区域化变量 $Z(x)$ 的数学期望 $E[Z(x)] = m$ 可以是已知或未知的。如果 m 是已知常数，称为简单克里金法；如果 m 是未知常数，称为普通克里金法。不管是哪一种方法，均可根据上述方法计算权重系数和克里金估计量。

年降水量，既服从地带性规律，又受随机性因素的影响，因此它们是典型的区域化变量。以甘肃省 53 个气象台站多年平均降水量实测值，拟合了年降水量的变异函数理论模型，并采用普通克里金法，做了空间插值计算，结果如下。

图 5.2.6 是甘肃省年降水量的变异函数云图。

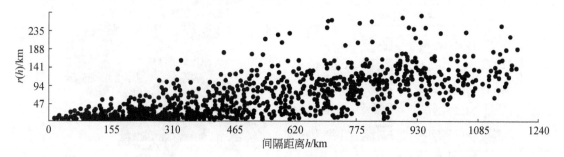

图 5.2.6　年降水量的变异函数云图

选择不同的变异函数理论模型，经过多次拟合计算和对比分析，发现指数模型比较好地描述了年降水量的空间变异规律。其变异函数的具体形式如下：

$$\gamma(h) = \begin{cases} 0 & h = 0 \\ 100 + 211100(1 - e^{-\frac{h}{536.67}}) & h > 0 \end{cases} \tag{5.2.50}$$

式（5.2.50）拟合的适度系数为 $R^2 = 0.950$。

基于变异函数的理论模型（5.2.50），对甘肃省范围内的年降水量和蒸发量，用普通克里金法进行空间插值计算，得到的结果如图 5.2.7 所示。

上述克里金插值计算过程，可以借助于 ArcGIS 8.3 以上版本中的 Geostatistical Analyst 模块，在 Geostatistical Wizard 向导下实现。

从图 5.2.7 可以看出，甘肃省范围内，年降水量的空间分布格局总体上是东南多西北少，并且呈现从东南向西北逐渐过渡的趋势，梯度变化明显；山地多，平地少，南北方向从南部祁连山脉向北部的沙漠戈壁逐渐减少。年降水量的空间变程很大，最多的东南部是最少的西北部的近 10 倍，其中，甘南东南部玛曲和禄曲、陇南东南部及平凉灵台东南地区，年降水量达到 691.59 ~ 786.75mm。400mm 等降水线靠近兰州附近，而到了西北端，几乎整个酒泉市、嘉峪关市和张掖市的西北部，年降水量只有 59.17 ~ 102.08mm。

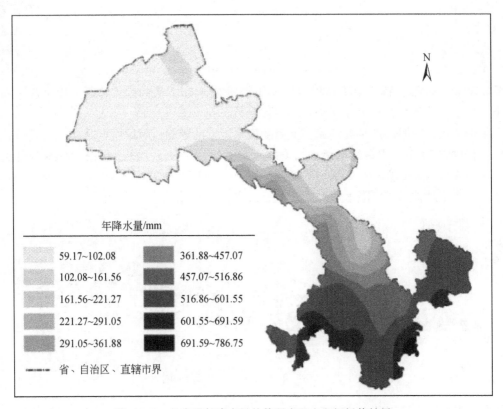

图 5.2.7　甘肃省年降水量的普通克里金空间插值结果

5.3　模糊数学建模法

模糊现象是指：事物本身的含义不确定的现象，如天气"好"与"坏"、条件"优"与"劣"、资源"丰富"与"贫乏"等都属于模糊现象。研究这类现象的数学工具是模糊数学。

5.3.1　模糊数学的基本概念与运算

1. 模糊子集及其运算

在经典集合论中，一个元素对于一个集合，要么属于，要么不属于，二者必居其一，绝不允许模棱两可。这一要求从根本上限定了以经典集合论为基础的常规数学方法的应用范围，它只能用来研究那些具有绝对明确的界限的事物和现象。但是，在现实世界中，并非所有事物和现象都具有明确的界限。例如，"高与低"、"富与贫"、"好与坏"、"美与丑"等，这样一些概念之间就没有绝对分明的界限。严格来说，这些概念没有绝对的外延，这些概念称为模糊概念，它们不能用一般集合论来描述，而需要用模糊集合论去描述

（杨纶标，2006）。

在经典集合论中，一个元素 x 和一个集合 A 之间的关系只能有 $x \in A$ 或者 $x \notin A$ 这两种情况。元素与集合之间的关系可以通过特征函数刻画，每一个集合 A 都有一个特征函数 $C_A(x)$，其定义为

$$C_A(x) = \begin{cases} 1 & x \in A \\ 0 & x \notin A \end{cases} \tag{5.3.1}$$

式（5.3.1）所表示的特征函数的图形如图 5.3.1 所示。由于经典集合论的特征函数只允许取 0 或 1 两个值，所以与二值逻辑 $\{0, 1\}$ 相对应。

而对于模糊集合，则需要将二值逻辑 $\{0, 1\}$ 拓广到可取 $[0, 1]$ 闭区间上任意的无穷多个值的连续值逻辑。因此，必须把特征函数作适当的拓广，这就是隶属函数 $\mu(x)$，它满足

$$0 \leqslant \mu(x) \leqslant 1 \tag{5.3.2}$$

式（5.3.2）也可以记作 $\mu(x) \in [0, 1]$，其图形如图 5.3.2 所示。

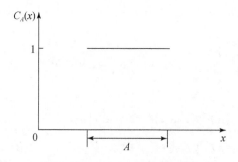

图 5.3.1　集合 A 的特征函数 $C_A(x)$

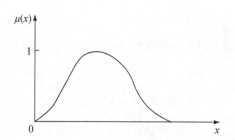

图 5.3.2　隶属函数 $\mu(x)$

1965 年，查德（Zadeh，1965）首次给出了模糊子集的定义：设 U 是一个给定的论域（即讨论对象的全体范围），$\mu_A : x \to [0, 1]$ 是 U 到 $[0, 1]$ 闭区间上的一个映射，如果对于任何 $x \in U$，都有唯一的 $\mu_A(x) \in [0, 1]$ 与之对应，则该映射便给定了论域 U 上的一个模糊子集 $\tilde{A}$，μ_A 称作 $\tilde{A}$ 的隶属函数，$\mu_A(x)$ 称作 x 对 $\tilde{A}$ 的隶属度。

通过以上关于模糊子集的定义可以看出，一个模糊子集完全由其隶属函数所刻画。因此，模糊子集通常有以下几种表示方法。

向量表示方法：如果论域 U 是有限集时，可以用向量来表示模糊子集 $\tilde{A}$。一般的，论域为 $U = \{x_1, x_2, \cdots, x_n\}$，则模糊子集 $\tilde{A}$ 可表示为如下向量

$$\tilde{A} = [\mu_1, \mu_2, \cdots, \mu_n] \tag{5.3.3}$$

式中：$\mu_i \in [0, 1](i = 1, 2, \cdots, n)$ 为第 i 个元素 x_i 对 $\tilde{A}$ 的隶属度。

查德表示方法：如果论域 U 是有限集时，采用查德记号可以将模糊子集 $\tilde{A}$ 表示为

$$\tilde{A} = \frac{u_1}{x_1} + \frac{u_2}{x_2} + \cdots + \frac{u_n}{x_n} = \sum_{i=1}^{n} \frac{u_i}{x_i} \tag{5.3.4}$$

需要说明的是，在式（5.3.4）中，绝对不是分式求和，只是一个记号而已，其"分母"表示论域 U 中的元素，"分子"是相应元素的隶属度，当隶属度为 0 时，那一项可以不写入。

如果论域 U 是无限集时，采用查德记号可以将模糊子集 $\tilde{A}$ 表示为

$$\tilde{A} = \int_{x \in U} \mu_A(x)/x \qquad (5.3.5)$$

在式（5.3.5）中，"积分号"不是普通的积分，也不代表求和，而是表示各个元素与其隶属度对应关系的一个总括。

另外，如果给出了论域 U 上的模糊子集 $\tilde{A}$ 的隶属函数的解析表达式，也就表示出了模糊子集 $\tilde{A}$ 。

论域 U 上两个模糊子集 $\tilde{A}$ 和 $\tilde{B}$ 之间的相等、包含关系，以及并、交、补运算，分别定义如下：

$\tilde{A} = \tilde{B} \Leftrightarrow \mu_A(x) = \mu_B(x) \quad \forall x \in U$

$\tilde{A} = \Phi \Leftrightarrow \mu_A(x) = 0 \quad \forall x \in U$

$\tilde{A} \subseteq \tilde{B} \Leftrightarrow \mu_A(x) \leqslant \mu_B(x) \quad \forall x \in U$

$\overline{\tilde{A}} \Leftrightarrow \mu_{\overline{A}}(x) = 1 - \mu_A(x) \quad \forall x \in U$

$\tilde{A} \cup \tilde{B} \Leftrightarrow \mu_{A \cup B}(x) = \max\{\mu_A(x), \mu_B(x)\} = \mu_A(x) \vee \mu_B(x) \quad \forall x \in U$

$\tilde{A} \cap \tilde{B} \Leftrightarrow \mu_{A \cap B}(x) = \min\{\mu_A(x), \mu_B(x)\} = \mu_A(x) \wedge \mu_B(x) \quad \forall x \in U$

以上记号"$\vee$"和"$\wedge$"是逻辑运算符号，简称为算子，"$\vee$"表示取最大值，"$\wedge$"表示取最小值。

模糊子集的运算，具有如下几个基本性质。

幂等律：$\tilde{A} \cup \tilde{A} = \tilde{A}$，$\tilde{A} \cap \tilde{A} = \tilde{A}$。

交换律：$\tilde{A} \cup \tilde{B} = \tilde{B} \cup \tilde{A}$，$\tilde{A} \cap \tilde{B} = \tilde{B} \cap \tilde{A}$。

结合律：$(\tilde{A} \cup \tilde{B}) \cup \tilde{C} = \tilde{A} \cup (\tilde{B} \cup \tilde{C})$，$(\tilde{A} \cap \tilde{B}) \cap \tilde{C} = \tilde{A} \cap (\tilde{B} \cap \tilde{C})$。

吸收律：$\tilde{A} \cup (\tilde{A} \cap \tilde{B}) = \tilde{A}$，$\tilde{A} \cap (\tilde{A} \cup \tilde{B}) = \tilde{A}$。

分配律：$\tilde{A} \cup (\tilde{B} \cap \tilde{C}) = (\tilde{A} \cup \tilde{B}) \cap (\tilde{A} \cup \tilde{C})$，$\tilde{A} \cap (\tilde{B} \cup \tilde{C}) = (\tilde{A} \cap \tilde{B}) \cup (\tilde{A} \cap \tilde{C})$。

对合律：$\overline{\overline{\tilde{A}}} = \tilde{A}$。

De Morgan 法则：$\overline{\tilde{A} \cup \tilde{B}} = \overline{\tilde{A}} \cap \overline{\tilde{B}}$，$\overline{\tilde{A} \cap \tilde{B}} = \overline{\tilde{A}} \cup \overline{\tilde{B}}$。

常数运算法则：$\tilde{A} \cup U = U$，$\tilde{A} \cap U = \tilde{A}$。

2. 模糊子集的 α - 截集及其性质

定义：设 $\tilde{A}$ 是论域 U 上的一个模糊子集，其隶属函数为 μ_A，x 对 $\tilde{A}$ 的隶属度为 $\mu_A(x)$。

对于任一数 $\alpha \in [0, 1]$，称集合

$$\tilde{A}_\alpha = \{x \mid \mu_A(x) > \alpha, \quad x \in U\} \tag{5.3.6}$$

为 $\tilde{A}$ 的强 α-截集；称集合

$$\tilde{A}_{\bar{\alpha}} = \{x \mid \mu_A(x) \geqslant \alpha, \ x \in U\} \tag{5.3.7}$$

为 $\tilde{A}$ 的弱 α-截集。

有时也将强 α-截集与弱 α-截集统称为 α-截集。

模糊子集的 α-截集，具有下述几个基本性质。

若 $\alpha \leqslant \beta$，则 $\tilde{A}_\beta \subseteq \tilde{A}_\alpha$，$\tilde{A}_{\bar{\beta}} \subseteq \tilde{A}_{\bar{\alpha}}$。

对于任意 $\alpha \in [0, 1]$，都有 $\tilde{A}_\alpha \subseteq \tilde{A}_{\bar{\alpha}}$。

对于任意 $\alpha \in [0, 1]$，都有 $(\tilde{A} \cup \tilde{B})_\alpha = \tilde{A}_\alpha \cup \tilde{B}_\alpha$，$(\tilde{A} \cup \tilde{B})_{\bar{\alpha}} = \tilde{A}_{\bar{\alpha}} \cup \tilde{B}_{\bar{\alpha}}$。

对于任意 $\alpha \in [0, 1]$，都有 $(\tilde{A} \cap \tilde{B})_\alpha = \tilde{A}_\alpha \cap \tilde{B}_\alpha$，$(\tilde{A} \cap \tilde{B})_{\bar{\alpha}} = \tilde{A}_{\bar{\alpha}} \cap \tilde{B}_{\bar{\alpha}}$。

$\bigcup\limits_{\alpha < \beta} \tilde{A}_\beta = \tilde{A}_\alpha$，$\bigcap\limits_{\alpha > \beta} \tilde{A}_{\bar{\alpha}} = \tilde{A}_{\bar{\alpha}}$。

$\bigcap\limits_{\alpha > \beta} \tilde{A}_\beta = \tilde{A}_{\bar{\alpha}}$，$\bigcap\limits_{\alpha < \beta} \tilde{A}_{\bar{\beta}} = \tilde{A}_\alpha$。

$$\tilde{A} = \bigcup\limits_{\alpha \in [0, 1]} \alpha \cdot \tilde{A}_\alpha \tag{5.3.8}$$

式 (5.3.8) 中，$\alpha \cdot \tilde{A}_\alpha$ 为模糊子集，其隶属函数为

$$\mu_{\alpha \cdot A_\alpha}(x) = \begin{cases} \alpha & x \in \tilde{A}_\alpha \\ 0 & x \notin \tilde{A}_\alpha \end{cases}$$

3. 模糊关系与模糊变换

模糊关系，是一般关系的推广，其定义为：设 U 和 V 是两个普通集合，则 U 与 V 的直积

$$U \times V = \{(x, y) \mid x \in U, y \in V\}$$

上的一个模糊子集 $\tilde{R}$ 便称为 U 到 V 上的一个模糊关系。若 $(x, y) \in U \times V$，则称 $\mu_R(x, y)$ 为 x 与 y 具有关系 $\tilde{R}$ 的程度。一般，也可以记为 $\tilde{R}(x, y)$。特别是当 $U = V$ 时，则称 $\tilde{R}$ 为 U 中的模糊关系。

当 U 和 V 为有限集合时，模糊关系 $\tilde{R}$ 可以用矩阵表示为

$$\boldsymbol{R} = (r_{ij})_{m \times n} = \begin{pmatrix} r_{11} & r_{12} & \cdots & r_{1n} \\ r_{21} & r_{22} & \cdots & r_{2n} \\ \vdots & \vdots & \ddots & \vdots \\ r_{m1} & r_{m2} & \cdots & r_{mn} \end{pmatrix} \tag{5.3.9}$$

式中：$r_{ij} = \mu_R(x_i, y_j)$；$r_{ij} \in [0, 1]$；$i = 1, 2, \cdots, m$；$j = 1, 2, \cdots, n$；m 为 U 中所含元素的个数；n 为 V 中所含元素的个数。

式（5.3.9）所示的矩阵称为模糊关系矩阵，简称模糊矩阵。在不引起混淆的情况下，也可以将模糊关系 $\tilde{R}$ 用 R 表示。

因为模糊关系就是集合 U 与 V 的直积 $U \times V$ 上的模糊子集，所以它的相等、包含、并、交、补等运算与模糊子集的概念和运算性质完全相同，这里不再重复。

下面是几个重要的特殊关系：

恒等关系 I：$I \Leftrightarrow \mu_I(x, y) = \begin{cases} 1 & x = y \\ 0 & x \neq y \end{cases} \quad \forall x, y \in U$

零关系 0：$0 \Leftrightarrow \mu_0(x, y) = 0 \quad \forall x, y \in U$

全称关系 E：$E \Leftrightarrow \mu_E(x, y) = 1 \quad \forall x, y \in U$

转置关系或逆关系 R^T：$R^T \Leftrightarrow \mu_{R^T}(x, y) = \mu_R(y, x) \quad \forall x, y \in U$

基于模糊关系，可以进一步定义模糊关系的合成运算。

定义：设 U、V、W 是三个集合，R_1 是 U 到 V 上的模糊关系，R_2 是 V 到 W 上的模糊关系，则称 $R_1 \circ R_2$ 为关系 R_1 与 R_2 的合成，且规定它为 U 到 W 上的模糊关系，其隶属函数为

$$\mu_{R_1 \circ R_2}(x, z) = \vee [\mu_{R_1}(x, y) \wedge \mu_{R_2}(y, z)]$$

模糊关系的合成运算，具有如下基本性质：

$(R_1 \circ R_2) \circ R_3 = R_1 \circ (R_2 \circ R_3)$；

$I \circ R = R \circ I = R$；

$0 \circ R = R \circ 0 = 0$；

若 $R_1 \subseteq R_2$，则有 $R \circ R_1 \subseteq R \circ R_2$，$R_1 \circ R \subseteq R_2 \circ R$；

$(R_1 \circ R_2)^T \subseteq R_2^T \circ R_1^T$；

$R \circ (R_1 \cup R_2) = R \circ R_1 \cup R \circ R_2$，$(R_1 \cup R_2) \circ R = (R_1 \circ R) \cup (R_2 \circ R)$；

$R \circ (R_1 \cap R_2) = R \circ R_1 \cap R \circ R_2$，$(R_1 \cap R_2) \circ R = (R_1 \circ R) \cap (R_2 \circ R)$；

$(R_1 \cup R_2)^T = R_1^T \cup R_2^T$，$(R_1 \cap R_2)^T = R_1^T \cap R_2^T$；

$(R^T)^T = R$。

重要的两类模糊关系是模糊相似关系与模糊等价关系。

模糊相似关系的定义：设 R 是 U 中的模糊关系，若它满足如下性质：

自反性，$\forall x \in U$，$\mu_R(x, x) = 1$

对称性，$\forall x, y \in U$，$\mu_R(x, y) = \mu_R(y, x)$

则称 R 为 U 中的模糊相似关系。

模糊等价关系的定义：设 R 是 U 中的模糊相似关系，若它满足传递性，即 $\forall x, y, z \in U$，$\vee [\mu_R(x, z) \wedge \mu_R(z, y)] \leqslant \mu_R(x, y)$，则称 R 为 U 中的模糊等价关系。

模糊关系的合成运算，可以进一步定义模糊变换。

定义：设 R 是一个给定的模糊矩阵

$$R = (r_{ij})_{m \times n} = \begin{pmatrix} r_{11} & r_{12} & \cdots & r_{1n} \\ r_{21} & r_{22} & \cdots & r_{2n} \\ \vdots & \vdots & \ddots & \vdots \\ r_{m1} & r_{m2} & \cdots & r_{mn} \end{pmatrix}$$

$\tilde{A}$ 是一个给定的模糊向量，即 $\tilde{A} = [a_1,\ a_2,\ \cdots,\ a_m]$

则 $\tilde{A}$ 与 R 的合成运算定义为

$$\tilde{B} = [b_1,\ b_2,\ \cdots,\ b_n] = \tilde{A} \circ R = [\bigvee_{k=1}^{m}(a_k \wedge r_{k1}),\ \bigvee_{k=1}^{m}(a_k \wedge r_{k2}),\ \cdots,\ \bigvee_{k=1}^{m}(a_k \wedge r_{kn})]$$

$$(5.3.10)$$

显然，是一个模糊变量；式（5.3.10）中，$0 \leqslant b_j \leqslant 1(j = 1,\ 2,\ \cdots,\ n)$。

　　农业生态气候的适宜性问题，是一个非常典型的模糊问题。顾恒岳等（1983）运用模糊数学概念与方法建立了农业生态气候适宜度模型，从而把这一问题的研究提升到一个新的理论高度。30 多年来，顾–艾模型得到了十分广泛的应用（顾恒岳等，1984；徐建华等，1990，1991；石培基和白永平，2000；燕群等，2008），很好地解决了许多地区农业生态气候适宜性评价问题。

5.3.2　模糊聚类与模糊综合评价模型

1. 模糊聚类

　　下面简要介绍基于模糊等价关系的模糊聚类方法。

　　基于模糊等价关系的模糊聚类分析方法的基本思想是：由于模糊等价关系 R^* 是论域集 U 与自己的直积 $U \times U$ 上的一个模糊子集，因此可以对 R^* 进行分解，当用 λ –水平对 R^* 作截集时，截得的 $U \times U$ 的普通子集 R_λ^* 就是 U 上的一个普通等价关系，基于这种普通等价关系就得到了关于 U 的一种分类。当 λ 由 1 下降到 0 时，分类由细变粗，逐渐归并，从而形成一个动态聚类谱系图。由此可见，分类对象集 U 上的模糊等价关系 R^* 的建立，是这种聚类分析方法中的一个关键性的环节。

　　为了建立分类对象集合 U 上的模糊等价关系，通常需要首先计算测度各个分类对象之间相似性的统计量，并建立分类对象集合 U 上的模糊相似关系 R；通过 R 的"自乘"运算，把它改造为模糊等价关系 R^*。

　　第一步，建立模糊相似关系 R。

　　假设第 i 个分类对象的第 k 项指标为 $x_{ik}(i = 1,\ 2,\ \cdots,\ m;\ k = 1,\ 2,\ \cdots,\ n)$，那么，测度第 i 个与第 j 个分类对象之间相似性的统计量 r_{ij}，可以采用如下几种方法计算。

（1）数量积法：

$$r_{ij} = \begin{cases} 1 & i = j \\ \sum_{k=1}^{n} x_{ik} x_{jk} / M & i \neq j \end{cases} \quad (i, j = 1, 2, \cdots, m) \tag{5.3.11}$$

式中：M 为一个适当选择之正数，一般而言，它应满足

$$M > \max\left\{ \sum_{\substack{k=1 \\ i \neq j}}^{n} x_{ik} x_{jk} \right\}$$

（2）绝对值差数法：

$$r_{ij} = \begin{cases} 1 & i = j \\ 1 - c \sum_{k=1}^{n} |x_{ik} - x_{jk}| & i \neq j \end{cases} \quad (i, j = 1, 2, \cdots, m) \tag{5.3.12}$$

式中：c 为适当选择之正数，使 $0 \leqslant r_{ij} \leqslant 1 (i \neq j)$。

（3）最大最小值法：

$$r_{ij} = \frac{\sum_{k=1}^{n} \min(x_{ik}, x_{jk})}{\sum_{k=1}^{n} \max(x_{ik}, x_{jk})} \quad (i, j = 1, 2, \cdots, m) \tag{5.3.13}$$

（4）算术平均最小法：

$$r_{ij} = \frac{\sum_{k=1}^{n} \min(x_{ik}, x_{jk})}{\frac{1}{2} \sum_{k=1}^{n} (x_{ik} + x_{jk})} \quad (i, j = 1, 2, \cdots, m) \tag{5.3.14}$$

（5）绝对值指数：

$$r_{ij} = e^{-\sum_{k=1}^{n} |x_{ik} - x_{jk}|} \quad (i, j = 1, 2, \cdots, m) \tag{5.3.15}$$

（6）指数相似系数：

$$r_{ij} = \frac{1}{n} \sum_{k=1}^{n} e^{-\frac{3}{4} \frac{(x_{ik} - x_{jk})^2}{s_k^2}} \quad (i, j = 1, 2, \cdots, m) \tag{5.3.16}$$

式中：s_k 为第 k 个指标的方差，即

$$s_k = \sqrt{\frac{1}{m} \sum_{i=1}^{m} (x_{ik} - \bar{x}_k)^2}$$

（7）夹角余弦：

$$r_{ij} = \cos\theta_{ij} = \frac{\sum_{k=1}^{n} x_{ik} x_{jk}}{\sqrt{\sum_{k=1}^{n} x_{ik}^2} \sqrt{\sum_{k=1}^{n} x_{jk}^2}} \quad (i, j = 1, 2, \cdots, m) \tag{5.3.17}$$

（8）相关系数：

$$r_{ij} = \frac{\sum_{k=1}^{n} (x_{ik} - \bar{x}_i)(x_{jk} - \bar{x}_j)}{\sqrt{\sum_{k=1}^{n} (x_{ik} - \bar{x}_i)^2} \sqrt{\sum_{k=1}^{n} (x_{jk} - \bar{x}_j)^2}} \quad (i, j = 1, 2, \cdots, m) \quad (5.3.18)$$

式中：$\bar{x}_i$ 和 $\bar{x}_j$ 分别代表第 i 和第 j 个分类对象的各个指标的平均值。

需要说明的是，为了消除量纲的影响，在计算 r_{ij} 之前，一般需要对描述各分类对象的各项指标进行标准化处理，处理方法包括总和标准化、标准差标准化、极大值标准化、极差的标准化等（徐建华，2016）。

运用上述方法计算出 r_{ij} 以后，就可以建立如下的模糊相似关系

$$\boldsymbol{R} = (r_{ij})_{m \times m} = \begin{pmatrix} r_{11} & r_{12} & \cdots & r_{1m} \\ r_{21} & r_{22} & \cdots & r_{2m} \\ \vdots & \vdots & \ddots & \vdots \\ r_{m1} & r_{m2} & \cdots & r_{mm} \end{pmatrix}$$

第二步，将模糊相似关系 $\boldsymbol{R}$ 改造为模糊等价关系 $\boldsymbol{R}^*$。

模糊相似关系 $\boldsymbol{R}$ 一定满足自反性和对称性，但一般而言，它并不一定满足传递性，也就是说，它并不一定是模糊等价关系。为了进行聚类分析，必须采用传递闭合的性质将模糊相似性关系 $\boldsymbol{R}$ 改造为模糊等价关系 $\boldsymbol{R}^*$。改造的办法是将 $\boldsymbol{R}$ 自乘，即

$$\boldsymbol{R}^2 = \boldsymbol{R} \circ \boldsymbol{R}$$
$$\boldsymbol{R}^4 = \boldsymbol{R}^2 \circ \boldsymbol{R}^2$$
$$\vdots$$

这样下去，就必然会存在一个自然数 k，使得

$$\boldsymbol{R}^{2k} = \boldsymbol{R}^k \circ \boldsymbol{R}^k = \boldsymbol{R}^k$$

这时，$\boldsymbol{R}^* = \boldsymbol{R}^k$ 便是一个模糊等价关系了。

例如，对于某 9 个地理区域，用夹角余弦公式计算，得到了模糊相似关系：

$$\boldsymbol{R} = \begin{pmatrix} 1 & 0.88 & 0.49 & 0.88 & 0.30 & 0.24 & 0.20 & 0.93 & 0.77 \\ 0.88 & 1 & 0.38 & 0.94 & 0.06 & 0.05 & 0.01 & 0.95 & 0.93 \\ 0.49 & 0.38 & 1 & 0.67 & 0.76 & 0.80 & 0.71 & 0.45 & 0.55 \\ 0.88 & 0.94 & 0.67 & 1 & 0.30 & 0.30 & 0.24 & 0.92 & 0.95 \\ 0.30 & 0.06 & 0.76 & 0.30 & 1 & 0.99 & 0.98 & 0.21 & 0.21 \\ 0.24 & 0.05 & 0.80 & 0.30 & 0.99 & 1 & 0.99 & 0.18 & 0.23 \\ 0.20 & 0.01 & 0.71 & 0.24 & 0.98 & 0.99 & 1 & 0.14 & 0.19 \\ 0.93 & 0.95 & 0.45 & 0.92 & 0.21 & 0.18 & 0.14 & 1 & 0.90 \\ 0.77 & 0.93 & 0.55 & 0.95 & 0.21 & 0.23 & 0.19 & 0.90 & 1 \end{pmatrix}$$

对上述模糊相似关系 $\boldsymbol{R}$ 进行自乘计算，可以验证：

$$R^* = R^4 \circ R^4 = R^4 = \begin{pmatrix} 1 & 0.93 & 0.67 & 0.93 & 0.67 & 0.67 & 0.67 & 0.93 & 0.93 \\ 0.93 & 1 & 0.67 & 0.94 & 0.67 & 0.67 & 0.67 & 0.95 & 0.94 \\ 0.67 & 0.67 & 1 & 0.67 & 0.80 & 0.80 & 0.80 & 0.67 & 0.67 \\ 0.93 & 0.94 & 0.67 & 1 & 0.67 & 0.67 & 0.67 & 0.94 & 0.95 \\ 0.67 & 0.67 & 0.80 & 0.67 & 1 & 0.99 & 0.99 & 0.67 & 0.67 \\ 0.67 & 0.67 & 0.80 & 0.67 & 0.99 & 1 & 0.99 & 0.67 & 0.67 \\ 0.67 & 0.67 & 0.80 & 0.67 & 0.99 & 0.99 & 1 & 0.67 & 0.67 \\ 0.93 & 0.95 & 0.67 & 0.94 & 0.67 & 0.67 & 0.67 & 1 & 0.94 \\ 0.93 & 0.94 & 0.67 & 0.95 & 0.67 & 0.67 & 0.67 & 0.94 & 1 \end{pmatrix}$$

所以，R^* 是一个模糊等价关系。

因此，可以基于模糊等价关系 R^*，在不同的截集水平下，对上述 9 个地理区域做模糊聚类分析，聚类过程如下。

第一步，取 $\lambda = 1$，得到普通等价关系：

$$R_1^* = \begin{pmatrix} 1 & 0 & 0 & 0 & 0 & 0 & 0 & 0 & 0 \\ 0 & 1 & 0 & 0 & 0 & 0 & 0 & 0 & 0 \\ 0 & 0 & 1 & 0 & 0 & 0 & 0 & 0 & 0 \\ 0 & 0 & 0 & 1 & 0 & 0 & 0 & 0 & 0 \\ 0 & 0 & 0 & 0 & 1 & 0 & 0 & 0 & 0 \\ 0 & 0 & 0 & 0 & 0 & 1 & 0 & 0 & 0 \\ 0 & 0 & 0 & 0 & 0 & 0 & 1 & 0 & 0 \\ 0 & 0 & 0 & 0 & 0 & 0 & 0 & 1 & 0 \\ 0 & 0 & 0 & 0 & 0 & 0 & 0 & 0 & 1 \end{pmatrix}$$

在 R_1^* 中，由于各行均不相同，所以 G_1、G_2、G_3、G_4、G_5、G_6、G_7、G_8、G_9 各自成为一类。

第二步，取 $\lambda = 0.99$，得到普通等价关系：

$$R_{0.99}^* = \begin{pmatrix} 1 & 0 & 0 & 0 & 0 & 0 & 0 & 0 & 0 \\ 0 & 1 & 0 & 0 & 0 & 0 & 0 & 0 & 0 \\ 0 & 0 & 1 & 0 & 0 & 0 & 0 & 0 & 0 \\ 0 & 0 & 0 & 1 & 0 & 0 & 0 & 0 & 0 \\ 0 & 0 & 0 & 0 & 1 & 1 & 1 & 0 & 0 \\ 0 & 0 & 0 & 0 & 1 & 1 & 1 & 0 & 0 \\ 0 & 0 & 0 & 0 & 1 & 1 & 1 & 0 & 0 \\ 0 & 0 & 0 & 0 & 0 & 0 & 0 & 1 & 0 \\ 0 & 0 & 0 & 0 & 0 & 0 & 0 & 0 & 1 \end{pmatrix}$$

在 $R_{0.99}^*$ 中，由于第 5、6、7 行相同，而其他各行均不相同，所以将 G_5、G_6、G_7 归并为一类，而 G_1、G_2、G_3、G_4、G_8、G_9 各自成为一类。

第三步，取 $\lambda = 0.95$，得到普通等价关系：

$$
\boldsymbol{R}^*_{0.95} =
\begin{pmatrix}
1 & 0 & 0 & 0 & 0 & 0 & 0 & 0 & 0 \\
0 & 1 & 0 & 0 & 0 & 0 & 0 & 1 & 0 \\
0 & 0 & 1 & 0 & 0 & 0 & 0 & 0 & 0 \\
0 & 0 & 0 & 1 & 0 & 0 & 0 & 0 & 1 \\
0 & 0 & 0 & 0 & 1 & 1 & 1 & 0 & 0 \\
0 & 0 & 0 & 0 & 1 & 1 & 1 & 0 & 0 \\
0 & 0 & 0 & 0 & 1 & 1 & 1 & 0 & 0 \\
0 & 1 & 0 & 0 & 0 & 0 & 0 & 1 & 0 \\
0 & 0 & 0 & 1 & 0 & 0 & 0 & 0 & 1
\end{pmatrix}
$$

在 $\boldsymbol{R}^*_{0.95}$ 中，由于第 2、8 行相同，第 4、9 行相同，第 5、6、7 行相同，而第 1 行与第 3 行和其他各行均不相同，所以 G_2 与 G_8 聚为一类，G_4 与 G_9 聚为一类，G_5、G_6、G_7 聚为一类，而 G_1 和 G_3 各自成为一类。

第四步，取 $\lambda = 0.94$，得到普通等价关系：

$$
\boldsymbol{R}^*_{0.94} =
\begin{pmatrix}
1 & 0 & 0 & 0 & 0 & 0 & 0 & 0 & 0 \\
0 & 1 & 0 & 1 & 0 & 0 & 0 & 1 & 1 \\
0 & 0 & 1 & 0 & 0 & 0 & 0 & 0 & 0 \\
0 & 1 & 0 & 1 & 0 & 0 & 0 & 1 & 1 \\
0 & 0 & 0 & 0 & 1 & 1 & 1 & 0 & 0 \\
0 & 0 & 0 & 0 & 1 & 1 & 1 & 0 & 0 \\
0 & 0 & 0 & 0 & 1 & 1 & 1 & 0 & 0 \\
0 & 1 & 0 & 1 & 0 & 0 & 0 & 1 & 1 \\
0 & 1 & 0 & 1 & 0 & 0 & 0 & 1 & 1
\end{pmatrix}
$$

在 $\boldsymbol{R}^*_{0.94}$ 中，由于第 2、4、8、9 行相同，第 5、6、7 行相同，第 1 行与第 3 行和其他各行均不相同，所以 G_2、G_4、G_8、G_9 聚为一类，G_5、G_6、G_7 聚为一类，G_1 和 G_3 各自聚为一类。

第五步，取 $\lambda = 0.93$，得到普通等价关系：

$$
\boldsymbol{R}^*_{0.93} =
\begin{pmatrix}
1 & 1 & 0 & 1 & 0 & 0 & 0 & 1 & 1 \\
1 & 1 & 0 & 1 & 0 & 0 & 0 & 1 & 1 \\
0 & 0 & 1 & 0 & 0 & 0 & 0 & 0 & 0 \\
1 & 1 & 0 & 1 & 0 & 0 & 0 & 1 & 1 \\
0 & 0 & 0 & 0 & 1 & 1 & 1 & 0 & 0 \\
0 & 0 & 0 & 0 & 1 & 1 & 1 & 0 & 0 \\
0 & 0 & 0 & 0 & 1 & 1 & 1 & 0 & 0 \\
1 & 1 & 0 & 1 & 0 & 0 & 0 & 1 & 1 \\
1 & 1 & 0 & 1 & 0 & 0 & 0 & 1 & 1
\end{pmatrix}
$$

在 $\boldsymbol{R}^*_{0.93}$ 中，由于第 1、2、4、8、9 行相同，第 5、6、7 行相同，第 3 行与其他各行均不相同，所以 G_1、G_2、G_4、G_8、G_9 聚为一类，G_5、G_6、G_7 聚为一类，G_3 各自成为一类。

第六步，取 $\lambda = 0.80$，得到普通等价关系：

$$\boldsymbol{R}_{0.80}^{*} = \begin{pmatrix} 1 & 1 & 0 & 1 & 0 & 0 & 0 & 1 & 1 \\ 1 & 1 & 0 & 1 & 0 & 0 & 0 & 1 & 1 \\ 0 & 0 & 1 & 0 & 1 & 1 & 1 & 0 & 0 \\ 1 & 1 & 0 & 1 & 0 & 0 & 0 & 1 & 1 \\ 0 & 0 & 1 & 0 & 1 & 1 & 1 & 0 & 0 \\ 0 & 0 & 1 & 0 & 1 & 1 & 1 & 0 & 0 \\ 0 & 0 & 1 & 0 & 1 & 1 & 1 & 0 & 0 \\ 1 & 1 & 0 & 1 & 0 & 0 & 0 & 1 & 1 \\ 1 & 1 & 0 & 1 & 0 & 0 & 0 & 1 & 1 \end{pmatrix}$$

在 $\boldsymbol{R}_{0.80}^{*}$ 中，由于第 1、2、4、8、9 行相同，第 3、5、6、7 行相同，所以 G_1、G_2、G_4、G_8、G_9 聚为一类，G_3、G_5、G_6、G_7 聚为一类。

第七步，取 $\lambda = 0.67$，得到普通等价关系：

$$\boldsymbol{R}_{0.67}^{*} = \begin{pmatrix} 1 & 1 & 1 & 1 & 1 & 1 & 1 & 1 & 1 \\ 1 & 1 & 1 & 1 & 1 & 1 & 1 & 1 & 1 \\ 1 & 1 & 1 & 1 & 1 & 1 & 1 & 1 & 1 \\ 1 & 1 & 1 & 1 & 1 & 1 & 1 & 1 & 1 \\ 1 & 1 & 1 & 1 & 1 & 1 & 1 & 1 & 1 \\ 1 & 1 & 1 & 1 & 1 & 1 & 1 & 1 & 1 \\ 1 & 1 & 1 & 1 & 1 & 1 & 1 & 1 & 1 \\ 1 & 1 & 1 & 1 & 1 & 1 & 1 & 1 & 1 \\ 1 & 1 & 1 & 1 & 1 & 1 & 1 & 1 & 1 \end{pmatrix}$$

在 $\boldsymbol{R}_{0.67}^{*}$ 中，由于各行都相同，所以 G_1、G_2、G_3、G_4、G_5、G_6、G_7、G_8、G_9 全部被聚为一类。

综合上述聚类过程，可以做出聚类谱系图，如图 5.3.3 所示。

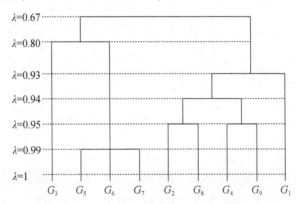

图 5.3.3 基于模糊等价关系的聚类谱系图

2. 模糊综合评判模型

模糊综合评判模型，是一种运用模糊变换原理分析和评价模糊系统的模型。它是一种以模糊推理为主的定性与定量相结合、精确与非精确相统一的分析评判模型。由于该模型在处理各种难以用精确数学方法描述的复杂系统问题方面，表现出了独特的优越性，所以它在地理学领域中得到了越来越广泛的应用。

模糊综合评价模型，包括单层评判模型和多层次评判模型。下面首先介绍单层次模糊综合评判模型。

给定两个有限论域：

$$U = \{u_1, \ u_2, \ \cdots, \ u_m\} \tag{5.3.19}$$

$$V = \{v_1, \ v_2, \ \cdots, \ v_n\} \tag{5.3.20}$$

式（5.3.19）中，U 代表所有的评判因素所组成的集合；式（5.3.20）中，V 代表所有的评语等级所组成的集合。

如果着眼于第 $i(i = 1, \ 2, \ \cdots, \ n)$ 个评判因素 u_i，其单因素评判结果为 $R_i = [r_{i1}, \ r_{i2}, \ \cdots, \ r_{in}]$，则各个评判因素的评判决策矩阵

$$\boldsymbol{R} = \begin{pmatrix} R_1 \\ R_2 \\ \vdots \\ R_m \end{pmatrix} = \begin{pmatrix} r_{11} & r_{12} & \cdots & r_{1n} \\ r_{21} & r_{22} & \cdots & r_{2n} \\ \vdots & \vdots & \ddots & \vdots \\ r_{m1} & r_{m2} & \cdots & r_{mn} \end{pmatrix} \tag{5.3.21}$$

就定义了 U 到 V 上的一个模糊关系。

如果各评判因素的权数分配为 $\tilde{A} = [a_1, \ a_2, \ \cdots, \ a_m]$（显然，$\tilde{A}$ 是论域 U 上的一个模糊子集，且 $0 \le a_i \le 1, \ \sum_{t=1}^{m} a_i = 1$），则通过模糊变换，可以得到论域 V 上的一个模糊子集，即综合评判结果：

$$\tilde{B} = \tilde{A} \circ \boldsymbol{R} = [b_1, \ b_2, \ \cdots, \ b_n] \tag{5.3.22}$$

在单层次模糊综合评判模型的基础上，可以进一步建立多层次模糊综合评判模型。

在复杂的大系统中，需要考虑的因素往往是很多的，而且因素之间存在着不同的层次。这时，应用单层次模糊综合评判模型就很难得出正确的评判结果。在这种情况下，需要将评判因素集合按照某种属性分成几类，先对每一类进行综合评判，然后对各类评判结果进行类之间的高层次综合评判。这样，就产生了多层次模糊综合评判问题。

多层次模糊综合评判模型的建立，可按以下步骤进行。

第一步，对于评判因素集合 U，按某个属性 c，将其划分成 m 个子集，使它们满足：

$$\begin{cases} \sum_{i=1}^{m} U_i = U \\ U_i \cap U_j = \varPhi \quad (i \ne j) \end{cases} \tag{5.3.23}$$

这样，就得到了第二级评判因素集合：

$$U/c = \{U_1, \ U_2, \ \cdots, \ U_m\} \tag{5.3.24}$$

在式（5.3.24）中，$U_i = \{u_{ik}\}$ $(i = 1, 2, \cdots, m; k = 1, 2, \cdots, n_k)$ 表示子集 U_i 中含有 n_k 个评判因素。

第二步，对于每一个子集 U_i 中的 n_k 个评判因素，按照单层次模糊综合评判模型进行评判。如果 U_i 中诸因素的权数分配为 $\tilde{A}_i$，其评判决策矩阵为 R_i，则得到第 i 个子集 U_i 的综合评判结果：

$$\tilde{B}_i = \tilde{A}_i \circ R_i = [b_{i1}, b_{i2}, \cdots, b_{in}] \tag{5.3.25}$$

第三步，对 U/c 中的 m 个评判因素子集 $U_i (i = 1, 2, \cdots, m)$ 进行综合评判，其评判决策矩阵为

$$R = \begin{pmatrix} \tilde{B}_1 \\ \tilde{B}_2 \\ \vdots \\ \tilde{B}_m \end{pmatrix} = \begin{pmatrix} b_{11} & b_{12} & \cdots & b_{1n} \\ b_{21} & b_{22} & \cdots & b_{2n} \\ \vdots & \vdots & \ddots & \vdots \\ b_{m1} & b_{m2} & \cdots & b_{mn} \end{pmatrix} \tag{5.3.26}$$

如果 U/c 中的各评判因素子集的权数分配为 $\tilde{A}$，则可得综合评判结果：

$$\tilde{B} = \tilde{A} \circ R \tag{5.3.27}$$

在式（5.3.27）中，$\tilde{B}$ 既是对 U/c 的综合评判结果，也是对 U 中的所有评判因素的综合评判结果。

这里需要指出的是，在式（5.3.25）或式（5.3.27）中，矩阵合成运算的方法通常有两种：第一种是主因素决定模型法，即利用逻辑算子 $M(\wedge, \vee)$ 进行取大或取小合成，该方法一般适合于单项最优的选择；第二种是普通矩阵模型法，即利用普通矩阵乘法进行运算，这种方法兼顾了各方面的因素，因此适于多因素的排序。

若 U/c 中仍含有很多因素，则可以对它再进行划分，得到三级以至更多层次的模糊综合评判模型。多层次的模糊综合评判模型，不仅可以反映评判因素的不同层次，还避免了因素过多而难以分配权重的弊病。

农业生态经济系统功能综合评价问题，就是一个多层次模糊综合评判问题（李锋瑞和段顺山，1990）。例如，针对某区域农业生态经济系统，建立其功能综合评价指标体系，如图 5.3.4 所示。

由图 5.3.4 可知，评价要素集合为 $U = \{U_1, U_2, U_3\}$。其中，各单要素子集 $U_i (i = 1, 2, 3)$ 分别为 $U_1 = \{u_{11}, u_{12}, u_{13}, u_{14}, u_{15}\}$，$U_2 = \{u_{21}, u_{22}, u_{23}, u_{24}, u_{25}\}$，$U_3 = \{u_{31}, u_{32}, u_{33}, u_{34}, u_{35}\}$。

根据评价决策的实际需要，将评判等级标准分为"好"、"较好"、"一般"、"较差"和"差"五个等级，即评语集合为 $V = \{v_1, v_2, v_3, v_4, v_5\} = \{好, 较好, 一般, 较差, 差\}$。

各评价指标子集权重（一级权重）为 $\tilde{A} = [a_1, a_2, a_3]$。

在各评价指标子集 $U_i (i = 1, 2, 3)$ 中，诸要素的权重（二级权重）分别为 $\tilde{A}_1 =$

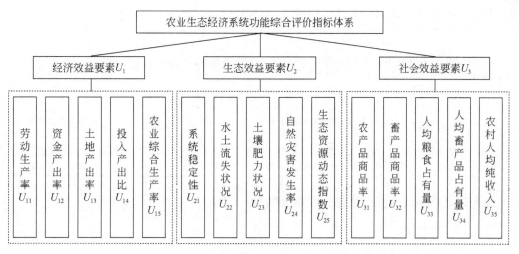

图 5.3.4 农业生态经济系统功能综合评价指标体系

$[a_{11}, a_{12}, a_{13}, a_{14}, a_{15}]$，$\tilde{A}_2 = [a_{21}, a_{22}, a_{23}, a_{24}, a_{25}]$，$\tilde{A}_3 = [a_{31}, a_{32}, a_{33}, a_{34}, a_{35}]$。

假定评判专家小组有 20 名成员，其中有 7 名对系统生态效益功能的评价指标之一"水土流失状况（u_{22}）"同意"较好（v_2）"的评价等级，即持同意意见的专家占专家小组总人数的 7/20，因此该指标的评价值就是 0.35。

以此类推，可分别得出各子集 $U_i(i=1, 2, 3)$ 中单要素的评价决策矩阵 $R_i(i=1, 2, 3)$ 为

$$R_1 = (r_{1ij})_{5\times5} = \begin{pmatrix} r_{111} & r_{112} & r_{113} & r_{114} & r_{115} \\ r_{121} & r_{122} & r_{123} & r_{124} & r_{125} \\ r_{131} & r_{132} & r_{133} & r_{134} & r_{135} \\ r_{141} & r_{142} & r_{143} & r_{144} & r_{145} \\ r_{151} & r_{152} & r_{153} & r_{154} & r_{155} \end{pmatrix}$$

$$R_2 = (r_{2ij})_{5\times5} = \begin{pmatrix} r_{211} & r_{212} & r_{213} & r_{214} & r_{215} \\ r_{221} & r_{222} & r_{223} & r_{224} & r_{225} \\ r_{231} & r_{232} & r_{233} & r_{234} & r_{235} \\ r_{241} & r_{242} & r_{243} & r_{244} & r_{245} \\ r_{251} & r_{252} & r_{253} & r_{254} & r_{255} \end{pmatrix}$$

$$R_3 = (r_{3ij})_{5\times5} = \begin{pmatrix} r_{311} & r_{312} & r_{313} & r_{314} & r_{315} \\ r_{321} & r_{322} & r_{323} & r_{324} & r_{325} \\ r_{331} & r_{332} & r_{333} & r_{334} & r_{335} \\ r_{341} & r_{342} & r_{343} & r_{344} & r_{345} \\ r_{351} & r_{352} & r_{353} & r_{354} & r_{355} \end{pmatrix}$$

然后，由各单要素的权重系数向量 $\tilde{\boldsymbol{A}}_i$ 和评价决策矩阵 $\boldsymbol{R}_i$，经过合成运算即可得到

$$\tilde{\boldsymbol{B}}_i = \tilde{\boldsymbol{A}}_i \cdot \boldsymbol{R}_i = [b_{i1}, b_{i2}, \cdots, b_{in}] \quad (i = 1, 2, 3)$$

基于单要素模糊综合评判结果，得到 U 中各子集的综合评价决策矩阵：

$$\boldsymbol{R} = \begin{pmatrix} \tilde{\boldsymbol{B}}_1 \\ \tilde{\boldsymbol{B}}_2 \\ \tilde{\boldsymbol{B}}_3 \end{pmatrix} = \begin{pmatrix} b_{11} & b_{12} & b_{13} & b_{14} & b_{15} \\ b_{21} & b_{22} & b_{23} & b_{24} & b_{25} \\ b_{31} & b_{23} & b_{33} & b_{25} & b_{35} \end{pmatrix}$$

最后由 U 的各子集的权重系数向量 $\tilde{\boldsymbol{A}}$ 和综合评价决策矩阵 $\boldsymbol{R}$，经过合成运算，即得出对农业生态经济系统功能的模糊综合评价结果：

$$\tilde{\boldsymbol{B}} = \tilde{\boldsymbol{A}} \cdot \boldsymbol{R} = [a_1, a_2, a_3] \begin{pmatrix} \tilde{\boldsymbol{B}}_1 \\ \tilde{\boldsymbol{B}}_2 \\ \tilde{\boldsymbol{B}}_3 \end{pmatrix} = [b_1, b_2, b_3, b_4, b_5]$$

经评判专家小组测评，分别得各子集 $U_i(i = 1, 2, 3)$ 中诸要素的评价决策矩阵：

$$\boldsymbol{R}_1 = \begin{pmatrix} 0.10 & 0.40 & 0.35 & 0.10 & 0.05 \\ 0.25 & 0.35 & 0.25 & 0.15 & 0.00 \\ 0.20 & 0.25 & 0.35 & 0.10 & 0.10 \\ 0.15 & 0.35 & 0.30 & 0.10 & 0.10 \\ 0.12 & 0.36 & 0.32 & 0.14 & 0.06 \end{pmatrix}$$

$$\boldsymbol{R}_2 = \begin{pmatrix} 0.10 & 0.35 & 0.35 & 0.10 & 0.10 \\ 0.15 & 0.45 & 0.25 & 0.10 & 0.05 \\ 0.10 & 0.40 & 0.35 & 0.10 & 0.05 \\ 0.20 & 0.25 & 0.35 & 0.15 & 0.05 \\ 0.12 & 0.38 & 0.26 & 0.09 & 0.12 \end{pmatrix}$$

$$\boldsymbol{R}_3 = \begin{pmatrix} 0.10 & 0.40 & 0.30 & 0.10 & 0.10 \\ 0.08 & 0.20 & 0.50 & 0.12 & 0.10 \\ 0.14 & 0.26 & 0.38 & 0.14 & 0.08 \\ 0.10 & 0.50 & 0.35 & 0.05 & 0.00 \\ 0.11 & 0.37 & 0.37 & 0.10 & 0.05 \end{pmatrix}$$

各评价指标子集的权重为 $\tilde{\boldsymbol{A}} = [0.38, 0.34, 0.28]$；

各具体指标的权重分别为：$\tilde{\boldsymbol{A}}_1 = [0.20, 0.18, 0.19, 0.15, 0.28]$，$\tilde{\boldsymbol{A}}_2 = [0.25, 0.28, 0.20, 0.14, 0.13]$，$\tilde{\boldsymbol{A}}_3 = [0.21, 0.12, 0.30, 0.25, 0.12]$。

采用普通矩阵乘法进行合成运算，得各子集 $U_i(i = 1, 2, 3)$ 的综合评判结果：

$$\tilde{\boldsymbol{B}}_1 = \tilde{\boldsymbol{A}}_1 \cdot \boldsymbol{R}_1 = [0.16, 0.34, 0.32, 0.12, 0.06]$$

$$\tilde{\boldsymbol{B}}_2 = \tilde{\boldsymbol{A}}_2 \cdot \boldsymbol{R}_2 = [0.13, 0.38, 0.31, 0.11, 0.07]$$

$$\tilde{\pmb{B}}_3 = \tilde{\pmb{A}}_3 \cdot \pmb{R}_3 = [\,0.11,\ 0.36,\ 0.37,\ 0.10,\ 0.06\,]$$

因此，U 中各子集的综合评价决策矩阵为

$$\pmb{R} = \begin{pmatrix} \tilde{\pmb{B}}_1 \\ \tilde{\pmb{B}}_2 \\ \tilde{\pmb{B}}_3 \end{pmatrix} = \begin{pmatrix} 0.16 & 0.34 & 0.32 & 0.12 & 0.06 \\ 0.13 & 0.38 & 0.31 & 0.11 & 0.07 \\ 0.11 & 0.36 & 0.37 & 0.10 & 0.06 \end{pmatrix}$$

所以，该农业生态经济系统功能模糊综合评价结果为

$$\tilde{\pmb{B}} = \tilde{\pmb{A}} \cdot \pmb{R} = [\,0.16,\ 0.34,\ 0.32,\ 0.12,\ 0.07\,]$$

将其归一化得

$$\tilde{\pmb{B}} = [\,0.158,\ 0.337,\ 0.317,\ 0.119,\ 0.069\,]$$

上述评价结果表明，该农业生态经济系统功能还是较好的。

5.4　灰色系统建模法

灰色系统，是由我国学者邓聚龙教授于 20 世纪 80 年代首创的一种系统建模理论（Deng，1982，1989；邓聚龙，1985，1987）。该理论认为，客观世界，既是物质的世界，又是信息的世界。它既包含大量的已知信息，又包含大量的未知信息与非确定信息。未知的或非确定的信息称为黑色信息；已知信息称为白色信息。既含有已知信息，又含有未知和非确定信息的系统，称为灰色系统。

地理系统是一类典型的灰色系统。因此，灰色系统是地理建模的重要方法之一（徐建华等，1988；徐建华等，1991）。灰色系统理论，包括灰色关联分析、灰色建模、灰色预测、灰色规划、灰色局势决策、灰色去余控制等（邓聚龙，1985，1987）。限于篇幅，本节重点讨论灰色关联分析、灰色建模及预测方法在地理学中的应用。

5.4.1　灰色关联分析

在地理系统中，许多因素之间的关系是灰色的，人们很难分清哪些是主导因素，哪些是非主导因素；哪些因素之间关系密切，哪些不密切。灰色关联分析为解决这类问题提供了一种行之有效的方法。

灰色关联分析，从思想方法上来看，属于几何处理的范畴，其实质是对反映各因素变化特性的数据序列所进行的几何比较。用于度量因素之间关联程度的灰色关联度，就是通过因素之间的关联曲线的比较而得到的。

设 x_1，x_2，$\cdots$，x_m 为 m 个要素，反映各要素变化特性的数据列分别为 $\{x_1(t)\}$，$\{x_2(t)\}$，$\cdots$，$\{x_m(t)\}$，$t = 1,\ 2,\ \cdots,\ n$。因素 x_j 对 x_i 的关联系数定义为

$$\xi_{ij}(t) = \frac{\Delta_{\min} + k\Delta_{\max}}{\Delta_{ij}(t) + k\Delta_{\max}} \quad (t = 1,\ 2,\ \cdots,\ n) \tag{5.4.1}$$

式中：$\xi_{ij}(t)$ 为因素 x_j 对 x_i 在 t 时刻的关联系数，其中，

$$\Delta_{ij}(t) = |x_i(t) - x_j(t)|$$

$$\Delta_{\max} = \max_j \max_t \Delta_{ij}(t)$$

$$\Delta_{\min} = \min_j \min_t \Delta_{ij}(t)$$

k 为介于 $[0, 1]$ 上的灰数。

不难看出，$\Delta_{ij}(t)$ 的最小值是 $\Delta_{\min}$，当它取最小值时，关联系数 $\xi_{ij}(t)$ 取最大值 $\max_i \xi_{ij}(t) = 1$；$\Delta_{ij}(t)$ 的最大值为 $\Delta_{\max}$，当它取最大值时，关联系数 $\xi_{ij}(t)$ 取最小值

$$\xi_{ij}(t) = \frac{1}{1+k} \cdot \left(k + \frac{\Delta_{\min}}{\Delta_{\max}} \right)$$

可见，$\xi_{ij}(t)$ 是一个有界的离散函数。若取灰数 k 的白化值为 1，则有

$$\frac{1}{2}\left(1 + \frac{\Delta_{\min}}{\Delta_{\max}} \right) \le \xi_{ij}(t) \le 1 \tag{5.4.2}$$

实际计算时，可取 $\Delta_{\min} = 0$，这时有

$$0.5 \le \xi_{ij}(t) \le 1$$

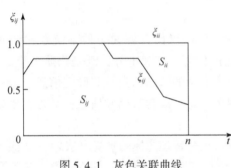

图 5.4.1　灰色关联曲线

作出函数 $\xi_{ij} = \xi_{ij}(t)$ 随时间变化的曲线，称为关联曲线（图 5.4.1）。图中的水平线，说明任何时刻的关联系数为 1，它代表 x_i 与 x_i 本身的关联曲线 $\xi_{ii} \equiv 1$，因为自己与自己总可以认为是密切关联的。

将关联曲线 $\xi_{ij}(t)$ 与 $\xi_{ii}(t)$ 和坐标轴围成的面积分别记为 S_{ij} 与 S_{ii}，则 x_j 对 x_i 的关联度为

$$\gamma_{ij} = \frac{S_{ij}}{S_{ii}} \tag{5.4.3}$$

显然，$S_{ii} = 1 \times n = n$，所以式（5.4.3）可以进一步写成

$$\gamma_{ij} = S_{ij}/n \tag{5.4.4}$$

在实际应用中，常用近似计算公式

$$\gamma_{ij} \approx \frac{1}{n} \sum_{t=1}^{n} \xi_{ij}(t) \tag{5.4.5}$$

代替式（5.4.3）或式（5.4.4）。

从以上关联度的定义可以看出，它主要取决于各时刻的关联系数 $\xi_{ij}(t)$ 的值，而 $\xi_{ij}(t)$ 又取决于各时刻 x_i 与 x_j 观测值之差 $\Delta_{ij}(t)$。显然，x_i 与 x_j 的量纲不同，作图比例尺就会不同，因而关联曲线的空间相对位置也会不同，这样就会影响关联度 γ_{ij} 的计算结果。

为了消除量纲的影响，增强不同量纲因素之间的可比性，就需要在进行关联度计算之前，首先对各要素的原始数据作初值变换或均值变换，然后利用变换后所得到的新数据作关联度计算。其中，初值变换的计算公式为

$$x_i'(t) = x_i(t)/x_i(1) \quad (i = 1, 2, \cdots, m; \ t = 1, 2, \cdots, n) \tag{5.4.6}$$

均值变换的计算公式为

$$x_i'(t) = x_i(t)/\bar{x}_i \quad (i = 1, 2, \cdots, m; \ t = 1, 2, \cdots, n) \tag{5.4.7}$$

式中：$\bar{x}_i = \dfrac{1}{n} \sum\limits_{t=1}^{n} x_i(t)$。

例：表 5.4.1 给出了某地区 2011～2015 年农业总产值及与之相关的各产业产值数据。下面用灰色关联分析方法对该地区各产业之间的相互联系作初步分析。

表 5.4.1　某地区 2011～2015 年农业产值数据

年份	序号	农业总产值 x_1/万元	在农业总产值中			
			种植业产值 x_2/万元	林业产值 x_3/万元	畜牧业产值 x_4/万元	副业产值 x_5/万元
2011	1	114230	74363	1725	29851	8291
2012	2	136236	60238	2497	62593	10908
2013	3	171242	63705	5034	85581	16922
2014	4	192819	62664	4424	97696	28035
2015	5	244187	74204	2779	135769	31435

将表 5.4.1 中的数据作均值变换后，在式（5.4.1）中，取灰数的白化值为 0.5，经过计算得如下的关联度矩阵：

$$
R = \begin{pmatrix}
\gamma_{11} & \gamma_{12} & \gamma_{13} & \gamma_{14} & \gamma_{15} \\
\gamma_{21} & \gamma_{22} & \gamma_{23} & \gamma_{24} & \gamma_{25} \\
\gamma_{31} & \gamma_{32} & \gamma_{33} & \gamma_{34} & \gamma_{35} \\
\gamma_{41} & \gamma_{42} & \gamma_{43} & \gamma_{44} & \gamma_{45} \\
\gamma_{51} & \gamma_{52} & \gamma_{53} & \gamma_{54} & \gamma_{55}
\end{pmatrix}
=
\begin{pmatrix}
1 & 0.6441 & 0.5218 & 0.6702 & 0.5461 \\
0.7533 & 1 & 0.5529 & 0.6177 & 0.5506 \\
0.6069 & 0.5349 & 1 & 0.6459 & 0.5999 \\
0.7446 & 0.5938 & 0.6459 & 1 & 0.7697 \\
0.6408 & 0.5347 & 0.6038 & 0.7752 & 1
\end{pmatrix}
$$

从上述关联度矩阵，可以得到如下几点结论：

（1）$\gamma_{14} = 0.6702 = \max\limits_{i \neq 1} \gamma_{1i} > \gamma_{12} > \gamma_{15} > \gamma_{13}$，这表明，在该地区的农业生产中，畜牧业占有最大的优势，它对农业总产值的贡献最大，其次是种植业，再次是副业，最后是林业。

（2）$\gamma_{24} = 0.6177 = \max\limits_{i \neq 1, 2} \gamma_{2i}$，这表明，在林、牧、副各业中，与种植业联系最为紧密的是畜牧业。

（3）$\gamma_{34} = 0.6459 = \max\limits_{i \neq 1, 3} \gamma_{3i}$，这表明，在种植业、畜牧业和副业中，与林业联系最紧密的是畜牧业。

（4）$\gamma_{45} = 0.7697 = \max\limits_{i \neq 1, 4} \gamma_{4i}$，这表明，在种植业、林业和副业中，与畜牧业联系最紧密的是副业。

5.4.2　灰色建模

灰色建模，是一种针对灰色系统的动态建模方法（邓聚龙，1985）。其中，GM（1，m）模型是最简单和最常用的灰色系统模型。

对于 m 个变量 X_1，X_2，$\cdots$，X_m，假设它们对应的原始数据序列分别为 $X_1^{(0)}(t)$，$X_2^{(0)}(t)$，$\cdots$，$X_m^{(0)}(t)$，$t = 1$，2，$\cdots$，n。

为了建立 GM $(1, m)$ 模型，首先定义其一次累加生成序列：

$$X_1^{(1)}(t) = \sum_{i=1}^{t} X_1^{(0)}(i), \quad (t = 1, 2, \cdots, n)$$

$$X_2^{(1)}(t) = \sum_{i=1}^{t} X_2^{(0)}(i), \quad (t = 1, 2, \cdots, n)$$

$$\cdots$$

$$X_m^{(1)}(t) = \sum_{i=1}^{t} X_m^{(0)}(i), \quad (t = 1, 2, \cdots, n)$$

那么，描述 $X_1^{(1)}$ 和 $X_2^{(1)}$，$\cdots$，$X_m^{(1)}$ 之间动态关系的微分方程为（邓聚龙，1985）

$$\frac{\mathrm{d}X_1^{(1)}}{\mathrm{d}t} + a_1 X_1^{(1)} = \sum_{i=2}^{m} a_i X_i^{(1)} \tag{5.4.8}$$

在方程 (5.4.8) 中，参数 $a = [a_1, a_2 \cdots, a_m]^T$ 可以由如下最小二乘法求得

$$a = ([B(n-1, m)]^T B(n-1, m))^{-1} [B(n-1, m)]^T Y \tag{5.4.9}$$

式中：

$$Y_M = [x^{(0)}(2), x^{(0)}(3), \cdots, x^{(0)}(n)]^T;$$

$$[B(n-1, m)] = \begin{pmatrix} -\frac{1}{2}[X_1^{(1)}(2) + X_1^{(1)}(1)] & \sum_{i=1}^{2} X_2^{(0)}(i) & \cdots & \sum_{i=1}^{2} X_m^{(0)}(i) \\ -\frac{1}{2}[X_1^{(1)}(3) + X_1^{(1)}(2)] & \sum_{i=1}^{3} X_2^{(0)}(i) & \cdots & \sum_{i=1}^{3} X_m^{(0)}(i) \\ \vdots & \vdots & \ddots & \vdots \\ -\frac{1}{2}[X_1^{(1)}(n) + X_1^{(1)}(n-1)] & \sum_{i=1}^{n} X_2^{(0)}(i) & \cdots & \sum_{i=1}^{n} X_m^{(0)}(i) \end{pmatrix}$$

$$= \begin{pmatrix} -\frac{1}{2}[\sum_{i=1}^{2} X_1^{(0)}(i) + \sum_{i=1}^{1} X_1^{(0)}(i)] & \sum_{i=1}^{2} X_2^{(0)}(i) & \cdots & \sum_{i=1}^{2} X_m^{(0)}(i) \\ -\frac{1}{2}[\sum_{i=1}^{3} X_1^{(0)}(i) + \sum_{i=1}^{2} X_1^{(0)}(i)] & \sum_{i=1}^{3} X_2^{(0)}(i) & \cdots & \sum_{i=1}^{3} X_m^{(0)}(i) \\ \vdots & \vdots & \ddots & \vdots \\ -\frac{1}{2}[\sum_{i=1}^{n} X_1^{(0)}(i) + \sum_{i=1}^{n-1} X_1^{(0)}(i)] & \sum_{i=1}^{n} X_2^{(0)}(i) & \cdots & \sum_{i=1}^{n} X_m^{(0)}(i) \end{pmatrix}$$

对应于微分方程式 (5.4.8)，其时间响应函数为

$$X_1^{(1)}(k+1) = \left[X_1^{(0)}(1) - \frac{1}{a_1} \sum_{j=2}^{m} a_j X_j^{(1)}(k+1)\right] \exp(-a_1 k) + \frac{1}{a_1} \sum_{j=2}^{m} a_j X_j^{(1)}(k+1)$$

$$\tag{5.4.10}$$

地下水是一个复杂的动态系统。一般而言，地下水位动态地响应于地下水系统的输入（补给）与输出（基流或地下水泄入河流）。补给过程受各种水文过程影响，包括降水、蒸发、蒸腾、径流、土壤与含水层的水压性质、浸润作用，以及气温、气压、太阳辐射、

风速、地形、土地利用、土地覆盖、土壤湿度等（刘昌明，1997）。不同空间和时间尺度上的各种自然过程的变化都直接或间接地影响着地下水位的波动，从而导致地下水位和基流的变化超越了多种时空尺度，并非表现出单一特征的时空尺度特征（Li et al.，2007）。

塔里木河是中国最长的内陆河流，它沿塔克拉玛干沙漠北缘，自西向东，由肖峡克流入台特玛湖，干流全长 1321km。这条河流是南疆干旱区最重要的水源，它供养着河流沿岸冲积平原地区串珠状的农田绿洲、村落、城镇及 800 万以上的人口。然而，随着人口的增长、过度的水资源利用，1972 年以来，自大西海子水库以下的塔里木河下游河道彻底干枯，随之而来的是越来越严重的沙漠化和生态退化问题（陈亚宁等，2003；李新和杨德刚，2001），地下水位下降，生态环境退化，植物群落逐渐减少，一些灌木和草本植物甚至彻底消亡。

为了阻止沙漠化蔓延、保护环境和恢复塔里木河下游生态系统，经国家批准，2000年 5 月开始从上游向断流 30 年的下游实施应急生态输水工程，旨在通过地表河道输水来抬升两岸地下水位，拯救日益衰败的天然植被。

目前，尽管已有研究结果表明，来自上游的输水使下游地下水位明显回升（徐海量等，2004），但是由于缺乏详细的数据资料和有效的方法，关于上游输水对塔里木河下游地下水位变化影响的问题，仍然缺乏定量化的建模分析与研究。

从灰色系统的观点来看，受包括上游输水在内的多种复杂因素影响的塔里木河下游地区地下水位系统，是一个典型的灰色系统。因此，灰色建模方法是一种可以尝试的研究方法。

分析塔里木河下游英苏断面地下水位变化对来自上游输水的响应，可以发现，每一个输水过程都有这样一个变化规律：当输水开始以后，随着上游输水的到达，下游英苏断面的地下水位逐渐上升；当输水停止以后，地下水位又逐渐回落，最后稳定在某一个水位上。

灰色关联分析的结果表明，对于英苏断面的 5 个监测井（C4、C5、C6、C7 和 C8）来说，影响其地下水位变化的三个主要因素都是输水日数、下泄水量、日输水量。但是从逻辑关系来看，日输水量与下泄水量和输水日数之间存在明显的相关性，因此，在动态建模分析中，应该舍去 $X_4^{(0)}$（日输水量），而仅考虑 $X_2^{(0)}$（下泄水量）和 $X_3^{(0)}$（输水日数）对 $X_1^{(0)}$（地下水位）的影响。

为了进一步揭示 $X_1^{(0)}$ 与 $X_2^{(0)}$ 和 $X_3^{(0)}$ 之间的数学关系，分别建立了 GM（1，3）模型（Xu et al.，2013），各具体模型及其参数见表 5.4.2。

表 5.4.2　上游输水对下游地下水位变化影响的 GM（1，3）模型

监测井	距河心距离/m	模型参数			方程
		a_2	a_2	a_3	
C4	250	0.2554	0.3711	0.0076	$\dfrac{dX_1^{(1)}}{dt} + 0.2554X_1^{(1)} = 0.3711X_2^{(1)} + 0.0076X_3^{(1)}$
C5	350	0.5235	0.6680	0.0133	$\dfrac{dX_1^{(1)}}{dt} + 0.5235X_1^{(1)} = 0.668X_2^{(1)} + 0.0133X_3^{(1)}$

监测井	距河心距离/m	模型参数			方程
		a_2	a_2	a_3	
C6	450	0.8281	1.1290	0.0235	$\dfrac{\mathrm{d}X_1^{(1)}}{\mathrm{d}t} + 0.8281X_1^{(1)} = 1.129X_2^{(1)} + 0.0235X_3^{(1)}$
C7	750	1.0440	1.7317	0.0345	$\dfrac{\mathrm{d}X_1^{(1)}}{\mathrm{d}t} + 1.044X_1^{(1)} = 1.7317X_2^{(1)} + 0.0345X_3^{(1)}$
C8	1050	1.7544	2.9757	0.0655	$\dfrac{\mathrm{d}X_1^{(1)}}{\mathrm{d}t} + 1.7544X_1^{(1)} = 2.9757X_2^{(1)} + 0.0655X_3^{(1)}$

从表 5.4.2 中第 3~5 列可以看出，模型参数 a_2 和 a_3，即方程中 $X_2^{(1)}$ 和 $X_3^{(1)}$ 的系数是正数，这说明下泄数量和输水日数是使英苏断面地下水位抬升的两个显著因素。

另外，模型参数 a_1，即方程中 $X_1^{(1)}$ 的系数为正，而且随着距河心距离的增加呈现出递增趋势，这就说明随着距河心距离的增加，地下水位的变化 $\left(\dfrac{\mathrm{d}X_1^{(1)}}{\mathrm{d}t}\right)$ 对于其自身（地下水位 $X_1^{(1)}$）的响应程度不断降低。换句话说，随着距河心距离的增加，地下水位的变化对于其自身的敏感性程度不断下降。

从表 10.3.1 可知，随着距河心距离的增加，模型参数 a_2 和 a_3，即方程中 $X_2^{(1)}$ 和 $X_3^{(1)}$ 的系数呈现出递增趋势，这说明，随着距河心距离的增加，地下水位的变化 $\left(\dfrac{\mathrm{d}X_1^{(1)}}{\mathrm{d}t}\right)$ 对下泄水量（$X_2^{(1)}$）和输水日数（$X_3^{(1)}$）响应的敏感性有所增加。这就意味着，输水不仅对河道附近地下水位的抬升有明显的作用，而且在距河心距离 1050m 的范围内都具有重要意义。这些结果，也进一步印证了陈亚宁等（2003）、徐海量等（2004）的研究结论。

5.4.3　灰色预测

基于灰色建模理论的灰色预测法，按照预测问题的特征，可分为五种基本类型，即数列预测、灾变预测、季节灾变预测、拓扑预测和系统综合预测（邓聚龙，1985，1987）。其中，数列预测是最基础和最常用的（李自珍等，1988）。

1. 数列预测

数列预测，就是对某一指标的发展变化情况所作的预测，其预测的结果是该指标在未来各个时刻的具体数值。例如，在地理学研究中，人口数量预测、耕地面积预测、粮食产量预测、降水量预测等，都是数列预测。

数列预测的基础是 GM（1，1）模型，而 GM（1，m）模型的一个特例，即 $m=1$ 的特例情形。

设 $x^{(0)}(1)$，$x^{(0)}(2)$，$\cdots$，$x^{(0)}(n)$ 是所要预测的某项指标的原始数据，它是一个非负不平稳数列。一般而言，对于这样一个随机数列，如果它波动太大，无变化规律可循

（图 5.4.2），那么就无法用传统的方法对其进行预测。

如果对原始数列作一次累加生成处理，即

$$x^{(1)}(1) = x^{(0)}(1)$$
$$x^{(1)}(2) = x^{(0)}(1) + x^{(0)}(2)$$
$$x^{(1)}(3) = x^{(0)}(1) + x^{(0)}(2) + x^{(0)}(3)$$
$$\vdots$$
$$x^{(1)}(k) = \sum_{i=1}^{k} x^{(0)}(t)$$
$$\vdots$$
$$x^{(1)}(n) = \sum_{i=1}^{n} x^{(0)}(t)$$

这样，就得到一个新的数列。这个新数列与原始数列相比较，其随机性程度大大弱化，平稳程度大大增加，如图 5.4.3 所示。

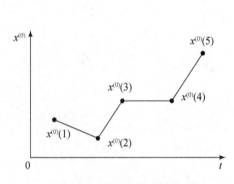

图 5.4.2　不平稳的随机数列

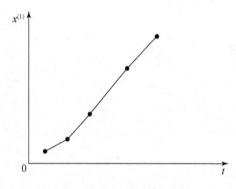

图 5.4.3　比较平稳的数列

对于这样的新数列，其变化趋势可以近似地用如下微分方程描述：

$$\frac{\mathrm{d}x^{(1)}}{\mathrm{d}t} + ax^{(1)} = u \tag{5.4.11}$$

在式（5.4.11）中，a 和 u 可以通过如下最小二乘法拟合得到

$$\begin{bmatrix} a \\ u \end{bmatrix} = (\boldsymbol{B}^\mathrm{T}\boldsymbol{B})^{-1}\boldsymbol{B}^\mathrm{T}\boldsymbol{Y} \tag{5.4.12}$$

式中：$\boldsymbol{Y}$ 为列向量，$\boldsymbol{Y} = [x^{(0)}(2), x^{(0)}(3), \cdots, x^{(0)}(n)]^\mathrm{T}$；

$\boldsymbol{B}$ 为构造数据矩阵

$$\boldsymbol{B} = \begin{pmatrix} -\dfrac{1}{2}[x^{(1)}(2) + x^{(1)}(1)] & 1 \\ -\dfrac{1}{2}[x^{(1)}(3) + x^{(1)}(2)] & 1 \\ \vdots & \vdots \\ -\dfrac{1}{2}[x^{(1)}(n) + x^{(1)}(n-1)] & 1 \end{pmatrix}$$

微分方程（5.4.11）所对应的时间响应函数为

$$x^{(1)}(t+1) = \left[x^{(0)}(1) - \frac{u}{a} \right] e^{-at} + \frac{u}{a} \tag{5.4.13}$$

式（5.4.13）就是数列预测的基础公式。由式（5.4.13），根据一次累加生成数列的预测值 $\hat{x}^{(1)}(t)$，可以求得原始数的还原值：

$$\hat{x}^{(0)}(t) = \hat{x}^{(1)}(t) - \hat{x}^{(1)}(t-1) \tag{5.4.14}$$

式中：$t = 1, 2, \cdots, n$；并规定 $\hat{x}^{(0)}(0) = 0$。

原始数据的还原值与其实际观测值之间的残差值 $\varepsilon^{(0)}(t)$ 和相对误差值 $q(t)$ 如下：

$$\begin{cases} \varepsilon^{(0)}(t) = x^{(0)}(t) - \hat{x}^{(0)}(t) \\ q(t) = \dfrac{\varepsilon^{(0)}(t)}{x^{(0)}(t)} \times 100\% \end{cases} \tag{5.4.15}$$

对于预测公式（5.4.13），人们所关心的是它的预测精度。这一预测公式是否达到精度要求，可按下述方法进行检验。

首先计算：

$$\bar{x}^{(0)} = \frac{1}{n} \sum_{t=1}^{n} x^{(0)}(t)$$

$$s_1^2 = \frac{1}{n} \sum_{t=1}^{n} \left[x^{(0)}(t) - \bar{x}^{(0)} \right]^2$$

$$\bar{\varepsilon}^{(0)} = \frac{1}{n-1} \sum_{t=2}^{n} \varepsilon^{(0)}(t)$$

$$s_2^2 = \frac{1}{n-1} \sum_{t=2}^{n} \left[\varepsilon^{(0)}(t) - \bar{\varepsilon}^{(0)} \right]^2$$

其次计算：方差比 $c = s_2/s_1$，以及小误差概率：$p\{|\varepsilon^{(0)}(t) - \bar{\varepsilon}^{(0)}| < 0.6745s_1\}$。

一般，预测公式（5.4.13）的精度检验可由表5.4.3给出。如果 P 和 C 都在允许范围之内，则可以计算预测值。否则，需要通过分析残差序列 $\{\varepsilon^{(0)}(t)\}_{t=2}^{M}$，对式（5.4.13）进行修正，常用的修正方法有残差序列建模法和周期分析法两种（邓聚龙，1987）。

表5.4.3　灰色预测精度检验等级标准

检验指标　　精度等级	P	C
好	>0.95	<0.35
合格	>0.80	<0.5
勉强	>0.70	<0.65
不合格	≤0.70	≥0.65

对于塔里木河下游英苏监测断面，来自监测井的地下水位数据不是等间隔监测的，并不是每天都有地下水位的监测数据。但是，每年最后一个观测数据往往取自11月和12月的某一天，因为是冬季，没有季节的波动变化，这些日期的地下水位相对稳定，所以不同年份的数据记录具有可比性，它们可以代表地下水位的年际变化。为了预测地下水位的年

际变化，用每年最后一个观测记录的地下水位数据作为年际数据，建立 5 个监测井地下水位的 GM（1，1）模型，每个监测井的模型参数及精度检验参数如表 5.4.4 所示（Xu et al.，2008a）。

表 5.4.4　地下水位预测的 GM（1，1）模型

监测井	距河心距离/m	模型参数		预测公式	检验参数	
		a	u		P	C
C4	250	0.01395	4.8315	$X_1^{(1)}(k+1) = -340.3884\exp(-0.01395k) + 346.3584$	0.7143	0.5386
C5	350	0.01227	4.8530	$X_1^{(1)}(k+1) = -388.4997\exp(-0.01227k) + 395.5197$	1.0000	0.2630
C6	450	0.01600	5.2963	$X_1^{(1)}(k+1) = -323.3222\exp(-0.0160k) + 330.9822$	1.0000	0.2538
C7	750	0.01785	6.3323	$X_1^{(1)}(k+1) = -347.8761\exp(-0.01785k) + 354.6761$	1.0000	0.4282
C8	1050	0.01388	6.5312	$X_1^{(1)}(k+1) = -463.0617\exp(-0.01388k) + 470.7217$	0.8000	0.1507

表 5.4.4 中最后两列显示，每一个模型的精度检验参数均达到了预测精度的基本要求。

基于表 5.4.4 中的预测公式，对英苏断面各观测井的地下水埋深做了预测计算，预测结果表明，各观测井位的地下水埋深将逐渐减小，但是随着时间的推移，其减速将逐渐降低，在 2009 年或 2010 年以后，基本趋于稳定。换句话说，各观测井的地下水位将逐渐上升，但是随着时间的推移，其上升的速度将逐渐减小，到 2009 年或 2010 年以后基本趋于稳定。

图 5.4.4 可以帮助人们从时空变化的角度，直观地了解地下水位随年份与距河心距离变化的变化，从而更深入地理解地下水位的时空变化规律，即在同一年份、同一位置上的地下水位随时间的变化将呈现上升的趋势；但是同一年份，随着离河心距离的增大，地下水位的变化呈现出下降趋势。

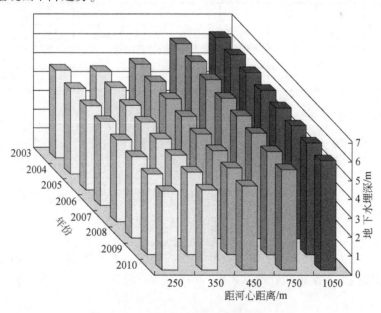

图 5.4.4　地下水埋深预测值的时空变化

2. 灾变预测

基于数列预测，可以进一步演绎出灾变预测方法。一般，如果表征系统行为特征的指标超过了某个阈值（临界值），则称发生了灾害（邓聚龙，1987）。因此，灾变是相对于所研究的问题的表征变量而言的。是否发生灾变要依据有关的表征变量的数值大小而定。例如，旱灾和涝灾是相对于农作物生长过程中，作物需水与大气降水的差值大小而定的。如果以降水量作为旱涝灾害表征指标，则只有当降水量小于（或大于）某一阈值时，才认为发生了旱（或涝）灾。灾变预测就是指对灾变发生的年份的预测。

对于表征系统行为的指标数列：

$$\{x^{(0)}(1), x^{(0)}(2), \cdots, x^{(0)}(N)\} \tag{5.4.16}$$

规定一个灾变阈值 ζ，$x^{(0)}(i)$ 中那些 $\geq \zeta$（或 $\leq \zeta$）的点被认为是具有异常值的点（灾变发生点），把它们按原来的编序挑选出来组成一个新的数据序列，如

$$\{x^{(0)}_\zeta(i')\} = \{x^{(0)}(q) \mid x^{(0)}(q) \geq \zeta \quad （或 \leq \zeta）\} \tag{5.4.17}$$

则式（5.4.17）称为下限（或上限）灾变数列。

作灾变映射：

$$p: \{i'\} \longrightarrow \{q\} \tag{5.4.18}$$

则灾变预测就是按灾变日期序列

$$p = \{p(1'), p(2'), \cdots, p(n')\} \tag{5.4.19}$$

建立 GM（1，1）预测模型所进行的灾变日期预测。

例：黄土高原某地区连续 17 年的降水量数据如表 5.4.5 所示。若规定降水量 $\zeta \leq 320$mm 的年份为旱灾年份，则用灾变预测法预测下次旱灾发生的年份。

表 5.4.5　黄土高原某地区 17 年的降水量　　　　　　　　　　（单位：mm）

序号 (i)	1	2	3	4	5	6	7	8	9
降水量 $x^{(0)}(i)$	390.6	412	320	559.2	380.8	542.4	553	310	561
序号 (i)	10	11	12	13	14	15	16	17	
降水量 $x^{(0)}(i)$	300	632	540	406.2	313.8	576	587.6	318.7	

显然，灾变数列为

$$x^{(0)}_\zeta(i') = \{x^{(0)}(1'), x^{(0)}(2'), x^{(0)}(3'), x^{(0)}(4'), x^{(0)}(5')\}$$
$$= \{320, 310, 300, 313.8, 318.5\}$$
$$= \{x^{(0)}(3), x^{(0)}(8), x^{(0)}(10), x^{(0)}(14), x^{(0)}(17)\}$$

作映射 $p: \{i'\} \to q$，得到灾变日期序列：

$$p = \{p(1'), p(2'), p(3'), p(4'), p(5')\} = \{3, 8, 10, 14, 17\}$$

对 $\{p(i')\}$ 建立 GM（1，1）模型。为了书写方便，不妨将 $p(i')$ 记为 $p(i)$（$i = 1, 2, 3, 4, 5$）。对数据作一次累加处理：

$$p^{(1)}(1) = p(1) = 3$$

$$p^{(1)}(2) = p(1) + p(2) = 11$$

$$p^{(1)}(3) = p(1) + p(2) + p(3) = 21$$

$$p^{(1)}(4) = p(1) + p(2) + p(3) + p(4) = 35$$

$$p^{(1)}(5) = p(1) + p(2) + p(3) + p(4) + p(5) = 52$$

则 $p^{(1)}(t)$ 可用下述微分方程拟合：

$$\frac{\mathrm{d}p^{(1)}}{\mathrm{d}t} + ap^{(1)} = u \tag{5.4.20}$$

辨识参数为

$$\begin{bmatrix} a \\ u \end{bmatrix} = (\boldsymbol{B}^{\mathrm{T}}\boldsymbol{B})^{-1}\boldsymbol{B}^{\mathrm{T}}Y_M \tag{5.4.21}$$

式中：$Y_M = [p(2), p(3), p(4), p(5)]^{\mathrm{T}} = [8, 10, 14, 17]^{\mathrm{T}}$；

$$\boldsymbol{B} = \begin{pmatrix} -\dfrac{1}{2}[p^{(1)}(2) + p^{(1)}(1)] & 1 \\ -\dfrac{1}{2}[p^{(1)}(3) + p^{(1)}(2)] & 1 \\ -\dfrac{1}{2}[p^{(1)}(4) + p^{(1)}(3)] & 1 \\ -\dfrac{1}{2}[p^{(1)}(5) + p^{(1)}(4)] & 1 \end{pmatrix} = \begin{pmatrix} -7 & 1 \\ -16 & 1 \\ -28 & 1 \\ -43.5 & 1 \end{pmatrix}$$

经计算得

$$\begin{bmatrix} a \\ u \end{bmatrix} = (\boldsymbol{B}^{\mathrm{T}}\boldsymbol{B})^{-1}\boldsymbol{B}^{\mathrm{T}}Y_M = \begin{bmatrix} -0.25361 \\ 6.288339 \end{bmatrix}$$

因此，方程（5.4.20）可以进一步写成

$$\frac{\mathrm{d}p^{(1)}}{\mathrm{d}t} - 0.25361p^{(1)} = 6.288339 \tag{5.4.22}$$

方程（5.4.22）的时间响应为

$$p^{(1)}(i + 1) = 27.677\mathrm{e}^{-0.25361i} - 24.677 \tag{5.4.23}$$

灾变日期数列的预测计算值与实际值的相对误差计算如表 5.4.6 所示。

表 5.4.6　灾变日期数列的预测计算值与实际值的相对误差

计算值	实际值	相对误差
$\dot{p}(2) = 7.999$	$p(2) = 8$	$q(2) = 0.125\%$
$\dot{p}(3) = 10.286$	$p(3) = 10$	$q(3) = -2.86\%$
$\dot{p}(4) = 13.268$	$p(4) = 14$	$q(4) = 5.1\%$
$\dot{p}(5) = 17.099$	$p(5) = 17$	$q(5) = -0.582\%$

从表 5.4.6 可以看出，最大相对误差只有 5.1%。因此，上述模型可以用于预测。

将 $i = 5$ 和 $i = 6$ 分别代入式（5.4.23），计算得

$$\hat{p}^{(1)}(5) = 51.662 , \quad \hat{p}^{(1)}(6) = 73.342$$
$$\hat{p}(6) = \hat{p}^{(1)}(6) - \hat{p}^{(1)}(5) = 21.68$$

由于从 $n = 17$ 算起，21.68 与 17 之差为 4.68，所以从现在（第 17 年）算起，将在以后 4 年左右发生下一次旱灾。

参 考 文 献

艾彬，徐建华，岳文泽. 2004. 湖南省城市空间关联研究 [J]. 地域研究与开发，23（6）：48-52.

白永平. 2000. 西北地区（甘宁青）农业生态气候资源量化与评价 [J]. 自然资源学报，15（3）：218-224.

陈亚宁，崔旺诚，李卫红，等. 2003. 塔里木河的水资源利用与生态保护 [J]. 地理学报，58（2）：215-222.

邓聚龙. 1985a. 灰色系统——社会．经济 [M]. 北京：国防工业出版社.

邓聚龙. 1985b. 灰色控制系统 [M]. 武汉：华中理工大学出版社.

邓聚龙. 1987. 灰色系统基本方法 [M]. 武汉：华中理工大学出版社.

邓聚龙. 1989. 多维灰色规划 [M]. 武汉：华中理工大学出版社.

顾恒岳，艾南山，陈国桢. 1983. 中国农业气候的动态分析 [J]. 兰州大学学报，19（4）：144-151.

顾恒岳，艾南山. 1984. 农业生态气候系统及其动态模型 [J]. 大自然探索，3（1）：43-56.

顾恒岳，艾南山，张林源. 1984. 农业生态气候分析——以西北和甘肃黄土高原为例 [J]. 兰州大学学报（丛刊Ⅱ）：90-102.

李锋瑞，段顺山. 1990. 农业生态系统功能的模糊综合评价 [J]. 草业科学，7（4）：21-25.

李江风. 2003. 塔克拉玛干沙漠和周边山区天气气候 [M]. 北京：科学出版社.

李新，杨德刚. 2001. 塔里木河水资源利用的效益与生态损失 [J]. 干旱区地理，24（4）：327-331.

李自珍，聂华林，徐建华. 1988. 农业经济系统的灰色预测与技术进步分析 [J]. 兰州大学学报（交叉科学辑刊），2：70-77.

林炳耀. 1985. 计量地理学概论 [M]. 北京：高等教育出版社.

刘昌明. 1997. 土壤–植物–大气系统水分运行的界面过程研究 [J]. 地理学报，52（4）：366-373.

石培基，白永平. 2000. 宁夏农业生态气候资源系统分析 [J]. 中国沙漠，20（1）：20-24.

王政权. 1999. 地统计学及在生态学中的应用 [M]. 北京：科学出版社.

吴玉鸣. 2005. 中国经济增长与收入分配差异的空间计量经济分析 [M]. 北京：经济科学出版社.

吴玉鸣. 2006. 空间计量经济模型在省域研发与创新中的应用研究 [J]. 数量经济技术经济研究，23（5）：74-85.

吴玉鸣，徐建华. 2004. 中国区域经济增长集聚的空间统计分析 [J]. 地理科学，24（6）：654-659.

徐海量，宋郁东，陈亚宁. 2004. 塔里木河下游生态输水后地下水变化规律研究 [J]. 水科学进展，15（2）：223-226.

徐建华. 1996. 现代地理学中的数学方法 [M]. 北京：高等教育出版社.

徐建华. 2002. 现代地理学中的数学方法 [M]. 2 版. 北京：高等教育出版社.

徐建华. 2016. 现代地理学中的数学方法 [M]. 3 版. 北京：高等教育出版社.

徐建华. 2006. 计量地理学 [M]. 北京：高等教育出版社.

徐建华. 2014. 计量地理学 [M]. 2 版. 北京：高等教育出版社.

徐建华，艾南山，蔡光柏. 1990. 农业生态环境适宜度及动态过程——以西北干旱地区为例 [J]. 干旱区资源与环境，4（2）：96-104.

徐建华, 李自珍, 聂华林. 1988. 灰色线性规划在种植业结构优化中的应用 [J]. 兰州大学学报 (交叉科学辑刊), 2: 83-89.

徐建华, 张林源, 伍光和. 1991. 甘肃黄土高原区农业生态气候条件分析 [J]. 干旱区资源与环境, 4 (3): 33-40.

徐建华, 岳文泽, 谈文琦. 2004. 城市景观格局尺度效应的空间统计规律 [J]. 地理学报, 59 (6): 1058-1067.

燕群, 徐建华, 陈公德. 2008. 中国农用地集约度与农业气候适宜度的空间关系研究 [J]. 生态科学, 27 (2): 107-113。

杨纶标, 高英仪, 凌卫新. 2006. 模糊数学原理及应用 [M]. 5 版. 广州: 华南理工大学出版社.

张超, 杨秉赓. 1990. 计量地理学基础 [M]. 2 版. 北京: 高等教育出版社.

Anselin L. 1988. Spatial econometrics: methods and models [M]. Boston: Kluwer Academic Publishers.

Anselin L, Syabri I, Kho Y. 2004. GeoDa: an introduction to spatial data analysis [J/OL]. http://geoda-center. asu. edu/pdf/geodaGA. pdf.

Anselin L. 1995. Local indicatiors of spatial association-LISA [J]. Geographical analysis, 27 (2): 93-115.

Brunsdon C, Fotheringham A S, Charlton M. 1996. Geographically weighted regression: a method for exploring spatial nonstationarity [J]. Geographical analysis, 28 (4): 281-298.

Cliff A D, Ord J K. 1981. Spatial processes: models and applications [M]. London: Pion.

Cliff A D. 1987. Spatial autocorrelation: a primer [C] //Resource Publications in Geography. Washington: Association of American Geographers: 2-18.

Chen Y N, Xu Z X. 2005. Plausible impact of global climate change on water resources in the Tarim River Basin. Science in China [D], 48 (1): 65-73.

Chen Y N, Takeuchi K, Xu C C, et al. 2006. Regional climate change and its effects on river runoff in the Tarim Basin, China [D]. Hydrological processes, 20 (10): 2207-2216.

Deng J L. 1982. Control problems of grey system [J]. System and control letters, 1 (5): 288-294.

Deng J L. 1989. Introduction to grey system [J]. Journal of grey system, 1 (1): 1-24.

Fotheringham A, Bunsden C, Charlton M. 2000. Quantitative geography [M]. London: Sage.

Getis A, Ord J K. 1992. The analysis of spatial association by the use of distance statistics [J]. Geographical analysis, 24 (3): 189-206.

Getis A, Ord J K. 1996. Local spatial statistics: an overview [C] //Long P. Spatial Analysis: Modelling in a GIS Environment. Cambridge: GeoInformation International, 261-177.

Gibbons J D, Chakraborti S. 2003. Nonparametric statistical inference [M]. New York: Marcel Dekker.

Goguen J A. 1967. L-fuzzy sets [J]. Journal of mathematical analysis and applications, 18 (1): 145-174.

Hastie T J, Tibshirani R J. 1993. Varying coefficient models [J]. Journal of the royal statistical society (series B), 55 (4): 757-796.

Issakse H, Srivastava R M. 1989. An introduction to applied geostatistics [M]. New York: Oxford University Press.

Kendall M G. 1975. Rank correlation methods [M]. 4th ed. London: Charles Griffin.

Leung Y, Mei C L, Zhang W X. 2000. Statistical tests for spatial nonstationarity based on the geographically weighted regression model [J]. Environment and planning A, 32 (1): 9-32.

Lesage J P. 1998. Spatial econometrics [J/OL]. http://www. spatial-econometrics. com/html/wbook. pdf.

Lesage J P. 2004. A Family of geographically weighted regression models [C] //ANSELIN L, RAYMOND J G F, SERGIO J R. Advances in Spatial Econometrics. Berlin: Springer-Verlag.

Li A W, Zhang Y K. 2007. Quantifying fractal dynamics of groundwater systems with detrended fluctuation analysis〔J〕. Journal of Hydrology, 336 (1-2): 139-146.

Mann H B. 1945. Non-parametric tests against trend〔J〕. Econometrica, 13 (3): 245-259.

Matheron G. 1963. Principles of geostatistics〔J〕. Economic geology, 58 (8): 1246-1266.

Ord J K, Getis A. 1995. Local autocorrelation statistics: distilbutional issues and an application〔J〕. Geographical analysis, 27 (4): 286-306.

Palmer T N. 1999. A nonlinear dynamical perspective on climate prediction〔J〕. Journal of Climate, 12 (2): 575-591.

Shi Y F, Shen Y P, Kang E, et al. 2007. Recent and future climate change in Northwest china〔J〕. Climatic Change, 80 (3): 379-393.

Tobler W. 1970. A computer movie simulating urban growth is the Detroit region〔J〕. Economic Geography, 46 (suppl. 1): 234-240.

Tibshirani R J, Hastie T J. 1987. Local likelihood estimation〔J〕. Journal of the American statistical association, 82 (398): 559-567.

Yue W Z, Xu J H, Liao H J, et al. 2003. Applications of spatial interpolation for climate variables based on geostatistics: a case study in Gansu Province, China〔J〕. Geographic information sciences, 9 (1-2): 71-77.

Xu J H, Mccoll R W, Hu X J. 1992. An approach to the theory of agri-ecological environmental suitability and its application〔J〕. Journal of Xinjiang University, 9 (1): 86-97.

Xu J H, Chen Y N, Li W H, et al. 2009. Wavelet analysis and nonparametric test for climate change in Tarim River Basin of Xinjiang during 1959-2006〔J〕. Chinese geographical science, 19 (4): 306-313.

Xu J H, Chen Y N, Li W H, et al. 2013. The dynamic of groundwater level in the lower reaches of Tarim River affected by transported water from upper reaches〔J〕. International journal of water, 7 (1-2): 66-79.

Xu J H, Chen Y N, Li W H. 2008a. Using GM (1, 1) models to predict groundwater level in the lower reaches ofTarim River: a demonstration at Yingsu section〔C〕//2008 IEEE Conference on Fuzzy Systems and Knowledge Discovery. Jinan, China: IEEE, 3: 668-672.

Xu J H, Chen Y N, Li W H. 2008b. Grey modelling the groundwater level dynamic in the lower reaches of Tarim River affected by water delivery from upper reaches: a demonstration from Yingsu section〔C〕//2008 IEEE International Conference on Fuzzy Systems. Hong Kong, China: IEEE: 43-48.

Zadeh L A. 1965. Fuzzy sets〔J〕. Information and control, 8: 338-353.

Zadeh L A. 1983. A computational approach to fuzzy quantifiers in natural languages〔J〕. Computers and mathematics with applications, 9 (1): 149-184.

Zadeh L A. 1996. Fuzzy logic=computing with words〔J〕. IEEE trans. fuzzy systems, 4 (2): 103-111.

思考与练习题

1. 你如何理解地理学中的非确定性建模法？
2. 地理学中的非确定性建模方法有哪些？
3. 模糊不确定性和随机不确定性有何区别？
4. 非参数检验——Mann-Kendall 方法的优点是什么？
5. 常见的随机不确定性建模方法有哪些？

6. 相关分析的基本思想是什么？

7. 回归建模法的基本原理是什么？

8. 聚类分析能解决什么地理问题？其基本原理是什么？

9. 主成分分析能解决什么地理问题？其基本原理是什么？

10. 基于模糊等价关系的模糊聚类分析的思路是什么？

11. 模糊综合评判模型的基本原理是什么？

12. 灰色系统理论认识和理解问题的视角是什么？

13. 灰色关联分析的基本思想是什么？

14. 灰色系统建模的基本原理是什么？

15. 灰色数列预测与灾变预测的区别与联系是什么？

第6章 非线性建模方法

许多地理现象是非线性作用的结果，线性作用只是非线性作用在一定条件下的近似。然而，非线性建模方法尚在发展之中，目前还没有一套行之有效的方法或方法体系去解决所有的非线性地理建模问题（Xu et al.，2009a）。鉴于这种情况，本章将结合具体实例，介绍和讨论目前相对比较成熟和广泛应用的几种非线性方法，即小波分析（wavelet analysis）、集合经验模态分解（ensemble empirical mode decomposition，EEMD）、分形与自组织临界性理论。

6.1 小波分析方法

小波分析，是在傅里叶（Fourier）分析基础上发展起来的一种新的时频局部化分析方法（Torrence and Compo，1998），被誉为"数学现微镜"。小波分析，是应用面极广的一种数学方法，是纯粹数学和应用数学完美结合的一个典范（李建平和唐远炎，1999）。

小波分析为现代地理学研究提供了一种新的方法手段（Labat，2005），对于一些多尺度、多层次、多分辨率问题，如气候变化、植物群落的空间分布、遥感图像处理等，运用小波分析方法进行研究，往往能够得到令人满意的结果（Farge，1992；Smith et al.，1998；Chou，2007）。本节将结合具体实例，探讨小波分析方法在地理学中的应用。

6.1.1 小波分析的基本原理

1. 小波与小波函数

为了理解小波的概念，需要首先介绍一下傅里叶变换。

时间域与频率域是信号分析的两个重要概念，它们可以由傅里叶变换联系起来。

考虑一个信号函数 $f(t)$，$t \in (-\infty, +\infty)$，假设它在整个区间是连续或分段连续，并且满足平方可积条件，即

$$\int_{-\infty}^{+\infty} \left| f(t) \right|^2 \mathrm{d}t < \infty \tag{6.1.1}$$

就称 $f(t)$ 在 $(-\infty, +\infty)$ 上是可积的。

这样，就可以定义 $f(t)$ 的傅里叶变换：

$$F(\omega) = \int_{-\infty}^{+\infty} f(t) e^{-i\omega t} dt \tag{6.1.2}$$

式中：$F(\omega)$ 为函数 $f(t)$ 的傅里叶变换，被称为 $f(t)$ 的像函数。

而变换

$$f(t) = \frac{1}{2\pi} \int_{-\infty}^{+\infty} F(\omega) e^{i\omega t} d\omega \tag{6.1.3}$$

称为傅里叶逆变换。式中：$f(t)$ 称为像函数 $F(\omega)$ 的原函数。

不难看出，式（6.1.2）将自变量为时间域 $t \in (-\infty, +\infty)$ 的函数 $f(t)$，通过积分运算，转化为以频率 ω 为变量的函数 $F(\omega)$，$\omega \in (-\infty, +\infty)$；而式（6.1.3）是变换（6.1.2）的逆变换，它将频率域 ω 的函数 $F(\omega)$ 变换为原来的时间域函数 $f(t)$。

为了以下叙述方便，约定：一般用小写字母，如 $f(t)$ 表示时间信号或函数，其中括号里的小写英文字母 t 表示时间域自变量，对应的大写字母，这里的就是 $F(\omega)$ 表示相应函数或信号的傅里叶变换，其中的小写希腊字母 ω 表示频域自变量；尺度函数总是写成 $\varphi(t)$（时间域）和 $\Phi(\omega)$（频率域）；小波函数总是写成 $\psi(t)$（时间域）和 $\Psi(\omega)$（频率域）。

记 $L^2(R)$ 是定义在整个实数域 R 上满足条件（6.1.1）的全体可测函数 $f(t)$ 及其相应的函数运算和内积所组成的集合。那么，小波就是函数空间 $L^2(R)$ 中满足下述条件的一个函数或者信号 $\psi(t)$：

$$C_\psi = \int_{R^*} \frac{|\Psi(\omega)|^2}{|\omega|} d\omega < +\infty \tag{6.1.4}$$

或

$$\int_{R^*} \Psi(\omega) d\omega = 0 \tag{6.1.5}$$

式中：R^* 为非零实数全体；Ψ 为 ψ 的傅里叶变换。

式（6.1.4）或式（6.1.5）称为容许性条件。通常，$\psi(t)$ 被称为母小波或小波母函数。

对于任意的实数对 (a, b)，其中，参数 a 必须为非零实数，称如下形式的函数

$$\psi_{(a, b)}(t) = |a|^{-\frac{1}{2}} \psi\left(\frac{t-b}{a}\right) \tag{6.1.6}$$

为由小波母函数 $\psi(t)$ 生成的依赖于参数 (a, b) 的连续小波函数，简称为小波。其中，a 称为伸缩尺度参数，b 称为平移尺度参数。

下面给几个比较典型的小波：

（1）Shannon 小波：$\varphi(t) = \dfrac{\sin(2\pi t) - \sin(\pi t)}{\pi t}$

（2）Gaussan 小波：$G(t) = e^{-\frac{t^2}{2}}$

（3）Morlet 小波：$\psi(t) = e^{ict} e^{\frac{-t^2}{2}}$

（4）Mexican 帽子小波：$H(t) = (1 - t^2)\,\mathrm{e}^{\frac{-t^2}{2}}$，以它为小波母函数，随 a 和 b 的不同取值而出现波形的变化和相应的平移情况见图 6.1.1。

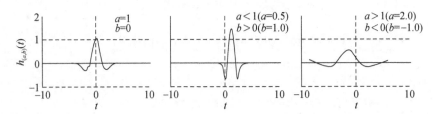

图 6.1.1　以 Mexican 帽子小波作为母小波的小波在选择不同的 a 与 b 的值的波形变化

2. 小波变换及其性质

对于任意函数或者信号 $f(t)$，其小波变换为

$$W_f(a,\ b) = \int_R f(t)\,\overline{\psi}_{(a,\ b)}(t)\,\mathrm{d}t = \frac{1}{\sqrt{|a|}}\int_R f(t)\,\overline{\psi}\Big(\frac{t-b}{a}\Big)\,\mathrm{d}t \qquad (6.1.7)$$

显然，对于任意的函数 $f(t)$，其小波变换是一个二元函数。这是与傅里叶变换不同的地方。另外，因为小波母函数 $\psi(t)$ 只有在原点的附近才会有明显偏离水平轴的波动，在远离原点的地方函数值将迅速衰减为零，整个波动趋于平静，所以，对于任意的参数对 $(a,\ b)$，小波函数 $\psi_{(a,\ b)}(t)$ 在 $t=b$ 附近存在明显的波动，远离 $t=b$ 的地方将迅速地衰减到 0，所以，从形式上看，$W_f(a,\ b)$ 的本质就是原来的函数或者信号 $f(t)$ 在 $t=b$ 点附近按 $\psi_{(a,\ b)}(t)$ 进行加权的平均，它体现的是以 $\psi_{(a,\ b)}(t)$ 为标准快慢尺度的 $f(t)$ 的变化情况，这样，参数 b 表示分析的时间中心或时间点，而参数 a 体现的是以 $t=b$ 为中心的附近范围的大小，所以，一般称参数 a 为尺度参数，而参数 b 为时间中心参数。

在小波变换的基础上，可以进一步计算小波方差：

$$W_f(a) = \int_R |W_f(a,\ b)|^2\,\mathrm{d}b \qquad (6.1.8)$$

式中：$W_f(a)$ 为小波方差；$W_f(a,\ b)$ 为小波系数。

若以 a 为横坐标、$W_f(a)$ 为纵坐标，作小波方差图，则它反映了能量随尺度 a 变化的分布情况。

小波变换，具有如下几个基本性质：

（1）Parseval 恒等式：

$$C_\psi \int_R f(t)\,\overline{g}(t)\,\mathrm{d}t = \iint_{R^2} W_f(a,\ b)\,\overline{W}_g(a,\ b)\,\frac{\mathrm{d}a\mathrm{d}b}{a^2} \qquad (6.1.9)$$

空间 $L^2(R)$ 中的任意的函数 $f(t)$ 和 $g(t)$ 都成立。这说明，小波变换和傅里叶变换一样，在变换域保持信号的内积不变，或者说，保持相关特性不变（最多相差一个常数倍），只不过，小波变换在变换域的测度应该取为 $\mathrm{d}a\mathrm{d}b/a^2$，而不像傅里叶变换那样取的是众所周知的 Lebesgue 测度，小波变换的这个特点将影响它的离散化方式，同时，决定离散小波变换的特殊形式。

（2）小波反演公式：

利用 Parseval 恒等式可以推知，在 $L^2(R)$ 中，小波变换有如下反演公式：

$$f(t) = \frac{1}{C_\psi} \iint_{R \times R^*} W_f(a, b) \psi_{(a, b)}(t) \frac{\mathrm{d}a\mathrm{d}b}{a^2} \qquad (6.1.10)$$

特别是，如果函数 $f(t)$ 在点 $t = t_0$ 连续，则有如下定点反演公式：

$$f(t_0) = \frac{1}{C_\psi} \iint_{R \times R} W_f(a, b) \psi_{(a, b)}(t_0) \frac{\mathrm{d}a\mathrm{d}b}{a^2} \qquad (6.1.11)$$

这说明，小波变换作为信号变换和信号分析的工具在变换过程中是没有信息损失的。这一点保证了小波分析在变换域对信号进行分析的有效性。

（3）吸收公式与吸收逆变换公式：

当吸收条件

$$\int_0^{+\infty} \frac{|\psi(\omega)|^2}{\omega} \mathrm{d}\omega = \int_0^{+\infty} \frac{|\psi(-\omega)|^2}{\omega} \mathrm{d}\omega \qquad (6.1.12)$$

成立时，可得到如下吸收 Parseval 恒等式：

$$\frac{1}{2} C_\psi \int_{-\infty}^{+\infty} f(t) \overline{g}(t) \mathrm{d}t = \int_0^{+\infty} \left[\int_{-\infty}^{+\infty} W_f(a, b) \overline{W}_g(a, b) \mathrm{d}b \right] \frac{\mathrm{d}a}{a^2} \qquad (6.1.13)$$

当吸收条件式（6.1.12）成立时，也可以得到相应的吸收逆变换公式：

$$f(t) = \frac{2}{C_\psi} \int_0^{+\infty} \left[\int_{-\infty}^{+\infty} W_f(a, b) \overline{\psi}_{(a, b)}(t) \mathrm{d}b \right] \frac{\mathrm{d}a}{a^2} \qquad (6.1.14)$$

这时，对于空间 $L^2(R)$ 中的任何函数或者信号 $f(t)$，它所包含的信息完全被由 $a > 0$ 所决定的半个变换域上的小波变换 $\{Wf(a, b) : a > 0, b \in R\}$ 所记忆。这一特点傅里叶变换不具备。

3. 小波变换的时-频特性与局部化能力

设 $g(t) \in L^2(R)$，而且 $\| g \|_2 \neq 0$，当 $\int_{-\infty}^{+\infty} |tg(t)|^2 \mathrm{d}t < +\infty$ 时，则称 $g(t)$ 是一个窗口函数。

容易验证，对于任意的参数 (a, b)，小波函数

$$\psi_{(a, b)}(t) = |a|^{-\frac{1}{2}} \psi\left(\frac{t - b}{a}\right)$$

及其傅里叶变换

$$\Psi_{(a, b)}(\omega) = \frac{1}{\sqrt{a}} \int_{-\infty}^{+\infty} \Psi\left(\frac{t - b}{a}\right) \mathrm{e}^{-i\omega t} \mathrm{d}t = \frac{a}{\sqrt{a}} \mathrm{e}^{-ib\omega} \Psi(a\omega)$$

都满足窗口函数的要求。

它们的中心和窗宽分别为 $E(\psi_{(a, b)}) = b + aE(\psi)$ 和 $\Delta(\psi_{(a, b)}) = |a| \Delta(\psi)$，以及 $E(\Psi_{(a, b)}) = E(\Psi)/a$ 和 $\Delta(\Psi_{(a, b)}) = \Delta(\Psi)/|a|$。

因此，连续小波 $\psi_{a, b}(t)$ 的时窗为 $[b + aE(\psi) - |a|\Delta(\psi), b + aE(\psi) + |a|\Delta(\psi)]$，频窗为 $[E(\Psi)/a - \Delta(\Psi)/|a|, E(\Psi)/a + \Delta(\Psi)/|a|]$。

所以，小波函数 $\psi_{a, b}(t)$ 的时-频窗，是一个可变的矩形：

$$[\ b + aE(\psi) - |a|\Delta(\psi),\ b + aE(\psi) + |a|\Delta(\psi)] \times [E(\Psi)/a - \Delta(\Psi)/|a|,$$
$$E(\Psi)/a + \Delta(\Psi)/|a|\ ]$$

其时-频窗面积为 $2|a|\Delta(\psi) \times [2\Delta(\Psi)/|a|] = 4\Delta(\psi)\Delta(\Psi)$，它只与小波母函数有关，与参数 (a, b) 无关；而窗口形状随参数 a 变化。这是与傅里叶变换不同的地方，也正是小波这一特点决定了小波变换在信号时-频分析中的特殊作用。

上述事实说明，小波的时-频窗是自适应的。具体来说：从小波窗函数 $\psi_{(a, b)}(t)$ 的参数选择来看，当 a 较大时，频窗中心自动地调整到较高的频率中心的位置，且时-频形状自动地变为"瘦窄"状，因为高频信号在很短的时间域范围内的幅值变化大，频率含量高，只能利用该点附近很小范围内的观察数据，这必然要求在该点的时间窗比较小，所以这种"瘦窄"时-频窗正符合高频信号的局部时-频特性；同样，当 a 较小时，频窗中心自动地调整到较低位置，且时-频窗的形状自动地变为"扁平"状，因为低频信号在较宽的时域范围内仅有较低的频率含量，必须利用该点附近较大范围内的观察数据，这必然要求在该点的时间窗比较大，所以这种"扁平"形状的时-频窗正符合低频信号的局部时-频特性。

由上述分析知，小波变换所体现的是在时间点 b 附近和频率点 $E(\Psi)/a$ 附近集中在时频窗 $[b - |a|\Delta(\psi),\ b + |a|\Delta(\psi)] \times [E(\Psi)/a - \Delta(\Psi)/|a|,\ E(\Psi)/a + \Delta(\Psi)/|a|]$ 中的那部分时频信息（为了方便起见，这里假定小波母函数的中心 $E(\psi)$）。所以，从频率域的角度来看，小波变换已经没有像傅里叶变换那样的"频率点"的概念，取而代之的则是本质意义上的"频带"的概念。从时间域来看，小波变换所反映的也不再是某个准确的"时间点"处的变化，而是体现了原信号在某个"时间段"内的变化情况。具体地说，就是在"时间段" $[b - |a|\Delta(\psi),\ b + |a|\Delta(\psi)]$ 内和"频带" $[E(\Psi)/a - \Delta(\Psi)/|a|,\ E(\Psi)/a + \Delta(\Psi)/|a|]$ 内的局部变化信息。所以，从 $f(t)$ 到 $W_f(a, b)$，是把信号限制在时间段 $[b - |a|\Delta(\psi),\ b + |a|\Delta(\psi)]$ 内和频带 $[E(\Psi)/a - \Delta(\Psi)/|a|,\ E(\Psi)/a + \Delta(\Psi)/|a|]$ 内的局部化过程。这体现的正是小波变换所特有的能够实现时间局部化同时频率局部化的时频局部化能力。正因为如此，小波变换在信号故障诊断、信号奇性检测、图像边缘提取、图像数据压缩、信号滤波等方面都有重要应用。

4. 离散小波变换

出于数值计算的可行性和理论分析的简便性考虑，离散化处理都是必要的。

1）二进小波和二进小波变换

如果小波函数 $\psi(t)$ 满足稳定性条件

$$A \leqslant \sum_{j = -\infty}^{+\infty} |\Psi(2^j\omega)|^2 \leqslant B \tag{6.1.15}$$

则称 $\psi(t)$ 为二进小波。

对于任意的整数 j，记二进小波为

$$\psi_{(2^{-j}, b)}(t) = 2^{\frac{j}{2}}\psi[2^j(t - b)] \tag{6.1.16}$$

显然，它是连续小波 $\psi_{(a, b)}(t)$ 的尺度参数 a 取二进离散数值 $a_j = 2^{-j}$ 的特例。

对于函数 $f(t)$，其二进离散小波变换记为 $W_f^j(b)$，定义如下：

$$W_f^j(b) = W_f(2^{-j}, b) = \int_R f(t)\overline{\psi}_{(2^{-j}, b)}(t)\,\mathrm{d}t \tag{6.1.17}$$

其小波变换的反演公式是

$$f(t) = \sum_{j=-\infty}^{+\infty} 2^j \int_R W_f^j(b) \times \psi *_{(2^{-j}, b)}(t)\,\mathrm{d}b \tag{6.1.18}$$

其中，函数 $\psi^*(t)$ 满足

$$\sum_{j=-\infty}^{+\infty} \Psi(2^j\omega)\Psi^*(2^j\omega) = 1 \tag{6.1.19}$$

称为二进小波 $\psi(t)$ 的重构小波。其中，$\Psi(\omega)$ 和 $\Psi^*(\omega)$ 分别表示函数 $\psi(t)$ 和 $\psi^*(t)$ 的傅里叶变换。

需要说明的是，重构小波总是存在的，例如，可取

$$\Psi^*(\omega) = \overline{\Psi}(\omega) / \sum_{j=-\infty}^{+\infty} |\Psi(2^j\omega)|^2 \tag{6.1.20}$$

显然，重构小波一般是不唯一的，但重构小波一定是二进小波。

2）正交小波和小波级数

设小波为 $\psi(t)$，取 $a_j = 2^{-j}$，$b_k = 2^{-j}k$，如果函数族

$$\{\psi_{j,k}(t) = 2^{\frac{j}{2}}\psi(2^j t - k) : (j, k) \in Z \times Z\} \tag{6.1.21}$$

构成空间 $L^2(R)$ 的标准正交基，即满足下述条件的基：

$$(\psi_{j,k}, \psi_{l,n}) = \int_R \psi_{j,k}(t)\overline{\psi}_{l,n}(t)\,\mathrm{d}t = \delta(j-l)\delta(k-n)$$

则称 $\psi(t)$ 是正交小波，其中符号 $\delta(m)$ 的定义为

$$\delta(m) = \begin{cases} 1 & m = 0 \\ 0 & m \neq 0 \end{cases}$$

它称为 Kronecker 函数。

这样，对于任何函数或信号 $f(t)$，有如下的小波级数展开

$$f(t) = \sum_{j=-\infty}^{+\infty}\sum_{k=-\infty}^{+\infty} A_{j,k}\psi_{j,k}(t) \tag{6.1.22}$$

式中：系数 $A_{j,k}$ 由公式

$$A_{j,k} = (f, \psi_{j,k}) = \int_R f(t)\overline{\psi}_{j,k}(t)\,\mathrm{d}t \tag{6.1.23}$$

给出，称为小波系数。

容易看出，小波系数 $A_{j,k}$ 正好是信号 $f(t)$ 的连续小波变换 $W_f(a, b)$ 在尺度系数 a 的二进离散点 $a_j = 2^{-j}$ 和时间中心参数 b 的二进整倍数的离散点 $b_k = 2^{-j}k$ 所构成的点 $(2^{-j}, 2^{-j}k)$ 上的取值。因此，小波系数 $A_{j,k}$ 实际上是信号 $f(t)$ 的离散小波变换。也就是说，在对小波添加一定的限制之下，连续小波变换和离散小波变换在形式上简单明了地统一起来了，而且连续小波变换和离散小波变换都适合空间 $L^2(R)$ 上的全体信号。

一个最简单的正交小波，即 Haar 小波，其定义为

$$h(t) = \begin{cases} 1 & 0 \leq t < 2^{-1} \\ -1 & 2^{-1} \leq t < 1 \\ 0 & t \notin [0, 1) \end{cases}$$

这时，函数族

$$\{h_{j, k}(t) = 2^{\frac{j}{2}}h(2^j t - k): (j, k) \in Z \times Z\}$$

构成函数空间 $L^2(R)$ 的标准正交基。

5. 小波分解

利用小波变换具有的多分辨率特点，可以通过小波分解，将时域信号分解到不同的频带上（Mallat，1989；Bruce et al.，2002）。小波分解时，有许多不同的函数可以用来作为基小波，如 Harr、Daublet、Symmlet 小波。根据范数为 1 的规则，在一个给定的小波族，如 Symmlet 里有两种类型的小波：父小波（father wavelets）和母小波（mother wavelets）。

父小波：
$$\int \Phi(t)\mathrm{d}t = 1 , \quad \Phi_{j, k} = 2^{-j/2}\Phi\left(\frac{t - 2^j k}{2^j}\right) \tag{6.1.24}$$

母小波：
$$\int \Psi(t)\mathrm{d}t = 0 , \quad \Psi_{j, k} = 2^{-j/2}\Psi\left(\frac{t - 2^j k}{2^j}\right) \tag{6.1.25}$$

父小波有最宽的支集，用于最低频率的平滑部分；母小波用于更高频的细节部分。父小波用于趋势部分，母小波用于与趋势部分的离差。当母小波序列用于表示一个函数时，只有一个父小波被使用。

任何函数 $f(t)$ 都可以表示为如下形式的二进展开式：

$$f(t) = \sum_k s_{J, k}\Phi_{J, k}(t) + \sum_k d_{J, k}\Psi_{J, k}(t) + \sum_k d_{J-1, k}\Psi_{J-1, k}(t) + \cdots + \sum_k d_{1, k}\Psi_{1, k}(t)$$
$$\tag{6.1.26}$$

式中：$s_{J, k} = \int f(t)\Phi_{J, k}(t)\mathrm{d}t$；$d_{j, k} = \int f(t)\Psi_{J, k}(t)\mathrm{d}t$；$j = 1, 2, \cdots, J$；$J$ 表示最大尺度。

$f(t)$ 还可以表达为

$$f(t) = S_J + D_J + D_{J-1} + \cdots + D_j + \cdots + D_1 \tag{6.1.27}$$

式中：$S_J = \sum_k s_{J, k}\Phi_{J, k}(t)$；$D_j = \sum_k d_{j, k}\Psi_{j, k}(t)$，$j = 1, 2, \cdots, J$。

这样，信号 $f(t)$ 的多分辨率分解为

$$S_{J-1} = S_J + D_J \tag{6.1.28}$$

式中：S_J 对应于最粗的尺度。

更一般的，有

$$S_{j-1} = S_j + D_j \tag{6.1.29}$$

式中：$\{S_J, S_{J-1}, \cdots, S_1\}$ 是函数 $f(t)$ 精细水平递增的多分辨逼近序列；相应的多分辨率分解为 $\{S_J, D_J, D_{J-1}, \cdots, D_j, \cdots, D_1\}$；尺度 2^j 为分辨率 2^{-j} 的倒数。

实际应用中，小波分析计算可以借助于 MATLAB 工具箱中的有关函数或直接编程实现（高志等，2004；张德丰，2009）。

6.1.2　小波分析建模实例

笔者运用小波分析方法，分析了 1959～2006 年塔里木河流域气候变化情况，并与统计分析方法相结合，分析塔里木河三源河（阿克苏河、叶尔羌河与和田河）径流量对气候变化的响应（Xu et al.，2009b，2010，2011）。下面对该项研究给予简要介绍，请广大读者评鉴。

1. 塔里木河流域气候变化的小波分析

塔里木河流域，介于 73°10′E～94°05′E，34°55′N～43°08′N，总面积 102 万 km²。本区具有典型的沙漠气候特征，年平均气温为 10.6～11.5℃，7 月平均气温为 20～30℃，1 月平均气温为–10～–20℃。极端高温和极端低温分别为 43.6℃和–27.5℃，年大于 10℃积温在 4100～4300℃。整个区域年平均降水量大约为 116.8mm，山区年降水量为 200～500mm，盆地边缘地区年降水量为 50～80mm，盆地中央地区降水量仅有 17.4～25.0mm。降水年内分配极不均衡，年降水量的 80% 以上集中在 5～9 月，20% 以下分布在 11 月至来年 4 月。

为了揭示塔里木河流域气候变化趋势，选用流域内 23 个气象台站（详见图 5.1.1）1959～2006 年共 48 年的年平均气温、年降水量、年平均相对湿度时间序列数据，进行小波分析（Xu et al.，2009b），结果如下。

1）年平均气温的非线性变化趋势

基于塔里木河流域 23 个台站 48 年（1959～2006 年）的年平均气温时间序列数据，对 23 个台站的数据求平均，然后运用小波分析方法，以 Symmlet 作为基小波、以 sym8 为小波函数进行小波分解，就可以从 16 年（S4）、8 年（S3）、4 年（S2）的时间尺度上展示其非线性变化趋势，结果如图 6.1.2 所示。

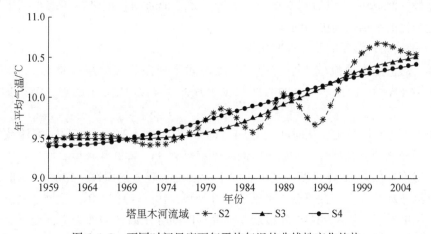

图 6.1.2　不同时间尺度下年平均气温的非线性变化趋势

从图 6.1.2 可以看出：从时间尺度 S4，即 16 年尺度来看，以 1980 年为时间节点，

1980 年以前，塔里木河流域年平均气温呈微弱上升趋势，1980 年以后上升趋势比较明显。如果把时间尺度缩小到 S3 尺度，即 8 年尺度，则年平均气温在总体上仍然保持了 16 年尺度下的基本态势，但是出现了轻微的振荡。其特点是：以 1993 年为时间节点，1993 年以前以波动性为主，在波动中呈微弱上升趋势，1993 年以后以上升趋势为主，在上升过程中有微弱波动。如果把时间尺度缩小到 S2 尺度，即 4 年尺度，则起伏振荡比较明显。

2）年降水量的非线性变化趋势

同样，对塔里木河流域年降水量时间序列做小波分解和重构，可以从 16 年（S4）、8 年（S3）、4 年（S2）的时间尺度上展示其非线性变化趋势，结果如图 6.1.3 所示。

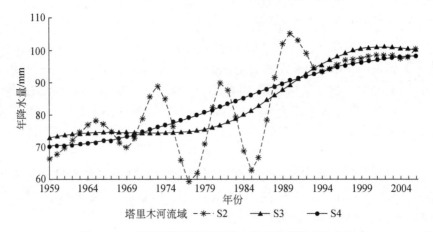

图 6.1.3　不同时间尺度下年降水量的非线性变化趋势

从图 6.1.3 可以看出，从 S4 即 16 年的时间尺度上来看，塔里木河流域年降水量在总体上呈现出一定的上升趋势。但是，如果将时间尺度缩小到 8 年，则可以发现，以 1984 年为节点，1984 年以前，年降水量呈微弱波荡，振幅极小，1984 年以后，年降水量呈明显上升趋势，而 1999 年以后则变化趋于平缓。如果把时间尺度进一步缩小到 4 年，那么年降水量变化的起伏振荡更为明显。

3）年平均相对湿度的非线性变化趋势

同样，对塔里木河流域年平均相对湿度时间序列做小波分解和重构，可以从 16 年（S4）、8 年（S3）、4 年（S2）的时间尺度上展示其非线性变化趋势，结果如图 6.1.4 所示。

从图 6.1.4 可以看出，从时间尺度 S4，即 16 年尺度上来看，塔里木河流域年平均相对湿度呈现轻微的上升趋势。如果把时间尺度缩小到 S3，即 8 年尺度，则塔里木河流域年平均相对湿度在保持 16 年尺度的基本态势下，出现了轻微的振荡。1985 年以前，空气湿度的变化以波动性为主，在波动中呈微弱上升趋势，1985～1992 年，流域空气湿度明显增大，增大幅度为 5% 左右，1992 年以后，空气湿度的变化以波动性为主，无明显上升或下降趋势。如果把时间尺度进一步缩小到 S2，即 4 年尺度，则表现出了比较明显的起伏振荡。

总结上述分析结果，可以得出如下基本结论。

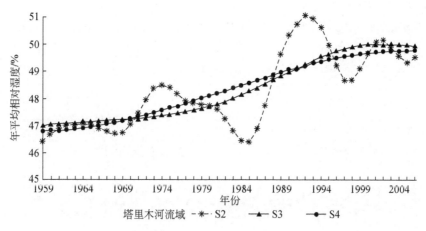

图 6.1.4　不同时间尺度下年平均相对湿度的非线性变化趋势

（1）从气候变化过程（时间序列）来看，近 50 年以来塔里木河流域年平均气温、年降水量和年平均相对湿度呈现非线性变化趋势，而且它们的非线性趋势具有尺度依赖性的特征。

（2）对于年平均气温，从 16 年和 8 年的时间尺度来看，以 1980 年为时间节点，1980 年以前呈微弱上升趋势，1980 年以后上升趋势则比较明显；如果把时间尺度缩小到 4 年，那么，年平均气温在总体上仍然保持了 16 年和 8 年尺度的基本趋势，但是出现了比较明显的起伏振荡。

（3）对于年降水量，从 16 年的时间尺度上来看，在总体上呈现出一定的上升趋势；但是如果将时间尺度缩小到 8 年或 4 年，则呈现出了比较明显的起伏振荡。

（4）对于年平均相对湿度，从 16 年和 8 年的时间尺度来看，以 1980 年为时间节点，1980 年以前无明显上升或下降趋势，而 1980 年以后则呈微弱上升趋势；如果把时间尺度缩小到 4 年，那么其在总体上仍然保持了 16 年和 8 年尺度的基本趋势，但是出现了比较明显的起伏振荡。

2. 塔里木河三源河径流量对气候变化的响应

塔里木河流域中的三源河（阿克苏河、叶尔羌河与和田河）是人类活动干扰相对较少的三条河流，其径流变化主要受气候因素的影响。为了分析影响径流的气候因素做了灰色关联分析，结果表明，影响年径流量的气候因素的关联度排序为：年平均气温、秋季平均气温、冬季平均气温、年降水量、汛期降水量、夏季平均气温和春季平均气温。如果把上述 7 个气候因子划分为气温和降水两个类型，则可以发现，年平均气温和年降水量是影响年径流量的两个代表性因子（Xu et al.，2008a）。

为了从不同尺度上认识和理解气候与径流的关系，在小波变换的基础上，进一步揭示了年径流变化的周期性和非线性趋势。然后在小波分解与重构的基础上，从不同时间尺度上展示了年径流、年平均气温及年降水量的非线性变化趋势，并运用回归分析方法揭示了径流过程对气候变化的响应（Xu et al.，2010）。

1）径流与气候变化的周期分析

图 6.1.5 给出了 1957 ~ 2005 年塔里木河三源流年径流量序列的原始信号。从其原始信号信息来看，每一源河及三源河合计的年径流量序列，均呈上下振荡的非线性变化。

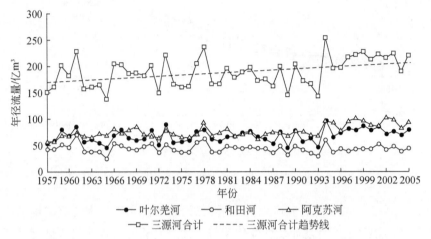

图 6.1.5　1957 ~ 2005 年塔里木河三源河年径流量序列的原始信号

那么，这种振荡变化是否隐藏着周期变化呢？根据自相似性、紧支集和光滑等原则（Ramsey，1999），选择 symlet8 为基小波函数，分别对三源河及三源河合计的年径流量时间序列（1957 ~ 2005 年）作小波变换后计算小波方差，结果如图 6.1.6 所示。

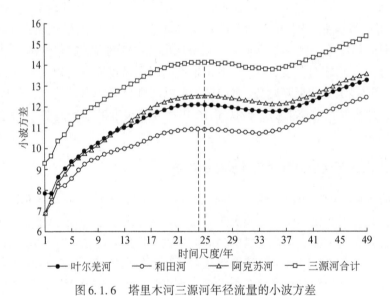

图 6.1.6　塔里木河三源河年径流量的小波方差

从图 6.1.6 可以看出，阿克苏河、叶尔羌河及三源河合计的小波方差的局部极大值点均出现在第 25 年，只有和田河的小波方差的局部极大值点出现在第 24 年。由此可以判断，阿克苏河、叶尔羌河及三源河合计的年径流变化周期为 25 年，而和田河为 24 年。可见，塔里木河三源流年径流量振荡变化的时间序列中隐藏着一个 24 ~ 25 年的变化周期。

图 6.1.7 给出了 25 年时间尺度下的阿克苏河、叶尔羌河、和田河及三源河合计的年径流量时间序列的小波变换系数。它刻画了 1957～2005 年塔里木河三源流年径流量波动变化的周期规律。1974 年和 1990 年分别是丰水期、欠水期、丰水期三个时期交替出现的两个转折点。1957～1974 年，小波变换系数均大于 0，意味着这一时期三源河处于丰水期；1974～1990 年，小波变换系数均小于 0，意味着这一时期三源河处于欠水期；1990～2005 年，小波变换系数又大于 0，说明这一时期三源河又进入丰水期。

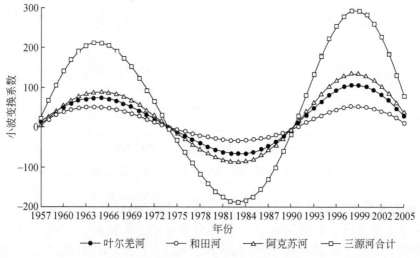

图 6.1.7　25 年尺度下塔里木河三源河年径流量的小波变化系数

那么，塔里木河三源流年径流过程的周期性，究竟是什么原因引起的呢？众所周知，塔里木河是位于中国西北干旱区的内陆河流，其干流并不产流，其径流来源主要是源河，三源河是其主要的径流来源。而三源河的径流贡献主要来自周围山区冰雪消融和降水形成的径流。可见，区域气候变化，特别气温和降水的变化与三源河的径流变化密切相关。由此，自然而然地想到，塔里木河流域的年平均气温与年降水量序列是否也存在周期性呢？为回答这一问题，用同样的方法计算了塔里木河流域年平均气温与年降水量时间序列（1957～2005 年）的小波方差，结果如图 6.1.8 所示。

在年平均气温与年降水量的小波方差曲线（图 6.1.8）上，局部极大值点分别出现在第 24 年和第 26 年，也就是说，塔里木河流域年平均气温序列的周期是 24 年，而年降水量序列的周期为 26 年。可见，塔里木河三源流年径流量的变化周期与区域气候变化周期基本一致，大约都在 25 年。这说明，三源河年径流变化的周期性是区域气候变化影响的结果。

2）径流对气候变化的响应

为了进一步揭示径流对气候变化的响应，以塔里木河流域年平均气温和年降水量为自变量，以三源河（合计）年径流量为自变量，基于原始数据（信号）建立了如下回归方程：

$$AR = 22.7735AAT - 0.0825AP - 27.4592$$

$$R^2 = 0.2338; \quad F = 7.0194; \quad \alpha = 0.01$$

(6.1.30)

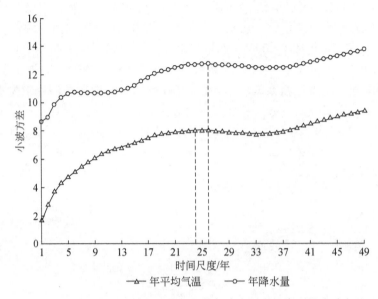

图 6.1.8　塔里木河流域年平均气温与年降水量时间序列的小波方差

式中：AR 为年径流量；AAT 为年平均气温；AP 为年降水量。

可以看出，上述回归方程在 $\alpha = 0.01$ 的置信度水平上是显著的。回归方程（6.1.30）表明，三源河（总计）年径流量与年平均气温之间呈正相关，即气温升高，径流也随之增加，这一结论是合理的。但该式同时也表明，年径流量与年降水量呈微弱的负相关，这一结论显然不合理。为什么会出现这种悖论呢？经过分析，笔者认为这种悖论主要是原始数据（信号）中所包含的噪声信息所导致的。因此，应该通过小波分解，对原始信号进行滤波处理（Xu et al.，2008a）。

以 Symmlet 为基小波、以 sym8 为小波函数，在不同时间尺度下对三源河合计的年径流量序列进行小波分解，结果如图 6.1.9 所示。

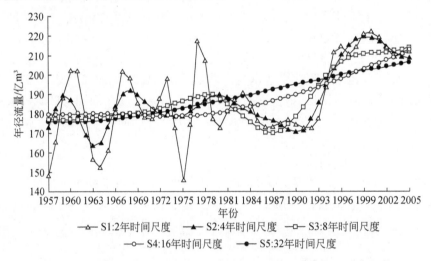

图 6.1.9　不同时间尺度下塔里木三源河合计年径流量序列的非线性趋势

从图6.1.9可以看出，S1（2年尺度）曲线，保留了较多的残差信息，与原始信号（图6.1.5）相比，它稍微变得平缓了一些，但上下振荡非常剧烈。这条曲线的一个重要信息是：1957～2005年，尽管三源河（合计）年径流量变化起伏振荡强烈，但是仍然隐藏着一种上升趋势。S2（4年尺度）曲线，仍然保留了比较多的残差信息，出现了4个峰和3个谷的起伏振荡，但与S1相比，它又变得平缓了一些，而且隐藏的上升趋势比较明显。S3（8年尺度）曲线保留的残差信息则少了许多，曲线上只出现了一个峰和一个谷；与S2相比，它变得平缓了许多，而且上升趋势更加明显。S4（16年尺度）曲线保留的残差信息更少，曲线更加平缓（只出现了一个谷），整体上升趋势更加明显。S5（即32年尺度）基本上没有保留残差信息，曲线所呈现的是一个上升的基本趋势。

为了从多分辨率时间尺度上揭示径流与气候变化的关系，在小波分析的基础上，进一步的回归分析（Xu et al., 2010）结果见表6.1.1。

表6.1.1 时间尺度下塔里木三源河年径流量与气温、降水量之间的回归方程

时间尺度	回归方程	R^2	F	α
S1	AR = 24.3728AAT−0.0618AP−44.6754	0.3606	12.9728	0.001
S2	AR = 20.037AAT+0.1383AP−19.12	0.4572	19.3749	0.001
S3	AR = 26.7059AAT+0.1217AP−83.3285	0.7198	59.0842	0.001
S4	AR = 14.4302AAT+0.4692AP+7.0097	0.9530	466.3466	0.001
S5	AR = 17.1003AAT+0.3933AP−11.6140	0.9957	5302.3256	0.001

注：AR代表年径流量；AAT代表年平均气温；AP代表年降水量；S1、S2、S3、S4和S5分别代表2年、4年、8年、16年和32年时间尺度。

表6.1.1中的结果显示，每一个回归方程都通过了$\alpha = 0.001$置信度水平的检验。从S1，即2年时间尺度上，得到了与方程（6.1.30）类似的不尽合理的结论。这是因为，与原始信号相比，尽管S1尺度上的小波分解去除了部分噪声，但仍然保留了较多的残差信息，从而导致了不尽合理的结论。但是，从S2、S3、S4和S5，即4年、8年、16年和32年尺度上来看，每一回归方程都给出了合理的解释：年径流量与年平均气温和年降水量均呈正相关，只是年径流量与年平均气温的正相关性较强（偏回归系数较大），而与年降水量的正相关性较弱（偏回归系数较小）。这进一步说明，塔里木河三源流年径流量的非线性变化趋势是区域气候变化影响的结果（Xu et al., 2008b）。

6.2 集合经验模态分解

集合经验模态分解，是黄锷（Huang）等创建的一种信号分析方法。该方法的优点是，依据数据自身的时间尺度特征进行信号分解，即局部平稳化处理，无须预先设定任何基函数，因而具有广泛的适用性。从理论上来说，该方法适用于任何类型的信号分解，特别是在处理非线性、非平稳时间序列方面，具有明显的优势。目前，这一方法已被广泛地应用于自然科学与社会科学研究的相关领域。

本节将结合具体实例，介绍和探讨集合经验模态分解方法在地理建模中的应用。

6.2.1 集合经验模态分解的基本原理

集合经验模态分解（EEMD）方法，是在经验模态分解（empirical mode decomposition，EMD）的基础上发展起来的。该方法的本质是，对时间序列数据进行局部平稳化处理，然后进行希尔伯特变换获得时频谱图，得到有物理意义的频率。

集合经验模态分解，是在经验模态分解的基础上，加入一组或多组白噪声信号，用于抑制经验模态分解过程中出现的端点效应和模态混叠现象。由于它引入了白噪声扰动并进行集合平均，从而避免了尺度混合问题，使得最终分解的各分量保持了物理上的唯一性。

为了解集合经验模态分解方法，需先了解本征模函数（intrinsic mode function，IMF）的概念和经验模态分解方法。

1. 本征模函数

本征模函数，是经验模态分解的基础。它将复杂信号分解为有限个本征模函数（IMF），所分解出来的各 IMF 分量包含了原信号的不同时间尺度的局部特征信息。

在物理上，如果瞬时频率有意义，那么函数必须是对称的，局部均值为零，并且具有相同的过零点和极值点数目。在此基础上，黄锷等提出了本征模函数的概念（Huang et al.，1998）。

黄锷等认为，任何信号都是由若干本征模函数组成的，任何时候，一个信号都可以包含若干个本征模函数，如果本征模函数之间相互重叠，便形成复合信号。集合经验模态分解的目的，就是获取本征模函数，然后对各本征模函数进行希尔伯特变换，得到希尔伯特谱（Huang et al.，1998；1999）。

一个本征模函数，它必须满足以下两个条件：①在整个时间范围内，函数的局部极值点和过零点的数目必须相等，或最多相差一个；②在任意时刻点，局部最大值的包络（上包络线）和局部最小值的包络（下包络线）平均必须为零。

本征模函数表征了数据内在的振动模式。由本征模函数的定义可知，由过零点所定义的本征模函数的每一个振动周期，只有一个振动模式，没有其他复杂的奇波。一个本征模函数并没有约束为是一个窄带信号，而且可以是频率和幅值的调制，还可以是非稳态的。单由频率或单由幅值调制的信号也可以成为本征模函数。

2. 经验模态分解

经验模态分解，是集合经验模态分解的关键。鉴于此，下面首先介绍经验模态分解的基本原理。

由于大多数信号都不是本征模函数，在任意时间点上，数据可能包含多个波动模式，这就是简单的希尔伯特变换不能完全表征一般信号的频率特性的原因。所以，需要对原信号进行经验模态分解来获得本征模函数。

经验模态分解，基于以下假设条件（Huang et al.，1998，1999）：①信号函数至少有两个极值，一个最大值和一个最小值；②信号的局部时域特性由极值点间的时间尺度唯一确定；③如果信号函数没有极值点但有拐点，则可以通过对数据微分一次或多次求得极值，再通过积分来获得分解结果。

该方法的本质是，通过信号的特征时间尺度来获得本征波动模式，然后分解信号。这种分解过程可以形象地称为"筛选"（sifting）过程。

经验模态分解，将信号中不同尺度的波动和趋势逐级分解开来，形成一系列具有不同特征尺度的数据序列，即本征模函数（IMF）分量，最低频率的 IMF 分量代表原始信号的总趋势或均值的时间序列。

对于原始信号 $x(t)$，首先找出其所有局部极大值和极小值，然后利用三次样条插值方法（李庆扬等，2000）形成上包络线 $u_1(t)$ 和下包络线 $u_2(t)$，则局部均值包络线 $m_1(t)$ 可表示为

$$m_1(t) = \frac{1}{2}\big[u_1(t) + u_2(t) \big] \tag{6.2.1}$$

原始信号 $x(t)$ 减去局部均值包络线 $m_1(t)$，可得第一向量 $\boldsymbol{h}_1$，数学表达式为

$$\boldsymbol{h}_1(t) = x(t) - m_1(t) \tag{6.2.2}$$

如 $\boldsymbol{h}_1(t)$ 不满足 IMF 条件，则视其为新的 $x(t)$，重复式（6.2.1）和式（6.2.2）的计算步骤，经过 k 次重复，得到满足 IMF 要求的 $h_{1k}(t)$，即第一个 IMF 分量：

$$h_{1k}(t) = h_{1(k-1)}(t) - m_{1k}(t) \tag{6.2.3}$$

实际操作中过多地重复上述处理会使 IMF 变成幅度恒定的纯粹的频率调制信号，从而失去实际意义。因此，可采用标准差 SD（一般取 0.2 ~ 0.3）作为筛选过程停止的准则，当 SD 达到某个阈值时，停止筛选。SD 的计算公式为

$$\text{SD} = \sum_{t=0}^{T} \left[\frac{h_{1(k-1)}(t) - h_{1k}(t))}{h_{1(k-1)}(t)} \right]^2 \tag{6.2.4}$$

若设第一个 IMF 分量 $h_{1k}(t) = C_1$，则其他剩余量 $r_1(t)$ 可表示为

$$r_1(t) = x(t) - C_1 \tag{6.2.5}$$

对 $r_1(t)$ 做式（6.2.1）~ 式（6.2.5）同样的"筛选"过程，依次得到 C_2，C_3，$\cdots$，直到 $r_1(t)$ 基本呈单调趋势或 $|r_1(t)|$ 很小时停止，则原信号重构为

$$x(t) = \sum_{i=1}^{n} C_i(t) + r_n(t) \tag{6.2.6}$$

虽然经验模态分解方法在信号分析中具有明显的优势，但也存在着无法避免的缺陷，即边缘效应和尺度混合。尤其是尺度混合，它不仅会造成各种尺度振动模态的混合，还可以使个别 IMF 失去物理意义。而集合经验模态分解，是在经验模态分解的基础上发展起来的，由于其引入了白噪声扰动并进行集合平均，从而避免了尺度混合问题，使得最终分解的 IMFs 分量保持了物理上的唯一性。

3. 集合经验模态分解

集合经验模态分解，利用多次测量取平均值的原理，通过在原数据中加入适当大小的白噪声来模拟多次观测的情景，经多次计算后做集合平均，它是经验模态分解的改进（Wu and Huang，2009a；2009b）。

集合经验模态分解的具体操作步骤为：①在待分析的原始信号序列中叠加上给定振幅的白噪声序列；②对于加入白噪声后的信号，做经验模态分解；③反复重复以上两步操作，每次加入振幅相同的新生的白噪声序列从而得到不同的 IMFs；④将各次分解得到的 IMFs 进行集合平均，使加入的白噪声互相抵消，并将其作为最终的分解结果。

经过上述四个步骤，可得到各个固有尺度上的 IMFs。添加噪声的幅值大小对分解结果影响不是很大，只要它是有限的而不是无限小或非常大，能够包括所有可能即可（Wu and Huang，2009a；2009b）。因此，集合经验模态分解方法的应用可以不依赖人的主观介入，仍具有自适应性。

集合经验模态分解的算法如下。

首先，对原始信号添加白噪声序列

$$x_i(t) = x(t) + n_i(t) \tag{6.2.7}$$

式中：$x_i(t)$ 为对原始信号数据 $x(t)$ 添加第 i 个白噪声后得到的新信号；$n_i(t)$ 为白噪声。

然后，根据式（6.2.1）~式（6.2.5）所描述的经验模态分解方法，将添加了白噪声的信号分解成各分量 IMFs。这样，就得到了第 i 个分量 IMF 响应的组分 $C_{ij}(t)$ 和剩余组分 $r_i(t)$。

最后，对上述分解得到的响应的 IMF 组分求均值，就得到了最终的分解结果，即

$$C_j(t) = \frac{1}{N} \sum_{i=1}^{N} C_{ij}(t) \tag{6.2.8}$$

式中：$C_j(t)$ 为最终得到的第 j 个分量 IMF；N 为白噪声序列的个数；$C_{ij}(t)$ 为添加了第 i 个白噪声处理后的第 j 个分量 IMF。

Wu 和 Huang（2009）指出，增加的噪声的振幅大小对分解结果影响不大。因此，集合经验模态分解方法不依赖于人的主观性，是一种自适应的数据分析方法。

集合经验模态分解可借助于白噪声的集合扰动进行显著性检验，从而给出各个分量 IMFs 的信度（Wu and Huang，2009a，2009b，2004）。设第 k 个 IMF 分量的能量谱密度为

$$E_k = \frac{1}{N} \sum_{j=1}^{N} |I_k(j)|^2 \tag{6.2.9}$$

式中：N 为 IMF 分量的长度；$I_k(j)$ 为第 k 个 IMF 分量通过蒙特卡罗法对白噪声序列进行实验。

由于 IMF 具有对称性，其局部极大值和极小值个数，以及过零点个数相同，所以，可以通过计算峰点（局部极大值点）的数目，测定其平均周期（Wu and Huang，2004）。第 k 个分量 IMF 的平局周期，可以按照如下公式计算：

$$T_k = \frac{N}{NP_k} \tag{6.2.10}$$

式中：N 为 IMF 的长度；NP_k 为 IMF 的峰点的个数。

对于添加了白噪声的第 k 个 IMF 分量，其能量谱密度均值 $\overline{E}_k$ 和平均周期 $\overline{T}_k$ 的近似关系为

$$\ln\overline{E}_k + \ln\{\overline{T}_k\}_a = 0 \tag{6.2.11}$$

即在以 $\ln\{\overline{T}_k\}_a$ 为 X 轴、以 $\ln\overline{E}_k$ 为 Y 轴的图中，两者的关系将表现为斜率为 -1 的直线。

从理论上来说，白噪声的 IMF 分量应分布在该直线上，但是实际应用时会产生些许偏差，对此给出白噪声能量谱分布的置信区间：

$$\ln \bar{E}_k = -\ln \{\bar{T}_k\}_a \pm \alpha \sqrt{2/N} e^{\ln(|\bar{T}_k| \, \alpha/2)} \qquad (6.2.12)$$

式中：a 为显著性水平。

在给定的显著性水平下，分解所得 IMF 的能量相对于周期分布位于置信度曲线以上，表明其通过显著性检验，可认为是在所选置信水平范围内包含了具有实际物理意义的信息；若位于置信度曲线以下，则认为未通过显著性检验，其所含信息多为白噪声成分。

集合经验模态分解的计算过程，可以借助于 MATLAB 软件编程实现。由黄锷领导的研究团队提供的集合经验模态分解计算程序（MATLAB 软件程序 m 文件"eemd.m"），可以从台湾大学数据分析方法研究中心网站下载（http://rcada.ncu.edu.tw/eemd.m）。

6.2.2　集合经验模态分解实例

气候过程是一种非线性的动态过程，对于这种非线性的动态过程，应该采用非线性分析方法进行研究（Palmer，1999；Wu et al.，2011；Xu et al.，2013）。Bai 等（2015）基于 16 个国际交换台站 1957～2012 年的年平均气温数据，运用集合经验模态分解方法，对我国新疆地区气温变化趋势的多尺度特征及其空间差异做了分析。下面将这一研究成果予以简单介绍。

我国新疆地区，地势起伏悬殊，"三山夹两盆"的复杂地貌形态造就了复杂多样的气候类型（Li et al.，2011）。深居内陆，远离海洋，高山环列，使得湿润的海洋气流难以进入，形成了新疆极端干燥的大陆性气候。其基本的气候特征是：晴天多，日照强，干燥，少雨，冬寒夏热，昼夜温差大。

为了分析新疆地区气温变化趋势的多尺度特征及其空间差异，选用了具有代表性、时间序列较为完整的位于新疆的 16 个国际交换站的 1957～2012 年的年平均气温数据，这些站点基本上可以覆盖整个新疆地区（图 6.2.1）。本书所用的数据，均由中国气象科学数据共享服务网（http://cdc.cma.gov.cn）发布，这些数据在发布之前已做过极值和时间一致性等检验，质量较好。

通过上述分析，可得到以下结果。

1）气温变化的趋势特征

从图 6.2.2 可以看出，新疆年平均气温在 20 世纪 80 年代末 90 年代初出现转折，在 80 年代末以前气温相对偏低，之后则相对偏高；但总体来看，近 50 多年来，全疆气温呈上升趋势。进一步分时段来看，1957～1988 年，尽管新疆气温处于偏低期，然而在 20 世纪 60 年代和 70 年代及 80 年代前期，仍呈逐渐上升态势，这意味着新疆在低温期也经历了一个逐渐升温过程；20 世纪 90 年代，新疆气温总体处于高温期，但各年气温也存在较大差异，偏高年份与偏低年份的平均气温相差高达 2.6℃；21 世纪前 10 年，气温总体仍偏高，但后期气温显著低于前期，同时极端气温事件也明显增多。

对于距平后的年平均气温时间序列，运用集合经验模态分解方法进行分解，得到了 4 个 IMF 分量和 1 个趋势项（图 6.2.3）。各 IMF 分量依次反映了气温从高频到低频不同时

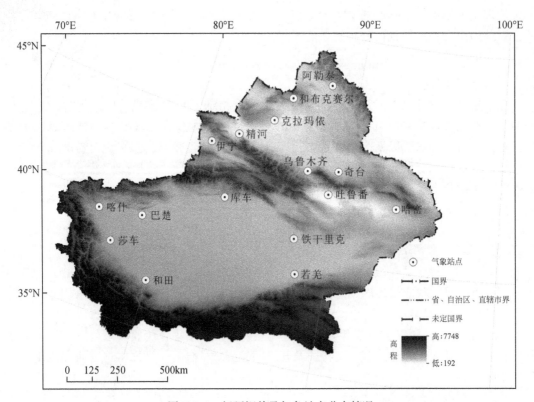

图 6.2.1　新疆概貌及气象站点分布情况

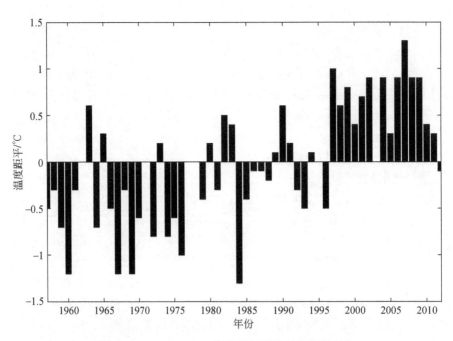

图 6.2.2　1957～2012 年新疆年平均气温距平变化

间尺度的波动特征, 最后所得趋势项 (RES) 表示气温随时间变化的整体演变趋势。

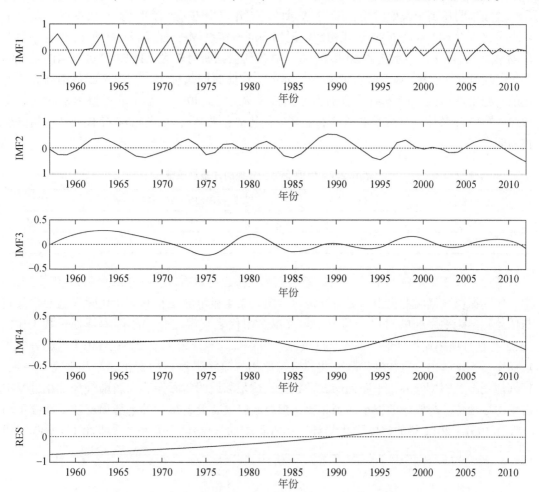

图 6.2.3　新疆 1957~2012 年气温距平各 IMF 分量及趋势项

每个 IMF 分量, 从各自不同的物理意义, 刻画了原序列中固有的不同特征尺度的振荡。各 IMF 分量所包含的具有实际物理意义信息的多少, 可通过显著性检验来判断。IMF1 和 IMF2 落在 90%~95% 置信区, 它们所包含的具有实际物理意义的信息较多; IMF3 和 IMF4 落在 80%~90% 置信区, 它们所包含的具有实际物理意义的信息相对略少。

从图 6.2.3 可以看出, 1957~2012 年, 新疆年平均气温变化具有相对稳定的准周期性。其表现在年际尺度上, 具有准 3 年 (IMF1) 和准 6 年 (IMF2) 的变化周期; 而在年代际尺度上, 具有准 10 年 (IMF3) 和准 30 年 (IMF4) 的变化周期。在相同的时段内, 各 IMF 分量随时间呈现出或强或弱的非均匀变化, 说明这些不同时间尺度的准周期性振荡不仅包含了气候系统外在强迫的周期变化, 还包含有气候系统的非线性反馈作用。

每种尺度信号波动频率和振幅对原数据总体特征影响程度可用方差贡献率表示。表 6.2.1 给出了各 IMF 分量的方差贡献率。结合图 6.2.3 和表 6.2.1 可以看出, IMF1 表示的准 3 年周期贡献率最大, 达到了 28.29%, 振荡信号极为明显, 气温振幅呈现出减小

—增大—减小的趋势，而且可看到在 20 世纪 60 年代中后期、70 年代末 80 年代初和 90 年代气温振幅明显高于其他时段；IMF2 表示的准 6 年周期方差贡献率约为 19.61%，基本上反映了 20 世纪 80 年代末 90 年代初期气温偏高的事实；IMF3 分量表示的准 10 年周期方差贡献率为 10.11%，显示其在 20 世纪 60~70 年代振幅相对较大；IMF4 分量表示的是气温准 30 年的周期变化，其方差贡献率为 8.58%，在此时间尺度上，气温变幅逐渐增大，变化的不稳定性增强；趋势项分量的方差贡献率高达 33.40%，表征了新疆年平均气温在 1957~2012 年整体上呈现出非线性的上升变化趋势，尤其自 20 世纪 80 年代后期开始升温较为明显。

表 6.2.1　气温距平各分量的方差贡献率

IMF 成分	IMF1	IMF2	IMF3	IMF4	RES
准周期/年	3	6	10	30	—
贡献率/%	28.29	19.61	10.11	8.58	33.40

通过表 6.2.1 中各 IMF 分量的方差贡献率大小也可以看出，在年际振荡和年代际振荡中，年际振荡在气温变化中占据主导地位。图 6.2.4 显示的是年际和年代际气温变化及其与原始气温距平序列的对比，其中年际气温是由代表气温变化的年际本征模函数 IMF1、IMF2 与趋势项相加得到的，而年代际气温则由年代际本征模函数 IMF3、IMF4 与趋势项相加而得。不难看出，重构的年际变化趋势与原始气温距平序列的变化趋势几乎完全一致，精细地刻画了原始气温距平序列的波动状况，这足以说明年际振荡在新疆气温变化过程中占据主导地位。与原始数据平序列相比，集合经验模态分解得到的趋势项反映了新疆年均气温在 1957~2012 年的整体变化趋势。尽管重构的气温年代际变化，对 20 世纪 80 年代

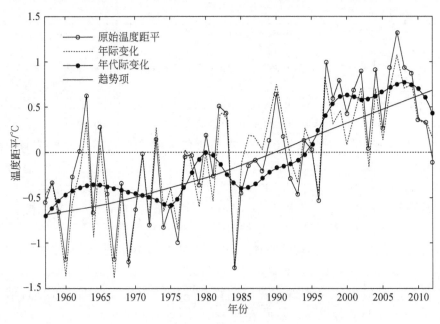

图 6.2.4　年际和年代际气温变化与原始数据距平对比

末期和 90 年代初期气温变化的刻画并不理想，但它有效地刻画了研究期内的气温变化过程的时段性特征，即 1995 年以前气温处于一个缓慢上升阶段，1995 年以后气温快速攀升，这揭示了新疆在 1995 年前后出现的气候模态转换，即气温由原来以负相位为主的气候模态转向正相位显著的高温气候模态。

2）年平均气温变化趋势类型及其空间分布

通过上述分析可知，1957～2012 年，新疆平均气温整体呈现出上升的变化趋势。实际上，受新疆复杂地形、环流类型及其强弱等因素的影响，不同区域的气温变化趋势并不相同。为了剖析新疆气温变化的区域差异、变化趋势，运用集合经验模态分解方法，对各气象台站 1957～2012 年的年平均气温序列分别作了分解，并对分解后的各台站的趋势项进行了比较分析。

结果发现（表 6.2.2），新疆气温变化模式，大致可分为 4 类，即上升型、先升后降型、先降后升型和下降型。从表 6.2.2 可以看出，上升型共有 10 个气象台站，先升后降型有 3 个气象台站，先降后升型有 2 个气象台站，而下降型仅有 1 个气象台站。

表 6.2.2　新疆 16 个气象站气温变化模式类型

站名	周期/年	趋势类型	转折时间	站名	周期/年	趋势类型	转折时间
阿勒泰	3, 6, 11, 50	先升后降	1993	库车	3, 6, 11, 26	下降	1982
和布克赛尔	3, 6, 11, 50	上升	1980	喀什	3, 6, 10, 26	上升	1993
克拉玛依	3, 6, 10, 25	先升后降	2005	巴楚	3, 5, 10, 27	先升后降	2005
精河	3, 6, 10, 28	上升	1992	铁干里克	3, 7, 10, 34	先降后升	1965
奇台	3, 7, 11, 42	上升	1982	若羌	3, 5, 10, 52	先降后升	1975
伊宁	3, 5, 10, 25	上升	1984	莎车	3, 5, 10, 21	上升	1989
乌鲁木齐	3, 7, 11, 29	上升	1983	和田	3, 5, 10, 29	上升	1991
吐鲁番	3, 7, 14, 48	上升	1990	哈密	3, 5, 10, 29	上升	1992

注：上升趋势类型的转折时间是指气温由负相位转向正相位的年份，反之亦然。

其中，上升趋势的区域气候模式类型，主要是受西风环流直接影响的新疆西北、西南、伊犁河谷地区及西风环流和西伯利亚高压交汇的哈密地区，环流因子的变化可能也是影响这些地区气温上升的重要原因；先升后降的区域气候模式类型，主要是位于阿尔泰山南麓的阿勒泰、准噶尔盆地西北缘的克拉玛依及天山南麓的巴楚；而先降后升的区域气候模式类型，是位于塔里木盆地东缘的铁干里克和若羌站；而唯一的一个下降趋势的区域气候模式类型，是位于天山南麓中部的库车站。后 3 种变化类型更多的受控于地形因素。

为了进一步刻画 4 种气温变化模式类型，选择 4 个典型气象台站作了进一步的分析，这 4 个气象台站分别为精河［图 6.2.5（a）］、阿勒泰［图 6.2.5（b）］、铁干里克［图 6.2.5（c）］和库车［图 6.2.5（d）］，这 4 个气象站分别代表上升型、先升后降、先降后升和下降类型。

从图 6.2.5 可以看出，4 个站的年平均气温均呈明显的非线性变化趋势。4 个气象站中，精河气温在 1992 年之前表现出微弱的上升趋势，之后经历了一个极快的上升过程。

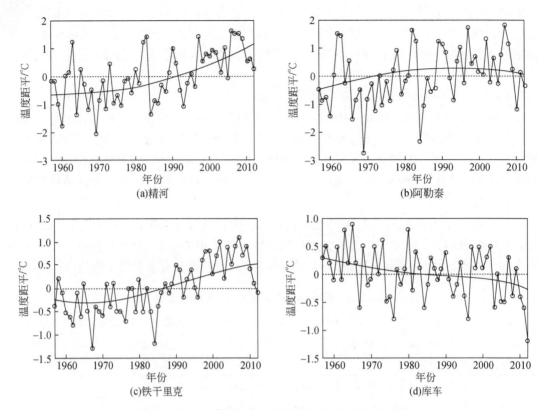

图 6.2.5 4 个典型气象站气温距平序列及其变化趋势

阿勒泰气温变化在 1993 年之前表现出明显的上升趋势，之后经历了一个缓慢的下降过程。铁干里克表现出先降后升的变化趋势，1965 年之前呈现出微弱的下降趋势，而 1965 年之后呈现快速的上升趋势。库车气温在 1982 年之前呈现显著的下降趋势但处于正相位，之后表现出缓慢的下降趋势且处于负相位。

此外，从表 6.2.2 和图 6.2.5 也可以看出，单一站点之间、单一站点与全疆整体之间，不仅气温变化趋势类型有别，而且发生变化的转折时间也存在较大差异，这说明新疆各气象站气温变化并非完全同步。全疆 1995 年气候整体发生转型，是各站气温变化所产生的叠加效应的结果，各站气温变化本身更多的由其所在气候系统的内在变化机理和局地环境所控制。

总结上述分析结果，可得到以下主要结论：

（1）新疆气温变化，存在两个典型的固有时间尺度，即年际尺度和年代际尺度。其中，在年际尺度上，具有 3 年和 6 年的准周期变化，而在年代际尺度上具有 10 年和 30 年的准周期变化。在 4 个准周期分量中，3 年和 6 年的准周期变化落在 90% ～95% 置信区，是较为显著的准周期分量；而其余两个分量均落在 80% ～90% 置信区间，其具有物理意义的信息量相对较少。从各分量的方差贡献率来看，年际振荡在气温变化中占据主导地位。其中，3 年准周期的方差贡献率最大，达到 28.29%；6 年准周期方差贡献率为 19.61%；10 年和 30 年准周期贡献率较小，分别为 10.11% 和 8.58%。

（2）1957～2012 年，新疆平均气温变化是一个近似线性但实为非线性的演变过程，还揭示出新疆年均气温自 20 世纪 80 年代后期开始明显升高。重构的气温年际变化趋势，与原始气温距平序列的变化趋势几乎是完全一致的，精细地刻画了原始气温距平序列的波动状况。重构的气温年代际变化趋势，有效地刻画了以 1995 年为分界的两个明显的变化时段，前时段气温处于缓慢上升阶段，后期气温快速攀升，这揭示了新疆在 1995 年前后出现的气候模态转换，即气温由原来以负相位为主的气候模态转向正相位显著的高温气候模态。

（3）年平均气温变化趋势具有明显的区域差异，可归纳为 4 种变化类型，即上升型、先升后降型、先降后升型和下降型。此外，单一气象站点之间、单一气象站点与新疆整体之间，气温发生变化的转折时间也存在较大差异，这说明新疆各地区气温变化并非完全同步，各气象台站气温的变化不但受环流因子的影响，而且由其区域气候系统的内在机理和局部地理环境控制。

6.3　分　形　理　论

分形（Mandelbrot，1967，1982）理论，是在"分形"概念的基础上升华和发展起来的。分形的外表结构极为复杂，但其内部却是有规律可循的。例如，连绵起伏的地表形态、复杂多变的气候过程、水文过程（Robert and Roy，1990；Mayer，1992；Turcotte，1992；Bodri，1994；李后强和艾南山，1992a；艾南山和李后强，1993；刘式达和刘式适，1993）……以及许多社会经济现象（李后强和艾南山，1992b；岳文泽等，2004）等都是分形理论的研究对象。分形的类型有自然分形、时间分形、社会分形、经济分形、思维分形等。到了 20 世纪 90 年代，随着分形理论在地理学研究中的应用（周春林和袁林旺，1997；徐建华等，2001，2002；凌怡莹和徐建华，2003；Xu et al.，2008a，2009；陈彦光，2008），逐渐形成了一个新兴的分支学科——分形地理学。

6.3.1　分形理论简介

1. 分形的概念

分形，是指其组成部分以某种方式与整体相似的几何形态（shape），或者是指在很宽的尺度范围内，无特征尺度却有自相似性和自仿射性的一种现象。分形是一种复杂的几何形体，但不是所有的复杂几何形体都是分形，唯有具备自相似结构的那些几何形体才是分形。在大自然中，具有自相似层次的现象十分普遍。例如，在一个水系的主流上分布着许多支流，在支流上又分布着许多亚支流，在亚支流上又分布着许多支流……而且在所有的层次中，"支流"在"主流"上的分布情况几乎相同，也就是说，它具有自相似层次，所以说水系的分布是分形。同样，对于所有不同尺度的铜矿区，高品位铜矿的分布几乎是相同的，许多矿藏的分布都具有这种自相似性，因而矿藏分布也是一种分形。在地学中，自相似现象也极为丰富，如山中有山、景观中有景观、地带性中有非地带性、非地带性中又有地带性等。所以，掌握分形几何学对于探索地理学中的复杂性是必不可少的。

分形的一个突出特点是无特征尺度。特征尺度是指某一事物在空间，或时间方面具有特定的数量级，而特定的量级就要用恰当的尺子去量测。例如，台风的特征尺度是数千公里的量级，而马路旁旋风的特征尺度是数米的量级。如果不考虑它们的特殊性，把它们都看成涡旋，它们就没有特征尺度。因为大涡旋中有小涡旋，小涡旋中套着更小的涡旋，这种涡旋套涡旋的现象发生在许许多多不同的尺度上，可以从几千公里变化到几毫米。凡是具有自相似结构的现象都没有特征尺度。

当人们在一张比例尺为十万分之一的地图上看到一个海湾时，如果在一张比例尺为万分之一的地图上对它进一步观察，就会发现有许多更小的海湾冒了出来，在千分之一的地图上还会出现许多更小更小的海湾……因此，海岸线是一种自相似的分形，它无特征尺度。当人们对海岸线测量所采用的单位从公里变成米，再变为更小的测量单位时，海岸线的总长度会随着测量单位的变小而不断增加，最后趋于无穷大。这就是英国地理学家Richardson 在 20 世纪初提出的海岸线有多长的问题。

作为一种实际的海岸线，在大小两个方向都有其自然的限制。取海岸外缘突出的几个点，用直线把它们连起来，得到海岸线长度的一种下限，使用比这些直线更长的尺度是没有意义的（仪垂祥，1995）。另外，测量海岸线的最小尺度莫过于原子和分子大小，比这更小的尺度也是没有意义的。在这两个自然限度之间，存在着一个可以变化许多个数量级的无特征尺度区，自相似性就是在这个区域表现出来的。在这个无特征尺度区，海岸线的长度与测量尺度有关，要问海岸线有多长是没有意义的。同样，在几千公里到几毫米这个无特征尺度区，要问共有多少个涡旋也没有意义。那么，在无特征尺度区，什么量与测量的尺度无关？这个特征量就是下面将要讨论的分形维数。对于弯曲复杂程度相同的海岸线，它们的分形维数是相同的。

2. 分形维数的定义和测算

维数是几何对象的一个重要特征量，传统的欧氏几何学研究的是直线、平面、圆、立方体等非常规整的几何形体。按照传统几何学的描述，点是零维，线是一维，面是二维，体是三维。人们通常把树干当作光滑的柱体，但仔细看它的表面，就会发现沟壑纵横，此起彼伏。一个看起来表面光滑的金属，用显微镜看也会凸凹不平，粗糙不堪。由此可见，对于大自然用分型维数来描述可能会更接近实际。

1）拓扑维数

数学知识告诉人们，一个几何对象的拓扑维数等于确定其中一个点的位置所需要的独立坐标数目。例如，对于二维平面中的一条曲线 $y=f(x)$，要确定其中任一点 (x_i, y_i) 的位置，需要在 x 轴和 y 轴上各取一个值，同时这对数的取值要满足 $y_i=f(x_i)$ 这个关系。所以，这个几何对象虽然用了两个坐标，但独立的只有一个，因此它的维数是 1。在三维空间中描述一条曲线需要两个方程，因此在 3 个坐标中独立的也只有一个。通常把上述定义的维数也称为拓扑维数。

对于一个二维几何体——边长为一个单位长度的正方形，若用尺度 $r=1/2$ 的小正方形去分割，则覆盖它所需要的小正方形的数目 $N(r)$ 和尺度 r 满足如下关系式：

$$N\left(\frac{1}{2}\right) = 4 = \frac{1}{\left(\frac{1}{2}\right)^2}$$

若 $r = 1/4$，则 $N\left(\frac{1}{4}\right) = 16 = \frac{1}{\left(\frac{1}{4}\right)^2}$

当 $r = 1/k(k = 1,\ 2,\ 3,\ \cdots)$ 时，则 $N\left(\frac{1}{k}\right) = k^2 = \frac{1}{\left(\frac{1}{k}\right)^2}$。

可以发现，尺度 r 不同，小正方形数 $N(r)$ 不同，但它们的负二次指数关系保持不变，这个指数 2 正是正方形的维数。

对于一个三维几何体——边长为单位长度的正方体，同样可以验证，尺度 r 和覆盖它所需要的小立方体的数目 $N(r)$ 满足如下关系：

$$N(r) = \frac{1}{r^3}$$

一般，如果用尺度为 r 的小盒子覆盖一个 d 维的几何对象，则覆盖它所需要的小盒子数目 $N(r)$ 和所用尺度 r 的关系为

$$N(r) = \frac{1}{r^d} \qquad (6.3.1)$$

将式（6.3.1）两边取对数，就可以得到

$$d = \frac{\ln N(r)}{\ln(1/r)} \qquad (6.3.2)$$

式（6.3.2）就是拓扑维数的定义。

2）Hausdorff 维数

由上可知，几何对象的拓扑维数有两个特点：一是 d 为整数；二是盒子数虽然随着测量尺度变小而不断增大，但几何对象的总长度（或总面积、总体积）保持不变。从上述对海岸线的讨论可知，它的总长度会随测量尺度的变小而变长，最后将趋于无穷大。因此，对于分形几何对象，需要将拓扑维数的定义式（6.3.2）推广到分形维数。

因为分形本身就是一种极限图形，所以对式（6.3.2）式取极限，就可以得出分形维数 D_0 的定义：

$$D_0 = \lim_{r \to 0} \frac{\ln N(r)}{\ln(1/r)} \qquad (6.3.3)$$

式（6.3.3）就是 Hausdorff 给出的分形维数的定义，所以称为 Hausdorff 分形维数，通常也简称为分维。拓扑维数是分维的一种特例，分维 D_0 大于拓扑维数而小于分形所位于的空间维数。

对于真实的海岸线，可以用分形模拟。做法是：首先在单位长度的一条直线的中间 $1/3$ 处凸起一个边长为 $1/3$ 的正三角形，其次是在每条直线中间 $1/3$ 处凸起一个边长为 $(1/3)^2$ 的正三角形，如此无穷次地变换下去，最后就会得到一个接近实际的理想化的海岸线分形。每次变换所得到的图形，相当于用尺度 r 对海岸线分形进行了一次测量，不过，尺度越大测量得越粗糙，尺度越小测量的结果越精确。如果设尺度 r 测得覆盖海岸线的盒

子数为 $N(r)$，海岸线的长度为 $L(r)$，则不难验证如下结果：

当 $r = 1/3$ 时，$N(r) = 4$，$L(r) = \dfrac{4}{3}$；

当 $r = (1/3)^2$ 时，$N(r) = 4^2$，$L(r) = \left(\dfrac{4}{3}\right)^2$；

……

当 $r = (1/3)^n$ 时，$N(r) = 4^n$，$L(r) = \left(\dfrac{4}{3}\right)^n$。

根据式（6.3.3）关于分维的定义，海岸线的 Hausdorff 维数是

$$D_0 = \lim_{r \to 0} \frac{\ln N(r)}{\ln(1/r)} = \frac{\ln 4}{\ln 3} = 1.2618$$

显然，$L(r)$ 与 $N(r)$ 之间的关系是

$$L(r) = N(r) \cdot r \tag{6.3.4}$$

可以看出，海岸线的维数大于它的拓扑维 1 而小于它所在的空间维 2。海岸线的长度 $L(r)$ 不再保持不变，而随测量尺度 r 的变小而变长，当 $r \to 0$ 时，$L(r) \to \infty$。同时，当海岸线分形的自相似变换程度复杂性有所增加时，海岸线的分维也会相对增加。

3）信息维数

通过上述讨论可以看出，对分维的测算方法是：用边长为 r 的小盒子把分形覆盖起来，并把非空小盒子的总数记作 $N(r)$，则 $N(r)$ 会随尺度 r 的缩小不断增加，在双对数坐标中作出 $\ln N(r)$ 随 $\ln(1/r)$ 的变化曲线，那么，其直线部分的斜率就是分维 D_0。

如果将每一个小盒子编上号，并记分形中的部分落入第 i 个小盒子的概率为 P_i，那么用尺度为 r 的小盒子所测算的平均信息量为

$$I = -\sum_{i=1}^{N(r)} P_i \ln P_i \tag{6.3.5}$$

若用信息量 I 取代式（6.3.3）中的小盒子数 $N(r)$ 的对数，这样，就可以得到信息维 D_1 的定义

$$D_1 = \lim_{r \to 0} \frac{-\sum\limits_{i=1}^{N(r)} P_i \ln P_i}{\ln(1/r)} \tag{6.3.6}$$

如果把信息维看作 Hausdorff 维数的一种推广，那么，Hausdorff 维数应该看作一种特殊情形而被信息维的定义所包括。对于一种均匀分布的分形，可以假设分形中的部分落入每个小盒子的概率相同，即

$$P_i = \frac{1}{N} \tag{6.3.7}$$

把式（6.3.7）代入式（6.3.6）得

$$D_1 = \lim_{r \to 0} \frac{-\sum\limits_{i=1}^{N} \dfrac{1}{N} \ln \dfrac{1}{N}}{\ln(1/r)} = \lim_{r \to 0} \frac{\ln N}{\ln(1/r)} \tag{6.3.8}$$

可见，在均匀分布的情况下，信息维数 D_1 和 Hausdorff 维数 D_0 相等。在非均匀情形下，$D_1 < D_0$。

4）关联维数

空间的概念早已突破人们实际生活的三维空间的限制，如相空间，系统有多少个状态变量，它的相空间就有多少维，甚至是无穷维。相空间突出的优点是，可以通过它来观察系统演化的全过程及其最后的归宿。对于耗散系统，相空间要发生收缩，也就是说，系统演化的结局最终要归结到一个比相空间的维数低的子空间上。这个子空间的维数即关联维数。

分形集合中每一个状态变量随时间的变化都是由与之相互作用、相互联系的其他状态变量共同作用而产生的。重构一个等价的状态空间，只要考虑其中的一个状态变量的时间演化序列，然后按某种方法就可以了。如果有一等间隔的时间序列为 $\{x_1,\ x_2,\ x_3,\ \cdots,\ x_i,\ \cdots\}$，就可以用这些数据支起一个 m 维子相空间。方法是，首先取前 m 个数据 x_1，x_2，$\cdots$，x_m，由它们在 m 维空间中确定出第一个点，把它记作 X_1。然后去掉 x_1，再依次取 m 个数据 x_2，x_3，$\cdots$，x_{m+1}，由这组数据在 m 维空间中构成第二个点，记为 X_2。这样，依此可以构造一系列相点：

$$\begin{cases} X_1: & (x_1,\ x_2,\ \cdots,\ x_m) \\ X_2: & (x_2,\ x_3,\ \cdots,\ x_{m+1}) \\ X_3: & (x_3,\ x_4,\ \cdots,\ x_{m+2}) \\ X_4: & (x_4,\ x_5,\ \cdots,\ x_{m+3}) \\ \vdots & \vdots \end{cases} \tag{6.3.9}$$

把这些相点 X_1，X_2，$\cdots$，X_i，$\cdots$，依次连起来就是一条轨线。点与点之间的距离越近，它们相互关联的程度越高。现在设由时间序列在 m 维相空间共生成 N 个相点 X_1，X_2，$\cdots$，X_N，给定一个数 r，检查有多少点对 $(X_i,\ X_j)$ 之间的距离 $|X_i - X_j|$ 小于 r，把距离小于 r 的点对数占总点对数 N^2 的比例记作 $C(r)$，它可以表示为

$$C(r) = \frac{1}{N^2} \sum_{\substack{i,\ j=1 \\ i \neq j}}^{N} \theta(r - |X_i - X_j|) \tag{6.3.10}$$

式中：θ 为 Heaviside 阶跃函数，即

$$\theta(r - |X_i - X_j|) = \begin{cases} 1, & r > |X_i - X_j| \\ 0, & r \leqslant |X_i - X_j| \end{cases} \tag{6.3.11}$$

若 r 取得太大，所有点对的距离都不会超过它，根据式（6.3.10），$C(r)=1$，而 $\ln C(r)=0$。这样的 r 测量不出相点之间的关联。适当地缩小测量的尺度 r，可能在 r 的一段区间内有

$$C(r) \propto r^D \tag{6.3.12}$$

如果这个关系存在，D 就是一种维数，把它称为关联维数，用 D_2 表示，即

$$D_2 = \lim_{r \to 0} \frac{\ln C(r)}{\ln r} \tag{6.3.13}$$

这里取极限主要表示 r 减小的一个方向，并不一定要 r 接近于零。在对实际系统作尺度变换时，在大小两个方向上都有尺度限制，超过了这个限制就超出了无特征尺度区，式（6.3.12）的定义只有在无特征尺度区内才有意义。

3. 标度律与多重分形

1）标度律

分形的基本属性是自相似性。它表现为，当把尺度 r 变换为 λr 时，其自相似结构不变，只不过是原来的放大和缩小，λ 称为标度因子，这种尺度变换的不变性也称为标度不变性。标度不变性对分形来说，是一个普适的规律。对于所有分形，它们都满足

$$N(\lambda r) = \frac{1}{(\lambda r)^{D_0}} = \lambda^{-D_0} N(r) \tag{6.3.14}$$

对于海岸线分形，如果考虑其长度随测量尺度的变化，由式（6.3.4）可得

$$L(\lambda r) = \lambda r N(\lambda r) = \lambda^{1-D_0} r \cdot N(r) = \lambda^{\alpha} L(r) \tag{6.3.15}$$

在式（6.3.15）中，

$$\alpha = 1 - D_0 \tag{6.3.16}$$

称为标度指数。

式（6.3.14）反映了标度变换的一种普适的规律，它表明，把用尺度 r 测量的分形长度 $L(r)$ 再缩小（或放大）λ^{α} 倍就和用缩小（或放大）了的尺度 λr 测量的长度相等。最重要的是这种关系具有普适性。究竟普适到什么程度，是由标度指数 α 来分类的，这称为普适类。具有相同 α 的分形属于同一普适类，由式（6.3.16）可以看出，同一普适类的分形也具有相同的分维 D_0。

一般情况下，可以把标度律写为

$$f(\lambda r) = \lambda^{\alpha} f(r) \tag{6.3.17}$$

式中：f 为某一被标度的物理量。

标度指数 α 与分维 D_0 之间存在着简单的代数关系：

$$\alpha = d - D_0 \tag{6.3.18}$$

式中：d 为拓扑维数。

下面考察一个 Cantor 集合的标度问题。该集合构造的具体步骤是：取一个长度 $r_0 = 1$、质量 $P_0 = 1$ 的均匀质量棒，将其一切为二，各段质量为 $P_1 = P_2 = 1/2$，然后将每段都挤压成长度 $r_1 = 1/3$、线密度 $\rho_1 = P_1/r_1 = 3/2$ 的均匀棒。按照这样的自相似变换，第 2 步可获 4 段小棒，它们的长度 $r_2 = (1/3)^2$，质量 $P_2 = (1/2)^2$，线密度 $\rho_2 = P_2/r_2 = (3/2)^2$……到第 n 步，共有 $N = 2^n$ 个小棒，每一个长度为 $r_i = 3^{-n}$，质量为 $P_i = 2^{-n}$，线密度为 $\rho_i = P_i/r_i = (3/2)^n (i = 1, 2, \cdots, N)$，在整个自相似变换过程中，总质量守恒，即

$$\sum_{i=1}^{N} P_i = 1 \tag{6.3.19}$$

如果把 P_i 看作概率，式（6.3.19）就是归一条件。

对每一小棒给以标度：

$$P_i = r_i^{\alpha} \tag{6.3.20}$$

式中：α 为标度指数。

把每一小棒的长度及质量同时代入式（6.3.20），可以算得

$$\alpha = \frac{\ln 2}{\ln 3} \approx 0.63093$$

因而线密度

$$\rho_i = \frac{P_i}{r_i} = r_i^{\alpha - 1} \tag{6.3.21}$$

的大小由小棒纵向的长度所表示，随着自相似变换步数 n 的增加，小棒的横向不断变窄（ r_i 变小）而纵向迅速变长（ ρ_i 变大），最后 Cantor 质量集合由无数条无穷长的线组成。

这种均匀分布的 Cantor 集合，其标度指数 α 是一个常量，并且 $\alpha = 0 - D_0$，这称为单标度，这样的分形称为单分形。

2）多重分形

对于单分形，有一个标度指数 α 或一个分维 D 就足够了，而对于非均匀分布的分形，则可以把它看作由单分形集合构成的集合，它的 α 和 D 都不再是常量，这样的分形称为多重分形。由单分形向多重分形的推广主要涉及由数（ α 或 D）表述的几何体向由函数表示的几何体之间的过渡。理想的方法是，把标度指数 α 看作是连续变化的，α 和 $\alpha+\mathrm{d}\alpha$ 这个间隔是一个以单值 α 为特征和分维为 $f(\alpha)$ 的单分形集合，把所有不同 α 的单分形集合相互交织在一起就形成多重分形。

上述 Cantor 集合在作尺度变换时，采用了单一的标度，现在如果把同样的均匀质量棒从其左端 3/5 处一分为二，然后把左段压缩为长度 $r_1 = 1/4$，其质量 $P_1 = 3/5$，而右段保持原长度 $r_2 = 2/5$，其质量 $P_2 = 2/5$；第二步按着上述的比例对两段分别进行同样的变换就得到 4 段，左两段的长度分别为 r_1^2、$r_1 r_2$，质量分别为 P_1^2、$P_1 P_2$，右两段的长度分别为 $r_2 r_1$、r_2^2，质量分别为 $P_2 P_1$、P_2^2；如此操作下去就会得到一个不均匀的 Cantor 集合。在这个集合中分布着众多长宽相同的线条集合，它们构成单分形子集合。对每一个单分形子集合，其标度指数为 α，分维为 $f(\alpha)$。另外，从形成非均匀 Cantor 集合的操作过程来看，最后它的每段线条的质量相当于二项式 $(P_1 + P_2)^n$ 展开中的一项，不过在这里 $n \to \infty$。因此，可以用质量 P_i 的 q 阶矩 $\sum_i P_i^q$ 取代单分形中的盒子数 N，这样，多重分维 D_q 可以定义为

$$D_q = \lim_{r \to 0} \left[\frac{1}{1 - q} \times \frac{\ln \sum_i P_i^q}{\ln(1/r)} \right] \tag{6.3.22}$$

多重分维的定义包含了各种分维的定义，例如，

当 $q = 0$ 时，$\sum_i P_i^q = \sum_i P_i^0 = N$，就可以得到 Hausdorff 维数的定义 $D_0 = \lim_{r \to 0} \dfrac{\ln N}{\ln(1/r)}$；

当 $q = 1$ 时，$\sum_i P_i^q = \sum_i P_i = 1$，式（6.3.22）的分子和分母都为零，于是把 $\sum_i P_i^q$ 变换一下形式

$$\sum_i P_i^q = \sum_i P_i P_i^{q-1} = \sum_i P_i \exp\left[(q - 1) \ln P_i \right] \tag{6.3.23}$$

当 $q \to 1$ 时，式（6.3.23）中的 $(q-1)\ln P_i$ 是个小量，因此可将 e 指数项级数展开保留线性项

$$\exp\left[(q - 1) \ln P_i \right] = 1 + (q - 1) \ln P_i \tag{6.3.24}$$

这样，

$$\ln \sum_i P_i^q = \ln(1 + (q - 1) \sum_i P_i \ln P_i) \qquad (6.3.25)$$

把式（6.3.25）代入式（6.3.22），并对其取 $q \to 1$ 的极限，可得

$$D_q = \lim_{r \to 0} \lim_{q \to 1} \frac{1}{1 - q} \times \frac{\ln[1 + (q - 1) \sum_i P_i \ln P_i]}{\ln(1/r)} \qquad (6.3.26)$$

利用罗必达法则，将上式分子和分母分别对 q 求导，并令 $q \to 1$，就得到信息维：

$$D_1 = \lim_{r \to 0} \frac{-\sum_i P_i \ln P_i}{\ln(1/r)} \qquad (6.3.27)$$

当 $q = 2$ 时，式（6.3.22）变为

$$D_2 = \lim_{r \to 0} \frac{\ln \sum_i P_i^2}{\ln r} \qquad (6.3.28)$$

对于式（6.3.10），如果设

$$\sum_{\substack{i,j=1 \\ i \neq j}}^N \theta(r - |r_i - r_j|) = n_i^2 (i = 1,, 2, \cdots, N) \qquad (6.3.29)$$

式中：n_i^2 为在第 i 个点与所有其他 $N - 1$ 个点的距离 $|r_i - r_j|$ 中，尺度小于 r 的点对数。

那么，把式（6.3.29）代入式（6.3.10），并取极限得

$$C(r) = \lim_{N \to \infty} \sum_{i=1}^N \frac{n_i^2}{N^2} = \sum_{i=1}^N \lim_{N \to \infty} \frac{n_i^2}{N^2} = \sum_{i=1}^N P_i^2 \qquad (6.3.30)$$

式中：P_i 为在用尺度 r 测量时第 i 个点被选中的概率。可见，此时的式（6.3.28）就是关联维数的定义。

事实上，式（6.3.22）定义了无穷多种维数，它依赖一个参数 q。当 $q = 0$，1，2 时，D_q 分别等于 Hausdorff 维数 D_0，信息维 D_1，关联维数 D_2。当然，q 不必限于正整数，它可以取从 $+\infty$ 到 $+\infty$ 的一切实数值。

4. 长程相关与长程互相关

长程相关与长程互相关分析，是分形理论与方法在时间序列或空间序列研究方面的延伸，它们主要是从长记忆性（long memory），也称长程相关性（long-term/range dependence）或持久性（persistence）的视角，研究数据序列的局部与整体之间的自相似性，以及数据序列之间的相互关系。它们关注的是时间序列或空间序列的"记忆"或内在相关性。

1）长程相关性分析方法

长程相关性分析方法主要有两种，即重标极差（rescaled range analysis R/S）法和消除趋势波动分析（detrended fluctuation analysis，DFA）法。

重标极差分析法，即 R/S 分析法，是由著名的水文学家 Hurst（1951）在研究尼罗河流量的长期变化时，首先提出来的。后来，Mandelbrot 和 Wallis（1969）、Mandelbrot

（1982）、Lo（1991）等对这一方法予以发扬和精炼。该方法主要用 Hurst 指数衡量和描述非线性时间序列的持续性或反持续性。

R/S 分析法为揭示非线性时间序列的统计特征量的标度不变性，提供了一种简易可行的研究方法。因为该方法不需要什么基本假设，而且对非线性时间序列的长记忆与持续性具有很好的解释能力，因而得到了广泛的应用。

如果时间序列存在非周期循环，使用 *R/S* 分析可以找出平均的非周期循环和由于长期记忆效应产生的长记忆性。传统的统计分析研究方法在研究各种自然现象抽象出的时间序列时，通常都忽略事件之间的长记忆性，认为事件只在短程范围内具有记忆性，而 *R/S* 关系式的存在说明事件的发生具有长记忆性，后面事件的发生将受到前面事件的影响。

R/S 方法的具体算法如下。

考虑一个时间序列 $\{\xi(t)\}$，$t = 1, 2, \cdots$，对于任意正整数 $\tau \geq 1$，定义均值序列：

$$\langle\xi\rangle_\tau = \frac{1}{\tau}\sum_{t=1}^{\tau}\xi(t) \quad (\tau = 1, 2, \cdots) \tag{6.3.31}$$

累积离差：

$$X(t, \tau) = \sum_{u=1}^{t}(\xi(u) - \langle\xi\rangle_\tau) \quad (1 \leq t \leq \tau) \tag{6.3.32}$$

极差：

$$R(\tau) = \max_{1 \leq t \leq \tau}X(t, \tau) - \min_{1 \leq t \leq \tau}X(t, \tau) \quad (\tau = 1, 2, \cdots) \tag{6.3.33}$$

标准差：

$$S(\tau) = \left[\frac{1}{\tau}\sum_{t=1}^{\tau}(\xi(t) - \langle\xi\rangle_\tau)^2\right]^{\frac{1}{2}} \quad (\tau = 1, 2, \cdots) \tag{6.3.34}$$

考虑比值 $R(\tau)/S(\tau) \underset{=}{\Delta} R/S$，若存在如下关系：

$$R/S \propto \tau^H \tag{6.3.35}$$

则说明时间序列 $\{\xi(t); t = 1, 2, \cdots\}$ 存在 Hurst 现象，H 称为 Hurst 指数。

Hurst 指数 H 的值，可根据计算出的 $(\tau, R/S)$ 的值，在双对数坐标系（$\ln\tau$，$\ln(R/S)$）中用最小二乘法拟合式（6.3.35）得到。

根据 H 的大小，可以判断该时间序列是完全随机的或者存在趋势性成分，而趋势性成分是表现为持续性（persistence），还是反持续性（antipersistence）。

Hurst 指数 H 一般处于 0~1：当 $H > 0.5$ 时，全部或部分数据之间满足正相关性或长记忆性，即过去一段时间的增长（减少）趋势意味着未来相同时间间隔内有一个增长（减少）趋势，H 值越接近 1，长记忆性就越强；$H = 0.5$ 表示研究的时间序列是白噪声序列，即序列中各个数据都是独立的，互不关联的，完全随机的，前一段时间的变化趋势不会对后面产生影响；$H < 0.5$ 表明全部或部分数据之间满足负相关性或反记忆性，即过去增长（减小）趋势意味着未来的减小（增长）趋势，H 越接近 0，反记忆性就越强。

可以看出，Hurst 指数能很好地揭示出时间序列中的趋势性成分，并可根据 H 值的大小来判断趋势性成分的强度。

分析时间序列长记忆性或长程相关性，有必要辨别数据中由内在的长程波动引起的潜在趋势成分。而外在的因素引起的趋势成分，通常被认为是平滑或缓慢振荡的。如果分析时未滤去潜在趋势成分，序列中强趋势成分会对长记忆性或长程相关分析产生干扰，不能真实揭示时间序列在复杂环境中的演变过程和规律。而 DFA 方法（Peng et al.，1994，1995），能够有效解决此类问题，它通过消除趋势的波动分析，以 DFA 指数表征时间序列的长记忆性。

DFA 分析法不仅能够检测出包含于表面上看来非平稳的时间序列中内在的自相似性，还能够避免检测出由外在趋势而导致的明显的自相似性，即可消除人为合成的非平稳时间序列中的伪相关现象。

DFA 方法的具体算法如下。

考虑一个时间序列 $\{x_i, i=1, 2, \cdots, N\}$，其中，$N$ 为时间序列的长度，消除趋势的波动分析步骤如下。

第一步，对序列中的数据进行积分，积分方法如下：

$$y(k) = \sum_{i=1}^{k} [x_i - \bar{x}] \quad (k=1, 2, \cdots, N) \tag{6.3.36}$$

式中：$\bar{x}$ 为序列的平均值。

第二步，将序列的积分信号等间隔地分成 n 个小区间，然后利用最小二乘法对每个区间进行直线拟合，得到趋势信号 $y_n(k)$，$k=1, 2, \cdots, N$。

第三步，对于给定的 n，用积分信号减去趋势信号，得到波动信号：

$$F(n) = \sqrt{\frac{1}{n} \sum_{k=1}^{N} [y(k) - y_n(k)]^2} \tag{6.3.37}$$

第四步，取不同的尺度 n，重复第一步和第二步两个步骤，得到在不同尺度 n 下的 $F(n)$。通常情况下，$F(n)$ 都会随着 n 增加而增大。

如果 $F(n)$ 与 n 之间存在幂律关系：

$$F(n) \propto n^\alpha \tag{6.3.38}$$

则说明时间序列具有自相似性或分形性质。

在双对数坐标下，绘出 $\ln(F(n))$-$\ln(n)$ 曲线，并进行直线拟合，得出其斜率 α，即为 DFA 指数。

时间序列的长记忆（持续性）过程可由 DFA 指数 α 来表征。当 $\alpha=0.5$ 时，表示时间序列不存在记忆性，任意时刻的值与前一时刻的值无关，即序列是纯随机游动（pure random walk）的白噪声序列；当 $0<\alpha<0.5$ 时，表示时间序列为消极的长程关联信号，意味着序列呈现幂律形式的反记忆性特征（反持续性），α 越接近 0，反记忆行为就越强；当 $0.5<\alpha<1$ 时，表示时间序列为积极的长程关联信号，意味着序列呈现幂律形式的长记忆性特征（持续性），且 α 越接近 1，这种长记忆的行为就越强；当 $\alpha=1$ 时，序列为 $1/f$ 噪声；当 $\alpha>1$ 时，表示时间序列中存在非幂律关系形式的长记忆性；而当 $\alpha=1.5$ 时，则时间序列为布朗噪声（史凯等，2008）。

2）长程互相关性分析方法

长程相关分析揭示了单变量时间序列的长记忆性特征。如果研究的对象系统是多变量系统，那么一个变量随时间的变化如何影响另一变量随时间的变化？变量之间是否存在长程互相关性？为了回答这一问题，消除趋势的互相关性分析（detrended cross-correlation analysis，DCCA）方法应运而生（Zebende，2011；Vassoler et al.，2012）。

DCCA 方法的基本原理如下。

考虑两个变量的时间序列 $\{x_i\}$ 和 $\{y_i\}$，$i = 1, 2, \cdots, N$，N 为序列的长度。

首先，将原始序列转换为零均值序列：

$$X_i = x_i - \frac{1}{N} \sum_{i=1}^{N} x_i$$

$$Y_i = y_i - \frac{1}{N} \sum_{i=1}^{N} y_i$$

（6.3.39）

然后，按照以下步骤进行操作。

第一步，计算累积和序列：

$$R_k = \sum_{i=1}^{k} X_i$$

$$R'_k = \sum_{i=1}^{k} Y_i$$

（6.3.40）

第二步，取标度 s，将累积生成的 R_k 和 R'_k 划分成等长度的互不重叠的盒子，每个盒子均包含 s 个数据，共可划分成 $N_s = \mathrm{int}(N/s)$ 个小盒子。由于 N 有可能不能整除 s，所以数据序列尾部有部分数据点可能不能进入运算。为解决这一问题，可以从数据序列的尾部重复这一划分过程，因此，共得到 $2N_s$ 个小盒子。

第三步，在每个等长的小盒子中，通过最小二乘法来拟合 R_k 和 R'_k，拟合后的方程作为这个盒子中数据的趋势。然后，计算每个盒子剩余部分的协方差：

$$f^2(s, v) = \frac{1}{s} \sum_{k=1}^{s} (R_k - \hat{R}_{k, v})(\hat{R}'_k - \hat{R}'_{k, v})$$

（6.3.41）

式中：$f^2(s, v)$ 为长度为 s 的划分中第 v 个盒子的剩余协方差；$\hat{R}_{k, v}$ 和 $\hat{R}'_{k, v}$ 分别为第 v 个盒子的拟合方程。

第四步，针对长度为 s 的划分，对所有盒子的剩余协方差进行平均，得到去趋势的协方差函数：

$$F^2(s) = \frac{1}{2N_s} \sum_{v=1}^{2N_s} (f^2(s, v))$$

（6.3.42）

第五步，若 $F^2(s)$ 和标度 s 在双对数坐标下服从幂率关系，即

$$F^2(s) \sim s^\lambda$$

（6.3.43）

则两个变量的时间序列 $\{x_i\}$ 和 $\{y_i\}$ 之间存在长程互相关的关系。

在式（6.3.43）中，λ 为长程互相关的标度指数。若 $\lambda > 0.5$，表明两个序列存在正的长程互相关性，即如果一个序列出现增长的趋势，则另一个序列也呈现增长趋势。若 $\lambda = 0.5$，则表明两个序列之间不存在长程互相关性，即一个序列的变化趋势对另一个序列的变化没有任何影响。若 $\lambda < 0.5$，则两个序列存在负的长程互相关性，即如果一个序列出现

增长的趋势，另一个序列则呈现下降趋势。若标度指数 λ 接近于 1，则对应于 $1/f$ 噪声，两个时间序列之间也不存在长程互相关性。

6.3.2　分形建模分析实例

1. 气温过程的分形特性

气候系统是一个外有强迫、内有非线性耗散的开放系统（刘式达和刘式适，1993），分形理论是定量描述气候非线性演化过程及其自相似结构特征的有效手段之一。众多研究表明（Bodri，1994；周春林和袁林旺，1997；辛国君，1997；时少英等，2005），分形分析可从一个似乎杂乱无章的气候序列中计算出它的分数维，证实气候系统的分形信息（Liu et al.，2014；董山等，2009）。

中国新疆，地形地势复杂，气候变化受纬度、盆地、山地、戈壁影响显著。为了揭示该地区非线性气候过程的自相似结构特征，笔者根据分形理论、相空间嵌入定理、Grassberger 和 Procaccia（1983）提出的计算分维数的方法，基于 51 个气象台站 1951～2012 年气温时间序列数据，分别计算了日、月、季度和年尺度过程的分维数，并进一步运用回归分析、变异函数和协同克里格空间插值方法，展示了这些分维数的空间格局。

首先，选择了 7 个气象观测站（即阿勒泰、塔城、克拉玛依、乌鲁木齐、吐鲁番、库尔勒、和田），用月度数据的时间序列，开展试点研究，在不同的嵌入空间维数下，计算关联指数，绘制了关联指数曲线（图 6.3.1）。从图 6.3.1 可看出，随着嵌入空间维数的增加，关联指数不断增大，而最终趋于稳定，达到了饱和的关联指数，即分维数（关联维数）。

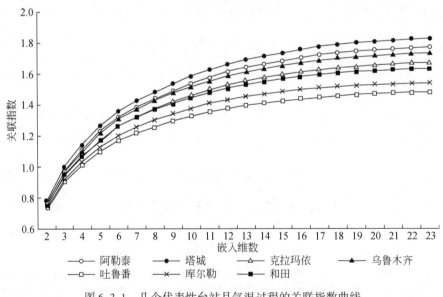

图 6.3.1　几个代表性台站月气温过程的关联指数曲线

　　然后，对每一个台站的日、月、季度和年气温过程，运用同样的方法计算出了其关联维数。表 6.3.1 给出了不同时间尺度下几个代表性台站及各台站平均的关联维数。

表 6.3.1　不同时间尺度下几个代表性台站及 51 个台站平均的关联维数

台站	时间尺度			
	年	季度	月	日
阿勒泰	1.5126	1.6475	1.7613	2.6203
塔城	1.4476	1.6813	1.8233	2.6653
克拉玛依	1.2587	1.4392	1.6682	2.4932
乌鲁木齐	1.4037	1.5881	1.7196	2.6578
吐鲁番	1.3872	1.3478	1.4744	2.4458
库尔勒	1.3495	1.2753	1.5945	2.5238
和田	1.3830	1.4586	1.6318	2.5564
51 个台站平均	1.2995	1.4156	1.6397	2.5353

　　因为表 6.3.1 中的每一个关联维数都不是整数，这表示各尺度下的气温过程具有分形特征，是混沌的动力系统，对初始条件的变化具有敏感性。

　　从 51 个台站平均值来看，关联维数的排序是：日（2.5353）>月（1.6397）>季度（1.4156）>年（1.2995）。由此，得出结论，较小时间尺度的气温过程比较大时间尺度的气温过程更为复杂。笔者认为，这一结果符合事实，因为日数据描述的细节程度最高，其次是月数据，再次是季度数据，而年度数据的细节程度最低。

　　上述关联维数，还提供了这样一个信息：描述月、季和年度尺度下的气温过程动态，至少需要两个独立变量；而描述日尺度下的气温过程动态，至少需要三个独立变量。

　　从表 6.3.1 可以看出，在相同的时间尺度下，不同的台站的关联维数值是不同的，这也许与其所在的地理位置及海拔有关。据此，笔者在不同的时间尺度（日、月、季度、年）下，计算了关联维数与经度、纬度及海拔之间的相关系数，结果见表 6.3.2。

表 6.3.2　不同尺度下气温过程的关联维数与经度、纬度及海拔之间的相关系数

项目	时间尺度			
	年	季度	月	日
海拔	−0.0590	0.1145	0.2927 *	0.2854 *
纬度	0.0287	−0.1101	0.5002 **	0.1786
经度	−0.2242	−0.0824	−0.0999	−0.1589

　　注：* 显著性水平为 0.05；** 显著性水平为 0.01。

　　表 6.3.2 表明，在日尺度下，关联维数与海拔在 0.05 的显著水平下呈正相关；在月尺度下，关联维数与纬度和海拔分别在 0.01 和 0.05 的显著水平下呈正相关；而在季度和年尺度下，关联维数与经度、纬度及海拔之间的相关系数不显著。

　　为了进一步揭示日和月尺度下关联维数与地理位置及海拔之间的相关性，笔者采用逐步回归分析方法，建立了相应的回归方程，结果见表 6.3.3。

表 6.3.3　日和月尺度下关联维数与地理位置及海拔之间的回归方程

时间尺度	回归方程	F	显著性水平
日	$CD = 0.008919x_1 + 0.016x_2 + 1.752$	5.667	0.006
月	$CD = 0.009517x_1 + 0.029776x_2 + 0.450$	30.722	0.000

注：CD 表示关联维数；x_1 表示海拔 $/10^2\,\mathrm{m}$；x_2 表示纬度 $/(°)$。

表 6.3.3 显示，在日和月的尺度上，关联维数与地理位置和海拔之间的回归方程分别达到了 0.006 和 0.000 的显著水平。正的偏回归系数意味着，在较高纬度和较高海拔的地点，关联维数的值也较大。

尽管表 6.3.3 中的回归方程，在日和月的尺度上，较好地解释了关联维数与地理位置和海拔之间的关系，但是在季节和年的尺度上，关联维数与地理位置和海拔之间却没有显著的相关性（表 6.3.2）。这究竟是什么原因呢？其实，主要是受结构性因素（如大气环流、地理位置、高程）和其他随机因素的影响。

事实上，描述气温过程的关联维是一个典型的区域化变量，其空间格局可以用变异函数来描述。基于这种思想，分别在季节性和年尺度下，拟合了两个变异函数来描述气温过程的关联维数的空间变异规律。

在季度尺度上，气温过程的关联维数的空间变异规律，可以用如下的高斯模型描述：

$$\gamma(h) = \begin{cases} 0 & h = 0 \\ 0.0013049 + 0.00013166(1 - e^{-\frac{h^2}{6.93^2}}) & h > 0 \end{cases} \tag{6.3.44}$$

式中：$\gamma(h)$ 为变异函数的取值，h 为空间距离。

式（6.3.44）的平均误差和平均标准误差，分别为 -0.0008275988 和 0.1726933。

在年尺度上，气温过程的关联维数的空间变异规律，可以用如下的高斯模型描述：

$$\gamma(h) = \begin{cases} 0 & h = 0 \\ 0.025911 + 0.0000042869(1 - e^{-\frac{h^2}{6.99^2}}) & h > 0 \end{cases} \tag{6.3.45}$$

式中：$\gamma(h)$ 和 h 含义与式（6.3.44）中相同。

式（6.3.45）的平均误差和平均标准误差，分别为 0.0001671542 和 0.1709583。

基于式（6.3.44）和式（6.3.45）的变异函数模型，选择海拔和纬度作为协同变量，运用协同克里格方法进行空间插值计算，结果如图 6.3.2 和图 6.3.3 所示。

图 6.3.2 表明，在季度尺度上，气温过程的关联维数的值介于 1.13 ~ 1.83。其高值主要分布在天山、昆仑山、阿尔金山，表明这些山区的气温动态过程的复杂性比其他地区更高；低值主要分布在塔里木盆地和吐哈盆地，表明这些盆地地区的气温动态过程的复杂性比其他地区相对要低一些。

图 6.3.3 表明，在年尺度上，气温过程的关联维数的值介于 1 ~ 1.51，小于季度尺度上的值。与图 6.3.2 相比，其空间分布格局有所不同，其高值主要分布在准噶尔盆地、昆仑山和阿尔金山的部分地区，而低值主要分布在塔里木盆地、吐鲁番盆地和哈密盆地。

总体来看，气温过程的关联维数的高值，主要分布于地形复杂的山区，而低值主要分布在地形比较平坦的盆地区域。这一结果表明，复杂的地形是复杂气温过程的成因之一。

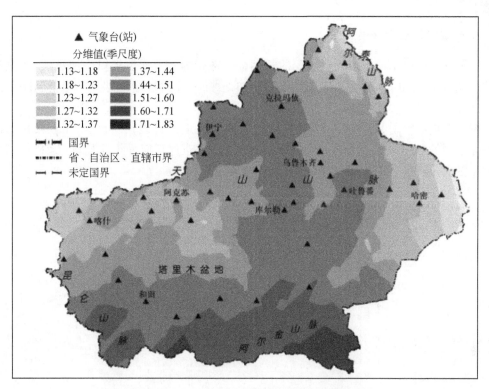

图 6.3.2　季度尺度下的气温过程关联维数的空间格局

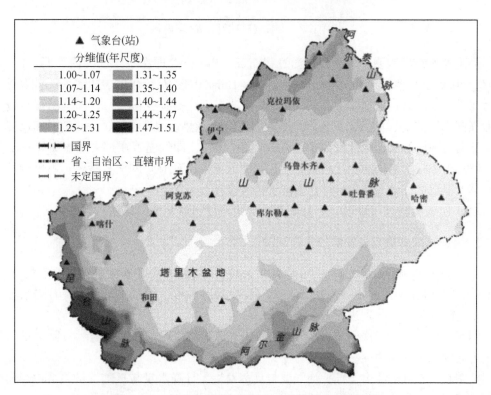

图 6.3.3　年尺度下的气温过程关联维数的空间格局

2. 气温过程的长程相关性

为了揭示塔里木河流域气温过程的长期记忆性行为，下面以塔里木河流域 23 个气象台站（图 6.1.2）1961 年 1 月 1 日～2011 年 12 月 31 日的数据，对日平均气温序列进行 R/S 分析。

图 6.3.4 给出了 $\ln\tau$ 与 $\ln(R/S)$ 的双对数曲线（近似直线），可以看出，其显示出两段明显不同的区间，分界点为 $T = \ln(365) \approx 5.9$，这正好对应一年的时间，反映了气候过程的年度变化特征（刘祖涵，2014）。

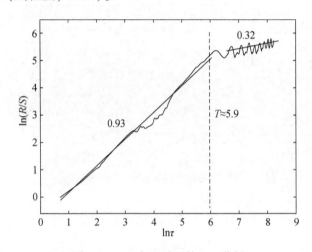

图 6.3.4　日气温过程的 R/S 分析

上述 R/S 结果表明，对于日气温过程而言，当 $t < T$（即在一年区间内）时，Hurst 指数 $H_1 \approx 0.93$；而当 $t > T$（即超过一年）时，Hurst 指数 $H_2 \approx 0.32$，这说明，气温在一年的时间尺度范围时，呈现非常高的长记忆性（长持续性或正相关性），即气温若在过去呈增加（减小）趋势，则其未来也将呈现相同的变化趋势。但当在超过一年的时间尺度范围时，气温呈现出的反记忆性（反持续性或负相关性），即气温若在过去呈增加（减小）趋势，则其未来将呈相反的变化趋势。这也说明气温会出现升降的交替状况，不可能无限制的升高，但记忆性上升的趋势性比下降要强许多。

通过 DFA 分析，可以进一步验证 R/S 分析所得出的结论，此处不再重复。

3. 温度、降水量与蒸发量的长程互相关性

为了揭示气候因子之间的长程互相关性，下面以塔里木河流域 23 个气象台站（图 6.1.2）1961 年 1 月 1 日～2011 年 12 月 31 日的数据，对日平均气温、日降水量与日蒸发量之间的关系，分别进行 DCCA 分析。

图 6.3.5（a）和图 6.3.5（b）分别描述了日平均气温与日蒸发量、日降水量与日蒸发量之间的长程互相关性。

从图 6.3.5 可以看出，日平均气温与日蒸发量、日降水量与日蒸发量关系均存在两个无标度区间，其分界点为 $S = \ln(365) \approx 5.9$，该位置所对应的时间刚好是一年（刘祖涵，

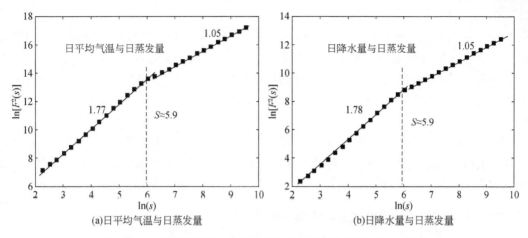

(a)日平均气温与日蒸发量　　　　　　　　(b)日降水量与日蒸发量

图 6.3.5　日平均气温、日降水量与日蒸发量之间的 DCCA 分析

2014）。这就说明，在一年（自然年度）的时间尺度上，温度与蒸发量之间、降水量与蒸发量之间、均存在长程互相关性。

在第一个无标度区内，温度与蒸发量的标度指数 λ 为 1.77，降水与蒸发量的标度指数 λ 为 1.78，它们均大于 1，这表明，温度与蒸发量之间、降水与蒸发量之间，均存在非幂律形式的正的长程互相关性。

在第二个无标度区内，温度与蒸发量之间，以及温度与降水量之间的标度指数 λ 均为 1.05，接近于 1，对应于 $1/f$ 噪声。这就是说，在该标度区内，温度与蒸发量之间、降水与蒸发量之间的关系，是一种在局部呈无序状态，而在宏观上具有一定相关性的噪声。

6.4　自组织临界性理论

自组织是指由系统内部组分之间的相互作用产生而非外界干扰所引起的系统组织和演化行为。系统不需经参数调整而自动达到临界态的特性，称为自组织临界性（self-organized criticality，SOC）。

自组织临界性理论认为，"自组织"行为是由系统内部大量成分之间的相互作用产生的，而不是由任何外界因素控制或影响所致的；而"临界态"是一种特殊的敏感状态，当系统达到自组织临界态时，微小的干扰也可引起系统发生一系列的灾变。

自组织临界性理论产生以来，就被广泛地用于地学研究的相关领域。研究表明，地震、雪崩、滑坡、泥石流、森林火灾等自然现象，都具有自组织临界性。本节将简要介绍自组织临界性理论，并探讨气候变化的自组织。

6.4.1　自组织临界性理论简介

1. 自组织临界性的提出及含义

20 世纪 80 年代末，Bak 等（1987，1988）提出了自组织临界性（SOC）的概念。临界自组织状态是指：一个由很多基本单元组成，并且组成系统的基本单元之间具有非线性的相互作用机制，系统在没有外界输入能量的驱动下，自发演化到一个局域动力学不稳定而在宏观统计上动力学稳定的临界状态。自组织临界临界点，与一般临界点不同，它是一种不需要参数调整，便能够自然而然地到达的临界点。这种不须经由调整任何参数便到达临界点的现象，称为自组临界现象。临界自组织行为，揭示了系统演化的内在机制。

一般来说，如果一个系统具有三个特征，即趋向于近临界稳定态、事件大小分布具有标度不变性、时域上表现为 $1/f^{\beta}$ 噪声，具有长记忆性，那么便可认为该系统具有自组织临界性。

2. 自组织临界性的经典模型：沙堆模型

自组织临界性的经典模型是沙堆模型，该模型的物理原型如下。

考虑一个很平的台子，往上面缓缓堆沙，每次只加一粒。起初，落下的沙粒停在原地，当继续加沙时，沙堆变得越来越陡，这时，再加上一颗沙子有可能会使部分沙粒发生崩塌，而崩塌的沙粒又会引起别的沙粒也发生崩塌，依此类推。

把从第一颗沙粒崩落开始到所有沙粒不再崩塌的整个过程称为一次雪崩，在这个过程中崩塌的沙粒数称为雪崩大小，记为 S，所持续的时间称为弛豫时间，记为 T，随着沙粒的不断加入，沙堆变得越来越陡，这时单个沙粒的落塌可能会引起系统中大量沙粒的倒塌，最终沙堆的坡度会达到某个固定值，这时加入的沙粒的数量和从台子边缘落下的沙粒的数量相等，并且此时雪崩发生的概率 D 与崩塌大小 S 和弛豫时间 T 满足幂律关系（周海平等，2006），即

$$D(S) \propto S^{\alpha}, \ D(T) \propto T^{\beta} \tag{6.4.1}$$

式中：α 和 β 为幂指数。

为了便于理解自然界中自组织所形成的特性，基于以上的物理模型，Bak 等（1987，1988）提出了一个数字沙堆模型（sandpile model），即 BTW 沙堆模型。该模型以数值模拟运算的方法，记录加入一颗粒子后，其产生崩落的面积（在晶格上参与崩落的范围）大小与发生相同崩落范围的概率。他们用元胞自动机的方法在计算机上进行模拟，结果发现，二维和三维的沙堆系统具有自组织临界性质，而一维沙堆系统不具备自组织临界性。

在 BTW 沙堆模型之后，Manna（1991）也提出一种沙堆模型，即 Manna 沙堆模型。该模型不同于 BTW 沙堆模型之处是：BTW 沙堆模型，在沙粒滑落后会增加旁边位置沙粒的高度，而 Manna 沙堆模型则是随机选择方向增加旁边位置沙粒的高度。

3. 自组织临界性现象

物理量之间的幂律关系，是临界自组织系统的一个最为显著的标志。在自然界中，人们可以发现许多现象，如地震、雪崩、滑坡、泥石流、森林火灾等，其规模与频率之间都服从幂律关系。

地震研究领域内，有一个著名的 Gutenberg- Richter 定律（Gutenberg and Richter，

1942），它揭示了一个特定地区在一个较长的时间段内，不同大小的地震所发生的频率规律。这一规律被后来的科学家用更多、更新的数据重新发现（Wesnousky，1994）。观测数据表明，大地震很少，小地震很多。但超乎直觉的是，不同级别的大小地震，从 2 级小地震到 7 级大地震，发生的次数与震级大小符合数学上的幂律关系，即地震的发生次数随着其级别大小按照幂律下降。如果将地震的发生次数与震级大小绘制在双对数坐标图上，则发现它是一条直线。这是一个很惊人的发现，因为地震大小每提高一个里氏级，其释放的能量增大约 30 倍。一次 7 级地震释放的能量相当于一次 2 级地震的 2500 万倍，但能量相差如此之大的地震，其统计数据点都奇迹般地落在了 Gutenberg-Richter 定律所描述的直线上，而不是别处。这是否意味着，不论规模（震级）大小，所有的地震都有着相同的机理，即自组织临界性机理？

6.4.2　自组织临界性建模分析实例

1. 气候系统的自组织临界性

对所有的 SOC 动力学系统而言，它们均由许多相互作用的组元所构成，尽管控制各个系统的微观物理学机制不尽相同，但这些系统整体上都表现出类似的动力学行为，即系统的演化并没有受到任何外部因素的影响，其统计学特征都能用幂律关系描述。

气候系统处于一个开放的环境系统，是一种有组织的"活"的结构。由于组分集群进化，达到局部优化的同时，渐渐远离原来的平衡的非线性区域，将组织系统拉向混沌的边缘，也称之为弱混沌，即从稳态过渡到混沌态的一个标志。

自组织临界性理论认为，由大量相互作用的气候因子组成的气候系统会自然地向临界自组织态发展；当系统达到这种状态时，即使很小的干扰事件也可能引起系统发生一系列极端气候事件。气候系统通过不断地与外界环境交换物质、能量的耗散来维持组织的稳定性。

已有研究结果表明，许多气候因子均具有 SOC 系统的所有特征（Nagel and Raschke，1992；Peters and Neelin，2006；Andrade et al.，1995；Joshi and Selvam，1999）。

2. 强度与频度关系

对气候因子变化来说，则应满足幂律关系（Liu et al.，2014）：

$$N = cr^{\lambda}$$

即

$$\log N = \log c - \lambda \log r \tag{6.4.2}$$

式中：N 为在标度指数 λ 上平均每日大于某一因子强度值 r 的因子的个数的频度；c 为待定系数。

图 6.4.1~图 6.4.4，分别给出了塔里木河流域（图 6.1.2）的日平均气温、日降水量、日平均相对湿度及日蒸发量的强度–频度关系。利用最小二乘法对各数据点进行线性回归，可以得到各自的标度指数。

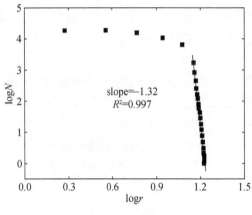

图 6.4.1　气温的强度–频度分布

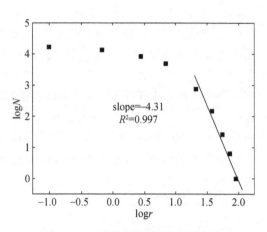

图 6.4.2　降水量的强度–频度分布

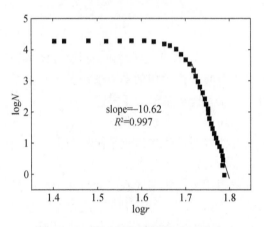

图 6.4.3　相对湿度的强度–频度分布

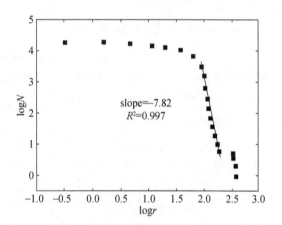

图 6.4.4　蒸发量的强度–频度分布

由图 6.4.1～图 6.4.4 可知，气温、降水量、相对湿度和蒸发量强度–频度关系的标度指数分别为 1.65、1.31、1.26 和 0.26。标度不变区间有所差异，降水和相对湿度在对数强度（log$r$）上的标度不变区间约 0.8，蒸发量为 0.6，气温为 0.4。

从图 6.4.1～图 6.4.4 还可以看出，4 个气候因子的强度–频度关系的顶部，均明显地偏离线性关系，主要原因是，统计的气候因子忽略了或气象站未记录较小强度的值，大多数较小强度值的丢失导致了线性关系的偏离。例如，空气湿度较低，很多较小的湿度值未能监测到。这种现象，在其他类似的研究（Peters and Christensen，2006）中也曾发现过。

在标度不变区间范围内，各气候因子在尺度上的变化具有相似的特征，这就预示着，小气候事件和大气候事件具有相同的产生机制，即大小气候事件的产生有着相同的动力学机制。

3. 气候系统的数值沙堆模型

上面定性地阐述了气候系统演化的自组织临界性特征。为了更深刻地理解气候系统自身如何形成自组织临界性，还需要建立数值沙堆模型。

为了理解塔里木盆地气候系统的临界自组织过程，Liu 等（2014）进一步建立数值沙堆模型，并对日平均气温、降水量、日平均相对湿度和日蒸发量的变化过程做了定量模拟。

建立气候系统的数值沙堆模型，实质上是以非线性关联迭代算法来模拟气候系统的演化过程，借助沙堆崩塌的概念描述其变化的自组织临界性。气候系统自身的一些特征，如气候的自动调制能力、能量的扩散等又可为气候变化事件提供必要的气候学细节，这样就可以在微观层次上将沙堆模型与气候变化联系起来。下面重点讨论具有自身衰减因素的数值沙堆模型，同时以衰减系数为控制参数，分析这个模型在不同的衰减系数下所产生的相变行为。

在分析气候变化过程的基础，经过抽象简化之后，建立了其数值沙堆模型，建模的步骤算法如下。

第一步，对于气温、降水量、相对湿度和蒸发量 4 个气候因子而言，将大气空间投影在地表面，形成二维平面，用一个 $L \times L$ 的二维方格子表示。用变量 $h(i, j)$ 表示该格子 (i, j) 内的气候因子值的大小。对于这个方格子，i 和 j 都从 1 变到 L。

第二步，假设在 $L \times L$ 个方格中，每次随机地向 1% 的格子投入一个变量差值（相当于因子值前后变化量），表示气候系统内在动力条件下某气候因子值变化的过程。假定每个格子排放的因子值是理想的立方体，其对应的因子值为 β。所以向每个方格 (i, j) 中投加可表示为

$$h(i, j) = h(i, j) + \beta \tag{6.4.3}$$

第三步，为了模拟气候因子的变化，引入"倒塌规则"，这个规则允许因子值从一个方格转移到邻近的另外一个方格中。

如果某个方格中的某因子值 $h(i, j)$ 超过了临界值 h_c，倒塌规则如下：

$$h(i, j) \longrightarrow h(i, j) + \beta \tag{6.4.4}$$

$$h(i \pm 1, j) \longrightarrow h(i \pm 1, j) + [h(i, j) + \beta - \gamma] \times 0.36 \tag{6.4.5}$$

$$h(i, j \pm 1) \longrightarrow h(i, j \pm 1) + [h(i, j) + \beta - \gamma] \times 0.36 \tag{6.4.6}$$

式中：γ 为格子 (i, j) 在投入因子变化量后，留有的较小余差值。

若最近邻点也满足 $h(i \pm 1, j) > h_c$ 或 $h(i, j \pm 1) > h_c$，则 $h(i \pm 1, j)$ 或 $h(i, j \pm 1)$ 也按照同样规则倒塌，从而又影响其近邻格点的倒塌。以此类推，形成连锁式的爆发性的倒塌现象。最后当所有格点都满足 $h(i, j) < h_c$ 时，崩塌就结束。

另外，设模型的边界条件是开放的，即网格的边界上的格点若发生崩塌，就会有一些因子值离开网格而减小，就像桌面边缘上的沙粒掉到地上一样，不必关心这些掉出网格的因子变化量。

第四步，为了表示外界环境对因子的影响，投入方格中因子变化量将随时间衰减。假定衰减模式是一阶指数模式，则每次投加后因子的变化量为

$$h(i, j) = h(i, j) \times e^{-k} \qquad (6.4.7)$$

第五步，当一个崩塌结束后，依次进行第二至第四步，这样系统会继续演化下去。系统的演化过程中会形成一系列的各种大小的崩塌。模型中主要研究的物理量——崩塌大小 s 定义为，每次投放因子变化量，发生一次崩塌所影响的格子总数。s 与其统计频度 $P(s)$ 之间一般满足幂律关系，即

$$P(s) \propto s^{-\alpha} \qquad (6.4.8)$$

对于以上的气候系统数值沙堆模型，补充说明如下：

第六步，假定每个方格 (i, j) 中投加的因子值是理想的立方体 β 值。其中，气温、降水量、相对湿度和蒸发量的 β 值分别取 10、5、48 和 45。另外，由于小因子值数量较多，设定每次随机地向格子投入变化量 1% 的因子值。

第七步，临界值 h_c 的具体取值对临界行为没有影响，但影响计算运行的速度。多次试验后，考虑将气温、降水量、相对湿度和蒸发量的临界值 h_c 分别设为 15、90、60 和 360。

第八步，基于统计学和物质平衡原理，任何时候格子里因子值均不可能全部变为 0，即使在塔里干沙漠区这样极其干旱的气候区，空气湿度和降水非常之少，也不可能为 0，也就是不可能没有水分子的存在，只是其值太小，无法监测到而已。因此，设定格子 (i, j) 在投入因子变化量后，留有较小的余差值 γ，温度、降水量、相对湿度和蒸发量的 γ 值分别设为 0.1、0.05、0.48 和 0.45。

第九步，通过合理的参数取值与模拟，上述数值沙堆模型，在抽象的物理意义上已经非常接近现实的气候演化过程。

为了保证计算有严格的统计意义，真实反映数值沙堆系统的演变趋势，首先选取了网格规模为 50×50 的二维网格，网格点初始赋值为 0，当演化时间步（即因子变化量的加入次数）达到 10 万次才开始进行统计，共统计 100 万次的演化时间步。最初演化 10 万次，主要目的是使系统进入临界稳定态。

经多次参数调试计算，选取不同的衰减系数 k 值，模拟气温、降水量、相对湿度和蒸发量的强度–频度关系，结果如图 6.4.5 ~ 图 6.4.8 所示。

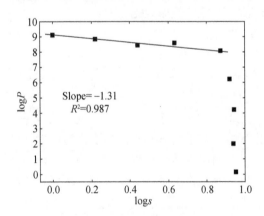

图 6.4.5　$k=0.002$ 时，气温数值沙堆模型崩塌大小分布

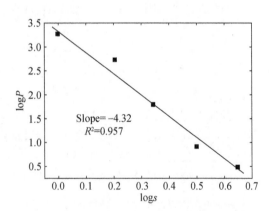

图 6.4.6　$k=0.005$ 时，降水量数值沙堆模型崩塌大小分布

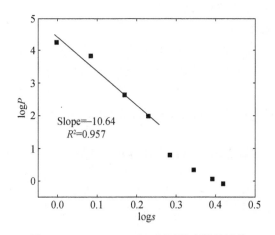

图 6.4.7　$k=0.006$ 时，相对湿度数值沙堆
模型崩塌大小分布

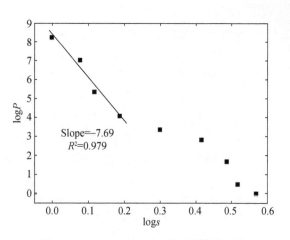

图 6.4.8　$k=0.005$ 时，蒸发量数值沙堆
模型崩塌大小分布

图 6.4.5 给出了气温崩塌大小 s 与其统计频度 $P(s)$ 的双对数坐标图。结果表明，二者存在显著的幂律关系，能用 $P(s) \propto s^{-\alpha}$ 进行描述。标度指数可以用最小二乘法进行拟合，结果为 1.31。在对数崩塌大小（$\log s$）尺度上的标度不变区间约 0.86。对比图 6.4.1，可以发现，数值模拟结果很好地符合气温强度–频度关系，即很好地显示出气温的自组织临界性。

图 6.4.6 给出了降水量崩塌大小 s 与其统计频度 $P(s)$ 的双对数坐标图。结果表明，二者存在显著的幂律关系，能用 $P(s) \propto s^{-\alpha}$ 进行描述。标度指数可以用最小二乘法进行拟合，结果为 4.32。在对数崩塌大小（$\log s$）尺度上的标度不变区间约 0.65。对比图 6.4.2，可以发现，数值模拟结果很好地符合降水量强度–频度关系，很好地揭示了降水过程的自组织临界性。

图 6.4.7 给出了相对湿度崩塌大小 s 与其统计频度 $P(s)$ 的双对数坐标图。结果表明，二者存在显著的幂律关系。标度指数可以用最小二乘法进行拟合，结果为 10.64。在对数崩塌大小（$\log s$）尺度上的标度不变区间约 0.36。对比图 6.4.3，可以发现，数值模拟结果很好地符合相对湿度强度–频度关系，很好地揭示了相对湿度变化过程的自组织临界性。

图 6.4.8 给出了蒸发量崩塌大小 s 与其统计频度 $P(s)$ 的双对数坐标图。结果表明，二者存在显著的幂律关系。标度指数可以用最小二乘法进行拟合，结果为 7.69。在对数崩塌大小（$\log s$）尺度上的标度不变区间约 0.37。对比图 6.4.4，可以发现，数值模拟结果很好地符合蒸发量强度–频度关系，很好地揭示出了蒸发量变化过程的自组织临界性。

6.5　复杂网络方法

复杂网络（complex network）是复杂系统研究的拓扑基础。近十几年发展起来的复杂网络方法，是现代复杂性科学的一个重要分支，它为人们认识系统复杂性提供了一个新的视角。该分支以具有自组织、自相似、吸引子、小世界、无标度中部分或全部性质的网络为研究对象，主要研究网络的几何性质、拓扑结构，研究网络的结构稳定性、网络演化的统计规律，以及网络形成与演化的动力学机制等。

20 世纪末，小世界效应（Watts and Strogatz，1998）与无标度特性（Barabási and Albert，1999）的发现，掀起了全世界科学家对复杂网络结构及其动力学行为的研究热潮。随着研究的深入，复杂网络研究已经渗透到数学、物理学、生物学、社会学、经济学、交通运输、网络通信等各领域。特别是学科之间的相互交叉和融合趋势不断加强，促进了人们对复杂网络共有特征和性质的认识。

尽管复杂网络研究方法目前仍然不够成熟、不够完善，但它在地理科学领域的应用前景是可以预见的。本节将简要地介绍复杂网络的概念、复杂网络研究方法及其在气候–水文过程研究中的应用。

6.5.1 复杂网络理论与方法简介

1. 复杂网络的概念

目前，学术界对于复杂网络（complex network）还没有一个统一的定义。一般认为，具有自组织、自相似、吸引子、小世界、无标度中部分或全部性质的网络，即复杂网络。

简而言之，复杂网络即呈现高度复杂性的网络。其复杂性主要表现在以下几个方面：①结构复杂，表现在节点数目巨大，网络结构呈现多种不同特征。②网络进化，表现在节点或连接的产生与消失。例如，worldwide network，网页或链接随时可能出现或断开，导致网络结构不断发生变化。③连接多样性，节点之间的连接权重存在差异，且有可能存在方向性。④动力学复杂性，节点集可能属于非线性动力学系统，节点状态随时间发生复杂变化。⑤节点多样性，复杂网络中的节点可以代表任何事物。例如，人际关系构成的复杂网络节点代表单独个体，万维网组成的复杂网络节点代表不同网页。⑥多重复杂性融合，多重复杂性相互影响，导致更为难以预料的结果。

2. 复杂网络与传统网络的区别

如本章第 1 节所述，关于传统网络的知识和理论主要来自图论。图论结合集合论与数论的概念，定义了网络的拓扑结构，即每一个网络都可以表示为由节点集合与边集合构成的图 $G(V, E)$，其中，V 为节点集合，E 为节点的关联边集合。

复杂网络与传统的图论网络相比较，具有几个方面的显著不同之处（Newman，2010）：①以节点的数量来说，传统的网络皆属于小网络，节点数不过数十个至上百个（特殊情况才会到上百个点），但是复杂网络的节点数，少则数千个，多则达百万个。节点数量的增加使得网络的复杂度大大提高。②复杂网络给人们带来了一种新视野，让人们发掘出复杂的点边关系中所潜伏的规律或普遍存在的特性，以及其物理学、社会学或生物学意义，这是传统网络所不及的。③从研究方法来说，传统的网络研究主要依赖数理推导和作图技巧研究小网络。面对数量级倍增的复杂网络，必须借助于计算机完成大量的计算和作图任务。④从研究议题而言，复杂网络所涵盖的议题相当广泛，横跨了自然科学和社会科学等领域。

3. 复杂网络的基本统计指标

复杂网络的基本统计指标，包括度及其分布特征、平均路径长度、群聚系数、介数等。

1）度与度分布

按照图论中的定义，网络中一个节点的度，就是指该节点拥有的边的个数。如果用 e_{ij} 表示从节点 i 到节点 j 的一条边，则节点 i 的度为

$$k_i = \sum_{j \in V} e_{ij} \qquad (6.5.1)$$

如果研究的网络（图）是有向图，则节点 i 的度包括两部分，即出度和入度。其中，出度为

$$k_i^{out} = \sum_{j} e_{ij} \qquad (6.5.2)$$

入度为

$$k_i^{in} = \sum_{j} e_{ji} \qquad (6.5.3)$$

节点 i 的总度为

$$k_i = k_i^{out} + k_i^{in} = \sum_{j} e_{ij} + \sum_{j} e_{ji} \qquad (6.5.4)$$

网络的平均度 $< k >$ 的定义如下：

$$< k > = \frac{1}{N} \sum_{i=1}^{N} k_i \qquad (6.5.5)$$

式中：k_i 为节点 i 的度；N 为节点总数。

度分布是指不同的度在网络中出现的概率分布（Newman，2001）。通常定义网络的度分布 $P(k)$ 为网络中度数为 k 的节点个数占节点总个数的比例。显然，$P(k)$ 也等于在随机一致的原则下挑选出具有节点度为 k 的概率。对于任一给定的网络，可用直方图来表示网络的度分布（以下简称度分布）。

在网络度分布的基础上，可以进一步定义网络的累计度分布

$$P_k(d > k) = \sum_{s>k}^{\infty} P(s) \qquad (6.5.6)$$

图 6.5.1 给出了泊松度分布和幂律度分布。其中，泊松分布是一个山峰形的分布，其平均度在网络中拥有最大的出现概率，而随着偏离平均度的程度增大，它出现概率减小。幂律度分布则呈现出胖尾的直线分布，表示随着度数的增加，拥有这样度数的节点数将随之减少。

2）距离与平均路径长度

在网络研究中，一般定义：两个节点之间的距离（路径长度）为两个节点间最短路径的长度；网络的直径为任意两个节点之间的最大距离；网络的平均路径长度则是所有节点对之间距离的平均值，它描述了网络中节点之间的分离程度。

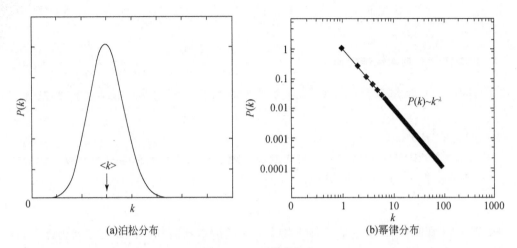

(a)泊松分布　　　　　　　　　(b)幂律分布

图 6.5.1　两种度分布

网络的平均路径长度的计算公式为

$$L = \frac{1}{\frac{1}{2}N(N+1)} \sum_{i \geqslant j} d_{ij} \tag{6.5.7}$$

式中：d_{ij} 为从节点 i 到节点 j 的最短路径长度；N 为节点总数。

式（6.5.7）定义中包含了从每个节点到其自身的距离（为0），且排除了网络中存在孤立点的问题。

3）群聚系数

群聚系数，也称集群系数，是用来衡量一个网络中的节点之间结集成团的程度的指标。

对于一个具体的节点来说，群聚系数描述了该节点的邻接点之间相互连接的程度，它在网络拓扑中被称为"传递性"，也就是网络中存在三个节点的集合（三角形）个数的情况，实际三角形数目占全部理想三角形数目的比例越高，代表网络中传递性越显著。

节点 i 的群聚系数的定义如下：

$$C_i = \frac{\text{包含节点 } i \text{ 的三角形个数}}{\text{以节点 } i \text{ 为中心的三点组的个数}} \tag{6.5.8}$$

对于边数为1的节点而言，由于分子和分母均为0，因此，规定其群聚系数为0。

网络的群聚系数，被定义为各节点群聚系数的平均值，即

$$C = \frac{1}{N} \sum_i C_i \tag{6.5.9}$$

式中：N 为网络中的节点总数。

对于赋权网络（对边赋权），其节点 i 的群聚系数被定义为

$$C_i^w = \frac{1}{(k_i - 1) \sum_j w_{ij}} \sum_{(j,k)} \frac{w_{ij} + w_{ik}}{2} a_{ij} a_{jk} a_{ik} \tag{6.5.10}$$

式中：w_{ij} 为连接节点 i 和 j 的边的权值；k_i 为节点 i 的度；a_{ij} 为邻接矩阵元，当节点 i 与 j 相

邻时，取值为 1，否则取值为 0。

4）介数

介数分为两种，即节点介数和边介数。节点（边）的介数，是指网络中所有的最短路径中经过该节点（边）的数量比例。介数反映了相应的节点或边在整个网络中的作用和影响力。

节点 k 的介数，可以通过下式计算：

$$B_k = \sum_{(i, j)} \frac{g_k(i, j)}{g(i, j)} \tag{6.5.11}$$

式中：$g_k(i, j)$ 为连接节点 i 和 j，且通过节点 k 的最短路径数；$g(i, j)$ 为连接节点 i 和 j 的最短路径数。

4. 小世界网络与无标度网络

复杂网络，一般具有两个共性，即小世界网络（small-world networks）与无标度网络（scale-free networks），这已被大量的研究所证实。

1）小世界网络

小世界网络，描述了许多复杂网络的一个共性，即大多数网络尽管规模很大，但是任意两个节（顶）点间却存在一条相当短的路径（Watts and Strogatz, 1998）。例如，在庞大的人际关系网络中，人与人相互认识的很少，但是任何一个人都可以找到一条相当短的路径，去结识他不认识的距他很远的其他人。这正如麦克卢汉所说，地球变得越来越小，"地球村" 就是对 "小世界" 的形象描述。

小世界网络的判定准则有两个，分别是平均路径长度短、高集聚系数。许多复杂网络尽管节点数目巨大，但节点之间的特征路径长度非常小。集聚系数则是用来描述 "抱团" 现象的，也就是 "你朋友之间相互认识的程度"。数学上来说，一个节点的集聚系数等于与它相连的节点中相互连接的点对数与总点对数的比值。高集聚系数实际上保证了较小的特征路径长度。

2）无标度网络

无标度网络，是指网络的度分布满足幂律分布（Barabási and Albert, 1999）。也就是说，无标度网络的度分布满足幂律性质，即

$$P(d = k) \propto k^{-\alpha} \tag{6.5.12}$$

式中：$P(d = k)$ 为度 $d = k$ 的概率；α 为幂指数。

幂律分布这一性质，正说明了无标度网络的度分布与一般随机网络的不同。随机网络的度分布属于正态分布，因此有一个特征度数，即大部分节点的度数都接近它。无尺度网络的度呈集散分布，大部分节点之间只有比较少的连接，而少数节点有大量的连接。由于不存在特征度数，因此得名 "无尺度"。

6.5.2 应用实例：区域气候变化的复杂网络分析

刘祖涵（2014）运用粗粒化方法，将塔里木河流域的气候因子序列转化为由 5 个特征

字符 $\{R, r, e, d, D\}$ 构成的符号序列。然后以符号序列中的 125 种 3 字串组成的气候因子波动模态为网络的节点，并按照时间顺序连边，构建了有向加权的波动网络，进而计算了网络的度与度分布、聚群系数、最短平均路径长度等动力学统计量，分析了网络的复杂性特征。下面对这一研究成果做简要介绍。

1. 气候波动网络的构建

对塔里木河流域 23 个气象台站（图 5.1.1）的日平均气温和日降水量，以粗粒化方法把逐日平均气温与日降水量序列转化为由 5 个特征字符 $\{R, r, e, d, D\}$ 构成的符号序列。以符号序列中的 125 种 3 字串组成的气温和降水量的波动模态为网络的节点（即连续 3 日的因子波动组合），并按照时间顺序连边，构建有向加权的气温波动网络（temperature fluctuant network，TFN）和降水波动网络（precipitation fluctuant network，PFN），进而将气温与降水的波动模态信息蕴含于网络的拓扑结构之中。

下面以日降水量序列为例，简要介绍 TFN 和 PFN 网络的构建步骤。

第一步，资料准备。以塔里木河流域 23 个气象台站 1961～2011 年的逐日降水量，分别构造时间序列 $P(t)$，其中，t 代表时间（日期）序号，即 $t = 1, 2, 3, \cdots, 18626$。

计算 23 个气象台站平均的日降水量序列的值 $P(t)$，即

$$P(t) = \frac{1}{23} \sum_{i=1}^{23} P_i(t) \tag{6.5.13}$$

第二步，粗粒化。计算日降水序列的波动序列 $k(t)$，即

$$k(t) = \frac{P(t + \Delta t) - P(t)}{\Delta t} \tag{6.5.14}$$

式中：Δt 为序列的时间间隔尺度。在本项研究中，取 $\Delta t = 2$，即任意连续的 3 天之间的降水量波动情况。

运用最小二乘法拟合出降水量时间序列 $P(t)$ 中连续 3 日的变化斜率 k，即

$$k(i/3) = \frac{\sum_{t=1}^{i} t \times P(t) - \frac{1}{i} \left(\sum_{t=1}^{i} P(t) \right) \left(\sum_{t=1}^{i} t \right)}{\sum_{t=1}^{i} t^2 - \frac{1}{i} \left(\sum_{t=1}^{i} t \right)^2} \quad i = 3, 4, \cdots, 18626 \tag{6.5.15}$$

计算降水量序列可能出现的波动值的概率

$$P_k = \int_{-\infty}^{k} \frac{\text{Num}(x)}{N} \tag{6.5.16}$$

式中：$\text{Num}(x)$ 为对应一种降水量波动模态 x 发生的次数；P_k 为降水量序列可能出现的波动值的概率。

将降水量波动 P_k 划分为 5 个等概率区间，把落在这 5 个区间的 $k(t)$ 分别用符号表示为 R, r, e, d, D，即

$$S_i = \begin{cases} R, & 0 < P_k < 0.2 \\ r, & 0.2 \leqslant P_k < 0.4 \\ e, & 0.4 \leqslant P_k < 0.6 \\ d, & 0.6 \leqslant P_k < 0.8 \\ D, & 0.8 \leqslant P_k < 1.0 \end{cases} \qquad (6.5.17)$$

式中：符号 R、r、e、d、D 所代表的含义分别如图 6.5.2（a）、（b）、（c）、（d）、（e）所示。

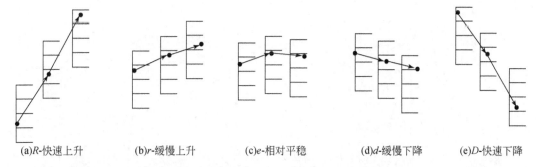

(a)R-快速上升　　(b)r-缓慢上升　　(c)e-相对平稳　　(d)d-缓慢下降　　(e)D-快速下降

图 6.5.2　符号 R、r、e、d、D 的含义

这样，按照上述思想，就可以把日降水量序列 $P(t)$ 转化为相应的符号序列

$$S_P = \{S_1, S_2, S_3, \cdots\}, \ S_i \in \{R, r, e, d, D\} \qquad (6.5.18)$$

对于日平均气温序列 $T(t)$，进行类似处理，可以得到其符号序列：

$$S_T = \{S_1, S_2, S_3, \cdots\}, \ S_i \in \{R, r, e, d, D\} \qquad (6.5.19)$$

将数值时间序列转化为符号序列，即符号时间序列分析（symbolic time series analysis，STSA），是从符号动力学理论（Ray，2004）、混沌理论和信息理论发展起来的一种新的分析方法，其基本思想就是把有许多可能值的数据序列变换为仅有几个互不相同的值的符号序列。其中，字符数的选取比较关键。字符数太多，虽然对信息的细部结构采样比较详尽，但运算量太大；而字符数太少，又容易掩盖序列中的细部结构，信息量的损失率太高，这样可能改变系统的动力学特性（孟欣等，2000）。本项研究参照周磊等（2008）的文献，采用"五值粗粒化"对时间序列进行粗粒化处理。

把气温和降水数值序列转换为符号序列过程中，时间间隔尺度参数 Δt 的大小代表着时间序列的不同分辨率。对于日平均气温序列 $T(t)$ 和日降水量序列 $P(t)$，通过在不同的时间间隔尺度 Δt 下，对所构建的字符序列中各模态出现的次数进行统计分析，发现它们与时间间隔尺度 Δt 满足幂律关系：$N \propto (\Delta t)^{-\gamma}$。这反映了气候波动的无标度性。

第三步，构建网络。引入一个加权网络来描述降水量序列中各波动模态之间的关联性和作用，其中网络的节点就是 125 个 3 元字符串的波动模态；网络的边为前一个节点指向它的下一个节点，即一种模态向下一个模态转换，表征了一种降水过程向另一种降水过程的转变；连接两个节点的边的权重为它们之间多条互不相交的并联连接通路数。例如，在所构建的降水量波动网络中，其符号序列为

eRdDeRdrdeDDDreDDDrDedDdDdedrRreeRrreRedrrDdredDrDDedDereDdDeeRdeeRedrdeDdD
……

以 3 元字符串的元结构 ｛*eRd*，*DeR*，*drd*，*eDD*，*Dre*，*DDD*，*rDe*，……｝作为网络的节点，则网络节点的有向连接形式为

eRd→DeR→drd→eDD→Dre→DDD→rDe→dDd→Dde→drR→ree→Rrr→eRe→drr→Ddr→edD→rDD→edD→ere→DdD→eeR→dee→Red→rde→DdD

根据上述步骤，就可以构建体现日平均气温与日降水量序列各波动模态间相互作用的有向含权网络图。图 6.5.3 给出了 TFN 和 PFN 网络中部分节点的关联图像。

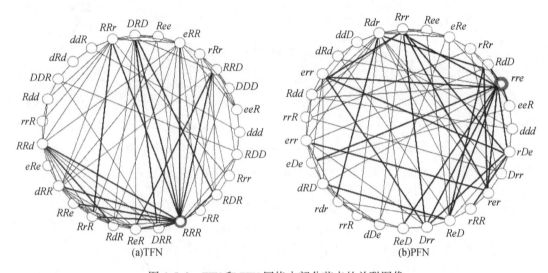

图 6.5.3　TFN 和 PFN 网络中部分节点的关联图像

图 6.5.3（a）刻画了 TFN 网络中部分节点之间的联系，其中节点之间线连的粗细反映了节点之间关联程度的强弱。例如，节点 *RRR* 与 *dRR* 之间的连线最粗，表示这两种气温波动模态之间的关联程度最强。图 6.5.3（b）刻画了 PFN 网络中部分节点之间的联系。例如，节点 *rre* 与 *err* 之间的连线最粗，表示这两种降水波动模态之间的关联程度最强。

2. 气温与降水波动网络的统计特征分析

1）度与度分布

在 TFN 和 PFN 网络中，因为节点之间的边是按照时间顺序连接的，所以除了首尾两个节点，其他节点的出度和入度必定是相等的。因此，只研究各节点的出度，即一种波动模式和向另一种模式间的转换，中间没有其他节点的中转，所以各种波动模态之间具有短程记忆性，记忆性的强弱可以由度值的大小表示。

表 6.5.1 和表 6.5.2 分别给出了 TFN 和 PFN 网络节点的度大小的排序。TFN 网络中的节点 *RRR*、*dRR*、*ReR*，以及 PFN 网络中的节点 *rre*、*rer*、*rDe*、*Rrr*，它们的度比较大。这说明在 TFN 和 PFN 网络网络中，这些节点所代表的波动模态在气候变化中起到了重要的直接关联作用，各种波动模态向这几个重要模态转换，或被这几个重要模态转换的频率较高。所以，塔里木盆地容易发生极端高温、异常干旱的气候事件。

表 6.5.1　TFN 网络中各种节点的度的排序

节点	RRR	dRR	ReR	RRd	RDR	DRR	DDD	rRr	eRe	RRe
度	254	220	218	206	202	192	182	174	172	170
等级	1	2	3	4	5	6	7	8	9	10
节点	eeR	ddd	rRR	DDR	Ree	dRd	Rrr	...		DDd
度	168	166	162	160	158	156	150	...		4
等级	11	12	13	14	15	16	17	...		125

表 6.5.2　PFN 网络中各节点的度的排序

节点	rre	rer	rDe	Rrr	Rdr	err	rdr	dDe	ReD	rDR
度	296	292	230	192	190	170	152	150	144	142
等级	1	2	3	4	5	6	7	8	9	10
节点	eRe	edd	RDe	rrR	drd	Ree	ddd			RDR
度	138	136	132	128	124	122	118	...		4
等级	11	12	13	14	15	16	17	...		125

对 TFN 和 PFN 网络的节点度进行字频统计，发现在度较大的前 17 个节点中，TFN 中代表急剧上升的网络字符 R 出现的频率非常高，而代表急剧下降的网络字符 D 非常缺，这从这一侧面可以反映出全球变暖的大背景之下，急剧上升的气温波动在气温变换中出现的次数越来越多。而在 PFN 中，代表缓慢上升的字符 r 出现的频率却很高，说明塔里木河流域的降水总体上呈现出一个较弱的上升趋势。

图 6.5.4 给出了 TFN 和 PFN 网络节点的度分布及累计度分布。可以看出，气温和降水波动网络中，节点的度分布整体或部分满足幂律分布，且带有重尾巴，这是随机连接造成的，但只要确定性占有一定的比例，所有幂律分布的随机重尾巴就会被抑制。TFN 的节点的度近似服从三段幂率分布［图 6.5.4（a）］，因此 TFN 具有无标度特性，但其度的分布极不均匀，各气温波动模态间的重要度相差较大。经过拟合和统计计算，截断点 k_c 分别为 60、100。第一段指数 $\lambda_1 = 2.038$（$R^2 = 0.992$），第二段指数 $\lambda_2 = 0.198$（$R^2 = 0.956$），第三段指数 $\lambda_3 = 5.266$（$R^2 = 0.941$）。PFN 的节点的度近似服从幂律分布［图 6.5.4（c）］，近似呈现线性关系，对线性部分进行拟合可得到指数 $\lambda = 2.550$（$R^2 = 0.948$）。这些结果表明，气温和降水波动网络，即 TFN 和 PFN 具有无标度网络的特性。

在半对数坐标系下，TFN 和 PFN 网络的累计度分布近似服从衰减的指数分布［图 6.5.4（b）和图 6.5.4（d）］，这说明气温和降水波动模态的发生带有一定的随机性，这进一步表明它们具有混沌特征。然而，虽然 TFN 和 PFN 网络的累计度分布都服从衰减的指数分布，但是它们的衰减速率明显不同，TFN 快，而 PFN 慢，这说明气温系统的涨落快，而降水系统的涨落慢。

综合可知，PFN 兼有无标度特性和小世界效应，既是无标度网络，又是小世界网络，而 TFN 具有分层性的无标度特性和小世界效应，二者均为具有无标度特性的小世界网络。这些特性说明，气候过程既具有确定性特征，又具有混沌特征，其自然变化过程既具有统

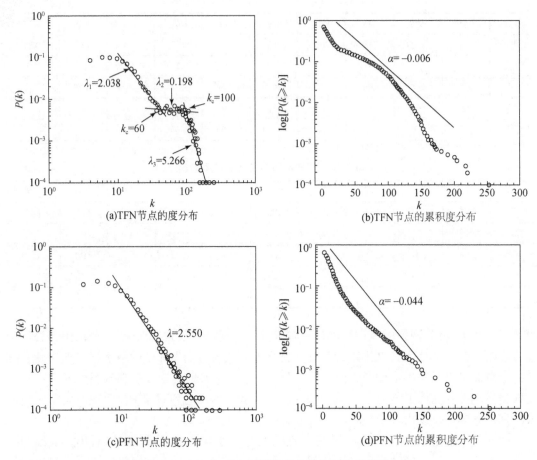

图 6.5.4 TFN 和 PFN 网络节点的度分布及累积度分布

一性，又具有多样性。

2）集群系数及平均路径长度

TFN 和 PFN 网络的平均路径长度体现了气温和降水波动模态向另一种模态转换经过的节点数。在以时间顺序连边的气温和降水波动网络中，节点代表的波动模态反映了连续 3 天的气温和降水变化。若两种波动模态之间转换所经过的节点数越多，则这两种模态转换所需要的时间也就越长。因此，网络的平均路径长度体现出了网络中任意两种模态之间的转换所要经过的平均时间。网络的平均路径长度越长，表明任意两个模态之间的转换，经过中间模态的过渡越多，气候变化过程越复杂。

表 6.5.3 给出了 TFN 和 PFN 网络的群聚系数 C、平均路径长度 L 及平均节点度 $<k>$。TFN 和 PFN 网络的节点平均度分别约为 22.6124 和 85.616，表明它们大约分别平均与 23 个和 86 个节点有相互关系。TFN 和 PFN 的平均路径长度分别为 4.5230 和 2.6673，即 TFN 和 PFN 网络中的任意 1 个节点，分别通过 4～5 和 2～3 节点就能影响到其他的节点。TFN 和 PFN 均具有较高的群聚系数，较小的平均路径长度，具有良好"小世界"典型特征，这进一步印证了上述的结论。

表 6.5.3　TFN 和 PFN 网络的群聚系数、平均路径长度和平均节点度

网络	C	L	$<k>$
TFN	0.6979	4.5230	22.6124
PFN	0.7966	2.6673	85.616

3）节点的介数

TFN 和 PFN 网络中各个节点的介数排序结果，分别见表 6.5.4 和表 6.5.5。可以看出，TFN 和 PFN 网络中，各节点的介数值存在一定的差异性。在 TFN 网络中，节点 *RRR*、*DDD*、*ReR*、*RRd*、*DDd*、*Ree* 的中介性能力均在 3% 以上，这 6 个节点对整个网络的影响达到了 19.71%，这意味着，在 TFN 网络中，这 6 个节点具有枢纽性的作用。在 PFN 网络中，节点 *rre*、*rrr*、*eee*、*err* 的中介性能力均在 3% 以上，这 4 个节点对整个网络的影响达到了 14.88%。这意味着在 PFN 网络中，这 4 个节点具有枢纽性的作用。另外，还发现在 PFN 网络中，介数在 3% 以上的节点中，代表缓慢上升的字符 *r* 出现的次数较多。

表 6.5.4　TFN 网络节点的介数排序

节点	*RRR*	*DDD*	*ReR*	*RRd*	*DDd*	*Ree*	*eee*	*ddd*	*eRe*	*RRe*	*eeR*	…	*dRe*
介数/%	3.56	3.46	3.31	3.21	3.11	3.06	2.96	2.91	2.81	2.66	2.55	…	0.10
等级（排序）	1	2	3	4	5	6	7	8	9	10	11	…	125

表 6.5.5　PFN 网络节点的介数排序

节点	*rre*	*rrr*	*eee*	*err*	*Rer*	*edr*	*rDr*	*dde*	*Ree*	*rrR*	*drr*	…	*RDR*
介数/%	4.85	3.77	3.15	3.11	2.70	2.49	2.46	2.36	2.33	2.26	2.23	…	0.06
等级（排序）	1	2	3	4	5	6	7	8	9	10	11	…	125

3. 基本结论

总结上述分析结果，可以得出如下基本结论。

（1）气温和降水波动网络，即 TFN 和 PFN 均表现出较高的集群性和较短的平均路径长度。气温波动网络（TFN）的度分布服从三段和双段幂律分布，是具有无标度特性的小世界网络；降水波动网络（PFN）也同时兼具无标度特性和小世界效应。也就是说，TFN 和 PFN 二者，既是无标度网络，又是小世界网络。

（2）TFN 中的节点 *RRR*、*dRR*、*ReR*，以及 PFN 中的节点 *rre*、*rer*、*rDe*、*Rrr*，具有较高的度，说明这些节点代表的气温和降水波动模态发生概率较大。TFN 和 PFN 的重要节点中分别大多包含了 *R*、*r* 和 *r*、*e* 两种符号，这说明塔里木河流域的气温和降水波动，主要以上升为主。

（3）TFN 中的节点 *RRR*、*DDD*、*ReR*、*RRd*、*DDd*、*Ree* 和 PFN 中的节点 *rre*、*rrr*、*eee*、*err* 是关键性的枢纽节点，它们分别承担了 TFN 和 PFN 网络的 19.71% 和 14.88% 的中介性功能，这些节点对于理解气温和降水波动的内在规律有一定物理意义。

参 考 文 献

艾南山，李后强．1993．从曼德布罗特景观到分形地貌学［J］．地理学与国土研究，9（1）：13-17.

陈亚宁，徐长春，杨余辉，等．2009．新疆水文水资源变化及对区域气候变化的响应［J］．地理学报，64（11）：1331-1341.

陈彦光．2008．分形城市系统：标度·对称·空间复杂性［M］．北京：科学出版社．

董山，徐建华，陈亚宁，等．2009．塔里木盆地年平均气温的分形特征研究［J］．干旱区地理，32（1）：17-22.

高志，余啸海，董长虹．2004．Matlab 小波分析工具箱原理和应用［M］．北京：国防工业出版社．

李后强，艾南山．1992a．分形地貌学及地貌发育的分形模型［J］．自然杂志，15（7）：516-518.

李后强，艾南山．1992b．具有黄金分割特征与分形性质的市场网络［J］．经济地理，12（4）：1-5.

李建平，唐远炎．1999．小波分析方法的应用［M］．重庆：重庆大学出版社．

李江风．2003．塔克拉玛干沙漠和周边山区天气气候［M］．北京：科学出版社．

李庆扬，关治，白峰杉．2000．数值计算原理［M］．北京：清华大学出版社．

凌怡莹，徐建华．2003．基于分形理论和 Kohonen 网络的城镇体系的非线性研究——以长江三角洲地区为例［J］．地球科学进展，18（4）：521-526.

刘式达，刘式适．1993．分形和分维引论［M］．北京：气象出版社．

刘祖涵．2014．塔里木河流域气候-水文过程的复杂性与非线性研究［D］．上海：华东师范大学博士学位论文．

时少英，刘式达，付遵涛，等．2005．天气和气候的时间序列特征分析［J］．地球物理学报，48（2）：259-264.

史凯，张斌，艾南山，等．2008．元谋干热河谷近50 a 降水量时间序列的 DFA 分析［J］．山地学报，26（5）：553-559.

吴建军，高自友，孙会君，等．2010．城市交通系统复杂性——复杂网络方法及其应用［M］．北京：科学出版社．

辛国君．1997．气候噪声和气候系统的分维［J］．应用气象学报，8（1）：85-91.

徐建华，艾南山，金炯，等．2001．西北干旱区景观要素镶嵌结构的分形研究——以黑河流域为例［J］．干旱区研究，18（1）：35-39.

徐建华，艾南山，金炯，等．2002．沙漠化的分形研究［J］．中国沙漠，22（1）：6-10.

徐建华，陈亚宁，李卫红，等．2008．西北干旱区内陆河年径流过程的非线性特征——塔里木盆地三源河的实证分析［J］．干旱区地理，31（3）：324-332.

徐建华．1991．地理系统分析［M］．兰州：兰州大学出版社．

徐建华．2002．现代地理学中的数学方法［M］．2 版．北京：高等教育出版社．

徐建华．2006．计量地理学［M］．北京：高等教育出版社．

徐建华．2014．计量地理学［M］．2 版．北京：高等教育出版社．

徐建华．2016．现代地理学中的数学方法［M］．3 版．北京：高等教育出版社．

徐明，史玉光，张家宝，等．1994．新疆气温长期变化可预报性的初步研究（二）——分维、可预报期限分析［J］．新疆气象，17（5）：11-15.

仪垂祥．1995．非线性科学及其在地学中的应用［M］．北京：气象出版社．

岳文泽，徐建华，颉耀文．2004．甘肃省城镇体系的分形研究［J］．地域研究与开发，23（1）：16-20.

张德丰．2009．MATLAB 小波分析［M］．北京：机械工业出版社．

周春林，袁林旺．1997．不同时间尺度气候变化的分维研究［J］．灾害学，12（2）：6-10.

周海平，蔡绍洪，王春香. 2006. 含崩塌概率的一维沙堆模型的自组织临界性 [J]. 物理学报, 55 (7)：3355-3359.

Andrade J S, Wainer I, Mendes F J, et al. 1995. Self-organized criticality in the El Niño Southern oscillation [J]. Physica A：statistical mechanics and its applications, 215 (3)：331-338.

Bai L, Xu J H, Chen Z S, et al. 2015. The regional features of temperature variation trends over Xinjiang inChina by the ensemble empirical mode decomposition method [J]. International journal of climatology, 35 (10)：3229-3237.

Bak P, Tang C, Wiesenfeld K. 1987. Self-organized criticality：an explanation of 1/f noise [J]. Physical review letters, 59 (4)：381-384.

Bak P, Tang C, Wiesenfeld K. 1988. Self-organized criticality [J]. Physical review A, 38 (1)：364-374.

Bak P, Tang C. 1989. Earthquakes as a self-organized critical phenomenon [J]. Journal of geophysical research：solid earth, 94 (B11)：15635-15637.

Barabási A L, Alber T R. 1999. Emergence of scaling in random networks [J]. Science, 286 (5439)：509-512.

Bodri L. 1994. Fractal analysis of climatic data：mean annual temperature records in hungary [J]. Theoretical and applied climatology, 49：53-57.

Bruce L M, Koger C H, Li J. 2002. Dimensionality reduction of hyperspectral data using discrete wavelet transform feature extraction [J]. IEEE transactions on geoscience and remote sensing, 40 (10)：2331-2338.

Cao L, Xu J H, Chen Y N, et al. 2012. Understanding the dynamic coupling between vegetation cover and climatic factors in a semiarid region—a case study of Inner Mongolia, China [J]. Ecohydrology.

Chen Y N, Takeuchi K, Xu C C, et al. 2006. Regional climate change and its effects on river runoff in the Tarim Basin, China [J]. Hydrological Processes, 20 (10)：2207-2216.

Chen Y N, Xu Z X. 2005. Plausible impact of global climate change on water resources in the Tarim River Basin [J]. Science in China (D), 48 (1)：65-73.

Chou C M. 2007. Efficient nonlinear modeling of rainfall-runoff process using wavelet compression [J]. Journal of hydrology, 332 (3-4)：442-455.

Farge M. 1992. Wavelet transforms and their applications to turbulence [J]. Annual review of fluid mechanics, 24：395-457.

Gibbons J D, Chakraborti S. 2003. Nonparametric Statistical Inference [M]. New York. MarcelDekker.

Grassberger P, Procacia I. 1983. Characterization of strange attractor [J]. Physical review letters, 50 (5)：346-349.

Gutenberg B, Richter C F. 1942. Earthquake magnitude, intensity, energy, and acceleration [J]. Bulletin of the seismological society of america, 32 (3)：163-191.

Huang N E, Shen Z, Long S R, et al. 1998. The empirical mode decomposition and the Hilbert spectrum for nonlinear and non-stationary time series analysis [J]. Proceedings of the royal society A：mathematical, physical and engineering sciences, 454 (1971)：903-995.

Huang N E, Shen Z, Long S R. 1999. A new view of nonlinear water waves：the Hilbert Spectrum [J]. Annual review of fluid mechanics, 31 (1)：417-457.

Hurst H E. 1951. Long-term storage capacity of reservoirs [J]. Transactions of the American Society of Civil Engineers, 116：770-799.

Joshi R R, Selvam A M. 1999. Identification of self-organized criticality in atmospheric low frequency variability [J]. Fractals, 7 (04)：421-425.

Labat D. 2005. Recent advances in wavelet analyses: Part 1. a review of concepts [J]. Journal of hydrology, 314 (1-4): 275-288.

Li Q H, Chen Y N, Shen Y J, et al. 2011. Spatial and temporal trends of climate change in Xinjiang, China [J]. Journal of geographical sciences, 21 (6): 1007-1018.

Liu Z H, Xu J H, Chen Z S, et al. 2014. Multifractal and long memory of humidity process in the Tarim River Basin [J]. Stochastic environmental research and risk assessment, 28 (6): 1383-1400.

Liu Z H, Xu J H, Shi K. 2014. Self- organized criticality of climate change [J]. Theoretical and applied climatology, 115 (3-4): 685-691.

Lo A W. 1991. Long- term memory in stock market prices [J]. Econometrica, 59 (5): 1279-1313.

Mallat S G. 1989. A theory for multiresolution signal decomposition: the wavelet representation [J]. IEEE transactions pattern analysis and machine intelligence, 11 (7): 674-693.

Mandelbrot B B, Wallis J R. 1968. Noah, Joseph and operational hydrology [J]. Water resources research, 4 (5): 909-918.

Mandelbrot B B, Wallis J R. 1969. Some long- run properties of geophysical records [J]. Water Resources Research, 5 (2): 321-340.

Mandelbrot B B. 1967. How long is the coast of Britain? statistical self- similarity and fractional dimension [J]. Science, 165: 636-638.

Mandelbrot B B. 1982. The fractal geometry of nature [M]. San Francisco: Freeman.

Mayer L. 1992. Fractal characteristics of desert storm sequences and implications for geomorphic studies [J]. Geomorphology, 5 (1-2): 167-183.

Nagel K, Raschke E. 1992. Self- organizing criticality in cloud formation? [J]. Physica A, 182 (4): 519-531.

Newman M E J. 2001. Clustering and preferential attachment in growing networks [J]. Physical review E, 64 (2): 025102.

Nie Q, Xu J H, Ji M H, et al. 2012. The vegetation coverage dynamic coupling with climatic factors in Northeast China Transect [J]. Environmental management, 50 (3): 405-417.

Palmer T N. 1999. A nonlinear dynamical perspective on climate prediction [J]. Journal of climate, 12 (2): 575-591.

Peng C K, Buldyrev S V, Havlin S, et al. 1994. Mosaic organization of DNA nucleotides [J]. Physical review E, 49 (2): 1685.

Peng C K, Havlin S, Stanley H E, et al. 1995. Quantification of scaling exponents and crossover phenomena in nonstationary heartbeat time series [J]. Chaos, 5 (1): 82-87.

Peters O, Christensen K. 2006. Rain viewed as relaxational events [J]. Journal of hydrology, 328 (1): 46-55.

Peters O, Neelin J D. 2006b. Critical phenomena in atmospheric precipitation [J]. Nature physics, 2 (6): 393-396.

Ramsey J B. 1999. Regression over timescale decompositions: a sampling analysis of distributional properties [J]. Economic systems research, 11 (2): 163-183.

Ray A. 2004. Symbolic dynamic analysis of complex systems for anomaly detection [J]. Signal processing, 84 (7): 1115-1130.

Robert A, Roy A. 1990. On the fractal interpretation of the mainstream length- drainage area relationship [J]. Water resources research, 26 (5): 839-842.

Shi Y F, Shen Y P, Kang E, et al. 2007. Recent and future climate change in Northwest China [J]. Climatic change, 80 (3): 379-393.

Smith L C, Turcotte D L, Isacks B L. 1998. Streamflow characterization and feature detection using a discrete wavelet transform [J]. Hydrological processes, 12 (2): 233-249.

Torrence C, Compo G P. 1998. A practical guide to wavelet analysis [J]. Bulletin of the American meteorological society, 79 (1): 61-78.

Turcotte D L. 1992. Fractals and chaos in geology and geo- physics [M]. New York: Cambridge University Press.

Vassoler R T, Zebende G F. 2012. DCCA cross-correlation coefficient apply in time series of air temperature and air relative humidity [J]. Physica A, 391 (7): 2438-2443.

Watts D J, Strogatz S H. 1998. Collective dynamics of 'small- world' networks [J]. Nature, 393 (6684): 440-442.

Wesnousky S G. 1994. The Gutenberg- Richter or characteristic earthquake distribution, which is it? [J]. Bulletin of the seismological society of America, 84 (6): 1940-1959.

Wu Z H, Huang N E, Wallace J M, et al. 2011. On the time-varying trend in global-mean surface temperature [J]. Climate dynamics, 37 (3-4): 759-773.

Wu Z H, Huang N E. 2004. A study of the characteristics of white noise using the empirical mode decomposition method [J]. Proceedings of the royal society A: mathematical, physical and engineering sciences, 460 (2046): 1597-1611.

Wu Z H, Huang N E. 2009a. Ensemble empirical mode decomposition: a noise- assisted data analysis method [J]. Advances in adaptive data analysis, 1 (1): 1-41.

Wu Z H, Huang N E. 2009b. The multi- dimensional ensemble empirical mode decomposition method [J]. Advances in adaptive data analysis, 1 (3): 339-372.

Xu J H, Chen Y N, Ji M H, et al. 2008b. Climate change and its effects on runoff of Kaidu River, Xinjiang, China: a multiple time-scale analysis [J]. Chinese geographical science, 18 (4): 331-339.

Xu J H, Chen Y N, Li W H, et al. 2008a. Long-term trend and fractal of annual runoff process in mainstream of tarim river [J]. Chinese geographical science, 18 (1): 77-84.

Xu J H, Chen Y N, Li W H, et al. 2009a. The complex nonlinear systems with fractal as well as chaotic dynamics of annual runoff processes in the three headwaters of theTarim River [J]. Journal of geographical sciences, 19 (1): 25-35.

Xu J H, Chen Y N, Li W H, et al. 2009b. Wavelet Analysis and nonparametric test for climate change in Tarim River Basin of Xinjiang during 1959-2006 [J]. Chinese geographical science, 19 (4): 306-313.

Xu J H, Chen Y N, Li W H, et al. 2013. Understanding the complexity of temperature dynamics in Xinjiang, China, from multitemporal scale and spatial perspectives [J]. The scientific world journal, 2013 (2): 259248.

Xu J H, Chen Y N, Lu F, et al. 2011. The nonlinear trend of runoff and its response to climate change in the Aksu River, western China [J]. International journal of climatology, 31 (5): 687-695.

Xu J H, Li W H, Ji M H, et al. 2010. A comprehensive approach to characterization of the nonlinearity of runoff in the headwaters of the Tarim River, western China [J]. Hydrological processes, 24 (2): 136-146.

Yue W Z, Xu J H, Liao H J, et al. 2003. Applications of spatial interpolation for climate variables based on geostatistics: a case study in Gansu Province, China [J]. Geographic information sciences, 9 (1-2): 71-77.

Zebende G F. 2011. DCCA cross- correlation coefficient: quantifying level of cross- correlation [J]. Physica A, 390 (4): 614-618.

思考与练习题

1. 什么是母小波或小波母函数？小波函数的两个参数（a，b）的含义是什么？

2. 小波变换与傅里叶变换的区别与联系是什么？

3. 小波方差是如何定义的？其物理含义是什么？小波方差有何用途？

4. 小波分解的基本原理是什么？

5. 结合你自己的研究领域，运用小波变换分析某一个具体地理问题的时–频特性，如分析某一地区降水或气温的时空特征等。

6. 结合自己的研究领域，做一个小波分解的应用实例。

7. 集合经验模态分解的基本原理是什么？

8. 经验模态与集合经验模态分解的区别与联系是什么？

9. 集合经验模态分解过程是怎样的？怎样计算？

10. 结合你的专业背景和具体的地理过程，针对具体的时间序列，做 Mann–Kendall 趋势检验和突变检验，并对检验结果进行分析。

11. 结合你的专业背景和具体的地理过程，针对具体的时间序列，做集合经验模态分解，并对分解结果进行分析。

12. 什么是分形，分形的本质是什么？试举例说明地理学中的分形现象。

13. 根据你自己的理解与认识，结合具体实例，谈一谈地理复杂性与分形特征。

14. 常见的分形维数有哪些？它们分别是怎样定义和计算的？

15. 分形理论在地理建模中有哪些应用？试结合自己研究领域的某一个具体问题，做分形建模实例研究。

16. 什么是长程相关，其物理意义是什么？

17. 结合你自己的研究领域，运用 R/S 分析或 DFA 方法，做一个长程相关分析的研究实例。

18. 什么是长程互相关，其物理意义是什么？

19. 结合你自己的研究领域，运用 DCCA 方法，做一个长程互相关分析的研究实例。

20. 自组织临界性的物理意义是什么？它给予我们什么启示？

21. 哪些地理过程可能具有自组织临界性，试举例说明。

22. 何为复杂网络？复杂网络研究的意义何在？

23. 针对一个流域的气温或降水量（或径流量）序列，试运用粗粒化方法构造波动网络，计算其基本统计指标，并根据这些指标分析该波动网络的特性。

202

第7章　系统仿真建模方法

对于复杂的地理巨系统，人们不可能采用真实的实验方法研究系统作用的机理与演化过程。对于这样的问题，系统仿真则是一种经济方便的模拟实验方法。

地理系统仿真，是用计算机对一定环境下各要素相互作用的真实系统或过程，进行尽可能最大程度的再现或重复，从而为人们认识和研究复杂的地理系统过程提供了一种建模分析方法。

目前，已经发展了一些仿真建模方法，可以用于地理系统仿真研究。其中，最常用的方法包括系统动力学、人工神经网络（artificial neural network，ANN）、元胞自动机（cellular automata，CA）和基于 agent 的仿真模拟方法。

7.1　系统动力学方法

7.1.1　系统动力学的基本原理

1. 系统动力学的基本观点

（1）系统的组成。系统动力学认为，系统是由单元、单元的运动及信息组成的。单元是系统存在的现实基础，而信息在系统中发挥着关键的作用，单元形成系统的结构，单元的运动形成系统统一的行为与功能。这就是说，系统是结构与功能的统一体。系统动力学所研究的系统，其范围与规模可大可小，其种类可以是各种自然系统、社会系统、经济系统、技术系统、思维系统等，以及这些系统相互作用所构成的复合高阶时变系统。

（2）系统结构。系统的结构，是指组成系统的各个单元之间相互作用与相互关系的秩序。在系统动力学中，系统的基本单元是反馈回路。反馈回路是耦合系统的状态、速率（或称行为）与信息的一条回路。它们对应于系统的三个组成部分：单元、运动与信息。任何复杂系统都是由这些相互作用的反馈回路所构成的，这些回路之间相互作用、相互耦合形成了系统的总体结构。其中，构成系统的任何一条反馈回路又包含了多个反馈环节。

按照反馈过程的特点，可以将这些反馈分为正反馈和负反馈。正反馈的特点是能够产生自我强化的作用机制，负反馈的特点则是能够产生自我抑制的作用机制。具有正反馈特性的回路称为正反馈回路，具有负反馈特性的回路称为负反馈回路。正、负反馈回路的交叉作用机制决定着复杂的系统行为。图7.1.1给出了某区域土地人口承载力系统中的两条基本反馈回路的正、负反馈作用机制。

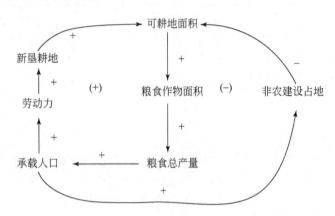

图 7.1.1　土地人口承载力系统的正、负反馈作用机制

（3）系统功能。系统的功能，是指系统中各单元活动的秩序，或指单元之间相互作用的总体效益。系统动力学以定性与定量相结合的方法研究系统的结构，模拟系统的功能。它从系统的微观构造入手，通过构造反映系统基本结构的模型，进而对系统随时间变化的行为进行模拟研究。建立系统动力学模型的过程，也就是剖析系统的结构与功能之间对立统一关系的过程。

（4）总体性与相关性。总体性是系统最基本的特性之一。系统总体不简单地等于其各个组成部分之和。一般而言，系统总体大于部分之和，然而一个失去组织的系统的总体也可能小于部分之和。相关性是指系统总体与部分、部分与部分、系统与环境之间的普遍相互关系，以及单元、运动、信息之间的相互关系。在复杂系统中，存在着一因多果、一果多因，甚至多因多果相互交叉的因果关系链。系统动力学采用反馈因果关系代替已往的单向因果关系，这是对系统相关性的进一步认识。

（5）系统的层次与等级。系统动力学强调系统中各单元、各子系统之间的相互联系、相互影响的关系。然而，各单元、各子系统之间还存在着相对的独立性，即系统结构具有层次与等级性。系统结构的层次性、等级性决定了系统功能的层次性、等级性。根据系统的这种层次性与等级性，可以将系统加以划分，从而把无从着手解决的复杂问题按系统的层次与等级逐级分解。

（6）系统的类似性。系统动力学认为，在自然界与人类社会等不同领域里，各种类型的系统都存在着结构与功能上的类似性，即系统是相似的。这就是说，可以用类似的规律和行为模式来描述看起来似乎属于截然不同领域内的事物与现象。系统的类似性，决定了不同的系统之间存在着相同的研究模式与方法，这就是结构-功能模拟方法。这也是系统动力学用建立规范化模型的方法研究和模拟真实系统的一个基本依据。

（7）系统的复杂性。系统动力学认为，系统的复杂性主要表现在反直观性上。它认为，所有的复杂系统，都毫无例外地表现出反直观的特性。在人们的日常生活思维过程中，所遇到的大多数是关于一阶负反馈系统的经验，人们了解事物的因果关系总是紧密地与时空相关。然而，在复杂系统中，这种简单的因果关系已不复存在，原因与结果的联系在时空上往往是分离的，因而比简单系统复杂得多，人们也往往被诱入歧途，从而把系统的某些症结与某一种在时空上贴近的原因联系在一起，但事实上它们并无因果关系。

2. 系统动力学解决问题的过程

系统动力学解决问题的过程，主要包括如下几个步骤。

1）系统分析

系统分析阶段需要完成的任务，主要包括如下几个方面：

第一，了解问题，即回答要解决什么问题？拟达到什么目的？完成此项任务需要哪些条件？目前已具备哪些条件？还需要准备哪些条件？等等。

第二，分析系统的基本问题与主要问题，基本矛盾与主要矛盾，以及矛盾的主要方面，等等。

第三，初步划定系统的边界，确定内生变量、外生变量和输入变量。一般而言，系统的范围取决于研究的目的，系统边界的划定一般是把与建模目的有关的内容圈入系统内部，使其与外界环境隔开。那么，如何才算确定了系统的范围？系统的边界又应该划在何处呢？按照系统动力学的观点，划定系统边界的一条基本准则是：将系统中的反馈回路考虑成闭合的回路；力图把那些与建模目的关系密切、变量值较为重要的都划入系统内部。由此可见，在划定系统边界之前应该首先明确研究的目的，没有目的就无法确定系统的边界。

第四，确定系统行为的参考模式，即用图形表示出系统中的主要变量，并由此引出与这些变量有关的其他重要变量，通过各方面的定性分析，勾绘出有待研究的问题的发展趋势。由于系统动力学所研究的对象大多数是复杂系统，其发展趋势很难准确地预测，需要会同各方面专家，集思广益地"会诊"或运用专家咨询法予以解决。一旦参考模式确立，在整个建模过程中，就要反复地参考这些模式，以防研究偏离方向。

第五，调查、收集有关资料。系统动力学模型被认为是真实系统的"实验室"，要想通过模型模拟和剖析真实系统，获取更丰富、更深刻的信息，进而寻求解决问题的途径，"实验室"的建立是至关重要的。然而，要建好"实验室"，就必须在认真调查研究的基础上，花大力气收集、完备各种资料。毫无疑问，为使模型更真实地反映系统，收集的资料应该越多越好。但是，要强调的是，资料收集工作必须紧紧围绕着研究目的进行，如果偏离了研究目的，即使资料再多也是徒劳，还会给资料的筛选带来许多困难。

2）构建模型

模型的构建，是系统动力学研究与解决问题关键性的一个步骤。系统动力学模型的建造，一般包括如下两个步骤。

第一步，分析系统结构，即研究系统及其组成部分之间的相互关系，以及系统中的主要变量与其他有关变量之间的关系。为了使建模工作一开始就能把握整个研究过程的方向，首先要分析系统整体与局部的关系，然后分析变量与变量之间的关系（正关系、负关系、无关系），最后把这些关系转绘成反映系统结构的因果关系图和流图。

因果关系图，是对系统结构的基本表述，它反映变量与变量之间的因果关系（图 7.1.1）。其中，变量之间相互影响作用的性质用因果关系键来表示。因果关系键中的正、负极性分别表示了正、负两种不同的影响作用。

正因果关系键 $A \xrightarrow{+} B$，表明 A 的变化使 B 在同一方向上发生变化，即箭头指向的变量 B 将随着箭头源发的变量 A 的增加（减少）而增加（减少），负因果关系键 $A \xrightarrow{-} B$，表明 A 的变化使 B 在相反方向上发生变化，即变量 B 将随着变量 A 的增加（减少）而减少（增加）。

因果关系键把若干个变量串联后又折回源发变量，这样便形成了一个反馈回路。对于反馈回路，也有正、负极性的区别。如果沿着某一反馈回路绕行一周后，各因果关系键的累计效应为正，则该回路为正反馈回路，反之则为负反馈回路。正反馈具有自我强化的作用机制，负反馈则具有自我抑制的作用机制。

系统流图，进一步描述了系统变量之间的相互联系。例如，状态变量是系统动力学中最重要的变量，它具有积累效应。正是状态变量的积累效应，才使系统动力学模型的计算机模拟成为可能。为了进一步揭示系统变量的区别，分别用不同的符号代表不同的变量，并把有关的代表不同变量的各类符号用带箭头的线联结起来，便形成了反映系统结构的流图（图 7.1.2）。

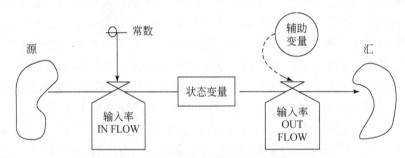

图 7.1.2　系统流图及其表示符号

在系统动力学模型中，常用的流图符号如图 7.1.3 所示。

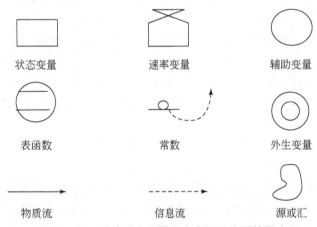

图 7.1.3　系统动力学模型中常用的流图符号

第二步，建立 DYNAMO 方程。在分析系统结构的基础上，基于流图，就可以建立系统动力学的仿真模型——DYNAMO 方程式。在 DYNAMO 模型中，主要有六种方程，其标志符号分别为：L 状态变量方程；R 速率方程；A 辅助方程；C 赋值予常数；T 赋值予表函数中 Y 坐标；N 计算初始值。

在这些方程中、C、T 与 N 方程都是为模型提供参数值的，并且这些值在同一次模拟中保持不变。L 方程是积累方程，R 与 A 方程是代数运算方程。

下面重点介绍 L、R 与 A 方程。

在 DYNAMO 模型中，计算状态变量的方程称为状态方程，也称为积累方程。例如，以图 7.1.2 所示的流图为例，其状态方程为

$$\text{L}\quad \text{LEVEL}.K=\text{LEVEL}.J+\text{DT}\times(\text{INFLOW}.JK-\text{OUTFLOW}.JK) \qquad (7.1.1)$$

式中：LEVEL 为状态变量；INFLOW 为输入速率；OUTFLOW 为输出速率；DT 为计算时间间隔，也称时间步长；+、-、×、/分别为加、减、乘、除的代数运算符号；J、K、L 作为时间下标用以区别时间的先后顺序，K 表示现在，J 表示刚过去的那一时刻，L 表示即将到来的未来那一时刻；DT 表示 J 与 K 及 K 与 L 之间的时间步长（图 7.1.4）。

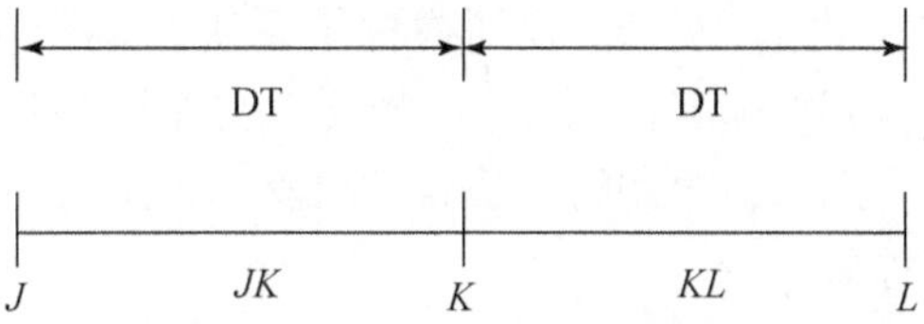

图 7.1.4　DYNAMO 方程中的时间下标

在状态变量方程中，代表输入与输出的变量称为速率变量，计算速率变量的代数方程称为速率方程。例如，人口数量（状态变量）的输入速率（出生率）方程可以写成

$$\text{R}\quad \text{BIRTHS}.KL=\text{BRF}\times\text{POP}.K \qquad (7.1.2)$$

式中：BIRTHS 为出生率（人/a）；BRF 为出生率系数［人/(a·人)］；POP 为人口数（人）。

在 DYNAMO 模型中，附加的代数运算方程称为辅助方程。"辅助"的涵义就是帮助建立速率方程。一般而言，辅助方程没有统一的标准格式，但是其下标总是 K。辅助变量的值可由现在时刻的其他变量，如状态变量、变化率、其他辅助变量和常量求得。例如，土地占用率 LFO 的辅助方程式可以写成如下形式：

$$\text{A}\quad \text{LFO}.K=\text{BLDNGS}.K\times\text{LPB} \qquad (7.1.3)$$

$$\text{A}\quad \text{BLDNGS}.K=\text{BIRTHS}.K\times\text{PBL} \qquad (7.1.4)$$

式中：LFO 为土地占用率（hm^2/a）；BLDNGS 为新建建筑物（座/a）；LPB 为平均每座建筑物占用土地（$\text{hm}^2/\text{座}$）；BIRTHS 为每年新增人口数（人/a）；PBL 为人均占用建筑物（座/人）。

在建立系统动力学模型时，为了使方程书写得井井有条，往往先把方程按照各子块（子系统）书写，书写顺序一般是沿流图按顺时针方向进行。

第二步，参数的确定与赋值。DYNAMO 模型中的参数，主要有表函数、初始值、常数、转换系数、调节时间与参考数值等。在运用 DYNAMO 模型对真实系统进行模拟之前，首先应对以上参数赋值。

3）模型检验

仿真结果是否可信，关键是模型本身是否真实、有效。由此可见，对模型的真实性和

有效性检验是系统动力学仿真研究中一个十分重要的环节。一般而言，在系统动力学研究中，对模型的真实性和有效性检验主要包括如下四个方面。

第一，模型结构适合性检验。模型结构适合性检验，包括量纲检验、方程式极端条件检验和模型边界检验。

量纲检验，即检查方程的量纲。系统动力学模型与其他模型一样，决不允许量纲不一致的情况出现。量纲的一致性检验是模型检验的一个最为基本的方面。量纲检验的要求是各变量必须有正确的量纲，而且各个方程式左右两端的量纲必须相同。

方程式极端条件的检验，即检验模型中每一个方程式在变量可能变化的极端条件下是否仍有意义。只要在极端条件下方程运行仍然合理，那么就能确定方程具有强壮性。

模型边界检验，即检验模型所包含的变量与反馈回路是否足以描述所面向的问题和是否符合预定的研究目的。系统边界不宜过大，也不宜过小。如果边界划得过大，就会使模型变得过于复杂，反而模糊了系统结构与动态行为之间的主要关系；而当边界划得过小时，则意味着模型可能忽略了某些重要的变量，或者忽略了富有活力的反馈链。

第二，模型行为适合性检验。模型行为适合性检验，包括结构灵敏度检验和参数灵敏度检验。

模型结构是决定行为的主要因素。一般来说，变动模型的结构会对其行为产生较大的影响，模型结构的最大变动即意味着改变系统的边界。但对于系统动力学模型来说，模型行为对结构与相应的方程式的合理变动也不是过于敏感的，而是表现出一定的强壮性，如果模型行为对结构的合理变动过于敏感，则模型不宜作仿真分析之用。这里的"合理变动"是指某些在模型中使参数取极值或变表函数为常数时的情况。这些改变意味着这些参数或表函数代表的因果关系键被取消，系统的结构当然也就改变了。即便是在这种情况下，强壮性较好的模型的行为仍然不会有大的变化。

改变参数对模型行为的影响不会像改变模型结构带来的影响那样大。改变某一参数而不影响模型行为的情况是常见的。系统动力学模型对参数变化是不敏感的。究其原因有二：一是变动某参数时，可能在一段时间内对进行过程中的一部分起作用，但随着主反馈回路的转移，在其余时间或对其他部分不发生任何影响，这时若改变反馈回路中的参数，对系统行为的影响是微乎其微的。二是反馈回路的补偿作用。当改变某一参数时，固然可以加强或削弱某一回路，但由于系统动力学的多回路特点，与此同时将自然而然地加强或削弱其他回路去补偿前述的相反作用，其最后结果则是对模型行为影响甚微或毫无影响。因此，在对系统动力学模型进行参数灵敏度检验时，不应把其他类型的定量模型的高参数灵敏度强加给系统动力学模型，并把灵敏度的高低作为衡量模型精确性的主要标准。与此相反的是，如果系统动力学模型对参数变动很敏感，则只能说明此模型没有实用性。

第三，模型结构与真实系统一致性检验。模型结构与真实系统一致性检验，主要是请熟悉真实系统的人员参与判定模型结构是否与真实系统相像。如果模型的结构从"外观"上来看与实际系统有相似之处，那么即使模型的行为被判定是合适的，也不能认为模型是可信的。

第四，模型行为与真实系统一致性检验。该环节检验首先应该判断模型行为是否再现最初确立的那些参考模式，如果模型行为与参考模式差别较大，则这种模型再"好"也是无用的。但是，必须具体问题具体分析，切勿一遇模型行为与参考模式不符就对模型予以否定。因为模型与参考模式不符的原因有两种；一是模型有误，需要修改完善，二是模型出现的"奇特"行为很有可能是对真实系统的本质反映，而对这种"反映"人们以前从未注意到过。对此必须严格加以证实，如果"反映"的确有意义，而且产生"奇特"行为的机制是真实的，那么模型更是有效的。

系统动力学方法研究问题是一个分解综合、循环反复、逐步实现研究目的的过程。这一过程的繁简及长短与研究对象的复杂程度有关，也与研究目的有关。但是，无论进行何种研究，建模不可能一次成功，即便是一次成功，也需要反复地修改、调试和改进，直至达到满足研究目的的要求。如此循环往复的过程，也正是系统动力学对于系统内部结构及其行为关系的认识不断深入的过程。

4）仿真模拟

当系统动力学模型建构完成，经过反复检查各个方程，确信准确无误后，就可以将其输入计算机进行调试运行。当模型调试运行通过后，便可以根据研究的目的，设计不同的方案，运用模型进行模拟运算，对真实系统进行仿真。

7.1.2　系统动力学建模应用实例

下面介绍系统动力学建模应用研究的一个实例，即扶贫开发移民对策的系统动力学仿真研究。

1. 系统界限

为了探索甘肃省两西地区移民的动态行为机制，为制定移民方案和移民安置对策提供科学依据，笔者（徐建华等，1995）曾运用系统动力学方法对该问题做了仿真研究。

本项研究的区域范围是甘肃省两西地区（图 7.1.5）。甘肃省两西地区，是指甘肃的河西地区和定西地区为代表的中部干旱地区。这两个地区连同宁夏的西海固地区共称为"三西"地区。

从 1983 年起，在国家"三西"专项资金的支持下，甘肃省开始进行两西扶贫开发建设，其中一项重要的建设内容就是将中部贫困地区的部分人口移往具有良好发展前景的河西走廊地区和中部引黄灌区，以缓解中部干旱区的人口压力，恢复当地生态平衡，集中人力、物力、财力建设河西地区和开发中部黄灌区。这样的移民有别于以往任何形式的移民，称作"扶贫开发移民"。这种扶贫开发移民的动力机制，主要来自三个方面：第一方面是中部贫困地区由于人口、贫困及生态环境问题所产生的推力；第二方面是河西走廊灌区和中部引黄灌区良好的生产生活条件所产生的拉力；第三方面是国家和地方政府的政策引导与支持。

模型仿真的时间界限定为 1993～2008 年，共 16 年。空间边界为甘肃中部地区和河西地区（图 7.1.5）。其中，中部地区包括定西、临洮、通渭、陇西、永靖、东乡、静宁、庄浪、华池、环县、秦安、永登、榆中、皋兰、靖远、会宁、景泰、白银区、平川区、古浪县等 20 个县（区）。河西地区包括张掖地区、酒泉地区、金昌市、嘉峪关市及部分国营

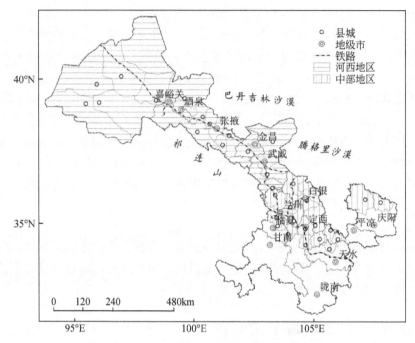

图 7.1.5　甘肃两西地区范围示意图

农场。系统界限内还包括水利建设资金的投入、开发的难易程度（用土地开发成本表示）、开发规模（用新增有效灌溉面积表示）、国家政策优惠程度（用人均水地划分指标、新增灌溉面积分配给移民的比例表示）、移民规模（用迁移人数表示）。

2. 系统反馈结构

（1）因果关系图。在甘肃省两西地区移民系统中，基本要素之间的因果关系如图 7.1.6 所示。从图 7.1.6 可以看出，河西地区移民系统中存在一个正反馈环，中部地区移民系统则存在一个负反馈环。这表明，河西地区是移民的主战场，是国家投资建设的重点。

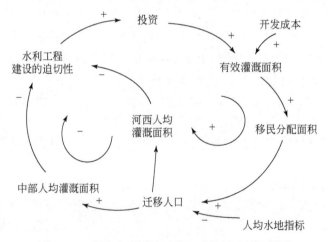

图 7.1.6　甘肃省两西地区移民系统的反馈回路图

（2）系统结构流图。本模型的系统结构流图如图 7.1.7 所示。

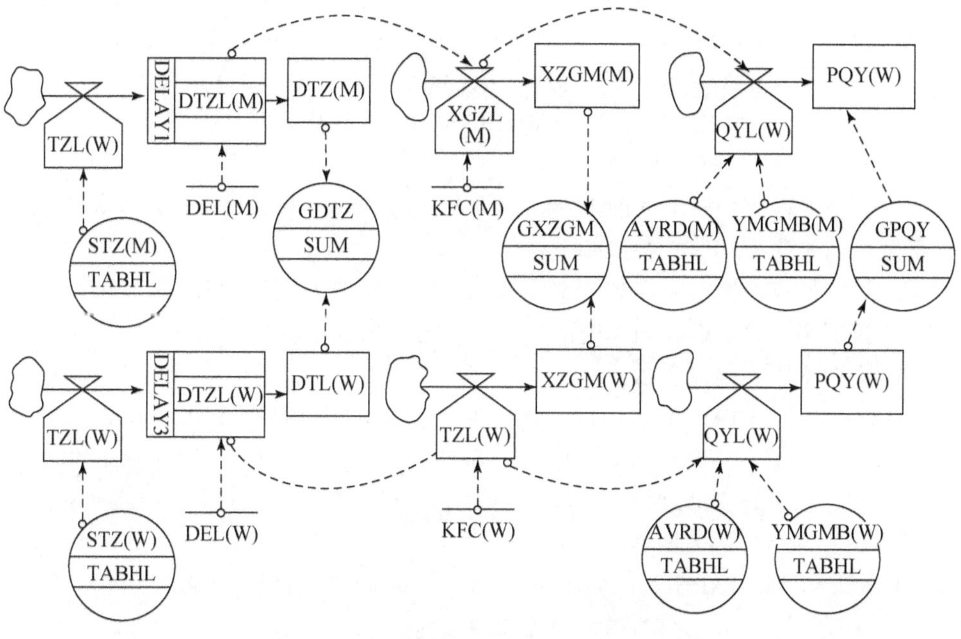

图 7.1.7　甘肃两西地区移民系统的流图

图 7.1.7 中，主要变量及有关参数解释如下。

状态变量，包括：XZGM，新增有效灌溉面积（万 hm²）；PQY，迁移人口（万人）；DTZ，实际投资（万元）。

速率变量，包括：XGZL，年新增有效灌溉面积（万 hm²/a）；QYL，年迁移人口（万人/a）；TZL，年投资额（万元/a）；DTZL，年投资额三阶延迟（万元/a）。

辅助变量，包括：STZ，投资速率（万元/a）；TSTZ，投资速率的表值；GDTZ，实际总投资（万元）；GXZGM，新增有效灌溉总面积（万 hm²）；AVRD，人均水地指标（hm²/人）；TAVRD，人均水地指标的表值；YMGMB，新增有效灌溉面积分配给移民的比例（%）；TYMGMB，表值。

常量，包括：DEL，年投资额三阶延迟时间（a）；KFC，水地开发成本（元/hm²）。

3. DYNAMO 方程

采用 PD Plus 软件提供的数组描述方式，用下标 M 与 W 分别代表中部地区与河西地区。PD Plus 软件还提供了一些重要的数组函数，本模型中用到的有求和函数 SUM、表函数（TABHL）和三阶延迟函数（DELAY3）。

模型主要方程式如下：

L	XZGM. $K(A)$ = XZGM. $J(A)$ +DT · XGZL. $JK(A)$	新增有效灌溉面积
R	XGZL. $KL(A)$ = DTZL. $KL(A)$ /KFC(A)	有效灌溉面积增长速率
R	DTZL. $KL(A)$ = DELAY3（TZL $KL(A)$. DEL(A)）	实际投资速率
L	DTZ. $K(A)$ = DTZ. $J(A)$ +DT · DTZL. $JK(A)$	实际投资率

R TZL. $KL(A)$ = STZ. $K(A)$ 投资速率

A GXZGM. K = SUM(XZGM. K)   新增有效灌溉总面积

A GDTZ. K = SUM(DTZ. K)   实际总投资

L PQY. $K(A)$ = PQY. $J(A)$ + DT · QYL. $JK(A)$ 迁移人口

R QYL. $KL(A)$ = XGZL. $KL(A)$ · YMGMB. $K(A)$/AVRD. $K(A)$ 迁移速率

A GPQY. K = SUM(PQY. K)   总迁移人口

在综合分析甘肃省两西地区前 10 年（1983～1992 年）土地开发与移民相关资料的基础上，确定该仿真模型的部分参数如下：

（1）土地开发成本暂定为常数，中部和河西地区分别为 10500 元/hm² 和 6000 元/hm²。

（2）年投资额三阶延迟时间，中部和河西地区均为 3 年。

（3）投资速率用表函数表示：

A STZ. K (A) = TABHL (TSTZ (* , A), TIME. K, 1983, 1992, 1)

T TSTZ(* , M) = 4396/4500/5000/7136/5722. 4/5700/5657/5412/4582/4966

T TSTZ(* , W) = 2404/2633/2449/1448/1953/2000/2174/2636/2591/2818

（4）人均水地指标用表函数表示：

A AVRD. $K(A)$ = TABHL(TAVRD(* , A), TIME. K, 1983, 1992, 1)

T TAVRD(* , M) = 2/3/3/3/3/3/2/2/2/2

T TAVRD(* , W) = 2/3/3/3/3/3/3/2. 5/2. 5/2. 5

（5）新增灌溉面积给移民划分的比例，用表函数表示：

A YMGMB. $K(A)$ = TABHL(TYMGMB(* , A), TIME. K, 1983, 1992, 1)

T TYMGMB(* , M) = 0. 71/0. 64/0. 62/0. 52/0. 52/0. 92/0. 95/0. 85/0. 98/0. 87

T TYMGMB(* , W) = 0. 25/0. 23/0. 32/0. 40/0. 17/0. 27/0. 65/0. 55/0. 43/0. 43

4. 模型评价及对策分析

通过模型调试与模拟运行，输出结果与土地开发和移民数据基本吻合，变化规律一致。这表明本模型与真实系统具有较好的对应性，能够满足研究目的，是可靠而有效的。

从模型调试与模拟结果来看，甘肃省两西地区移民的数量与速度主要取决于投资速率、开发成本和人均水地指标，这三个要素为敏感要素。

为了进行多方案仿真过程，确定了 4 个参数作为方案变动的基础，它们分别是投资速率、水地开发成本、人均水地指标、新增有效灌溉面积分配给移民的比例。这些参数的变动基于下列因素：①全国扶贫任务重，今后对甘肃省两西地区的建设投资不再增加。②今后将从甘肃省两西地区移民费用中抽出一部分投入甘肃陇南山区的移民开发。③考虑物价上涨因素，土地开发成本将有所上升。④根据有关资料，随着灌溉技术的不断进步，灌溉定额到 2000 年以后可能减小一半。⑤国务院规定从 1992 年 1 月 1 日起划分给移民的水浇地面积不得超过 0. 1hm²/人，这是因为安置移民的要求是帮助解决温饱，不是达到小康。⑥如果考虑科技进步因素，如灌溉定额下降、水资源开发利用程度增强，则新增有效灌溉面积还会进一步增加。

基于以上各种参数的变动情况，通过仿真运算制订了六种移民方案。

　　方案 I 比较保守，在 1992 年的基础上只将水地开发成本指标提高，结果表明，2000 年能超额完成原定后 8 年 30 万人的迁移任务，将多迁移 16 万人。其中，中部黄灌区多迁入 14 万人，河西地区多迁入 2 万人。2008 年移民总数将达到 116 万人。

　　方案 II 表明，在方案 I 的基础上，若把新增有效灌溉面积分配给移民的比例分别降低为中部地区 50% 和河西地区 40% 时，仍能顺利完成移民任务，2000 年还可以多迁入 2.3 万人，2008 年移民总数达到 90 万人。

　　方案 III 表明，在前两项方案的基础上，将人均水地指标和新增有效灌溉面积分配给移民的比例都稍作提高，仍能保证 30 万移民任务的实现，2000 年移民达 64 万人，2008 年移民达 93 万人，其中部地区 58.5 万人，河西地区 34.6 万人。

　　方案 IV 与方案 V 表明，当投资递减时，在人均水地指标取不同值的情况下要保证 2000 年移民任务的完成，新增有效灌溉面积分配给移民的比例所取的上限与下限值。在方案 IV 中，这一比例分别取值中部地区 50% 与河西地区 40%，2000 年移民达到 61.1 万人，2008 年达到 80.8 万人；在方案 V 中，这一比例均取值 70%，2000 年移民达到 62.6 万人，2008 年达到 83.3 万人。

　　方案 VI 考虑了科技进步因素，将水地开发成本降低，结果表明，在人均水地指标和新增有效灌溉面积分配给移民的比例两个数值都较低的情况下，仍能保证到 2000 年再迁 30 万人任务的完成，2008 年总迁移人数至少可达 91 万人。

　　当然，16 年间两西地区发展变化必然很大，而方案 I 中变动因素很少，所以笔者认为其结果偏高，仅作为决策者的参考。

　　上述六种方案有一个共同的特点，就是它们均选择了一些极端点来仿真，人均水地指标与新增有效灌溉面积分配给移民的比例这两个参数的选择就体现了这种特点。基于全面地进行仿真还比较困难，这样做能够简化问题，只提供答案的上下限，便于决策人更灵活地选择行动方案。

　　基于上述仿真结果，提出如下政策建议：①在不影响移民基本任务完成的前提下，适当提高人均水地指标。②建立水、土资源的有偿使用制度，以节约资源，提高效益。应该把移民的眼前利益与长远利益结合起来，使移民区的经济发展逐步走上自我积累和良性循环的轨道。③积极实施科学利用水方案，提高水资源利用率，采用灌水新技术，大幅度降低灌溉定额，相对增加水资源可利用量。

7.2　人工神经网络方法

　　人工神经网络（ANN），是一个具有高度非线性的超大规模连续时间动力系统，是由大量的处理单元（神经元）广泛互连而形成的网络。它是在现代神经科学研究成果的基础上提出的，反映了人脑功能的基本特征，但它并不是人脑的真实描写，而只是它的某种抽象、简化与模拟（White，1992；Patterson，1996；Hagan et al.，1996）。

　　人工神经网络的特点和优越性（吴简彤和王建华，1998；闻新等，2001），主要表现在三个方面：第一，具有自学习功能。例如，实现图像识别时，只要先把许多不同的图像样板和对应的应识别的结果输入人工神经网络，网络就会通过自学习功能，慢慢学会识别类似的图像（Bishop，1995）。它的这种自学习功能对于模式识别、过程模拟和预测有特别重要的应用价值。第二，具有联想存储功能。人的大脑具有联想功能，利用人工神经网络的反馈网络就可以实现这种联想。第三，具有高速寻找优化解的能力。寻找一个复杂问题的优化解，往往需要很大的计算量，如果利用一个针对某问题而设计的反馈型人工神经网络，就发挥计算机的高速运算能力，可能很快找到优化解。

人工神经网络方法，特别适用于地理模式识别、地理过程模拟与预测、复杂地理系统的优化计算等问题的研究，是地理建模常用的重要方法之一。

7.2.1　人工神经网络简介

1. 神经元模型

神经系统的基本构造是神经元（神经细胞），它是处理人体内各部分之间相互信息传递的基本单元。神经生物学家研究的结果表明，人的大脑一般有 $10^{10} \sim 10^{11}$ 个神经元。如图 7.2.1 所示，每个神经元都由一个细胞体、一个连接其他神经元的轴突和一些向外伸出的其他较短分支——树突组成。由于细胞膜将细胞体内外分开，细胞体内外具有不同的电位，通常是内部电位比外部电位低，内外电位之差称为膜电位。当没有外部输入信号时，神经元的膜电位保持在静止膜电位上，当外部输入信号超过阈值电位（–55mV）时，细胞被激活，膜电位自发急速升高，形成有一定幅度的电脉冲，此时该神经元处于兴奋状态。轴突的功能是将本神经元的输出信号（兴奋）传递给别的神经元，其末端的许多神经末梢使兴奋可以同时传送给多个神经元。树突的功能是接受来自其他神经元的兴奋。神经元细胞体将接受到的所有信号进行简单地处理（即对所有的输入信号都加以考虑，对每个信号的重视程度体现在不同的权值上）后由轴突输出。神经元的树突与另外的神经元的神经末梢相连的部分称为突触。

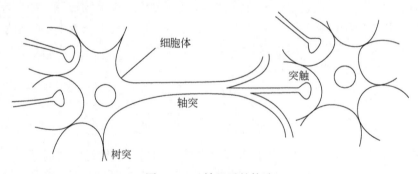

图 7.2.1　神经元的构造

人工神经元模型，是由心理学家 McCulloch 和数学家 Pitts 合作提出的。他们基于生物神经元的构造，建立了一个模拟神经元功能的数学模型（McCulloch and Pitts，1943），这个模型被称为 MP 模型（图 7.2.2）。

MP 模型是一个多输入单输出的非线性元件。在图 7.2.2 中，设 x_1，x_2，…，x_n 为神

经元 i 的 n 个输入；w_{ji} 为第 i 个神经元与来自其他层第 j 个神经元的结合强度，称为权值；u_i 为神经元 i 的输入总合，即生物神经元的膜电位，也称为激活函数；θ_i 为神经元的阈值，y_i 为神经元的输出。

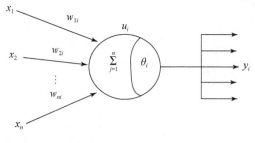

$$u_i(t) = \sum_{j=1}^{n} w_{ji}x_j - \theta_i \qquad (7.2.1)$$

$$y_i = f[u_i(t)] \qquad (7.2.2)$$

图 7.2.2　神经元模型

式中：f 为输入与输出之间的非线性函数，通常称为作用函数或阈值函数。

在 MP 模型中，f 为二值函数，其输出值为 0 或 1，分别代表神经元的抑制和兴奋状态，它可以用阶跃函数表示，即

$$f(u_i) = \begin{cases} 1 & u_i > 0 \\ 0 & u_i \leqslant 0 \end{cases} \qquad (7.2.3)$$

式中：当 $w_{ji} > 0$ 时，为兴奋性突触结合；当 $w_{ji} < 0$ 时，为抑制性突触结合；当 $w_{ji} = 0$ 时，为无结合。

由式（7.2.1）可以看出，神经元是由多数输入决定输出的器件，每一种输入 x_j 的权重为 w_{ji}，当 w_{ji} 为负值时，就相当于投反对票一样。

在 MP 模型中，神经元的状态是 0 或 1，在时间上也是离散的，类似于二值的数字电路。但是，神经元也可以有模拟量输入输出和时间上是连续的模型，其数学模型为

$$\tau \frac{\mathrm{d}u_i(t)}{\mathrm{d}t} = -u_i(t) + \sum_{j=1}^{n} w_{ji}x_j(t) + u_0 \qquad (7.2.4)$$

$$y_i(t) = f[u_i(t)] \qquad (7.2.5)$$

式中：$y_i(t)$ 和 $x_j(t)$ 分别为神经元在 t 时刻的平均输出和输入；$u_i(t)$ 为平均膜电位；τ 为膜电位变化的时间常数；u_0 为静止膜电位；f 为传递函数，它通常为 Sigmoid 单调递增函数，其数学形式为

$$f(u) = \frac{1}{1 + e^{-u}} \qquad (7.2.6)$$

如上所述，神经元之间的突触结合有兴奋性和抑制性两种。图 7.2.3 中，（a）和（b）分别给出了两个神经元串行连接和相互结合型连接的情形。对于（a）所示的两个神经元串行连接，当 $w_{21} > 0$ 为兴奋性连接时，若神经元 1 处于兴奋状态，则神经元 2 也处于兴奋状态；当 $w_{21} < 0$ 为抑制性连接时，若神经元 1 处于兴奋状态，反而会使神经元 2 容易处于抑制状态。在（b）中，两个神经元处于相互结合性状态，若 w_{12} 和 w_{21} 均为正，则某一个神经元处于兴奋状态时，另一个神经元也倾向于兴奋状态，这称为神经元之间的协调作用；若 w_{12} 和 w_{21} 均为负，则当某一个神经元处于兴奋状态时，另一神经元倾向于抑制状态，这称为神经元之间的竞争作用。协调和竞争是神经网络中并行信息处理的基本动态特性。

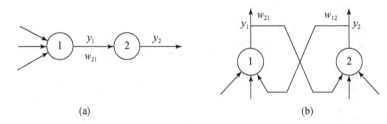

(a)

(b)

图 7.2.3　两个神经元的不同连接

2. 人工神经网络的基本结构

把神经元通过一定的拓扑结构连接起来，就形成了神经网络。人工神经网络（ANN）是由人工神经元互连而形成的，用以模拟人脑的结构和工作模式的人工网络。

人工神经网络可以看成是以人工神经元为结点，用有向加权弧连接起来的有向图。在此有向图中，人工神经元就是对生物神经元的模拟，而有向弧则是轴突-突触-树突对的模拟。有向弧的权值表示相互连接的两个人工神经元间相互作用的强弱。由人工神经元构成的人工神经网络，如图 7.2.4 所示。

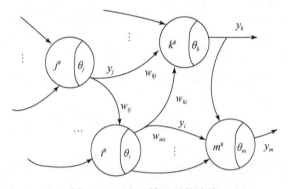

图 7.2.4　人工神经元的连接

人工神经元相互连接可以构成很多不同拓扑结构的人工神经网络。人工神经网络可以用图表示，神经元是图的节点，神经元之间的联系是图中的有向边。神经元不同的连接方式会形成不同拓扑结构的神经网络。

图 7.2.5（a）是相互结合型的神经网络，可以认为这是一种普遍的结构形式。然而，大脑内的神经元并非都处于相互结合的状态，一个神经元大约只与一万个其他神经元相连。

此外，从大脑的工作机理来看，还存在着不同的功能性模块，下位的功能模块向上位的功能模块传送信息，因此神经网络的结构还具有层次性，如图 7.2.5（b）所示。神经元之间的连接方式有相互结合型结构和层状结构两大类（吴简彤和王建华，1998）。神经元的互连结构决定着神经网络的特性与能力。

图 7.2.5（a）的相互结合型神经网络系统中存在着反馈环。在神经元的学习过程中，进行误差反馈。反馈有正、负之分，正反馈使系统发生振荡，负反馈使系统稳定。在大脑

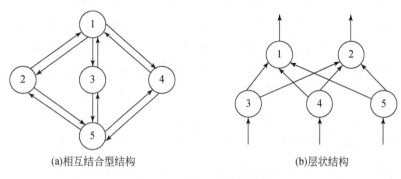

图 7.2.5　神经网络的结构

神经系统中，负反馈的存在，使控制抑制的机构起着十分重要的作用。正反馈对大脑神经元的同步动作起着一定的作用。可见，相互结合的神经网络是一种非线性系统。

图 7.2.5（b）的层状神经网络结构中，信号依特定的方向传播。在生物体内，大脑皮质之间、感觉器官和大脑之间，就可以看作是一种分层结构，即功能模块级的分层。在大脑内确实存在各种机理不同的功能模块，这一点被大脑的解剖研究已经证明，而且每一个模块内部是由神经元组成的并行处理系统。

3. 人工神经网络的工作原理

人工神经网络首先要以一定的学习准则进行学习，然后才能工作。现以人工神经网络对手写"A""B"两个字母的识别为例进行说明，规定当"A"输入网络时，应该输出"1"，而当输入为"B"时，输出为"0"。所以，网络学习的准则应该是：如果网络作出错误的判决，则通过网络的学习，应使得网络减少下次犯同样错误的可能性。首先，给网络的各连接权值赋予（0，1）区间内的随机值，将"A"所对应的图像模式输入网络，网络将输入模式加权求和、与阈限比较，再进行非线性运算，得到网络的输出。在此情况下，网络输出为"1"和"0"的概率各为50%，也就是说，完全是随机的。这时如果输出为"1"（结果正确），则使连接权值增大，以便使网络再次遇到"A"模式输入时，仍然能作出正确的判断。如果输出为"0"（结果错误），则把网络连接权值朝着减小综合输入加权值的方向调整，其目的在于使网络下次遇到"A"模式输入时，减小犯同样错误的可能性。如此操作调整，当给网络轮番输入若干个手写字母"A""B"，经过网络按以上学习方法进行若干次学习后，网络判断的正确率将大大提高。这说明网络对这两个模式的学习已经获得了成功，它已将这两个模式分布地记忆在网络的各个连接权值上。当网络再次遇到其中任何一个模式时，能够作出迅速、准确的判断和识别。一般来说，网络中所含的神经元个数越多，它能记忆、识别的模式也就越多。

人工神经网络的信息处理由神经元之间的相互作用来实现；知识与信息的存储表现为网络元件互连间分布式的物理联系；网络的学习和计算取决于各神经元连接权系的动态演化过程。因此，神经元构成了网络的基本运算单元。每个神经元具有自己的阈值。每个神经元的输入信号是所有与其相连的神经元的输出信号和加权后的和。而输出信号是其净输入信号的非线性函数。如果输入信号的加权集合高于其阈值，该神经元便被激活而输出相应的值。在人工神经网络中所存储的是单元之间连接的加权值阵列。

人工神经网络的工作过程主要由两个阶段组成：一个阶段是工作期，此时各连接权值固定，计算单元的状态变化，以求达到稳定状态。另一阶段是学习期（自适应期或设计期），此时各计算单元状态不变，各连接权值可修改（通过学习样本或其他方法），前一阶段较快，各单元的状态也称短期记忆（STM），后一阶段慢得多，权及连接方式也称长期记忆（LTM）。

4. 人工神经网络的学习规则

学习能力是人工神经网络功能有效性的标志之一。人工神经网络的学习过程一般是，首先设定初时权值，如果无先验的知识，初时权值可设定为随机值。然后输入样本数据进行学习，参照评价标准进行评判。如果达到要求，就停止学习，否则按照给定的学习法则调整权值，继续进行学习，直到取得满意的结果为止。

人工神经网络的学习规则，主要包括误差传播式学习、联想学习、竞争性（competitive）学习和基于知识的学习等。然而，各种学习规则都是以 Hebb 规则为基础的。Hebb（1949）曾提出，"当某一突触（连接）两端的神经元同步激活（同时兴奋或同时抑制）时，该连接的强度应增强，反之应减弱"。这一原理在神经网络研究中产生了广泛的影响。虽然他本人并没有用数学公式描述这一原理，却被以后的神经网络研究广为引用，并以各种数学形式表示，而且被统称为 Hebb 学习规则（吴简彤和王建华，1998）。

目前，人工神经网络的自动学习几乎只局限于神经网络边连接的权重，不会去自动学习网络拓扑结构。不同拓扑结构的人工神经网络适用于不同类型的问题，设计人工神经网络结构的工作还需要具体问题的研究者参与完成。

1）误差传播式学习

感知器（perceptron）神经网络，是一种最基本的人工神经网络模型。它是美国学者 Rosenblatt（1957）提出来的。该模型，是具有自学习能力的感知器模型，它是一个具有单层计算单元的前向神经网络，其神经元为线性阈值单元，称为单层感知器。它和 M-P 模型相似，当输入信息的加权和大于或等于阈值时，输出为 1，否则输出为 0 或−1。与 M-P 模型不同之处是，神经元之间的连接权值是可变的，这种可变性保证了感知器具有学习能力。

Rosenblatt 提出的单层感知器由输入部分和输出层构成，输出层即为它的计算层。在该感知器模型中，输入部分和输出层都可由多个神经元（处理单元）构成，输入部分的神经元与输出层的各种神经元间均有连接。当输入部分将输入数据传送给连接的处理单元时，输出层就会对所有输入数据进行加权求和，经阈值型作用函数产生一组输出数据（图 7.2.6）。

设神经元的输入输出关系如式（7.2.1）~式（7.2.2）所示，即

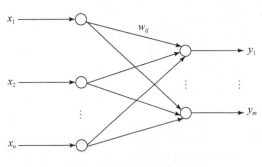

图 7.2.6　感知器网络模型

$$
\begin{cases}
u_i = \displaystyle\sum_{j=1}^{n} w_{ji}x_j - \theta_i \\
y_i = f(u_i)
\end{cases}
$$

$$
f(u_i) = \begin{cases} 1 & u_i > 0 \\ 0 & u_i \leqslant 0 \end{cases}
$$

则该模型的学习规则为

$$
w_{ji}(t+1) = w_{ji}(t) + \eta(y_i - d_i)x_j = w_{ji}(t) + \eta\delta_i x_j \tag{7.2.7}
$$

式中：η 为学习速率；d_i 为教师信号或希望输出；δ_i 为实际输出 y_i 与希望输出 d_i 之差；y_i 和 x_j 取 1 或 0 的离散值。

2）联想式学习

在空间或时间上接近的事物之间，在性质上相似或相反的事物之间，以及存在因果关系的事物之间都可能在人的大脑中产生联想。根据这一原理，人们提出了许多无教师的联想式学习模式，其学习规则可以表示为

$$
w_{ji}(t+1) = w_{ji}(t) + \eta y_i x_j \tag{7.2.8}
$$

式（7.2.8）与式（7.2.7）不同的是，$d_i = 0$，即无教师信号。所以在联想式学习中，权值变化仅是输入与输出同时兴奋的结果。由于联想发生在输入与输出之间，所以这种联想被称为异联想（hetroassociation）。此外，Anderson 等（1977）和 Kohonen（1977）还提出了自联想（autoassociation）模式，这种联想发生在一系列输入变量之间，通过输入变量之间的自相关运算，调整输入而改变输出。

3）竞争性学习

在竞争性学习时，网络各输出单元相互竞争，最后达到只有一个最强者激活，最常见的一种情况是输出神经元之间有侧向抑制性连接（图 7.2.7）。

这样，原来输出单元中若有一个单元较强，则它将获胜并抑制其他单元，最后只有此强者处于激活状态。最常见的竞争性学习规则可以写为

$$
w_{ji} = \begin{cases} \eta(x_i - w_{ji}) & \text{若神经元 } j \text{ 竞争获胜} \\ 0 & \text{若神经元 } j \text{ 竞争失败} \end{cases} \tag{7.2.9}
$$

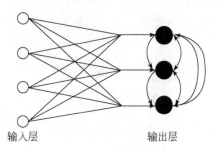

输入层　　　　输出层

图 7.2.7　具有侧向抑制性连接的竞争学习网络

4）基于知识的学习

基于知识的学习，也是人工智能的一个重要研究课题，不同领域对学习的定义也不相同。例如，对于自动控制系统来说，系统控制性能的改善过程就是学习；对于专家系统来说，学习就是得到知识表达的过程；等等。但是，它们的共同特点是都具有利用知识进行操作的过程。

5. 人工神经网络模型的种类

目前，已经提出了近 60 种人工神经网络模型。这些模型，按照拓扑结构可以分为反

馈神经网络模型和前向神经网络模型；按照性能，可以分为连续型和离散型神经网络模型，确定型和随机型神经网络模型；按照学习方式，可以分为有教师学习和无教师学习神经网络；按照连接突触性质，可以分为一阶线性关联神经网络模型和高阶非线性关联神经网络模型。

常见的人工神经网络模型，主要包括感知器神经网络、线性神经网络、前馈神经网络、径向基函数神经网络、自组织竞争神经网络、回归神经网络等。不同类型的人工神经网络模型，其拓扑结构、传递函数和学习规则是有一定区别的。

7.2.2 人工神经网络建模应用实例

下面介绍一个人工神经网络建模应用实例，即气候–径流过程模拟的人工神经网络模型。

为了理解西北干旱区内陆河流域的气候–径流过程，笔者综合运用小波分析（WA）及 BP 神经网络（BPANN），建立了气候–径流过程的人工神经网络模型，即 BPANNBWD（the back propagation artificial neural network based on wavelet decomposition）模型，并以开都河流域为例，验证了模型的有效性。

1. 研究区域与数据

本项研究的区域对象，是新疆天山南坡的开都河流域，它位于天山南坡焉耆盆地的北缘（82°52′E ~ 86°05′E，41°47′N ~ 43° 21′ N）。开都河发源于天山中段，流经天山南坡，最终流入博斯腾湖，流域面积达 18827 km^2（图 7.2.8）。

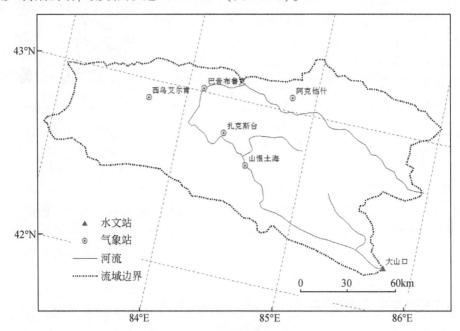

图 7.2.8 开都河流域的地理位置

开都河流域的巴音布鲁克湿地,是天山地区最大的湿地。巴音布鲁克湿地内面积巨大的草地和沼泽,给天鹅的生存和繁殖提供了良好的条件。因此,它成为中国唯一的国家级天鹅自然保护区。它的年平均气温只有-4.6℃,同时它的极端低温达到-48.1℃。冰雪覆盖的天数多达 139.3 天,最大平均雪深达 12cm。拥有独特的高寒气候及地形,巴音布鲁克湿地有各类高山草原与高山草甸生态系统。它们有充足的水生植物、动物及肥美的草地资源。它是开都河的源头及水源保护地。对于开都河而言,巴音布鲁克湿地在调节水资源、储存水资源、保持水量平衡等方面起着关键作用。此外,它在保护博斯腾湖、博斯腾湖周边的湿地及塔里木河下游的绿色廊道当中,也起着极其重要的作用。

开都河的径流主要由天山地区的降水与冰雪融水补给。气候因素,尤其是气温和降水,直接影响着径流年变化,因此,选用径流、气温及降水数据来分析开都河的气候–径流过程 (Xu et al.,2008)。其中,径流数据来自于大山口水文站,而气温和降水数据来自巴音布鲁克气象站。这两个台站都位于山区,受人类活动的干扰较少,其数据更够反映自然状态的气候–径流过程。

为了研究径流对气候变化的响应,分别采用了 1957~2008 年的年径流量 (AR)、年平均气温 (AAT) 及年降水量 (AP) 的时间序列数据。

2. 模型的构建与检验

1) 模型的构建

为在不同时间尺度下,揭示径流变化对区域气候变化的响应,综合运用小波分析和BP 人工神经网络方法,建立了一个基于小波分解的人工神经网络模型,即 BPANNBWD 模型 (Xu et al.,2013,2014),以下简称小波人工神经网络模型。

为了建立不同时间尺度的气候–径流过程模型,首先根据自相似性、紧致性、光滑性要求,选择 Symlet 8 为小波函数,对年平均气温、年降水量与年径流量时间序列,做多时间尺度的小波分解。然后,基于小波分解的结果,以年平均气温和年降水量作为输入变量,以年径流量作为输出变量,建立不同时间尺度的人工神经网络模型。最后,在网络学习训练的基础上,对年径流量变化进行模拟。

在小波人工神经网络模型中,BP 人工神经网络有三层结构:输入层,有两个变量,即年平均气温和年降水量 (小波分解结果);隐含层由若干隐含神经元构成;输出层,有一个变量,即年径流量 (波分解结果)。

其中,BP 人工神经网络模型的传递函数为正切双曲线函数,即

$$f(I) = \frac{1 - e^{-I}}{1 + e^{-I}} \tag{7.2.10}$$

式中:$f(\cdot)$ 表示传递函数;I 为输入值。

采用最小均方差误优化网络,其目标函数如下:

$$E = <\parallel y - y^{\text{obs}} \parallel^2> \tag{7.2.11}$$

式中:y 为输出;y^{obs} 为输出的观测值;$<\cdot>$ 表示求均值。

MATLAB 计算环境中,选择 Levenberg-Marquardt,即 trainlm 作为网络训练函数。

2）模型的显著性检验

为了比较验证小波人工神经网络模型的模拟效果，还采用了"小波回归法"对年平均气温、年降水量与年径流量之间的小波回归模型进行检验。这里，小波回归法，就是基于小波分解结果的多尺度回归建模法。其做法是，首先选择 Symlet 8 为小波函数，对年平均气温、年降水量与年径流量时间序列，做多时间尺度的小波分解。然后，基于小波分解的结果，以年径流量为因变量，以年平均气温和年降水量为自变量，建立不同时间尺度的线性回归模型（Xu et al.，2010，2011）。

在给定的时间尺度，为了检验模型的可信度，首先引入确定性系数：

$$CD = 1 - \frac{RSS}{TSS} = 1 - \frac{\sum\limits_{i=1}^{n}(y_i - \hat{y}_i)^2}{\sum\limits_{i=1}^{n}(y_i - \bar{y})^2} \tag{7.2.12}$$

式中：CD 为确定性系数；$\hat{y}_i$ 和 y_i 分别为模型的模拟值和原始值；$\bar{y}$ 为 $y_i(i = 1, 2, \cdots, n)$ 的均值；RSS 为剩余平方和；TSS 为总离差平方和。确定性系数越大，说明模型的模拟效果越佳。

为了比较不同模型的效果，还可以采用赤池信息量（AIC）准则（Burnham and Anderson，2002）。AIC 的计算公式是

$$AIC = 2k + n\ln(RSS/n) \tag{7.2.13}$$

式中：k 为模型中参数的个数；n 为样本的数量；RSS 与式（7.2.12）相同。

根据赤池信息量准则，AIC 值越小，表示模型越好。

对于小样本（即 $n/k \leqslant 40$）估计，应该用二阶赤池信息量（AIC_C）代替 AIC，进行计算分析：

$$AIC_C = AIC + \frac{2k(k+1)}{n-k-1} \tag{7.2.14}$$

式中：n 为样本数量。

当样本数增大，AIC_C 的最后一项接近于零时，此时的 AIC 值与 AIC_C 近似相等。

3. 结果分析

首先在 5 个时间尺度上，对年径流量、年平均气温、年降水量三个变量的时间序列做了小波分解。然后，基于小波分解的结果，运用 BP 神经网络模拟了径流量对气温和降水变化的响应。

小波人工神经网络模型，是三层结构的 BP 神经网络，即输入层、输出层和隐含层。该模型主要用于模拟年径流量与年平均气温、年降水量之间的非线性关系。输入层包含两个变量，即小波分解的年平均气温和年降水量；输出层包含一个变量，即小波分解的年径流量；隐含层的神经元数目为 4。

计算工作是运用 MATLAB 执行的。选择正切函数作为传递函数，trainlm 作为训练网络的训练函数。基于 1957~2008 年，年径流量、年平均气温、年降水量的小波分解结果，分别随机选取 80%、10%、10% 的数据，作为训练、验证、测试的样本。结果表明，在各

时间尺度（S1～S5，即 2 年、4 年、8 年、16 年和 32 年尺度）上，训练速率为 0.01 的情况下，所有的网络模型都达到了期望的误差目标（0.001）。不同时间尺度上的人工神经网络的优化参数见表 7.2.1。

表 7.2.1　不同时间尺度的小波人工神经网络模型

时间尺度	隐含层神经元数目	输入变量	输出变量	传递函数	训练函数	最佳节点	平均绝对误差／亿 m³	平均相对误差／%
S1	4	AAT, AP	AR	tansig	trainlm	4	2.3163	6.65
S2	4	AAT, AP	AR	tansig	trainlm	5	1.4335	4.25
S3	4	AAT, AP	AR	tansig	trainlm	6	0.9905	2.85
S4	4	AAT, AP	AR	tansig	trainlm	6	0.1938	0.57
S5	4	AAT, AP	AR	tansig	trainlm	10	0.0617	0.18

注：AR 为年径流量；AAT 为年平均气温；AP 为年降水量；S1、S2、S3、S4、S5 分别代表 2 年、4 年、8 年、16 年、32 年的时间尺度；"tansig" 为正切双曲线传递函数；"trainlm" 为通过 Levenberg-Marquardt 优化、更新权重和偏差值的网络训练函数。

从表 7.2.1 可以看出，当时间尺度从 S1（2 年）增大到 S5（32 年）时，BPANNBWD 模型的估计误差逐步减小。在 S1（2 年）尺度上，年径流量（AR）模拟的绝对误差和相对误差分别是 2.3163 亿 m³ 和 6.65%；而在 S5（32 年）尺度上，年径流量（AR）模拟的绝对误差和相对误差分别减小到 0.0617 亿 m³ 和 0.18%。

为了与人工神经网络模拟结果比较，还在小波分析的基础上做了回归建模（regression model based on wavelet decomposition，RMBWD），结果（表 7.2.2）表明，在 5 种时间尺度上，年径流量与年平均气温、年降水量相关的显著水平都较高（0.01）。也就是说，尽管径流、气温、降水各自展现的是非线性变化，但径流呈现与气温、降水的线性相关关系。此外，随着时间尺度的增大，回归方程的 F 统计量和适度系数 R^2 也呈增长趋势，这说明，年平均气温与年降水量对年径流量的影响，在大时间尺度上要比小时间尺度更显著。

表 7.2.2　不同时间尺度的小波回归模型

时间尺度	回归方程	R^2	F	平均绝对误差／亿 m³	平均相对误差／%
S1	AR = 2.251AAT+0.036AP+34.420	0.541	28.932	2.999 7	8.41
S2	AR = 4.098AAT-0.002AP+52.921	0.745	71.584	1.998 7	5.85
S3	AR = 2.922AAT+0.048AP+34.263	0.917	269.877	0.971 4	2.69
S4	AR = 5.644AAT+0.010AP+56.036	0.978	1 066.793	0.450 1	1.26
S5	AR = 5.216AAT-0.009AP+59.490	0.999	3 0814.085	0.077 9	0.22

注：显著度=0.01；AR 为年径流量；AAT 为年平均气温；AP 为年降水量；S1、S2、S3、S4、S5 分别代表 2 年、4 年、8 年、16 年、32 年的时间尺度。

图 7.2.9 给出了不同时间尺度的小波人工神经网络模型和小波回归模型的模拟值与原始数据的比较。

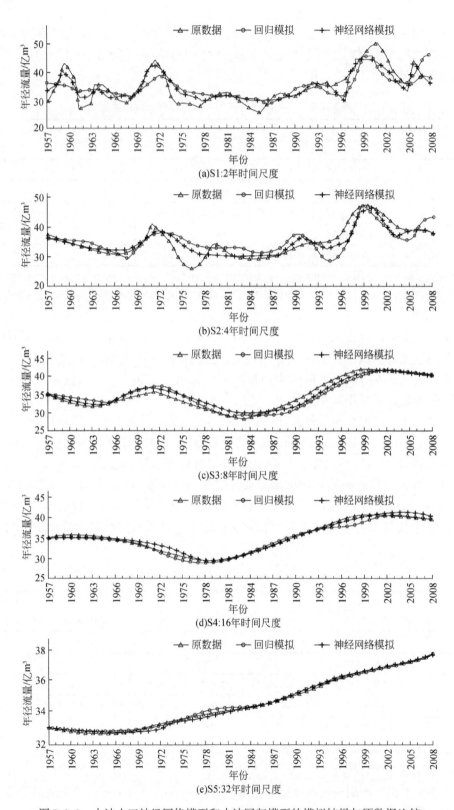

图 7.2.9 小波人工神经网络模型和小波回归模型的模拟结果与原数据比较

表 7.2.3 给出了不同时间尺度的小波人工神经网络模型和小波回归模型的确定系数及 AIC 值。因为确定系数越大，AIC 值越小，模型的效果就越好。所以，从表 7.2.3 可以知道，在各种时间尺度，小波人工神经网络模型（BPANNBWD）都优于小波回归模型（RMBWD）。

表 7.2.3　小波人工神经网络模型和小波回归模型的效果比较

时间尺度		S1	S2	S3	S4	S5
小波回归模型	CD	0.541	0.556	0.916	0.977	0.978
	AIC	143.347	102.296	24.869	−63.774	−248.01
小波人工神经网络模型	CD	0.715	0.856	0.920	0.998	0.999
	AIC	118.488	72.506	22.282	−151.494	−259.208

注：CD 为确定系数；AIC 为赤池信息量。

7.3　元胞自动机方法

元胞自动机（CA），是由冯·诺依曼在 20 世纪 50 年代发明的一种时–空动力系统的离散模型。该模型不同于一般的动力学模型，并不是由严格定义的方程或函数构成的，而是由一系列模型构造的规则（rule）构成的。从一定意义上来说，凡是满足确定的作用规则的时–空演化系统，都可以叫做元胞自动机模型。因此，元胞自动机是一类模型的总称，或者说是一个方法框架。

目前，元胞自动机模型已被广泛地应用于社会、经济、环境、地学、生物等各个领域。本节将结合具体实例，介绍和探讨地理元胞自动模型的构建与模拟应用问题。

7.3.1　元胞自动机的概念模型

元胞自动机，是一种离散的时–空动力系统。其特点是时间、空间、状态都离散，每个变量只取有限多个状态，且其状态改变的规则在时间和空间上都是局部的。

元胞（cell）是元胞自动机的基本单元，在系统的演化过程中，取有限的离散状态的每一个元胞，依据同样的作用规则进行同步更新。

在每一时刻，每一个元胞的状态只能取有限状态集中的一个，如"生"或"死"，或者 256 种颜色中的一种等。每一个元胞的状态，随着时间变化，根据一个局部的规则来进行更新，即一个元胞在某时刻的状态取决于且只取决于自己周围邻域（neighbor）元胞的状态。

所有的元胞规则地排列在被称为元胞空间（lattice）的空间网格上。在元胞空间内，每一个元胞依照同样的局部规则（rule）进行同步状态更新。整个元胞空间，则表现为离散的时间变化过程。

元胞自动机的最基本组成，包括元胞、元胞空间、邻域、规则，即元胞自动机，可以被表达成一个四元组（Wolfram，1984）：

$$A = (d, S, N, f) \tag{7.3.1}$$

$$N = (S_1, S_2, \cdots, S_n) \tag{7.3.2}$$

在式（7.3.1）和式（7.3.2）中，A 为一个元胞自动机系统；d 为一个正整数，表示元胞自动机的维数；S 为元胞有限离散的状态集合；N 为一个所有邻域内元胞的组合，即包含几个不同元胞状态的空间矢量；n 为邻域内元胞的个数；$S_i \in Z$（整数集合），$i \in (1, 2, \cdots, n)$；f 是变化规则，为将 S_n 映射到 S 上的一个局部转换函数。所有的元胞位于 d 维空间上，其位置可用一个 d 元的整数矢量 Z^d 来确定。

元胞自动机模型，具有五个主要特征（邬伦等，2001）：①它们由元胞的离散格局构成；②它们在离散的时间步序内演化；③每一元胞的状态均在同一有限集中取值；④每一元胞的状态依照确定的同一法则演化；⑤元胞状态的取值法则，仅依靠于其自身及其周围邻域元胞的状态值。

元胞自动机虽然产生于并行计算机结构的一种理论模型，但它还可以用来描述具有很大自由度的离散系统，可视为偏微分方程离散化的理想形式。元胞自动机模型可用来模拟研究很多的现象，包括信息传递、计算、构造、生长、复制、竞争与进化等。同时，它为动力学系统理论中有关秩序、混沌、非对称、分形等系统整体行为与现象的研究提供了一个有效的模型工具。

元胞自动机模型，具有很强的灵活性和开放性，它没有固定的数学公式，不是一个（一组）函数或方程，其构成方式繁杂、多样。针对于不同的研究问题，可以构建不同的元胞自动机模型。因此，元胞自动机模型被广泛地应用于社会、经济、环境、地学、生物等领域。尤其是元胞空间结构与栅格 GIS 数据结构高度相容，因此使用栅格 GIS 结合元胞自动机模型，可以用于离散时间和离散空间的框架下对复杂时空地理过程进行模拟（邬伦等，2001）。

7.3.2 GeoCA-Land 模型

在地理学领域，元胞自动机模型被广泛地应用。特别是，元胞自动机已经成为土地利用变化模拟研究的重要手段。

运用元胞自动机模型模拟城市土地利用变化的研究，在思路上大致分为两派（周成虎等，1999）：一派以 Clarke 等（1997，1998）为代表，基本思想是在逻辑上将土地利用类型分为空闲土地和城市用地，将土地利用的变化视为空闲土地向城市用地的转化过程，其缺点是城市用地无法进一步发生变化，不能反映城市内部土地利用的变化过程。另一派以 Batty 等（1994，1997，1999）为代表，基本思想是将城市土地利用的变化视为城市已有土地单元对自身的复制和变异，其优点在于能够生动地模拟城市土地利用的变化，缺点是土地利用的变化仅仅限于城市土地的周围。

巩跃强（2001）综合上述两种思路，构建了一个混合型的 GeoCA-Land 模型。它的特点是面向整个研究区域内的所有细胞单元。该模型是对 Batty 模型的一种改良，而且综合考虑了 Clarke 等的思想。在 GeoCA-Land 模型中，对土地利用的变化同时考虑了两种模式，一种是来自于作为生长点的各类土地利用单元的自我繁殖；另一种是来自于环境适宜的各类土地单元的突变行为。下面对这一模型做简要介绍。

1. 模型作用机制

元胞自动机理论认为，空间系统的宏观突现行为是众多个体在空间上相互作用的结果，空间过程是众多个体微观行为聚集的群体行为的外在表现（周成虎等，1999）。

GeoCA-Land 模型的作用机制是空间动态反馈机制，即空间实体的个体行为共同创造了空间过程，空间过程重塑了空间格局，空间格局反过来又影响空间行为，如此反复，形成了土地利用的动态发展变化。

在元胞空间内，所有元胞的状态转移行为造就了土地利用类型变化的动态演化过程。也就是说，从时间 t 到 $t+1$，所有元胞的状态（土地类型）转移（变化），都经历了一次空间过程。显然，每一次空间过程就是更新原有的空间构形，即改变原有的空间格局。

空间格局的改变自然改变了空间实体所处的环境，空间行为在某种程度上就是空间实体对环境的反应。由于元胞个体行为规则取决于其周围的邻居状态组合，因此，局部的空间格局又影响了空间个体的行为。

GeoCA-Land 模型的空间动态反馈机制，可分为正反馈和负反馈两种。城镇用地的发展对交通用地的发展提出了需求，而交通的改善，又反过来增强了该地区城镇用地的吸引力，在一定程度上促进了该地区城镇用地的增长。这是一个典型的正反馈过程。相反，在某区域工业用地的过度发展，会影响居民的居住环境，引起居民的搬迁，反过来必然影响工业的发展。这是一个典型的负反馈过程。

2. 模型结构

GeoCA-Land 模型框架由两个部分构成（图 7.3.1）：第一部分是土地利用现状层；第二部分是综合控制因素层。它们通过统一空间分辨率的栅格结构相互联系在一起。

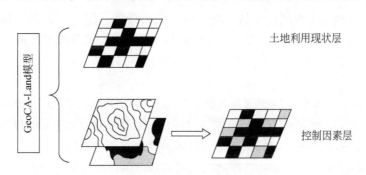

图 7.3.1　GeoCA-Land 模型框架

土地利用现状层面，是模型的核心部分，它是一个基于多种土地利用类型的 CA 模型，根据各种土地利用类型的行为规则，将土地利用类型划分为八种，即耕地、园地、林地、牧草地、居民点用地、工矿用地、交通用地、其他用地。在模型中，不同类型的土地单元（元胞）的相互作用和动态变化造就了土地利用的动态发展变化。另外，各土地单元在根据邻居单元构形确定自身行为的同时，还受到第二层面的影响。

控制因素层，作为元胞模型的一个外部环境，影响和控制土地利用的行为。一般来说，影响土地利用元胞行为的因素很多，如地形地貌、地下水、工程地质条件、城市规划、经济区划、政策法规等自然、社会、经济要素层。出于对模型性能的考虑，将这些因素综合成了一个综合性控制因素层。将若干控制要素层经过空间叠置分析得到综合结果，这时控制层集中反映了土地利用的适宜性，是一个静态的图层。

在这个统一框架下，GeoCA-Land 模型将外部的宏观地理背景与空间数据库有机的及微观的空间 CA 模型集成在一起，从而使其不仅仅是一个微观模型，还是一个微观与宏观集成的模型，极大地提高了模型的实用性。

上述 GeoCA-Land 模型，在结构上可以表述为

$$\text{GeoCA-Land} = \{L, C\} \quad (7.3.3)$$

式中：L 代表土地利用现状层；C 代表控制因素层。具体参看图 7.3.2。

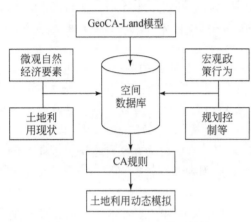

图 7.3.2　GeoCA-Land 模型结构

3. 各类用地行为规则

1）各类用地的通用行为准则

耕地、园地、林地、牧草地、居民点用地、工矿用地和交通用地等七种土地单元的通用行为过程归纳为以下方式：

$$L_l^t = \{A_l, N_l, F_{lk}, N_k, C_k\} \quad (7.3.4)$$

式中：L_l^t 表示从 t 到 $t+1$ 时刻，位置 l 处土地单元的行为，即该元胞是维持现状，还是消亡，或者是产生新的土地单元，其行为过程则包含了下面一系列的动作和过程：

A_l，确定土地单元的活力值。土地单元的活力值可以取"青年""中年""老年"三个中间的一个状态。

N_l，检查该处土地单元周围邻居单元的构形，根据邻居状况确定土地单元的行为。

F_{lk}，产生新生土地单元类型和位置的过程，k 代表新生土地单元的位置。

N_k，检查新生土地单元的邻居构形，确定是否满足生存条件。

C_k，检查新生土地单元 k 处的控制因素层，确定是否满足生存条件。

以上过程，如图 7.3.3 所示。

a. 确定土地单元活力值

在 GeoCA-Land 模型中，将土地单元活力分为"青年""中年"和"老年"三种类型，不同类型的单元具有不同的行为规则。青年土地单元的活力值最大，它不仅可以在下一时刻继续存在，还具备较强的发展能力，即有产生新的土地单元的潜力。中年土地单元的活力值较低，不具备发展变化的能力，在下一时刻维持现有状态。老年土地单元出于生命的

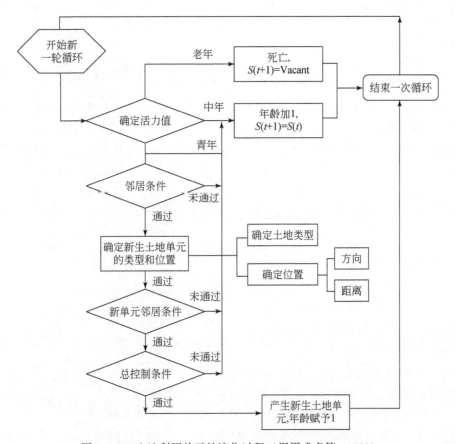

图 7.3.3　土地利用单元的演化过程（据周成虎等，1999）

边缘，不仅没有发展能力，而且在下一时刻将消亡，即成为其他用地。

土地单元所处的阶段，即活力值不是一个静态概念，它随着土地单元的"年龄"增长而变化。那么，怎样确定一个土地单元到底处于哪个阶段呢？模型中采取基于概率的随机方式。周成虎等（1999）认为，随着土地单元年龄的变化，该单元属于青年、中年和老年的概率随之变化。一个单元的年龄越小，属于青年的概率越大；反之，一个单元的年龄越大，属于老年的概率就越大。对此，可用衰减函数来表示。

首先，在时刻 t，土地单元 j 是青年的概率 $P_j^i(t)$ 为

$$P_j^i(t) = V\exp\{-r(t-h_j)\} \tag{7.3.5}$$

式中：V 为一标准化常数；r 为土地单元从青年到非青年的概率衰减速率；h_j 为 j 单元产生的时刻。由此可以得出，土地单元 j 是非青年，即中年和老年的概率 $\Pi_j^m(t)$ 为

$$\Pi_j^m(t) = 1 - P_j^i(t) \tag{7.3.6}$$

为了推出土地单元 j 为中年和老年的概率，再定义另外一个衰减函数，在此基础上得出土地单元 j 属于中年的概率 $P_j^m(t)$ 为

$$P_j^m(t) = \Pi_j^m(t)M\exp\{-u(t-h_j)\} \tag{7.3.7}$$

式中：M 为一标准化常数；u 为衰减参数，反映了土地单元 j 由中年向老年的衰减速率。

有了土地单元 j 属于中年的概率，就可以得出土地单元 j 在 t 时刻属于老年的概率为

$$P_j^d(t) = \Pi_j^m(t) - P_j^m(t) \tag{7.3.8}$$

很显然，有以下关系式：

$$P_j^i(t) + P_j^m(t) + P_j^d(t) = 1 \tag{7.3.9}$$

在得出各个活力值的概率后，时刻 t 确定土地单元 j 的活力值可以采用蒙特卡罗方法来确定（周成虎等，1999）。

设定某一事件的可能结果为 $E = \{e_1, e_2, e_3, \cdots, e_n\}$，各自发生的概率分别为 $P = \{P_1, P_2, P_3, \cdots, P_n\}$，根据事件各自的概率大小，将其分别映射到 $R = \{r_1, r_2, r_3, \cdots, r_n\}$ 区间上，区间长度与概率大小呈线性正比关系。然后在该区间内任意产生一随机数 x，若 $x = r_i \in R$，则认为事件 e_i 发生了一次，其函数表示为

$$\text{Index} = \text{MonteCarlo}\{P_1, P_2, \cdots, P_n\} \tag{7.3.10}$$

根据此公式，t 时刻土地单元 j 活力值，可以按照下式确定：

$$\text{Index} = \text{MonteCarlo}\{P_j^i(t), P_j^m(t), P_j^d(t)\} \tag{7.3.11}$$

若 Index=1，则认为该单元活力值为青年；若 Index=2，则认为该单元活力值为中年；若 Index=3，则认为该单元活力值为老年。

b. 确定邻居

邻居是元胞自动机模型中最重要的概念之一。在 GeoCA-Land 模型中，统一采用了扩展的摩尔邻居类型，给定半径 r，其邻居的集合为一个正方形：

$$N_{\text{Moore}} = \{V_i = (V_{ix}, V_{iy}) \mid |V_{ix} - V_{ox}| + |V_{iy} - V_{oy}|\} \tag{7.3.12}$$

GeoCA-Land 模型采用了二维的四方网格划分，一个元胞的邻居个数（不包括中心元胞）为 $(2r+1)^2 - 1$。如果给定半径为 3，则邻居集合为以目前元胞为中心的 7×7 方块。

在土地单元的行为准则中，检查当前单元及新生单元的邻居条件都是基于邻居构成确定单元行为的过程。在 GeoCA-Land 模型中，通常过程中的邻居条件限制较为严格，而对于新生土地单元的邻居限制条件较为宽松，甚至不做任何限制。这是因为在实际过程中，新生的居民点用地、工矿用地、牧草地、林地、园地、耕地和交通用地往往具有一定的超前性。

c. 产生新生土地单元

当一个土地单元的活力值为青年，而且满足了邻居条件后，它作为一个母体，就可以产生新生的土地单元。这一过程如图 7.3.3 所示包含两个独立的过程，即新生土地单元类型的确定和新生土地单元位置的确定。

（1）新生土地单元类型的确定。新生单元在一般情况下与母体单元的土地类型是一致的。然而，由于不同土地单元之间存在着不同土地类型的相互作用和联系，为此增加了一个"变异"操作，使得母体单元可以产生与自己不一致的土地类型。状态转移矩阵为：

$$
\boldsymbol{P} = \begin{bmatrix}
P_{11} & P_{12} & P_{13} & P_{14} & P_{15} & P_{16} & P_{17} \\
P_{21} & P_{22} & P_{23} & P_{24} & P_{25} & P_{26} & P_{27} \\
P_{31} & P_{32} & P_{33} & P_{34} & P_{35} & P_{36} & P_{37} \\
P_{41} & P_{42} & P_{43} & P_{44} & P_{45} & P_{46} & P_{47} \\
P_{51} & P_{52} & P_{53} & P_{54} & P_{55} & P_{56} & P_{57} \\
P_{61} & P_{62} & P_{63} & P_{64} & P_{65} & P_{66} & P_{67} \\
P_{71} & P_{72} & P_{73} & P_{74} & P_{75} & P_{76} & P_{77}
\end{bmatrix}
$$

其中，P_{11} 表示耕地单元产生耕地的概率；P_{12} 表示耕地单元产生园地的概率；P_{13} 表示耕地单元产生林地的概率；P_{14} 表示耕地单元产生牧草地的概率；P_{15} 表示耕地单元产生居民点用地的概率；P_{16} 表示耕地单元产生工矿用地的概率；P_{17} 表示耕地单元产生交通用地的概率……其他依次类推。它们满足下面条件：

$$
\sum_{i=1}^{7} P_{1i} = 1 , \ \sum_{i=1}^{7} P_{2i} = 1 , \ \sum_{i=1}^{7} P_{3i} = 1 , \ \sum_{i=1}^{7} P_{4i} = 1 , \ \sum_{i=1}^{7} P_{5i} = 1 , \ \sum_{i=1}^{7} P_{6i} = 1 , \ \sum_{i=1}^{7} P_{7i} = 1
$$

而且通常有 $P_{11} \gg P_{12}$，$P_{11} \gg P_{13}$，$P_{11} \gg P_{14}$，$P_{11} \gg P_{15}$，$P_{11} \gg P_{16}$，$P_{11} \gg P_{17}$；$P_{22} \gg P_{21}$，$P_{22} \gg P_{23}$，$P_{22} \gg P_{24}$，$P_{22} \gg P_{25}$，$P_{22} \gg P_{26}$，$P_{22} \gg P_{27}$；$P_{33} \gg P_{31}$，$P_{33} \gg P_{32}$，$P_{33} \gg P_{34}$，$P_{33} \gg P_{35}$，$P_{33} \gg P_{36}$，$P_{33} \gg P_{37}$；$P_{44} \gg P_{41}$，$P_{44} \gg P_{42}$，$P_{44} \gg P_{43}$，$P_{44} \gg P_{45}$，$P_{44} \gg P_{46}$，$P_{44} \gg P_{47}$；$P_{55} \gg P_{51}$，$P_{55} \gg P_{52}$，$P_{55} \gg P_{53}$，$P_{55} \gg P_{54}$，$P_{55} \gg P_{56}$，$P_{55} \gg P_{57}$；$P_{66} \gg P_{61}$，$P_{66} \gg P_{62}$，$P_{66} \gg P_{63}$，$P_{66} \gg P_{64}$，$P_{66} \gg P_{65}$，$P_{66} \gg P_{67}$；$P_{77} \gg P_{71}$，$P_{77} \gg P_{72}$，$P_{77} \gg P_{73}$，$P_{77} \gg P_{74}$，$P_{77} \gg P_{75}$，$P_{77} \gg P_{76}$。状态转移矩阵的默认值为单位矩阵：

$$
\boldsymbol{P} = \begin{bmatrix}
1 & 0 & 0 & 0 & 0 & 0 & 0 \\
0 & 1 & 0 & 0 & 0 & 0 & 0 \\
0 & 0 & 1 & 0 & 0 & 0 & 0 \\
0 & 0 & 0 & 1 & 0 & 0 & 0 \\
0 & 0 & 0 & 0 & 1 & 0 & 0 \\
0 & 0 & 0 & 0 & 0 & 1 & 0 \\
0 & 0 & 0 & 0 & 0 & 0 & 1
\end{bmatrix}
$$

即认为各类用地不向其他的土地利用类型突变。

在模型的运行过程中，根据不同的邻居状态，可以调整状态转移参数，以适应新的环境的要求。例如，当居民点用地周围都是居民点用地，或者居民点用地的密度很高时，就可将状态转移参数修改为 $P_{51} = 0.01$，$P_{52} = 0.01$，$P_{53} = 0.01$，$P_{54} = 0.01$，$P_{55} = 0.90$，$P_{56} = 0.01$，$P_{57} = 0.05$，即认为在居民点周围产生耕地、园地、林地、牧草地、工矿用地的可能性小，而居民点用地对交通用地有一定的需求，因而产生交通用地的可能性相对大一些。反之，当居民点用地处于一个混合区域，即邻居内存在多种类型的土地单元时，则定义状态转移参数为 $P_{51} = 0.03$，$P_{52} = 0.03$，$P_{53} = 0.03$，$P_{54} = 0.01$，$P_{55} = 0.80$，$P_{56} = 0.03$，$P_{57} = 0.07$。

在模型计算中，通过这个状态转移矩阵，采用蒙特卡罗方法，就可以得到在某个时刻产生的新生土地单元类型。

尽管土地类型变异的可能性较小，但是这种变异对土地利用变化的模拟是有意义的，它使得模型对土地利用复杂行为的模拟更加逼真。

（2）新生土地单元位置的确定。在 GeoCA-Land 模型中，新生土地单元位置确定包括两个方面，即距离和方向。

在该模型中，针对不同的土地单元，设定其产生新单元的最大距离为 d_{max}。那么，新生单元到母体单元的距离 d_{jk} 就可以取 $[1, d_{max}]$ 之间的任意整数值，在这个区间内，d_{jk} 在各个不同的距离上都有不同的概率，而且概率是一个随距离增长而衰减的分布，即认为新生单元最可能产生在母体单元附近。

该模型采用了线性衰减函数计算 d_{jk} 对应的概率，其表达为

$$\Pi(d_{jk}) = (d_{max} - d_{jk} + 1) \Big/ \sum d_{jk} \tag{7.3.13}$$

根据新单元在各个距离上的概率集合，就可以利用蒙特卡罗方法，确定在某个时刻新单元距离母体的距离。

新单元相对于母体的方向有八种可能。根据邻居的八个相邻单元的方向，确定为北、东北、东、东南、南、西南、西、西北八个方向，分别赋值为 1、2、3、4、5、6、7、8。将这八个方向赋予相同的概率，即取 $P_1 = P_2 = P_3 = P_4 = P_5 = P_6 = P_7 = P_8 = 0.125$，就可以利用蒙特卡罗方法，确定某个新生单元相对于母体单元的方向（θ_i）：

$$\theta_i = \mathrm{MonteCarlo}\{P_1, p_2, \cdots, P_8\} \tag{7.3.14}$$

不过，当新生单元的增长距离大于 1 时，新生单元的方向值 θ 只能取压缩后的八个方向，这样就漏掉了相当一部分单元，这些单元只是没有落在母体单元的八个方向上。

解决这个问题的方法就是将压缩的八个方向进行解压缩，具体操作就是对得到的新生单元的绝对位置进行随机扰动。具体算法如下：

首先引入变量：

$$\xi = \begin{cases} d_{jk}/2 & d_{jk} \text{ 为偶数} \\ (d_{jk} - 1)/2 & d_{jk} \text{ 为奇数} \end{cases} \tag{7.3.15}$$

再引入函数 $\mathrm{rand}(\xi_1, \xi_2)$，它表示在整数集 $[\xi_1, \xi_2]$ 内随机取值。那么，新单元位置 $P'(XX, YY)$，按照如下方法确定：

若 $\theta_i = 1, 5$（南、北方向），新单元位置 P' 为 $XX = X + \mathrm{rand}(-\xi, \xi)$，$YY = Y$；

若 $\theta_i = 2$（东北方向），新单元位置 P' 为 $XX = X + \mathrm{rand}(-\xi, 0)$，$YY = Y + \mathrm{rand}(-\xi, 0)$；

若 $\theta_i = 3, 7$（东、西方向），新单元位置 P' 为 $XX = X$，$YY = Y + \mathrm{rand}(-\xi, \xi)$；

若 $\theta_i = 4$（东南方向），新单元位置 P' 为 $XX = X + \mathrm{rand}(-\xi, 0)$，$YY = Y + \mathrm{rand}(0, \xi)$；

若 $\theta_i = 6$（西南方向），新单元位置 P' 为 $XX = X + \mathrm{rand}(0, \xi)$，$YY = Y + \mathrm{rand}(0, \xi)$；

若 $\theta_i = 8$（西北方向），新单元位置 P' 为 $XX = X + \mathrm{rand}(0, \xi)$，$YY = Y + \mathrm{rand}(-\xi, 0)$。

经过上述扰动得到新生单元的位置 P'，在原则上就包括了以母体单元为中心、d_{max} 为半径的集合，它根据概率而随机取值。

d. 新生单元生存条件检查与控制

新生单元的位置和类型确定后，还需要经过一系列的检查条件，才能最终完成新生单元的出生过程。任何一个条件得不到满足，整个过程就告失败。具体来说，就是要通过下面两方面的检查。

（1）检查新生土地单元在土地利用层面上的邻居状况。例如，当新生居民点用地单元的邻居范围内工业单元的密度大于一定的阈值时，则认为这个新生单元的位置是不合理的，因此宣告这次行为流产。

（2）检查新生土地单元位置的控制条件。控制因素层是由多层自然、社会、经济因素经过叠置得到的综合层面。控制因素层面在每个单元位置上，规定了不同土地单元的生存概率。若概率值为 0，表示该位置不允许发展这种土地类型单元；若概率为 1，表示这种土地利用类型没有限制；介于 0 和 1 之间时，其概率的大小反映了该位置对发展这种土地单元类的鼓励程度。模型中，将随机产生一个 0~1 的数，如果大于相对应处的概率，则认为新单元通过了这一条件。反之，认为该单元没有通过这一条件，此次行为失败。

2）各类用地单元行为规则的特殊性

作为不同的实体类，上述七类土地单元各自还有不同的属性和参数，其行为规则也略有差异。

耕地发展的动力和条件，是有良好的灌溉条件，土地平整，而对周围邻居的土地单元发展状况并不要求，只对总体控制因素的要求较高。新生土地单元发生突变的概率比较大，即耕地产生的新生土地单元可以是耕地、园地、林地、牧草地、居民点用地、工矿用地或者交通用地。

园地发展的动力和条件，是除了周围必须有足够的园地外，还受总体控制条件的制约，新生土地单元发生突变的概率也比较大。

林地的发展受总体控制条件的影响较大，而其本身的发展限制条件较弱，对其邻居状况要求不是很高。但是，受退耕还林的影响，坡耕地向林地的转化概率较大。

牧草地的发展受总体控制条件的影响较大，对邻居状况不做要求，其新生土地单元发生突变的概率很大，主要向林地转化。

居民点用地单元的发展动力和条件，是有足够的道路密度，而对周围邻居的土地单元发展情况并不要求，新生单元可能发生变异，概率不是很大。

工矿用地单元的发展条件，除了周围必须有足够密度的交通用地外，还需检查周围其他用地单元的发展状况。若周围居民点用地单元的密度大于某个阈值，则限制工业单元的发展，这反映了居民地对工业的一种排斥作用，在居民点内，工业发展受到抑制。

交通用地单元，比上面四种土地单元要特殊一些，它对邻居条件的要求非常高。道路发展的动力来自于居民点用地和工矿用地的需求。因此，道路周围的居民点或工矿用地达到一定密度时，才会产生新的道路。其邻居范围内必须没有现存的交通用地，否则会导致"重复建设"的出现，在得到新生单元位置后，需要在以新生单元为中心的邻居范围内进行搜索，若邻居范围内已有其他交通用地单元存在，则认为新生单元的产生是不合理的。反之，则认为新生单元的产生是合理的。这个控制条件有着重要的意义，它防止了许多道路挤成一团的情形的出现，避免了道路的重复建设。

3）其他用地的行为规则

GeoCA-Land 模型中，其他用地包括水域、除草地以外的未利用土地、特殊用地等。这些用地在相当长的时间内无法利用或被某些特殊的地类所覆盖，如名胜古迹、风景旅游、河流水面、水库水面、滩涂、沼泽地、裸土地、裸岩石砾地等。由于种种原因，这些土地覆盖类型在短期内不会发生变化，因此在模型中这类土地单元只是维持现有土地类型，不让其参与动态演变过程。

4. GeoCA-Land 模型的应用实例

巩耀强（2001）曾用 GeoCA-Land 模型对兰州市西固区新城镇和东川乡两个乡镇的土地利用变化动态进行了模拟研究。

他首先基于 2000 年土地利用现状为初始状态（图7.3.4），选取默认参数：式（7.3.5）中的 V，r 和式（7.3.7）中的 M、u 分别取：$V=0.8$，$r=0.8$，$M=0.5$，$u=0.9$；各类用地的最小邻居半径均为1；各类用地的最大增长距离（d_{max}）均为1；各类用地新生单元在八个方向上概率相同，即 $P_1=P_2=P_3=P_4=P_5=P_6=P_7=P_8=1/8$；状态转移矩阵为 7×7 阶的单位矩阵；各类用地的密度阈值为耕地（0.1），园地（0.1），林地（0.1），牧草地（0.1），居民点对工矿（0.8），居民点对交通（0.2），工矿对交通（0.2），交通对居民点（0），交通对工矿（0）；各类用地的最小密度为耕地（0.6），园地（0.6），林地（0.6），牧草地（0.6），居民点（0.2），工矿（0.2），交通（9／80），其他（0.1）。经过10个时刻（10年）的模拟，得到的结果如图7.3.5所示。

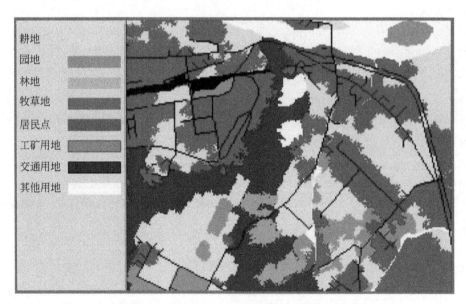

图7.3.4　研究靶区土地利用现状（初始状态）

基于默认参数，模拟结果是：林地、居民点用地、工矿用地、交通用地在模拟期内增长速度逐渐放缓，经过10年的发展变化后，分别比原来增长了14%、6%、17%、14%；耕地、园地和牧草地逐渐减少，减少速度也逐渐放缓，分别比原来减少了7%、

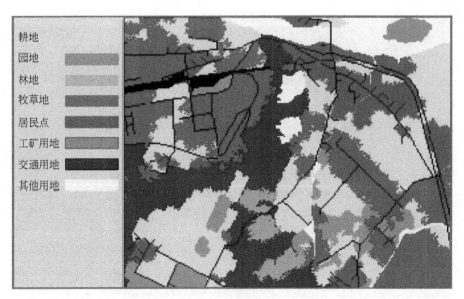

图 7.3.5　基于默认参数的土地利用变化动态模拟（10 年后）

7% 和 2% 。

如果在默认参数中，将各类用地的最小邻居半径全部改为 3；状态转移矩阵由 7×7 阶的单位矩阵改为

$$
\boldsymbol{P} = \begin{bmatrix}
0.98 & 0.01 & 0.01 & 0 & 0 & 0 & 0 \\
0.01 & 0.98 & 0.01 & 0 & 0 & 0 & 0 \\
0 & 0.01 & 0.98 & 0.01 & 0 & 0 & 0 \\
0 & 0 & 0.01 & 0.99 & 0 & 0 & 0 \\
0 & 0 & 0 & 0 & 0.99 & 0 & 0.01 \\
0 & 0 & 0 & 0 & 0 & 0.99 & 0.01 \\
0 & 0 & 0 & 0 & 0 & 0 & 1.00
\end{bmatrix}
$$

各类用地的最大增长距离（d_{max}）改成：耕地、园地、林地和牧草地为 5，居民点为 4，工矿和交通为 3；工矿、居民点和交通用地的最小密度分别改为 0.6、0.5 和 0.1；居民点用地对交通用地的阈值改为 0.4，工矿用地对交通用地的阈值改为 0.4。那么，经过 10 个时刻的模拟，得到的结果如图 7.3.6 所示。

改变参数后，模拟的结果是：林地、居民点用地、工矿用地、交通用地的增长幅度仍然是逐渐变缓，经过 10 年的发展变化，分别比原来增长了 18%、17%、5% 和 12%；林地和居民点用地的增长幅度有所上升，工矿用地的增长幅度下降较大。耕地、园地和牧草地逐渐减少，减少速度也逐渐放缓，分别比原来减少了 6%、7% 和 2%。另外，在耕地、园地、林地中出现了零星的其他地类，这主要是状态转移矩阵变化的结果。

图 7.3.6　改变参数的土地利用变化动态模拟（10 年后）

7.4　基于 agent 的建模方法

基于 agent 的建模（agent based modeling，ABM）方法，通过从个体到整体、从微观到宏观研究复杂系统的行为，从而克服了自上而下建立数学模型的困难，有利于研究复杂系统具有的涌现性（emergence）、非线性等特点。这种方法赋予组成系统的个体——agent 以简单的规则和关系，通过计算机仿真来重现真实世界的复杂现象。

ABM 方法是研究复杂系统的有效手段，其应用领域已经遍及生态学、环境学、经济学、社会学等。该方法是对复杂地理系统进行仿真研究的重要手段。

7.4.1　建模思想

ABM 既是方法的创新，也是方法论的创新。ABM 与传统的自上而下的建模分析方法相比，不仅体现在不同的思想，还体现在方法论的更新上，前者是生成论的，后者是构成论的（廖守亿等，2008）。

传统的自顶向下建模方法要求明确给出目标系统的所有规则和关系，包括定性的和定量的、内部的和外部的，这种巨大的任务在实际研究中往往十分艰巨。而自底向上的 ABM 思想认为，系统的复杂行为来自于多 agent 之间的交互。因此，该方法主要集中于构造具有相对简单行为的个体 agent，而且每一个 agent 被描述得很细。

ABM 思想认为，即使不存在中央决策者的直接影响，基于简单的行为规则，通过 agent 之间的交互作用，也可以使系统呈现出群体智能性；复杂系统中的个体不但能够在环境中生存，而且具有自适应性，能够更好地适应环境并优化它们的行为。

7.4.2　建模原理

1. agent 的概念

为了介绍 ABM 原理，首先介绍 agent 的概念。

尽管不同领域对 agent 理解存在一定的区别，但大多数研究者认为 agent 是一种实体，它能够持续、自主地进行操作，具有学习能力并且与其他 agent 并存和相互作用。也就是说，agent 实质上就是一类能够感知环境，并能灵活、自主地实现一系列目标的实体。

从物理上看，agent 是自主的个体，具有某种对其自身行为和内部状态的控制能力，能够不受人或其他 agent 的直接干预，并尽可能准确地理解别的 agent 的真实意图，有效地利用环境、调节自己的行为。

agent 的基本特征包括：适应性、自治性、社会性、响应性、主动性及灵活性。其中，适应性是指 agent 可以在一定程度上对环境或其他 agent 的变化做出响应，并相应调整自身的行为；自治性是指 agent 对自身状态或行为有一定程度的控制能力，且仅与自身利益有关的一定范围内的其他 agent 发生交互作用，完成任务不需要外界直接干预；社会性是指 agent 能够按照一定的协议与其他 agent 进行通信、交互，并且有能力区分与之交互的 agent 的特性；响应性是指 agent 可以理解自己所处的外部环境，能够根据环境变化及时做出反应和采取措施；主动性是指 agent 的行为是有意识的和目标导向性的；灵活性是指 agent 具有学习能力和记忆能力，其行为以一定经验累积为基础，从而具有可以调整自身行为的规则。

也有人认为，agent 除了具备上述特性外，还具备更为拟人的特性，如知识、信念、意图、承诺甚至情感等心智状态。当然，并不是说任何一个 agent 都一定要具备上述的全部性质。不同的研究者，一般会根据自己的研究目的或实际需要，设计和实现相应的机能（薛领等，2004）。

对地理系统而言，agent 代表一种存在于地理空间中的真实或抽象的实体，它们既可以相互作用，又可以与环境相互作用，众多 agent 可以在一个环境中共同生存，每个 agent 都能够主动、自治地活动，它们的行为是自身感知、推理、决策、学习，以及和其他 agent、环境互动互作的结果（薛领等，2004）。

2. Multi-agent System

Multi-agent System（简称 MAS），是一种由多个 agent 构成，并通过 agent 之间的通信、交互、协作、协同完成同一任务的分布式智能系统（图 7.4.1）。

可见，MAS 是由两个以上的 agent 构成，多个 agent 之间相互作用，以求达到问题求解、计划、搜索、决策及学习等目的系统。agent 之间的交互是 MAS 中最重要的特性。与单一 agent 不同，MAS 中 agent 在追求完成本身目标的过程中，不仅受到环境的制约，还受到其他 agent 的影响。这种影响可以通过 agent 之间的交互通信直接完成，也可能通过改变 agent 共同所处的环境状态来达到。MAS 的目标就是通过 agent 之间的合作完成一定的

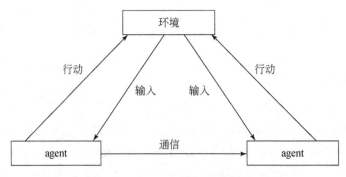

图 7.4.1 多 agent 系统的结构示意图

任务，也就是通过共同目标的 agent 之间的合作，达到单个 agent 无法完成的目的。但是，一般情况下，MAS 中的 agent 的目标并不能保持完全一致，有时候还有可能是相互抵触的，某个 agent 为了追求自身目标最大化的同时，有可能使其他 agent 的利益受到损害。因此，MAS 必须有一种协商机制来解决这种矛盾冲突（常乐，2002）。

由于 MAS 是由多个 agent 构成的共同协作完成复杂工作的系统，agent 之间的通信交流是必须的。各 agent 间的交流通信方式基本上可以分为"黑板"和"消息传递"两种（范玉顺，2003）。第一种是广播通信形式，即属同步消息传递方式。把消息放在通用可存取的黑板上，每个 agent 均可以向黑板发送消息，也可以从黑板上读取信息。发送者和接收者不需要互相了解。黑板模型是智能 agent 通信机制的重要先导之一，是传统的人工智能系统和专家系统的议事日程的扩充。第二种是消息传递通信方式，属于异步消息传递方式，即一个 agent 可以向另一个或多个 agent 发送消息，采用点对点的传递方式，这种通信方式需要多个 agent 之间有一定的了解，发送者事先应该知道接收 agent 的有关信息。

MAS 能通过自身特性，随环境改变而修改自己的行为。人们可以运用 MAS，模拟由众多个体构成的复杂系统的群体行为，或完成一个特定问题的求解任务。

3. 基于 agent 的建模步骤

基于 agent 的建模中隐含着一些基本的假设。这些潜在的假设条件主要包括三个方面（张鲁秀，2012）：第一，MAS 中的 agent 进行自主的交互，系统的整体行为是 agent 交互作用产生的结果；第二，agent 之间的关系既可以是竞争的，也可以是协作的，agent 之间的相遇既可以是随机性的，也可以是确定性的；第三，agent 按照一定的行为规则活动，这些行为规则一般都是很简单的，不同 agent 的行为可以没有事先既定的顺序，具有并发性特点。这些特性也说明，基于 agent 的建模是一种非常灵活的技术。

那么，如何构建基于 agent 的模型？Macal 和 North（2005）及 North 和 Macal（2007）对此做过专门研究，他们提出了一个一般性的框架（Macal and North，2006），具体包括五个环节：①识别 agent 类型及与之相关的属性；②定义 agent 依存及与之交互的环境；③界定 agent 属性更新的方法；④添加 agent 在仿真过程交互的方法；⑤在软件平台中运行仿真模型。

基于 Macal 和 North 的思路框架，刘德胜（2011）和张鲁秀（2012）提出了基于 agent

建模的具体步骤（图 7.4.2）。

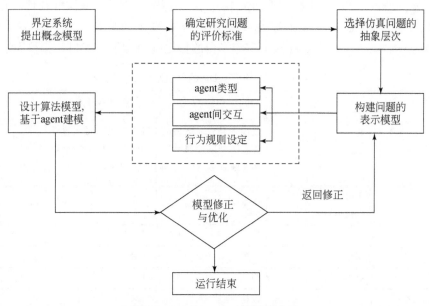

图 7.4.2　基于 agent 的建模步骤

第一步，界定系统，并提出概念模型。这一步骤，主要是从多 agent 系统的角度，清晰阐释系统与系统的边界、界定，以及哪些因素属于系统和哪些属于影响系统的外部环境。

第二步，确定研究问题的评价标准，即如何分析模型达到的效果。在对系统定义的基础上，提出并制定对仿真结果的评价标准，如构建目标函数。

第三步，选择仿真问题的抽象层次，即仿真问题形式化描述。系统是具有层次性的，仿真层次是在非常底层的水平，可能降低效率；在非常高层次可能减弱模型解释能力。因此，应结合仿真目标确定问题抽象的层次。

第四步，构建简明的表示模型。这一步骤是揭示复杂适应系统的关键。在前述分析步骤基础上，从 agent 的相互作用中抽象出关键部分，进一步确定模型中的 agent 之间交互机制与行为规则，建立仿真表示模型。

第五步，设计算法模型，即借助仿真软件编写代码，在计算机上实现 agent 之间的交互关系，模拟系统的成长演变过程。

第六步，对模型进行修正与优化。

7.4.3　基于 agent 建模的软件平台

随着计算机技术的发展，出现了超过 50 多种不同形式的建模软件平台，如 Swarm、Netlogo、Ascape、Mason、Repast、StarLogo、TNGlab 等，这些平台工具都试图为模型研究者提供统一的研究框架，使研究者无需从最底层代码开始构建仿真模型，它们的发展为建模提供了强有力的支持。

一些学者对不同的建模工具进行了比较（Gilbert and Bankes，2002；Robertson，2005；Railsback 等，2006）。具体来看，不同的软件平台在设计目标、编程复杂性、运行速度、应用广度、维护频率、可扩展性、初学者学习成本等方面略有不同。表 7.4.1 给出了 Swarm、Netlogo、Ascape、Repast 四个主流平台的特性（刘德胜，2011；张鲁秀，2012）。

表 7.4.1　四种基于 agent 的建模软件平台比较

类型	Swarm	Repast	Ascape	Netlogo
设计目标	为研究者提供标准的建模软件工具集等	建模便利性、更短的学习周期以及模型结构抽象性等	高度抽象与强大建模功能，用尽量简单语言描述完整模型等	便于无良好编程基础的人员运用 multi-agent 建模技术开展研究
运行速度	简单模型较快复杂模型较慢	较快	较快	快
应用广度	广泛	广泛	一般	较广泛
维护频率	较多	较多	一般	较多
可扩展性	较好	好	一般	不易扩展
初学者学习成本	高	较高	较高	较低
编程复杂性	复杂	较复杂	较简单	较简单

由于 Repast 运行速度较快、可扩展性好，因而被广泛应用。应用该软件平台构建基于 agent 的模型，需要重点关注三个构件，即情境（context）、映射（project）和主体（agent）。其中，情境是 Repast 中的核心概念和对象，按照层级结构进行排列，它定义了一个抽象总体及交互机制，但交互机制并不实际地执行，仅作为一个原型空间；映射的主要作用就是定义情境中的元素的交互关系，使之相互作用，主要包括 Grid、Continuous Space、Network、GIS 四种形式。这三者之间的关系可归纳为：情境定义了映射与主体，映射规定了主体的交互方式。

运用 Repast Simphony（简称 Repast S）软件平台，基于 agent 的建模工作，主要通过如下几个步骤完成：①创建一个 Repast S 工程（project），所有模型构件都包含在其中；②创建情境类，新建的情境类通常是对原有 Repast S 类的继承；③创建 agent 类，并加入情境中，然后为不同的 agent 设置仿真参数（可在 GUI 界面中完成）；④创建映射，把 agent 添加到映射中，并指定 agent 之间的交互关系；⑤运行模型（模型运行前，需要为数据加载指明模型数据的来源，接着为模型的运行创建一个展示）；⑥模型调试与修正，分析模型的运行结果。

参 考 文 献

常乐 . 2002. 基于记忆演化的多 Agent 系统强化学习［D］. 北京：清华大学硕士学位论文 .

巩跃强 . 2001. 土地详查信息系统及土地利用动态模拟的 GeoCA_ Land 模型研究［D］. 兰州：兰州大学 .

范玉顺 . 2003. 多代理系统：理论方法与应用［M］. 北京：清华大学出版社 .

方创琳，余丹林 . 1999. 区域可持续发展 SD 规划模型及试验优控——以西北干旱区柴达木盆地为例

[J]. 生态学报，19（6）：256-264.

廖守亿，陈坚，陆宏伟，等．2008. 基于 Agent 的建模与仿真概述［J］. 计算机仿真，25（12）：1-7.

凌怡莹，徐建华．2003a. 基于分形理论和 Kohonen 网络的城镇体系的非线性研究——以长江三角洲地区为例［J］. 地球科学进展，18（4）：521-526.

凌怡莹，徐建华．2003b. 基于人工神经网络的长江三角洲地区城市职能分类研究［J］. 规划师，19（2）：77-83.

刘德胜．2011. 创新型中小企业基因及作用机理研究［D］. 济南：山东大学博士学位论文．

孙战利．1999. 空间复杂性与地理元胞自动机模拟研究［J］. 地球信息科学，1（2）：32-37.

王其藩．1988. 系统动力学［M］. 北京：清华大学出版社．

王振江．1988 系统动力学引论［M］. 上海：上海科学技术文献出版社．

闻新，周露，王丹力，等．2001. MATLAB——神经网络应用设计［M］. 北京：科学出版社．

吴简彤，王建华．1998. 神经网络技术及其应用［M］. 哈尔滨：哈尔滨工程大学出版社．

邬伦，刘瑜，张晶，等．2001. 地理信息系统：原理、方法和应用［M］. 北京：科学出版社．

徐建华．2006. 计量地理学［M］. 北京：高等教育出版社．

徐建华．2014. 计量地理学［M］. 2 版．北京：高等教育出版社．

徐建华．1996. 现代地理学中的数学方法［M］. 北京：高等教育出版社．

徐建华．2002. 现代地理学中的数学方法［M］. 2 版．北京：高等教育出版社．

徐建华，白新萍，贺治波．1995. 甘肃两西地区扶贫开发性移民对策的系统动力学仿真研究［J］. 人文地理，10（3）：14-19.

徐建华，罗格平，牛达奎．1996. 绿洲型城市生态经济系统仿真研究［J］. 中国沙漠，16（3）：235-241.

薛领，杨开忠，沈体雁．2004. 基于 agent 的建模——地理计算的新发展［J］. 地球科学进展，19（2）：305-311.

严广乐，杨炳奕，黄海洲．1991. 系统动力学：政策实验室［M］. 上海：知识出版社．

张鲁秀．2012. 企业低碳自主创新金融支持体系研究［D］. 济南：山东大学博士学位论文．

周成虎，孙战利，谢一春，等．1999. 地理元胞自动机研究［M］. 北京：科学出版社．

Anderson J A, Silverstein J W, Ritz S A, et al. 1977. Distinctive features, categorical perception, and probability learning: some applications of a neural model［J］. Psychological review, 84（5）：413.

Burnham K P, Anderson D R. 2002. Model selection and multimodel inference: a practical information-theoretic approach［M］. 2nd ed. New York: Springer-Verlag.

Bishop C M. 1995. Neural networks for pattern recognition［M］. London: Oxford University Press.

Batty M, Xie Y. 1994. From cells to cities［J］. Environment and planning B: planning and design, 21（7）：S31-S38.

Batty M, Xie Y. 1997. Possible urban automata［J］. Environment and planning B: planning and design, 24（2）：175-192.

Batty M, Xie Y, Sun Z. 1999. Modeling urban dynamics through GIS-based cellular automata［J］. Computers, environment and urban systems, 23（3）：205-233.

Clarke K C, Hoppen S, Gaydos L. 1997. A self-modifying cellular automaton model of historical urbanization in the San Francisco Bay area［J］. Environment and planning B: planning and design, 24（2）：247-261.

Clarke K C, Gaydos L J. 1998. Loose-coupling a cellular automaton model and GIS: long-term urban growth prediction for San Francisco and Washington/Baltimore［J］. International journal of geographical information science, 12（7）：699-714.

Forrester J W. 1961. Industrial Dynamics［M］. Boston: MIT Press.

Forrester J W. 1969. Urban Dynamics [M]. Boston: MIT Press.

Forrester J W. 1971. World Dynamics [M]. Cambridge, MA: Wright-Allen Press.

Forrester J W, Senge P M. 1980. Tests for building confidence in system dynamics models [J]. TIMS studies in the management sciences, 14: 209-228.

Forrester J W. 1994. System dynamics, systems thinking, and soft OR [J]. System Dynamics Review, 10 (2-3): 245-256.

Gilbert N, Bankes S. 2002. Platforms and methods for agent-based modeling [J]. Proceedings of the national academy of sciences, 99 (suppl 3): 7197-7198.

Hagan M T, Demuth H B, Beale M. 1996. Neural network design [M]. Boston: PWS Publishing Co.

Hebb D. 1949. The Organization of Behavior [M]. New York: Wiley & Sons.

Kohonen T. 1977. Associative memory: A system theoretical approach [M]. New York: Springer.

Kohonen T. 1982. Self-organized formation of topologically correct feature maps [J]. Biological cybernetics, 43 (1): 59-69.

Macal C M, North M J. 2005. Tutorial on Agent-based Modeling and Simulation [C]. Proc. 2005 Winter Simulation Conference. Kuhl M E, Steiger N M, Armstrong F B, et al., Orlando, FL: 2-15.

Macal C M, North M J. 2006. Tutorial on Agent-based Modeling and Simulation, Part 2: How to Model with Agents [C]. Proc. 2006 Winter Simulation Conference, Perrone L F, Wieland F P, Liu J, et al. Monterey, CA: 3-6.

Mcculloch W S, Pitts W. 1943. A logical calculus of the ideas immanent in nervous activity [J]. The bulletin of mathematical biophysics, 5 (4): 115-133.

North M J, Macal C M. 2007. Managing business complexity: discovering strategic solutions with agent-based modeling and simulation [M]. Oxford: Oxford University Press.

Pattersond W. 1996. Artificial neural networks: theory and applications [M]. New York: Prentice Hall.

Railsback S F, Lytinen S L, Jackson S K. 2006. Agent-based simulation platforms: review and development recommendations [J]. Simulation, 82 (9): 609-623.

Robertson D A. 2005. Agent-based modeling toolkits: NetLogo, RePast, and Swarm [J]. Academy of mangement learning and education, 4 (4): 525-527.

Rosenblatt F. 1957. The perceptron, a perceiving and recognizing automaton project para [R]. New York: Cornell Aeronautical Laboratory.

Wang Z Y, Xu J H, Lu F, et al. 2009. Using the method combining PCA with BP neural network to predict water demand for urban development [C] //2009 Fifth International Conference on Natural Computation. ICNC 2009. Tianjin, China: IEEE, 2: 621-625.

White H. 1992. Artificial neural networks: approximation and learning theory [M]. Cambridge, MA: Blackwell Publishers, Inc.

White R, Engelen G. 1993. Cellular automata and fractal urban form: a cellular modelling approach to the evolution of urban land-use patterns [J]. Environment and planning A, 25 (8): 1175-1199.

Wolfram S. 1984. Cellular automata as models of complexity [J]. Nature, 311 (5985): 419-424.

Xu J H, Chen Y N, Li W H, et al. 2013. Combining BPANN and wavelet analysis to simulate hydro-climatic processes—a case study of the Kaidu River, North-west China [J]. Frontiers of earth science, 7 (2): 227-237.

Xu J H, Chen Y N, Li W H, et al. 2014. Integrating wavelet analysis and BPANN to simulate the annual runoff with regional climate change: a case study of Yarkand River, Northwest China [J]. Water resources management，28（9）：2523-2537.

思考与练习题

1. 在地理学研究中，系统仿真建模的意义和作用是什么？

2. 地理学中常见的系统仿真建模方法有哪些？各自的优缺点是什么？

3. 试结合你自己的研究课题，建立一个系统动力学仿真模型，并进行模型调试、多方案仿真。

4. 试结合你自己的研究课题，建立一个人工神经网络模型，并进行网络训练、分析模拟结果。

5. 试结合你自己的研究课题，建立一个元胞自动机模型，并设置不同的情景，进行多方案模拟、分析模拟结果。

6. 试结合你自己的研究课题，利用已有的建模软件平台（如 Swarm、Netlogo、Ascape 或 Repast），建立一个基于 agent 的模型，并对其模拟结果进行评价。

第 8 章　地理建模常用软件

基于任何理论和方法建立的地理模型，都需要转化成具体的方程、参数，才能描述和解决具体的地理问题。由于地理问题的复杂性，几乎所有的体现地理模型的具体方程和参数，必须依靠计算机进行求解和计算才能完成，因此计算分析软件必不可少。本章主要介绍地理建模计算中常用的几种计算机软件。

8.1　MATLAB 简介及其应用

MATLAB 是美国 MathWorks 公司出品的商业数学软件，用于算法开发、数据可视化、数据分析及数值计算的高级计算语言和交互式环境，主要包括 MATLAB 数值计算和 Simulink 仿真两大部分。MATLAB 是矩阵实验室（Matrix Laboratory）的简称，和 Mathematica、Maple 并称为三大数学软件。该软件的优势在于：

（1）友好的工作平台和编程环境。人机交互性更强，操作更简单；编程调试系统完备。

（2）简单易用的程序语言。它发展于 C++语言，但更加简单、可移植性好、可拓展性强。

（3）强大的科学计算机数据处理能力。拥有 600 多个工程中要用到的数学运算函数，可以方便地实现用户所需的各种计算功能。

（4）出色的图形处理功能。可完成二维和三维的可视化、图像处理、动画和表达式作图等高层次作图及一些特殊的可视化要求。

（5）应用广泛的模块集合工具箱（王正林和刘明，2006）。目前，MATLAB 已经把工具箱延伸到了科学研究和工程应用的诸多领域，如数据采集、数据库接口、概率统计、样条拟合、优化算法、偏微分方程求解、神经网络、小波分析、信号处理、图像处理、系统辨识、控制系统设计、LMI 控制、鲁棒控制、模型预测、模糊逻辑、金融分析、地图工具、非线性控制设计、实时快速原型及半物理仿真、嵌入式系统开发、定点仿真、DSP 与通信、电力系统仿真等，都在工具箱家族中有了自己的一席之地。

（6）实用的程序接口和发布平台（王世香，2007）。可以利用 MATLAB 编译器和 C/C

++数学库和图形库，将 MATLAB 程序自动转换为独立于 MATLAB 运行的 C 和 C++代码。允许用户编写可以和 MATLAB 进行交互的 C 或 C++语言程序。另外，MATLAB 网页服务程序还允许在 Web 应用中使用自己的 MATLAB 数学和图形程序。

（7）应用软件开发（包括用户界面）。在开发环境中，使用户更方便地控制多个文件和图形窗口；在编程方面支持了函数嵌套，有条件中断等；在图形化方面，有了更强大的图形标注和处理功能；在输入输出方面，可以直接向 Excel 和 HDF5 进行连接。

本节主要针对 MATLAB R2016b，介绍其在地理建模分析中的应用。

8.1.1　软件获取与界面构成

MATLAB 中国官方网站（http://cn. mathworks. com/）提供了试用版本，用户可以前往网站免费下载安装。更多软件购买信息请参考官方网站。

第一次打开 MATLAB 时，初始界面（图 8.1.1）主要由以下几部分构成。

图 8.1.1　MATLAB 初始界面

（1）菜单栏：包括主页、绘图、应用程序。主页菜单包括新建、导入、保存等基本功能。绘图菜单用于迅速绘制各种散点图、线图、条形图及三维曲面图等。应用程序包含了数学、统计和优化等工具箱。

（2）当前文件夹：用于打开各种需要的数据和文件，如 mat 数据、Excel 数据、m 代码文件、工作区文件等。

（3）命令行：在"＞＞"提示符号后可以直接输入语句命令，常用于简单的数值计算及调试验证。

（4）工作区：通过列表显示用户创建的变量，点击变量可以查看缓存在内存中的数值，借助绘图工具栏可以迅速进行可视化。

8.1.2 MATLAB 基本语法

1. 变量

在 MATLAB 中，使用变量无需事先声明，而是根据变量在语句中的第一次合法出现而自动定义。变量的命名规则如下。

（1）变量名的第一个字符必须是英文字母，最多可以使用 63 个英文、数字及下划线定义变量名，如 x1、t_mon、Temperature_valley 等。

（2）变量名不得和 MATLAB 内置函数重名，如不能使用 sin、min、clc 等，否则 MATLAB 在编译语句时会优先把这些函数认定为变量使用，再次需要使用该函数的时候只返回预先定义的同名变量所存储的数值，导致语句运行出错。例如，max＝max（2，5）语句在第一次执行时返回 max＝5，第二次执行该语句则会因为 max 是一个只包含 5 的变量，没有第 2 行和第 5 列而返回错误信息"索引超出矩阵维度"。

（3）变量名对大小写敏感，如 X1 和 x1 是两个变量，在使用时需要注意。

2. 数组

在 MATLAB 中，变量可以用来存储一个整数、一个浮点数、一个字符，也可以用来存储一系列数据，称为数组。数组用来存储多维度数据，当维度为 1 时，数组可以用来表示向量，维度为 2 时数组可以用来表示矩阵。

1）数组创建方法

二维或一维数组采用直接输入法创建：

```
ArrayName = [element11, element12, …, element1n; element21, element22, …,
element2n; elementm1,elementm2,…,elementmn;]
```

其中，ArrayName 为数组名，命名规则和变量一致，elementmn 为数组第 m 行、第 n 列处的元素，如果 m 或 n 为 1，该数组为一维数组；如果 m 和 n 均大于 1，该数组为二维数组。同行元素用"，"分隔，不同行元素用"；"分隔。

大于二维的数组可以通过对二维以上的维度逆序嵌套循环，在每个循环体中对二维数组赋值的方法创建，如下例实现了三维数组的创建。

```
for k=1:n
    Array3DName(:,:,k)=Array2D
End
```

其中，Array3DName 为三维数组，k 为第三维度的序号，可以理解为第 k 层，n 为第三维度的总层数，Array2D 为第 k 层的二维数组，可以按行列直接输入，也可以使用赋值方法。

对二维或一维数组也可以采用"［］""，"及"；"符号对数组进行连接。

在行数相同的情况下：

```
Array=[Array1,Array2,…ArrayN]
```

在列数相同的情况下：

Array＝[Array1;Array2,…ArrayM]

对大于二维数组的连接建议使用上文介绍的大于二维数组的创建方法。

使用 MATLAB 内置的函数可以生成以下二维数组（表 8.1.1）。

表 8.1.1　创建矩阵的常用内置函数

函数	功能	函数	功能
compan	生成伴随阵	toeplitz	生成 Toeplitz 矩阵
diag	生成对角阵	vander	Vandermonde 矩阵 $A(i, j)=v(i)^{(n-j)}$
hadamard	生成 Hadamard 矩阵	zeros	生成零矩阵
hankel	生成 Hankel 矩阵	ones	生成元素全为 1 的矩阵
invhilb	Hilbert 矩阵的逆阵	rand	生成均匀分布随机矩阵
kron	Kronercker 张量积	randn	生成正态分布随机矩阵
magic	魔方矩阵	eye	生成对角线元素为 1 的对角矩阵
pascal	Pascal 矩阵	meshgrid	由两向量生成网格矩阵

2）数组的寻访

MATLAB 可以灵活对数组的元素进行寻访，获取数组特定位置存储的值，下面以二维数组为例进行介绍。

数组单一元素的寻访：

Arrayname (m,n)

数组某行元素的寻访：

Arrayname(m,:)

数组某列元素的寻访：

Arrayname(:,n)

数组子集的寻访：

Arrayname(m1:m2,n1:n2)

其中，m1，m2 为起止行号；n1，n2 为起止列号。

3. 数据类型

MATLAB 变量可以用来表示数值，也可以用来表示字符、结构体等数据类型，下面分别介绍 MATLAB 中主要的数据类型。

1）数值

MATLAB 的数值类型包括符号整数、无符号整数、单精度浮点数、双精度浮点数。MATLAB 是弱类型语言，默认情况下，MATLAB 将数值存储为双精度浮点数。根据存储数值类型事先转换变量（表 8.1.2），如整型数或单精度数，能够节约存储空间，提高运算效率。

表 8.1.2　数值类型转换函数

转换函数	功能	转换函数	功能
double	将变量转为双精度	int64	将变量转为 64bit 符号整型数
single	将变量转为单精度	uint8	将变量转为 8bit 无符号整型数
int8	将变量转为 8bit 符号整型数	uint16	将变量转为 16bit 无符号整型数
int16	将变量转为 16bit 符号整型数	uint32	将变量转为 32bit 无符号整型数
int32	将变量转为 32bit 符号整型数	uint64	将变量转为 64bit 无符号整型数

2）字符和字符串

字符类型用来存储字符，如果是多字符则每个字符被作为该字符数组中的一个元素。字符串用来存储字符串，如果是多个字符串，则每个字符串被作为字符串数组中的一个元素。下面举例来说明如何定义字符和字符串类型及两者的区别和联系。

在命令行输入：

```
chr='Hello,world'
str=string(chr)
whos
```

回车后分别返回以下信息：

```
chr=
Hello,world
str=
string
"Hello,world"
Name       Size       Bytes        Class        Attributes
chr        1x12       24           char
str        1x1        150          string
```

在赋值时使用一对单引号括起表示单引号内为字符，使用 string 函数将字符类型转换为字符串类型。由 whos 命令得到的变量信息可知，字符变量 chr 为 12 个元素构成的字符数组，而字符串变量 str 可以看作 1 个元素构成的字符串数组。

3）结构体

结构体是一种集合存储类型，使用字段分别存放数据。每个字段可以存储任意一种类型的数据。使用［结构体名词.字段名］访问字段数据。

结构体通常可以使用 struct 函数进行创建：

```
s=struct(field1,value1,…,fieldN,valueN);
```

其中，struct 为创建结构体函数，fieldN 为第 N 个字段名，valueN 为第 N 个字段存储的数据。

结构体创建实例：

```
field1='f1';value1=zeros(1,10);
```

```
field2 = 'f2';value2 = {'a','b'};
field3 = 'f3';value3 = {pi,pi.^2};
field4 = 'f4';value4 = {'fourth'};
s = struct(field1,value1,field2,value2,field3,value3,field4,value4)
```

在命令行输入以上命令后，将会创建一个包含 4 个字段的结构体，每个字段包含两个值。

4) 元胞数组

元胞数组是一种使用有索引的元胞进行存储的数据类型，每个元胞可以包含任意类型的数据。元胞数组可以存储不同长度的字符串、文本数值混合数据及不同大小的数组。元胞数组通过花括号 {} 创建。

元胞数组创建实例：

```
myCell = {1,2,3; 'text',rand(5,10,2),{11; 22; 33}}
```

在命令行输入以上代码，将会创建如下的元胞数组：

```
myCell =
2×3 cell 数组
[1]        [2]              [3]
'text'     [5×10×2 double]  {3×1 cell}
```

4. 数学运算

MATLAB 中常用的数学运算符号，包括四则运算、矩阵运算、三角函数等，如表 8.1.3 所示。

表 8.1.3　常用数学运算符

运算符	含义	运算符	含义
$a+b$	加法	sqrt (x)	表示 x 的算术平方根
$a-b$	减法	abs (x)	表示实数的绝对值及复数的模
$a×b$	矩阵乘法	sin (x)	正弦函数
a×b	数组乘法	cos (x)	余弦函数
a/b	矩阵右除	tan (x)	正切函数
$a\backslash b$	矩阵左除	cot (x)	余切函数
$a\hat{\ }b$	矩阵乘方	sec (x)	正割函数
a.^b	数组乘方	csc (x)	余割函数
$-a$	负号	ceil (x)	大于等于实数 x 的最小整数
'	共轭转置	floor (x)	小于等于实数 x 的最大整数
.'	一般转置	round (x)	最接近 x 的整数
exp (x)	以 e 为底数	max $(\ )$	求最大值
log (x)	e 为底的对数	min $(\ )$	求最小值

运算符	含义	运算符	含义
$\log_{10}(x)$	10 为底的对数	sign (x)	符号函数
$\log_2(x)$	以 2 为底的 x 的对数	factorial (n)	阶乘函数，表示 n 的阶乘

5. 控制结构

MATLAB 常用控制命令如表 8.1.4 所示。灵活组合使用控制命令可以实现复杂的计算需求。

表 8.1.4　MATLAB 控制结构

命令	功能	命令	功能
if, elseif, else	选择语句	break	结束循环语句
for	循环语句	continue	跳过本次循环
parfor	并行循环	end	结束代码
switch, cash, otherwise	多分支选择	pause	代码暂停运行
try, catch	测试语句	return	退出程序或函数返回
while	循环语句		

6. 函数

MATLAB 中新建 m 文件，按照以下格式建立函数文件：

```
function [y1,…,yN]=funname(x1,…,xM)
% 在此输入运算过程
End
```

其中，x1，…，xM 为输入变量；y1，…，yN 为输出变量；funname 为函数名，函数名必须以字母开头，之后由字母、数字和下划线组成。

需要注意的是，m 文件名称应与文件中第一个定义的函数名一致，以便调用。

从 MATLAB2016b 开始，支持在脚本中定义函数，但是函数定义应在脚本的最后，并且脚本名称不能与函数名重名。

下面介绍一个计算向量的平均值和标准差的实例：

```
function [m,s]=stat(x)
    n=length(x);
    m=sum(x)/n;
    s=sqrt(sum((x-m).^2/n));
end
```

新建 stat.m 文件并输入以上代码，保存。

在命令行中输入以下代码：

```
values=[12.7,45.4,98.9,26.6,53.1];
[ave,stdev]=stat(values)
```

命令行中将返回以下信息：

```
ave=
    47.3400
stdev=
    29.4124
```

8.1.3　MATLAB 代码编写应用实例

1. 一元非线性地理回归模型

对于两个要素间的关系呈现非线性关系的地理问题，如某地在湿度为40%时，检测不同 $PM_{2.5}$ 浓度下的大气能见度（表8.1.5），通过绘制散点图发现两要素符合幂函数曲线关系，因此使用相应的一元非线性模型进行模拟。

表 8.1.5　某地不同 $PM_{2.5}$ 浓度下的大气能见度（湿度40%）

编号	1	2	3	4	5	6	7	8
$PM_{2.5}$浓度/($\mu g/m^3$)	53.9	56.3	57.5	63.5	65.9	67.1	68.3	83.8
能见度/km	46.0	34.0	37.7	47.9	23.5	27.2	41.3	13.4
编号	9	10	11	12	13	14	15	16
$PM_{2.5}$浓度/($\mu g/m^3$)	83.8	88.6	97.0	144.9	174.9	207.2	291.0	409.6
能见度/km	17.6	21.0	12.0	8.7	6.3	5.7	3.7	2.6

为了模拟这一规律，使用 MATLAB 的内置函数 ［fitresult，gof］=fit（x，y，ft，opts）进行模拟，其中，ft 为拟合函数类型，这里通过 ft=fittype（'power1'）设置为一元幂函数。opts 为模拟方法的相关设置，通过 opts=fitoptions（'Method'，'NonlinearLeastSquares'）设置参数估计方法为非线性最小二乘法。在 MATLAB 中新建脚本文件，输入代码如下：

```
clc;% 清空命令行
clear;% 清空工作区
% 数据输入
PM=[53.9,56.3,57.5,63.5,65.9,67.1,68.3,83.8,83.8,88.6,97,144.9,174.9,207.2,291,409.6];
visibility=[46.0,34.0,37.7,47.9,23.5,27.2,41.3,13.4,17.6,21.0,12.0,8.7,6.3,5.7,3.7,2.6];
% 数据准备
[x,y]=prepareCurveData(PM,visibility);
% 设置拟合类型参数 ft
```

```
ft=fittype('power1');
opts=fitoptions('Method','NonlinearLeastSquares');
% opts.Display='Off';
% opts.StartPoint=[3872.57118415489-0.423521559853589];
% 一元非线性回归拟合
[fitresult,gof]=fit(x,y,ft,opts);
% 绘图
figure('Name','一元非线性回归');
h=plot(fitresult,x,y);
legend(h,'实测值','一元非线性回归曲线','Location','NorthEast');
% 坐标轴设置
xlabel PM_2_._5浓度(μg/m^3)% ^和_为上下标标识符
ylabel 能见度(km)
grid on
% 回归系数与95% 置信区间估计
disp('回归系数与95% 置信区间估计:')
disp(fitresult)
% 误差估计与决定系数
SSE=gof.sse;
RMSE=gof.rmse;
RSQUARE=gof.rsquare;
disp('误差估计与决定系数:')
disp(['SSE=',num2str(SSE)])
disp(['RMSE=',num2str(RMSE)])
disp(['RSQUARE=',num2str(RSQUARE)])
```

点击运行，在命令行窗口显示以下结果（图8.1.2），并弹出绘图结果（图8.1.3）。

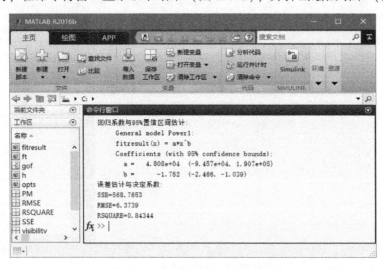

图8.1.2　非线性回归系数与检验

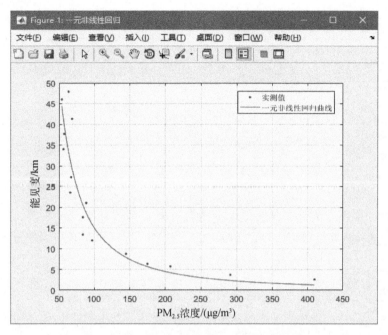

图 8.1.3　某地 PM$_{2.5}$ 浓度与大气能见度的模拟

由模拟结果可知，决定系数 RSQUARE 达到了 0.843，说明幂函数模型模拟效果良好，反映了湿度一定的条件下，随着 PM$_{2.5}$ 浓度的增加，大气能见度下降速率先快后慢的规律，也从侧面说明了对 PM$_{2.5}$ 的治理在初期是个漫长并且缺乏成效的过程，但是一旦取得突破，如控制 PM$_{2.5}$ 浓度低于 100μg/m³，大气能见度将会随着治理深入而迅速提升，取得显著成效。

2. 聚类分析

地理事物既存在相似性，也存在差异性，使用聚类分析可以根据地理事物的属性，用数学的方法逐步分型化类。土壤性质是气候、生物、地形、母质和时间等成土因素综合作用的结果，因此不同地点的土壤由于成土条件的组合，具有相似性和差异性。表 8.1.6 按照发生分类学的观点给出了部分土种典型剖面表层土的理化性质，尝试使用分层聚类方法依据土壤属性对土种进行聚类。

表 8.1.6　部分土种典型剖面表层土的理化性质

土纲	铁铝土		淋溶土		
土类	红壤		棕壤		黄褐土
土种	红泥土	黄红泥土	黏棕黄土	黄僵泥土	壤黄土
编号	1	2	3	4	5
有机质/(g/kg)	51.7	66.7	15	15.9	16.4
全氮/(g/kg)	1.9	2.51	0.99	0.88	1.06

土纲	铁铝土		淋溶土		
土类	红壤		棕壤		黄褐土
土种	红泥土	黄红泥土	黏棕黄土	黄僵泥土	壤黄土
编号	1	2	3	4	5
全磷/(g/kg)	0.33	0.53	0.63	0.65	0.65
全钾/(g/kg)	9.9	16.5	17.9	14.4	20.8
pH 值	5	5	6.1	6.8	6.6
黏粒含量（粒径<0.002mm）	49.5	34.4	26.7	22.4	11.2

为实现分层聚类方法，综合使用以下函数：pdist 函数计算变量距离，linkage 计算系统聚类树，cophenet 评价聚类信息，cluster 创建聚类。在 MATLAB 中新建脚本，输入以下代码：

```
clc;% 清空命令行
clear;% 清空工作区
% 数据输入
X=[51.7,1.9,0.33,9.9,5,49.5;
66.7,2.51,0.53,16.5,5,34.4;
15,0.99,0.63,17.9,6.1,26.7;
15.9,0.88,0.65,14.4,6.8,22.4;
16.4,1.06,0.65,20.8,6.6,11.2];
X2=zscore(X);% 标准化数据
Y2=pdist(X2,'euclidean');% 计算对象距离,计算方法为欧几里得距离
Z2=linkage(Y2,'single');% 计算系统聚类树,聚类方法为最短距离法
C2=cophenet(Z2,Y2);% 计算 cophenet 相关系数,评价聚类信息
T=cluster(Z2,6);% 根据聚类树创建分类
H=dendrogram(Z2);% 绘制聚类谱系图
```

点击运行，获得以下聚类结果（图 8.1.4）。

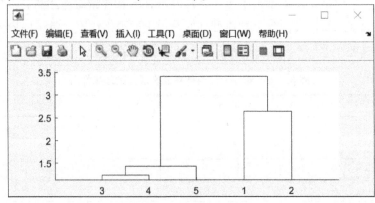

图 8.1.4　土种聚类图

由图 8.1.4 可知，在第一层聚类中，红泥土和黄红泥土构成一类，即土类中的红壤；黏棕黄土和黄僵泥土构成了一类，对应土类中的棕壤；壤黄土自成一类，对应土类中的黄褐土。在下一层聚类中，红壤单独成为一类，对应土纲中的铁铝土；棕壤和黄褐土合为一类，对应土纲中的淋溶土。聚类结果与土壤发生分类划分的类别等级一致，符合实际情况。

3. 主成分分析

地理事物通常具有多种属性，增加了分析工作的任务量和复杂性，因此可以使用主成分分析方法减少原始变量，提取有代表意义的新变量。在土壤研究中，需要对土壤样品进行多指标的分析化验，这些指标间通常存在着密切关系。因此，使用主成分分析方法，简化指标，提取土壤的典型特征。仍以表 8.1.6 中部分土种典型剖面表层土的理化性质为例，进行主成分分析。

使用 MATALB 中的 [coeff, score, latent] = princomp(X) 函数进行主成分分析，其中，X 为输入矩阵，行为土种，列为各指标数值，coeff 为因子载荷矩阵，score 为主成分得分，latent 为特征值。在 MATLAB 中新建脚本，输入以下代码：

```
clc;% 清空命令行
clear;% 清空工作区
%数据输入
X=[51.7,1.9,0.33,9.9,5,49.5;
66.7,2.51,0.53,16.5,5,34.4;
15,0.99,0.63,17.9,6.1,26.7;
15.9,0.88,0.65,14.4,6.8,22.4;
16.4,1.06,0.65,20.8,6.6,11.2];
%主成分分析
[coeff,score,latent]=princomp(X);
%累计贡献率
for i=1:length(latent)
    contri(i)=sum(latent(1:i))/sum(latent);%
end
%结果
disp('因子载荷矩阵');
disp(coeff);
disp('主成分得分');
disp(score);
disp('特征值');
disp(latent');
disp('累计贡献率');
disp(contri);
```

点击运行，在命令行窗口显示以下结果（图 8.1.5）。

由累积贡献率可知，前两个主成分的累计贡献率已经达到 99.65%，因此使用它们足

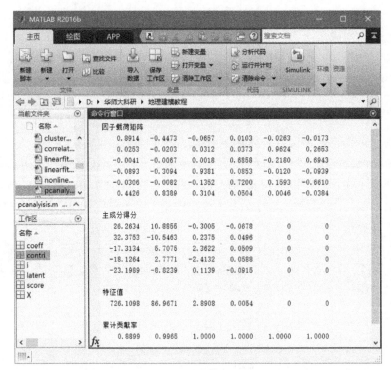

图 8.1.5　主成分分析结果

以代替原始因子所代表的所有信息。结合因子载荷矩阵，第一主成分土壤有机碳和黏粒含量对应的系数较大，分别为 0.89 和 0.44，第二主成分中仍然是黏粒含量和土壤有机碳对应的系数较大，分别为 0.84 和 0.45，而第一主成分贡献率远远高于第二主成分，因此可以判断土壤有机碳含量是决定土壤特征的首要因素，其次为黏粒含量。结合土壤属性及分类，不同土纲间的确是土壤有机碳差异最大，不同土类间是黏粒含量差异最大，与分析结果一致。

4. 灰色系统建模

社会系统、经济系统、生产系统、气候水文系统等，由于系统结构不易明确，系统状态不易判断，作用原理难以阐述清楚，这样的系统可以说是灰色或者黑色的。在对这样的系统进行建模时，只能够得到有限的外部或者结果信息，如刑事案件的发案率、发案地区分布，又或是观测到的气温、降水和流量数据。对这样的系统进行建模的过程称为灰色的逆过程，这种逆过程所得到的模型，称为灰色模型（grey model），简称 GM 模型（邓聚龙，1985）。以新疆某流域某时间尺度上的气候水文数据为例（表 8.1.7），介绍 GM（1，3）模型的建模过程。

根据灰色理论，首先确定 GM（1，3）模型的输入与输出变量。由问题可知，需要输入历年径流、气温和降水以建立模型。为了绘制模拟曲线，需要输入年份的起止时间。因为模型具有预测功能，还需要输入向后预测的年份长度。模型的最终目标是进行径流模拟预测，需要输出模拟及预测的径流量，并输出精度检验结果进行模型验证。

表 8.1.7 新疆某流域某时间尺度上的气候水文序列

年份	径流量/亿 m³	气温/℃	降水/mm	年份	径流量/亿 m³	气温/℃	降水/mm
1961	30.2	-3.2	245.7	1986	31.9	-5.2	249.3
1962	36.0	-3.9	280.2	1987	30.2	-4.9	216.2
1963	43.7	-4.8	332.8	1988	27.9	-5.1	210.1
1964	37.7	-4.9	307.0	1989	26.5	-5.4	214.3
1965	27.8	-4.5	255.6	1990	28.4	-5.7	199.9
1966	29.5	-4.5	264.0	1991	31.5	-5.6	186.3
1967	35.6	-4.7	293.0	1992	32.4	-4.9	198.9
1968	36.0	-4.5	281.5	1993	32.1	-4.0	227.7
1969	33.2	-4.4	254.6	1994	32.2	-3.9	254.8
1970	30.8	-5.0	254.6	1995	32.7	-4.3	278.8
1971	30.0	-5.6	269.1	1996	34.0	-4.2	301.1
1972	31.4	-5.1	265.3	1997	35.4	-4.2	308.5
1973	34.7	-4.1	264.5	1998	35.5	-5.1	296.1
1974	40.3	-4.0	314.4	1999	35.4	-5.9	274.6
1975	44.1	-4.1	361.8	2000	36.3	-5.5	238.8
1976	39.5	-3.4	321.3	2001	38.6	-4.1	224.4
1977	31.8	-2.7	251.7	2002	42.4	-2.2	290.1
1978	29.4	-3.7	243.8	2003	46.5	-0.7	369.3
1979	30.1	-5.0	262.7	2004	49.7	-1.1	366.7
1980	29.6	-5.1	257.4	2005	50.4	-2.4	315.7
1981	29.2	-4.6	242.1	2006	46.3	-2.8	276.7
1982	30.1	-4.5	227.9	2007	40.6	-2.8	258.2
1983	31.4	-4.7	221.6	2008	37.3	-3.6	250.8
1984	32.5	-5.1	243.0	2009	36.2	-4.2	273.4
1985	32.8	-5.4	266.5	2010	37.3	-3.6	363.4

根据 GM (1, 3) 理论 (邓聚龙, 1990), 设计以下算法实现模型: ①对输入的径流、气温、降水数据标准化。②对标准化后的径流、气温、降水数据进行一次累加生成处理。③构造紧邻均值生成序列与常数项向量, 计算灰参数。④基于降水灰参数计算降水的模拟与预测值。⑤对气温灰参数作 alpha、beta 变换, 计算气温的模拟与预测值。⑥对径流灰参数作 alpha、beta 变换, 计算径流的模拟与预测值。⑦对实际数据与模拟数据进行逆标准化。⑧绘图与精度检验。

根据以上分析, 首先新建一个实现 GM (1, 3) 模型的核心函数文件, 构建一个输入变量为径流、气温、降水、起止年份、预测时长、变量数量, 输出变量为历史径流模拟、径流预测、MAE、MRE、AIC、NASH 系数的函数, 在函数文件中根据算法编写代码, 并保存为 GM13Prediction. m。

然后新建一个脚本文件, 类似于主函数, 作为灰色模拟和预测程序的入口, 并在程序开头建立注释, 介绍程序运行方法, 描述输入输出数据含义。把脚本文件保存为 GM13_

Main. m。

函数即脚本代码可在 https：//github. com/Trayton/GM13 下载。

运行 GM13_Main. m，返回 GM（1，3）模型验证及原始数据与模拟预测值对比（图 8.1.6）。其中，平均绝对误差 MAE 和平均相对误差 MRE 均较小，说明 GM（1，3）模型的模拟效果良好，NASH 系数约为 0.76，接近 1，证明模型质量较好，可信度高。

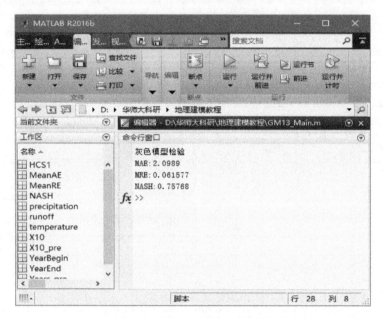

图 8.1.6　GM（1，3）原始数据与模型验证

GM（1，3）模型对原始数据的模拟效果良好（图 8.1.7），模拟数据与原始数据的波动性和长期趋势一致，并对未来 3 年的径流量进行了预测。

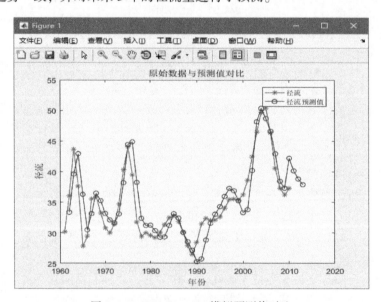

图 8.1.7　GM（1，3）模拟预测值对比

8.1.4　MATLAB 工具箱应用实例

1. 小波分析工具箱

MATLAB 内置的小波分析工具箱提供了小波分解、重构及绘图等功能。通过这些直观可视化的功能，可以分析时间序列的波动，提取地理要素在不同尺度下的变化类型。下面结合新疆某地 1961～2010 年的年降水量（表 8.1.8）介绍工具箱的使用。

表 8.1.8　新疆某地年降水量　　　　　　（单位：mm）

年份	降水量	年份	降水量	年份	降水量	年份	降水量	年份	降水量
1961	220.85	1971	249.7	1981	216.8	1991	195.9	2001	245
1962	361.8	1972	297.8	1982	243	1992	169	2002	238
1963	320.8	1973	233.3	1983	221.1	1993	284.2	2003	406
1964	266.4	1974	342.7	1984	227.1	1994	194	2004	368
1965	249	1975	327	1985	295.7	1995	306	2005	274.9
1966	306.1	1976	355.4	1986	221.8	1996	319.8	2006	338
1967	283.6	1977	234.8	1987	220.9	1997	253	2007	216.2
1968	262.2	1978	250.8	1988	225.5	1998	370	2008	256.3
1969	266.8	1979	244.9	1989	200.1	1999	209	2009	292.9
1970	257.7	1980	285.7	1990	203	2000	270	2010	298.9

在 MATLAB 工作区右键点击【新建】，新建 mat 文件，输入历年降水量数据并保存。点击菜单栏中的【应用程序】，点击右侧下拉箭头打开工具目录，在信号处理和通信中点击【Wavelet Design & Analysis】，打开小波工具箱主菜单（图 8.1.8），分别包括了一维时间序列、二维图像、三维立体数据等子工具箱。在这里主要使用 One-Dimenssional 工具箱，针对一维时间序列展开分析。

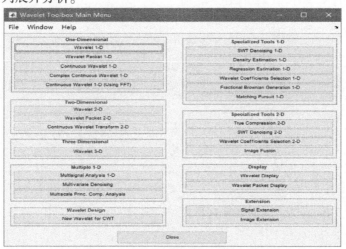

图 8.1.8　小波工具箱主菜单

点击【Wavelet1-D】，打开一维小波变换窗体，点击【File】→【load】→【Signal】，载入保存的历年降水数据。右侧【Wavelet】设置为"db8"小波，Level 设置为"5"，即将原始信号分解为5层。点击【Analyze】，得到分解结果（图8.1.9），由上到下分别是原始信号、第5级近似系数的重构、第5级到第1级细节系数的重构。

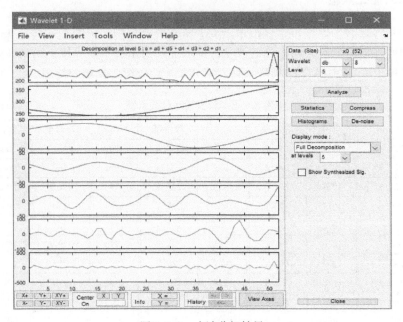

图8.1.9　小波分解结果

在右侧的【Display mode】中可以切换可视化方式，如选择"Show and Scroll"，就可以查看不同等级的近似系数重构和细节系数重构（图8.1.10）。点击【File】→【Export to Workspace】，可以分别导出原始信号、小波系数、包含所有小波分解信息的结构体、近似系数的重构、细节系数的重构。由小波分解和对近似系数的重构可知，新疆某地的降水量长期看呈现上升趋势，在短期则存在着波动。

2. 神经网络拟合工具箱

地理系统具有复杂性，各要素间的关系通常是非线性的，而人工神经网络可以对非线性的关系进行迅速有效的模拟。现在使用 MATLAB 的人工神经网络工具箱，利用系统内置例子进行介绍。

点击菜单栏中的【应用程序】，点击右侧下拉箭头打开工具目录，在数学、统计和优化中点击【Neural Net Fitting】，打开神经网络拟合向导工具箱（图8.1.11）。

点击【Next】，进入数据选择窗口，【Inputs】中选择自变量数据，【Targets】中选择因变量数据。这里点击【Load Example Data Set】，在弹出的窗口中选择"Simple Fitting Problem"，点击【Import】，返回数据选择窗口，点击【Next】。

弹出的校正和检验窗口中，在【Validation】项设置校正比例，在【Testing】项设置检验比例。这里采用15%和15%的默认设置，点击【Next】。

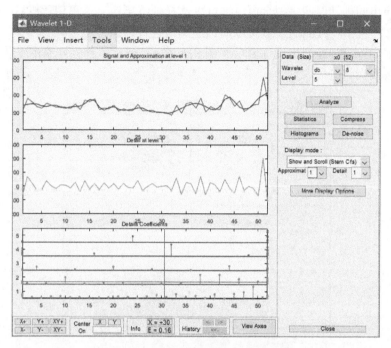

图 8.1.10　近似系数和细节系数重构

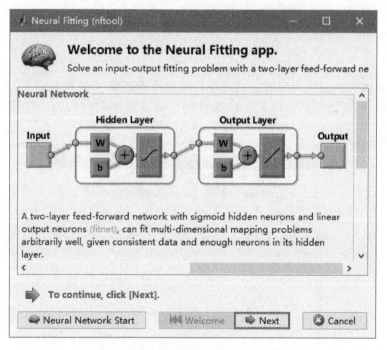

图 8.1.11　神经网络拟合向导工具箱

　　接下来弹出的窗口是神经网络结构设置，可以设置神经网络隐含层节点的数量，这里依然采用默认值，设置为"10"，点击【Next】。

接下来弹出的是神经网络拟合窗口。可以选择训练算法，这里使用默认的 Levenberg-Marquardt 算法，点击【Train】，就可以对神经网络进行训练了。

训练过程中弹出神经网络训练窗口（图 8.1.12），展示了神经网络的结构、训练过程中使用的算法及训练过程。

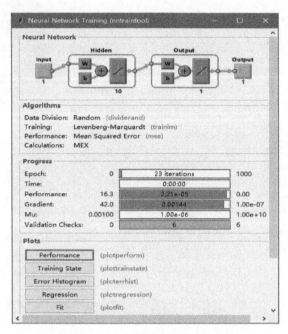

图 8.1.12　神经网络训练窗口

点击【Performance】，弹出神经网络拟合精度评价窗口（图 8.1.13），由图可知，程序共进行了 14 次迭代训练，在第 8 次迭代时，校正数据的均方误差达到最小（mse = 0.00020378）。

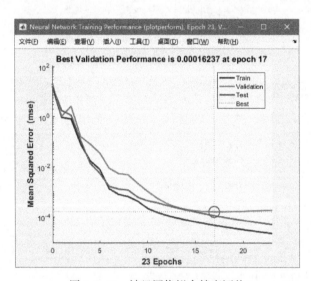

图 8.1.13　神经网络拟合精度评价

点击【Fit】，查看拟合结果（图 8.1.14），图中展示了训练数据、校正数据、验证数据的实际值（Targets）与拟合值（Outputs），以及实际值与拟合值的误差。拟合结果与实测值具有很高的一致性，误差在±0.05 以内，神经网络可以有效地模拟输入和输出数据间的非线性关系。在 Neural Fitting 窗口继续点击【Next】可以进行代码创建、保存等一系列操作，直至完成向导过程。

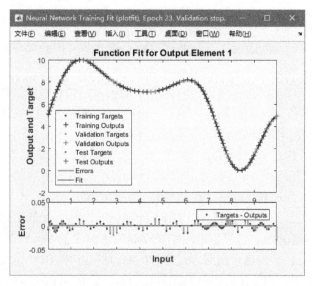

图 8.1.14　神经网络拟合结果

8.1.5　MATLAB 注意事项

1. 易混淆特殊符号的使用

"［ ］"用于表示向量和矩阵，如 ［3，5，7］ 是一个用 "," 分隔的包含三个元素的向量。A = ［1.1，2.3，5.6；4.2，7.5，9，4］ 是一个两行三列的矩阵，使用 ";" 表示一行的结束。向量和矩阵元素的定位使用 "（）"，如上例中，A（2，3）表示的是矩阵 A 中第二行，第三列的元素 9.4。如果要指定某一行或某一列元素则使用 ":"，如上例中，A（1，:）表示的是矩阵 A 中第一行的所有元素。

"｛｝"用于表示 MATLAB 独有的数据存储结构 cell（元胞），元胞类似于矩阵，但是每个位置可以存储任意类型的数据，如 b = ｛1，$'a'$，3｝，b 是一个包含了数字 1，字符 a、数字 3 的元胞。元胞元素的定位依然使用 "｛｝"，如上例中的 b｛2｝ 返回的是存储的第二个元素字符 a。

"="用于对变量赋值，如 B = A 表示将 A 中的元素赋值给 B。而 "= ="是关系运算符，用于判断两侧数值是否相等，如果相等，返回 1，否则返回 0。

"'"表示对矩阵的共轭转置，".'"表示对矩阵的非共轭转置，如 c = ［1+2i，3−4i］，c' = ［1−2i；3+4i］，$c.'$ = ［1+2i；3−4i \］。" ' ' "表示字符数据类型，如' h ' 表示字符 h、 'hello'表示字符串 hello。

"."一方面可以在数值记录中表示小数点，另一方面可以在矩阵数学运算中表示元素和元素的直接运算，如 $[1, 2]. * [3, 4] = [3, 8]$。

"%"用于注释，符号后的字符全部认为是注释，直到回车换行结束，程序在编译到"%"时不会运行注释。"%%"可以对代码进行分节，在运行和调试时可以单独运行某一节。

2. 提高运行效率的技巧

MATLAB 作为解释型的语言，运行效率不如 C 语言等，因此需要在代码构建过程中注意提高运行效率的技巧。

首先尽量使用内置函数。收录在 MATLAB 中的内置函数经过算法优化，运行效率通常比重新构建的代码要高，在实现某一功能时，可以先查询帮助系统或搜寻网络确认是否已有内置函数，以减少代码撰写工作量，提高运行效率。

尽量使用矩阵运算，减少循环结构的使用。MATLAB 的矩阵运算使用了 Intel 开发的 Math kernel library（MKL）库，同时针对矩阵稀疏程度采用了不同的优化算法，降低了矩阵运算的复杂度，运行效率远高于循环结构。

减少命令行的输出。命令行的输出占用了计算机的内存，降低了程序的运行效率。可以使用";"避免屏幕输出。可以将中间结果存储到中间变量中，以便后期调试查看。

图形处理器（GPU）加速。新版本的 MATLAB 加入了对 GPU 运算的支持，使用 A = gpuArray（B）就可以将矩阵 **B** 从中央处理器（CPU）转移到 GPU 中，进而利用 GPU 强大的并行计算能力提高运算效率。

对于一些要求极高运行速度的计算，可以考虑使用 C++和 MATLAB 混合编程，C++编写的 CPP 源文件可以通过 MATLAB 编译成为 MEX 文件进行调用，借助 C++对内存高效的管理，提高运行效率。

3. 面向对象程序设计

传统的脚本加函数的编程方法属于面向过程的程序设计，面向过程的编程方法代码编写迅速简单，但是随着问题复杂程度的增加，代码量将不断增加，需要在代码各处都进行对应的修改，程序的编写和维护变得越来越困难。与面向过程的以函数为中心相比，面向对象编程（object oriented programming，OOP）将问题抽象分解成一个个独立的对象，通过对象的组合和信息传递解决实际问题。面向对象编程的优点是把复杂问题分解成了模块，更加符合科研对象的复杂性。同时，能够通过类的继承实现代码复用，提高编程效率。由于各个模块相对独立，对其中某个模块的修改不会影响其他模块。采用面向对象的方法有助于提高程序设计的质量，从而加快开发速度（徐潇和李远，2015）。

8.2 Python 语言及其应用

Python 是一门简单易学，且功能强大的语言。它拥有一套高效的数据结构，同时能进行面向对象编程，语言优雅，具有动态和解释性的特征，使得它在很多领域成为编写脚本和开发应用程序的理想语言。

作为一门编程语言，原则上来说它能够完成 MATLAB 的所有功能，而且相比 MATLAB，它的代码更加简洁、易懂。此外，它还能开发网页、编写爬虫收集数据。

Python 特别突出的优点是开发效率高。人们能通过最短的代码量来完成任务。也有人认为，Python 的运行效率低。但是，Python 允许把耗时的核心部分用 C/C++等更高效的语言进行编写，然后由它来进行"黏合"，很大程度上避免了运行效率低的问题（Magnus Lie Hetland，2010）。

鉴于 Python 的以上优点和 Numpy、Scipy、Matplotlib、Pandas 等大量程序库的开发，Python 在数据科学领域具有越来越重要的地位，包括科学计算、数学建模、数据挖掘。近年来，Python 又与 ArcGIS 结合，Python 语言越来越被地理学者所熟知，它在地理建模中的应用也逐渐增多。

8.2.1 Python 开发平台介绍

学习 Python 第一步需要掌握的就是如何搭建 Python 开发平台。选择适合自己的开发平台，能够降低学习门槛，提高学习效率，更快速地掌握 Python 建模方法。

1. 开发平台选择

Python 的官方网站是 https：//www. python. org/。可通过该网站下载相应的 Python 版本，并在操作系统上进行安装。

目前，常用的 Python 版本有 3. X 与 2. X 版本两种，这两种版本在某些方面存在差异。本书采用的是 Python3. 5 版本。

此外，由于 Python 是一种跨平台的语言，它能够在 Windows 和 Linux 两种系统上运行。

Linux 系统自带 Python，在 Linux 系统上运行 Python 效率更高，且搭建环境也更容易。此外，也更容易解决第三方库的依赖问题。但是，Linux 系统的操作门槛较高，考虑多数读者对此并不熟悉，本书主要介绍在 Windows 操作系统上的操作，有兴趣的读者可以对 Linux 系统做进一步的了解。

2. 开发平台搭建

由于进行科学计算还需要涉及大量的第三方库，逐一安装费时费力。因此，安装 Python 科学计算的发行版 Anaconda。在 Anaconda 中，科学计算所需要的常用模块已经编译好，并且打包以发行版的形式供用户使用（张良均等，2015）。

Python 的科学计算软件较多，本书选择 Anaconda，是因为其具有以下优点：①包含了众多流行的科学、数学、工程、数据分析的 Pyhton 包。②完全开源。③全平台支持。支持多种操作系统，同时可以在多个 Python 版本间进行切换。

可在官方网站下载安装包进行安装，安装过程比较容易。网址为 https：//www. continuum. io/downloads。

安装完成后，在开始菜单的 Anaconda 下打开 Spyder 图标即可进行代码编写（图 8.2.1）。

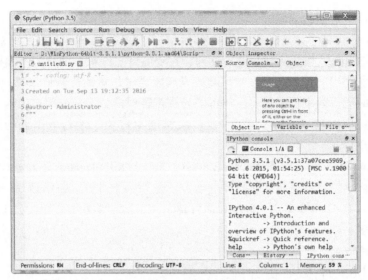

图 8.2.1　Spyder 界面

8.2.2　Python 入门

Python 语言的体系庞大，这里仅对基础部分，特别是地理建模过程中必须掌握的内容进行讲解，如果希望对 Python 有进一步的了解，可参阅 Magnus LieHetland 著的《Python基础教程》。以下内容便是从该书的相关章节提炼而来的。

1. 基础语法

如其他语言一样，Python 中也具有一些必须遵守的语法规则，下面对较为常见的语法规则做简要介绍。

1）交互式编程

可以在 Spyder 窗口右下角的【IPython console】中进行 Python 解释器的交互式编程，而无需创建新的脚本。例如，打印"地理建模"，可以这样操作（图 8.2.2）。

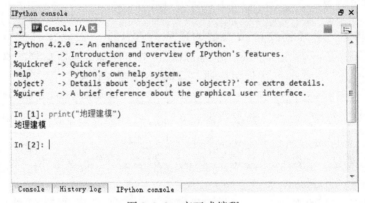

图 8.2.2　交互式编程

2）脚本式编程

如图 8.2.3 所示，点击界面左上角的 ▫ 图标，即可创建新脚本，文件的后缀为 . py。如果需要在脚本中编写代码，计算 A 城市与 B 城市的距离，只需在脚本中编写代码后，点击 ▸ 图标运行，结果就会显示在【IPython console】中（图 8.2.3）。

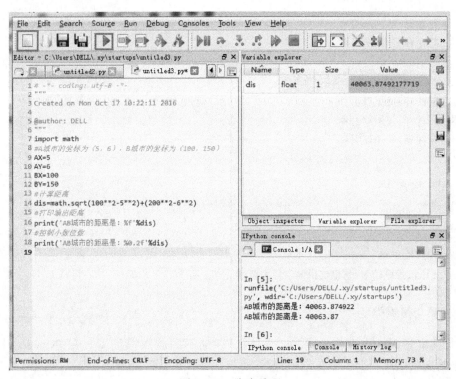

图 8.2.3　脚本编程

3）行和缩进

Python 语言与其他语言最大的区别是它的代码块不需要大括号（{}）来控制，它主要利用缩进来写模块，所有代码块语句必须包含相同的缩进空白数量，这个必须严格执行。例如，以下代码就会执行错误：

```
if True:
    print("Answer")
    print("True")
else:
    print("Answer")
    #没有严格缩进,在执行时保持
  Print("False")
```

4）Python 注释

python 中单行注释采用 # 开头。python 中多行注释使用三个单引号（'''）或三个双引号（"""）。

例如, 以下代码:

```
#第一个注释
print "Hello,Python!";#第二个注释
'''
这是多行注释,使用单引号。
这是多行注释,使用单引号。
这是多行注释,使用单引号。
'''
"""
这是多行注释,使用双引号。
这是多行注释,使用双引号。
这是多行注释,使用双引号。
"""
```

5) 用户输入

内置函数 input (［prompt］), 用于从标准输入读取一行, 并返回一个字符串 (去掉结尾的换行符):

```
s=input("Enter your input: ")
```
Python 语法规则较多,这里仅讲解了最主要的几点。

2. 变量与数据类型

在创建变量时, 内存中会开辟空间用以存储不同的数据类型。在 Python 中用等号 (=) 来给变量赋值。当多个变量同时赋值时, 中间用 "," 隔开。

Python 中常见的数据类型有 Numbers (数字)、String (字符串)、List (列表)、Tuple (元组)、Dictionary (字典)。

1) Python 数字

数字数据类型用于存储数值。当指定一个值时, Number 对象就会创建: var1 = 1。当需要删除变量时, 可以用 del 语句: del var1。Python 支持 int (有符号整型)、long ［长整型 (也可以代表八进制和十六进制)］、float (浮点型)、complex (复数)。

2) Python 字符串

字符串 (String) 是由数字、字母、下划线组成的一串字符。一般记做 s = " a1 a2…an" (n >= 0)。

Python 的字符串列表有两种取值顺序: 从左到右索引默认从 0 开始的, 最大范围是字符串长度少 1; 从右到左索引默认从 −1 开始的, 最大范围是字符串开头。以下代码展示了字符串的几种基本操作:

```
str='Hello World!'
print(str)#输出完整字符串(Hello World!)
print(str[0])#输出字符串中的第一个字符(H)
print(str[2:5])#输出字符串中第三个至第五个之间的字符串(llo)
```

```
print(str[2:]) #输出从第三个字符开始的字符串(llo World!)
print(str * 2) #输出字符串两次(Hello World! Hello World!)
print(str+"TEST") #输出连接的字符串(Hello World! TEST)
```

3）Python 列表

List（列表）是 Python 中使用相当频繁的数据类型。列表用 ［ ］ 标识，它是复合数据类型。它的操作可以与字符串类比。

4）Python 元组

元组是另一种数据类型，类似于 List（列表）。元组用 "()" 标识。内部元素用逗号隔开。但是，元组不能二次赋值，相当于只读列表。

5）Python 字典

字典（dictionary）是除列表以外，Python 之中最灵活的内置数据结构类型。列表是有序的对象集合，字典是无序的对象集合。两者之间的区别在于：字典当中的元素是通过键来存取的，而不是通过偏移存取。

字典用 "｛ ｝" 标识。字典由索引（key）和它对应的值（value）组成。以下代码是字典的基本操作。

```
dict={}
dict['one']="This is one"
dict[2]="This is two"
tinydict={'name':'john','code':6734,'dept': 'sales'}
print(dict['one']) #输出键为'one'的值
print(dict[2]) #输出键为 2 的值
print(tinydict) #输出完整的字典
print(tinydict.keys()) #输出所有键
print(tinydict.values()) #输出所有值
```

Python 还有集合、字符等数据类型，可以通过函数变换数据类型，如 int（x）可以将 x 转换为整数。

3. 运算符

Python 运算符包括算数运算符、比较运算符、赋值运算符、逻辑运算符等，下面一一对它们进行介绍。

（1）算数运算符。假设变量 a 为 10，变量 b 为 20，以下为常见的算数运算符（表 8.2.1）。

表 8.2.1　算数运算符

运算符	描述	实例
+	加——两个对象相加	$a+b$ 输出结果 30
–	减——得到负数或是一个数减去另一个数	$a-b$ 输出结果 –10
*	乘——两个数相乘或是返回一个被重复若干次的字符串	$a*b$ 输出结果 200

运算符	描述	实例
/	除——x 除以 y	b/a 输出结果 2
%	取模——返回除法的余数	$b\%a$ 输出结果 0
**	幂——返回 x 的 y 次幂	$a**b$ 为 10 的 20 次方
//	取整数——返回商的整数部分	$9//2$ 输出结果 4

（2）比较运算符。假设变量 a 为 10，变量 b 为 20，以下为常见的比较运算符（表8.2.2）。

表8.2.2　比较运算符

运算符	描述	实例
==	等于——比较对象是否相等	$(a==b)$ 返回 False
!=	不等于——比较两个对象是否不相等	$(a!=b)$ 返回 true
<>	不等于——比较两个对象是否不相等	$(a<>b)$ 返回 true，这个运算符类似 !=
>	大于，返回 x 是否大于 y	$(a>b)$ 返回 False
<	小于，返回 x 是否小于 y	$(a<b)$ 返回 true
>=	大于等于——返回 x 是否大于等于 y	$(a>=b)$ 返回 False
<=	小于等于——返回 x 是否小于等于 y	$(a<=b)$ 返回 true

（3）赋值运算符。以下是常见的赋值运算符（表8.2.3）。

表8.2.3　赋值运算符

运算符	描述	实例
=	简单的赋值运算符	$c=a+b$ 将 $a+b$ 的运算结果赋值为 c
+=	加法赋值运算符	$c+=a$ 等效于 $c=c+a$
-=	减法赋值运算符	$c-=a$ 等效于 $c=c-a$
*=	乘法赋值运算符	$C*=a$ 等效于 $c=c*a$
/=	除法赋值运算符	$C/=a$ 等效于 $c=c/a$
%=	取模赋值运算符	$C\%=a$ 等效于 $c=c\%a$
**=	幂赋值运算符	$C**=a$ 等效于 $c=c**a$
//=	取整除赋值运算符	$c//=a$ 等效于 $c=c//a$

（4）逻辑运算符。假设变量 a 为 10，变量 b 为 20，以下为常见的逻辑运算符（表8.2.4）。

表8.2.4　逻辑运算符

运算符	描述	描述	实例
and	x and y	布尔"与"	$(a$ and $b)$ 返回 20
or	x or y	布尔"或"	$(a$ or $b)$ 返回 10
not	not x	布尔"非"	not $(a$ and $b)$ 返回 False

除以上运算符以外，还有位运算符（&、丨等）、成员运算符（in、not in）、身份运算符（is、is not）。

4. 条件语句及循环语句

1）条件语句

Python 中的条件语句通过 if 来实现：

```
if condition_1:
    statement_block_1
elif condition_2:
    statement_block_2
else:
statement_block_3
```

下面利用嵌套的 if 语句来进行摄氏度和华氏度的转换（图 8.2.4）。

```
1 # -*- coding: utf-8 -*-
2 """
3 Created on Thu Dec 01 21:08:46 2016
4
5 @author: Think
6 """
7
8 val = input(u'输入温度:')
9 if val[-1] in ['C','c']:
10     f=1.8*float(val[0:-1])+32
11     print( "转换后的温度为: %.2fF"%f)
12 elif val[-1] in ['F','f']:
13     c=(float(val[0:-1])-32)/1.8
14     print('转换后的温度为: %0.2fC'%f)
15 else:
16     print('erro')
```

图 8.2.4　嵌套的 if 语句

2）循环语句

Python 中的循环语句有 for 和 while 两种形式。

Python 中的 while 语句的一般形式为

```
while 判断条件:
    语句
```

计算循环例子：

```
count=0
while count<9:
print('the index is:',count)
count+=1
```

Python 中的 for 循环可以遍历任何序列的项目，如一个列表或者一个字符串。for 循环的一般格式如下：

```
for <variable>in <sequence>:
    <statements>
else:
<statements>
```

其中，for 循环较灵活，在 Python 中运用很多。以循环遍历一个中国空气质量监测指标的列表为例（图 8.2.5）。

```
1 # -*- coding: utf-8 -*-
2 """
3 Created on Tue Oct 18 11:52:04 2016
4
5 @author: DELL
6 """
7
8 typename = ['CO','PM10','O3','SO2','PM2.5','SO2']
9 for name in typename:
10     print(name)
```

图 8.2.5   for 循环

运行上述代码，到从 typename 列表中取出所有的空气质量监测指标为止，即结束 for 循环。

5. Python 函数

函数是组织好的、可重复使用的，用来实现单一或相关联功能的代码段。函数可以提高地理建模的模块性，方便代码的重复利用。

1）定义函数

函数代码块以 def 关键词开头，后接函数标识符名称和圆括号（ ）；任何传入参数和自变量必须放在圆括号中间，圆括号之间可以用于定义参数；函数的第一行语句可以选择性地使用文档字符串——用于存放函数说明；函数内容以冒号起始，并且缩进；return [表达式] 结束函数，选择性地返回一个值给调用方，不带表达式的 return 相当于返回 None。

下面定义一个计算面积的函数：

```
#计算面积函数
def area(width,height):
    return width * height
```

2）调用函数

定义好函数后，可以调用函数，调用上面面积计算的函数，语句为 area（5, 6）。

3）匿名函数

Python 使用 lambda 来创建匿名函数。匿名函数的定义格式如下：

```
lambda [arg1 [,arg2,……argn]]:expression
```

例如，定义两数相加的函数可以写成

```
sum=lambda arg1,arg2: arg1+arg2
```

6. Python 模块

如果从解释器退出再进入，那定义的方法和变量都会消失。因此，Python 提供了方法，把定义存放在文件中，为一些脚本或者交互式解释器实例使用，这个文件成为模块。

模块包含定义的函数和变量，可以被其他程序所调用。模块有时也被称为库。

想使用 Python 源文件，只要在另一个源文件中执行 import 语句，语法如下：

```
import module1[,module2[,… moduleN]
```

Python 的 from 语句可从模块中导入一个指定的部分到当前命名空间中，语法如下：

```
from modname import name1[,name2[,… nameN]]
```

包是管理 Python 模块命名空间的形式。例如，一个模块的名称是 A. B，那么它表示一个包 A 中的子模块 B。包中导入模块的方式与直接导入模块类似，使用 import 或者 from …import…即可。

7. 文件读写

open（）函数会返回一个 file 对象，它的语法格式是 open（filename，mode），如打开某个文件进行写入可以编写以下代码：

```
#打开一个文件
f=open("/tmp/foo.txt","w")
f.write("Python 是一个非常好的语言。\n 是的,的确非常好!! \n")
#关闭打开的文件
f.close()
```

python 还有 read（）、readline（）、readlines（）和 writelines（）读写内建函数。

8.2.3 Python 建模工具介绍

Python 作为开源的程序语言，自身的建模功能并不强，在建模的时候往往要引入第三方扩展库来满足用户的需求。下面主要介绍 NumPy、SciPy、Matplotlib、Pandas、StatsModels、Scikit-Learn。

1. NumPy

NumPy 是一个开源的 Python 科学计算库，使用 NumPy，可以很自然使用数组和矩阵，它包含很多实用的数学函数，涵盖线性代数运算、傅里叶变换和随机数生成功能（Ivan Idris，2014），对于同样的数值计算任务，它运行效率要比直接编写 Python 代码高得多，因为它大部分代码都是 C 语言写成的。在使用 Python 执行科学计算任务的时候，很多库都依赖于 NumPy。NumPy 的官网为 http://www.numpy.org/，可以通过官方帮助文档学习和了解更多的 NumPy 功能。

图 8.2.6 展示了 NumPy 的一些基本函数的调用。

```
 1 # -*- coding: utf-8 -*-
 2 """
 3 Created on Tue Oct 18 11:52:04 2016
 4
 5 @author: DELL
 6 """
 7 import numpy as np #导入numpy
 8 a = np.arange(24) #创建数组
 9 print(a) #打印输出
10 print(a[3:7]) #数组切片
11 b = a.np.reshape(2,3,4)#改变数据的维度
12 c = b*2 #运算
13 b.size #查看数组属性A
14 ran = np.random.normal(size=(5,5)) #生成标准正太分布的5*5样本数组
15
```

图 8.2.6　NumPy 函数调用

2. SciPy

SciPy 提供了矩阵运算的功能，它定义了矩阵并有大量基于矩阵运算的对象和函数。

SciPy 包含的功能有最优化、线性代数、积分、插值、拟合、特殊函数、快速傅里叶变换、信号处理和图像处理、常微分方程求解及其他科学和工程中常用的计算（Wes Mckinney, 2013）。同样，可以通过官网 http://www.scipy.org/进行学习。

图 8.2.7 是部分 SciPy 函数调用的案例。

```
 1 # -*- coding: utf-8 -*-
 2 """
 3 Created on Tue Oct 18 16:38:33 2016
 4
 5 @author: DELL
 6 """
 7 #求解非线性方程组2x1-x2^2=1, x1^2-x2=2
 8 from scipy.optimize import fsolve
 9 def f(x):
10     x1 = x[0]
11     x2 = x[1]
12     return [2*x1-x2**2-1,x1**2-x2-2]
13 result = fsolve(f,[100,3]) #输入初始值[2, 3]并求解
14 print(result)#输出结果为array([1, -1])
15
```

图 8.2.7　SciPy 函数调用

3. Matplotlib

Python 的绘图库包括 matlotlib、seaborn、ggplot、OpenGL、MoviePy 等，其中 matplotlib

是最著名的绘图包，它提供了一整套和 MATLAB 相似的命令 API，比较适合编写小的脚本程序，进行快速绘图，允许输出达到出版质量的多种图像格式，它使用的图库可以从 http://matplotlib. org/gallery. html 页面下载，提供源代码。

matplotlib 的绘图函数都在 matplotlib. pyplot 模块中，其通常的引入约定是：

```
import matplotlib.pyplot as plt
```

图 8.2.8 是 matplotlib 包绘图的两个例子，它基本包含了 matplotlib 作图的关键要素。

```
1 # -*- coding: utf-8 -*-
2 """
3 Created on Mon Oct 17 10:22:11 2016
4
5 @author: DELL
6 """
7 import numpy as np
8 import matplotlib.pyplot as plt
9
10
11 x = np.linspace(0, 2*np.pi, 50)
12 y = np.sin(x)
13 y2 = y + 0.1 * np.random.normal(size=x.shape)
14 fig = plt.figure()
15 ax = fig.add_subplot(1,1,1)
16 #fig, ax = plt.subplots() # 也可以直接通过subplots函数返回
17 #一个包含对象和subplot对象的元组。
18
19 ax.plot(x, y, 'k--')
20 ax.plot(x, y2, 'ro')
21
22 #设置标签和最大最小值: y刻度的位置
23 ax.set_xlim((0, 2*np.pi))
24 ax.set_xticks([0, np.pi, 2*np.pi])
25 ax.set_xticklabels(['0', '$\pi$', '2$\pi$'])
26 ax.set_ylim((-1.5, 1.5))
27 ax.set_yticks([-1, 0, 1])
28
29 # 设置y刻度的间隙
30 ax.spines['left'].set_bounds(-1, 1)
31 # Hide the right and top spines
32 ax.spines['right'].set_visible(False)
33 ax.spines['top'].set_visible(False)
34 #仅仅显示左边底部的间隙
35 ax.yaxis.set_ticks_position('left')
36 ax.xaxis.set_ticks_position('bottom')
37
38 plt.show()
```

图 8.2.8　matplotlib 作图的基本代码

运行上述代码，作图效果如图 8.2.9 所示。

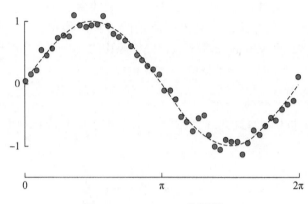

图 8.2.9　matplotlib 作图例 1

图 8.2.9 是先创建画布，再利用绘图代码进行绘图，而图 8.2.11，没有创建画布，直接绘图，并添加了颜色条。

```
1 """Produce custom labelling for a colorbar.
2
3 Contributed by Scott Sinclair
4 """
5
6 import matplotlib.pyplot as plt
7 import numpy as np
8 from matplotlib import cm
9 from numpy.random import randn
10 import matplotlib
11 myfont = matplotlib.font_manager.FontProperties(fname=
12                                   "C:/Windows/Fonts/simhei.TTF")
13 # 绘制横向的颜色条
14 fig, ax = plt.subplots()
15 data = np.clip(randn(250, 250), -1, 1)
16 cax = ax.imshow(data, interpolation='nearest', cmap=cm.afmhot)
17 ax.set_title(u'高斯噪声',fontproperties=myfont,fontsize=20)
18 cbar = fig.colorbar(cax, ticks=[-1, 0, 1], orientation='horizontal')
19 #横向颜色条
20 cbar.ax.set_xticklabels(['高', '中', '低'],fontproperties=myfont,fontsize=16)
21 plt.show()
22
```

图 8.2.10　matplotlib 作图的基本代码

运行上述代码（图 8.2.10），作图效果如图 8.2.11 所示。

4. Pandas

Pandas 是 Python 下最强大的数据分析和探索工具，它包含高级的数据结构和精巧的工具，这使得在 Python 中处理数据非常快速。

Pandas 功能强大，支持类似于 SQL 的数据增删改查，同时有丰富的数据处理函数，还能进行时间序列的分析（张良均等，2015）。

Pandas 的基本数据结构有 Series、DataFrame。Series 是序列，可以看作一维数组；而

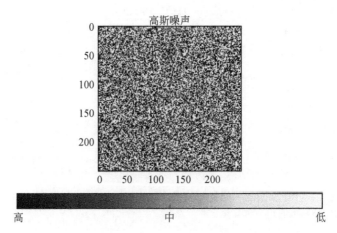

图 8.2.11　matplotlib 作图例 2

DataFrame 则可以认为是二维的表格，每一列相当于 Series。每个 Series 中都有一个 Index 对其进行标记，相当于 SQL 中的主键。DataFrame 相当于多个带有相同 Index 的 Series 的组合，每个 Series 带有唯一的表头，标识 Series。

图 8.2.12 是 Pandas 的简单例子。

```
1  # -*- coding: utf-8 -*-
2  """
3  Created on Tue Oct 18 16:10:47 2016
4
5  @author: DELL
6  """
7  import pandas as pd
8  import numpy as np
9  s = pd.Series([1,3,5,6,7,8,9])# 通过传递一个list对象来创建一个Series
10 #通过传递一个numpy array，时间索引以及列标签来创建一个DataFrame
11 date = pd.date_range('20160101',periods = 10)
12 df = pd.DataFrame(np.random.randn(10,4),
13                 index = date,columns = list('ABCD'))
14 df.dtypes#查看数据类型
15 df.head()#查看头部的行，默认为5行
16 df.tail(n=6)#查看尾部的行，默认为5行
17 df.index#查看索引
18 df.columns#查看列标题
19 df.values#查看值
20 reader1 = pd.read_csv(filepath)#读取CSV格式数据文件
21 reader2= pd.read_excel(filepath)#读取excel格式数据文件
22 data1 = pd.to_csv(filepath)#保存CSV格式数据文件
```

图 8.2.12　Pandas 简单例子

5. StatsModels

StatsModels 库在探索数据、估计统计模型、统计检验等方面都有很好的应用。它为不

同类型的统计模型的估算提供众多类和函数，能够很好地满足不同领域的研究者利用 python 进行统计计算及数据分析。

下面以库内自带的 Sunspots 数据为例，判断时间序列的平稳性（图 8.2.13）。

```
1 # -*- coding: utf-8 -*-
2 """
3 Created on Tue Oct 18 16:19:20 2016
4
5 @author: Administrator
6 """
7
8 import pandas as pd
9 import matplotlib
10 import matplotlib.pyplot as plt
11 import statsmodels.api as sm
12
13 print(sm.datasets.sunspots.NOTE)
14 #导入数据
15 dta=sm.datasets.sunspots.load_pandas().data
16 #添加时间标签，并删除原有年份列
17 dta.index=pd.Index(sm.tsa.datetools.dates_from_range('1700','2008'))
18 del dta["YEAR"]
19 #用来正常显示中文
20 myfont=matplotlib.font_manager.FontProperties(
21                   fname='C:/Windows/Fonts/simkai.ttf')
22 plt.plot(dta)
23 plt.xlabel(u'年份',fontproperties=myfont,fontsize = 15)
24 plt.ylabel(u'太阳活动',fontproperties=myfont,fontsize = 15)
```

图 8.2.13　数据导入与原始时间序列绘制

首先导入相应类或函数，加入数据后进行简单处理，绘制原始时间序列如图 8.2.14 所示。

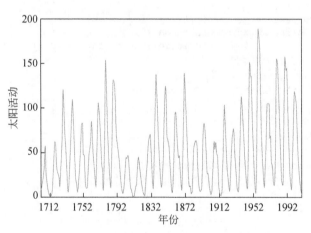

图 8.2.14　数据导入与原始时间序列绘制

发现太阳黑子日数上下波动，可能为平稳序列。为证明平稳序列进一步做自相关图和偏相关分析（图 8.2.15）。

```
22 fig = plt.figure(figsize=(12,8))
23 ax1 = fig.add_subplot(211)
24 fig = sm.graphics.tsa.plot_acf(dta.values.squeeze(), lags=40, ax=ax1)
25 ax2 = fig.add_subplot(212)
26 fig = sm.graphics.tsa.plot_pacf(dta, lags=40, ax=ax2)
27
28 from statsmodels.tsa.stattools import adfuller as ADF
29 print(ADF(dta['SUNACTIVITY']))
```

图 8.2.15　自相关与偏相关代码

运行上述代码，得到图 8.2.16。

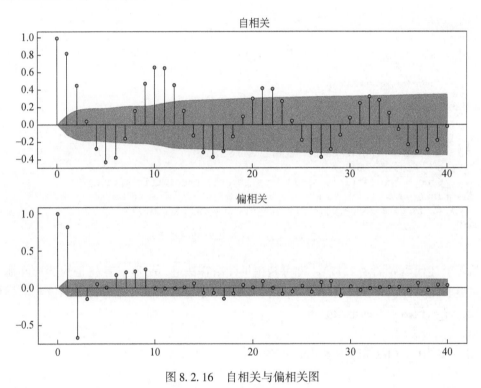

图 8.2.16　自相关与偏相关图

分析可知，自相关为拖尾，偏相关为截尾，单位根检验 p 值约为 0.05，可认定为平稳序列。

6. Scikit-Learn

Scikit-Learn 是专门用于机器学习的 Python 库，提供了完善的学习工具箱，包括分类、回归、聚类、降维、预测、特征提取及标准化等功能，在数据挖掘与数据分析方面具有简单、高效的特点。它依赖于 NumPy、SciPy、matplotlib，因此，需要提前安装好这几个库。

（1）所有模型提供的接口有

model.fit ()：训练模型，对于监督模型来说是 fit (x, y)，对于非监督模型是 fit (X)。

（2）监督模型提供的接口有

model. predict（X_new）：预测新样本。

model. predict_proba（X_new）：预测概率，仅对某些模型有用（如 LR）。

model. score（）：得分越高，fit 越好。

（3）非监督模型提供的接口有

model. transform（）：从数据中学到新的"基空间"。

model. fit_transform（）：从数据中学到新的基，并将这个数据按照这组"基"进行转换。

下面以 Scikit-Learn 库中自带的 iris 数据集为例，利用朴素贝叶斯算法进行建模（图 8.2.17）。

```
1 # -*- coding: utf-8 -*-
2 """
3 Created on Fri Oct 14 20:53:22 2016
4
5 @author: Administrator
6 """
7
8 from sklearn import datasets
9 iris = datasets.load_iris()
10 from sklearn.naive_bayes import GaussianNB
11 gnb = GaussianNB()
12 y_pred = gnb.fit(iris.data, iris.target).predict(iris.data)
13 print("Number of mislabeled points out of a total %d points : %d"\
14 % (iris.data.shape[0],(iris.target != y_pred).sum()))
```

图 8.2.17　statsmodels 贝叶斯分类算法

运行上述代码（图 8.2.17），即可利用贝叶斯算法进行分类。首先是构造贝叶斯分类器，然后利用属性和标签值进行训练，并对全体数据进行预测。最后将预测值与实际值进行比较，显示预测错误的记录数量。

8.2.4　地理建模应用案例

利用 Python 来进行建模有诸多优点。首先利用已有的第三方包，可以便利地完成大部分建模任务。此外，由于 Python 语言灵活、简洁，研究人员能够快速上手，自行编写建模程序。

1. Python 计算相关系数

以甘肃省 53 个气象台站的经纬度坐标及多年平均降水量和蒸发量数据为例（表 5.1.2），对降水量与纬度、经度和海拔的相关系数进行计算。在计算相关系数之前，对数据进行初步的探索性分析，以甘肃年降水量为纵坐标，然后分别以经度、纬度和海拔为横坐标，观测年降水量与它们的关系。

首先，利用 Pandas 的 read_ csv 函数读取数据，代码如下：

```
#-* -coding: utf-8-* -
import numpy as np
import pandas as pd
#探索性分析
inputfile='C:/Users/Administrator/Desktop/data.csv'#输入的数据文件
data=pd. read_csv(inputfile,encoding='gbk') #读取数据
```

完成数据读取后，对数据进行检查，是否存在空值，删除空值，计算相关系数，代码如下：

```
data. columns=["station","rainfall","lon","lat","h"]
data_final=data.dropna() #删除空值
#计算相关系数
y=data_final["rainfall"]
x1=data_final["lon"]
x2=data_final["lat"]
x3=data_final["h"]
import scipy. stats as corrP
corrP. pearsonr(x1,y)# (0.77783516109594097,7.2843781518959241e-12),通过检验
corrP. pearsonr(x2,y)# (-0.9035292797706701,2.085036721254223e-20),通过检验
corrP. pearsonr(x3,y)# (0.19959776776327945,0.15188408813398901)不显著
```

从上述运行代码结果可知，甘肃年降水量与经度的相关系数为 0.7778，与纬度的相关系数为 -0.9035，均通过显著性检验，而与海拔的相关系数为 0.1995，没有通过显著性检验。

2. Python 回归分析

利用表 5.1.2 的数据，以降水量为因变量，经度、纬度和海拔作为自变量，分别构建一元线性回归模型。Python 计算代码如下：

```
import matplotlib. pyplot as plt
from statsmodels. formula. api import ols
#降水量与经度回归拟合
model1=ols("rainfall ~ lon",data_final). fit()#lon 为经度
y_hg=x1* model1. params. lon+model1. params. Intercept
print(model1. summary())#打印输出回归结果
print('Parameters: ',model1. params)
print('R2: ',model1. rsquared)
fig,ax=plt. subplots(figsize=(8,6))#设置出图像画布大小
ax. plot(x1,y,'o',label="data")#绘制回归拟合图
ax. plot(x1,y_hg,'b-',label="regress")#绘制回归拟合图
ax. legend(loc='best');
```

运行上述代码后，可输出降水量与经度回归结果和拟合图（图 8.2.18 和图 8.2.19）。

```
                    OLS Regression Results
========================================================================
Dep. Variable:              rainfall   R-squared:                  0.605
Model:                           OLS   Adj. R-squared:             0.597
Method:                Least Squares   F-statistic:                78.12
Date:               Sat, 17 Sep 2016   Prob (F-statistic):      7.28e-12
Time:                       16:28:50   Log-Likelihood:           -334.70
No. Observations:                 53   AIC:                        673.4
Df Residuals:                     51   BIC:                        677.3
Df Model:                          1
Covariance Type:           nonrobust
========================================================================
                 coef    std err         t     P>|t|    [95.0% Conf. Int.]
------------------------------------------------------------------------
Intercept   -4889.6299    596.041    -8.204     0.000   -6086.233 -3693.027
lon            51.1363      5.785     8.839     0.000      39.521    62.751
========================================================================
Omnibus:                       5.577   Durbin-Watson:              1.223
Prob(Omnibus):                 0.062   Jarque-Bera (JB):           4.539
Skew:                          0.578   Prob(JB):                   0.103
Kurtosis:                      3.848   Cond. No.                3.28e+03
========================================================================
```

图 8.2.18　甘肃降水量与经度一元回归结果图

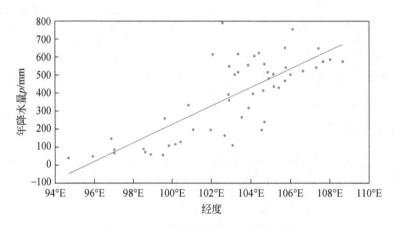

图 8.2.19　甘肃降水量与经度散点图

#降水量与纬度回归拟合

```
model2=ols("rainfall ~ lat",data_final).fit()#lat 为纬度
y2_hg=x2* model2.params.lat+model2.params.Intercept
print(model2.summary())
print('Parameters:',model2.params)
print('R2:',model2.rsquared)
fig2,ax2=plt.subplots(figsize=(8,6))
ax2.plot(x2,y,'o',label="data")
ax2.plot(x2,y2_hg,'b-',label="regress")
ax2.legend(loc='best');
```

运行上述代码后，可输出降水量与纬度回归结果和拟合图（图 8.2.20 和图 8.2.21）

```
                        OLS Regression Results
==============================================================================
Dep. Variable:              rainfall   R-squared:                      0.816
Model:                           OLS   Adj. R-squared:                 0.813
Method:                Least Squares   F-statistic:                    226.7
Date:               Sat, 17 Sep 2016   Prob (F-statistic):          2.09e-20
Time:                       16:28:50   Log-Likelihood:                -314.40
No. Observations:                 53   AIC:                            632.8
Df Residuals:                     51   BIC:                            636.7
Df Model:                          1
Covariance Type:           nonrobust
==============================================================================
                 coef    std err          t      P>|t|      [95.0% Conf. Int.]
------------------------------------------------------------------------------
Intercept     3395.5843    200.944     16.898      0.000     2992.172  3798.996
lat            -82.1881      5.458    -15.057      0.000      -93.146   -71.230
==============================================================================
Omnibus:                       1.024   Durbin-Watson:                  1.411
Prob(Omnibus):                 0.599   Jarque-Bera (JB):               1.022
Skew:                          0.194   Prob(JB):                       0.600
Kurtosis:                      2.442   Cond. No.                        580.
==============================================================================
```

图 8.2.20　甘肃降水量与纬度一元回归结果图

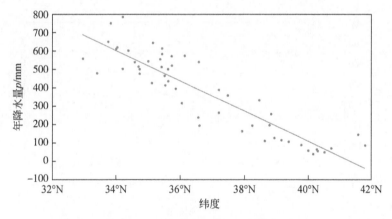

图 8.2.21　甘肃降水量与纬度散点图

#降水量与海拔回归拟合

```
model3=ols("rainfall~h",data_final).fit() #h 为海拔
y3_hg=x3* model3. params. h+model3. params. Intercept
print(model3. summary())
print('Parameters: ',model3. params)
print('R2: ',model3. rsquared)
fig3,ax3=plt. subplots(figsize=(8,6))
ax3. plot(x3,y,'o',label="data")
ax3. plot(x3,y3_hg,'b-',label="regress")
ax3. legend(loc='best');
```

运行上述代码后，可输出降水量与海拔回归结果和拟合图（图8.2.22和图8.2.23）

```
                            OLS Regression Results
==============================================================================
Dep. Variable:              rainfall   R-squared:                      0.040
Model:                           OLS   Adj. R-squared:                 0.021
Method:                Least Squares   F-statistic:                    2.116
Date:               Sat, 17 Sep 2016   Prob (F-statistic):             0.152
Time:                       16:28:50   Log-Likelihood:               -358.24
No. Observations:                 53   AIC:                            720.5
Df Residuals:                     51   BIC:                            724.4
Df Model:                          1
Covariance Type:           nonrobust
==============================================================================
                 coef    std err          t      P>|t|      [95.0% Conf. Int.]
------------------------------------------------------------------------------
Intercept    253.1106     89.389      2.832      0.007      73.654     432.567
h              0.0704      0.048      1.455      0.152      -0.027       0.168
==============================================================================
Omnibus:                      20.845   Durbin-Watson:                  0.575
Prob(Omnibus):                 0.000   Jarque-Bera (JB):               3.840
Skew:                         -0.007   Prob(JB):                       0.147
Kurtosis:                      1.681   Cond. No.                    5.65e+03
==============================================================================
```

图8.2.22　甘肃降水量与海拔一元回归结果图

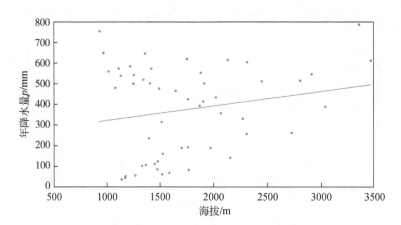

图8.2.23　甘肃降水量与海拔散点图

结果显示，经度和纬度坐标估计系数分别为51.1363和−82.1881，说明1个单位经度（纬度）的增加（减少），降水量呈现51.1363个单位的增加（82.188减小），这个结果符合该地区降水实际变化情况。R^2分别为0.605和0.816，表明模型具有较好的拟合优度，模型均通过显著性检验。降水量与海拔的回归方程不显著。

由于甘肃省海拔与降水量相关性不显著，进行多元线性回归只选经度和纬度两个变量。Python代码如下：

```
model_mul=ols('rainfall~lon+lat',data_final).fit()#多元线性回归模型
print(model_mul2.summary())
```

多元回归结果如图 8. 2. 24 所示。

```
                      OLS Regression Results
==============================================================================
Dep. Variable:              rainfall   R-squared:                       0.821
Model:                           OLS   Adj. R-squared:                  0.814
Method:                Least Squares   F-statistic:                     114.7
Date:               Sat, 17 Sep 2016   Prob (F-statistic):           2.07e-19
Time:                       16:28:50   Log-Likelihood:                -313.71
No. Observations:                 53   AIC:                             633.4
Df Residuals:                     50   BIC:                             639.3
Df Model:                          2
Covariance Type:           nonrobust
==============================================================================
                 coef    std err          t      P>|t|      [95.0% Conf. Int.]
------------------------------------------------------------------------------
Intercept     2264.3205   1005.897      2.251      0.029     243.916   4284.725
lon              7.8283      6.821      1.148      0.257      -5.873     21.529
lat            -73.3378      9.438     -7.770      0.000     -92.295    -54.380
==============================================================================
Omnibus:                       0.195   Durbin-Watson:                   1.490
Prob(Omnibus):                 0.907   Jarque-Bera (JB):                0.315
Skew:                          0.131   Prob(JB):                        0.854
Kurtosis:                      2.727   Cond. No.                     8.64e+03
==============================================================================
```

图 8.2.24　甘肃降水量与经度、纬度回归结果

结果显示，经度坐标的估计系数为 7. 8283，说明随着经度的增加，降水量会增加，纬度的估计系数为 −73. 3378，说明在该地区随着纬度的增加，降水量会有减少，R^2 为 0. 821，说明模型整体具有较好的拟合优度。回归方程为 $p = 2264.3205 + 7.8283x − 73.3378y$。

3. Python 空间插值

利用 ArcGIS 软件及其自带的 Python 模块、arcpy 包可以很好地实现空间插值。首先将数据转化为矢量的点数据。

```
import xlrd
import xlwt
import arcpy
xlspath=r"C:\Users\Administrator\Desktop\data.xlsx"#原始数据文件存放的路径
data=xlrd.open_workbook(xlspath)
table=data.sheets()[0]
nrows=table.nrows
point=arcpy.Point()
list=[]#构建空的列表存储读取进来的数据
for i in range(1,nrows):
    x=table.cell(i,2).value
    y=table.cell(i,3).value
    point.X=float(x)
```

```
        point.Y=float(y)
        ptGeometry=arcpy.PointGeometry(point)
        list.append(ptGeometry)
arcpy.CopyFeatures_management(list,"d:\\rainfall.shp") #数据转化为矢量点数据的
```
存放位置
```
arcpy.AddField_management("rainfall","rallfall")#添加字段
arcpy.DeleteField_management("rainfall","Id")#删除字段
arcpy.AddField_management("rainfall","station")
cursor=arcpy.UpdateCursor("d:/rainfall.shp")
i=0
for row in cursor:
    sta=table.cell(i,0).value
    rain=table.cell(i,1).value
    row.setValue("station",sta)
    row.setValue("rainfall",rain)
    i=i+1
    print(i)
cursor.updateRow(row)
```

数据读取和转化成功后，采用全局多项式方法进行插值。

```
import arcpy
#将地理坐标转换为投影坐标
outCS=arcpy.SpatialReference(102027) #
arcpy.Project_management("gansu","I:/data/ganshushp/ganshu1.shp",outCS)
arcpy.Project_management("point","I:/data/ganshushp/point1.shp",outCS)
#将投影后要素在新的ArcMap窗口打开,进行插值
#import arcpy
arcpy.env.workspace="I:/data/ganshushp"
arcpy.env.mask="I:/data/ganshushp/ganshu1.shp"
arcpy.CheckOutExtension("GeoStats")
arcpy.GlobalPolynomialInterpolation_ga("point1","rainfall","outGPI1","I:/
data/ganshushp/gpiout0","2000","2","")#利用全局多项式插值,参数以此表示插值点要素,插
值字段,生成图层,#输出图层,栅格大小,多项式的阶
c=arcpy.sa.ExtractByMask("gpiout0","ganshu1")
c.save("I:/data/ganshushp/extra")#也可裁剪后保存
```

最终结果见图8.2.25。

除此之外，也可在研究区生成固定规则格网与格点，利用多元线性回归方程为格网计算降水量，最终得到全甘肃的降水量空间分布，代码如下：

```
import arcpy
#因为原始数据为投影坐标系,在投影坐标系下创建网格
arcpy.CreateFishnet_management("e:/data/fishnet5.shp","-209514.3 314364.7",
```

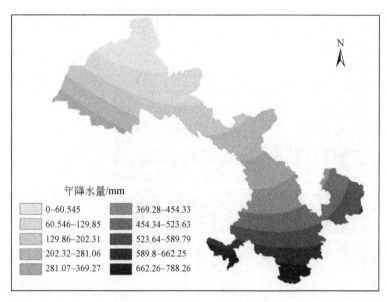

图 8.2.25　甘肃省降水量空间变化

```
"-209514.335848 314374.740179","0","0","50","50","1122851.5 1294870.104687","LA-
BELS","","POLYGON") #
    #添加字段
    arcpy.AddField_management("fishnet5","x")
    arcpy.AddField_management("fishnet5","y")
    arcpy.AddField_management("fishnet5","p")
    #转到地理坐标系,方便利用经纬度计算
    outCS=arcpy.SpatialReference("4326")
    arcpy.Project_management("fishnet5","e:/data/gsfishnet.shp",outCS)
    XY1="e:/data/gsfishnet.shp"
    #通过计算更新字段
    cursor=arcpy.da.UpdateCursor(XY1,["SHAPE@ XY","x","y","p"]) #
    for row in cursor:
      row[1]=row[0][0]
      row[2]=row[0][1]
      row[3]=2264.3205+row[0][0]* 7.8283+row[0][1]* (-73.3378)
      cursor.updateRow(row)
    cursor=arcpy.da.UpdateCursor(XY1,["SHAPE@ XY","x","y","p"])
    #将计算所得降水量小于 0 的值,处理为 0
    for row in cursor:
      if (2264.3205+row[0][0]* 7.8283+row[0][1]* (-73.3378)<0):
        row[3]=0
        cursor.updateRow(row)
```

图 8.2.26 即处理后经过渲染的结果。

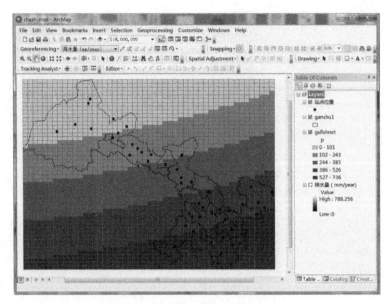

图 8.2.26　格网填充多元回归估计值

由于产生格网时以甘肃省经纬度最大及最小值构成的矩形为范围，需要进一步裁剪。裁剪代码如下，结果见图 8.2.27。

```
#提取研究区范围的值
arcpy.Clip_analysis ( " e:/data/gsfishnet. SHP ","GANSHUP"," e:/data/ganshu_p. shp")
```

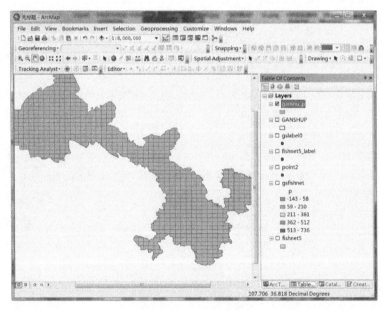

图 8.2.27　裁剪后结果

进一步利用降水量估计值对格网进行渲染，制作分级设色图，结果见图8.2.28。这样就将站点数据插值到整个甘肃省。

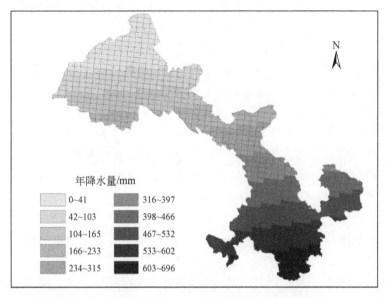

图 8.2.28　多元回归方法插值后结果

从图 8.2.28 可以看出，在甘肃省范围内，年降水量的空间分布总体上是东南多西北少，并且呈现从东南方向到西北方向逐渐过渡的趋势，梯度变化明显。

对两种插值进行比较，发现全局多项式插值的插值表面表现为逐渐变化的粗尺度模式，界线为光滑曲线，而多元回归方法以格网为单元计算，边界表现为锯齿状，不平滑。

8.3　R 语言及其应用

R 语言是一个共享的开源软件，一个应用广泛的数据分析工具。大数据时代的到来及数据分析日益增长的需求，将使 R 语言的应用前景越来越广阔。目前，基于强大的统计分析与制图功能，并得益于众多的合作开发者的贡献，R 已广泛应用于金融、医学、生物、地理、环境等领域，并在国内开始逐步普及。本节按 R 语言简介、R 统计分析、R 空间分析与建模三部分进行简要介绍，意在使读者循序渐进地了解 R，掌握 R 在统计分析及地理建模中的部分应用。深入了解、掌握和灵活运用 R，还有赖于读者课外更多的学习和应用实践。

8.3.1　R 语言简介

1. 什么是 R?

R 是用于统计计算与制图的语言和环境（environment）。其前身是 John Chambers 和他的同事们在贝尔实验室（现为美国朗讯科技公司，Lucent Technologies）开发的 S 语言。1992 年，Ross Ihaka 与 Robert Gentleman 在 S 语言的基础上开发了一门新语言，由于这两位主要开发者名字的首字母均为 R，而将其命名为 R 语言。R 语言继承了 S 语言的特点，R 也被认为是 S 语言的一种实现，很多用 S 语言写的代码，照旧可以在 R 中运行。R 是属于 GNU 系统的一个自由、免费、源代码开放的软件，可编制和运行于 Windows、Linux、Mac OS 等多种计算机操作系统。R 语言支持交互式数据探索与分析实践，已成为欧美国家和地区最主流的数据分析工具。在国内，R 语言的应用较晚，但从 2012 年开始，R 语言迅速得到越来越广泛的应用。

R 语言集数据处理、计算和图形显示等功能于一体，具体包括：有效的数据处理与存储，数组尤其是矩阵的计算，大量、连贯、完整的统计数据分析，数据分析与显示的制图，良好、简单而有效的编程语言（包括条件语句、循环语句、用户自定义的递归函数及输入输出语句等）。

R 提供了大量统计方法（包括线性与非线性建模、经典统计检验、时间序列分析、分类、聚类等）和制图技术。此外，R 语言具有高度的可扩展性，通过简单的编程可以实现使用新方法，基于 R 语言数据分析方法也在不断更新、丰富。

总之，R 语言免费、开源、可扩展，功能强大而又容易学习，扩展包资源丰富并不断更新，不失为数据分析最佳选择之一。

2. R 与 R 程序包的下载与安装

R 被认为是一个包含可以被运用的统计方法或技术的环境。R 网站主页 https://www.r-project.org（图 8.3.1）的 CRAN（comprehensive R archive network），是由世界几十

🔒 https://www.r-project.org

The R Project for Statistical Computing

[Home]

Download
CRAN

R Project
About R
Logo
Contributors
What's New?
Reporting Bugs
Development Site
Conferences
Search

R Foundation
Foundation
Board
Members
Donors
Donate

Getting Started

R is a free software environment for statistical computing and graphics. It compiles and runs on a wide variety of UNIX platforms, Windows and MacOS. To **download** R, please choose your preferred CRAN mirror.

If you have questions about R like how to download and install the software, or what the license terms are, please read our answers to frequently asked questions before you send an email.

News

- **The R Journal Volume 8/1 is available.**
- The **useR! 2017** conference will take place in Brussels, July 4 - 7, 2017, and details will be appear here in due course.
- **R version 3.3.1 (Bug in Your Hair)** has been released on Tuesday 2016-06-21.
- **R version 3.2.5 (Very, Very Secure Dishes)** has been released on 2016-04-14. This is a rebadging of the quick-fix release 3.2.4-revised.
- **Notice XQuartz users (Mac OS X)** A security issue has been detected with the Sparkle update mechanism used by XQuartz. Avoid updating over insecure channels.

图 8.3.1　R 网站主页

个镜像网站组成的网络，提供了 R 的安装程序和数以千计的现代统计方法程序包、源代码及说明文档，并不断更新。R 语言的使用离不开各种各样的程序包，通过程序包可以扩展 R，以满足不同的处理、分析需求，如地理信息空间分析常用的空间数据类与方法程序包"sp"、空间统计分析程序包"spdep"、空间点格局分析程序包"spatstat"等。R 程序包是多个函数的集合，以满足不同的功能需求。在知道程序包名称的前提下，可直接通过 CRAN 默认安装，使用之前还需对已安装的 R 包进行加载。

用户可选择 CRAN 下面提供的任一 URL 下载 R，但考虑下载速度和稳定性，推荐选择在位置上靠近自己的 URL，如中国用户可选择中国的清华大学和厦门大学的网站，URL 分别为

https：//mirrors. tuna. tsinghua. edu. cn/CRAN/

http：//mirrors. tuna. tsinghua. edu. cn/CRAN/

http：//mirrors. xmu. edu. cn/CRAN/

然后根据自己的操作系统，选择适合自己系统的安装程序进行下载。Windows 系统安装程序下载后，可直接双击安装程序开始安装，并一直点【下一步】，各选项默认，完成安装。

安装完成后，用户可根据使用需求安装并加载 R 扩展程序包。以 sp 为例，安装和加载命令分别为

```
install.packages("sp")
library(sp)
```

R 包安装后，用户可以看到该 R 包下载来源的 URL，也可以看到默认的安装路径。所有的 R 包都会安装到默认的路径，用户可通过 .libPaths（）函数查看该路径。

R 包加载后，可使用简单的命令"help（"函数名"）"或"？函数名"来查看包中有关该函数的帮助文档。如 spdep 加载后，可用"help（"moran"）"或"？moran"查看该函数（Moran's I）的帮助文档，包括函数的描述、使用方法、参数及应用案例。

3. R 的编辑器

R 软件是 R 官网提供的 R 的图形用户界面（GUI），下载、安装 R 软件后，用户可在 R 中编写命令行来处理和分析数据。但对于初学者来说，R 命令行的编写比较困难，如没有语法提示，不显示关键词颜色，只能单行输入等。为减少 R 语言学习和应用中的困难，其他可用于编写 R 代码的图形用户界面被开发，其中常用的有 RStudio、Tinn-R、Notepad++、Red-R、Rattle、R Commander、JGR 等，此处对前三个做简要介绍。

1）RStudio

RStudio 是可用于 R 的集成开发环境，是目前最流行的 R 语言编辑器。除了高亮显示代码、主动联想命令等基本编辑器功能外，RStudio 还提供了 R 的图形设备、对象管理器、调试工具等高级功能，很大程度上弥补了 R 软件的不足。

具体来讲，RStudio 具有以下特点：不仅可以在客户端运行，还可以在服务器或通过访问网络运行；把 R 中的工具整合到单个开发环境中；具有强大的代码编辑工具，旨在提高编程效率；在 RStudio 中能够快速地查找文件与函数；使用户更方便地新建项目和查找

已存在的项目；集成支持开源的版本控制系统 Git 和 Subversion；支持编写 HTML、PDF、Word 文档和幻灯片放映；支持交互制图。李舰和肖凯（2015）等曾指出如果只进行 R 开发的话，RStudio 是不二之选。

下载地址 https://www.rstudio.com/

2）Tinn-R

Tinn-R 是一个 ASCII/UNICODE 通用的适合 Windows 操作系统的文本编辑器，很好地集成到 R，并且具有图形用户界面和集成开发环境的特点，很适合进行 R 语言开发。Tinn-R 也是开源的软件，继承了 R 语言可扩展性强特点，是一款性能优良的 R 语言编辑器。

Tinn-R 的目的在于促进学习和应用 R 在统计计算方面所有的潜力，在很大程度上有利于初学者加快学习 R。对有经验的用户来说，也会大大提高 R 的编辑和应用效率。

下载地址 https://sourceforge.net/projects/tinn-r/

3）Notepad++

Notepad++是 Windows 操作系统下的一个文本编辑软件，具有开源、免费、快速、小巧的特点。该软件支持超多编程语言，可以提供函数提示、自动完成、自动输入、语法着色，最关键的是支持 R，功能相当强大。由于支持多语言编程，在 Notepad++中使用 R 时，打开 Notepad++，新建文件，选择语言为 R 即可。

下载地址 https://notepad-plus-plus.org/

4. R 函数及对象

函数是建立在各种表达式组合基础之上的运算单元，每一个函数执行特定的功能。R 语言函数的调用方式为函数名（），如

```
mean()    #求平均值
sum()     #求和
plot()    #绘图
sort()    #排序
```

除了基本的运算之外，R 的函数又分为高级和低级函数，高级函数内部嵌套了复杂的低级函数，如 plot 是高级绘图函数，函数本身会根据数据的类型，经过程序内部的函数判别之后，绘制相应类型的图形，并有大量的参数可选择。

R 所创建、操作的实体是对象。对象可以是变量、数组、字符串、函数及由这些元素组成的其他结构。按数据类型分，对象的类型有数值型（Numeric）、字符型（Character）、逻辑型（Logical）、因子型（Factor）、复数型（Complex）等。按数据结构分，对象又可分为向量（vector）、因子（factor）、数组（array）、矩阵（matrix）、数据框（dataframe）和列表（list）等，及其他对象，如缺失值或空值、符号、表达式和函数等。符号是构成表达式和函数的基本单元，常用的符号见表 8.3.1。

表 8.3.1　语言常用的符号

符号		功能
数学运算符	+、-、* 、/、^、%%、%/%	分别为加、减、乘、除、求幂、求模、整除
逻辑运算符	== 、<=、>=、&&、 ||、&、|、!	分别为相等、小于等于、大于等于、标量的"与"、标量的"或"、向量的"与"、向量的"或"、非
特殊符号	#	注释符
	<-和=	赋值符号
	~	表达式连接符（如 $y \sim x$，表示一元线性模型 $y=ax+b$）

5. 数据读取

与一般的统计分析软件一样，对于具有一定规模的数据，R 语言可以从外部读取数据，而避免在 R 命令行手动录入数据。R 语言可以从多种外部文件中读取数据，最为常用的是 csv 和 txt 格式的数据，也可以读取 SAS、SPSS、Stata、dBase 等软件保存的数据和在网络上抓取数据。

以 R 读取 csv 和 txt 为例，其语法为

```
mydata<-read.table(file,header=TRUE/FALSE,sep=,row.names=)
```

在设定工作路径的情况下，file 可为 "文件名"；没有设定工作路径的话，file 则需为 "文件路径/文件名"；header 指定数据第一行是否作为标题行；sep 指定数据中各列之间的分隔符，默认分隔符为空格、制表符、换行符或回车；row.names 用于获取或设置数据框的行名。

如读取 E 盘下 "统计分析" 文件夹中的 "case.txt" 文本，语法为

```
mydata<-read.table("E:/统计分析/case.txt",header=TRUE)
```

csv 文件可用该函数读取，也可用 read.csv 函数读取。

R 语言也可读取 Excel 表格文件，最好的方式是在读取数据之前，先将 Excel 文件另存为 csv 文件，然后用 read.table 或 read.csv 函数读取。由于 Excel 是基于 Windows 系统的软件，在该系统下，用户可以通过加载 RODBC 包，使用 odbcConnectExcel（）函数读取 xls 文件。语法为

```
install.packages("RODBC")   #安装 RODBC 包
library(RODBC)
mydata <-odbcConnectExcel("case.xls")   #读取 xls 文件 case
mydata2016 <-sqlFetch(mydata,"sheet1")    #读取 sheet1 工作表
```

其中，case.xls 是 Excel 文件，sheet1 就是要从这个工作簿中读取工作表的名称。

此外，使用 xlsx 包 read.xlsx 函数可以读取 Excel2007 及以后版本保存的 xlsx 文件。调用语法为 read.xlsx（file，n），n 为要读取的工作表序号。例如，读取 E 盘下 "统计分析" 文件夹中名为 "case.xlsx" 的 xlsx 文件第一个工作表的数据，代码如下：

```
>install.packages("xlsx")    #安装 xlsx 包
>library(xlsx)   #加载 xlsx 包
>file <-"E:/统计分析/case.xlsx"    #将文件路径赋值给 file
>mydata2016 <-read.xlsx(file,1)    #读取 case 文件中第一个工作表
```

6. RStudio 用户界面

RStudio 方便、高效，深受 R 语言开发者的喜爱，作者也习惯用 RStudio 进行 R 代码编写，本节全部代码均在 RStudio 中编写和运行。RStudio 用户界面如图 8.3.2 所示，主要有四个窗口，从左至右分别是程序编辑窗口，工作空间与历史信息窗口，控制台窗口，文件、画图和帮助窗口。

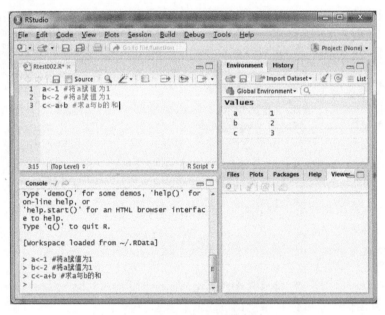

图 8.3.2　RStudio 用户界面

用户执行【file】→【new File】→【R script】（或 Ctrl+Shift+N）可以新建空白程序。然后在新建程序中编写、修改代码。代码编写后，用户可以将光标放置代码行末端使用快捷键"Ctrl+R"运行该行代码，如要从开头开始运行全部代码，可全部选中使用"Ctrl+回车"运行。控制台（console）用于显示程序运行的信息。工作空间（Environment）显示用户定义的数据集 data，值 Value 和自定义函数 Function，可以选中双击打开查看。历史窗口（History）显示的是历史操作，可以选中点击上方【To Source】使其进入程序编辑窗口或双击进入控制台窗口，另外可以移除某行历史代码或清空所有历史代码。文件、画图和帮助窗口用于查看文件位置、输出图形和显示函数的帮助文件。图 8.3.2 为 RStudio 用户界面中程序编辑窗口、控制台窗口和工作空间分别显示了已编辑的代码、运行的代码和运行后工作空间存储的各变量的值等信息。

8.3.2 R 统计分析

本部分主要介绍 R 语言在统计分析中的应用，具体包括描述性统计分析和经典统计分析的相关函数及其应用。

1. 描述性统计分析

描述性统计分析（descriptive statistical analysis），即对数据基础性特征的统计分析。R 中提供了多种描述性统计函数，常用的统计函数如表 8.3.2 所示。

表 8.3.2 语言常用的描述性统计函数

函数名（参数）	功能描述	示例（如 $x<-c$ (1, 2, 3, 4, 5)）
mean (x)	计算 x 的均值	mean (x)，返回值：3
min (x)	计算 x 的最小值	min (x)，返回值：1
max (x)	计算 x 的最大值	max (x)，返回值：5
median (x)	计算 x 的中位数	median (x)，返回值：3
sum (x)	计算 x 的总和	sum (x)，返回值：15
cumsum (x)	计算 x 的累计和	cumsum (x)，返回值：1 3 6 10 15
prod (x)	计算 x 的连乘积	prod (x)，返回值：120
sd (x)	计算 x 的样本标准差	sd (x)，返回值：1.581139
var (x)	计算 x 的样本方差	var (x)，返回值：2.5
range (x)	计算 x 的取值范围	range (x)，返回值：1 5
length (x)	计算 x 的元素个数	length (x)，返回值：5
scale (x)	对 x 做标准化	scale (x)，返回值：−1.2649111 −0.6324555 0.0000000 0.6324555 1.2649111
uantile (x, probs)	计算 x 在 probs 分位点上的分位值	quantile (x, probs $=c$(0.25, 0.5, 0.75))，返回值：2　3　4

除表 8.3.2 中统计函数外，R 基础安装中还提供了 summary 函数，该函数可返回变量的最小值、最大值、均值、四分位数和数值型变量的均值等统计量。如将赋值给 x 一个含有 1、2、3、4、5 的向量并调用 summary 函数对 x 的统计量进行计算，代码如下：

```
>x<-c(1,2,3,4,5)
>summary(x)
```

运行上述代码后，返回计算结果如下：

```
Min.  1st Qu.  Median  Mean  3rd Qu.  Max.
1     2        3       3     4        5
```

对于多个变量的某个描述统计量，可用 sapply 函数计算。其语法为 sapply (x, FUN, options)。该函数将计算数据框中指定列（域）的指定统计量。参数 FUN 用于指定函数名,如 mean、sd、var、min、max、median、length、range 和 quantile。如果指定了 options,它们将被传递给 FUN。例如,表 8.3.3 为某区域某年气象指标数据,采用 spply 函数计算各气象指标平均值。

表 8.3.3　某区域某年气象指标

CODE	气温/℃	降水/mm	相对湿度/%	日照时数/h	风速/(m/s)
1	9.54	13.40	59.10	253.97	3.26
2	10.10	15.79	60.46	257.92	3.31
3	10.67	19.75	61.85	259.47	2.75
4	10.71	12.98	57.28	260.36	3.21
5	9.41	13.52	63.36	241.81	3.15
6	9.29	12.35	68.93	223.13	3.03
7	9.38	13.47	61.12	247.22	3.23
8	11.23	3.82	49.73	253.29	2.41
9	9.21	7.92	58.10	237.08	3.12

运行如下代码:

```
>cli_data<-read.csv("E:/clidata.csv")  #读取数据
>sapply(cli_data[,2:6],FUN=mean)  #计算该数据框中第 2 至第 6 列,即所有气象指标的
```
均值。

返回计算结果如下:

```
气温        降水       相对湿度     日照时数      风速
9.948889  12.555556  59.992222  248.250000  3.052222
```

此外,用户可通过自定义函数或利用扩展包里提供的函数进行其他统计量的计算。如根据偏度系数(PD)和峰度系数(FD)的公式定义函数 PDFD,并调用该函数计算偏度系数和峰度系数,函数 PDFD 代码如下:

```
PDFD <-function(x,na.omit=FALSE){
  if (na.omit)
    x<-x[! is.na(x)]
  m<-mean(x)
  n<-length(x)
  s<-sd(x)
  PD<-sum((x-m)^3/s^3)/n
  FD<-sum((x-m)^4/s^4)/n-3
  return(c(PD=PD,FD=FD))
}  #定义函数 PDFD,函数返回偏度和峰度系数
```

定义函数 PDFD 后,运行该函数并调用 sapply 函数进行计算,代码如下:

```
>sapply(cli_data[,2:6],PDFD)  #计算第 2 至第 6 列数据的偏度和峰度
```

运行上述代码后，返回 PD 和 FD 计算结果如下：

```
           气温          降水        相对湿度        日照时数          风速
PD   0.4763471   -0.4332133   -0.2810715   -0.7708439   -1.1346281
FD  -1.6093195   -0.5626288   -0.2340740   -0.7955804   -0.1704073
```

2. 经典统计分析

R 语言提供了丰富的经典统计分析函数（汤银才，2008；高涛等，2013），本部分结合案例重点介绍 R 中相关分析、回归分析和主成分分析的函数及应用。

1）相关分析

R 使用函数 cor 计算两数值型变量的相关系数，其语法为

```
cor(x,use=,method=)
```

其中，x 指定要分析的矩阵或数据框；use 指定缺失值处理方式，参数有 all. obs（默认不存在缺失值，若遇到缺失值则提示错误）、everything（若存在缺失值，则相关系数计算结果为空值 NA）、complete. obs（用删除法删除缺失值后再计算）和 pairwise. complete. obs（用成对删除法删除缺失值后再计算）；method 指定相关系数的类型，可选类型有 pearson 相关系数、spearman 相关系数和 kendall 相关系数。以表 8. 3. 3 数据为例，计算其 spearman 相关系数，代码如下：

```
>cor(cli_data[,2:6],use="everything",method="pearson")
```

运行上述代码后，返回计算结果如下：

```
              气温          降水        相对湿度        日照时数          风速
气温     1.0000000   -0.1111528   -0.6562606    0.69579087   -0.65676984
降水    -0.1111528    1.0000000    0.6111405    0.28638699    0.42251133
相对湿度 -0.6562606    0.6111405    1.0000000   -0.56907079    0.47506296
日照时数  0.6957909    0.2863870   -0.5690708    1.00000000   -0.07077786
风速    -0.6567698    0.4225113    0.4750630   -0.07077786    1.00000000
```

上例得到的是所有变量两两之间的相关系数，用户还可以选定部分变量（一个或多个），计算其与其他变量的相关系数，如选出气温、降水，计算其与相对湿度、日照时数、风速的相关系数，运行如下代码：

```
>x<-cli_data[,c("相对湿度","日照时数","风速")]
>y<-cli_data[,c("气温","降雨")]
>cor(x,y)
```

返回计算结果如下：

```
              气温          降水
相对湿度 -0.6562606    0.6111405
日照时数  0.6957909    0.2863870
风速    -0.6567698    0.4225113
```

R 语言使用函数 cov 来计算协方差，其语法与 cor 相同。另外，探索分析时常用 plot 函数画出两个变量的散点图，以直观了解两变量间的相关关系和相关程度。其语法为

```
plot(x,y,…)
```

其中，x、y 表示两个变量；…表示其他参数，主要有 type（指定图形类型）、main（主标题）、sub（副标题）、xlab/ylab（坐标轴标签）等。例如，绘制某地生产总值与固定资产投资散点图，查看它们之间的相关性，代码如下：

```
>x<-c(330.26,216.19,315.07,321.7,246.34,273.67,116.69,95.31,144.87,115.7)    #
输入固定资产投资
>y<-c(482.92,327.80,458.04,512.91,376.39,431.18,202.19,160.22,240.86,161.55)
#输入生产总值
>par(mai=c(0.9,0.9,0.2,0.2))    #设置页边距
>plot(x,y,xlab="固定资产投资(x/亿元)",ylab="生产总值(y/亿元)")    #绘图
```

运行上述代码后，输出生产总值与固定资产投资的散点图，如图 8.3.3 所示。

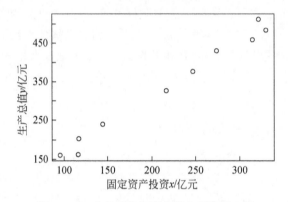

图 8.3.3　生产总值与固定资产投资散点图

从图 8.3.3 可以看出，随着固定资产投资的增加，生产总值有明显增加，表明固定资产投资与生产总值之间存在明显的正相关关系。

R 使用函数 cov.test 进行相关系数检验，其语法为

```
cor.test(x,y,alternative=,method=)
```

其中，x、y 为要检验相关性的变量。alternative 用于指定检验方向，可取参数有 two.side、less、greater。method 用于指定相关类型，可取参数有 pearson、spearman 和 kendall。函数返回检验统计值、置信度水平及相关系数等。例如，对上例数据进行相关系数检验，代码如下：

```
>cor.test(x,y)
```

运行上述代码后，返回结果如图 8.3.4 所示。

结果显示，检验统计量 t 值为 22.826，p 值为 1.439×10^{-8}，远小于 0.01 的置信度水平，说明生产总值与固定资产投资是相关的，其 pearson 相关系数为 0.99。

```
Pearson's product-moment correlation
data:  x and y
t = 22.826, df = 8, p-value = 1.439e-08
alternative hypothesis: true correlation is not equal to 0
95 percent confidence interval:
 0.9670299 0.9982699
sample estimates:
       cor
0.99241
```

图 8.3.4　相关系数检验结果

2）回归分析

R 中拟合线性模型的函数是 lm，其基本语法为

```
myfit <-lm(formula,data)
```

其中，formula 指定用符号和变量描述的模型形式（简单线性、多项式或多元线性），data 为拟合模型所用数据。该函数返回一个包含多个成分的列表，包括 coefficients、residuals、fitted. values、rank、weights、df. residual 等，存储模型拟合的结果，可以通过 "列表名 $ 成分名" 访问分析结果，也可以用特定函数访问，这些函数有 summary（模型的详细结果）、coefficients［模型的模型参数（截距项和斜率）］、confint［模型参数的置信区间（默认 95%）］、fitted（模型的预测值）、residuals（模型的残差值）、anova（模型的方差分析表）、vcov（模型参数的协方差矩阵）、AIC（模型的赤池信息统计量）、plot（生成评价拟合模型的诊断图）、predict（用拟合模型对新的数据集预测响应变量值）（薛薇，2014）。

以甘肃省气象数据为例（表 8.3.4），降水量作为因变量，纬度作为自变量，利用 lm 建立一元线性回归模型。

表 8.3.4　甘肃省各气象台站纬度、海拔及降水量（多年平均值）

台站	年降水量 p/mm	纬度 y	海拔 a/m	台站	年降水量 p/mm	纬度 y	海拔 a/m
安西	48. 25	40. 5°N	1170. 80	玉门玉门镇	65. 32	40. 26°N	1526. 00
白银	193. 72	36. 6°N	1707. 20	梧桐沟	71. 88	40. 72°N	1591. 00
定西	413. 94	35. 53°N	1908. 80	金塔	58. 57	40°N	1270. 20
古浪	358. 6	37. 48°N	2072. 40	鼎新	54. 33	40. 3°N	1177. 40
和政	615. 04	35. 43°N	2136. 40	高台	106. 33	39. 37°N	1332. 20
徽县	752. 42	33. 82°N	930. 80	肃南	257. 21	38. 83°N	2311. 80
会宁	435. 43	35. 63°N	2025. 10	临泽	114. 53	39. 15°N	1453. 70
靖远	238. 55	36. 57°N	1397. 80	张掖	127. 49	38. 93°N	1482. 70
酒泉	87. 85	39. 77°N	1477. 20	山丹	194. 9	38. 78°N	1764. 60
兰州	316	36. 05°N	1517. 20	民乐	331. 09	38. 45°N	2271. 00
礼县	503. 73	34. 2°N	1410. 00	民勤	110. 57	38. 63°N	1367. 00
临洮	554. 04	35. 38°N	1886. 60	永昌	194. 42	38. 23°N	1976. 10
临夏	502. 07	35. 62°N	1917. 00	武威	163. 89	37. 92°N	1530. 80
玛曲	611. 78	34°N	3471. 40	乌鞘岭	389. 9	37. 2°N	3045. 10

台站	年降水量 p/mm	纬度 y	海拔 a/m	台站	年降水量 p/mm	纬度 y	海拔 a/m
岷县	603.66	34.38°N	2314.60	环县	541.5	36.58°N	1255.60
秦安	501.67	34.73°N	1250.00	庆阳西峰镇	573.03	35.73°N	1421.90
天水	540.16	34.58°N	1131.70	平凉	521.31	35.73°N	1346.60
天祝松山	264.15	37.2°N	2726.70	灵台	645.21	35.15°N	1360.00
通渭	427.11	35.12°N	1765.00	静宁	466.28	35.52°N	1650.00
通渭华家岭	513.09	35.42°N	2450.00	文县	558.83	32.95°N	1014.30
武山	478.21	34.73°N	1495.00	宕昌	621.02	34.03°N	1753.20
榆中	395.25	35.85°N	1873.70	临潭	515.02	34.7°N	2810.20
成县	650.14	33.75°N	970.00	甘南台	545.72	35°N	2915.70
陇南台	480.24	33.4°N	1079.00	碌曲郎木寺	786.75	34.21°N	3362.70
马鬃山	85.79	41.8°N	1770.00	宁县	584.89	35.43°N	1221.20
肃北野马街	144.38	41.58°N	2159.00	合水太白	574	36.14°N	1111.70
敦煌	39.17	40.15°N	1138.70				

运行如下代码：

```
>gs_cli_data<-read.csv ("E:/gs_clidata.csv")
>myfit <-lm(年降水量~纬度坐标,gs_cli_data) #模型拟合
>summary(myfit)   #查看结果详细内容
```

返回回归模型的形式、残差统计、估计系数及模型检验等，结果如图 8.3.5 所示。

```
Call:
lm(formula = 年降水量 ~ 纬度坐标, data = gs_cli_data)

Residuals:
     Min      1Q  Median      3Q     Max
 -193.78  -61.50  -13.43   52.99  202.82

Coefficients:
             Estimate Std. Error t value Pr(>|t|)
(Intercept) 3395.584    200.944   16.90   <2e-16 ***
纬度坐标      -82.188      5.458  -15.06   <2e-16 ***
---
Signif. codes:  0 '***' 0.001 '**' 0.01 '*' 0.05 '.' 0.1 ' ' 1

Residual standard error: 92.98 on 51 degrees of freedom
Multiple R-squared:  0.8164,    Adjusted R-squared:  0.8128
F-statistic: 226.7 on 1 and 51 DF,  p-value: < 2.2e-16
```

图 8.3.5　一元回归模型计算结果

结果显示，纬度坐标估计系数为 -82.188，说明 1 个单位纬度的增加，降水量呈现 82.188 个单位的减小，这符合该地区降水实际变化情况。R^2 为 0.8128，表明模型具有较

好的拟合优度，p 值为 2.2×10^{-16}，小于 0.01 的置信度水平。

当预测变量为多个时，可用函数 lm 拟合多元线性模型，只需修改 formula 指定的模型形式即可。如把降水量看作因变量，把纬度、海拔看作自变量，建立多元线性回归模型，代码如下：

```
>myfit <-lm(年降水量 ~纬度坐标+海拔,gs_cli_data)
>summary(myfit)
```

运行上述代码后，返回模型形式、残差统计、估计系数及模型检验等，结果如图 8.3.6 所示。

```
Call:
lm(formula = 年降水量 ~ 纬度坐标 + 海拔, data = gs_cli_data)

Residuals:
     Min      1Q  Median      3Q     Max
-192.28  -61.24  -13.92   59.50  172.23

Coefficients:
              Estimate Std. Error t value Pr(>|t|)
(Intercept) 3295.12790  205.45483  16.038   <2e-16 ***
纬度坐标      -81.17369    5.38605 -15.071   <2e-16 ***
海拔            0.03621    0.02090   1.733   0.0892 .
---
signif. codes:  0 '***' 0.001 '**' 0.01 '*' 0.05 '.' 0.1 ' ' 1

Residual standard error: 91.21 on 50 degrees of freedom
Multiple R-squared:  0.8268,    Adjusted R-squared:  0.8198
F-statistic: 119.3 on 2 and 50 DF,  p-value: < 2.2e-16
```

图 8.3.6　多元线性模型计算结果

结果显示，纬度坐标的估计系数为 −81.17369，说明随着纬度增加，降水量会减小，其 p 值为 2×10^{-16}，通过了 0.01 的置信度水平。海拔的估计系数为 0.03621，说明在该地区随着海拔的增加，降水量会有略微增加，其 p 值为 0.0892，未通过 0.05 的置信度检验。模型整体具有较好的拟合优度（$p=0.8198$），p 值为 2.2×10^{-16}，小于 0.01 的置信度水平。

3）主成分分析

R 基础安装中可以通过两种方式进行主成分分析：按主成分分析的计算步骤计算和调用 princomp 函数计算（薛薇，2014）。以某地区农业生态经济系统各区域单元相关指标数据为例（表 8.3.5），利用 R 对其进行主成分分析。

表 8.3.5　某农业生态经济系统各区域单元的有关数据

样本序号	人口密度 x_1/（人/km²）	人均耕地面积 x_2/hm²	森林覆盖率 x_3/%	农民人均纯收入 x_4/（元/人）	人均粮食产量 x_5/（kg/人）	经济作物占农作物播种面积比例 x_6/%	耕地占土地面积比例 x_7/%	果园与林地面积之比 x_8/%	灌溉田占耕地面积之比 x_9/%
1	363.912	0.352	16.101	192.11	295.34	26.724	18.492	2.231	6.262
2	141.503	1.684	24.301	1752.35	452.26	32.314	14.464	1.455	7.066

样本序号	人口密度 x_1/ (人/km²)	人均耕地面积 x_2/hm²	森林覆盖率 x_3/%	农民人均纯收入 x_4/(元/人)	人均粮食产量 x_5 /(kg/人)	经济作物占农作物播种面积比例 x_6/%	耕地占土地面积比例 x_7/%	果园与林地面积之比 x_8/%	灌溉田占耕地面积之比 x_9/%
3	100.695	1.067	65.601	1181.54	270.12	18.266	0.162	7.474	12.489
4	143.739	1.336	33.205	1436.12	354.26	17.486	11.805	1.892	17.534
5	131.412	1.623	16.607	1405.09	586.59	40.683	14.401	0.303	22.932
6	68.337	2.032	76.204	1540.29	216.39	8.128	4.065	0.011	4.861
7	95.416	0.801	71.106	926.35	291.52	8.135	4.063	0.012	4.862
8	62.901	1.652	73.307	1501.24	225.25	18.352	2.645	0.034	3.201
9	86.624	0.841	68.904	897.36	196.37	16.861	5.176	0.055	6.167
10	91.394	0.812	66.502	911.24	226.51	18.279	5.643	0.076	4.477
11	76.912	0.858	50.302	103.52	217.09	19.793	4.881	0.001	6.165
12	51.274	1.041	64.609	968.33	181.38	4.005	4.066	0.015	5.402
13	68.831	0.836	62.804	957.14	194.04	9.11	4.484	0.002	5.79
14	77.301	0.623	60.102	824.37	188.09	19.409	5.721	5.055	8.413
15	76.948	1.022	68.001	1255.42	211.55	11.102	3.133	0.01	3.425
16	99.265	0.654	60.702	1251.03	220.91	4.383	4.615	0.011	5.593
17	118.505	0.661	63.304	1246.47	242.16	10.706	6.053	0.154	8.701
18	141.473	0.737	54.206	814.21	193.46	11.419	6.442	0.012	12.945
19	137.761	0.598	55.901	1124.05	228.44	9.521	7.881	0.069	12.654
20	117.612	1.245	54.503	805.67	175.23	18.106	5.789	0.048	8.461
21	122.781	0.731	49.102	1313.11	236.29	26.724	7.162	0.092	10.078

首先，根据主成分分析的计算步骤计算，代码如下：

```
>PCA_data<-read.csv("E:/PCA.csv")   #读取数据
>Rmatrix <-cor(PCA_data[,2:10])   #计算相关系数矩阵
>eig <-eigen(Rmatrix)    #计算相关系数矩阵的特征值和特征向量
>PC <-as.matrix(eig$vectors[,1:2])   #将前两个主要的特征向量赋值给 PC
>PC   #显示 PC
```

运行上述代码后，返回前两个特征向量如下：

```
            [,1]             [,2]
[1,]    0.32818814      -0.4116219
[2,]    0.08276426       0.58786429
[3,]   -0.46940957       0.11793513
[4,]    0.04585285       0.59250448
```

[5,]	0.42108782	0.26102310
[6,]	0.41261534	0.07244773
[7,]	0.44311607	-0.1523916
[8,]	0.09292500	-0.05494321
[9,]	0.33232743	0.14279040

>F <-as.matrix(scale(PCA_data[,2:10]))% * % PC　#原有变量经过标准化处理后计算主成分得分

>F #显示 F

运行上述代码后，返回前两个主成分得分如下：

	[,1]	[,2]
[1,]	3.7746026	-4.35976832
[2,]	3.384135	1.83865350
[3,]	-0.2545083	0.59991772
[4,]	2.448025	0.96898677
[5,]	5.434569	2.17695046
[6,]	-1.638358	2.33801081
[7,]	-1.3529344	-0.23462272
[8,]	-1.425931	1.88510881
[9,]	-1.1470779	-0.36408391
[10,]	-0.9402690	-0.40592467
[11,]	-0.6085707	-1.46773321
[12,]	-1.969873	0.08545510
[13,]	-1.5248157	-0.25524257
[14,]	-0.4903817	-0.86420544
[15,]	-1.681906	0.44557954
[16,]	-1.4136214	-0.26963205
[17,]	-0.6510522	-0.22618785
[18,]	-0.1843662	-0.96459984
[19,]	-0.0502407	-0.64951144
[20,]	-0.3619356	-0.23590591
[21,]	0.6545098	-0.04124479

>plot(eig $ values,type="b",ylab="特征值",xlab="特征值编号")　#绘制各主成分方差折线图

运行上述代码后，输出各主成分方差折线图，如图 8.3.7 所示。

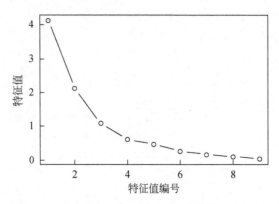

图 8.3.7　各主成分方差折线图

方差折线图表明，第一、第二主成分方差较大，后边主成分方差迅速减小。

另外，可以用函数 princomp 直接计算主成分，其语法为

```
princomp(x,…)
```

其中，x 为默认指定的矩阵或数据框，其他主要参数有 formula（使用公式设定因变量）、data［包含在 formula 中指定的数据对象（矩阵或数据框）］、subset（指定分析时用到的观测值）、scale（是否将变量标准化）等。返回结果可以通过"列表名 $ 成分名"访问，也可以用特定函数访问。运行如下代码：

```
>PCA <-princomp(PCA_data[,2:10],cor=TRUE)   #计算主成分
>summary(PCA)
```

返回各主成分标准差、方差贡献及累计方差贡献等，结果如图 8.3.8 所示。

```
Importance of components:
                        Comp.1      Comp.2      Comp.3      Comp.4      Comp.5
Standard deviation      2.033509   1.4578083   1.0410834  0.77895265  0.69091838
Proportion of Variance  0.459462   0.2361339   0.1204283  0.06741858  0.05304091
Cumulative Proportion   0.459462   0.6955960   0.8160242  0.88344282  0.93648373
                        Comp.6      Comp.7      Comp.8      Comp.9
Standard deviation      0.51742234  0.40478636  0.32410050  0.18715601
Proportion of Variance  0.02974732  0.01820578  0.01167124  0.00389193
Cumulative Proportion   0.96623105  0.98443683  0.99610807  1.00000000
```

图 8.3.8　主成分计算结果

主成分计算结果也可以通过 plot 函数绘图进行显示，代码如下：

```
>plot (PCA,type="line")
```

运行上述代码后，输出各主成分方差折线图，如图 8.3.9 所示。

对比图 8.3.7 和图 8.3.9 可以看出，两种方法计算结果相同。

4）其他统计分析方法及函数

除上述统计函数外，R 还提供了其他的统计方法及函数，常用的有方差分析、因子分

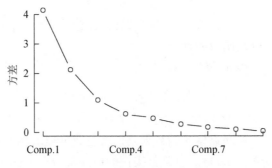

图 8.3.9 各主成分方差折线图

析、广义线性模型、聚类分析、时间序列分析等。相关分析方法的函数及基本语法见表 8.3.6，读者也可以通过帮助文档查看这些函数的详细描述与具体使用方法。

表 8.3.6 其他常用统计函数简介

分析方法	函数名	基本语法	功能	程序包
方差分析	aov	aov（formula，data，…）	拟合方差模型	stats
因子分析	factanal	factanal（x，factors，data，…）	最大似然因子分析	stats
广义线性模型	glm	glm（formula，family，data，…）	拟合广义线性模型	stats
聚类分析	hclust	hclust（d，method，…）	层次聚类	stats
	kmeans	kmeans（x，centers，…）	K 均值聚类	stats
	som	som（data，grid，…）	自组织映射	kohonen
时间序列分析	arima	arima（x，order，…）	ARIMA 时间序列模型	stats
	decompose	decompose（x，type，…）	时间序列季节、趋势、随机项分解	stats

注：…表示其他参数。

8.3.3 R 空间分析与建模

R 具有丰富的功能，可实现对空间数据（地理信息数据）的处理、统计分析和可视化。目前，CRAN 上与空间数据相关的 R 包已超过 100 个，使地理信息空间分析成为 R 的热门应用领域之一（李舰和肖凯，2015）。本部分将重点介绍 R 语言有关空间点模式分析、空间相关性分析和空间回归分析的函数及其应用。

1. 点模式分析

R 中有多个包提供了空间点模式分析的函数，其中常用的是 spatstat 包。该包是一个用于空间点数据统计分析的包，主要涉及二维空间点模式的分析。它支持全面的空间点数据的统计分析，具体包括：点模式的创建、处理与可视化，探索数据分析，空间随机抽样，点过程模型模拟，参数模型拟合，非参数平滑与回归，形式推理（假设检验、置信区间）及模型诊断（徐爱萍和舒红，2013）。K 函数、F 函数和 G 函数是空间点模式分析中基于距离的分析方法（赵永，2013）。本部分结合案例重点介绍 spatstat 包关于点模式统计分析中 K 函数、F 函数和 G 函数的计算。

首先，安装并加载 spatstat 包。

```
>install.packages("spatstat") #安装 spatstat 包
>library(spatstat) #加载 spatstat 包
```

spatstat 包提供了多个不同点模式的数据集，这些数据集来自于空间分析学者的研究案例（Ripley，1977；Diggle，2003）。以该包提供的数据集 cells、japanesepines 和 redwood 为例，计算 K 函数并绘制其曲线图。

首先，加载三个数据集，代码如下：

```
>data(cells) #读取 spatstat 包数据集 cells
>data(japanesepines)
>data(redwood)
```

为便于比较，三个数据集中的点均被设置为分布于 1×1 的单元网格内。但 cells 和 japanesepines 的 x、y 坐标取值范围为（0，1），而 redwood 的 x 坐标取值范围为（0，1），y 坐标取值范围为（−1，0）。并且，cells 和 redwood 单位为 1，而 japanesepines 一个单位代表 5.7m（metres）。加载数据后可以在工作空间查看这些具体信息。首先，可以采用 plot 函数绘图，查看三个数据集点的空间分布情况，代码如下：

```
>par(mfrow=c(1,3)) #设置画布 1 行 3 列
>plot(cells) #绘制数据集 cells 的空间分布图
>plot(japanesepines)
>plot(redwood)
```

运行上述代码后，输出三个数据集点的空间分布图，如图 8.3.10 所示。

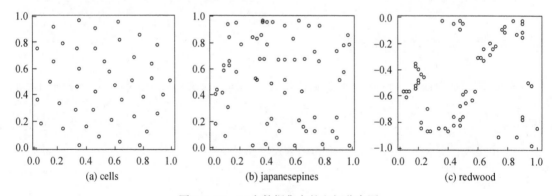

图 8.3.10　三个数据集点的空间分布图

spatstat 包中提供了函数 Kest 用于计算点分布的 K 函数，同时该函数也计算了泊松分布的 K 函数，以便于将观测数据与随机分布进行对比。采用 Kest 函数计算三个数据集的 K 函数，矫正参数选用 Ripley 对边界效应进行矫正，代码如下：

```
>ck<-Kest(cells,correction="Ripley") ##计算数据集 cells 的 K 函数,并赋值给 ck
>jk<-Kest(japanesepines,correction="Ripley")
>rk<-Kest(redwood,correction="Ripley")
```

上述代码运行后，返回 K 函数的计算结果，主要有距离 r、泊松分布的 K 函数和观测样本分布 K 函数。可调用 summary 函数查看其 K 函数计算结果的统计量：

```
>summary(ck)
```

运行上述代码后，返回 cells 中点的 K 函数统计结果如下：

r		theo		iso	
Min.	:0.0000	Min.	:0.00000	Min.	:0.00000
1st Qu.	:0.0625	1st Qu.	:0.01227	1st Qu.	:0.00000
Median	:0.1250	Median	:0.04909	Median	:0.01534
Mean	:0.1250	Mean	:0.06551	Mean	:0.05211
3rd Qu.	:0.1875	3rd Qu.	:0.11045	3rd Qu.	:0.11137
Max.	:0.2500	Max.	:0.19635	Max.	:0.17277

```
>summary(jk)
```

运行上述代码后，返回 japanesepines 中点的 K 函数计算结果如下：

r		theo		iso	
Min.	:0.0000	Min.	:0.00000	Min.	:0.00000
1st Qu.	:0.0625	1st Qu.	:0.01227	1st Qu.	:0.01211
Median	:0.1250	Median	:0.04909	Median	:0.04824
Mean	:0.1250	Mean	:0.06551	Mean	:0.06276
3rd Qu.	:0.1875	3rd Qu.	:0.11045	3rd Qu.	:0.10129
Max.	:0.2500	Max.	:0.19635	Max.	:0.18922

```
>summary(rk)
```

运行上述代码后，返回 redwood 中点的 K 函数计算结果如下：

r		theo		iso	
Min.	:0.0000	Min.	:0.00000	Min.	:0.00000
1st Qu.	:0.0625	1st Qu.	:0.01227	1st Qu.	:0.03490
Median	:0.1250	Median	:0.04909	Median	:0.08890
Mean	:0.1250	Mean	:0.06551	Mean	:0.09203
3rd Qu.	:0.1875	3rd Qu.	:0.11045	3rd Qu.	:0.14309
Max.	:0.2500	Max.	:0.19635	Max.	:0.20606

采用 plot 函数绘制三个数据集与泊松分布的 K 函数曲线图，可进行对比，分析三个数

据点各自的分布模式。

```
>par(mfrow=c(1,3),mai=c(0.6,0.6,0.3,0.2))
>plot(ck,legend=FALSE,cex.axis=0.9,cex.lab=0.9,cex.main=0.9,main="cells")
#绘制 K 函数分布曲线图
>legend(0,0.178,legend=fontify(expression(K[pois]* (r))),col=2,lty=2,,bty="
n",cex=0.9,adj=c(0,0.4)) #添加泊松分布 K 函数图例
>legend(0,0.202,legend=fontify(expression(K[iso]* (r))),col=1,lty=1,,bty="
n",cex=0.9,adj=c(0,0.4)) #添加观测分布 K 函数图例
>plot(jk,legend = FALSE,cex.axis = 0.9,cex.lab = 0.9,cex.main = 0.9,main = "japa-
nesepines")
>legend(0,0.178,legend=fontify(expression(K[pois]* (r))),col=2,lty=2,,bty="
n",cex=0.9,adj=c(0,0.4))
>legend(0,0.202,legend=fontify(expression(K[iso]* (r))),col=1,lty=1,,bty="
n",cex=0.9,adj=c(0,0.4))
>plot(rk,legend=FALSE,cex.axis=0.9,cex.lab=0.9,cex.main=0.9,main="redwood")
>legend(0,0.178,legend=fontify(expression(K[pois]* (r))),col=2,lty=2,,bty="
n",cex=0.9,adj=c(0,0.4))
>legend(0,0.202,legend=fontify(expression(K[iso]* (r))),col=1,lty=1,,bty="
n",cex=0.9,adj=c(0,0.4))
```

运行上述代码后，输出三个样本数据集与泊松分布的 K 函数图，如图 8.3.11 所示。

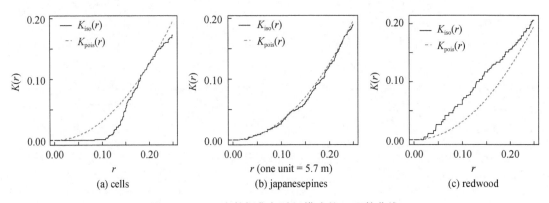

图 8.3.11　三个数据集与随机模式的 K 函数曲线

图 8.3.11 显示，cells 随距离增加的平均点数低于随机模式下期望值，japanesepines 的平均点数接近随机模式期望值，而 redwood 的平均点数高于随机模式期望值，说明 cells 趋于规则分布，japanesepines 趋于均匀分布，而 redwood 趋于聚集分布。

此外，以常州市化工企业 POI 数据为例（图 8.3.12），查看常州市化工企业的空间分布模式。

原始数据为 .shp 格式的矢量数据，此格式数据需要制图工具包 maptools 中 readShapeSpatial 函数读取，代码如下：

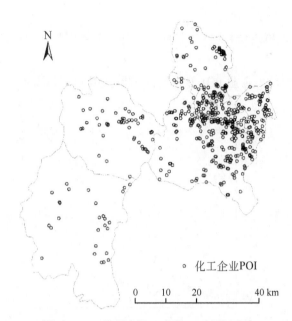

图 8.3.12　常州市化工企业 POI 空间分布

```
>library(maptools)
>library(sp) #maptools 包的使用依赖于空间数据类包 sp,因此该包需要同时加载
>chem_industry <-readShapeSpatial("E:/chem_industry")  #读取化工企业 POI 数据
>pchem_industry <-as.ppp(chem_industry)  #采用 spatstat 包中 as.ppp() 函数将数据
```
转换为点数据类 ppp
```
>K_chem_industry <-Kest(pchem_industry,correction="Ripley")  #计算 K 函数
>summary(K_chem_industry)
```

运行上述代码后,返回化工企业 POI 分布的 K 函数,统计结果如下:

	r		theo		iso
Min.	:0.00000	:Min.	:0.000000	Min.	:0.0000653
1st Qu.	:0.04675	1st Qu.	:0.006866	1st Qu.	:0.0354033
Median	:0.09350	Median	:0.027463	Median	:0.1156519
Mean	:0.09350	Mean	:0.036653	Mean	:0.1341629
3rd Qu.	:0.14025	3rd Qu.	:0.061792	3rd Qu.	:0.2239782
Max.	:0.18699	Max.	:0.109852	Max.	:0.3409349

summary 函数返回了结果中距离 r、泊松分布与化工企业 POI 观测点分布的 K 函数的描述性统计结果。采用 plot 函数对泊松分布和观测点分布的 K 函数进行可视化,通过对比可查看观测点的分布模式,代码如下:

```
>plot(K_chem_industry,legend=FALSE,cex.axis=0.6,cex.lab=0.6,cex.main=0.6
,main="")
>legend(0,0.295,legend=fontify(expression(K[pois]* (r))),col=2,lty=2,
```

```
bty="n",cex=0.6,adj=c(0,0.4))
>legend(0,0.335,legend=fontify(expression(K[iso]* (r))),col=1,lty=1,
bty="n",cex=0.6,adj=c(0,0.4))
```

运行代码后，返回化工企业 POI 分布的 K 函数曲线图，如图 8.3.13 所示。

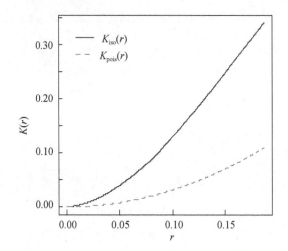

图 8.3.13　化工企业 POI 与随机分布的 K 函数曲线

图 8.3.13 显示，常州市化工企业 POI 的 K 函数估计值高于随机模式下期望值，表明该点数据在空间上趋于聚集分布。

spatstat 包中还提供了函数 Gest 和 Fest 用于计算 G 函数和 F 函数，这两个函数也都计算了泊松分布的 G 函数和 F 函数。如计算上述 POI 的 G 函数和 F 函数，代码如下：

```
>G_chem_industry <-Gest(pchem_industry,correction="km") #计算 G 函数
>F_chem_industry <-Fest(pchem_industry,correction="km")  #计算 F 函数
```

采用 plot 函数绘制 G 函数和 F 函数曲线图，查看其分布模式：

```
>par(mfrow=c(1,2),mai=c(0.85,0.8,0.3,0.05))
>plot(G_chem_industry $ r,G_chem_industry $ km,type="l",legend=FALSE,xlab=
fontify(expression(r)),ylab=fontify(expression(G* (r))),cex.axis=0.7,cex.lab=
0.7,cex.main=0.7,main="G 函数",font=1)   #绘制 POI 的 G 函数随距离 r 变化曲线图
>lines(G_chem_industry $ r,G_chem_industry $ theo,lty=2,col=2) #添加泊松分布的 G
函数曲线
>legend(0.03,0.31,legend=fontify(expression(G[km]* (r))),col=1,lty=1,bty=
"n",cex=0.7,adj=c(0,0.4))  #添加图例
>legend(0.03,0.18,legend=fontify(expression(G[pois]* (r))),col=2,lty=2,bty="n",
cex=0.7,adj=c(0,0.4))  #添加图例
>plot(F_chem_industry $ r,F_chem_industry $ km,type="l",legend=FALSE,xlab=
fontify(expression(r)),ylab=fontify(expression(G* (r))),cex.axis=0.7,cex.lab=
0.7,cex.main=0.7,main="F 函数",font=1)
>lines(F_chem_industry $ r,F_chem_industry $ theo,lty=2,col=2)
```

```
>legend(0.03,0.31,legend=fontify(expression(F[km]* (r))),col=1,lty=1,bty=
"n",cex=0.7,adj=c(0,0.4))
>legend(0.03,0.18,legend=fontify(expression(F[pois]* (r))),col=2,lty=2,bty
="n",cex=0.7,adj=c(0,0.4))
```

运行代码后，输出化工企业 POI 的 G 函数和 F 函数曲线图如图 8.3.14 所示。

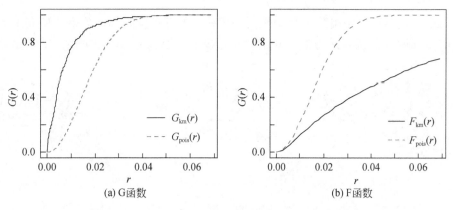

(a) G函数　　　　　　　　　　(b) F函数

图 8.3.14　化工企业 POI 与随机分布的 G、F 函数曲线

从图 8.3.14 可以看出，G 函数估计值先快速增加，之后趋缓，总体上高于随机模式下期望值，表明聚集模式的存在。而 F 函数始终低于随机模式下期望值，也说明这一点。

2. 空间相关性分析

R 中用于空间相关性分析的包主要是 spdep，该包提供了空间权重的创建与操作、空间相关性分析、空间回归分析与建模的一系列函数（Roger et al.，2016）。本部分结合案例重点介绍该包中关于空间权重的创建与空间相关性分析的函数及其应用。

空间权重的创建是进行空间相关分析与空间回归分析的前提。空间权重的创建首先需要确定空间邻接关系。spdep 包中 n 个观测单元之间的空间邻接关系是由类 nb 的一个对象呈现的，分别可以采用基于距离、图形、多边形的方式构建。

以广东省矢量数据为例，构建基于距离的空间邻接关系，代码如下：

```
>GD_admin <-readShapeSpatial("E:/广东省")  #读取广东省矢量数据
>IDS <-row.names(GD_admin $ id)  #读取单元编号 ID
>coords=coordinates(GD_admin)  #获取空间坐标
```

基于 K 最邻近距离构建空间邻接关系，代码如下：

```
>K_nb1 <-knn2nb(knearneigh(coords,k=1),row.names=IDS)  #邻接单元为 1
>K_nb3 <-knn2nb(knearneigh(coords,k=3),row.names=IDS)  #邻接单元为 3
>K_nb4 <-knn2nb(knearneigh(coords,k=4),row.names=IDS)  #邻接单元为 4
```

用 plot 函数对空间邻接关系进行可视化，以了解具体的空间邻接关系，代码如下：

```
>par(mfrow=c(1,3),mai=c(0.1,0.1,0.5,0.1))
```

```
>plot(GD_admin,main="K_nb1",cex.main=1.1)
>plot(K_nb1,coords,add=TRUE)
>plot(GD_admin,main="K_nb3",cex.main=1.1)
>plot(K_nb3,coords,add=TRUE)
>plot(GD_admin,main="K_nb4",cex.main=1.1)
>plot(K_nb4,coords,add=TRUE)
```

运行上述代码后，输出基于 K 最邻近距离构建的三种空间邻接关系 [K_nb1（邻接单元为 1）、K_nb3（邻接单元为 3）、K_nb4（邻接单元为 4）] 图，如图 8.3.15 所示。

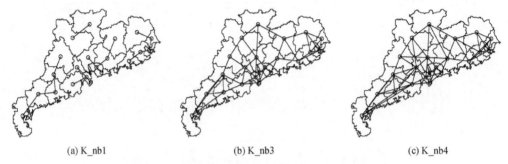

(a) K_nb1   (b) K_nb3   (c) K_nb4

图 8.3.15　基于 K 最邻近距离构建的空间邻接关系

基于图形构建空间邻接关系：

```
>Dtri_nb <-tri2nb(coords,row.names=IDS)    #三角形划分邻接
>Drel_nb <-graph2nb(relativeneigh(coords),row.names=IDS)    #相对图形邻接
```

绘制基于两种图形构建的空间邻接关系图，代码如下：

```
>par(mfrow=c(1,2))
>plot(GD_admin)
>plot(Dtri_nb,coords,add=TRUE)
>plot(GD_admin)
>plot(Drel_nb,coords,add=TRUE)
```

运行上述代码后，输出基于两种图形构建的空间邻接关系 [Dtri_nb（三角形）、Drel_nb（相对图形）] 图，如图 8.3.16 所示。

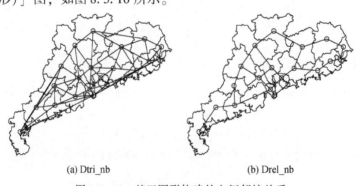

(a) Dtri_nb   (b) Drel_nb

图 8.3.16　基于图形构建的空间邻接关系

基于多边形构建空间邻接关系，代码如下：

```
>Qpol_nb <-poly2nb(GD_admin,queen=TRUE)   #共边或共点邻接
>Rpol_nb <-poly2nb(GD_admin,queen=FALSE)   #共边邻接
```

绘制基于矢量多边形构建的空间邻接关系图，代码如下：

```
>par(mfrow=c(1,2))
>plot(GD_admin)
>plot(Qpol_nb,coords,add=TRUE)
>plot(GD_admin)
>plot(Rpol_nb,coords,add=TRUE)
```

运行上述代码后，输出基于矢量多边形 Qween 和 Rook 关系构建的空间邻接关系图。如图 8.3.17 所示。

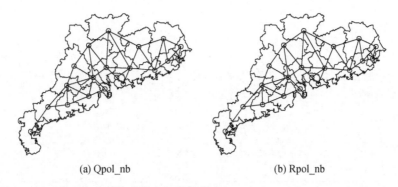

(a) Qpol_nb　　　　　　　　　　(b) Rpol_nb

图 8.3.17　基于多边形构建的空间邻接关系（Qpol_nb：Qween；Rpol_nb：Rook）

另外，可以使用 read.gal 和 read.gwt2nb 函数读取外部软件创建的 gal 和 gwt 格式的空间邻接关系文件，如探索性空间数据分析工具 Geoda（http://geodacenter.github.io/download.html）创建的上述两种格式的文件。

空间邻接关系文件创建后，转换为空间权重文件，才能用于空间相关性或空间回归分析。spdep 包采用函数 nb2listw 将空间邻接文件转换为空间权重文件，如将基于多边形构建的空间邻接关系文件 Qpol_nb 转换为空间权重文件，代码如下：

```
>GDQ.w <-nb2listw(Qpol_nb)   #将空间邻接文件转换为空间权重文件
>summary(GDQ.w)   #显示详细内容
```

运行上述代码后，显示了创建的空间权重文件的详细内容，如单元个数、非零邻接数和单元平均邻接数等，如图 8.3.18 所示。

summary 函数返回了空间权重文件 GDQ.w 的详细内容，具体有单元个数 21 个、空间非零邻接数 74 个（相邻为 1，不相邻为 0）、非零权重比例 16.78005、单元的平均邻接个数 3.52381 等。

spdep 包提供了相关性系数 Moran's I、Geary's C 及局部相关性系数计算和显著性检验的函数。函数 moran 用于计算全局相关性系数 Moran's I，其语法为

```
Characteristics of weights list object:
Neighbour list object:
Number of regions: 21
Number of nonzero links: 74
Percentage nonzero weights: 16.78005
Average number of links: 3.52381
Link number distribution:

1 2 3 4 5 6
2 2 6 7 2 2
2 least connected regions:
2 3 with 1 link
2 most connected regions:
11 12 with 6 links

weights style: W
weights constants summary:
   n nn S0      S1       S2
W 21 441 21 13.61389 87.27167
```

图 8.3.18　空间权重文件详细内容

moran(x,listw,n,…)

其中，x 为一个数值向量，listw 为 nb2listw 创建的空间权重文件，n 为指定空间单元格数，…为其他可选参数。以表 8.3.7 广东省 2013 年社会经济数据为例，计算广东省各市生产总值空间相关系数。

表 8.3.7　广东省 2013 年社会经济部分指标

地名	生产总值 GDP/万元	非农产业比重 PNA/%	财政支出 FE/万元	固定资产投资 FAI/万元	社会消费品零售总额 RSCD/万元
广州市	154201434	98.52	13861349	44545508	68828473
韶关市	10100737	87	1683222	6398948	4711076
深圳市	145002302	99.97	16908280	25010091	44335936
珠海市	16623757	97.4	2520300	9608944	7205234
汕头市	15659049	94.43	1912649	7279796	11589237
佛山市	70101725	98.02	4883953	23836462	22641007
江门市	20001764	92.06	2126085	10008418	9036984
湛江市	20600069	79.54	2654423	7955763	10107043
茂名市	21601686	82.73	2185926	6605279	10087878
肇庆市	16600720	84.19	2004040	10077778	4931175
惠州市	26783541	94.89	3282913	14013040	8579079
梅州市	8000148	79.42	2062983	2805022	4501832
汕尾市	6717548	83.88	1053077	4620909	296849
河源市	6803296	87.79	1697211	3427305	2366100
阳江市	10398362	81.45	1142992	5986644	5272893
清远市	10930403	84.66	1856505	5059662	5089622

地名	生产总值 GDP/万元	非农产业 比重 PNA/%	财政支出 FE/万元	固定资产投资 FAI/万元	社会消费品零售 总额 RSCD/万元
东莞市	54900207	99.63	4446589	13839352	14866589
中山市	26389329	97.47	2366583	9629280	8905506
潮州市	7803423	92.96	855845	2536278	3541358
揭阳市	16053517	90.38	1637455	8293908	6576580
云浮市	6022990	77.55	1090843	6233800	2040181

代码如下:

```
>GD_eco <-readShapeSpatial("E:/GD_ECON")  #读取数据
>Qpol_eco_nb <-poly2nb(GD_eco,queen=TRUE)  #构建空间邻接关系文件
>GDeco.w <-nb2listw(Qpol_eco_nb)  #转为空间权重
>GDeco_m <-moran(GD_eco $GDP,GDeco.w,length(Qpol_eco_nb),Szero(GDeco.w))  #
计算 Moran's I
>str(GDeco_m)  #显示 GDeco_m 结构
```

运行上述代码后,返回结果如下:

```
List of 2
 $ I: num 0.16
 $ K: num 6.49
```

该函数返回的 I 值即为全局相关性系数 Moran's I, K 为生产总值的峰度。结果显示,Moran's I 值为 0.16,表明广东省各市 GDP 之间存在正的空间相关性。

采用 moran.test 函数可进行相关性系数显著性检验,运行如下代码:

```
>GDeco_m_T <-moran.test(GD_eco $GDP,GDeco.w)  #显著性检验
>GDeco_m_T
```

返回检验结果如图 8.3.19 所示。

```
        Moran I test under randomisation

        data:  GD_eco$GDP
        weights: GDeco.w

        Moran I statistic standard deviate =
        1.4844, p-value = 0.06886
        alternative hypothesis: greater
        sample estimates:
        Moran I statistic        Expectation
              0.15970619        -0.05000000
                  Variance
              0.01995931
```

图 8.3.19 相关性系数检验结果

显著性检验结果显示，p 值略大于 0.05 的置信度水平，表明各市 GDP 之间虽存在正的空间相关性，但并不显著。

局部相关性系数的计算函数为 localmoran，其语法与全局相关性系数的计算函数 moran 的类似，代码如下：

```
>GDeco_lm <-localmoran(GD_eco $ GDP,GDeco.w)   #计算局部相关性系数
>summary(GDeco_lm)   #显示局部相关性系数统计结果
```

运行上述代码后，返回局部相关性系数统计结果如下：

	Ii		E.Ii		Var.Ii		Z.Ii		Pr(z >0)
Min.	:-0.38184	Min.	:-0.05	Min.	:0.1008	Min.	:-0.8217	Min.	:0.0110
1st Qu.	:0.02671	1st Qu.	:-0.05	1st Qu.	:0.1631	1st Qu.	:0.1405	1st Qu.	:0.2518
Median	:0.15871	Median	:-0.05	Median	:0.1631	Median	:0.4103	Median	:0.3408
Mean	:0.15971	Mean	:-0.05	Mean	:0.2425	Mean	:0.4494	Mean	:0.3520
3rd Qu.	:0.26138	3rd Qu.	:-0.05	3rd Qu.	:0.2253	3rd Qu.	:0.6688	3rd Qu.	:0.4441
Max.	:1.03713	Max.	:-0.05	Max.	:0.7232	Max.	:2.2903	Max.	:0.7944

3. 空间回归分析与建模

基于空间权重的构建，spdep 包提供了函数 spautolm 用于空间条件或同步自回归模型的估计，扩展包 spgwr 提供了地理加权回归模型计算和检验的函数。本部分结合案例对空间自回归模型和地理加权回归模型的有关函数及其应用进行介绍。

函数 spautolm 的基本语法为

```
spautolm(formula,data,listw,family,…)
```

参数 formula 指定拟合模型的形式，data 指定包含模型中的变量（自变量和因变量）的矩阵或数据框，listw 指定 nb2listw 格式的空间权重对象，family 用于指定回归类型，可选类型为"CAR"或"SAR"，即条件自回归或同步自回归。

以表 8.3.5 数据为例，生产总值作为因变量（GD_eco $ GDP），财政支出（GD_eco $ FE）、固定资产投资（GD_eco $ FAI）和社会消费品零售总额（GD_eco $ RSCD）作为自变量，采用基于矢量多边形共边或共点创建的空间邻接关系，建立空间自回归模型，代码如下：

```
>GD_eco <-readShapeSpatial("E:/GD_ECON")
>Qpol_nb <-poly2nb(GD_eco,queen=TRUE)
>GDsp.w <-nb2listw(Qpol_nb,style="B")   #二元邻近的空间权重矩阵
```

首先，将 family 参数设置为 CAR，估计空间条件自回归，代码如下：

```
>GD_spauto <-spautolm(GD_eco $ GDP ~ GD_eco $ FE+GD_eco $ FAI+GD_eco $ RSCD,data=
GD_eco,listw=GDsp.w,family="CAR")
>summary(GD_spauto)
```

运行上述代码后，返回空间条件自回归模型的具体结果如模型形式、残差、估计系数

与检验结果等见图 8.3.20。

```
Call:
spautolm(formula = GD_eco$GDP ~ GD_eco$FE + GD_eco$FAI + GD_eco$RSCD,
    data = GD_eco, listw = GDsp.w, family = "CAR")

Residuals:
     Min      1Q   Median      3Q
-7588007 -2281197  -242613 2299209
     Max
 7548358

Coefficients:
              Estimate  Std. Error
(Intercept) -7.5530e+06  1.4136e+06
GD_eco$FE    6.1033e+00  5.2835e-01
GD_eco$FAI   1.2342e+00  2.9656e-01
GD_eco$RSCD  4.2377e-01  2.5427e-01
             z value  Pr(>|z|)
(Intercept) -5.3432 9.133e-08
GD_eco$FE   11.5517 < 2.2e-16
GD_eco$FAI   4.1617 3.160e-05
GD_eco$RSCD  1.6666   0.09559

Lambda: -0.31509 LR test value: 3.4991 p-value: 0.061404
Numerical Hessian standard error of lambda: 0.11095

Log likelihood: -350.0905
ML residual variance (sigma squared): 1.4711e+13, (sigma: 3835400)
Number of observations: 21
Number of parameters estimated: 6
AIC: 712.18
```

图 8.3.20　空间条件自回归计算结果

summary 函数返回结果模型残差的统计、估计系数及部分检验结果。FE、FAI 和 RSCD 系数均为正，表明财政支出、固定资产投资和社会消费品零售总额的增加会带动生产总值的增加，促进经济发展，但 RSCD 的 p 值为 0.09559，未通过 0.05 的显著性检验。此外，λ 的估计值为 0.31509，表明结果残差中空间自相关的存在，p 值为 0.061404，稍大于临界值 0.05，标准信息化准则 AIC 为 712.18。

将 family 参数改为 SAR，估计空间同步自回归，代码如下：

```
>GD_spauto <-spautolm(GD_eco $ GDP ~ GD_eco $ FE+GD_eco $ FAI+GD_eco $ RSCD,data=
GD_eco,listw=GDsp. w,family="SAR")
>summary(GD_spauto)
```

运行代码后，返回模型的形式、残差、估计系数及检验结果见图 8.3.21。

结果显示，空间同步自回归的估计系数与空间条件自回归的估计系数一致，λ 估计值为 -0.18273，p 为 0.055831，更靠近临界值 0.05，AIC 较空间条件自回归有略微减小。

R 中应用于地理加权回归分析的包为 spgwr，该包中提供了地理加权回归模型拟合及检验的函数（Fotheringham et al. 2002；Paez et al. 2011），模型拟合的函数为 gwr，其基本语法为

```
Call: spautolm(formula = GD_eco$GDP ~ GD_eco$FE + GD_eco$FAI + GD_eco$RSCD,
    data = GD_eco, listw = GDsp.w, family = "SAR")

Residuals:
     Min       1Q    Median       3Q       Max
-6059548 -1821616    -25179  1341411   9524927

Coefficients:
               Estimate  Std. Error  z value  Pr(>|z|)
(Intercept) -7.5477e+06  1.3640e+06  -5.5336  3.138e-08
GD_eco$FE    6.0800e+00  5.3050e-01  11.4607  < 2.2e-16
GD_eco$FAI   1.2516e+00  2.9060e-01   4.3070  1.655e-05
GD_eco$RSCD  4.1297e-01  2.5374e-01   1.6276    0.1036

Lambda: -0.18273 LR test value: 3.6571 p-value: 0.055831
Numerical Hessian standard error of lambda: 0.084383

Log likelihood: -350.0115
ML residual variance (sigma squared): 1.5709e+13, (sigma: 3963400)
Number of observations: 21
Number of parameters estimated: 6
AIC: 712.02
```

图 8.3.21　空间同步自回归计算结果

> gwr(formula,data,coords,bandwidth,gweight,…)

参数 formula 指定拟合模型的形式，data 指定包含模型中变量（自变量和因变量）的矩阵或数据框，coords 指定坐标系统（data 为空间数据的话可以不设置该参数），bandwidth 指定权函数带宽，gweight 指定地理加权函数（一般由函数 gwr. Gauss 或 gwr. bisquare 定义）。

以表 8.3.7 数据为例，生产总值的自然对数［log（GD_ eco $ GDP）］作为因变量，财政支出的自然对数［log（GD_ eco $ FE）］、固定资产投资的自然对数［log（GD_eco $ FAI）］和社会消费品零售总额的自然对数［log（GD_ eco $ RSCD）］作为自变量，建立地理加权回归模型。

具体代码如下：

```
>install. packages("spgwr")   #安装 spgwr 包
>library(spgwr)   #加载 spgwr 包
>GD_eco. bw <-gwr. sel(log(GD_eco $ GDP) ~ log(GD_eco $ FE)+log(GD_eco $ FAI)+log
(GD_eco $ RSCD),data=GD_eco,gweight=gwr. Gauss)   #定义带宽
>GD_eco. gwr <-gwr(log(GD_eco $ GDP) ~ log(GD_eco $ FE)+log(GD_eco $ FAI)+
log(GD_eco $ RSCD),data=GD_eco,bandwidth=GD_eco. bw,hatmatrix=TRUE)   #GWR 模
型估计
>GD_eco. gwr   #查看模型估计结果
```

运行代码后，返回模型的形式、残差、估计系数及检验结果见图 8.3.22。

结果显示，GWR 模型估计参数的描述性统计结果及全局参数，从全局上来看，财政支出、固定资产投资和社会商品零售总额均与生产总值呈正相关，尤其是财政支出和固定

```
Call:
gwr(formula = log(GD_eco$GDP) ~ log(GD_eco$FE) + log(GD_eco$FAI) +
    log(GD_eco$RSCD), data = GD_eco, bandwidth = GD_eco.bw, hatmatrix = TRUE)
Kernel function: gwr.Gauss
Fixed bandwidth: 78811.24
Summary of GWR coefficient estimates at data points:
                        Min.     1st Qu.
X.Intercept.        -3.15600   -2.40500
log.GD_eco.FE.      -0.09387    0.27610
log.GD_eco.FAI.     -0.95450    0.26960
log.GD_eco.RSCD.     0.08211    0.18130
                      Median     3rd Qu.
X.Intercept.        -1.02900   -0.54220
log.GD_eco.FE.       0.44190    0.50830
log.GD_eco.FAI.      0.37110    0.55840
log.GD_eco.RSCD.     0.35010    0.55850
                        Max.     Global
X.Intercept.        12.82000   -2.1605
log.GD_eco.FE.       0.69130    0.5449
log.GD_eco.FAI.      0.69290    0.5021
log.GD_eco.RSCD.     0.59790    0.1851
Number of data points: 21
Effective number of parameters (residual: 2traceS - traceS'S): 16.16612
Effective degrees of freedom (residual: 2traceS - traceS'S): 4.833884
Sigma (residual: 2traceS - traceS'S): 0.2114627
Effective number of parameters (model: traceS): 14.16411
Effective degrees of freedom (model: traceS): 6.835885
Sigma (model: traceS): 0.1778216
Sigma (ML): 0.1014547
AICc (GWR p. 61, eq 2.33; p. 96, eq. 4.21): 95.19481
AIC (GWR p. 96, eq. 4.22): -22.34246
Residual sum of squares: 0.2161543
Quasi-global R2: 0.9878304
```

图 8.3.22　地理加权回归计算结果

资产投资正相关系数较大，表明单位财政支出和固定资产投资的增加，均会较大程度地促进生产总值的增加。R^2 为 0.9878304，表现出较好的拟合优度。

　　GWR 模型返回的局部参数的估计结果存放于数据集 SDF 中，将该数据集中各系数的估计结果与原始数据集 ID（每个单元对应一个 ID）连接后，查看局部估计系数，代码如下：

```
>ID<-GD_eco $ ID
>re_FE<-GD_eco. gwr $ SDF $ log. GD_eco. FE.
>re_FAI<-GD_eco. gwr $ SDF $ log. GD_eco. FAI.
>re_RSCD<-GD_eco. gwr $ SDF $ log. GD_eco. RSCD.
>re_R2 <-GD_eco. gwr $ SDF $ localR2
>GWR_results<-cbind(ID,re_FE,re_FAI,re_RSCD,re_R2)
>GWR_results   #三个参数及 R² 的局部估计结果
```

　　运行上述代码后，返回三个参数及 R^2 的局部估计结果如下：

	ID	re_FE	re_FAI	re_RSCD	re_R2
[1,]	1	0.5591024	0.3244126	0.26764108	0.9665468
[2,]	2	0.3920339	0.1626924	0.57047580	0.9652298
[3,]	3	0.4125247	0.1868648	0.54552524	0.9620104
[4,]	4	0.6882806	-0.9544972	0.55853672	0.9908514
[5,]	5	0.4512728	0.0889004	0.59007789	0.9964006
[6,]	6	0.5082864	0.1904293	0.55662156	0.9904117
[7,]	7	0.336224	0.3011142	0.59542641	0.9769173
[8,]	8	0.4426648	0.3710748	0.35011622	0.9744988
[9,]	9	0.2760547	0.5584278	0.38712832	0.9924925
[10,]	10	0.0985348	0.5130743	0.59787950	0.9907580
[11,]	11	0.6913099	0.3796597	0.22072327	0.9922861
[12,]	12	0.6308602	0.5856464	0.08211087	0.9813367
[13,]	13	0.2951282	0.2696127	0.58170902	0.9784510
[14,]	14	0.4418924	0.2911497	0.54757972	0.9922558
[15,]	15	0.6168487	0.3536341	0.20027685	0.9679094
[16,]	16	0.4933649	0.6280798	0.09492975	0.9909614
[17,]	17	0.4814163	0.6928753	0.09352880	0.9877657
[18,]	18	0.0844462	0.5829386	0.16334611	0.9932773
[19,]	19	0.0664586	0.5574504	0.17859146	0.9957155
[20,]	20	0.0938651	0.5509166	0.18129619	0.9963054
[21,]	21	0.0696565	0.5781916	0.19955841	0.9903092

sp 包中提供了函数 spplot 将空间数据的属性信息进行可视化，其基本语法为

```
spplot(obj,zcol,…)
```

其中，obj 指定空间数据类的对象，zcol 指定属性表里属性名或列名。如对 GWR 模型局部估计结果进行可视化，代码如下：

```
>spplot(GD_eco.gwr$SDF,c("log.GD_eco.RSCD.","localR2","log.GD_eco.FE.",
"log.GD_eco.FAI."))
```

运行上述代码后，输出估计系数与 R^2 分布如图 8.3.23 所示。

图 8.3.23 显示，各系数在空间分布上存在差异，表明不同地区各经济要素对经济生产总值贡献作用不同。而 R^2 整体上表现出良好的拟合优度，且空间差异较小。

此外，spgwr 包提供了函数 LMZ.F1GWR.test、LMZ.F2GWR.test 和 LMZ.F3GWR.test，用于对 GWR 模型结果进行检验。

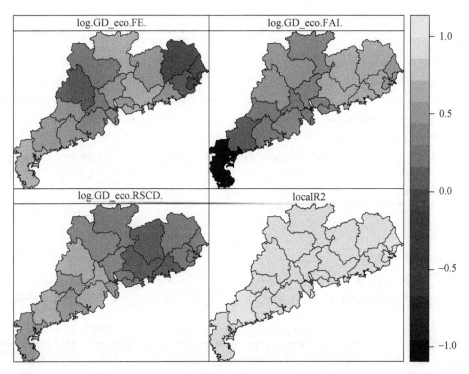

图 8. 3. 23　估计系数与 R^2 分布图

参 考 文 献

邓聚龙. 1985a. 灰色控制系统 [M]. 武汉：华中理工大学出版社.

邓聚龙. 1985b. 灰色系统：社会·经济 [M]. 北京：国防工业大学出版社.

邓聚龙. 1989. 多维灰色规划 [M]. 武汉：华中理工大学出版社.

高涛, 肖楠, 陈刚. 2013. R 语言实战 [M]. 北京：人民邮电出版社.

李舰, 肖凯. 2015. 数据科学中的 R 语言 [M]. 西安：西安交通大学出版社.

汤银才. 2008. R 语言与统计分析 [M]. 北京：高等教育出版社.

王世香. 2007. 精通 MATLAB 接口与编程 [M]. 北京：电子工业出版社.

王正林, 刘明. 2006. 精通 MATLAB 7 [M]. 北京：电子工业出版社.

徐爱萍, 舒红. 2013. 空间数据分析与 R 语言实战 [M]. 北京：清华大学出版社.

徐建华. 2014. 计量地理学 [M]. 2 版. 北京：高等教育出版社.

徐潇, 李远. 2015. MATLAB 面向对象编程——从入门到设计模式 [M]. 北京：北京航空航天大学出版社.

薛薇. 2014. 基于 R 的统计分析与数据挖掘 [M]. 北京：中国人民大学出版社.

张超, 杨秉庚. 1991. 计量地理学基础 [M]. 北京：高等教育出版社.

张良均, 王路, 谭立云, 等. 2015. Python 数据分析与挖掘实战 [M]. 北京：机械工业出版.

赵永. 2013. 地理信息分析 [M]. 北京：科学出版社.

Diggle P J. 2003. Statistical analysis of spatial point patterns [M]. London：Edward Arnold Publishers.

Fotheringham A S, Brunsdon C, Charlton M E. 2002. Geographically weighted regression [M]. Chichester：Wiley.

Ivan Idris. 2014. Python 数据分析基础教程 Numpy 学习指南 ［M］. 2 版. 张驭宇，等译. 北京：人民邮电
　　出版社.

Magnus Lie Hetland. 2010. Python 基础教程 ［M］. 司维，等译. 北京：人民邮电出版社.

Paez A，Farber S，Wheeler D. 2011. A simulation-based study of geographically weighted regression as a method
　　for investigating spatially varying relationships ［J］. Environment and planning A，43（12）：2992-3010.

Ripley B D. 1977. Modelling spatial patterns（with discussion）［J］. Journal of the royal statistical society，
　　series B，39：172-212.

Roger B，Micah A，Luc A，et al. 2016. Package 'spdep' ［Z］. URL：https://r-forge. r-project. org/projects/
　　spdep/.

Wes M. 2013. 利用 Python 进行数据分析 ［M］. 唐学韬，译. 北京：机械工业出版社.

思考与练习题

1. 已知黑龙江省部分市县的 50cm 年平均土温及年平均气温、纬度和海拔信息
（表8.3.8）。试用 MATLAB、Python 和 R 语言，对各变量之间的关系进行统计建模分析。

表 8.3.8　黑龙江部分市县年均土温、年均气温、纬度及海拔

序号	地点	50cm 年均土温/℃	年均气温/℃	纬度	海拔/m
1	塔河	1.1	−2.3	52°28′N	296.0
2	新林	0.7	−2.3	51°42′N	494.9
3	爱辉	2.8	−0.4	50°15′N	165.8
4	嫩江	2.8	−0.4	49°10′N	242.2
5	北安	3.7	0.2	48°17′N	269.7
6	伊春	3.6	0.3	47°43′N	231.3
7	克山	3.3	0.9	48°03′N	236.9
8	富裕	4.7	1.9	47°48′N	162.4
9	拜泉	3.1	1.1	47°36′N	230.7
10	齐齐哈尔	4.5	3.2	47°23′N	145.9
11	海伦	4.4	1.2	47°26′N	239.2
12	庆安	5.1	1.5	46°53′N	185.3
13	绥化	5.1	2	46°37′N	179.6
14	呼兰	5.4	3.9	46°00′N	127.4
15	通河	5.1	2.4	45°58′N	108.6
16	哈尔滨	5.7	3.6	45°41′N	171.7
17	五常	6.3	3.5	44°54′N	194.6
18	抚远	5.5	2.2	48°22′N	65.7
19	同江	4.8	2.5	47°39′N	53.6
20	鹤岗	5.1	2.6	47°22′N	227.9
21	绥滨	5	2.5	47°17′N	61.8

续表

序号	地点	50cm 年均土温/℃	年均气温/℃	纬度	海拔/m
22	佳木斯	5.7	2.8	46°49′N	81
23	双鸭山	5.4	2.9	46°38′N	175.3
24	鸡西	6.1	3.5	45°17′N	232.3
25	牡丹江	5.7	3.4	44°35′N	260.8
26	绥芬河	5	2.3	44°23′N	496.7

2. 通过中国气象数据网（data. cma. cn）下载任意观测站点的年气温和年降水时间序列数据，并尝试借助 MATLAB 的帮助文档，使用 wavedec、wrcoef 函数构建代码，对数据进行小波分解、小波系数的重构，分析当地气候在不同时间尺度下的变化趋势。

3. 通过查询文献和统计年鉴，尝试寻找影响小麦市场收购价格的影响因子，并使用非线性模型对历年小麦市场收购价格进行建模。

4. 请你总结一下，Python 在地理建模中相比其他语言或软件有何优势和劣势。

5. 查阅 arcpy 帮助文档，思考如何利用 Python 及 arcpy 对表 5.1.2 数据进行普通克里金插值？

6. spdep 包中提供了函数 geary，用于计算空间相关性系数 Geary's C。参照 Moran's I 的计算方法，试用该函数计算表 8.3.7 中广东省各市生产总值的空间相关性系数 Geary's C。

7. R 扩展包 "splm" 提供了空间面板数据模型的计算及检验函数，安装并加载该包，并试用该包中函数，对某地区的空间面板数据（如某省各市各年度的生产总值、非农产业比重、财政支出、固定资产投资、社会消费品零售额等）进行建模分析。

Ⅲ 经典模型评介篇

第9章 WRF 模型评介

WRF（weather research and forecasting）模型是美国国家大气科学研究中心（National Center for Atmospheric Research，NCAR）、国家海洋和大气管理局（National Oceanic and Atmospheric Administration，NOAA）及国家环境预报中心（National Centers for Environmental Prediction，NCEP）等多个部门，从 20 世纪 90 年代后半期开始联合研制，并于 2000 年完成开发的新一代高分辨率中尺度预报模式和资料同化系统，是目前全球应用广泛的中小尺度天气预报数值模型之一（黄菁和张强，2012），已被广泛应用于城市局地天气系统、局地环流、区域降水、气候变化和空气污染等研究和业务预报中（刘树华等，2009；Chen et al.，2009；Miao et al.，2009；Litta et al.，2012；Feng et al.，2012；王颖等，2013）。

WRF 模型是新一代非静力平衡、高分辨率、科研和业务预报统一的中尺度预报和资料同化模型。WRF 模型可实现单向嵌套、多向嵌套和移动嵌套。这个模型采用高度模块化、并行化和分层设计技术，集成了迄今为止在中尺度方面的研究成果。模拟和实时预报试验表明，WRF 模型系统在预报各种天气中都具有较好的性能，同时实现在线完全嵌套大气化学模式，不仅具有较好的天气预报水平，还具有预报空气质量的能力，具有广阔的应用前景。

9.1 WRF 模型的基本原理、计算环境及其应用

WRF 模型的研制是为了给理想化的动力学研究、全物理过程的天气预报、空气质量预报及区域气候模拟提供一个公用的模式框架。WRF 模型主要包含 WPS 和 WRF 两个模块，WPS 模块全称为 WRF pre-processing system，即 WRF 预处理系统，用来为 WRF 模型准备输入数据；如果只是做理想实验（idealized modeling），就不需要用 WPS 处理真实数据。WRF 模块是数值求解的模块，它有两个版本：ARW（the advanced research WRF）和 NMM（the nonhydrostatic mesoscale model），分别由 NCEP 和 NCAR 管理、维护。大多数研究者主要用的都是 ARW 版本。除了 WPS 与 WRF 两大核心模块外，WRF 系统还有很多附加模块：如用于数据同化的 WRF-DA，用于化学传输的 WRF-chem，用

于林火模拟的 WRF-fire。

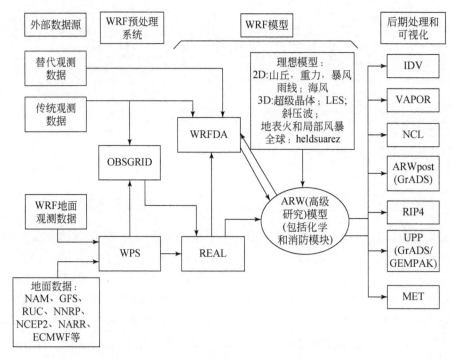

图 9.1.1　WRF 模型系统流程图（http://www.wrf-model.org/）

　　WRF 模型是完全可压缩的非静力模式，具有大量的物理过程参数化方案和与模型本身相协调的先进资料同化系统，采用 F90 语言编写（图 9.1.1）。它是改进从云尺度到各种天气尺度的重要天气特征预报精度的工具。该模型在水平方向采用 Arakawa C（荒川 C）网格点（重点考虑 1～10 km），以便提高高分辨率模拟中的准确性，垂直方向则采用地形跟随质量坐标（eulerian mass coordinate），它是在 σ 坐标的基础上建立的地面为 1、模式层顶为 0 的垂直坐标。在时间积分方面，采用三阶或者四阶的 Runge-Kutta 算法，声波和重力波采用较小时步。水平和垂直采用二阶到六阶平流选项，水平方向采用小步长显式方案，垂直方向采用隐式方案。诊断变量包括笛卡儿坐标系下的水平风速分量 u 和 v，垂直风速 w，扰动位温，扰动位势及干空气表明扰动气压。此外，也可以将扰动动能及一系列标量，如水汽混合比、雨水/雪混合比及云水/冰晶混合比作为诊断变量。WRF 模型不仅可以用于真实天气的个案模拟，也可以用其包含的模块组作为基本物理过程探讨的理论依据，还具有多重嵌套和方便的定位于不同地理位置的能力。模型包括多种物理过程，如微物理过程、长短波辐射过程、近地面层过程、陆面过程、边界层，以及积云对流过程等（Skamarock et al.，2008；邱辉和訾丽，2013）。WRF 模型是一个免费开放的模型，关于该模型的详细说明、安装软件及下载详见 WRF 的官方网站（http://www.wrf-model.org/）。

9.1.1　WRF 模型的基本原理

1. WRF 模型的三级层次结构

WRF 是一个大型的应用软件，是由计算机专业人员和气象工作者们共同研制开发的结果。它的设计思路是建立一个模块化、可移植、容易维护和扩展的、并且能够在不同类型计算机上运行的软件结构，同时必须有足够的计算经济性。为了便于开发和维护，软件体系结构的分层设计是十分必要的。为此，WRF 使用了"层次软件结构"，通过三级层次结构来构建整个软件体系（朱政慧和闫之辉，2004），其结构如图 9.1.2 所示。

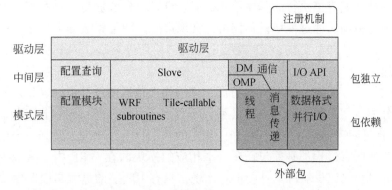

图 9.1.2　WRF 的层次性软件体系结构（http://www.wrf-model.org/）

这种层次结构，主要包括：模型层（model layer），即模式的动力框架、物理过程等真正属于模式计算的部分，可以计算任意形状的三维模式分区；驱动层（driver layer），负责最高一级的控制，如初始化、时间积分、I/O、分区管理，维护不同分区实例间的嵌套关系、建立管理区域分解、处理器的拓扑结构及其他一些并行问题；中间层（mediation layer）或调解层，提供模式层和驱动层之间的接口。它包括了两方面的信息，其中积分一步的控制流与模式层有关，通信和多线程管理与驱动层有关，使得模式本身与运行模式的计算机处理过程无关，并且在模式层中，动力框架和物理过程都是可插拔的，为物理过程参数化方案的利用和扩展提供了方便。

同时，WRF 使用了 Fortran90 的许多特性，如模块化的程序设计，使得增加物理过程的工作变得非常容易；又如动态内存分配，使得程序的运行效率得到提高等。在模式的输入输出部分，WRF 成功地利用了 netCDF 文件系统，在数据存储与不同类型的计算机无关的同时，提高了数据文件的读取速度，减少了数据文件占据的磁盘空间。另外，WRF 将数据文件的输入输出部分设计成为模式的"外部程序包"（external packages），使得更改数据文件的输入输出部分更加容易。

这样，大部分气象工作者只需要与模式层程序打交道即可，而由计算机专业技术人员来完成驱动层和中间层的改进或修改，可以极大地提高工作效率（朱政慧和闫之辉，2004）。

2. 标准化处理

WRF 模型采用模块化、标准化的编程方式，便于研读、修改和维护。归纳起来，有以下几个尤为重要的特性。

1）Fortran90 语言编程

Fortran 语言是公认的用于工程分析和数值计算的最方便、最有效的语言。Fortran90 是 Fortran77 的换代版本，具有很多优秀的特性，能够使程序员编写出效率高、移植性强、易于维护和更加安全的程序代码，是最富有现代化特性的语言之一。在 WRF 系统中，主要采用了 Fortran90 语言编程，另外还使用了少量的 C 语言。

2）模块

模块是一种不能直接执行的程序单元，但它可以包含数据声明和过程，通过 use 语句可以对模块进行引用。通过模块，不仅可以实现常量、变量和数据类型定义的共享，还可以实现过程和数据的共享。在 WRF 模型中不允许使用公共块，因此所有的变量都要通过过程参数传递。

过程参数传递，模块使用 F90 的特征，使得物理接口的设计更加容易。禁止使用公共块，很好地分离了用户代码和 WRF 模型代码并且让用户方便地将自有的程序包实施到 WRF 中，尽管可能需要对 WRF 代码作一些小的改动，一个物理方案和一个模块配套，与某一方案有关的所有过程都必须包括在一个相应的模块内在 WRF 中。除极少数外，驱动层和模式层的过程均以模块源文件的形式出现，只有中间层的过程是以非模块源文件的形式出现的。表 9.1.1 是程序中模块的典型结构。

表 9.1.1　程序中模块典型结构

! WRF：MODEL_ LAYER：PHYSICS
!
MODULE 模块名
共享数据声明
CONTAINS
SUBROUTINE SUBI（…）
…
END SUBROUTINE SUB1
SUBROUTINE SUB2（…）
…
END SUBROUTINE SUB2
END MODULE 模块名

3）变元

通过调用函数和子例子程序这两种过程，可以由过程的变元来进行信息传递，在主调程序的实元和过程的哑元之间建立一一对应关系，对应的实元和哑元不必同名，除了要在程序中声明每个虚参的性质，如整型、实型双精度等外。一个好的编程习惯是标注参数的意向（INTENT）属性（INOUT INOUT）：如果在本过程中只引用但并不改变该参数的值为 IN 属性（表示哑元在过程内部不能改变）；若既引用又改变为 INOUT 属性（哑元要求接收一个来自实元的初值并返回一个值给实元）；若仅在本过程中生成该参数的值为 OUT 属性（表示实元必须被过程赋值）。除了很少见的例子外，函数中所有变元的意向属性应该是 IN，以防止出现副作用引起的不良后果。

在 WRF 模型中，物理量均由虚实结合的方式传递，由于采用了多级并行编程，数组维数的定义也是分级的，有三类变量空间（数组大小）定义方式，即区域空间（domain dimensions）、内存空间（memorydimensions）和瓦片空间（tile dimensions）。区域空间指的是模式中逻辑计算区域的大小；内存空间应用在哑元的定义上，不能用作局地数组的定义；瓦片空间用来确定局地循环的范围和定义局地数组的大小。所以在每个过程中必须传递以下的 18 个参数：

```
ids,ide,jds,jde,kds,kde! domain
ims,ime,jms,jme,kms,kme! memory
its,ite,jts,jte,kts,kte ! tile
```

4）注册表机制

为了便于管理，采用了注册表机制。注册表用来协调模式代码和数据结构之间的关系，定义、组织、分配数据并在软件层间进行数据交换，同时可管理输入、输出和模式状态数据在处理器间的通信等。WRF 状态变量的描述是以表的形式存储的，目前存在一个 ASCII 码文本文件中。通过注册表机制，可在 WRF 模型中的不同部位自动生成所需的代码，这些代码以文件的形式存放在 inc 目录下，通过 UNIX CPP 预处理器的# include 指导语句在编译时这些代码就可插入模式中相应的位置。修改或添加状态变量需要修改注册表的入口并重新编译。

5）命名规则

制定一定的命名规则不仅可以便于程序的阅读理解，还可以使后续工作具有很好的连续性，易于修改维护。例如，物理过程模块名一般用 MODULE-物理过程类型–方案名。其中，物理过程类型有四种：mp 代表微物理过程，ra 代表辐射，cu 代表积云对流参数化，而 p1 代表边界层。方案名如 Kessler、Lin 等；倾向量形如 RXXYYTEN，其中 XX 代表变量（th，u，v，qv，qc，qr，…）；YY 代表物理过程类型（mp，ra，cu，bl）。

另外，还有其他一些细节的标准化处理规则，如声明 implicit none，并对所有的变量进行说明；数组定义顺序为 IKJ 等，这里就不一一详细说明。

3. WRF 模型物理方案

由于 WRF 模型的动力框架和物理过程都是可插拔的，从而为用户采用不同的选择、比较模型性能和进行集合预报提供了极大的便利。它的软件设计和开发充分考虑适应可见的并行平台在大规模并行计算环境中的有效性，可在分布式内存和共享内存两种计算机上实现加工的并行运算，模型的耦合架构容易整合进入新地球系统模式框架中（表 9.1.2）。WRF 模型重点考虑从云尺度到天气尺度等重要天气的预报，水平分辨率重点考虑 1 ~

10km。因此，模型包含高分辨率非静力应用的优先级设计、大量的物理选择、与模式本身相协调的先进的资料同化系统（章国材，2004；Klemp，2004；Janjic，2004；Dimego，2004）。

表 9.1.2　WRF 模型动力框架

质量坐标框架（ARW，NCAR）	非静力中尺度模型框架（NMM，NCEP）
地形跟随静力气压垂直坐标 Arakawa C-格点，双向嵌套 3 阶 Runge-Kutta 分裂显式时间差分	地形跟随混合 σ 垂直坐标 Arakawa E-格点，单向嵌套显式 Adams-Bashforth 时间差分
平流 5 阶或 6 阶差分	
质量守恒、动量、干熵和标量利用通量形式的预报方程	动能守恒，熵和动量利用 2 阶有限差分

　　WRF 动力框架的两个方案主要的不同点在于垂直坐标和格点格式的选择，通量的空间差分 NCAR 方案精度更高，但需要的计算时间也要多一些。物理方案两者虽有所不同，但是两者都互有物理接口，因此从总体来讲二者的物理方案是兼容的。表 9.1.3 给出了 WRF 物理方案的不同选择，它们来自 MM5、Eta 和 RUC，为用户提供了各种选择的机会。

表 9.1.3　WRF 模型物理方案

微物理	Kessler 类型（没有冰）、hong 等、Lin 等（包括霰）、Hall 等、NCEP 云 3 和云 5、Ferrier
积云对流	新 Kain-Fritsch、Grell 集合 Betts-Miller-JanJic
短波辐射	Dudhia（MM5）、Goddard、GFDL
长波辐射	RRTM、GFDL
扰动	预报 TKE、Smagorinsky、稳定扩散
边界层	MRF、MYJ、YSU
地面层	相似理论、MYJ
路面	5 层土壤模式、RUC 路面模式、Noah 统一的路面模式

　　基本的 WRF 三维变分同化（3DVAR）系统能同化广阔的常规和卫星资料，有调整后的背景误差统计功能，并行版本已向 WRF 社会释放，第一次 WRF 3DVAR 指导班 2003 年 6 月在 NCAR 举行。下一步计划要实现 3DVAR 周期更新，包括同化新的观测资料，如 IR/MW 辐射资料、雷达反射率、GPS 折射率资料等，变分算法要增加天气尺度背景误差的估计，研究版本 2004 年向社会释放。

　　WRF 模型系统的业务流程见图 9.1.3。预报系统实验室（Forecast System Laboratory，FSL）为 WRF 的初始化提供了一个标准平台（Mccaslin et al.，2004），包括三种功能：

　　定义和定位三维格点，详细说明陆面、水面和植被的地面状态特性，提供初值和边界文件。原 FSL 的局地资料分析预报系统（local analysis and prediction system，LAPS）的定位码是 WRF 标准初始化（SI）的基础。为了使复杂的初始化过程简化，FSL 发展了一个平台 GUI，用户不需要知道如何运行 SI，只需在选择新区域栏中键入预报区域名称，在投影（建议兰伯特投影）栏中键入预报区域中心纬度、经度，水平 X 维和 Y 维、格点距离及预报区域北界纬度 1 和南界纬度 2，以及标准经度，在周期（Cycle）栏目中键入资料截

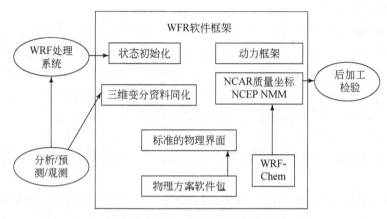

图 9.1.3　WRF 模型系统业务流程

断时间，运行之间的小时数等就行了，操作起来十分方便。SI GUI 1.3.2 版本已于 2003 年 8 月 20 日释放，2004 年 6 月发布了第二版。

4. 模拟和实时预报

WRF 模型基本框架开发完成之后，开发组对 WRF 模型进行了各种尺度多种模拟实验，包括边界层大涡旋模拟（PBL Les，$\Delta X = 50\text{m}$）、密度流模拟（$\Delta X = 100\text{m}$）、超级单体雷暴模拟（$\Delta X = 1\text{km}$）、山地波模拟（$\Delta X = 20\text{km}$）、斜压波模拟（$\Delta X = 100\text{km}$），都取得了好的效果。为了测试 WRF 模型的性能，在美国国家大气研究中心（the National Center for Atmospheric Research，NCAR）专门设立了开发测试平台（Gall，2004）。已经进行的实时预报试验包括 NCAR 对美国大陆（11km 和 22km 分辨率）、美国中部地区（4km 分辨率，BAMEX）及对 2003 年 9 月在美国登陆的飓风 Isabel（4km 分辨率）的预报试验；NCEP 对美国西部、中部、东部分别用以上两种框架所作的预报试验；国家强风暴实验室（National Severe Storms Laboratory，NSSL）对美国大陆（12km）、区域（3km）的预报试验；预报系统实验室（FSL）在美国东北部（10km）的预报试验；美国空军对美国大陆（15km）的预报试验和伊利诺斯州立大学在美国中西部（25km）的预报试验等。下面简要介绍一些主要试验的结果。

1）对流天气系统模拟

在 2002 年的国际水计划中，用 WRF 和 MM5 进行对流天气系统模拟，对于对流的开始得出一些混淆的结果，特别是出流边界，但模式通常对干线和锋预报较好，飑线和逆尺度（upscale）增长模式报得也相当好，孤立的超级单体风暴作出了出乎意料的预报（Koch et al.，2004；Edward et al.，2004）；当具有明确的地面边界强迫时，模式预报是成功的，但当出现难以捉摸或不明显的边界强迫时，风暴难以预报，预报对流增长遇到困难，除非初值十分强；对于抬升的对流，模式预报其演变成降水系统有困难，对 WRF 和 MM5 都是如此。Jankov 等（2004）还进行了不同物理方案的比较，认为最敏感的是对流方案，对于弱降水边界层和微物理方案的敏感性是相当的，而对于强降水，微物理方案敏感。

2）天气要素预报

Welsh 等（2004）利用 WRF 模型和 LAPS 同化本地资料进行了佛罗里达大拐弯及周边地区 2003 年夏季（6 月 1 日～10 月 8 日）的天气预报，初步评价结果是：对雾、能见度、风、初始深对流和热带系统的预报有进步，降水评分与 Eta 模式相当，风预报明显好于 Eta 模式，最高气温预报有大的冷偏差，比 Eta 模式差，最低温度预报比较好，与 Eta 相当，相对湿度偏差比 Eta 大（正偏差），雾的预报比其他模式好。

3）涡旋中尺度对流系统预报

Weisman 等（2004）利用弓形回波和中尺度对流涡旋实验（BAMEX）获得的外场加密观测资料（2003 年 5 月 20 日～6 月 6 日），利用 WRF 模型（水平分辨率 4km）作 36 小时预报。将中尺度对流系统（MCS，邻近 100km 持续存在大于 35dBz 的回波）分为两类：类型 1，在 35dBz 中嵌入 45dBz 回波；类型 2，邻近 100km 回波强度为 45dBz。预报成功的标准定义为：在 440km 内和 3 小时预报与观测一致。评价 3～36 小时成功率，结果见表 9.1.4。

表 9.1.4　WRF 模型 3～36 小时预报中尺度对流系统成功率

指标		观测			
		类型 1		类型 2	
		是	否	是	否
预报	是	123	47	61	25
	否	90		16	21
命中率		58%		79%	
空报率		28%		29%	
临界成功指数		0.47		0.59	
位置误差（E）		MCS 个数	CSI		
<3°		113	0.44		
<2°		88	0.3		
<1°		36	0.14		

由表 9.1.4 可以看出，类型 1 约 58% 的 MCS 的预报与观测相符，符合不好的个例是后半夜到凌晨。位置误差<4°的临界成功指数为 0.47，类型 2 的 MCS CSI 更高，达 0.59。WRF 模型对强降水预报范围偏大，对层状云预报范围偏小，少数个例 MCS 持续时间太长。

4）陆面模式检验

Tewari 等（2004）对 WRF 中的 Noah 统一陆面模式进行了检验，用 2002 年 5～6 月和 2003 年 3 月的 9 个 IHOP/NCAR 地面土壤和生态站的资料及 Purcell 的探空资料进行检验，结果表明，模式能较好地捕捉地面不均匀特征，土壤湿度和适当初值能进一步改善结果，Agrmet 与 Edas 土壤条件相结合比仅用单个方案效果更好，对于雪暴个例，统一的 Noah 陆面模式由于能反映雪融化和雪深变化因而能产生更好的结果。

5）降水模拟

用 WSR-88D 雷达反射率资料推断降水量，与 WRF 模型模拟的降水量进行比较，比较的时段是 2003 年 6~8 月。结果发现：在许多极端降水事件中，降水的量值和位置，模拟与观测是类似的，降水总量从德克萨斯沿岸的北面向东北方向扩展；局地降水频率的最大值，模拟与观测也是类似的，这些最大值都出现在山区，模拟比观测似乎更直接与山的位相联系，这种微小差异可能是因为 WRF 模型夸大了与太阳加热有关的低层辐合，也可能是因为 WSR-88D 雷达网在西部山区覆盖不足。降水频率的日变化强度和总的空间分布，模拟与观测是类似的；对于弱降水，全国许多地区模拟与观测是一致的，但降水频率模拟比观测大，可能是模式积云参数化产生小雨太频繁或者是在仅有微弱不稳定的环境中降水持续时间过长。对于全国大多数地区降水日变化的位相，模拟与观测粗略类似，每日降水量在许多地区是下午和傍晚最频繁，高海拔出现时间早一点，低海拔出现时间晚一点，模拟情况也差不多，但不像观测那么明显，模式产生的峰值比观测稍早一点；模拟与观测最显著的差异在大平原的夜雨，WRF 模型常常低估了这种夜间出现的降水强度和面积，即不能抓住大平原夜间降水的优势（Jason，2004）。

6）WRF 中的大气化学模式

WRF 模型中，大气化学模式是在线完全耦合的，包括传输、干沉降、气相化学、生物所产生的放射、气溶胶参数化和光解频率等。WRF/化学模式从统计上讲预报 O_3 比 MM5/化学模式更有技巧，预报与观测差异不显著；预报 O_3 的前驱物 CO 和 NOx（除船泊站外）也有较好技巧，但是 WRF/化学模式对这些前驱物和光-氧化物的预报偏差比 MM5/化学模式大，常比观测大，可能与两个模式中垂直输送差有关，特别是在不同的边界层物理参数化对待底部少数几层的参数化上（Grell et al.，2004，2005）。

9.1.2　WRF 模型的计算环境

1. 模型参数

WRF 模型为用户提供了大量的物理过程参数化方案，包括大气辐射传输方案、积云对流方案、云微物理过程方案、边界层方案、近地层方案、陆面过程方案。每一种方案都需被驱动层调用才能使用。

云物理过程是中尺度数值模式中重要的非绝热加热物理过程之一，成云降水过程发生以后通过感热、潜热和动量输送等反馈作用影响大尺度环流，并在决定大气温度、湿度场的垂直结构中起关键作用。云物理过程可分为微物理方案（显式方案）和积云对流参数化方案（隐式方案）。云微物理过程方案将网格尺度的降水用显式法计算，即利用大气中水汽和水凝物的产生、平流和相互作用等格点上的预报方程直接计算。WRF 模型包括 Kessler 方案、Purdue Lin 方案、WSM3 方案、WSM5 方案、Ferrier 方案。积云对流参数化方案用来描述利用大尺度变量表示的次网格尺度积云的凝结加热和垂直输送效应，是将大尺度模式不能显式表示的对流引起的热量、水分和动量的输送与模式的预报变量联系起来。WRF 包括 Kain-Frirsch 方案、Betts-Miller-Janjic 方案、Grell 方案。

在大气环流模式中辐射的精确计算非常重要，辐射传输过程的结果将改变大气中的热力状况，进而影响动力过程。同时，热力结构的改变还影响冻结、凝结、核化等云微物理过程，从而改变云的结构，反过来又影响辐射传输过程。WRF 包括 RRTM 长波辐射方案、GFDL 长波辐射方案、CAM3 长波辐射方案、MM5（Dudhia）短波辐射传输方案、Goddard 短波方案、CAM 短波方案。

行星边界层是对流层下部直接受下垫面影响的大气层，其中的湍流垂直交换十分显著。主要物理过程包括动量、热量和水汽的输送，以及摩擦和地形影响等。边界层过程在模型中不仅影响地层的气象要素，通过垂直输送对高层变量也有影响。总体边界层参数化方案是把行星边界层和近地层组成的一个整体，对这样的整体而言，必须使近地层过程和行星边界层过程能够耦合与匹配，利用近地层顶上变量的连续条件求出耦合公式。WRF 包括 YSU 方案、MYJ 方案。

下垫面的非均匀性是中尺度数值模拟中的一个困难问题，对复杂下垫面的准确描述，即中尺度模式中陆面过程方案能否较为真实地反映陆气相互作用中的物理过程，关系模式的模拟能力及预报的准确性。WRF 模型主要包括三种陆面模式（LSM）：SLAB 方案、Noah 方案、RUC 方案。

耦合 WRF 与 SSiB 模式是一个重要的前期工作，而陆面模式与大气模式成功耦合的关键在于陆地表面到边界层内动量、能量的守恒。耦合工作的基本过程是，净辐射与感热通量、潜热通量和土壤通量三者之间的平衡；降水量与径流、冠层及土壤储存水分和蒸发/蒸腾三者之间的平衡。驱动陆面模式 SSiB 的物理量是从大气模式 WRF 计算输出的，主要包括大气最底层的风向量、温度、湿度、对流云降水、网格尺度降水，以及向下的长波辐射和向下的短波辐射量等。在 SSiB 陆面方案内通过参数化方案计算并输出地表层的温度、湿度、向上的长波辐射和向上的短波辐射及感热通量、潜热通量等水分、热量通量，进而通过边界层的垂直输送调节大气环流，最终实现陆面模式 SSiB 与大气模式 WRF 的耦合。

WRF 模型的基本参数设置包括，初始场和边界场均采用 NCEP2 再分析资料，该资料水平分辨率为 2.5°×2.5°，时间间隔为 6 小时；模拟区域的位置、范围和格距均参考 Gao 等（2011）的研究成果，其中中心经纬度为 110.00°E，35.00°N，水平网格点数为 196×154，水平网格距为 30 km；模式积分步长为 90 秒，且每隔 6 小时输出一个模拟结果；输出结果有 1000hpa、950hpa、900hpa、850hpa、800hpa、750hpa、700hpa、650hpa、600hpa、550hpa、500hpa、450hpa、400hpa、350hpa、300hpa、250hpa、200hpa、150hpa、100hpa 的风场、高度、温度、湿度、降水场等要素。

WRF 的初始场有两种形式：一种是理想化模拟（idealized simulation）；另一种是实时数据案例（real data cases），这里只选择后一种类型进行介绍。模式为初始场预处理提供三维的位温、混合比、动量的水平分量；二维的静态地理数据包括反照率、Coriolis 参数、地形高度、植被/土地利用类型、海陆分布、地图尺度因子、投影角、土壤类型、植被覆盖及经纬度；随时间变化的二维数据有土壤湿度、雪深、表层温度和海冰比例等。模式的预处理包括三个步骤：首先，根据选定模拟区域的信息（包括中心点位置、格点数、嵌套位置和格距等），将静态场进行插值处理。其次，利用解码程序，将 WRF 模型需要的变量从用户提供的大尺度再分析数据或观测数据中提取转换为二进制格式，作为初始场和侧边界场。最后，对于选定的区域，将气象长水平插值到投影区域，垂直插值到 WRF 的 η 坐标系，这样就为模式运行提供了完整的三维数据。WRF 模型的输出承接前一代 MM5 模式，可通过 RIP、NCAR Graphic、Vis5D 和 GrADs 等绘图软件进行分析。

　　WRF 运用在不同方面有不同的模型建构，这里以何建军等（2014）《复杂地形区陆面资料对 WRF 模型模拟性能的影响》一文中的计算方法为例，介绍 WRF 的计算环境和方法。模型系统分为 ARW（advanced research- WRF）和 NMM（nonhydrostatic mesoscale Model）两个动力核。ARW 是可压缩、欧拉、非静力平衡模式，同时有静力平衡选项，控制方程组为通量形式，采用地形跟随静压垂直坐标系，水平网格采用 ArakawaC 交错格式，模式顶层气压为常数。ARW 可用于 10 ~ 100 万 m 空间精度的模拟研究，包括大涡模拟、斜压波模拟和过山气流模拟等理想化模拟（idealized simulation）和物理过程参数化、资料同化及实时天气预报等的模拟（real simulation）（Skamarock et al.，2008）。本书使用的是 ARW V3.3 版本。

　　Noah 陆面模型是在俄勒冈州立大学土壤-植被模型基础上发展起来的垂直一维陆面过程模型，其包含土壤热力过程和水文过程（Chen and Dudhia，2001）。该模型将土壤分为四层（0.1m、0.4m、1m 和 2m），土壤热通量由各层土壤温度梯度和土壤热传导率决定。土壤湿度和土壤类型通过影响土壤热容和热传导率而影响土壤热力过程。该模型还包含了单层积雪模型，可以模拟雪的累积、升华和融化过程，以及土壤-雪盖-大气间的热交换过程。大量研究发现，Noah 陆面模型能较准确地描述土壤的热力过程和水文过程（Chen and Dudhia，2001；Miao et al.，2009；Litta et al.，2012；Feng et al.，2012）。陆面过程模式需要的大气强迫物理量有风速、气温、近地面气压、比湿、降水和向下辐射通量等，输出的物理量有各层土壤温度和湿度、地表温度、地面反射率、发射率、粗糙度、地表潜热通量和感热通量，以及径流量等。土地利用和植被覆盖度是陆面参数的主要影响因子，通过陆面参数影响 WRF 模型的模拟结果。土地利用类型决定地表反照率（α）、发射率（ε）、粗糙度（z_0）和叶面积指数（L），且随季节变化（通过植被覆盖度反映季节变化特征），如式（9.1.1）~ 式（9.1.5）所示（何建军等，2013）：

$$R_{\text{veg}} = \frac{(\sigma_{\text{f}} - \sigma_{\text{fmin}})}{(\sigma_{\text{fmax}} - \sigma_{\text{fmin}})} \tag{9.1.1}$$

$$\alpha = \alpha_{\max} - R_{\text{veg}}(\alpha_{\max} - \alpha_{\min}) \tag{9.1.2}$$

$$\varepsilon = \varepsilon_{\min} + R_{\text{veg}}(\varepsilon_{\max} - \varepsilon_{\min}) \tag{9.1.3}$$

$$z_0 = Z_{\min} + R_{\text{veg}}(Z_{\max} - Z_{\min}) \tag{9.1.4}$$

$$L = L_{\min} + R_{\text{veg}}(L_{\max} - L_{\min}) \tag{9.1.5}$$

式中：σ_{f} 为模拟时段的植被覆盖度；σ_{fmin}、$\alpha_{\min}$、$\varepsilon_{\min}$、$Z_{\min}$ 和 $L_{\min}$ 分别为年最小植被覆盖度、反照率、发射率、粗糙度和叶面积指数；σ_{fmax}、$\alpha_{\max}$、$\varepsilon_{\max}$、$Z_{\max}$ 和 $L_{\max}$ 分别为年最大植被覆盖度、反照率、发射率、粗糙度和叶面积指数；R_{veg} 为植被覆盖度比率。

　　WRF 模型中植被覆盖度为月平均值，受季节影响，植被覆盖度季节变化显著，夏季植被覆盖度高，冬季植被覆盖度低。模拟时段的植被覆盖度是根据月平均值线性插值得到的。植被覆盖度不仅是反照率、发射率、粗糙度和叶面积指数的主要影响因子，还影响土壤表层热传导率和地表不同蒸发类型的比率，如式（9.1.6）~ 式（9.1.9）所示（Chen and Dudhia，2001）。

$$K_{\text{sur}} = K_1 \exp(-2\sigma_{\text{f}}) \tag{9.1.6}$$

$$E_{\text{dir}} = (1 - \sigma_{\text{f}}) \times \beta \times E_{\text{p}} \tag{9.1.7}$$

$$E_{\text{c}} = \sigma_{\text{f}} \times E_{\text{c}} \times \left(\frac{W_{\text{c}}}{S}\right)^{n} \tag{9.1.8}$$

$$E_{\text{t}} = \sigma_{\text{f}} \times E_{\text{p}} \times B_{\text{c}} \times \left[1 - \left(\frac{W_{\text{c}}}{S}\right)^{n}\right] \tag{9.1.9}$$

式中：K_1 为裸地的土壤表层热传导率；K_{sur} 为土壤表层热传导率，影响地表能量分配；E_{dir} 为地表直接蒸发；E_{c} 为植被截留水蒸发；E_{t} 为植被蒸腾；β 为土壤含水量的函数；E_{p} 为潜在蒸发量；W_{c} 为植被层截留水量；S 为植被层最大截留水量；B_{c} 为植被阻抗的函数，受太阳辐射、水汽压、气温和土壤湿度的影响；n 为经验参数，取值 0.5。

2. 试验设计

模式可采用单向四重嵌套，网格距分别为 27 km、9 km、3 km 和 1 km。模式垂直分为 35 层，模式层顶气压为 50 hPa。模拟时段选取 2006 年 11 月 30 日~12 月 30 日，分三段积分，每段 11 天，每段前 24 小时作为模式起转时间，不参与后续分析。模式初始场和侧边界条件由 NCEP（National Centers for Environmental Prediction）/FNL（final Analyses）资料（时间间隔 6 小时，空间分辨率 1°×1°）提供。

参数化方案的选取直接影响 WRF 模型的模拟结果。张碧辉等（2012）比较了 WRF 模型中 MYJ（Mellor-Yamada-Janjic）和 YSU（Yonsei University）边界层参数化方案对沈阳冬季大气边界层结构模拟的影响，发现选用 YSU 方案时模拟的 2 m 气温准确率高，而风速风向对边界层方案的敏感性不如温度明显。Jin 等（2010）比较了四种陆面参数化方案对美国西部温度和降水模拟的影响，指出 Noah 陆面参数化对冬季气温模拟较准确，但模拟低温偏高，而四种陆面参数化方案对降水模拟的影响很小。

3. 模型评估方法

模型评估中一般选用 10 个常用统计参数：认同指数（IA）、准确率（HR）、均方根误差（RMSE）、相关系数（R）、标准差（STD）、平均值（M）、平均偏差（MB）、平均误差（ME）、归一化平均偏差（NMB）和归一化平均误差（NME）（Willmott et al., 1985; Seigneur et al., 2000; Carvalho et al., 2012），评估 WRF 模型的模拟性能（表 9.1.5）。

表 9.1.5 统计参数计算方法

统计参数	公式
认同指数	$\text{IA} = 1 - \sum_{i=1}^{N}(F_i - O_i)^2 / \sum_{i=1}^{N}(|F_i - \overline{O}| + |O_i - \overline{O}|)^2$
准确率	$\text{HR} = \text{Nm}(|F_i - O_i| \leqslant C)/N \times 100\%$
均方根误差	$\text{RMSE} = \sqrt{\dfrac{1}{N}\sum_{i=1}^{N}(F_i - O_i)^2}$
相关系数	$R = \dfrac{1}{N}\sum_{i=1}^{N}(F_i - \overline{F})(O_i - \overline{O}) / \left(\sqrt{\dfrac{1}{N}\sum_{i=1}^{N}(F_i - \overline{F})^2}\sqrt{\dfrac{1}{N}\sum_{i=1}^{N}(O_i - \overline{O})^2}\right)$

统计参数	公式
标准差	$STD = \sqrt{\dfrac{1}{N}\displaystyle\sum_{i=1}^{N}(x_i - \bar{x})^2}$
平均值	$M = \dfrac{1}{N}\displaystyle\sum_{i=1}^{N} x_i$
平均偏差	$Ma = \dfrac{1}{N}\displaystyle\sum_{i=1}^{N}(F_i - O_i)$
平均误差	$ME = \dfrac{1}{N}\displaystyle\sum_{i=1}^{N}\lvert F_i - O_i \rvert$
归一化平均偏差	$NMB = \dfrac{1}{N}\displaystyle\sum_{i=1}^{N}(F_i - O_i)\bigg/ \displaystyle\sum_{i=1}^{N} O_i \times 100\%$
归一化平均误差	$NME = \dfrac{1}{N}\displaystyle\sum_{i=1}^{N}\lvert F_i - O_i \rvert\bigg/ \displaystyle\sum_{i=1}^{N} O_i \times 100\%$

注：F 为模拟值；$\bar{F}$ 为模拟平均值；O 为观测值；$\bar{O}$ 为观测平均值；x 为观测或模拟值；$\bar{x}$ 为观测或模拟平均值；N 为样本数；Nm 为满足条件的样本数；C 为标准值。

9.1.3　WRF 模型的应用

WRF 具有众多的实际应用案例，近年来基于 WRF 模型国内已经开发了一系列平台，在台风、暴雨、大气污染预报等方面进行了应用。WRF 模型对不同中尺度天气形势进行个例模拟是国内应用最广泛的一个领域，包括对各种降水过程（如区域性强降雨、降雪过程、深对流系统引起的降水等）和台风个例的模拟。此外，近几年海雾的研究工具也由 RAMS 模式和 MM5 模式逐渐转向 WRF 模型（王晓君和马浩，2011）。

1. WRF 降水过程模拟

WRF 模型引入中国后，对降水过程的模拟最为普遍。孙健和赵平（2003）利用 WRF 模型对 1998 年的三次暴雨过程进行了模拟，发现 WRF 模型能够成功模拟这三次不同性质的降水过程；与 MM5 模式比较，WRF 能更好地模拟引起这几次降水过程中的主要天气系统的位置和移动过程，从而对降水落区的模拟较为准确。侯建忠等（2006）和宋自福等（2009）用 WRF 模型分别模拟了 2005 年陕西汛期和 2008 年焦作汛期降水，结果都表明 WRF 模型能够很好地模拟出暴雨落区和降水强度，且准确率相对比较稳定，对于日常制作短期降水预报有一定的指导作用，可作为未来客观预报转折性天气及暴雨天气的一种新技术工具。此外，侯建忠等（2007）基于 WRF 模型对陕西地区的两次区域性秋季暴雨进行了模拟，发现在暴雨雨带走向、暴雨落区、中心强度及降雨时间等诸多方面，模型结果都与实况基本吻合，同时 WRF 模型还能够对不同类型的暴雨进行机理分析和研究。

沈桐立等（2010）用 WRF 模型对 2006 年 6 月 6～7 日福建特大暴雨进行了数值模拟和诊断分析，也成功地模拟出了强降水中心的分布和演变。李安泰等（2014）利用 WRF 模型对 2010 年 8 月 7~8 日发生在甘肃舟曲的一次西北地区特大暴雨天气过程进行了数值模拟，发现暴雨过程数值模拟的准确率对陆面参数化方案的选择比较敏感，耦合陆面方案模拟的降水及感热通量、潜热通量都存在较大的差别，但采用不同陆面方案模拟的地表温度和水汽差别并不大。采用 PX 陆面方案对降水的模拟效果比其他方案都合理，与实况也非常接近。然而，由于目前大雨以上量级降水的实况个例较少，检验结果存在一定的偶然性（宋自福等，2009），但是 WRF 模型仍广泛应用于实例模拟中。下面就用两个实例说明 WRF 模型的模拟。

1）北京"7·21"特大暴雨过程中尺度系统的模拟

2012 年 7 月 21~22 日，中国大部分地区遭遇暴雨，其中北京及周边地区遭遇 61 年来最强暴雨及洪涝灾害。特别是北京暴雨疯狂肆虐，雨量历史罕见。暴雨引发房山地区山洪暴发，拒马河上游洪峰下泄。全市受灾人口达 190 万人，其中 79 人遇难，经济损失近百亿元。这场天灾给北京人民带来了巨大的生命和财产损失。对此，周玉淑等（2012）利用 WRF 模型对此次北京大暴雨进行了模拟。

（1）模型区域及微物理方案介绍。模拟采用 WRF 模型，模拟中心点在（39.6°N，116°E），两层嵌套，大区格距 4 km，小区格距 1.33 km，水平方向格点数分别为 751×622 和 841×826，垂直层数取 51 层，积分步长为 25 s，微物理过程为 Milbr and t-Yau 2-moment 方案。模式背景场和边界条件使用美国国家环境预报中心（NCEP）和美国国家大气科学研究中心（NCAR）的 0.5°分辨率的分析资料得到，初始时刻加入中国气象局常规地面和探空资料，以及北京市气象局新一代多普勒天气雷达观测资料对 NCEP/NCAR 得到的背景场进行了订正。积分时间为 7 月 21 日 00 时~22 日 12 时，共 36 小时，每 20 分钟输出一次资料。

（2）模拟降水与实况对比。图 9.1.4（a）、（c）、（e）给出了北京大暴雨 21 日 06 时、12 时、18 时每 6 小时的累计降水量分布，与实况［图 9.1.4（b）、（d）、（f）］对比可以看出，模拟结果能够较好地反映此次特大暴雨过程的雨带移动及强度变化。模拟的主要雨带与实况一致，呈西南—东北走向，虽然强降水中心稍微偏西，但基本反映出强降水从西南向东北方向扩张，强度不断增强的趋势，与实况雨带和雨量变化趋势一致。由于模拟具有较高的分辨率，模拟图中出现多个小的强降水中心，而实况图中由于观测站点分辨率不够高，实况中的强降水中心比较集中，位于河北与北京交界地带，分析不到小的降水中心。从模拟的降水量来看，虽然模拟最大降水强度要小于实况降水强度，但在 06~12 时强降水时段的 6 h 累计降水量也都超过了 100mm 以上。从模拟的每小时降水量来看，模拟降水带和强度变化比实况滞后 3~4h，强降水中心略有偏差，但降水的整体变化趋势和持续时间与实况变化趋势基本一致，因此，仍然可以利用模式输出的高时空分辨率结果对这次大暴雨的中尺度结构进行研究。

（3）模拟中尺度系统结构演变及其发生发展过程。暴雨的发生离不开冷暖空气的辐合对峙及相对运动，而温度扰动可以表示冷暖空气的活动，因此，先分析与冷暖空气活动对应的温度扰动在暴雨过程中的分布及其变化。从图 9.1.5（a）可以看出，北京暴雨发生前期（以 21 日 05 时为例），由于冷暖气流的输送及对峙，代表冷暖空气活动的温度负扰动和正扰动在陕西、山西交界附近形成了明显的切变线，在切变线上有中尺度低涡生成并沿切变线向东北方向移动。在切变线东南为正温度扰动，切变线西北方向为负温度扰动。

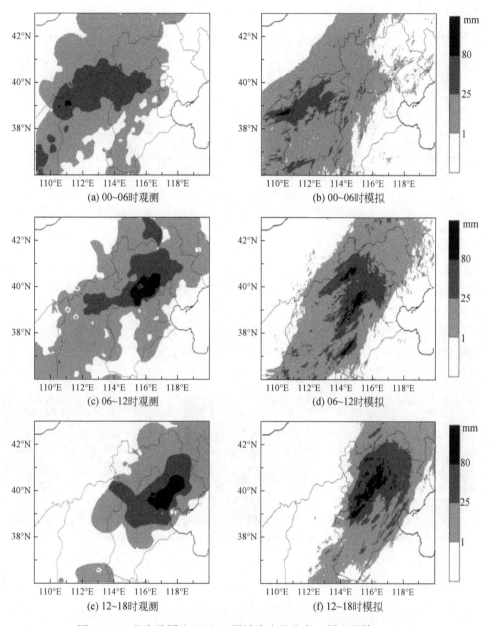

图 9.1.4　北京及周边地区 6h 累计降水量分布（周玉淑等，2014）

负温度扰动区揭示的冷空气来源主要有两个：一个从 02 时开始，对流层底层不断有从东北方向入侵的冷空气，但较浅薄，这是由东北冷涡西侧较强的偏北气流及由低空急流的垂直切变所产生的次级环流所造成的；另一个是 500 hPa 及更高层槽后的西北气流带来的强冷空气，这股气流随着东移大槽不断加强东移并向低层扩展，逐渐与低空的冷空气汇合。中低层则有强的呈西南—东北走向的低空暖湿气流（伴随有低空急流），造成了华北大部低层大气的正温度扰动，尤其是图 9.1.5（b）中，随着西南暖湿气流的向北推进，切变线及沿切变线发展移动的低涡也移到北京以西，温度扰动最大正值中心出现在河北中部及北京西南部，北京地区的温度扰动完全为正，处于锋前暖区中。

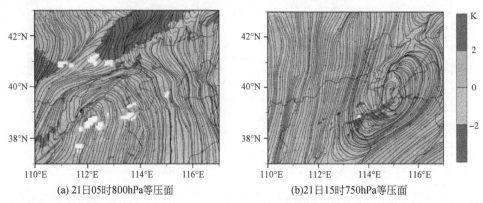

(a) 21日05时800hPa等压面 　　　　(b)21日15时750hPa等压面

图 9.1.5　温度扰动（阴影区，单位：K）和风场（流线，单位：m/s）水平分布（周玉淑等，2014）

从沿图 9.1.5（a）、（b）中冷暖空气交汇形成的切变线所做的等相当位温垂直廓线分布可见，暴雨初期［图 9.1.6（a）］，切变线沿线 700hPa 以下都为不稳定层结，都有相当位温随高度增加，随着切变线往东北方向移动，到了 21 日 15 时［图 9.1.5（b）］，空气中水汽凝结潜热已部分得到释放（会加强垂直运动），相当位温数值减小，但切变线上的不稳定层结高度反而向上延伸到 600 hPa，不稳定层结加厚，表明暖湿空气被持续向上抬升，仍然有水汽凝结潜热继续释放。

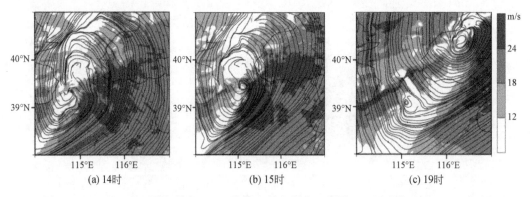

(a) 14时 　　　　　　(b) 15时 　　　　　　(c) 19时

图 9.1.6　7 月 21 日不同时刻 800hPa 流场和低空急流（阴影区：风速大于 14m/s）分布
（周玉淑等，2014）

华北暴雨与低空急流有密切关系，相关率可达 80%（陶诗言，1980；华北暴雨编写组，1992）。图 9.1.6 给出了模拟的 7 月 21 日 14~19 时，800hPa 的低空急流（图中阴影区）和流场分布变化。从不同时刻低空急流分布可见，低空急流不断加强，且急流中心向东北方向移动。其中 16~17 时，模拟的急流发展到最强，中心值甚至可达 40m/s，而后迅速减弱，并随西南气流移过北京。低空急流如此之强，为暴雨的产生提供了非常有利的条件，对于水汽输送和集中，以及中尺度低涡形成有重要作用。

这与孙继松等（2013）从北京雷达反射率因子观测分析中提到的"列车效应"现象类似，通过模拟资料得知了中尺度低涡在切变线附近不断生成并沿切变线向东北移的现象，由于不停地有中尺度对流系统生成并移过北京，所以北京的降水持续不断，形成了特大暴雨。从 200 hPa 来看，低空急流位于高空急流出口区的右侧，为次级环流的上升支，高空有气流辐散，低空气压降低，低空急流的左侧有切变线，在切变线上有明显的气流辐合，由此可以看出，这种高低空系统的耦合配置使得低空急流中心附近的抽吸作用非常强烈，从而造成强烈的上升运动，同时该上升运动受地形的强迫抬升而变得更加剧烈，是暴雨产生的主要动力。

2）WRF 模型对"8·8"舟曲暴雨过程的模拟

甘肃舟曲三眼峪和罗家峪 2010 年的"8·8"特大泥石流灾害，是中华人民共和国成立以来人员伤亡和财产损失最为严重的一次泥石流灾害事件。8 月 7 日晚 11 时左右，舟曲县城东北部山区突降特大暴雨，降雨量达 97mm，持续 40 多分钟，引发三眼峪、罗家峪等四条沟系特大山洪地质灾害，泥石流长约 5km，平均宽度 300m，平均厚度 5m，总体积750 万 m³，流经区域被夷为平地。截至 2010 年 8 月 21 日，舟曲"8·8"特大泥石流灾害中遇难 1434 人，失踪 331 人，累计门诊人数 2062 人。利用 WRF 模型对这次事件进行考察，对泥石流研究具有重要意义。这里以舟曲"8·8"暴雨天气过程为例，选用 WRF 模型中不同的陆面参数化方案，主要考察不同的陆面参数化方案对西北地区暴雨数值模拟的影响（李安泰等，2014）。

我国西北地区地处远离海洋的青藏高原北侧边坡地带，大多数地区属于干旱、半干旱气候，夏季高温，全年少雨，气候干燥。由于地形和下垫面复杂，境内气候差异极大，陆气相互作用性质多样，所以陆面过程与西北地区天气系统的相互作用是一个具有丰富内涵的研究领域。我国西北暴雨主要发生在西北东部地区，暴雨天气的出现也属小概率事件，通常具有落点分散、时间短、强度大、局地性强等特点，但实际上常有暴雨危害，一些局地及浅薄的天气系统经常会造成意想不到的剧烈天气过程。

a. 试验方案设计

研究中采用 WRF（V3.2）进行模拟，具体模拟的方案设计如下：初始场和边界条件取 NCEP 提供的每 6 小时一次的 1°×1° 再分析资料；模拟的起始时间是 2010 年 8 月 7 日 14时，模型积分 18 小时；模型在水平方向上采用三重网格嵌套，区域 D03 水平分辨率为4km；地图投影采用兰勃托投影。表 9.1.6 给出了模型具体的相关参数设置。

表 9.1.6　模型的基本参数设置

模拟区域	区域中心	水平分辨率/km	格点数	左下角在母域位置	地形分辨率/m	积云参数化方案
D01	（34°N，104°E）	36	60×60	1×1	10	BMJ 集合方案
D02	（34°N，104°E）	12	67×67	20×20	5	BMJ 集合方案
D03	（34°N，104°E）	4	97×97	18×18	2	无

模型过程中采用双向嵌套，除了 D03 区域没有采用积云参数化方案外，其他各层网格选用相同的物理方案，均采用了 RRTM 长波辐射方案、Dudhia 短波辐射方案和 YSU 边界层方案，云微物理为 Kessler 方案；积分时间步长为 60 秒，模型每 1 小时输出一次模拟结果。分析数据均采用 D03 区域的模拟输出结果。在保证模型其他参数不变的情况下，只对

陆面参数化方案做改变，分别为不采用陆面方案和采用 SLAB、Noah 和 PX 陆面方案，共做 4 组敏感性试验。

b. 降水模拟结果分析

从实况和敏感性试验所模拟的结果对比不难看出，采用和不采用陆面参数化方案模拟的累积降水量差别很大。当不采用陆面参数化方案时［图 9.1.7（a）］，模拟的降水量明显虚高，而且模拟出了至少 4 个强降水中心，其中累积降水量最少的降水中心也达到了 120mm，最大的甚至超过了 240mm，而且这些降水中心的位置与实际的降水中心位置偏差较大，偏西 100～200km，可见，当不采用陆面参数化方案（即不考虑陆气相互作用）时，对降水的模拟效果比较差。采用 SLAB 陆面方案［图 9.1.7（b）］，模拟出了 2 个强降水中心，其中一个约位于（34.2°N，103.7°E），与实况中强降水中心代古寺的位置（34.1°N，103.6°E）基本吻合，而且模拟的雨强中心累积降水量为 80mm，比实况中代古寺的累积降水量 93.8mm 明显偏小。相对而言，采用 Noah 陆面方案［图 9.1.7（c）］和 PX 陆面方案［图 9.1.7（d）］模拟的效果比较好，所模拟的雨区分布和走向与实况大体相同，而且最大降水量值与实际也十分接近，两种方案模拟出的 2 个强降水中心与实际的强降水中心位置偏差均不超过 50km。不同的是，虽然 PX 陆面方案在（34.5°N，102.8°E）模拟出一个累积降水量为 60mm 的虚假降水中心，但是采用此方案对整个降水区的模拟明显好于

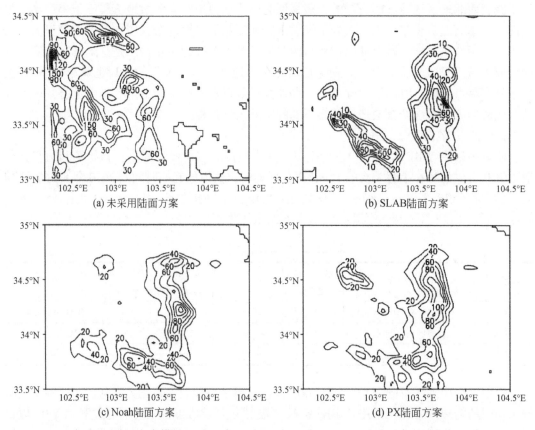

(a) 未采用陆面方案

(b) SLAB陆面方案

(c) Noah陆面方案

(d) PX陆面方案

图 9.1.7　采用不同陆面方案模拟的 2010 年 8 月 7 日 20 时～8 日 05 时累积降水量分布（单位：mm）

引自李安泰等，2014

采用 Noah 陆面方案。对累积降水量的模拟，采用此两种方案对此降水中心的模拟效果相当，均为 80mm，比实况偏小。

以上分析表明，此次暴雨天气过程的数值模拟准确率对陆面参数化方案的选择比较敏感。在中尺度模式中，耦合陆面方案比不耦合陆面方案对此次暴雨的模拟效果更好，耦合不同的陆面方案对降水的模拟效果也有较大的差异，其中采用 PX 陆面方案对本次降水的模拟结果与实况最接近。

2. WRF 极端天气事件模拟

近年来，极端天气事件频发，极端天气和气候变化因区域而异，这一区域性特征直接影响人们的生活，因此，对区域极端天气过程及其演变的模拟引起了广泛关注。WRF 模型也被用于模拟冰冻天气事件（李建华等，2007；陶健红等，2008；范元月等，2010；高洋，2011）。苗春生等（2010）利用 WRF 模型对 2008 年 1 月 25～29 日中国南方低温雨雪冰冻天气过程进行模拟，基本再现了实际降水情况。本章以高洋（2011）用 WRF 对 2008 年我国南方发生的雨雪冰冻天气事件的模拟为例，来检验 WRF 对我国区域气候的模拟能力，并检验何种物理过程更适合模拟中国及全部东亚区域的气候变化，为 WRF 作为区域气候模式的进一步发展提供依据。

模拟中 WRF 模型的水平分辨率是 30km，南北方向格点是 181，东西方向格点是 232，区域中心位于 34°N，105°E，模拟区域覆盖了整个中国及其周边地区。模型垂直方向分为 31 层。模型微观物理学过程选取的是 Morrison 选项，长波和短波辐射方案均选取的是 CAM 框架，有研究表明，CAM 方案更适合于分辨率在 30～90km 的模拟（Kiehl et al.，1998；Collins，2001；Collins et al.，2002），积云对流参数化方案采用的是 Kain-Fritsch，此方案是 Kain（2004）在原有的版本上的修正（Kain and Fritsch，1990；Kain and Fritsch，1993）。边界层选取 Yonsei University PBL（Hong et al.，2006）。陆面过程选取的是 NCAR 和 NCEP 联合开发和发展的 Noah 陆面模式，它的优点在于可以预测土壤中冰的含量和少量雪覆盖所造成的影响，在处理城市下垫面的情况时有显著提高（Chen and Dudhia，2001）。由于此次模拟属于长时间积分，所以设置海温是随时间变化的，并且由于格点大小大于 10km，需要考虑重力波拖曳。初始场和侧边界条件由 NCEP/NCAR 再分析资料 II 提供（Kalnary et al.，1996），侧边界每 6 小时输入一次，积分的时间步长是 120 秒，每 3 小时输出一次，此次模拟的时间为 2007 年 11 月 1 日 12 时～2008 年 5 月 31 号 24 时。模式结果检验中所用到的降水和地面温度是中国 604 个实际站点所提供的资料，其余的实际资料均是全球 2.5°×2.5°分辨率的 NCEP 再分析资料。

1) 降水和地面气温

2008 年 1 月 11 日～2 月 4 日我国南方发生的雨雪冰冻灾害天气过程主要体现出低温、雨雪量大、冰冻等特点，所以主要从降水、地面气温、热力结构、水汽输送等方面将模拟结果与实际进行对比，检验模式模拟的结果。图 9.1.8（a）是 WRF 模型模拟平均的日降水情况，显示长江以南的大部分地区最大降水量均达到 3mm 以上，雨带集中分布在湖南、江西、广西、福建、浙江等地，大部分地区的最大降水量超过 5mm，对比于实际站点的日平均降水 [图 9.1.8（b）]，模型较好地模拟出了长江以南地区的雨带分布和降水量，只是雨带的位置比实际稍稍偏北，并且小部分地区如广西与湖南的交界、福建与浙江的交界处，模拟的降水量比实际偏大，还有安徽、江苏等地模拟的降水比实际偏多2mm。总的来说，对于这次雨雪冰冻灾害事件，在雨带分布上，模型体现了较好的模拟结果，只是部分地区模拟的降水量稍稍偏大。

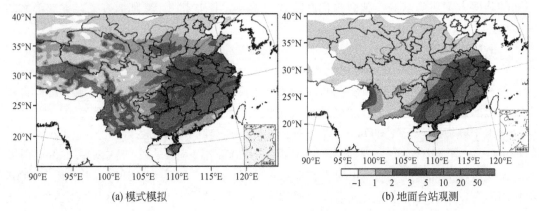

(a) 模式模拟　　　　　　　　　　　　　　(b) 地面台站观测

图 9.1.8　2008 年 1 月 11 日~2 月 4 日的日平均降水的空间分布（单位：mm/d）

引自高洋，2011

图 9.1.9（a）是 1 月 11 日~2 月 4 日模拟的日平均气温情况，可以清楚地看出，长江以南存在明显的低温区域，如湖南的大部分地区、贵州北部、湖北及安徽南部，这些地区的地面气温均低于0℃，值得注意的是湖南大部分地区低于−2℃，对比中国实际台站日平均气温可以看出［图 9.1.9（b）］，WRF 模型大致模拟出了长江以南低温带的位置，只是模拟的气温区域比实际偏小，湖南大部、贵州等地模拟的地面气温比实际偏低2℃。从图 9.1.9 不难看出，虽然此次雨雪冰冻天气受灾的核心区域湖南模拟的气温比实际偏低，但是长江以南的大部分地区模拟的地面气温的比实际偏高。

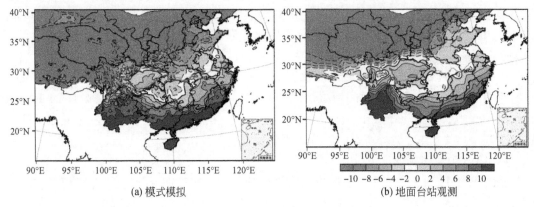

(a) 模式模拟　　　　　　　　　　　　　　(b) 地面台站观测

图 9.1.9　2008 年 1 月 11 日~2 月 4 日的平均温度的空间分布（单位：℃/d）

引自高洋，2011

2）雨带分布及其随时间的演变

由于此次灾害事件主要是低温冻雨天气事件，通过图 9.1.8（b）和图 9.1.9（b），地面气温低于 0℃ 且存在降水的区域正好对应冻雨受灾核心区，在 108°E ~ 113°E 和 25°N ~ 28°N，所以选取此核心区域进行重点分析。图 9.1.10 为我国东部 108°E ~ 113°E 范围平均的降水随纬度–时间的分布，从中不难看出，主要有三次的降水过程，分别是 1 月 11 日 ~ 1 月 15 日、1 月 17 日 ~ 1 月 22 日、1 月 24 日 ~ 2 月 3 日，前两次降水过程较弱，降水的极值中心大约集中在 30°N，最大降水量达到 5mm 以上，第三次降水过程较为明显，降水量最大的区域集中在 24°N 附近，最大降水量超过 20mm，从对比模拟的结果来看（图 9.1.10），大致的雨带分布模式能够较好地模拟出来，第一次和第二次降水最大值也是达到 5mm 以上，第三次降水的最大值也是 20mm 以上，与实际较为相似，只是，从两幅图对比分析来看，WRF 模型模拟的雨带分布比实际稍稍偏北，尤其是降水量极值中心的位置比实际偏北较为明显，除此之外，模拟的降水范围也比实际偏大。

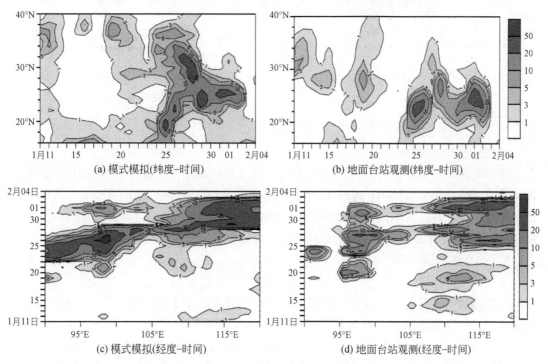

(a) 模式模拟(纬度–时间)　　　　　　(b) 地面台站观测(纬度–时间)

(c) 模式模拟(经度–时间)　　　　　　(d) 地面台站观测(经度–时间)

图 9.1.10　2008 年 1 月 11 日 ~ 2 月 4 日 108°E ~ 113°E 和 25°N ~ 28°N 降水随纬度–
时间的剖面（单位：mm/d）
引自高洋，2011

图 9.1.10 是 2008 年 1 月 11 日 ~ 2 月 4 日 25°N ~ 28°N 平均的台站降水经度–时间剖面图，通过模拟和实际对比分析可以看出，模拟的雨带较实际稍稍偏西。总的来说，对比降水随纬度–时间剖面图和降水随经度–时间剖面图后，可以看出，WRF 基本能模拟出雨带分布的位置和降水极值中心，在降水量的模拟上也较为准确，但是模拟的雨带分布比实际稍稍偏北偏西。

1 月 24 日 ~ 2 月 3 日这次降水过程是较为明显的，从 WRF 模拟的 1 月 24 日 ~ 2 月 3 日平均降水情况 ［图 9.1.11（a）］ 可以看出，长江以南的雨带主要分布在湖南、江西、福建、广西等地，这与实际站点的降水情况［图 9.1.11（b）］较为相似，只是部分地区模拟的最大降水量比实际偏多，如福建、广西和湖南交界处，最大降水量超过 20mm，这比实际明显偏多，雨带总体的位置与实际较为相似，只是比实际稍稍偏北，部分地区的最大降水量比实际偏多。

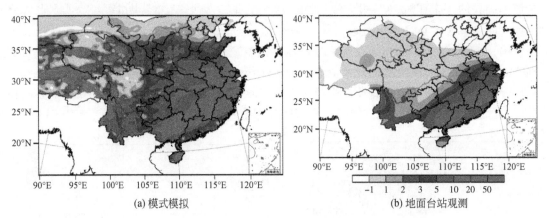

（a）模式模拟   （b）地面台站观测

图 9.1.11   2008 年 1 月 24 日~2 月 3 日的日平均降水的空间分布（单位：mm/d）

引自高洋，2011

3）地面气温随时间的演变

由于此次灾害事件是低温雨雪冰冻天气，重点分析地面气温随时间的变化情况得知，2008 年 1 月 11 日~2 月 4 日 30°N 以北地面温度低于 0℃，26°N 以南地面温度高于 0℃，值得注意的是，在此时间段内存在明显的异常低温区域，1 月 13 日~2 月 3 日，26°N~30°N 的区域温度异常偏低，低于 0℃，对应的省份也正好是湖南、江西、湖北等重灾区。

4）垂直热力结构特征

此次雨雪冰冻灾害事件中，冻雨给我国带来了严重的影响，也是主要的致灾因子。冻雨的形成，离不开逆温层的存在，也就是必定有一层温度高于 0℃ 的暖层，降水在暖层里面是水滴，但是下落到近地面大气中就成为过冷却的冻雨了。由于冻雨所造成的危害较大，国内外许多专家学者都展开了研究（Changnon，2003；Bernstein，2000；Robbins，2002；严小冬等，2009）。1 月 19 日~2 月 1 日，在 850hPa 上空明显存在逆温层，温度随高度增加而增加，中心温度最大达到 4℃ 以上，但是在 1000~850hPa，温度明显低于 0℃，这就为冻雨的形成创造了非常好的条件。从上述分析得出，针对此次事件，WRF 模型在模拟逆温层的存在时，表现出较好的模拟能力，只是同降水分布的模拟存在相同的问题，就是模拟逆温层的位置比实际情况稍稍偏北。

5）水汽输送

图 9.1.12 是 2008 年 1 月 11 日~2 月 4 日在 108°E~113°E，25°N~28°N 区域平均水汽随高度–时间分布的剖面图，可以看出，在此时间段内实际主要有四次水汽较为集中的分布，第一次是 1 月 11~12 日，水汽高值区主要集中在 850hPa 附近；第二次是 1 月 17 日~20 日，水汽中心主要集中在 850~700hPa；第三次水汽较为集中的时间段是 1 月 24 日~29 日，水汽高值区也是集中在 850~700hPa；第四次在 1 月 30 日~2 月 2 日，同样呈

现出水汽较大区域。从图 9.1.12 还可以看出，整个时间范围内，在 850hPa 以上，水汽是
从南向北输送的。

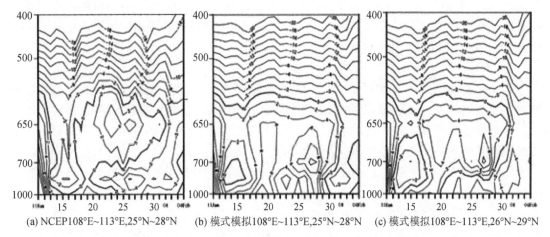

(a) NCEP108°E~113°E,25°N~28°N　　(b) 模式模拟108°E~113°E,25°N~28°N　　(c) 模式模拟108°E~113°E,26°N~29°N

图 9.1.12　2008 年 1 月 11 日 ~2 月 4 日区域平均水汽随高度-时间的剖面图（单位：℃）

引自高洋，2011

3. WRF 台风模拟

　　台风是一种发生在热带洋面上具有暖心结构的强烈气旋性涡旋，多在每年夏秋季节生
成于西北太平洋洋面，常给我国东南到华南沿海地区带来严重的狂风暴雨灾害，因此准确
预报台风路径和强度的变化，以最大限度避免和减少台风带来的灾害和损失一直是研究者
追求的目标和任务（周昊等，2013）。台风的产生和发展包含着诸多复杂的物理过程，如云
微物理、积云对流等，受模式的空间分辨率及对这些物理过程认知水平不足等的制约，目
前数值模式对这些物理过程的模拟一般采用参数化方法，即将次网格的物理过程用模式网
格可以分辨的某些参数来表征。因此，除模式的动力框架外，物理过程参数化方案作为模
式的重要组成部分，对成功模拟和预报台风路径及强度起着十分重要的作用。

　　虽然目前的主流研究工具仍是台风模式（刘还珠等，1998；吴辉碇等，1998a，
1998b），但也有研究者运用 WRF 模型开展对台风的模拟和预报。河惠卿等（2009）利用
WRF 模型研究了不同积云对流参数化方案和微物理方案对 2005 年 0514 号台风"彩蝶"
路径的影响，Kain-Fritsch 积云参数化方案与 Ferrier 等微物理方案的组合试验对台风路径
的模拟效果较好。李响（2012）利用 WRF 模型研究了不同积云对流参数化方案对西北太
平洋台风路径与强度模拟的影响。模拟 2003~2008 年 20 个西北太平洋的台风结果表明，
台风路径与强度的模拟对积云对流参数化方案选择很敏感。台风路径的模拟对积云对流参
数化方案的选择具有"个例依赖"的特点，即不同台风个例模拟得到的最佳路径依赖于积
云对流参数化方案的选择。台风强度的模拟对积云对流参数化方案选择的敏感性表现出不
同于台风路径模拟的特点，选择 Kain-Fritsch（KF）方案模拟得到的台风强度较强，与观
测较为接近。

　　1013 号超强台风"鲇鱼"为近 20 年同期出现在西太平洋和南海海域的最强台风，也

是 2010 年以来全球范围内生成的最强台风，其中心附近最大风力达 17 级以上（82 m/s），中心附近最低气压达到 903 hPa。其移动路径怪异、复杂、多变，路径预报难度大。周昊等（2013）利用不同微物理方案和边界层方案对超强台风"鲇鱼"路径和强度进行了模拟分析。模式区域以 120.0 °E，20.0 °N 为中心，采用两重嵌套网格，水平网格数分别为 136×124、220×220，水平分辨率分别为 45 km×45 km、15km×15 km。

1）不同参数化方案对台风路径的影响

图 9.1.13 是同一种边界层方案与不同的微物理方案相组合模拟的台风路径与实际观测路径的叠加情况。几乎所有的模拟路径都比实况偏东，且台风的移动速度都较实况偏快，但总体上都能表现出台风先西行后转向北行的趋势，大约在积分 54 小时 之后，各方案的台风路径开始出现显著差异。边界层方案为 YSU［图 9.1.13（a）］时，与微物理方案 WSM3（试验 w3_ys）或 Ferrier（试验 fer_ys）模拟的台风路径相差最大，其他两种方案的台风路径都较接近；边界层方案分别为 MYJ［图 9.1.13（b）］和 QNSE［图 9.1.13（c）］时，除与微物理方案 Ferrier 的组合（试验 fer_my 和试验 fer_qn）外，与其他微物理方案的组合模拟的台风在后期都经过台湾海峡，然后在福建北部沿海登陆，与实况差距

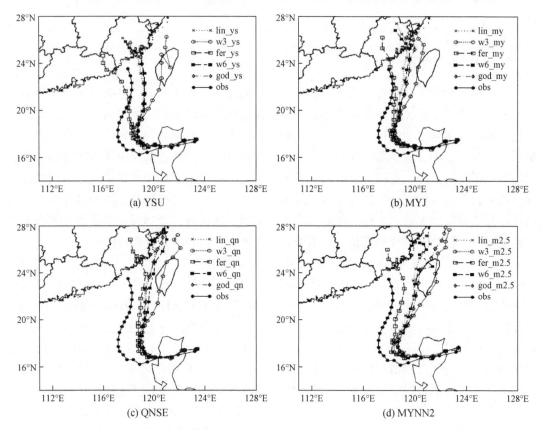

图 9.1.13　同一种边界层方案 YSU、MYJ、QNSE、MYNN2 与不同的微物理方案相组合模拟的台风路径与实况对比（周昊等，2013）

台风路径以每个时次的台风中心附近海平面气压最低值对应点之间的连线来表示，

并每隔 6 小时确定该时刻台风中心的位置

太大；边界层方案为 MYNN2［图 9.1.13（d）］时，除与微物理方案 Ferrier 的组合（试验 fer_m2.5）外，其他组合试验模拟的台风在后期经过台湾岛之后就没有登陆大陆，而是一直向北偏东方向移动，与实况相距甚远。

　　而从同一种微物理过程方案与不同的边界层方案组合模拟的路径来看（图 9.1.14），不同边界层方案组合试验模拟的路径都比较集中，其中微物理方案 Ferrier 与不同边界层方案组合模拟的台风路径总体上更接近实况，而微物理方案 WSM3 与不同边界层方案组合

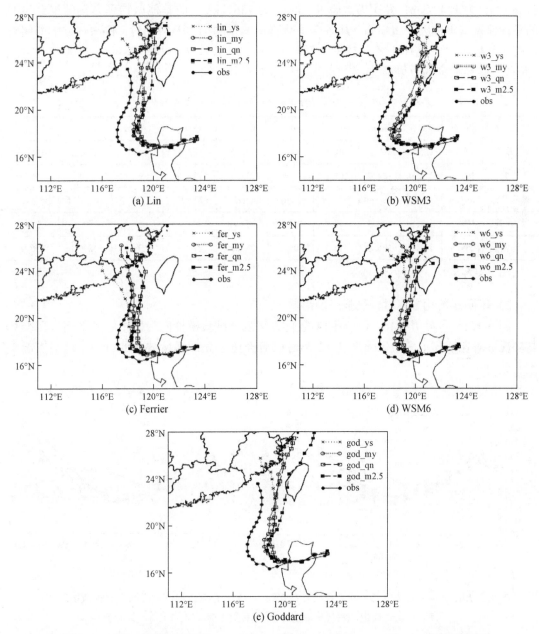

图 9.1.14　同一种微物理方案 Lin、WSM3、Ferrier、WSM6、Goddard 与不同的边界层方案相组合模拟的台风路径与实况对比（周昊等，2013）

模拟的台风路径效果最差，尤其在台风转向之后其移动路径更偏东。由上可见，虽然微物理方案和边界层方案均对模拟的台风路径有影响，相比之下，不同微物理方案对台风路径的影响较边界层方案更显著。

为定量比较不同微物理方案对台风路径的影响，表 9.1.7 列出了各试验模拟的台风中心位置与对应时刻实况位置间的距离偏差的均方差和平均值。在不同微物理方案与同一种边界层方案的组合中，Ferrier 方案的组合所模拟的平均路径偏差均最小，其中最小的是试验 fer_ys，为 124.7km；其次为试验 fer_my，为 136.7km，而其他微物理方案的组合试验的平均偏差基本都大于 200km。从各个试验路径偏差的均方差情况看，Ferrier 方案的组合试验也是最小的。总体上看，Ferrier 微物理方案与 YSU 边界层方案的组合试验对台风"鲇鱼"路径模拟的效果最佳。

表 9.1.7　各试验模拟 1013 号台风路径偏差的均方差及平均值　　（单位：km）

试验名称	lin_ys	w3_ys	fer_ys	w6_ys	god_ys	lin_my	w3_my	fer_my	w6_my	god_my
均方差	87	125.6	62.6	90.7	84.9	132.5	132.3	69	123.7	126.4
平均偏差	197.2	214.9	124.7	197.6	194	222.1	192.6	136.7	211	216.9
试验名称	lin_qn	w3_qn	fer_qn	w6_qn	god_qn	lin_m2.5	w3_m2.5	fer_m2.5	w6_m2.5	god_m2.5
均方差	171.2	181.9	100.3	199.4	187.5	174.8	205.4	85.1	159.8	209
平均偏差	289.9	275.1	196.8	315.1	303.5	282.5	274.7	156.4	266	306.4

引自周昊等，2013。

2）不同参数化方案对台风强度的影响

图 9.1.15 和图 9.1.16 给出不同参数化方案组合试验模拟的台风中心海平面气压变化与实况的对比。模拟的台风强度从 12 小时以后经历了先加强后减弱的过程，这与实况基本一致。

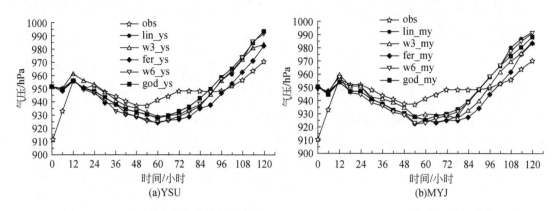

图 9.1.15　观测及由同一种边界层方案 YSU、MYJ、QNSE、MYNN2 与不同种微物理方案相组合模拟的台风中心海平面气压变化情况（周昊等，2013）

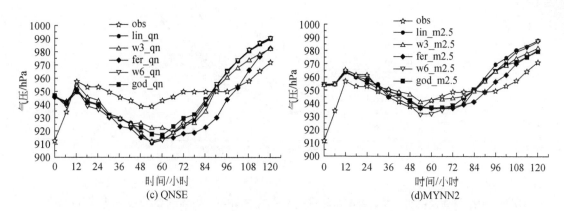

图 9.1.15　观测及由同一种边界层方案 YSU、MYJ、QNSE、MYNN2 与不同种微物理
方案相组合模拟的台风中心海平面气压变化情况（周昊等，2013）（续）

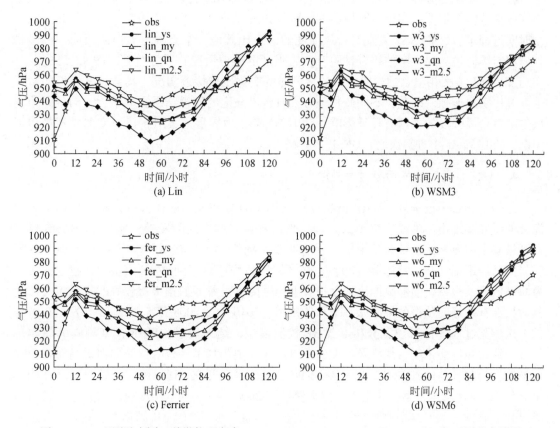

图 9.1.16　观测及由同一种微物理方案 Lin、WSM3、Ferrier、WSM6、Goddard 与不同的边界层
方案相组合模拟的台风中心海平面气压变化情况（周昊等，2013）

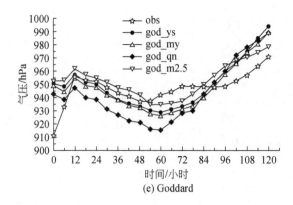

(e) Goddard

图 9.1.16　观测及由同一种微物理方案 Lin、WSM3、Ferrier、WSM6、Goddard 与不同的边界层
方案相组合模拟的台风中心海平面气压变化情况（周昊等，2013）（续）

从图 9.1.15 可以看出，同一种边界层方案与不同微物理方案的组合试验所模拟的台
风中心气压变化趋势都较接近。12~90 小时，除 MYNN2 方案外，其余方案模拟的台风中
心气压都较实况偏低；在模拟时段后期，所有方案中的台风中心气压都比实况偏高。从整
个时间过程来看，MYNN2 方案对台风强度的模拟比其他方案更接近实况。而同一种微物
理方案与不同边界层方案的组合试验对台风强度的模拟情况有明显差异（图 9.1.16），其
中与 MYNN2 方案相组合的试验模拟的台风强度变化比较接近实况，其余方案模拟的台风
强度都比实况偏强。因此，不同微物理方案对台风强度的模拟结果影响不大，而不同边界
层方案对台风强度的模拟有显著影响，其中 MYNN2 边界层方案对台风强度的模拟最接近
实况，YSU 和 MYJ 方案次之，QNSE 方案较差。

4. WRF 海雾和大气污染过程模拟

除降水和台风过程外，WRF 模型也广泛用于海雾和大气的模拟和预报。早期学者对
海雾的研究多采用一维或二维模式。近年来，随着三维模式的发展，MM5 和 RAMS 模型
逐渐被应用到海雾的模拟和预报中。近几年来，WRF 模型也在不断推广，基于 WRF 的海
雾研究已经逐渐展开。黄彬等（2009）将海雾诊断程序耦合到 WRF 模型中，建立的黄渤
海海雾数值预报系统能够较准确地预报海上能见度，对海雾的预报有较好的指示意义，尤
其对大雾有很好的预报效果。张苏平和任兆鹏（2010）对 2008 年 5 月 2~3 日发生在黄海
的 1 次海雾过程进行了观测分析和 WRF 数值模拟，结果表明，WRF 模型刻画的海雾范
围、生消时间、能见度、温度及湿度的垂直廓线与观测基本一致。针对如何提高海雾拟初
始场质量问题，高山红等（2010）利用 WRF 模型及先进的 3DVAR 同化模块，设计构建
了循环 3DVAR 同化方案，并基于此方案模拟了 2006 年 3 月 6~8 日的 1 次大范围黄海海
雾过程。通过一系列 WRF 数值模拟对比试验，验证了循环 3DVAR 同化方案能有效改进黄
海海雾模拟的初始场质量。

随着城市化进程的加快，城市大气环境问题成为人们关注的热点问题之一。WRF 对
大气过程的模拟也显得尤为重要。诸多研究表明，特殊气象条件是造成城市大气污染事件
的主要因子之一，如空气湿度、风速对雾霾的形成和维持具有关键作用。精准的气象场是

空气质量模型的基础，因此研究气象条件对污染物的影响，充分利用气象条件来指导人们的生产、生活和工作，对改善城市空气质量有重要意义。2014 年南京青年奥林匹克运动会（简称青奥会）的召开之际，周边污染源的减排控制决策研究对于青奥会期间南京市的空气质量保障服务显得尤为重要。基于以上认识，利用 2010 年～2012 年 8 月（青奥会时段）南京奥体中心测点 SO_2、NO_2、PM_{10} 等污染物浓度监测数据及 WRF 模拟得到的更为精细的气象场数据，初步分析了 8 月大范围气象条件对南京城区污染颗粒物及气体浓度的影响，找出了影响南京空气质量的关键污染源区，为改善 2014 年青奥会时段南京地区空气质量提供了参考和指导（常炉予等，2013）。张颖等（2016）在"四川盆地一次污染过程的 WRF 模型参数化方案最优配置"中，对中尺度气象模式 WRF 中微物理过程方案、陆面过程方案、行星边界层方案及积云参数化方案进行组合，设计了 24 组参数化方案，对 2014 年 5 月初四川盆地内一次空气重污染过程中的气象场进行了模拟，将模拟输出的 10m 风速、2m 温度、2m 相对湿度、水汽混合比廊线及位温廓线与研究区内 14 个气象站及 1 个探空站的实测数据进行了对比。

1）数据验证及评价方法

收集研究区内 14 个气象站点的逐小时资料及温江站的探空数据，使用该数据对模拟结果中的 10m 风速、2m 温度、2m 相对湿度、水汽混合比和位温廓线进行检验。在进行验证比对时，提取距离气象站点最近的格点值，选用 6 个常用统计量：相关系数（r）、平均偏差（MB）、平均误差（ME）、均方根误差（RMSE）、相符指数（d）（Willmott，1982）及命中率（HR）。参考张碧辉等（2012）的研究结果，规定温度、风速和湿度的命中率（HR）标准差值分别为 2K、1m/s 和 10%。另外，根据 Emery 等（2001）提出的气温及风速统计基准值（表 9.1.8）选取最佳方案。

表 9.1.8　统计基准

项目	相符指数（d）	平均偏差（MB）	平均误差（ME）	均方根误差（RMSE）
温度	≥0.8	≤±0.5K	≤ 2K	
风速	≥0.6	≤±0.5m/s		≤2m/s

2）污染过程简介

分析本次污染过程的环流形势发现，6 日 500hPa 四川盆地处于高原脊前的偏西北气流控制，天气形势较好；7 日开始，青藏高原有一低槽迅速发展东移，逐渐影响盆地地区，天气形势转坏；低空（850hPa）由 6 日高压脊控制逐渐转变为受低压影响，盆地扩散条件由辐散转为辐合；8 日低槽系统东移入境影响四川盆地，低空受偏南气流控制，12 时开始盆地内部有弱降水。成都市监测数据显示，从 6 日起各项污染物浓度开始上升，并于 7 日迅速上升到最高值，其中 SO_2、NO_2 日均浓度分别达到 $34\mu g/m^3$、$140\mu g/m^3$，$PM_{2.5}$、PM_{10} 日均浓度分别为 $180\mu g/m^3$、$284\mu g/m^3$，空气质量已属于重度污染。一般而言，7 日天气形势转坏后，空气质量应该较好，而实际却明显变差。利用环境一号卫星遥感数据反演 2014 年 5 月 7 日四川盆地区域的气溶胶光学厚度，由反演结果（图 9.1.17）可知，成都、遂宁、南充的空气质量较差，资阳、简阳、自贡、内江及眉山的西部地区空气污染也较为严重。成都市黑炭仪分析结果显示，黑炭日均浓度 7~8 日分别达到 8.69μg/m³、9.20μg/m³，远高于其他几天的浓度（<4.0μg/m³），该值的突增可以表征秸秆焚烧污染的影响。调查显示，成都范围内并未发现秸秆焚烧点，本次污染事件应该是区域性空气污染事件。

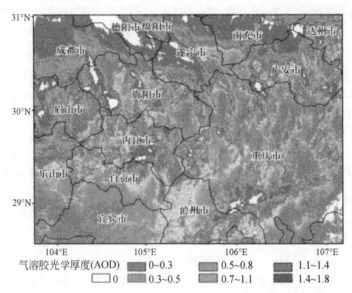

图 9.1.17 2014 年 5 月 7 日四川盆地 AOD 的空间分布（张颖等，2016）

3）10m 风场的评估

风是与空气质量密切相关的气象条件，它在很大程度上决定着城市上空污染物的扩散及输送路径。研究区的地形复杂，风场模拟一直是数值模拟的一大难点，张碧辉等（2012）发现 WRF 模型对低层风速的模拟可能存在系统性偏差，模拟风速偏大，相关系数略低。同时，对于地形复杂的研究区，模型对风场的模拟还存在较大的误差（Miao et al.，2009）。表 9.1.9 列出了 10m 风速各统计量达到 24 组平均值且满足统计基准（表 9.1.8）的参数化方案，这 4 组方案 10m 风速的 d 和 HR 较高，均超过了 0.6，但模拟风速偏大。比较第 13、14 组与第 15、16 组可以发现，后两组模拟 10m 风速的 r 和 d 较高，说明 MYJ 边界层方案能更好地模拟出风速的变化趋势，其中第 16 组较第 15 组更优。图 9.1.18 对比了成都市新津站（a）和眉山市洪雅站（b）10 m 风速实测值与第 16 组方案的模拟结果。

表 9.1.9 10m 风速统计结果（张颖等，2016）

分组	相关系数 r	平均偏差 MB/(m/s)	平均误差 ME/(m/s)	均方根误差 RMSE/(m/s)	相符指数 d	命中率 HR
13	0.412	0.06	0.811	1.056	0.64	0.703
14	0.408	0.056	0.811	1.06	0.638	0.714
15	0.506	0.47	0.86	1.112	0.666	0.676
16	0.506	0.448	0.848	1.092	0.671	0.671
平均值（24 组）	0.289	0.588	1.109	1.47	0.508	0.584

在图 9.1.18 所示时间段内，两个气象站点白天风速较大，夜间风速较小，7 日、8 日 10m 风速的峰值均出现在下午 16 时左右，洪雅站的最大风速与新津站相比较高，第 16 组方案能够大体模拟出两个站点风速的日变化规律，但低估了静风（≤0.5m/s）的出现频率，对低风速的模拟偏差会导致污染物浓度的低估。

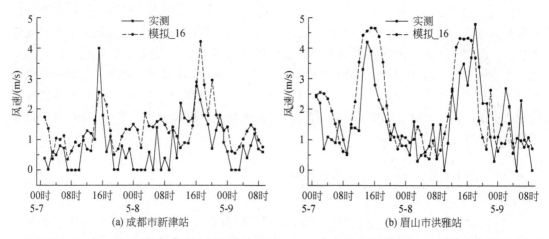

图 9.1.18　成都市新津站和眉山市洪雅站模拟的 10m 风速与实测值的对比（张颖等，2016）

9.2　WRF 模型的优缺点及应用中需要注意的问题

9.2.1　WRF 模型的优缺点

1）WRF 模型的优点

WRF 模型与 MM5、ETA 模型相比具有许多优势：首先，WRF 的计算网格形式采用 Arakawa C 网格。其次，WRF 模型支持更高的网格分辨率（1～10km），采用比 ETA 模型更好的地形数据，并且在更长的时间步长下也能保证计算的稳定性。再次，模型源程序多采用 Fortran 90 编写，输出格式为 Net CDF，程序的通用性较好。就个例模拟而言，WRF 模型能够比较成功地再现中尺度过程中的环流形势演变和雨带分布特征，以及中小尺度天气系统，可以应用于模拟和业务预报。就中尺度模式之间的比较而言，WRF 的模拟效果普遍优于 MM5。总体而言，在选用合适的物理参数化方案下，WRF 模型具有较好的模拟和预报性能，体现了其在中尺度模拟中的普适性和优越性（王晓君和马诺，2011）。

2）WRF 模型的缺点

虽然 WRF 模型已达到较好的模拟效果，但也存在一些问题和不足：一是模式水平分辨率问题；二是单次模拟存在偶然性问题。WRF 模型中的多数参数化方案是从其他模式（如 MM5 模型、ETA 模型、RUC 等）中直接移植过来的，不同参数化方案对模式的分辨率要求不同，对于选定的 WRF 网格来说，可能未能同时达到各种参数化方案的分辨率要求，而模式的水平分辨率将直接影响积云对流参数化方案的效果，从而对降水等的模拟

（周天军和钱永甫，1996）造成模拟偏差。解决这一问题就需要研究开发机构对 WRF 模型的内部物理框架做进一步完善。对于第二个问题，集合预报（杜钧等，2002）则可以同时解决初值的不确定性及数值模型中物理过程的不确定性问题，从而提供更为可信的结果。通过研发部门的不懈努力，结合全球大量用户的意见反馈，WRF 模型的下一代版本对物理过程的考虑将更加全面，模型分辨率和模拟精度也将进一步提高，嵌套网格技术及现已实现的四维变分同化技术将更为完善。就 WRF 的功能而言，除了已经涉及的中小尺度降水预报、温度、风场等天气要素预报，以及台风、海雾等复杂天气形势预报，WRF 模型在空气质量预报（程兴宏等，2009）、大气化学模式（Grell et al.，2005）、土壤的水热模拟（文莉娟和吕世华，2010）等环境领域的应用也将逐渐展开。未来，WRF 模型的应用领域将更加广泛，WRF 在中尺度模拟和预报中的优势也将更加突出，基于 WRF 的中尺度研究也将不断走向深入。

9.2.2 应用中需要注意的问题

（1）虽然 WRF 模型已达到较好的模拟效果，但也存在一些问题和不足。由于大气过程描述不够完整及初边值具有一定的误差，WRF 数值天气预报依然存在一定的不确定性。集合预报在初始场加上各种小扰动，使初始场成为概率密度函数，预报的准确率大大提高（贯丛等，2015）。

（2）四维同化可以用于提供质量更高的气象数据集或是提高模式场的质量，如四维变分同化可以同化各种非常规资料（雷达反射率、卫星辐射量等），将实时四维同化应用于数值预报中，能够更好地保持模式各变量之间的动力平衡关系（何斌等，2009）。

（3）在 WRF 与 CLM 耦合的基础上细化土地覆被资料。陆面过程对天气和气候有着重要作用。CLM4.0 是为地球气候模拟系统设计的最新的陆面模式，是与大气模式相耦合的高质量的陆面模式，在植被覆盖的分类和生态系统的描述方面，它优于其他陆面模式。

（4）区域气候建模。气候建模长期以来一直使用全球模式，只可以解决大气过程及其与陆地、海洋、海冰相互作用的更大尺度问题。自 2003 年 10 月起，美国国家大气科学研究中心（NCAR）一直支持使用天气研究和预报（WRF）模型及社区气候系统模型（community climate system model，CCSM）发展区域气候建模，它们现在的目标是开发出下一代的社区区域气候模型（regional climate model，RCM），在气候建模中可以同时满足降尺度和升尺度的问题。WRF 模型已被改编为模拟区域气候。在美国的季节性模拟中已经表现了突出的效果，包括用于模拟中部各州低空急流和降雨昼夜循环和西部的地形降水（Leung et al.，2005）。

在将来的科学研究和业务预报中，中尺度上 WRF 模型的优势会更加明显。有兴趣的读者可以进一步阅读有关参考文献，也可以到 WRF 模型的官方网站上查阅最新的进展，或者到国内的一些论坛如气象家园等处寻求有关问题的解答。

参 考 文 献

《华北暴雨》编写组．1992．华北暴雨［M］．北京：气象出版社．

常炉予，赵天良，何金海，等 . 2013. 周边气象条件对南京城区大气污染物浓度的影响［J］. 气象与环境学报，29（6）：95-101.

程兴宏，徐祥德，丁国安，等 . 2009. MM5/WRF 气象场模拟差异对 CMAQ 空气质量预报效果的影响［J］. 环境科学研究，22（12）：1411-1419.

杜钧 . 2002. 集合预报的现状和前景［J］. 应用气象学报，13（1）：16-28.

范元月，汤剑平，徐双柱 . 2010. 一次湖北暴雪天气的诊断与模拟［J］. 气象科学，30（1）：111-115.

付伟基，陆汉城，王亮，等 . 2009. WRF 模型对弱强迫系统中雷暴预报个例研究［J］. 气象科学，29（3）：323-329.

高山红，齐伊玲，张守宝，等 . 2010. 利用循环 3DVAR 改进黄海海雾数值模拟初始场 I：WRF 数值试验［J］. 中国海洋大学学报，40（10）：1-9.

高洋 . 2011. WRF 模式对 2008 年 1 月我国南方冻雨极端天气过程的数值模拟研究［D］. 北京：中国气象科学研究院硕士学位论文 .

贯丛，张树文，于灵雪，等 . 2015. 中尺度 WRF 模型在资源环境评估领域的应用进展研究［J］. 长春工程学院学报，16（4）：125-128.

何斌，李云泉，范晓红，等 . 2009. 四维同化技术在区域数值模式中的应用研究［C］. 第六届长三角气象科技论坛论文集 . 杭州：浙江气象学会 .

何建军，余晔，刘娜，等 . 2014. 复杂地形区陆面资料对 WRF 模型模拟性能的影响［J］. 大气科学，38（3）：484-498.

何建军，余晔，刘娜，等 . 2013. 基于 WRF 模型的兰州秋冬季大气污染预报模型研究［J］. 气象，39（10）：1293-1303.

河惠卿，王振会，牛生杰，等 . 2009. 积云参数化和微物理方案不同组合应用对台风路径模拟效果的影响［J］. 热带气象学报，25（2）：435-441.

侯建忠，宁志谦，陈高峰，等 . 2006. WRF 模型 2005 年汛期在陕西应用与分析［J］. 陕西气象，2006（1）：22-26.

侯建忠，宁志谦，谢双亭，等 . 2007. 基于 WRF 模型的陕西两次区域性秋季暴雨的数值模拟［J］. 成都信息工程学院学报，22（5）：648-653.

黄彬，陈涛，陈炯，等 . 2009. 黄渤海海雾数值预报系统及检验方法研究［J］. 气象科技，37（3）：271-275.

黄菁，张强 . 中尺度大气数值模拟及其进展［J］. 干旱区研究，2012，29（2），273-283.

黄立文，吴国雄，宇如聪 . 2005. 中尺度海-气相互作用对台风暴雨过程的影响［J］. 气象学报，（6394）：455-467.

蒋小平，刘春霞，莫海涛，等 . 2010. 海气相互作用对台风结构的影响［J］. 热带气象学报，26（1）：55-59.

寇媛媛 . 2008. 云迹风资料同化在中尺度数值模拟中的对比研究（MM5 和 WRF 模型）［D］. 南京：南京信息工程大学硕士学位论文 .

李安泰，王亚明，何宏让，等 . 2014. 耦合不同陆面方案的 WRF 模型对"8.8"舟曲暴雨过程的模拟［J］. 气象与减灾研究，37（1）：21-28.

李建华，崔宜少，单宝臣 . 2007. 山东半岛低空冷流降雪分析研究［J］. 气象，33（5）：49-55.

李响 . 2012. WRF 模型中积云对流参数化方案对西北太平洋台风路径与强度模拟的影响［J］. 中国科学（地球科学），42（12）：1966-1978.

刘还珠，陈德辉，滕俏彬 . 1998. 不同物理过程参数化对模式台风的影响及其动力结构的研究［J］. 应用气象学报，9（2）：141-150.

刘树华, 刘振鑫, 李炬等. 2009. 京津冀地区大气局地环流耦合效应的数值模拟 [J]. 中国科学: D 辑, 39 (1): 88-98.

刘翔, 蒋国荣, 卓海峰. 2009. SST 对台风 "珍珠" 影响的数值试验 [J]. 海洋预报, (2693): 1-11.

苗春生, 赵瑜, 王坚红. 2010. 080125 南方低温雨雪冰冻天气持续降水的数值模拟 [J]. 大气科学学报, 33 (1): 25-33.

邱辉, 訾丽. 2013. WRF 模型在山洪灾害预警预报中的试验应用 [J]. 人民长江, 44 (13): 5-9.

沈桐立, 曾瑾瑜, 朱伟军, 等. 2010. 2006 年 6 月 6-7 日福建特大暴雨数值模拟和诊断分析 [J]. 大气科学学报, 33 (1): 14-24.

宋自福, 李艳红, 李秋元, 等. 2009. WRF 模型对焦作 2008 年汛期降水的检验 [J]. 气象与环境科学, 32 (增刊): 23-26.

孙继松, 何娜, 郭锐, 陈明轩. 多单体雷暴的形变与列车效应传播机制 [J]. 大气科学, 2013, 37 (1), 137-148.

孙健, 赵平. 2003. 用 WRF 与 MM5 模拟 1998 年三次暴雨过程的对比分析 [J]. 气象学报, 61 (6): 692-701.

陶健红, 张新荣, 张铁军, 等. 2008. WRF 模型对一次河西暴雪的数值模拟分析 [J]. 高原气象, 27 (1): 68-75.

陶诗言 (1980), 中国之暴雨 [M]. 北京: 科学出版社.

王晓君, 马浩. 2011. 新一代中尺度预报模式-WRF-国内应用进展 [J]. 地球科学进展, 26 (11): 1191-1199.

王颖, 隆霄, 余晔, 左洪超, 梁依玲. 复杂地形上气象场对空气质量数值模拟结果影响的研究 [J]. 大气科学, 2013, 37 (1), 14-22.

文莉娟, 吕世华. 2010. 陆面数据同化方法在绿洲农田土壤温湿度模拟中的应用 [J]. 农业工程学报, 26 (7): 60-65.

吴辉碇, 杨学联, 白珊. 1998a. 三维斜压台风模式 I: 数值方法 [J]. 海洋学报, 20 (4): 38-46.

吴辉碇, 杨学联, 白珊. 1998b. 三维斜压台风模式 II: 预报试验 [J]. 海洋学报, 20 (5): 30-43.

严小冬, 吴战平, 古书鸿. 2009. 贵州冻雨时空分布变化特征及其影响因素浅析 [J]. 高原气象, 28 (3): 694-701.

张碧辉, 刘树华, 马雁军. 2012. MYJ 和 YSU 方案对 WRF 边界层气象要素模拟的影响 [J]. 地球物理学报, 55 (07): 2239-2248.

张苏平, 任兆鹏. 2010. 下垫面热力作用对黄海春季海雾的影响——观测与数值试验 [J]. 气象学报, 68 (4): 439-449.

张颖, 刘志红, 吕晓彤, 等. 2016. 四川盆地一次污染过程的 WRF 模型参数化方案最优配置 [J]. 环境科学学报, 36 (8): 2819-2826.

章国材. 2004. 美国 WRF 模型的进展和应用前景 [J]. 气象, 30 (12): 27-31.

周昊, 朱伟军, 彭世球. 2013. 不同微物理方案和边界层方案对超强台风 "鲇鱼" 路径和强度模拟的影响分析 [J]. 热带气象学报, 28 (5): 803-812.

周天军, 钱永甫. 1996. 模式水平分辨率影响积云对流参数化效果的数值试验 [J]. 高原气象, 15 (2): 204-211.

周玉淑, 刘璐, 朱科锋, 等. 2014. 北京 "7·21" 特大暴雨过程中尺度系统的模拟及演变特征分析 [J]. 大气科学, 38 (5): 885-896.

朱政慧, 闫之辉. 2004. WRF 模型的标准化处理及应用改进试验 [C]. 中国气象学会年会.

Bernstein B C. 2000. Regional and local influences on freezing drizzle, freezing rain, and ice pellet events [J].

Weather and forecasting, 15 (5)：485-508.

Carvalho D, Rocha A, Gómez-Gesteira M, et al. 2012. A sensitivity study of the WRF model in wind simulation for an area of high wind energy [J]. Environmental Modelling & Software, 33：23-34.

Changnon S A, Karl T R. 2003. Temporal and spatial variations of freezing rain in the contiguous United States：1948-2000 [J]. Journal of Applied Meteorology, 42 (9)：1302-1315.

Chen F, Dudhia J. 2001. Coupling an advanced land surface-hydrology model with the Penn State-NCAR MM5 modeling system. Part I：Model implementation and sensitivity [J]. Monthly Weather Review, 129 (4)：569-585.

Chen S Y, Huang C Y, Kuo Y H, et al. 2009. Assimilation of GPS refractivity from FORMOSAT-3/COSMIC using a nonlocal operator with WRF 3DVAR and its impact on the prediction of a typhoon event [J]. Terrestrial, Atmospheric & Oceanic Sciences, 20 (1)：133-154.

Collins W D. 2001. Parameterization of generalized cloud overlap for radiative calculations in general circulation models [J]. Journal of the atmospheric sciences, 58 (21)：3224-3242.

Collins W D, Hackney J K, Edwards D P. 2002. An updated parameterization for infrared emission and absorption by water vapor in the National Center for Atmospheric Research Community Atmosphere Model [J]. Journal of Geophysical Research：Atmospheres, 107 (D22)：17-20.

Dimego G. 2004. WRF Development Activities at NCEP, 84th AMS Annual Meeting [C]. Seattle, USA.

Edward J, et al. 2004. Examination of the Performance of Several Mesoscale Models for Convective Forecasting during IHOP, 84th AMS Annual Meeting [C]. Seattle, USA.

Emery C, Tai E, Yarwood G. 2001. Enhanced meteorological modeling and performance evaluation for two Texas ozone episodes [J]. Prepared for the Texas natural resource conservation commission, by ENVIRON International Corporation.

Feng X, Sun G, Fu B, et al. 2012. Regional effects of vegetation restoration on water yield across the Loess Plateau, China [J]. Hydrology and Earth System Sciences, 16 (8)：2617-2628.

Gall R. 2004. Developmental Tasted Center, 84th AMS Annual Meeting [C]. Seattle, USA.

Gao W, Zhao F, Hu Z, et al. 2011. A two-moment bulk microphysics coupled with a mesoscale model WRF：Model description and first results [J]. Advances in Atmospheric Sciences, 28 (5)：1184.

Grell G A, Peckham S E, Schmitz R, et al. 2005. Fully coupled "on line" chemistry within the WRF model [J]. Atmosphere environment, 39：6957-6975.

Grell G A, Peckham S E, Schmttz R, et al., 2004. Fully Coupled "Online" Chemistry within the WRF Model. 84th AMS Annual Meeting [C]. Seattle, USA.

Hong S Y, Noh Y, Dudhia J. 2006. A new vertical diffusion package with an explicit treatment of entrainment processes [J]. Monthly weather review, 134 (9)：2318-2341.

Jankov I, Gallus W A, Shaw B, et al. 2004. An Investigation of IHOP Convective System Predictability Using a Matrix of 19 WRF Members, 84th AMS Annual Meeting [C]. Seattle, USA.

Jin J, Miller N L, Schlegel N. 2010. Sensitivity study of four land surface schemes in the WRF model [J]. Advances in Meteorology, http：//dx. doi. org/10. 1155/2010/167436.

Kain J S. 1993. Convective parameterization for mesoscale models：The Kain-Fritsch scheme [J]. The representation of cumulus convection in numerical models, Meteor. Monogr, 24 (46)：165-170.

Kain J S. 2004. The Kain-Fritsch convective parameterization：an update [J]. Journal of Applied Meteorology, 43 (1)：170-181.

Kain J S, Fritsch J M. 1990. A one-dimensional entraining/detraining plume model and its application in convective parameterization [J]. Journal of the Atmospheric Sciences, 47 (23): 2784-2802.

Kalnay E, Kanamitsu M, Kistler R, et al. 1996. The NCEP/NCAR 40-year reanalysis project [J]. Bulletin of the American meteorological Society, 77 (3): 437-471.

Kiehl J, Hack J, Bonan G, et al. 1998. The national center for atmospheric research community climate model: CCM3 [J]. Journal of Climate, 11 (6): 1131-1149.

Klemp J B. 2004. Weather Research and Forecasting Model: A technical Overview, 84th AMS Annual Meeting [C]. Seattle, USA.

Knievel J C, Ahijevych D A, Manning K W, et al. 2004. The Diurnal Mode of Summer Rainfall Across the Conterminous United States in 10km Simulation by the WRF Model. 84th AMS Annual Meeting [C]. Seattle, USA.

Koch S, et al. 2004. Real-time Applications of the WRF Model at the Forecast Systems Laboratory, 84th AMS Annual Meeting [C]. Seattle, USA.

Koch S E, Benjamin S G, McGinley J A, et al. 2004. Real-time applications of the WRF model at the Forecast Systems Laboratory, paper presented at 16th Conf. Num. Wea. Prediction.

Leung L R, Done J, Dudhia J, et al. 2005. Preliminary results of WRF for regional climate simulations, paper presented at Workshop on Research Needs and Directions of Regional Climate Modeling Using WRF and CCSM.

Litta A, Mohanty U, Das S, et al. 2012. Numerical simulation of severe local storms over east India using WRF-NMM mesoscale model [J]. Atmospheric research, 116: 161-184.

Mccaslin P T, et al. 2004. WRF SI GUI, 84th AMS Annual Meeting [C]. Seattle, USA.

Miao S, Chen F, LeMone M A, et al. 2009. An observational and modeling study of characteristics of urban heat island and boundary layer structures in Beijing [J]. Journal of Applied Meteorology and Climatology, 48 (3): 484-501.

Robbins C C, Cortinas Jr J V. 2002. Local and synoptic environments associated with freezing rain in the contiguous United States [J]. Weather and forecasting, 17 (1): 47-65.

Seigneur C, Pun B, Pai P, et al. 2000. Guidance for the performance evaluation of three-dimensional air quality modeling systems for particulate matter and visibility [J]. Journal of the Air & Waste Management Association, 50 (4): 588-599.

Skamarock W C, Klemp J B, Dudhia J, et al. 2008. A Description of the Advanced Research WRF Version 3.

Tewari M, Chen F, Wang W, et al. 2004. Implementation and Verification of the Unified Noah Land Surface Model in the WRF Model, 84th AMS Annual Meeting [C]. Seattle, USA.

Tewari M, Chen F, Wang W, et al. 2004. Implementation and verification of the unified NOAH land surface model in the WRF model, paper presented at 20th conference on weather analysis and forecasting/16th conference on numerical weather prediction.

Weisman M, Davis C, Done J, et al. 2004. Real-time Explicit Convective Forecasts Using the WRF Model during the BAMEX Field Program, 84th AMS Annual Meeting, Seattle, USA.

Welsh P, Wildman A, Shaw B, et al. 2004. Implementing the Weather Research and Forecast (WRF) Model with Local Data Assimilation in a NWS WFO, 84th AMS Annual Meeting [C]. Seattle, USA.

Willmott C J. 1982. Some comments on the evaluation of model performance [J]. Bulletin of the American Meteorological Society, 63 (11): 1309-1313.

Willmott C J, Ackleson S G, Davis R E, et al. 1985. Statistics for the evaluation and comparison of models [J]. Journal of Geophysical Research: Oceans, 90 (C5): 8995-9005.

思考与练习题

1. 什么是 WRF 模型？
2. WRF 模型的层次结构和模型基本结构有什么联系？
3. 根据以上的 WRF 的应用案例，你能否制定一套方案，说说 WRF 在雷暴中的应用？
4. 根据你自己的认识和理解，对 WRF 建模方法做简单地归纳与总结。
5. WRF 有什么局限性？说说你的建议。
6. 除了上面提到的 WRF 的优缺点，你还能想到哪些？
7. 谈谈 WRF 在未来的改进。

第 10 章　SWAT 模型评介

　　流域水文模型是当前水文学研究的重要方法之一，也是研究自然界土壤、生态、环境变化与自然水文关系的基础。人类活动日益增强，下垫面条件变化显著，影响了流域产汇流和水资源时空演变，传统的集总式水文模型已不能很好地反映下垫面空间差异性造成的径流过程和各物质循环过程的变化，分布式水文模型应运而生。分布式流域水文模型是重要的一类水文模型，具有能够更准确地从机理上描述水文过程，同时有效运用现代计算机技术、3S（GIS，GNSS，RS）技术的优点，已成为近年来国际上现代水文模型研究的热点领域和未来水文模型发展的方向。其中，SWAT 模型以其强大的功能、先进的模块化结构、高效的计算、免费的程序源代码等优势迅速在世界范围内得到广泛的应用和发展。本章主要概述 SWAT 模型的基本原理、发展及其应用，并讲述了模型的优缺点及存在的问题。

10.1　SWAT 模型的基本原理、计算环境及应用

10.1.1　SWAT 模型产生及其发展

1.　SWAT 模型的产生

　　SWAT（soil and water assessment tool）模型是美国农业部农业研究所（United States Department of Agriculture-Agricultural Research Service，USDA-ARS）历经近 30 年开发的一套适用于复杂大流域的水文模型。SWAT 模型可以用来预测模拟大流域长时期内不同的土壤类型、植被覆盖、土地利用方式和管理耕作条件对产水、产沙、水土流失、营养物质迁移、非点源污染的影响，甚至在缺乏资料的地区可以利用模型的内部生成器自动填补缺失资料。SWAT 模型以其强大的功能在分布式水文模型中占有重要地位，了解该模型及其应用对分布式模型的选择及相关应用研究具有积极的作用。

　　SWAT 模型的最直接前身是 SWRRB 模型。而 SWRRB 模型则起始于 20 世纪 70 年代美

国农业部农业研究中心开发的 CREAMS（chemicals，runoff，and erosion from agricultural management systems）模型。此时的 SWRRB 模型还是一个仅能够模拟土地利用对田间水分、泥沙、农业化学物质流失影响、具有物理机制的田间尺度非点源污染模型。为了解决水质评价问题，SWRRB 模型于 20 世纪 80 年代后期引进了重点描述地下水中化学物质、农药对农业生态系统影响的 GLEAMS（groundwater loading effects on agricultural management systems）模型的杀虫剂部分。同时，为了研究土壤侵蚀对作物生产力的影响，引进作物生长模型 EPIC（erosion-productivity impact calculator）。至此，SWRRB 模型已可模拟评价复杂农业管理措施下的小流域尺度非点源污染，但于较大尺度流域的模拟尚不可靠，最大仅能用于 500km² 的流域范围内。

20 世纪 80 年代晚期，美国印第安事务局（the Bureau of Indian Affairs）急需一个适于数千平方公里的模型来评价亚利桑那州和新墨西哥州的印第安保留土地区的水资源管理措施对下游流域的影响。为了在几千平方公里大流域内应用 SWRRB 模型，必须将该流域划分成若干个面积约为几百平方公里的子流域。然而 SWRRB 模型仅能将子流域划分为 10 个，且各子流域排出的径流量和泥沙量直接通过流域出口。由于 SWARRB 模型在模拟较大尺度的流域时存在的这些不足，又开发了 ROTO（routing output to outlet），该模型接受 SWRRB 模型的输出结果，通过河道和水库的汇流计算汇集到整个流域的出口，有效克服了 SWRRB 模型子流域数量的限制，但还存在输入输出文件量大、烦琐、计算存储空间所需大等缺点。20 世纪 90 年代，为解决上述问题、提高计算效率，Aronld 主持将 SWRRB 与 ROTO 整合在一起成为 SWAT 模型，实现了模型的统一（图 10.1.1）。

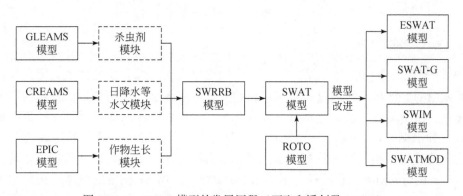

图 10.1.1　SWAT 模型的发展历程（丁飞和潘剑君，2007）

2. SWAT 模型的发展

自 SWAT 模型建立后又经历了多次修改，各个版本的主要修改内容如下（图 10.1.1）。

SWAT94.2：引入多水文响应单元（multy hydrologic response units）。水文响应单元的引入让更多的空间物理特性得到考虑，使模型能够反映不同土地利用和土壤类型的蒸发、产流、入渗等水文过程，从而提高了产出预测的精度。

SWAT96.2：在管理措施中增加了自动施肥和自动灌溉；增加了植物冠层截留；在作

物生长模型中引进了 CO_2 部分用来分析气候变化的影响；增加了 Penman- Monteith 潜在蒸腾方程式；增加了基于动力波的土壤中侧向流动的计算模块；增加了河道中营养成分的水质方程及对杀虫剂迁移的模拟。

SWAT98. 1：改进了融雪模块、河道中水质计算模块；扩展了营养成分循环模块；在管理措施中增加了放牧、施肥等选项；模型得以改进为适用于南半球。

SWAT99. 2：修改了营养成分、水稻及湿地模块。年份表示由二位改为四位。增加了沉淀作用引起的水库、池塘、湿地中养分减少的计算；增加了城区污染物的累积和冲刷计算。

SWAT2000：增加了细菌迁移模块，Green- Ampt 入渗模块，马斯京根法汇流计算；改进了天气生成器；允许太阳辐射、相对湿度、风速、潜在的 ET 值等直接读入或生成；改进了高程处理过程，为适用于热带地区对休眠部分的计算进行了修改。

AVSWAT2000：将 SWAT2000 作为一个扩展模块结合到 ArcView GIS 中，具备了很强的空间分析与处理功能。

AVSWAT2005：集成了敏感性分析和自动校准与不确定性分析模块，并且增加了日以下步长的降水量生成器和允许用户定义天气预测期。前者为 SWAT 模型的短期预报打下了基础；后者允许用户在模拟降水时，预测期之前降水采用多年平均值而预测期降水采用预测期平均值来模拟，这种改进对评价流域内预测天气的影响非常有用，如预测暴雨的影响可以提早对水库进行合理的调控。

10. 1. 2　SWAT 模型结构及其原理

1. SWAT 模型结构

SWAT 模型是由 701 个方程、1013 个中间变量组成的综合模型体系，因此模型可以模拟流域内的多种水文物理过程：水的运动、泥沙的输移、植物的生长及营养物质的迁移转化等。模型的整个模拟过程可以分为两个部分：水循环的路面部分（产流和坡面汇流部分）和水循环的水面部分（河道汇流部分）。前者控制着每个子流域内主河道的水、沙、营养物质和化学物质等的输入量；后者决定水、沙等物质从河网向流域出口的输移运动及负荷的演算汇总过程（秦福来等，2006）。SWAT 模型的整体结构如图 10. 1. 2 所示。

为了提高模型的模拟精度，SWAT 模型根据流域下垫面条件和气候条件在时空上的差异特性，通常将研究区细分成若干个计算单元。其实施步骤为：先将一个流域划分为多个子流域，再根据不同的土地利用和土壤类型进一步在每个子流域内划分出下垫面相对单一的多个水文响应单元（HRU），各单元之间相互独立，作为模型中最基本的计算单元。在计算时，首先对每一个单元的水、沙、营养物和农药的输移、损失作出响应，在子流域范围内进行累加，并演算到支流，再通过河道汇流计算演算到流域出口。

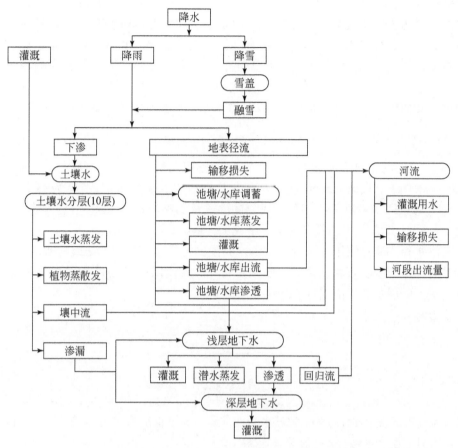

图 10.1.2　SWAT 模型的结构示意图（秦福来等，2006）

2. SWAT 模型原理

SWAT 模型是在水文循环模拟的基础上，将参与和影响水文循环的各要素变化过程进行模拟和分析的一种基于流域尺度的分布式水文模型。SWAT 模型主要用来预测人类活动对水、沙、农业、化学物质的长期影响。该模型采用了模块化设计思路，共开发了水文、气象、产沙、土壤温度、作物生长、营养物质、农药与杀虫剂、农业管理等功能模块。这些功能模块既相互独立又相互联系，可以根据应用的目的进行随意组合。SWAT 模型中水文模块是基本功能模块，其他模块的功能是水文模块的扩展和应用。

SWAT 采用先进的模块化设计思路，水循环的每一个环节对应一个子模块，十分方便模型的扩展和应用。根据研究目的，模型的诸多模块既可以单独运行，也可以组合其中几个模块运行模拟。

（1）水文过程模型。根据美国农业部农业研究所改进的 SCS 曲线数值法或 Green & Ampt 方法计算地表径流，径流曲线数值（CN）的确定按照非线性变化，取决于土壤水文组、土地覆盖类型和前期土壤含水率；模型也可以估计冻土的径流。模型中洪峰流速根据经验公式计算，汇流时间根据曼宁公式估算，渗流利用储蓄演算方法。当日最高气温超过 0℃ 时，融雪量是温度的线性函数。潜在蒸发量计算有 Hargreaves、泰勒公式、彭曼公式 3 种方法，彭曼公式需要风速、日辐射、相对湿度等参数，如果缺少，其他两个公式计算结果比较理想。模型中土壤水蒸发量是土壤深度和含水率的指数函数，传输损失依据 Lane's 公式计算，坑塘储水量是库容、日入流量、出流量、渗漏和蒸发量的函数。

根据水文循环原理，SWAT 模型水文计算水量平衡基本表达式如下：

$$SW_t = SW_0 + \sum_{i=1}^{t} (R_{day} - Q_{surf} - E_a - W_{seep} - Q_{lat} - Q_{gw}) \tag{10.1.1}$$

式中：SW_t 为最终的土壤含水量（mm）；SW_0 为土壤初始含水量（mm）；t 为时间（d）；R_{day} 为第 i 天的降水量（mm）；Q_{surf} 为第 i 天的地表径流（mm）；E_a 为第 i 天蒸发量（mm）；W_{seep} 为第 i 天存在于土壤剖面底层的渗透量和侧流量（mm）；Q_{lat} 为第 i 天土壤中流量（mm）；Q_{gw} 为第 i 天的垂向地下水出流量（mm）。

河道洪水径流演算使用 Willams 于 1969 开发的可变库容参数方法或马斯京根法，河道输入参数有河道长度、坡度、边坡、曼宁系数等。流速用曼宁方程计算，考虑渠道蒸发、传输损失、灌溉用水、生活用水、分流和回流等。

曼宁方程：

$$\begin{cases} q = \dfrac{A \cdot R^{\frac{2}{3}} \cdot slp^{1/2}}{n} \\ v = \dfrac{R^{2/3} \cdot slp^{1/2}}{n} \end{cases} \tag{10.1.2}$$

式中：q 为流道流量（m³/s）；A 为过水断面面积（m²）；R 为水力半径（m）；slp 为底面坡度；n 为河道曼宁系数；v 为流速（m/s）。

马斯京根法将河道看成柱体和楔体的组合，如图 10.1.3 所示。

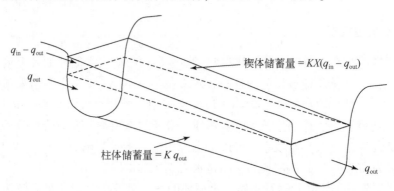

图 10.1.3　马斯京根方程示意图

马斯京根方程：

$$\begin{cases} V = K \cdot [X \cdot q_{in} + (1 - X) \cdot q_{out}] \\ K = \dfrac{600 \cdot L_{ch}}{v} \end{cases} \tag{10.1.3}$$

式中：V 为河道水量（m^3）；q_{in} 为上游流量（m^3/s）；q_{out} 为下游流量（m^3/s）；K 为河道储水时间（s）；X 为衡量河段出流与入流相互关系的权重因子；L_{ch} 为河道长度（km）；v 为流速（m/s）。

（2）气象模型。气象数据是决定流域水平衡和水文循环的重要部分，模型需要的气象数据有降雨、气温、太阳辐射、风速和相对湿度。数据可通过文件导入；若有缺失，可以利用气象发生器生成，但模型必须利用月降雨和月气温资料生成日值或填补缺失数据。模型先独立计算日降雨，其他数据根据是否有降雨量生成。日降雨发生器是修改的马尔科夫链偏态模型或马尔科夫链指数模型。一级马尔科夫链比较模型生成的 0~1 随机数和用户输入的月值资料，并根据前一日的情况来定义该日的阴晴，如果被确定为阴（0.1mm 及以上雨量），则降雨量根据偏斜分布产生；若定义为晴，降雨量则根据修改的指数分布给出。用基于弱稳定过程的连续方程计算日最高、最低气温和日辐射量的变化量，然后根据阴晴条件由正态分布产生，当天气为阴时下调最高气温和日辐射量，反之上调。日平均风速用修改的指数函数生成；日相对湿度根据月相对湿度均值利用三角分布生成，并根据天气阴晴作上下调整。

（3）产沙模型。在 SWAT 中，对由降雨及地表径流产生的流沙量的计算采用 MUSLE（modified version of universal soil loss equation），即改进通用土壤流失方程。改进了流沙产量预测的准确度，并且可以预测单次降雨事件中的产沙量。每个子流域的产沙量由 MUSLE（modified universal soil loss equation）等式计算，USLE 是 Wischmeier 和 Smith 共同研发的计算降雨径流年侵蚀量的计算公式，产沙量的计算用 MUSLE 中的径流系数代替 USLE 等式中的降雨产生的能量，提高了产沙模拟精度。相关参数有径流量、洪峰速率、地表生物量、作物残余量、土壤侵蚀因子、植被覆盖、地形参数及土壤管理因子等。

产沙公式：修正的通用土壤流失方程（USLE）

$$\text{sed} = 11.8 \cdot (Q_{\text{surf}} \cdot q_{\text{peak}} \cdot \text{area}_{\text{hru}})^{0.56} \cdot K \cdot C \cdot P \cdot \text{LS} \cdot \text{GFRG} \tag{10.1.4}$$

式中：sed 为泥沙日产量（t）；Q_{surf} 为表面径流量（$\mathrm{mm}/\mathrm{hm}^2$）；$q_{\text{peq}}$ 为地表径流峰值流速（m^3/s）；area_{hru} 为水文响应单元面积（hm^2）；K 为土壤侵蚀系数；C 为作物经营管理系数；P 为水土保持系数；LS 为地形系数；GFRG 为粗糙系数。

（4）土壤温度模块。土壤温度年变化遵循正弦函数，并且波动幅度随深度增加而减小，土壤温度影响土壤水运动和土壤残余物腐蚀速度，利用改进的 Carslaw 和 Jaeger 等式计算土壤温度的季节变化，其中土壤温度是前天的土壤温度、年平均气温、土壤剖面深度和当日土壤表层温度的函数，地表温度是植被覆盖、积雪裸地温度及前日地表温度的函数，土层温度是地表温度、平均年气温和衰减深度的函数。与此相关的参数有土壤密度、土层厚度、土壤含水率等。

（5）作物生长模型。使用 EPIC 模型中的作物生长模块来模拟植物生长和营养物质循环，并用来估计作物耗水量。以温度作为控制条件，按照能量理论划分植被生长周期，作物生长基于日累积热量，每种植被都有生长温度上下限，当天的平均气温超过该植被的最小生长温度时开始计算，超过 1℃ 计作一个热量单位。模型能够把多年生和一年生植被区分开，一年生植被按照从播种到种子成熟计算累积的热量，多年生植被当超过最小气温时开始计算累积热量，当冬季低于最小气温时为"休眠"。生物量基于 Monteith 方法计算，作物产量利用收获指数估计，其中氮磷的摄取利用供需方法计算，植被氮磷的需求量根据实际浓度和理想浓度的差值计算，植被的能量截留是日辐射和叶面积指数的函数，日生物量增长根据截留的能量和转化计算。作物生长数据库涉及的参数有植被名称、辐射利用率、收获指数、最大叶面积指数、冠层高、根系深度、适宜生长温度、各生长季碳氮摄取量、气孔导度等。

（6）营养物质模块。该模块由 EOIC 模型修改而来，主要考虑了流域水文过程中水文响应单元几种形式的氮磷循环过程，包括土壤植被的吸收、作物施肥、淋溶、进入河道-湖泊、分解和矿化。径流、渗流和壤中流中 NO_3-N 的含量是水量和平均浓度的函数，植被所利用的氮、磷在植被生长模块中用需求量估计（图 10.1.4）。土壤中考虑了 5 种形态的氮和 6 种形态的磷，分作矿物质形态和有机质形态。硝酸盐和有机氮通过水体渗漏、侧流进入土壤、泥沙中，泥沙携带的氮磷量由负载函数 ［由 McElroy（1976）开发，Willia 和 Hann（1978）修改而来］计算；可溶性磷的总量由土壤 10mm 以上可溶性磷的浓度、地表径流量来预测。

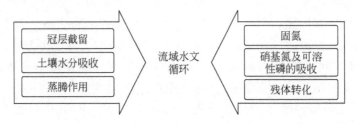

图 10.1.4　植物生长模块示意图

（7）杀虫剂模块。主要模拟杀虫剂在径流和土壤中的蒸发、入渗和沉积，可以是任何时间的土壤耕作或土壤的任何深度。每一种杀虫剂都有一套参数，利用 GLEAMS 公式模拟杀虫剂的这种循环过程，涉及的参数有可溶性、半衰期、土壤有机碳吸收系数。

（8）农业管理模块。包括作物轮作中的各种管理措施，该模块不限作物轮作年份，用户可用输入灌溉、施肥、使用杀虫剂的日期和量，以及耕作和收割等措施，同时考虑了放牧、自动化施肥、从其他水文单元或流域外水源调水灌溉及各种组合措施。

10.1.3　SWAT 模型的建立及运行

1. 模型的介绍

1）模型基础数据库

模型需要的输入数据主要有：①流域的数字高程模型（digital elevation model，DEM），用来划分子流域和寻找出流路径；②土地利用数据，主要用来计算植被生长、耗水和地表产汇流；③土壤数据，用来计算壤中流和浅层地下水量；④气象数据，包括日降雨资料、日最高最低气温、风速、日辐射量、相对湿度、气温站位置高程、雨量站位置高程等，用来计算净流量和蒸散发量；⑤农业管理措施。水库和湖泊位置，出流点等。所需数据的来源和说明见表10.1.1。

表 10.1.1　模型主要输入数据

数据名称	数据	类型	所需参数	获得渠道	说明
地形数据	DEM	GRID 或 .shp file 格式	地形高程、坡度、坡向、河流等	数字高程模型（DEM）	前 3 层数据坐标系必须统一，并且用等面积投影；土壤分类采用美国分类系统；气象资料还需要气象和水文站点高程及位置的文件
土地利用	植被图	GRID 或 .shp file 格式	植被种类、空间分布、叶面积指数、冠层高度、植被根系等	高清晰遥感图像解释	
土壤数据	土壤图	GRID 或 .shp file 格式	各层土壤含水率、空隙率、饱和水力传导度、各组成颗粒含量、径流曲线等	野外采样测量或者有关单位提供数据	
气象数据	气象资料表	.dbf 或 .txt 格式	日降雨量、日最高最低气温、相对湿度、日辐射量、风速等	各气象站点，国家气象局	

SWAT 模型自带 5 个数据库存储必需的数据：作物生长、城镇土地利用、耕作、施肥和杀虫剂数据库，AVSWAT 界面允许用户修改此 5 个数据库及 2 个附加的用户土壤库和用户气象站数据库。

2）模型数据处理过程

SWAT 模型所需的数据有地形、土壤、土地利用、气象、水文、营养物质等，根据研究目的不同可以选择建立不同的数据库，模型本身带有土地覆被/植物增长数据库、城市数据库。除此之外，还需要结合研究区域的特点和研究目的，建立用户数据库，其中包括耕作数据库、杀虫剂数据库、营养物质数据库、土壤数据库。模型数据处理流程如图 10.1.5 所示。

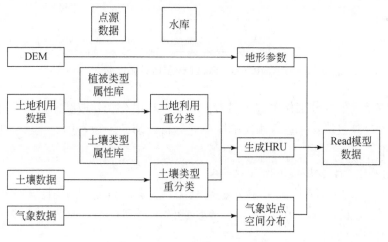

图 10.1.5　模型数据处理流程

3）模型的应用

模型的应用主要表现在 8 个方面：校准与敏感性分析，气候变化模拟，GIS 平台描述，水文评价，结构和数据输入效果评价，与其他模型比较，多种模型分析的结合，污染评价。

2. SWAT 模型运行设置

水文响应单元（hydrologic response unit，HRU）是 SWAT 模型中很有特色的地方。SWAT 模型在子流域的基础上，根据土地利用类型、土壤类型和坡度，将子流域内具有同一组合的不同区域划分为同一类 HRU，并假定同一类 HRU 在子流域内具有相同的水文行为，模型运行流程见图 10.1.6。模型计算时，对于拥有不同 HRU 的子流域，分别计算一类 HRU 的水文过程，然后在子流域出口将所有 HRU 的产出进行叠加，得到子流域的产出。HRU 数量直接决定着模型运行的速度。

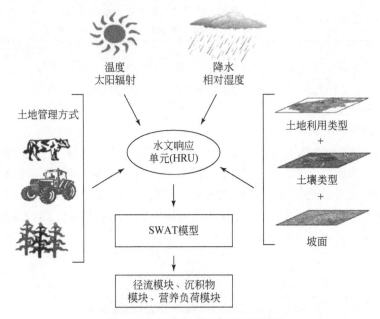

图 10.1.6　SWAT 模型运行流程图

水文相应单元的划分工作关键步骤为：①土地利用/土壤/坡度的定义及叠加；②HRU 定义；③输入气象数据；④进入水文响应单元分析，加载土地利用、土壤、坡度信息。关键的步骤如下。

1）土地利用/土壤/坡度的定义及叠加

选择 HRU Analysis 下拉菜单中"土地利用/土壤/坡度定义"，打开分析界面，通过【Load Land Use dataset from Disk】，选择要加载的土地利用图层路径。路径选择电脑硬盘中的土地利用栅格数据。

根据提示，确保图层投影已经设置成功，选择"是"。按数据所示，土地利用与 DEM 路径格式要相同，覆盖率不能低于 98%，对于土壤的要求同上。

在选择栅格场中选择"VALUE"字段，选择索引文件的路径，landuse.txt 文件是提前做好的土地利用类型索引表，是使 SWAT 模型能够识别并读取数据库中相应信息的文件。

土地利用索引表文件路径为"landuse. txt"。

将 SWAT2005 数据库内的土地利用类型的属性调用出来，与加载的土地利用图层中一定数字代码的土地利用类型匹配起来。点击【重分类】按钮。

土壤也进行如上相同步骤，在字段选择时选取 VALUE 下方继续选择"name"一项。土壤类型索引表文件路径为光盘中的"soil. txt"。

同样方法加载坡度信息，如果选择"Single Slope"，则假定坡度均一，但为了模拟更为精确，必须利用 ArcGIS 首先分析出研究区的坡度，再进行坡度定义，并选择"Multi Slope"进行模拟，最后点击【Reclassify】按钮。通过 ArcGIS 分析显示研究区的坡度分类，三者成功设置后点击【Overlay】。这样，土地利用、土壤分布及坡面定义完成。

2）HRU 的定义

进入 HRU 定义，目的是限制 HRU 不要生成过多，手动分割，将极小的响应单元取消。为保证计算的准确性与速度，一个子流域内的响应单元一般为 3~4 个。在本实例中将三个设定值定为 10%、15%、10%，意为低于 10%、15%、10%的土地利用、土壤分布、坡度类型等将被拆分合并到其他类型中。设置完成后点击创建 HRUs 按钮退出。

3）气象数据的导入

打开 Write Input Tables 下拉菜单中的 Weather Data Definition 对话框，天气发生器、降水、气温三者数据是必须要填的数据，其他相对湿度、太阳辐射、风速三类数据已经在提前构建好的天气发生器中设置了模拟功能，在数据不全时，可以不添加，直接调用天气发生器的模拟值。

天气发生器为 Custom Database 方式，路径选择光盘中的"wgnstations. dbf"；降水数据为 Raingages 方式，降水时间步长选择 Daily 格式，路径选择光盘中的"pcpfork. dbf"（格式请参考 ArcSWAT 手册）；温度数据为气象站点方式，路径选择光盘中的"tempfork. dbf"（格式可参考 ArcSWAT 手册）。

其中，天气发生器是最重要的数据，包括气象站点位置及事前在数据库 SWAT2005 中定义好的各气象站点各参数的属性。这里只是将数据库内资料进行调用。降水可以选择日或者月尺度，建议用实测数据。气温也建议使用实测数据。气象发生器还可以保证在降水气温个别数据缺失时用现有数据进行模拟。三者均用 dbf 格式存储，信息与 DEM 信息一致。

选择天气发生器、降水与气温输入文件路径后，点击下拉菜单中的【Write All】，确定后开始计算。

4）添加水库信息

若在子流域划分过程中已设置水库位置，利用编辑 SWAT 输入菜单可以添加水库信息。

5）ArcSWAT 模型运行

进入模型模拟过程，可按需求选择模拟的时间步长、预热器等参数，点击【Setup Swat Run】后点击【运行 SWAT】，开始运行。

运行后可对模拟结果进行保存，在 SWAT 模拟下拉菜单中选择 SWAT 输出，可定义本次模拟名称，点击存储模拟按钮。输出结果从建立工程所在文件夹下情景/默认/文本输入输出：output. rch 中读取各子流域的流量模拟结果。该文件可以用记事本打开。

10.1.4 SWAT 模型的应用

自开发以来，SWAT 模型已经在美洲、欧洲、亚洲及非洲等地取得了广泛的应用验证，并在实际应用过程中得到了不断的修改和完善。我国在长江上游、黄河下游、海河和黑河流域等不同气候条件、不同地貌类型的流域进行过 SWAT 模型的应用研究。应用方向除径流模拟外，也涉及土壤侵蚀、非点源污染、气候变化、模型数据库的敏感因子分析，以及模型的参数率定和改进研究等，近年来对模型计算方法进行局部修改及联合其他模型应用的也有不少。这里主要介绍 SWAT 模型在径流模拟、非点源模拟与控制、水沙影响、产沙与土壤侵蚀、模型数据库敏感因子分析方面的应用。

1. 径流模拟研究

径流模拟是水文模拟研究中最基本、最重要的一个环节，也是研究其他水文问题的基础。SWAT 模型发展的早期，Arnold 和 Allen（1996）在美国伊利诺伊州的 3 个流域，利用实测数据验证了 SWAT 模型在模拟地表径流、地下径流、地表水蒸散发、土壤水蒸散发、补偿流、水位标高参数方面的有效性。加拿大的 Chanasyk 等（2003）利用 SWAT 模型模拟了 3 种放牧强度下，放牧活动对水文及土壤湿度的影响，并评价了模型在径流量小、包含有融雪过程流域的适用性。Chu 和 Shirmohammadi（2004）在马里 33.4km² 的流域通过预测地表径流和潜流评价了 SWAT 模型的适用性，发现 SWAT 模型对于极端湿润年份的模拟非常不理想，若删除这些年份，模拟结果包括以月为单位的地表径流、基流和河川径流的数据还是可以接受的。这些研究覆盖不同的气候带和地貌类型，但反映了 SWAT 模型的适用性。

当 SWAT 模型刚引入中国时，王中根等（2003）对 SWAT 模型的原理、结构及应用做了详细的介绍，并用 SWAT 模拟了黑河干流山区莺落峡以上地区子流域的月径流量和莺落峡流域日径流量，从模拟精度上论证了模型完全适合在大流域应用，推动了 SWAT 模型的探索。张雪松等（2003）以洛河上游的卢氏水文站流域为研究区域，采用自动数字滤波技术去校准径流，对模拟和实测值进行直接径流（地表径流与壤中流）与基流的分割校核，结果表明，模型校核和验证期对径流的模拟都较好，产沙预测与实际偏离较大，说明模型对降雨量小、产流产沙少情况的模拟不太理想。庞靖鹏等（2007）将 SWAT 模型应用于密云水库潮河子流域，对模型的敏感性进行了分析，结果表明，该模型对径流的模拟效果非常好。袁军营等（2010）利用 2002~2003 年的实测水量、降水数据进行参数率定，应用 2004~2005 年的实测数据进行模型验证，发现 SWAT 模型在柴河水库流域径流模拟中的适用性和可靠性良好，可为流域水文过程的预测提供可靠的模型基础。

径流模拟研究目前可以分为以下几个方面：径流的特征、模拟和预测（袁军营等，2010；白淑英等，2013；罗吉忠等，2013；姚苏红等，2013；段超宇等，2014；吕乐婷等，2014；Hapuarachchi et al.，2003；庞佼等，2015；赵杰等，2015；程艳等，2016），土地利用变化对径流的影响（王学等，2013；郭军庭等，2014；林炳青等，2014；袁宇志等，2015），气候变化对径流的影响（冯夏清等，2010；张利平等，2011），以及土地利用和气候变化共同对径流的影响（郭军庭等，2014；袁宇志等，2015）。这里以气候和土地利用对潮河流域径流的影响为例，介绍 SWAT 模型对径流的模拟。

气候变化会对流域水文循环产生显著影响，SWAT 模型可以通过输入日气象数据或通过"天气发生器"根据多年逐月气象资料来模拟逐日气象数据，因此可用于气候变化条件下水文响应的研究。在美国东南部，Cruise 等（1999）应用 SWAT 模型研究了气候变化条件下，现状与未来水质的变化情况。Stonefelt 等（2000）的研究表明：气候变化的水文效应主要取决于水文气象要素，对年径流量影响最大的要素是降水，对径流的时间分配影响最大的是气温，并且每个要素对径流总量的影响作用和程度是不同的。Stone 等（2001）应用密苏里河流域的历史数据模拟了 CO_2 提高 2 倍情况下的水文响应，结果表明：流域入口处的产水量在春夏季节减少 10% ~ 20%，在秋冬季节增加；从空间分布上来说，产水量在流域南部减少，在北部增加。

国内的陈军锋和陈秀万（2004）用 SWAT 模型对长江上游梭磨河流域进行水量平衡研究，揭示了梭磨河流域的气候波动和土地覆被变化对流域径流的影响，表明 20 世纪 60 ~ 90 年代，梭磨河流域的径流变化中，由土地覆被变化引起的约占 1/5。车骞等（2007）利用 SWAT 模型以黄河源区为研究对象建立了不同气候波动和土地覆盖变化情景，模拟和预测未来水资源的变化。针对黄河源区特殊的下垫面条件，着重冰雪和冻土的水文过程调试，对模拟结果的评价显示 SWAT 模型能够较好地模拟黄河源区的水资源变化。

气候与土地利用变化对流域水文水资源的影响是适应性流域管理的重要基础。评价气候变化，特别是降水变化对水资源及水循环的影响非常迫切，研究结果对未来水资源规划和开发利用具有重要意义。相对于气候变化的长期性特点，土地利用和覆被变化是短期内流域水文变化的主要驱动因素之一。它通过影响冠层截流、地表入渗、蒸散发和地表径流等，对流域水文循环产生作用（郭军庭等，2014）。在全球气候变化背景下，华北地区 1951 ~ 2009 年多年平均降水量呈现减少趋势，近 59 年间减少了 26.8mm。

潮河流域作为北京市主要地表饮用水源供应地之一（图 10.1.7），从 20 世纪 80 年代开始，开展了国家"三北"防护林重点建设工程、国家级水土流失重点治理工程和京津风沙源区防沙治沙项目等。大规模的退耕还林还草等生态措施被用来治理水土流失和改善水质。同时，随着经济发展、人口增加、城镇化速度加快，流域内建设用地迅速增加。流域土地利用和覆被发生变化进而改变该流域下垫面产流环境。因此，潮河流域内气候和土地利用都发生变化的情况下，定量评价二者对流域产水量的影响，是评价前期生态治理措施并为后续措施调整及科学开展流域治理的重要基础和前提。定量研究该流域内土地利用类型及潜在气候变化对产流的影响，对于深刻认识未来的水资源动态，并提前找到适应性措施意义重大。

潮河流域多年平均降水量 511mm，汛期（6 ~ 9 月）占年降水量的 75% 以上。汛期多以暴雨形式出现，土壤侵蚀严重，影响密云水库的库容和安全运行。流域内土地利用可分为耕地、草地、灌木林地、有林地、城乡建设用地、水域和未利用地 7 类；主要的土地利用类型为耕地、草地、灌木林和有林地，四者占流域总面积 95% 以上（表 10.1.2）。比较 1987 年和 1999 年的土地利用，发现潮河流域土地利用变化呈现出耕地先增加后减少，草地面积一直减少，有林地和灌木林地面积持续增加的趋势。这与我国从 20 世纪 80 年代末

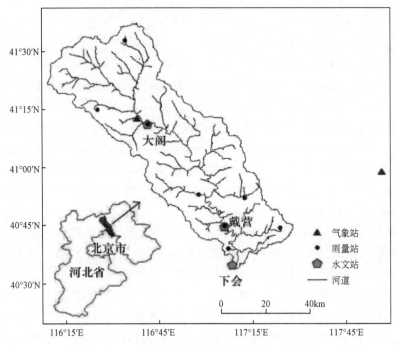

图 10.1.7　潮河流域位置图（郭军庭等，2014）

开始大规模推进以植被恢复为主的植树造林、退耕还林等水土保持措施有关。

表 10.1.2　潮河流域不同时期土地利用对比（郭军庭等，2014）

项目	年份	耕地	草地	水域	未利用地	灌木林	建筑用地	有林地
面积/km²	1987	424.14	1621.75	53.62	13.59	1598.11	31.06	1113.60
	1999	450.02	1191.98	59.83	15.58	1721.60	40.82	1376.03
	2009	306.41	644.83	55.17	13.05	2028.01	47.68	1760.71
面积变化率/%	1987~1999	6.10	−26.50	11.58	14.64	7.73	31.45	23.57
	1999~2009	−31.91	−45.90	−7.79	−16.22	17.80	16.81	27.96

　　选择位于流域上中下游的大阁、戴营和下会 3 个水文站，代表流域内不同空间特征，采用多站校准检验的方法，以月为模拟步长，对流域 1981~1991 年的月径流进行模拟，将 1981~1982 年作为模型预热期，1983~1986 年为模型校准期，1987~1991 年为模型验证期，最后确定模型参数值。模拟结果同时满足以下两个条件：①超过 70% 的观测数据落在 95% 的预测不确定性内；②95% 的不确定性程度小于观测数据的标准偏差，则认为模拟结果与实测值相符合。当模型校准和验证完成后，应用 SWAT 模型模拟不同时期的土地利用和气候变化下流域出口下会站径流的响应。具体情景设置如表 10.1.3 所示，在模拟过程中相应改变植被模块的参数和土壤水力参数：以情景 1 为基准期，将情景 4、5 与其对比，获取土地利用和气候变化二者共同对产流量的影响；将情景 2、3 分别与情景 1 比较，获取气候变化对产流量的影响；再将情景 4、5 与分别与情景 2、3 比较，获取对应时期土

地利用变化对产流量的影响。最终，定量分析不同时期土地利用和气候变化对整个流域产流的影响。

表 10.1.3　模型模拟情景设置（郭军庭等，2014）

情景	土地利用	气象数据
1	1987 年	1981～1990 年
2	1987 年	1991～2000 年
3	1987 年	2001～2009 年
4	1999 年	1991～2000 年
5	2009 年	2001～2009 年

图 10.1.8 为潮河流域月径流模拟结果。在校准期，大阁站 1983 年和 1986 年汛期模拟峰值大于实测值，1984 年汛期模拟值小于实测值。决定系数 R^2 为 0.63。戴营站 1985 年汛期模拟峰值大于实测值，而 1986 年和 1983 年的汛期模拟值与实测值基本吻合，决定系数 R^2 为 0.68。流域出口下会站汛期峰值模拟与实测值基本吻合，决定系数 R^2 为 0.72。由于模型在运行前期，许多变量，如土壤含水量的初始值为零，会影响模型模拟的结果，所以需要将模拟初期作为模型的预热期，合理估算模型参数的初始值。因此，将 1981～1982 年作为预热期，从而减少此类误差的影响。

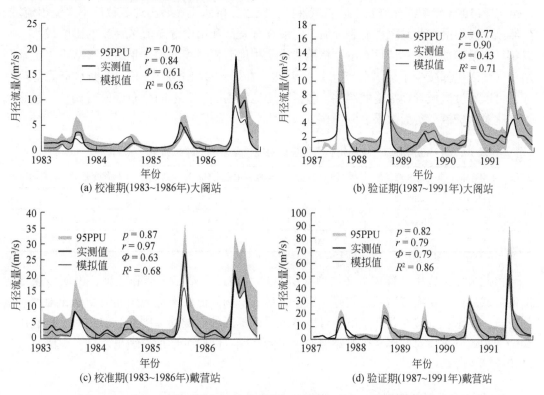

图 10.1.8　SWAT 模型对潮河月径流模拟的校准和验证（郭军庭等，2014）

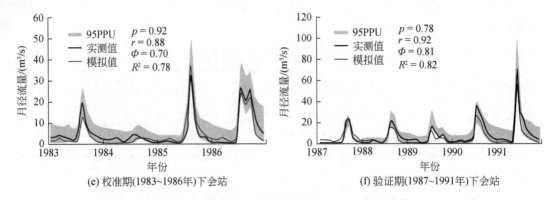

(e) 校准期(1983~1986年)下会站　　　　(f) 验证期(1987~1991年)下会站

图 10.1.8　SWAT 模型对潮河月径流模拟的校准和验证（郭军庭等，2014）（续）

　　根据情景设置，对潮河流域土地利用和气候变化的径流响应进行定量研究。结果如表 10.1.4 所示：情景 1 的年均径流量为 42.18mm，情景 4 的年均径流量为 67.76mm，情景 5 的年均径流量为 24.90mm。基于情景 1，情景 4 中土地利用变化引起产水量减少了 4.1mm，而气候变化增加了 29.68mm 径流量；情景 5 中，土地利用变化造成产水量减少 2.98mm，气候变化造成产水量减少了 14.3mm。情景 4 相对于情景 1，流域的林地面积增加了 23.57%，导致流域蒸散发量增加。同时，该时段内年均降水比情境 1 多，特别是 1994 年和 1998 年潮河流域发生全流域性的大洪水，降水迅速转为地表径流直接流出流域。虽然该阶段的潜在蒸发散也显著增加，但潜在蒸发散和温度等对流域径流的影响较小，所以年径流量增加较大。情景 5 中，林地和灌木林地面积继续增加，年均降水减少，土地利用和气候变化都减少了流域的产水量。因此，在气候变化的背景下，根据水资源管理目标，可以通过流域管理措施的调整，包括对土地利用类型和空间分布等进行调整，减缓气候变化对水资源的负面效果。

表 10.1.4　潮河流域土地利用和气候变化对径流量影响的模拟结果（郭军庭等，2014）

情景	年均降水	年均潜在蒸发散	模拟年径流量	土地利用变化对径流量的影响	气候变化对径流量的影响
1	514.0	1088.9	42.18	—	—
4	522.4	1125.7	67.76	−4.1	29.68
5	486.7	1108.2	24.90	−2.98	−14.3

　　由此可见，应用分布式水文模型（SWAT），通过多站点校准和验证，说明该模型对潮河流域的产水量模拟适用性较好。定量模拟分析潮河流域土地利用和气候变化对产水量的影响，显示在气候变化背景下，可以考虑采取不同的流域管理措施，如调整土地利用结构和面积等，来应对气候变化对流域产水量的影响，同时可增加流域出水量，保障流域下游用水。

2. 非点源模拟与控制

　　武会先（1998）在翻译的《利用土壤侵蚀模型研究全球变化》一文中首次提到了

SWAT 模型。郝芳华等（2002）在研究官厅水库流域的非点源污染时，首次运用了 SWAT 模型。2003 年开始，利用 SWAT 模型进行非点源污染模拟研究的文章大量涌现。当前已经发表的关于 SWAT 模型的大量文章，其中约 1/2 都涉及对非点源污染的模拟和控制（Gassman et al.，2007），SWAT 模型不仅可以模拟非点源污染迁移转化的过程，还可以对非点源污染关键源区进行识别，并建立不同的管理情景来评价不同的最佳管理措施的效果。

美国环境保护局杀虫剂项目办公室（OPP）2002 年在流域尺度上对饮用水的评估中，应用 SWAT 模型对印第安纳州中部 White 河 Sugar Creek 流域的水质进行了研究，径流和除草剂模拟验证结果表明了杀虫剂运移模拟及其对土地管理措施影响预测的可靠性（Neitsch et al.，2002）。Conan 等（2003）将模型应用于西班牙南部的 Guadiamar 流域，验证了模型的产流产沙和营养物质运移，评估了土壤固氮和淋滤损失的能力，结果表明，模型模拟流域不同出流点的日流量比较可靠，对产沙、氮和总磷聚集的月模拟符合实际。同时指出，点源输入数据、水质监测数据的缺乏和资料系列的缺失对模型的模拟精度有一定的影响。

国内胡连伍等（2006）将模型应用于以农业景观为主的亚热带和暖温带过渡性季风气候区域，对水文、泥沙和营养物质（氮元素）进行模拟，计算了氮元素的自净效率，验证了模型在半湿润地区水文、水质方面的适应性。孙峰等（2004）在官厅水库流域和黄河流域下游卢氏流域应用 SWAT 模型对径流、泥沙和氮污染负荷进行模拟，并对不同管理措施的效果进行了分析。万超等（2003）在潘家口水库流域应用 SWAT 模型对不同水平年进行了面源污染负荷计算，并分析了施肥对面源污染负荷的影响。徐爱兰（2007）将 SWAT 模型运用在中国太湖平原河网地区典型圩区，预测流域内复杂变化的下垫面条件、土地利用方式及不同管理措施对流域产汇流及非点源污染物质的产输出的影响，结果表明 SWAT 模型可以应用于太湖流域典型圩区的非点源污染模拟。

这里以辽宁省大伙房水库汇水区为例，应用 SWAT 模型对水库汇水区农业非点源污染进行了模拟，利用 2006 ~ 2009 年的水文和水质监测数据对模型进行了率定与验证（汤洁等，2012）。

辽宁大伙房水库是辽河流域重要的水库型饮用水源地，被列为全国城市供水九大重点水源地之一。近年来水库汇水区农药、化肥施用量逐年增加，总氮、总磷施用量分别从 1997 年的 4770t 和 444t 增加到 2000 年的 5135t 和 570t，流域农业非点源污染加剧，入库污染负荷增加。在对 SWAT 模型参数率定和模型验证的基础上，对大伙房水库汇水区的农业非点源污染负荷空间分布与变化规律进行了模拟与分析，为该饮用水源地保护区的水土保持、非点源污染治理和水库水质改善提供基础支持。

水库汇水区地处长白山支脉西南延续部分的低山区，建于 1958 年，是兼防洪、灌溉、供水等多种功能的水利枢纽工程，水库总库容 22.68 亿 m^3，汇水区面积为 5437km^2，库区水域总面积 66.67km^2，整个库区定为集中式生活饮用水水源地一级保护区。水库是沈阳、抚顺、鞍山和大连等辽宁中、南 7 座城市的主要水源地，供水人口达到 2300 万人。大伙房水库汇水区内主要河流有浑河（清原段）、苏子河和社河。区内多年平均降水量为 650 ~ 800mm，多年平均年水面蒸发量为 1100 ~ 1600mm，平均相对湿度在 65% ~ 70%。研究区内土地利用类型以林地和耕地为主，林地占总面积的 62%，耕地占 9.7%。研究区主要土壤类型有暗棕壤、棕壤、草甸土、白浆土、沼泽土、水稻土 6 个土类，其中以棕壤分布最为广泛。

　　SWAT 模型的建立首先需利用 DEM 提取流域内的水系，综合考虑 DEM 分辨率、土地利用类型分布等因素设定子流域集水面积阈值，并将流域分为 45 个子流域，模拟水系和子流域见图 10.1.9。根据子流域不同土壤和土地利用类型的组合，模拟反映不同组合间的水文差异，进行水文响应单元（HRU）的划分。本书土地利用和土壤阈值分别设定为 6% 和 12%，将汇水区划分为 277 个 HRU，加载气象数据等其他数据库文件后在 SWATVIEW 界面下进行模型的初次模拟。

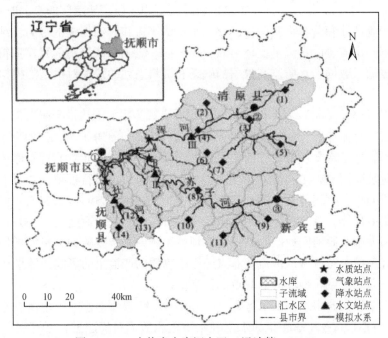

图 10.1.9　大伙房水库汇水区（汤洁等，2012）

　　径流和泥沙的率定与验证采用南章党、占贝和北口前（二）3 个水文站点 2006~2009 年的逐月观测数据，水质率定与验证采用研究区台沟、古楼和北杂木 3 个水质监测站 2006~2009 年的逐月总氮、总磷监测数据，水文站和水质监测站空间分布见图 10.1.12。模型预热时间为 2005 年，率定时间为 2006~2007 年，验证时间为 2008~2009 年。模型率定的顺序是：时间上先进行年校准再进行月校准；项目上先校准径流，再校准泥沙，最后校准氮、磷营养物。参数率定采用计算机自动优化法和人工试错法相结合的方式进行，参数率定目标方程为 SSQ 方程。

　　选择相对误差 R［式（10.1.5）］、决定系数 R^2［式（10.1.6）］和 Nashe-Sutcliffe 系数 E_{ns}［式（10.1.7）］来评价模型的适用性。其中，相对误差应小于规定标准，即 $R_e < 20\%$，评价系数（E_{ns} 和 R^2）应达到规定的精度标准，一般要求 $R^2 > 0.6$ 且 $E_{ns} > 0.5$。对浑河、苏子河和社河 3 个流域分别进行参数率定和模型验证，合并的评价结果见表 10.1.6

和图 10.1.13。

$$R_{e} = \frac{P_{sim} - Q_{obs}}{Q_{obs}} \times 100\% \tag{10.1.5}$$

$$R^{2} = \frac{\left[\sum_{i=1}^{n}(Q_{obs} - Q_{avg})(P_{sim} - P_{avg})\right]^{2}}{\sum_{i=1}^{n}(Q_{obs} - Q_{avg})^{2}\sum_{i=1}^{n}(P_{sim} - P_{avg})^{2}} \tag{10.1.6}$$

$$E_{ns} = 1 - \frac{\sum_{i=1}^{n}(Q_{obs} - P_{sim})^{2}}{\sum_{i=1}^{n}(Q_{obs} - Q_{avg})^{2}} \tag{10.1.7}$$

式中：Q_{obs} 为实测值；P_{sim} 为模拟值；Q_{avg} 为实测平均值；P_{avg} 为模拟平均值。

如表 10.1.5 所示，参数率定期月径流量、输沙量、TN 和 TP 负荷的 R^2 均在 0.68 以上，Nash-Suttcliffe 系数均在 0.66 以上；模型验证期月径流量、输沙量、TN 和 TP 负荷的 R^2 和 Nash-Suttcliffe 系数均在 0.67 以上，说明经率定和验证后的 SWAT 模型适用于大伙房水库汇水区农业非点源污染研究。

表 10.1.5　参数率定和模型验证（汤洁等，2012）

模拟时期	拟合项	实测月均值	模拟月均值	R_e	E_{ns}	R^2
校准器	径流量/(m³/s)	31.12	29.53	−5.13%	0.85	0.86
	输沙量/t	5069.23	4756.39	−6.17%	0.91	0.92
	TN 负荷/t	181.62	194.16	6.09%	0.66	0.68
	TP 负荷/t	10.02	11.46	14.37%	0.69	0.68
验证期	径流量/(m³/s)	21.19	22.63	6.81%	0.84	0.85
	输沙量/t	3142.23	3619.35	15.185%	0.69	0.74
	TN 负荷/t	153.34	159.46	3.99%	0.67	0.69
	TP 负荷/t	7.85	8.52	8.58%	0.73	0.68

水库汇水区 2006~2009 年 4 年平均降水量为 724.75mm，但空间分布不均匀，降水主要集中在清原县西部、新宾县西南部和抚顺县东部，清原县东北部、新宾县东部降水量最少，见图 10.1.10。浑河的 9、38、42 和苏子河的 41 子流域的年均降水量最高，为 848.76mm；苏子河的 23、25 及浑河 3、7、8、10 子流域的年均降水量也较高，在 817.66~838.66mm；其他地区的降水量以这些子流域为中心逐渐减少，社河的 31 子流域降水量最少，为 699.88mm。区内降水量最大和最小差为 148.88mm。

各子流域 2006~2009 年 4 年年均坡面泥沙产量分别为：浑河（清原段）8.09 万 t，苏子河 5.80 万 t，社河 1170t，水库周边小流域 3340t。区内土壤平均侵蚀模数为 37.76 t/（km²·a），小于 200 t/（km²·a），根据《土壤侵蚀分类分级标准》（SL 190—2007），该区土壤侵蚀强度属于微度，与汇水区林地覆盖率较高的实际情况相符。由土壤侵蚀模数空间分布（图 10.1.10）可知，浑河流域土壤侵蚀相对严重，其次是苏子河流域，社河流域

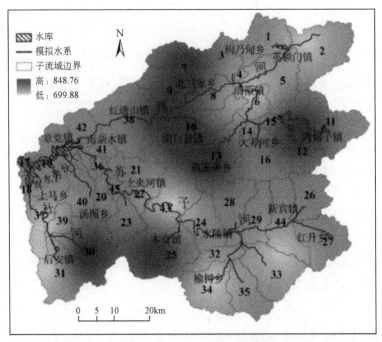

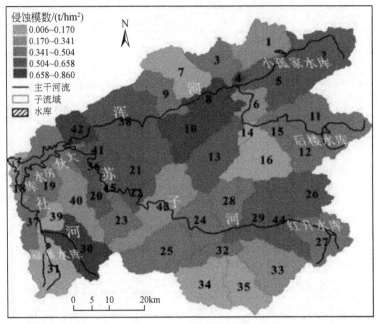

图 10.1.10　年平均降水量和年平均泥沙负荷空间分布（汤洁等，2012）

较小。土壤侵蚀强度较大的区域为浑河的 4、8、10、42 及社河上游的 30 子流域，侵蚀模数在 65.8 ~ 76.4t/（km² · a），属于微度侵蚀；其次为浑河的 2、5、9、13、38 及苏子河的 29、36、44 子流域，侵蚀模数为 50.4 ~ 65.8t/（km² · a）；浑河的 14、16、苏子河的 34、35 和社河的 31 子流域土壤侵蚀最弱，侵蚀模数为 0.6 ~ 10.0t/（km² · a）。汇水区土地利用类型以林地为主，耕地为辅，耕地主要分布在河道两侧，且河流上游地区高于下游。本书将林地划分为疏林地、灌林地及有林地 3 种类型，耕地分为水田及旱田。各地类的土壤侵蚀模数特征呈现出，旱田的土壤侵蚀模数最大，为 579.22t/（km² · a）；林地的土壤侵蚀模数在 0.046 ~ 1.78t/（km² · a），其中，疏林地>灌林地>有林地。区内旱田产生的泥沙量高达 14.5 万 t，占流域产沙总量的 94.4%，是流域汇水区泥沙产量的主要贡献者。水库汇水区土壤侵蚀的空间分布特征与该区降水量的空间分布相似，土壤侵蚀与降水量有较强的相关性。另外，土壤侵蚀相对严重的子流域主要集中在 3 条河流的上游，原因是这些地区农业用地所占比重较大，子流域的平均坡度大于下游地区。综上，降水和土地利用类型是影响大伙房水库汇水区土壤侵蚀强度的重要因素。

研究区 4 年年均农业非点源污染总氮和总磷产生量分别为 1248.83t 和 102.88t。其中，浑河流域的总氮和总磷产出最大，分别占总量的 52.01% 和 52.43%；其次为苏子河流域，氮、磷贡献率分别为 40.83%、40.48%；社河流域分别为 4.82% 和 4.72%；水库周边小流域的贡献率最小。研究区不同土地利用类型的总氮和总磷产出相差较大，其中，耕地的总氮和总磷产生量分别为 1024.33t 和 93.35t，林地、草地等其他地类的产生量为 224.50t、9.53t，耕地是区内氮、磷产出的主要贡献者（图 10.1.11）。

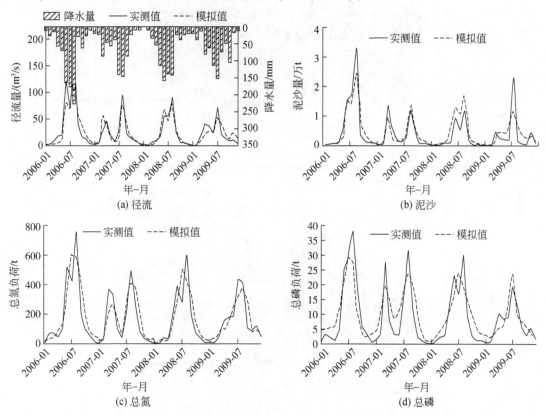

图 10.1.11　2006 ~ 2009 年逐月径流、泥沙、总氮和总磷的模拟与实测结果（汤洁等，2012）

根据总氮和总磷的模拟结果，可获取汇水区 2006 ~ 2009 年 4 年年均农业非点源总氮和总磷负荷的空间分布，如图 10.1.12 所示。汇水区年均总氮负荷较大的地区为浑河的 4、

8、10、42 子流域及苏子河的 29、36、44 子流域，单位面积产生量在 3.63~4.78kg/hm²；浑河的 14、16，苏子河的 25、34 及社河的 31 子流域的总氮负荷较小，低于 0.79kg/hm²。流域平均总磷负荷为 0.20kg/hm²。总磷产出较大的地区位于浑河的 2、4、10、42 和苏子河的 29、36、44 子流域，单位面积产生量为 0.32~0.43 kg/hm²；浑河的 5、8、38 及苏子河的 20、26、41 子流域的总磷负荷也较大，为 0.26~0.28 kg/hm²；浑河的 7、14、16，苏子河的 25、34、35 及社河的 31、39 子流域的总磷负荷较小，低于 0.10kg/hm²。

对比年平均氮、磷负荷的空间分布（图 10.1.12）发现，浑河的 4、10、42 及苏子河

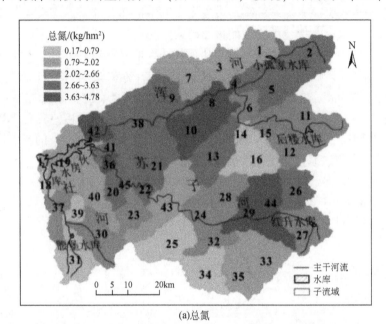

(a)总氮

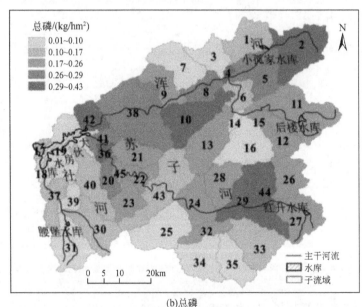

(b)总磷

图 10.1.12　年平均氮、磷负荷空间分布（汤洁等，2012）

的 29、36、44 子流域的总氮和总磷负荷均较高，主要是因为这些地区耕地所占比重较大，平均为 26.8%，而汇水区平均耕地面积所占比重仅为 9.7%。施用化肥与农药等原因，使耕地表层土壤中硝酸盐态氮、有机氮、溶解态磷及泥沙结合态磷的含量较其他地类高，并且耕地土壤人为扰动剧烈，植物根系少于林地，对氮、磷营养物的拦截作用较弱。此外，子流域 2、4、5、8、10 和 26、29、44 分别位于浑河和苏子河上游，其土壤侵蚀强度较大，而氮、磷营养物易随土壤侵蚀产出，所以总氮和总磷产出量较高。位于浑河的 38 和苏子河的 41 子流域总氮和总磷产出也较高，分别与降水量较大和分布着易于发生土壤流失的暗棕壤有关。

大伙房水库汇水区农业非点源污染的产生与流域降水量和土壤侵蚀模数有很好的相关性，土地利用类型、土壤类型等因素对其也有一定影响。其中，降水是土壤侵蚀的主要驱动力，土壤侵蚀强度直接影响氮、磷的流失量。

由此可见，在流域基础信息数据库的支持下，SWAT 模型对大伙房水库汇水区水文和氮磷营养物的模拟具有较好的适用性。

3. 水沙影响、产沙与土壤侵蚀

分布式水文模型是定量分析土地利用结构对流域水沙影响的方法之一，可以对流域水沙过程的时空异质性进行有效模拟。Wang 等（2010）在美国德克萨斯州中北部的 Cowhouse Creek 流域用 SWAT 模型考察了土地利用和土壤类型对水文和泥沙负荷的影响，表明土地利用方式和土壤对流域的泥沙负荷会产生较大的影响，应当成为最佳管理措施制定的考虑因素。Ullrich 等（2009）对 SWAT 模型中涉及防止水土流失措施的系数进行了敏感性分析，提高了模型参数化和验证的有效性。在此基础上，考察了常规耕作法、水土保持耕作和免耕的管理措施及不同作物条件下的污染情况。Bormann 等（2007）考察了不同模型对土地利用方式改变的敏感性，研究表明，土地利用方式的改变对土壤属性产生影响，进而影响水质，SWAT 模型在不同的流域有相似的结果。

Huang 等（2009）在长江流域的固城河对 SWAT 模型进行了应用，针对 20 世纪 70 年代中期土地利用方式的变化，分别对 1951 ~ 1960 年和 1981 ~ 2000 年两个时间段进行模拟，结果表明，1981 ~ 2000 年的总氮和总磷负荷远大于 1951 ~ 1960 年。Ouyang 等（2010）在黄河上游区域用 SWAT 模型研究了 30 年间土地利用变化和地形对土壤侵蚀的影响，并建立了两者与土壤侵蚀之间的定量关系，研究表明，牧场面积的减少并没有成为土壤侵蚀的重大危害，但裸地、水域和农田的增加促进了土壤的侵蚀，区域地形变化与土壤侵蚀间有很大的关系。秦耀民等（2009）应用 SWAT 模型探讨了黑河流域土地利用与非点源污染的关系，通过对不同土地利用情景下非点源污染负荷的定量化分析，研究了土地利用/土地覆被变化对黑河流域非点源污染的影响过程，结果表明，流域林地面积的增加会减少水土流失量和产沙量。

这里以刘伟等（2016）对三峡库区大宁河流域研究为例，基于 SWAT 模型分析流域产流产沙模拟及土壤侵蚀情况。大宁河流域地处三峡库区的腹心地带，是影响三峡库区淤积、污染和富营养化的重要支流之一。研究大宁河流域土壤侵蚀状况和水土流失特点，对于大宁河流域和三峡库区的水文水质的环境变化和生态保护都有重要的价值。研究基于

ArcGIS10.2.2 平台的 SWAT2012 构建大宁河流域 SWAT 水文模型，首先对大宁河流域 2008~2013 年的产流产沙进行模拟，并采用 SWATCUP 和 SUFI-2 算法进行参数敏感性分析、校正、验证和不确定性分析。然后，利用最佳参数模拟结果对大宁河流域土壤侵蚀状况进行分析，并探讨了不同土地利用、土壤类型和坡度对土壤侵蚀的影响。最后，对土壤流失超过容许量的区域提出了具体的防治策略，为三峡地区的水文水质管理研究提供了有效工具。

大宁河流域（108°44′E ~ 110°11′E，31°04′N ~ 31°44′N）地处三峡库区的腹心地带，是长江三峡库区重点淹没地区之一（图 10.1.13），干流全长 162km。流域内平均海拔 1197m，以山地地貌为主，整个流域面积 4166km²，其中山地占 95% 以上，低山平原面积不足 5%。大宁河流域降水丰富，流域多年平均降水量为 1333mm，属于多暴雨区。主要土壤类型为地带性黄壤。流域内的主要作物有玉米、小麦、水稻和马铃薯等。土地利用类型主要为耕地、草地和林地，坡旱地分布广，顺坡、陡坡种植比重大。

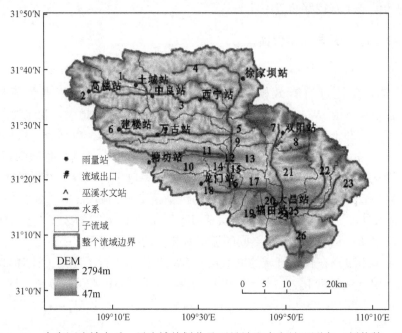

图 10.1.13　大宁河流域水系、子流域的划分及雨量站和水文站观测点（刘伟等，2016）

根据模拟的 2008~2013 年各子流域泥沙负荷的平均值来计算各子流域的土壤侵蚀强度和侵蚀模数（图 10.1.14 和图 10.1.15）。然后，按照《土壤侵蚀分类分级标准》（SL190—2007）对各子流域内的土壤侵蚀强度进行分级（表 10.1.6），其中大宁河流域微度侵蚀的平均侵蚀模数应取西南土石山区土壤流失容许量 500t/（km²·a）为上限。同时，本书也以该值作为研究区域的土壤流失容许量。从图 10.1.14 和图 10.1.15（a）可知，整个大宁河流域的土壤侵蚀强度仅分为微度和轻度两级，其中轻度土壤侵蚀区域分布在子流域 1、2、3、4、22，该面积为 1559.8km²，占比达 37.44%。其他区域均为微度侵蚀，面积占比为 62.56%。根据模拟的 2008~2013 年整个流域泥沙负荷平均值求得大宁河流域平均土壤侵蚀模数为 468.88t/（km²·a），按照表 10.1.7 分级标准，可知整个流域土壤侵蚀强度属于微度，土壤状况良好。

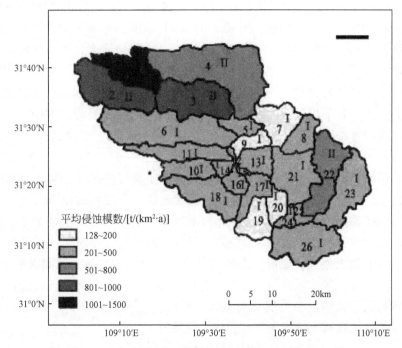

图 10.1.14　大宁河流域土壤侵蚀强度分级（刘伟等，2016）

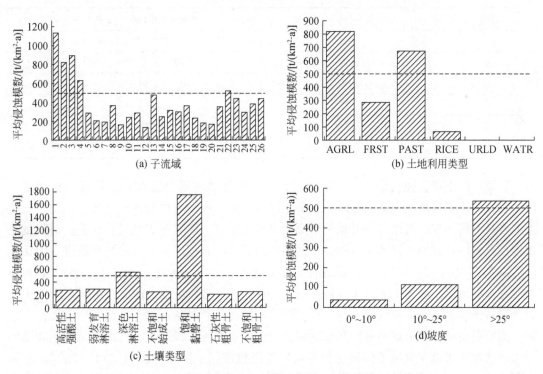

图 10.1.15　不同子流域、土地利用类型、土壤类型和坡度覆盖
区域的平均土壤侵蚀模数（刘伟等，2016）

通过对流域内定义的 466 个水文响应单元的泥沙负荷进行统计，得到模拟年份 2008～2013 年不同土地利用类型［图 10.1.15（b）］、土壤类型［图 10.1.15（c）］和坡度［图 10.1.15（d）］的平均侵蚀模数。图 10.1.15（b）表明，土地利用类型中，耕地的土壤侵蚀最为严重，其平均侵蚀模数达 817.58t/（km²·a）；草地次之，达 669.85t/（km²·a），也超过了土壤流失容许量，而林地的水土保持效果较好。图 10.1.15（c）表明，土壤类型中饱和黏磐土的平均侵蚀模数最高，达 1758.31t/（km²·a），远远高于其他土壤类型。其次是深色淋溶土，其平均侵蚀模数也超过了研究区土壤流失容许量 500t/（km²·a），其他土壤类型土壤侵蚀级别都属于微度。图 10.1.15（d）表明，坡度越大，土壤侵蚀模数越大，土地坡度>25°时的平均侵蚀模数达 533.34t/（km²·a），远大于坡度<25°时。对这些平均侵蚀模数超标因子在微度土壤侵蚀区域和轻度土壤侵蚀区域所涵盖的面积比进行比较，结果见图 10.1.16，以找出轻度土壤侵蚀区域土壤流失超标的原因。由图 10.1.16 可知，AGRL、PAST 和深色淋溶土在微度侵蚀区域所涵盖的面积均高于轻度侵蚀区域，表明这 3 项因子不是导致轻度土壤侵蚀区域土壤侵蚀强度超标的主要原因，而饱和黏磐土和坡度>25°两项因子在微度侵蚀区域所涵盖的面积低于轻度侵蚀区域，饱和黏磐土尤为显著，轻度侵蚀区域和微度侵蚀区域所占的面积比分别为 26.05% 和 0.36%。而饱和黏磐土的平均侵蚀模数远远高于其他土壤类型［图 10.1.15（c）］，由此可知，饱和黏磐土所占面积过多可能是轻度侵蚀区域土壤流失超标的最主要原因。

表 10.1.6　土壤侵蚀强度标准（刘伟等，2016）

分级	级别	平均侵蚀模数/[t/（km²·a）]
Ⅰ	微度	<200，500，1000
Ⅱ	轻度	200，500，1000～2500
Ⅲ	中度	2500～5000
Ⅳ	强度	5000～8000
Ⅴ	极强度	8000～15000
Ⅵ	剧烈	>15000

要使轻度土壤侵蚀区域土壤侵蚀状况恢复至土壤流失容许范围内，则应该抓主要矛盾，对导致该区域土壤流失超标的最主要原因饱和黏磐土覆盖区域进行治理。但是，土壤类型本身不可调控，可以考虑对该土壤类型覆盖区域的土地利用类型进行改造。对轻度土壤侵蚀区域饱和黏磐土覆盖区域的各土地利用类型所占面积比和平均侵蚀模数进行了比较［图 10.1.17（a）］。结果表明：草地的平均侵蚀模数最高，高达 4170.32t/（km²·a）；耕地次之；林地最小，为 1211.83t/（km²·a），远小于草地和耕地。因此，可以对轻度土壤侵蚀区域饱和黏磐土覆盖区域进行一定比例的退耕还林和退草还林，从而防治土壤流失超标。为使退耕还林和退草还林的区域更有针对性，本书还对轻度土壤侵蚀区域中饱和黏磐土覆盖区域的耕地和草地不同坡度的平均侵蚀模数进行了比较［图 10.1.17（b）］，结果表明，坡度>25°时的平均侵蚀模数远大于坡度<25°时。因此，退耕还林和退草还林的措施应该重点在坡度>25°的耕地和草地进行。

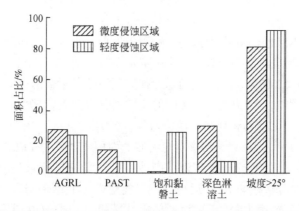

图 10.1.16　平均侵蚀模数超标因子在微度与轻度侵蚀区域所涵盖面积比较（刘伟等，2016）

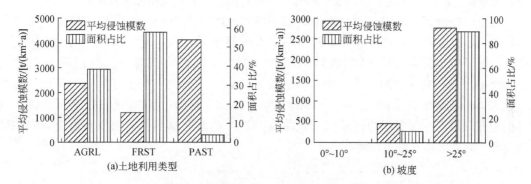

图 10.1.17　轻度侵蚀区域饱和黏磐土所覆盖区域各土地利用类型及草地
和耕地各坡度的平均侵蚀模数及面积占比（刘伟等，2016）

模拟效果和不确定性分析结果表明，SWAT 在大宁河流域的产流产沙模拟中拟合效果很好，且不确定性满足要求，可利用其对流域的土壤侵蚀状况进行研究。

4. 模型数据库的敏感因子分析

SWAT 模型采用代表性基本单元（representative elementary area）的概念，即在某一尺度可以根据输入参数的概率分布来进行模拟预测，而不需要考虑其空间的实际分布，在每一个亚流域内根据特定土壤类型和土地利用方式的组合生成水文响应单元（HRU）来确定模型参数。Manguerra 等（1998）发现 SWAT 模型的河道流量预测变化对亚流域和 HRUs 的数目具有一定的敏感性，尺度较大的参数集影响径流曲线数 CN（curve number）值的实际分布，从而降低了预测的准确性。Fitzhugh 和 Mackay（2000）发现对于不同的亚流域划分，河道流量基本不变，其原因为坡面泥沙产量高于流域出口河道泥沙输移能力，不同的亚流域划分对下游河道泥沙的输移能力影响较小。Cotter 等（2003）在美国阿肯色州面积为 18.9km² 的 Moores Creek 流域利用 SWAT 模型模拟时发现，DEM 分辨率是模型模拟输入数据中最敏感的因子，还进一步说明了 SWAT 模型所用的 DEM 数据最低分辨率应该在 30 ~ 300m，最低的土地利用和土壤数据精度应该在 300 ~ 500m，这样才能确保对径流量、泥沙负荷、硝态氮等较为准确的模拟结果。

国内的郝芳华等（2002）对分布式水文模型亚流域合理划分水平做了讨论，指出不同的亚流域划分对流域径流和泥沙负荷模拟的影响源于地形、土壤、土地利用及气候特征输入的空间分布不均匀性，当亚流域划分数量达到一定水平时，增加亚流域划分对模型输出结果的影响较小。许其功等（2007）以大宁河流域为研究区讨论了参数的空间分布对流域径流和非点源污染模拟结果的影响，结果表明：不同的流域划分方案对营养物质的流失产生了轻微的影响，但没有明显的变化趋势和规律。任希岩等（2004）研究了 DEM 分辨率对流域产流产沙模拟的影响，结果表明：DEM 分辨率对亚流域的面积或个数的提取影响不大，但对坡度值的提取影响较大，因此在进行流域产流、产沙模拟时，应进行坡度订正。吴军和张万昌（2007）采用 5 种不同分辨率的 DEM 运用 SWAT 模型对汉江上游马道河流域的径流进行了模拟，结果表明：不同分辨率 DEM 流域地形分析计算机自动提取得到的最长河道相差较小，但河道总长、坡度等相差较大，进而影响了分布式水文模型径流模拟的效率。

这里以白薇等（2009）对北京市的案例研究为例（图 10.1.18），对 SWAT 模型参数自动率定进行参数敏感性分析。北京属温带大陆性季风气候，地区气温随高程不同而变化，山前平原地区年平均气温较高，为 11～12℃，随着海拔增高，气温直减率约为 0.7℃/100m。1956～2000 年多年平均降水量为 585mm，降水总量为 98 亿 m^3，其中山区降水量 577mm，降水总量 60 亿 m^3；平原降水量 597mm，降水总量 38 亿 m^3。流域内的土壤以褐土分布最广，其面积约占流域面积的 40.8%；其次为棕壤，其面积约占流域面积的 28.2%。此外，还有潮土和淋溶褐土。

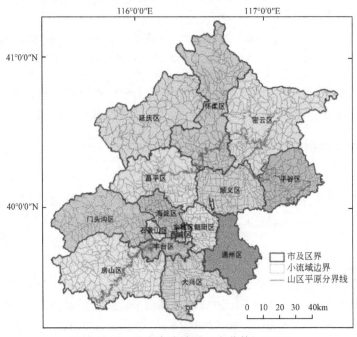

图 10.1.18　北京市流域图（白薇等，2009）

研究中选取北京市前辛庄水文站作为目标水文站，该水文站是 53 号子流域的出口控制站。通过前面描述的算法，自动搜索出 39、41 号子流域为其上游子流域。因此，该水文站控制的子流域分别有子流域 39、41、53。通过 SCE-UA 算法，对前辛庄站上游子流域的模型参数自动率定的时间由原来的 4 天左右，减少到 30 分钟以内，大大地提高了模型自动率定的效率，可以更快速地对大型流域进行参数率定。

参数敏感性分析选取出口模拟实测流量残差平方和 SSQ 和出口平均模拟流量。SWAT 模型中大概有 60 多个参数。另外，每个 HRU、Sub 及 Basin 都有自己独立的参数，随着子流域、HRU 个数的增加，参数的个数也会增加。而 SCE-UA 的最大率定参数为 16 个，这种情况下，ArcSWAT 采用一种假设，即每个参数在不同 HRU、土地利用、土壤间的差异是相对固定的，在进行参数率定时，只需要改变某个参数（所有 HRU，或者某些指定的 HRU）的绝对值，而不同 HRU 间的参数相对变化是不变的。在改变参数绝对值的时候，ArcSWAT 可以采用三种方式进行：第一种代表在给定的参数变化范围内选择某个值并付给该参数；第二种代表在 SWAT 模型初始参数的基础上加上参数变化范围内的某个值；第三种代表在 SWAT 模型初始参数的基础上乘以参数变化范围内的某个百分比。进行参数自动率定时，在兼顾残差平方、及平均流量两个目标的前提下，选择 CN2、surlag、CH_K2、ALPHA_BF、SOL_AWC、sol_z、canmx、ESCO、SLOPE、sol_k 等前 10 个较为敏感的参数。选择 1963～1967 年系列资料用 SCE-UA 算法对以上 10 个参数进行率定，参数率定效果见表 10.1.7。1963～1967 年的日纳须效率系数为 0.68、相关系数为 0.68，月纳须效率系数为 0.89、相关系数为 0.90，总体来说，月模拟的效果较好，日模拟的效果稍差，但也基本达到了率定的要求。

表 10.1.7　参数率定及验证结果表（白薇等，2009）

模拟步长/年	时间/年	水平衡相对误差/%	日纳须系数	R^2（日）	月纳须系数	R^2（月）	备注
5	1963～1967	1.2	0.68	0.68	0.89	0.90	参数自动率定
5	1968～1972	～16.2	0.55	0.53	0.82	0.84	参数验正
5	1973～1977	-6.6	0.72	0.74	0.89	0.91	参数验正
20	1968～1987	-7.3	0.61	0.64	0.80	0.82	参数验正

为了验证上述最优参数的有效性，分别用 1968～1972 年、1973～1977 年和 1968～1987 年的系列资料对最优参数进行验证，最终结果见表 10.1.7。总体来看，三个时段的月纳须效率系数都达到了 0.80 以上，基本达到了模型模拟的要求。

SWAT2005 版本中新增了 LH-OAT 灵敏度分析模块和 SCE-UA 自动校准模块。在进行参数敏感性分析、参数率定时，计算耗费的时间随着子流域个数的增加而增加。如只模拟目标水文站控制的上游的几个子流域，参数自动率定需要的时间就会大大减少。将该方法应用到北京市的 SWAT 模型参数率定时，对选定的前辛庄站的 5 年的同径流过程进行率定时总共用时不超过 30 分钟，而且率定效果较好，这充分说明了该方法的高效性。把该方法推广可以实现对分布式水文模型中多个水文站的径流过程进行快速率定。

10.2　SWAT 模型的特点及应用中需要注意的问题

10.2.1　SWAT 模型的特点

SWAT 模型开发的目的是预测大尺度、无测站流域水、泥沙和农药管理的影响，因此它具备以下特点：①不需要率定（在无测站站点率定是不可能的）；②对大流域采用易获得的输入数据；③对大流域的计算效率高；④连续模拟，能够模拟长期管理变化的影响。Romanowicz 认为 SWAT 模型还具有如下特点：①综合的水文模型，模拟定量和定性的水文平衡项；②以 ArcView 为界面，便于空间分布信息的预处理和后处理；③可以模拟分布式参数变化所带来的影响；④模型可以直接下载，软件的开发者和用户通过邮件和网上讨论来对其进行改进和提高。

总体而言，SWAT 模型是一个半分布式水文模型，以相对均质的水文响应单元（HRU）为模拟单元，能够模拟复杂流域中的径流、泥沙、氮-磷、杀虫剂等流出量及蒸散发量，还可输出日土壤水、土壤温度等时态变量，并能预测土地管理措施的影响。SWAT 的广泛应用说明了它是一种可用于多种环境集成过程的多用途模型，能支持更有效的流域管理和政策决定。简要概括，SWAT 模型具有如下特点。

（1）长时期连续模拟。连续时间模型，可模拟长期影响，如研究污染物的积累及对下游水体的影响评价，往往需要对几十年的情况进行连续模拟。

（2）模拟产水、侵蚀产沙和非点源污染；水分运动、泥沙输送、作物生长和营养成分循环等物理过程直接反映在模型中。模型不但可以应用到缺乏流量等观测数据的流域，而且可以用于对象管理措施、气象条件、植被覆盖的变化对水质等影响的定量评价中。

（3）充分结合 GIS，操作方便。SWAT 具有很强的物理基础，能够利用 GIS 和 RS 提供的空间数据信息模拟地表水和地下水的水量和水质，用来协助水资源管理，即预测和评估流域内水、泥沙和农业化学品管理所产生的影响。

（4）模型核心代码公开，扩展方便。由于 SWAT 开源，用于水文模型的进一步开发开源，可以对源模型进行改装，增加模块和减少模块，并进一步开发，使模型更加适合研究区的状况，也可以对模型进行重新组装开发，从而节约成本，提高工作效率，为我国水文模型的开发提供便利。

（5）不断更新的软件及辅助工具。目前，SWAT 模型提供 AvSWAT 和 ArcSWAT 两个版本，AvSWAT 是将 SWAT 模型集成在 ArcView 中，ArcSWAT 将 SWAT 模型集成在 ArcGIS 中，使数据输入、模型调试和结果输出都在可视化界面下完成，加速了模型的界面开发和灵活应用，使模型的操作更加简单。

（6）活跃的、广大的科研团体。SWAT 模型应用的流域面积最大的为 49.17 万 km^2，最小的为 $0.395km^2$，模型的适用性非常强。国内引进 SWAT 模型较晚，主要应用在产流/产沙模拟、非点源污染及输入参数对模拟结果的影响方面。对于 SWAT 模型在我国不同地区的适用性方面，各大研究团队已有大量相关研究。

10.2.2　模型存在的问题及其改进

1. 模型应用存在的问题

SWAT 模型是近十几年发展起来的一个十分值得推广的综合性流域水文模型，但它在我国的应用过程中还存在一些问题，主要有以下几个方面：

（1）相对于国外，国内对 SWAT 模型的研究时间较短，并主要侧重于水文模拟方面，非点源污染研究也有涉及，但多以 SWAT 为手段，并没有针对研究区域特点对模型做出相应的改进。鉴于 SWAT 模型在国外水资源管理、水土流失等方面的成功应用，可以加强研究，探讨模型在我国不同区域的适用性，并根据研究区域的需要，对模型进行相应的改进，为我国的水资源管理、水土保持工作提供技术支持与决策依据。

（2）SWAT 模型的输入与调参问题。SWAT 模拟功能强大、参数很多且具有空间分布性，而官方网站上提供 AVSWAT 在模型输入与参数调试方面不太方便。哪怕只改变一个降水站点数据或一个参数，都需要重新进行一次参数文件的生成，而这个过程的运行在流域 SWAT 模型中要耗费很长时间，使得 SWAT 应用受到一定的限制，为此开发了模型输入与参数调试模块，可以十分快速地进行模型输入和参数的调整。

（3）植被数据。模型的土地利用数据库是根据北美的植被类型分类的，已经细分到植被的种类，与我国的土地利用分为六大类不一致，我国的土地利用数据不能直接利用，需要修改甚至需要实地观测采样，根据遥感影像重新解译等，工作量方面任务较重。模型计算中采用了生物量方法，需要模拟的一些植被需要用户添加属性参数，而这些参数大多需要实验研究或调查得到，对模型的推广应用十分不利。

（4）SWAT 在地下水模拟中问题。SWAT 模型地下水模块把地下水分为浅层地下水和深层地下水，各土壤层（0~2m）的侧流或层间流用 kinematic model 计算，其中地下径流采用回归方法计算，当天的浅层蓄水层地下径流的出流量与其前一天的出流量存在指数回归关系。浅层地下水作为流域内的水量，参与水量平衡计算：渗透到深层的水量看作是系统中损失的部分，不再参加水量平衡计算。模型没有考虑不同子流域之间的地下水流动，处理地下水的方式是一维的、概念性的，对浅层地下水和地下水的模拟缺乏动态性，不适用于超采区地下水模拟。近年来有 SWAT 模型和地下水模型联合应用的趋势，如与 GMS、MODFLOW 等的联合。耦合其他地下水模型或者对地下水模块进行修改将是模型近期的重要研究方向之一。

（5）SWAT 在城市水循环模拟中问题。SWAT 主要是针对农业管理开发的流域分布式模型，对城市水循环模拟考虑不足。但是，世界银行专家提议可以通过输入与输出信息前后处理的方式解决。由于 SWAT 是一个开放的构架，也可以通过添加相应的功能模块，实现城市水循环的模拟问题。

2. 模型的改进及趋势

水文模型通常具有一定的局限性，在国内外的广泛应用过程中，SWAT 模型也暴露了一些不足之处。为了识别模型的限制性、参数的不确定性和敏感性，国内外专家对此进行了一系列研究。Migliaccio 等（2007）在美国的 War Eagle Creek 流域用 SWAT 模型和 QUAL2E 模型同时预测了营养盐的浓度，并用数理统计的方法对结果进行了比较，两种模型得到的结果无显著性差异。研究也表明，内河模块的激活与否不能给 SWAT 模型的结果带来显著性差异。Mehmet 在葡萄牙的 Pracana 流域用 SWAT 模型和人工神经网络模型同时进行了研究并比较了二者。结果表明，在流量预测中，人工神经网络能更准确地预测流量峰值，而 SWAT 模型在流量均值的预测上效果更好。

Cibin 用全球敏感性分析（GSA）技术对 SWAT 模型的参数进行了敏感性分析，得到随着气候条件的变化，流量对参数的敏感性也发生变化，对于特定流域，参数可识别性是主要的考虑因素。Zhang 等应用遗传算法和贝叶斯模型平均法结合的方式来进行 SWAT 模型的校准和不确定性分析，研究通过在美国的利特尔里弗流域和中国的黄河流域的对比，证明了这种联合算法能使 SWAT 的模拟和不确定性分析取得更好的结果。Yang 等在中国的潮河流域将 GLUE、ParaSol、SUFI-2、MCMC 和 IS 这 5 种不确定性分析技术对 SWAT 模型进行应用并比较、分析了各自的优缺点，研究表明，基于贝叶斯理论的分析技术优于其他。为了克服 SWAT 模型在模拟地下水时的不足，Kim 将 MODFLOW 中的单元结构与水文响应单元互换，从而弥补了半分布式水文模型在考虑分布式参数方面的缺陷，改进的模型在模拟地下水的时空分布、蓄水层的蒸散及地下水位等方面都有明显的提高。

10.2.3　结语

SWAT 模型在世界范围内的广泛应用证实了它作为一个强大的分布式水文模型可以应用在不同地域、不同空间尺度、不同时间步长的多个环境过程中，SWAT 模型空间数据输入效率、模拟输出显示和模型运行效率因与 GIS 集成而大大提高，为非点源污染研究、环境变化条件下水文响应研究和水资源管理等提供了强大的平台，是一个值得大力推广的综合性水文模型。但是，随着对 SWAT 模型的广泛利用，也突显出一些对此模型更高的要求。目前研究过程中，水文响应单元的划分是土壤类型和土地利用类型及坡度的简单叠合，与在流域内的空间位置是没有关系的，这就忽略了各个水文响应单元之间水、沙及营养物质的运移，在最佳管理措施的模拟中对过滤带的宽度和边界范围的确定也需要考虑水文响应单元之间的物质交换以评估过滤带的位置。因此，将 HRUs 之间的水流、泥沙运移和营养物质迁移考虑进来就成为模型改进的方向之一。另外，我国与美国采用的土壤、植被的分类体系不同，数据不能直接利用，很多数据精度也不够高，甚至有些地区数据大量缺失进而影响了模型预测结果，这给 SWAT 模型的推广带来了很大的阻碍。因此，对 SWAT 模型本身的进一步完善及提高模型所需数据的精度和共享程度已成为国内应用研究 SWAT 模型的难题。

参 考 文 献

白淑英, 王莉, 史建桥, 等. 2013. 基于 SWAT 模型的开都河流域径流模拟 [J]. 干旱区资源与环境, 27 (9): 79-84.

白薇, 刘国强, 董一威, 等. 2009. SWAT 模型参数自动率定的改进与应用 [J]. 中国农业气象, 30 (增2): 271-275.

程艳, 敖天其, 黎小东, 等. 2016. 基于参数移植法的 SWAT 模型模拟嘉陵江无资料地区径流 [J]. 农业工程学报, 32 (13): 81-86.

陈军锋, 陈秀万. 2004. SWAT 模型的水量平衡及其在梭磨河流域的应用 [J]. 北京大学学报（自然科学版）, 40 (2): 265-270.

车骞, 王根绪, 孔福广, 等. 2007. 气候波动和土地覆盖变化下的黄河源区水资源预测 [J]. 水文, 27 (2): 11-15.

丁飞，潘剑君．2007．分布式水文模型 SWAT 的发展与研究动态 [J]．水土保持研究，14 (1)：33-37.

丁京涛，姚波，许其功，等．2009．基于 SWAT 模型的大宁河流域污染物负荷分布特性分析 [J]．环境工程学报，3 (12)：2153-2158.

段超宇，张生，李锦荣，等．2014．基于 SWAT 模型的内蒙古锡林河流域降水–径流特征及不同水文年径流模拟研究 [J]．水土保持研究，21 (5)：292-297.

冯夏清，章光新，尹雄锐．2010．基于 SWAT 模型的乌裕尔河流域气候变化的水文响应 [J]．地理科学进展，29 (7)：827-832.

耿润哲，李明涛，王晓燕，等．2015．基于 SWAT 模型的流域土地利用格局变化对面源污染的影响 [J]．农业工程学报，31 (16)：241-250.

郭军庭，张志强，王盛萍，等．2014．应用 SWAT 模型研究潮河流域土地利用和气候变化对径流的影响 [J]．生态学报，34 (6)：1559-1567.

胡连伍，王学军，罗定贵，等．2006．基于 SWAT 2000 模型的流域氮营养素环境自净效率模拟——以杭埠—丰乐河流域为例 [J]．地理与地理信息科学，22 (2)：35-38.

郝芳华，孙峰，张建永．2002．官厅水库流域非点源污染研究进展 [J]．地学前缘，9 (2)：385-386.

林炳青，陈兴伟，陈莹，等．2014．流域景观格局变化对洪枯径流影响的 SWAT 模型模拟分析 [J]．生态学报，34 (7)：1772-1780.

刘伟，安伟，杨敏，等．2016．基于 SWAT 模型的三峡库区大宁河流域产流产沙模拟及土壤侵蚀研究 [J]．水土保持学报，30 (4)：49-56.

罗吉忠，张新华，肖玉成，等．2013．基于 SWAT 模型的缺资料流域径流模拟研究 [J]．西南民族大学学报（自然科学版），39 (1)：80-86.

吕乐婷，彭秋志，郭媛媛，等．2014．基于 SWAT 模型的东江流域径流模拟 [J]．自然资源学报，(10)：1746-1757.

庞佼，白晓华，张富，等．2015．基于 SWAT 模型的黄土高原典型区月径流模拟分析 [J]．水土保持研究，22 (3)：111-115.

庞靖鹏，刘昌明，徐宗学．2007．基于 SWAT 模型的径流与土壤侵蚀过程模拟 [J]．水土保持研究，14 (6)：89-95.

秦福来，王晓燕，张美华．2006．基于 GIS 的流域水文模型——SWAT（Soil and Water Assessment Tool）模型的动态研究 [J]．首都师范大学学报（自然科学版），27 (1)：81-85.

任希岩，张雪松，郝芳华，等．2004．DEM 分辨率对产流产沙模拟影响研究 [J]．水土保持研究，11 (1)：1-4.

汤洁，刘畅，杨巍，等．2012．基于 SWAT 模型的大伙房水库汇水区农业非点源污染空间特性研究 [J]．地理科学，32 (10)：1047-1053.

王学，张祖陆，宁吉才．2013．基于 SWAT 模型的白马河流域土地利用变化的径流响应 [J]．生态学杂志，32 (1)：186-194.

王中根，刘昌明，黄友波．2003．SWAT 模型的原理、结构及应用研究 [J]．地理科学进展，22 (1)：79-86.

武会先．1998．利用土壤侵蚀模型研究全球变化 [J]．水土保持应用技术，(2)：14-19.

吴军，张万昌．2007．DEM 分辨率对 AVSWAT2000 径流模拟的敏感性分析 [J]．遥感信息，(3)：8-13.

谢平．2010．流域水文模型：气候变化和土地利用/覆被变化的水文水资源效应 [M]．北京：科学出版社．

姚苏红，朱仲元，张圣微，等．2013．基于 SWAT 模型的内蒙古闪电河流域径流模拟研究 [J]．干旱区资源与环境，27 (1)：175-180.

袁军营，苏保林，李卉，等．2010．基于SWAT模型的柴河水库流域径流模拟研究［J］．北京师范大学学报（自然科学版），46（3）：361-365.

袁宇志，张正栋，蒙金华．2015．基于SWAT模型的流溪河流域土地利用与气候变化对径流的影响［J］．应用生态学报，26（4）：989-998.

张利平，曾思栋，王任超，等．2011．气候变化对滦河流域水文循环的影响及模拟［J］．资源科学，33（5）：966-974.

张雪松，郝芳华，杨志峰，等．2003．基于SWAT模型的中尺度流域产流产沙模拟研究［J］．水土保持研究，10（4）：38-42.

赵杰，徐长春，高沈瞳，等．2015．基于SWAT模型的乌鲁木齐河流域径流模拟［J］．干旱区地理（汉文版），38（4）：666-674.

Arnold J G, Allen P M. 1996. Estimating hydrologic budgets for three Illinois watersheds ［J］. Journal of hydrology, 176 (1-4)：57-77.

Borah D K, Bera M. 2004. Watershed- scale hydrologic and non- point source pollution models：review of applications ［J］. Transactions of the asae, 47 (3)：789-803.

Borah D K. 2003. Watershed- scale hydrologic and non- point source pollution models：review of mathematical bases ［J］. Trans asae, 46 (6)：1553-1566.

Chanasyk D S, Mapfumo E, Willms W. 2003. Quantification and simulation of surface runoff from fescue grassland watersheds ［J］. Agricultural water management, 59 (2)：137-153.

Cibin R, Sudheer K. Chaubey I. 2010. Sensitivity and identifiability of stream flow generation parameters of the SWAT model ［J］. Hydrological processes, 24：1133-1148.

Cotter A S, Chaubey I, Costello T A, et al. 2003. Water quality model output uncertainty as affected by spatial resolution of input data ［J］. Jawra journal of the American water resources association, 39 (4)：977-986.

Fitzhugh T W, Mackay D S. 2000. Impacts of input parameter spatial aggregation on an agricultural nonpoint source pollution model ［J］. Journal of hydrology, 236 (1-2)：35-53.

Gassman P W, Reyes M R, Green C H, et al. 2007. Soil and water assessment tool：historical development, applications, and future research directions ［J］. the Transactions of the asabe, 50 (4)：1211-1250.

Hapuarachchi H P, Li Z J, Wolfgang F A. 2003. SWAT模型在斯里兰卡河流径流预测中的运用［J］．湖泊科学，15：147-154.

Kim N W, Chung I M, Won Y S, et al. 2008. Development and application of the integrated SWAT- MODFLOW model ［J］. Journal of Hydrology, 356：1-16.

Kiniry J R, Williams J R, King K W. 2005. Soil and water assessment tool (SWAT) theoretical documentation：version 2000 ［J］. Computer speech & language, 24 (2)：289-306.

Kiniry J R, Williams J R, Srinivasan R. 2000. Soil and water assessment tool user's manual ［J］. Nature clinical practice rheumatology, 3 (3)：119.

Manguerra H B, Engel B A. 2007. Hydrologic parameterization of watersheds for runoff prediction using swat1 ［J］. Jawra journal of the American water resources association, 34 (5)：1149-1162.

Mehmet C, Demirel A V. 2009. Flow forecast by SWAT model and ANN in Pracana basin, Portuga ［J］. Advances in Engineering Software, 40：467-473.

Migliaccio K, Haggard B, Chaubey I, et al. 2007. Linking watershed subbasin characteristics to water quality parameters in War Eagle Creek watershed ［J］. Transactions of the ASABE 50.

Neitsch S L, Arnold J G, Srinivasan R. 2002. Pesticides fate and transport predicted by the soil and water assessment tool (SWAT) atrazine, metolachlor and trifluralin in the Sugar Creek Watershed ［R］. Temple,

Texas：BRC Publication.

Shirmohammadi A，Chu TW. 2004. Evaluation of the SWAT model's hydrology component in the piedmont physi-ographic region of maryland［J］. Transactions of the asae，47（4）：1057-1073.

Yang J，Reichert P，Abbaspour K，et al. 2008. Comparing uncertainty analysis techniques for a SWAT application to the Chaohe Basin in China［J］. Journal of Hydrology，358：1-23.

Zhang X，Srinivasan R，Bosch D. 2009. Calibration and uncertainty analysis of the SWAT model using Genetic Al-gorithms and Bayesian Model Averaging［J］. Journal of Hydrology，374：307-317.

思考与练习题

1. 在你的研究工作中，可以用到哪些水文模型？

2. 流域水文模型的优势是什么？其分类有哪些？

3. SWAT 模型与其他水文模型有何区别？其优势在哪里？

4. 结合实际问题，试述 SWAT 模型中径流水文模拟的基本原理和过程。

5. 模型参数的率定方法有哪些？论述其改进和校准的意义。

6. 在你自己的研究领域，可以运用 SWAT 模型解决哪些方面的具体问题？

7. 根据你自己的认识和理解，你认为 SWAT 模型应用的优缺点是什么？

8. 结合自己研究领域的相关问题，运用 SWAT 模型的模块分析，做一个具体的实例研究。

第 11 章　InVEST 模型评介

空间格局与人地关系历来是地理学的两大核心内容（Turner，2002）。生态过程及其所提供的产品和服务（生态系统服务）是人地关系研究的重要课题之一。InVEST 模型，是美国斯坦福大学、大自然保护协会（the Nature Conservancy，TNC）与世界自然基金会（World Wide Fund for Nature，WWF）联合开发的一个生态系统服务和交易的综合评估模型（integrated valuation of ecosystem services and trade-offs）。该模型可以用于模拟不同土地覆被情景下生态服务系统物质量和价值量的变化，从而为决策者权衡人类活动的效益和影响提供科学依据。

11.1　InVEST 模型的基本原理、计算环境及其应用

定性与定量是考察事物特征与发展变化的两种途径，在地理学人地关系中均具有重要的价值。承载力一直是地理学关注的对象，是分析区域或地理系统发展或退化的重要视角。但只有实现承载力的定量分析，才能提供更深刻的认识。定性分析是定量分析的基本前提，没有定性的定量是一种盲目的、毫无价值的定量；定量分析使定性更加科学、准确，它可以促使定性分析得出广泛而深入的结论。生态足迹、生态系统服务等提供了一种量化土地所提供的产品和服务的量的方式。生态系统服务不仅可以量化局地的产品和服务，还可以量化区域或全球尺度上的产品流和服务流。因此，自 1997 年 Costanza 等在全球尺度实现了生态系统服务的定量分析以来，相关研究发展迅速（Costanza et al.，1997）。目前已经发展了多种定量分析的工具和软件，而 InVEST（the integrate valuation of ecosystem services and tradeoffs tool）即是其中应用比较广泛的软件平台之一。

11.1.1　InVEST 模型的基本原理

InVEST 模型是 2007 年开始由美国斯坦福大学、世界自然基金会和大自然保护协会联合开发的生态系统服务量化软件（Daily et al.，2009），目的在于更好地为政府及相关部门的决策提供可靠的依据，将生态服务功能保护及自然资本运作纳入资源管理和可持续发

展规划决策中去。从 2008 年 10 月发布 InVEST1.0 Beta 版本以来，InVEST 模型更新速度较快，至 2017 年 4 月已更新到 3.3.2 版本（图 11.1.1）。

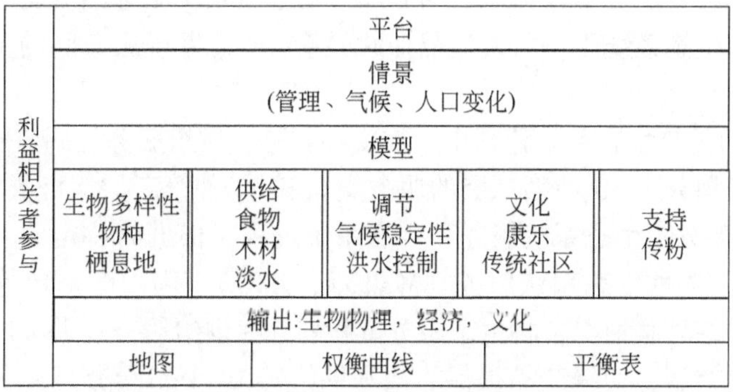

利益相关者参与	平台				
	情景 （管理、气候、人口变化）				
	模型				
	生物多样性 物种 栖息地	供给 食物 木材 淡水	调节 气候稳定性 洪水控制	文化 康乐 传统社区	支持 传粉
	输出：生物物理，经济，文化				
	地图	权衡曲线		平衡表	

图 11.1.1　InVEST 模型框架

1. 生态系统服务概念与分类

生态系统服务，也称自然资本，是目前地理学、生态学、经济学、社会学等学科交叉的研究热点，近 20 年来其相关论文数量从概念提出后以指数方式增长（Potschin and Haines-Young，2011）。生态系统服务（ecosystem service）是指生态过程及组成直接或间接满足人类需求的能力，侧重生态系统对人类福祉的贡献及其价值体现，因人类需求而存在（Costanza et al.，1997）。它是生态系统与生态过程所形成及所维持的人类赖以生存的自然环境条件与效用。它不仅为人类提供了食品、医药及其他生产生活原料，更重要的是维持了人类赖以生存和发展的生命支持系统，维持生命物质的生物地化循环与水文循环，维持生物物种与遗传多样性，净化环境，维持大气化学的平衡与稳定。

生态系统服务这一概念经历了较长的发展过程。1864 年 Marsh 在 *Man and Nature* 中记述了地中海地区人类活动对生态系统服务功能的破坏。Ehrlich 等在 1974 年提出了"全球环境服务功能"，并在 1977 年将其拓展为"全球生态公共服务功能"（Ehrlich et al.，1977）。同年，Westman 在 *Science* 上发表关于自然服务价值计量的文章，提出了"自然服务功能"（Westman，1977）。

生态系统服务的分类是生态系统评估的基础。1997 年 Costanza 等在 *Nature* 上发表了对全球 16 个大生态区 17 种生态系统服务的价值评估文章（Costanza et al.，1997），首次定量评估了全球自然生态系统的价值。2002 年 De Groot 从为人类服务的角度出发，将功能分为调节功能、栖息功能、生产功能和信息功能四大类 23 小类（De Groot et al.，2002）。这个框架的国际影响显著，是 2003 开始并于 2005 年完成的千年生态系统评估的方法论框架，同时在全球土地计划支持的可持续性评价组织 SENSOR 项目第一阶段作为获得景观功能概念的背景知识（Pérez-Soba et al.，2008）。千年生态系统评估框架中，将生态系统服务分为支持服务、供给服务、调节服务和文化服务，并与人类福祉的组成要素安全、物质需求、健康、社会关系及自由等联系起来，评估生态系统变化对人类福祉的影响（MA，2005），开启了深入研究生态系统服务的新纪元。

2. 生态系统服务评估原理

生态系统服务和自然资本评估涉及的内容包括生态系统服务的分类和量化、生态系统服务的空间表达、生态系统服务与人类福祉的关系、生态系统服务间的关系及生态系统服务与决策支持。

2005 年完成的千年生态系统评估中，在支持服务、供给服务、调节服务和文化服务四大服务类型下面又划分了 30 种第二层的服务类型和 37 种第三层服务类型（MA，2005）。2007 年，Wallace 区分了生态系统服务和生态系统过程，根据与特定的人文价值相对应的各种需求，划分了 17 种生态系统服务（Wallace，2007）。国内谢高地等根据中国民众和决策者对生态服务的理解情况，将生态服务重新划分为供给服务、调节服务、支持服务和社会服务 4 个一级类型，初级产品提供、淡水供给等 14 个二级类型，食物生产、原材料生产等 31 个 3 级类型（谢高地等，2008）。生态系统服务在不同的区域有不同的表现，其重要性也不尽相同。同时，即使同一区域，对于不同的利益相关者，其所考虑和关注的生态系统服务也有差异（Diaz et al.，2011），因此不会存在适用于多种情景的普适性生态系统分类，生态系统服务的分类需要根据生态系统的特征及实际的需要和关注的问题而定（张永民，2012）。

生态系统服务量化采取的方法包括实际市场评估法、替代市场评估法和假想市场评估法。其中，实际市场评估方法包括市场价值法和费用支出法；替代市场评估法包括替代成本法、生产成本法–机会成本法、恢复和防护费用法、影子工程法、旅行费用法、资产价值法或享乐价值法，以及疾病成本法和人力资本法、预防性支出法、有效成本法等；假想市场法包括条件价值法或称意愿调查法。

生态系统服务的评估可以以某一个生态系统为基础，但其往往基于某一个区域，如 Constaza 等对全球生态系统价值量的评估（Costanza et al.，1997）和国内谢高地等对西藏总生态系统服务价值的评估和对中国草地生态系统价值量的评估（谢高地等，2001；谢高地等，2003）。早期的研究往往只有总量，并不是空间显性的，并不能反映区域内的差异和热点，因此是一种以矢量为单位的方法。近年来较多的方法试图对其进行空间上的量化，即以像元为单位的方法。这将生态系统服务与具体的土地利用联系了起来，如 InVEST 模型。

3. InVEST 模型应用进展

InVEST 模型由水模型和非水模型两大部分组成。其中，水模型包括产水、水源涵养、水质、减洪、土壤保持、减少泥沙淤积、灌溉、水电站等模块；非水模型包括生物多样性保护、木材收获、农业、传粉、碳汇等模块（Ehrlich et al.，2012）。目前有的模块包括作物传粉、木材生产、土壤保持、水源净化、水库电能生产模块，InVEST 计划在未来推出的模型有地下水补给、农业生产和洪水风险缓解模块，如图 11.1.2 所示。

InVEST 中每种生态系统服务功能评估设计了从简单到复杂四个级别的模型（表 11.1.1）。第 0 级模型评估生态系统服务的相对水平或对特殊服务需求较大的显著区域。第 1 级模型计算生态系统服务功能产出（物质量），该级模型有一定的理论基础并且很简

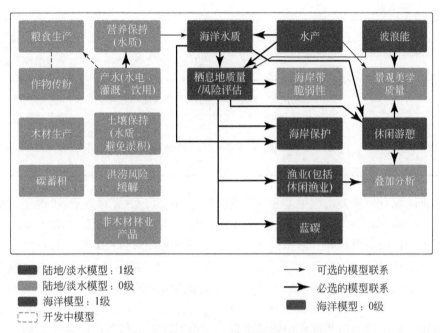

图 11.1.2　InVEST 模型模块

单，是能抓住问题本质设计的最简单的模型。1 级模型适用于能够获得比 0 级更多的数据，但仍旧满足相对较少的数据需求。通过 1 级模型可以确定生态系统服务功能区域差别及生物多样性，当前或未来条件下生态系统服务的平衡和协调。所有 1 级模型均可输出绝对价值，并为用户提供经济价值评估的选择（除生物多样性外）。第 2 级模型是价值评估（价值量），主要用来评价生物多样性及其他一些生态系统服务功能。第 2 级模型能够更为精确地评估生态系统服务功能及其价值，评估结果对于制定生态补偿方案具有重要意义。用户可以将 0 级、1 级和 2 级模型很好地配合使用，从而创造出最适用于自己研究工作和感兴趣的问题的模型。第 3 级模型是各种相关的复杂模型进行综合应用，在另一些情况下（如渔业），一些特殊的地方已经可以使用 3 级模型，如图 11.1.2 所示。InVEST 可评估不同土地利用/覆被变化情景对生态系统服务的影响，因此可被用于土地利用的决策支持，对地方和区域经济、社会与环境可持续性具有重要的意义。

表 11.1.1　InVEST 模型的分级设计特征

0 级模型	1 级模型	2 级模型	3 级模型
相对价值	绝对价值	绝对价值	绝对价值
没有评估	通过一系列方法	通过一系列方法进行评估	通过一系列方法进行评估
一般没有严格的时间，或采用累年平均	年均时间步长，没有时间序列	时间步长从日到月，有时间序列	时间步长从日到月，时间序列同反馈和阈值联系起来

0 级模型	1 级模型	2 级模型	3 级模型
从流域到全球适当的空间范围	从流域到全球适当的空间范围	很广,从很小的区域到全球	从很小的区域到全球
适用于确定重要区域(高风险或专门的生态系统服务区)	适用于战略决策,依据一定的标准做战术决策	适用于依据绝对价值做战术决策	更精确地评估生态系统服务功能
生态系统服务之间没有互动	个别生态系统服务功能间存在互动	个别生态系统服务功能间存在互动	以反馈和阈值为条件的复杂生态系统服务交互

近年来陆续有较重要的成果基于 InVEST 模型而做出,学界对 InVEST 模型的重视程度越来越高。Goldstein 等(2012)尝试将 InVEST 模型运用于小区域的决策支持,为模型的运用提供了较好的案例指导。Ehrlich 等(2012)指出基于 InVEST 模型的自然资本评估可为可持续发展提供重要的决策支持,Cardinale 等(2012)指出将 InVEST 模型用于生物多样性与生态系统服务和功能的关系研究,可以定量而明确地评估生物多样性损失带来的影响,对保护生物多样性的决策具有重要价值。目前,InVEST 已经在世界范围的很多区域开展了运用,如安第斯山北部和中美洲南部、坦桑尼亚东部弧形山脉区、加利福尼亚内华达山脉区、夏威夷群岛等。其中,内华达山脉区项目组在 InVEST 评估的基础上形成了一套经济与政策机制——许可、费用、税收、补贴、条例、投资、奖励等,以便政府相关职能机构对每种生态系统服务功能的保护优先度做出选择,对当地政府及相关部门生态系统服务功能管理提供了较为科学的规划依据。

中国也开展了大量 InVEST 模型的应用研究,王玉宽与斯坦福大学合作,在长江上游地区进行了模型应用和参数改进,并评估了汶川地震对区域生态系统服务功能的影响(傅斌等,2013;彭怡等,2013)。周彬等(2010)、余新晓等(2012)将其运用于北京山区的土壤侵蚀和水源涵养模拟;张灿强等(2012)在西苕溪流域用 InVEST 进行了产水量分析;陈龙等(2012)在澜沧江流域开展了生态系统水源涵养功能研究;潘韬等(2013)利用 InVEST 模型评估了三江源区水源供给服务。

11.1.2　InVEST 模型的计算与制图环境

InVEST 模型的计算环境也在随着模型的发展而更新。早期的版本中,InVEST 模型的运行依赖于 ArcGIS,需要在 GIS 环境下运行,但发展到第三版之后,InVEST 的运行不再依赖于 ArcGIS 环境,已经有了自己独立的界面环境。模型的运算结果可以在空间可视化软件,如 ArcGIS、QQGIS 或统计分析软件(如 Excel、R)上查看。

InVEST 模型采用调入式,根据界面左边的数据要求,在右边选择合适的空间数据完成分析。在 InVEST 模型数据准备时,各模型的分辨率要求一致,最终在模型运行后产生统一分辨率的生态系统服务评估结果。

InVEST 模型提供了一套数据(Base_Data)供初学者试用,用户可以参考示例数据准备实验的数据格式,并对分析的结果进行解读。

根据 InVEST 模型的结果，可将 InVEST 模型的制图分为三类。

（1）空间分布地图。分析结果的空间分布，通过 ArcGIS 软件、MapGIS、R 或其他空间制图软件实现。分析结果可以清楚地展示某种生态系统服务在空间上的展布，可以比较清晰地认识高、低值区域。空间分布图可以进行空间重叠，比较其空间重合度，以直观的制图方法表达生态系统服务之间的关系，发现热点区（hotspot）和危急区。

（2）生态系统服务变化比较图。生态系统服务各类型之间的关系也一直是研究的热点。生态系统服务之间如何转化？它们之间的关联如何？如何表征它们之间的协同或权衡？当前常用的集中方法包括生态系统服务簇（ecosystem service bundles）、权衡花（tradeoff flower）和蛛网图（spider plot）等。这些图可以在 EXCEL、R 等软件环境下实现。

（3）生态系统服务价值量的变化。这一内容主要涉及不同类型的土地利用所提供的产品或服务，或不同情景下服务量的变化。这些图一般以柱状图的方式呈现，在 Excel、R 等软件环境下实现。

11.1.3　InVEST 模型的应用

InVEST 模型提供了一套具有物理机制的工具和方法，来量化生态系统产品和服务，在对生态系统服务功能定量评估方面具有很大的优势。InVEST 模型自开发以来，已经在全球很多地区开展了应用。利用 InVEST 模型开展的工作也在 *Nature*、*Science*、*PNAS* 等一系列著名期刊上发表，引起了国际的广泛关注。

1. 土地利用决策支持

InVEST 模型为决策者提供了一种途径，来量化各种可能土地利用情景下的利弊。该模型已经被用于全球很多地方土地利用的决策支持。这里以 Goldstein 等（2012）的工作为例，介绍 InVEST 模型在土地利用决策中的作用。目前，InVEST 模型已经得到政府、企业及社会组织的关注，帮助美国、非洲国家及亚洲国家在土地利用决策中综合考虑各种权衡得失。

为了帮助在夏威夷群岛中瓦胡岛（Island of Oahu）北岸最大的土地所有者卡美哈米哈学校教育基金会（Kamehameha Schools）设计一种土地利用发展规划，来平衡其储备土地的私有价值和公共价值，Goldstein 等（2012）利用 InVEST 模型计算了该区域 7 种规划情景下的生态系统服务价值，来考察不同土地利用的环境和经济影响。这 7 种规划情景包括了对比鲜明的土地利用组合，包括生物燃料原料、庄稼作物、林业、牧业和住宅开发。

夏威夷是全球土地利用竞争愈演愈烈的一个缩影，卡美哈米哈学校教育基金会在该区域用于本次规划的土地面积有 1.06 万 hm^2。历史上这片土地主要以农业、养殖业和人类居住为主（图 11.1.3）。有约 2200hm^2 耕地在近百年来一直被用于甘蔗生产，但这种情况在 1996 年由于怀阿卢阿糖厂放弃了租赁而终止了生产。自此之后，农业生产仅恢复到之前种植园土地的三分之一，剩余的原有耕地不再使用，大部分被入侵物种（大黍、南洋楹、银合欢）所占据。

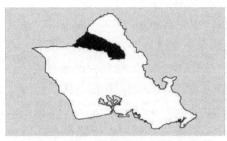
(a) 瓦胡岛卡美哈米哈学校的土地储备

(b) 主要的未开发海岸线

(c) 古鱼塘及其他重要的文化资本

(d) 有可利用水资源的高产农业带

(e) 生物多样性丰富的原生山地森林

(f) 商业和居住用地

图 11.1.3　瓦胡岛卡美哈米哈学校所属土地的利用类型（Daily et al.，2009）

根据实际需求，本书中设置了 7 种情景（图 11.1.4），包括对当前灌溉系统不做任何改进的两种情景：①"维持现状"，保持当前的土地利用直到未来；②"牧场"，将所有耕地转化为养牛牧场。

对当前灌溉系统做改进的四种情景：①粮食作物和林业，利用低洼地区的灌溉用地来生产多样化的粮食作物，在坡地、高地进行植树造林；②生物燃料，将农用地恢复甘蔗种植，生产能源原料；③粮食作物和林业，并设置缓冲地带，在情景 3 基础上增加植被缓冲区，减少农田向邻近河流的营养和土壤输送；④生物燃料，设置缓冲地带，在情景 4 基础上增加植被缓冲区，减少农田向邻近河流的营养和土壤输送。

变卖所有土地：

住宅区开发。变卖所有的耕地用于房产开发。尽管卡美哈米哈学校和当地社区都不倾向于这一选择，但它代表了夏威夷一种在之前耕地上重复发生的土地开发模式，因此也将其包括入内。

当前土地利用与景观结构下研究区所提供的生态系统服务如图 11.1.5 所示。

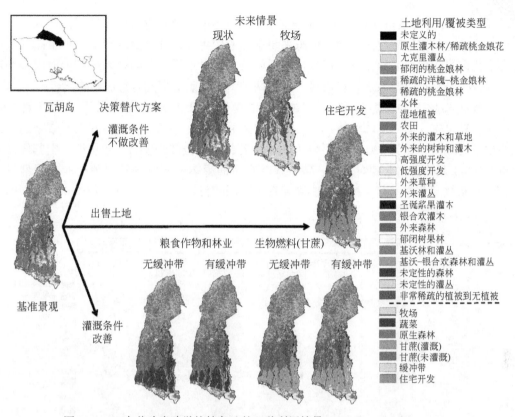

图 11.1.4　卡美哈米哈学校储备地的 7 种利用情景（Goldstein et al.，2012）

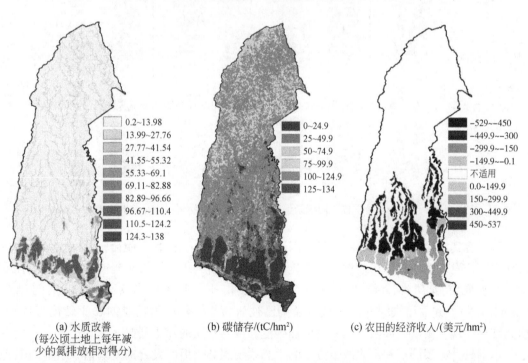

(a) 水质改善
（每公顷土地上每年减
少的氮排放相对得分）

(b) 碳储存/(tC/hm²)

(c) 农田的经济收入/(美元/hm²)

图 11.1.5　卡美哈米哈学校储备地当前所提供的生态系统服务（Goldstein et al.，2012）

图 11.1.6 是与维持现状相比，6 种情景下水质改善、碳储存、农田的经济收入三种生态系统服务量的空间变化。前两种生态系统服务的变化以百分比表示，第三种生态系统服务的变化以仅价值量表示。在发展生物燃料的情景下对水质改善的效果最佳，而农田利用和房产开发都将影响流域水环境质量。但这两种情景对碳储存却有负面影响。

与现状相比，生物燃料和有缓冲带的生物燃料会极大地改善水质，改善效果达29.2% ~32.4%，然而这两种情景下碳储存量会下降8% ~9.9%，同时农田所带来的经济回报也较为显著，达到 820 万 ~1030 万美元。若将土地全部开发为住宅用地，则其经济回报可达 6240 万美元，但其对水质、碳储存却有负面影响。可以看到几种土地利用情景之下，生态系统服务之间存在权衡与协同关系。不同的目标，对土地利用方式会有不同的要求（图 11.1.6）。

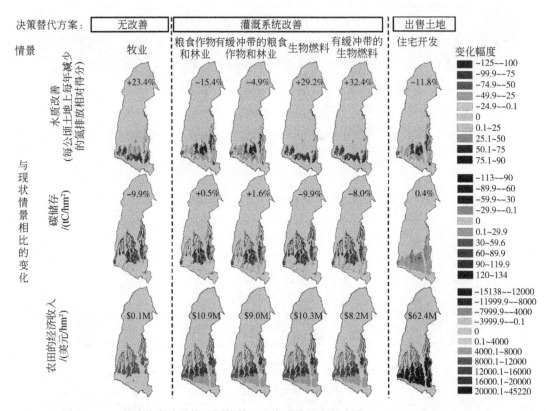

图 11.1.6　卡美哈米哈学校不同情景下生态系统服务的变化（Goldstein et al.，2012）

可以看到，尽管出卖土地的利润可以流入教育基金以支持教育使命，然而出卖土地进行住宅区开发可能会导致当地教育和文化资产不可逆转的损失，影响当前和未来的信托受益。对水质和碳储存功能来说，与现状情景相比，并不存在双输或双赢的结果（图 11.1.7）。建立植被缓冲区来减少径流已被认为是一种广为接受的农业最佳管理法。研究结果发现，植被缓冲区可以提供增加碳汇和改善水质的双重利益。

本书只考虑了碳汇和水质两个方面的生态系统服务，但所设置的规划情景可能对其他生态系统服务也产生不同程度的影响。如作物传粉功能，当土地利用/覆盖类型提供传粉

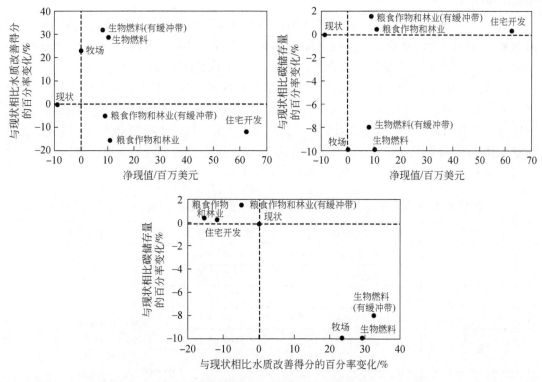

图 11.1.7　卡美哈米哈学校不同情景下生态系统服务净现值的变化（Goldstein et al.，2012）

昆虫的栖息地时，作物的传粉服务将会加强；而在住宅开发情景下，因为没有作物接受传粉，作物传粉服务就会下降。因此，考虑其他生态系统服务类型将会为规划过程提供更多的信息。将生态系统服务整合进地方土地利用规划中，提供了利益者参与考虑不同土地利用方式环境和经济影响的一种定量途径。

2. 海岸带灾害影响评估

沿海地区是沿海国家社会经济发展的重要区域，也是人类活动最活跃、最频繁的地带。全球人口超过 500 万的城市有 65% 分布在海拔低于 10m 的沿海低地。我国拥有 18000km 的大陆岸线，沿海区域人口密集，经济发达，占陆域国土面积 13% 的沿海经济带，承载着全国 42% 的人口，创造了全国 60% 以上的国民生产总值，因此沿海地区在我国社会经济发展中占有举足轻重的地位。

沿海地区是全球最为脆弱的区域之一。尤其是沿海的超大城市正面临着由气候变化、风暴潮、沿海洪涝和海平面上升带来的风险（IPCC，2013）。世界银行对全球 136 个主要沿海城市目前和未来因洪水造成的损失情况进行了估算，数据表明，2005 年前后，这些城市年均损失大约 60 亿美元，而到了 2050 年，这一损失额将上升到 520 亿美元。中国和美国则是沿海城市洪灾最严重的两个国家（Hallegatte et al.，2013；Hanson et al.，2011）。我国沿海城市承载着较高的全国人口比例，创造着大量 GDP，是国家经济发展的重要地区，但沿海城市处于海-陆交互作用的脆弱敏感地带，极易遭受台风、风暴潮等极端气候事件的影响和危害。

InVEST 模型的海洋模块，如海岸带脆弱性和海岸带保护模块，在海岸带脆弱性评价方面具有重要的价值和意义，已经开始被用到海岸带脆弱性的评估。下面以 Arkema 等 (2013) 对美国海岸带脆弱性评估为例，介绍 InVEST 模型的应用。

当前，美国海岸带内有 16% 的区域属高危险性区域，居住着 130 万人口，包括 25 万 65 岁以上的老人、3 万贫困线以下的家庭、大约 3000 亿的房屋财产值。根据未来气候变化趋势，本书设置了 5 种当前和未来海平面的情景，再根据是否有栖息地保护设置了 2 种情景，共计 10 种情景。计算了各情景之下暴露于洪水淹没范围内的人口、贫困家庭、65 岁以上的老人数和房屋财产值。各种情景设置如表 11.1.2 所示。

表 11.1.2　美国海岸带脆弱性评估的 InVEST 模型情景设计（Arkema et al.，2013）

气候情景	栖息地情景	危险性指数范围	海岸带脆弱性
高	有栖息地	1.05 ~ 4.69	
	无栖息地	1.26 ~ 4.84	
中	有栖息地	1.05 ~ 4.69	● 总人口
	无栖息地	1.26 ~ 4.84	● 贫困家庭数
低	有栖息地	1.05 ~ 4.69	● 65 岁以上人口数
	无栖息地	1.26 ~ 4.84	每个州、每个县、每 1km²
趋势	有栖息地	1.05 ~ 4.69	上的最高暴露大于 3.36 的像
	无栖息地	1.26 ~ 4.84	元数
当前	有栖息地	1.05 ~ 4.69	
	无栖息地	1.26 ~ 4.84	

栖息地类型和有无栖息地对海岸带的灾害影响产生不同的后果。对于有森林和湿地等保护的海岸带，台风、风暴潮、海啸等带来的危害可被这类栖息地消解掉一部分，从而对海岸带城市、基础设施等的危害就会减小。然而，若海岸带开发导致大片湿地、红树林被破坏，灾害将正面冲击承灾体，从而产生很大的灾害。2004 年印度洋海啸遇难者总人数超过 29.2 万人，其中海岸带红树林等天然植被的破坏对灾害后果有重要的影响。栖息地是海岸带的天然保护，然而填海造陆、大规模养殖等导致天然栖息地破坏，将会放大灾害后果，美国卡特里娜飓风也充分说明了这一问题。各种栖息地的作用范围如表 11.1.3 所示。

表 11.1.3　美国海岸带不同类型栖息地的排序和作用范围（Arkema et al.，2013）

栖息地类型	排序	保护距离/m
珊瑚礁	1	2000
海岸森林	1	2000
挺水沼泽	2	1000
牡蛎礁	2	100
高沙丘	2	300

续表

栖息地类型	排序	保护距离/m
低沙丘	3	300
沉水植物	4	500
海藻林	4	1500
海草床	4	500

可以看出，珊瑚礁、海岸森林、海藻林对海岸带具有非常好的保护效果。但全球气候变化、海洋酸化、营养元素排放、微塑料使用及海岸带开发，对沿海栖息地具有很大影响，进而会影响灾害的危险性。

海岸带脆弱性评估的步骤如图 11.1.8 所示。

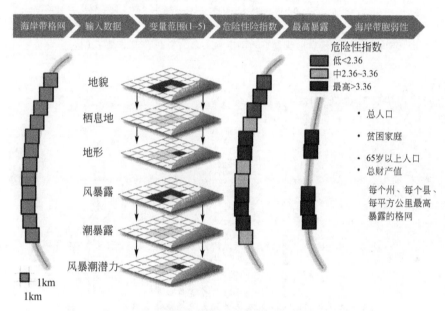

图 11.1.8　海岸带脆弱性评估的步骤（Arkema et al.，2013）

在脆弱性评估中，需要将海岸带格网数据及相关的灾害致灾因子，如地形、地貌、风暴露、潮暴露等数据输入模型，进而获得海岸带的危险性指数。在危险性指数的基础上，对其进行分类，将低于 2.36 的划分为低危险性，2.36～3.36 划分为中危险性，而将大于 3.36 的划分为高危险性。对于整个美国海岸带，不同情景之下的暴露情况如图 11.1.9 所示。

海岸带栖息地降低了美国沿海地区人口和财产暴露于风暴潮和海平面上升影响程度的约 50%，可见栖息地对沿海防灾减灾的重要性。

美国东海岸即大西洋沿岸受海平面上升和风暴潮的影响要远严重于西海岸即太平洋沿岸（图 11.1.10）。而对美国经济非常重要的三大湾，即切萨皮克湾、加尔维斯顿湾、旧金山湾均处于高危险性区域。在美国各州中，佛罗里达州、纽约州、新泽西州、马里兰州、加利福尼亚州的危险性最高，佛罗里达州的危险性已接近纽约的 2 倍。而类似卡特里

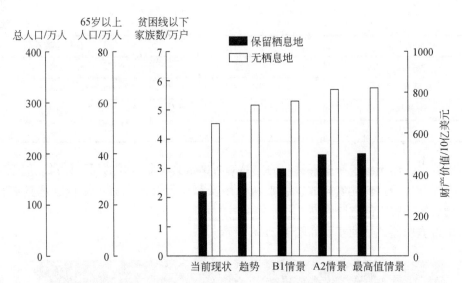

图 11.1.9　不同海平面和栖息地背景下美国沿海人口与资产暴露情况（Arkema et al.，2013）

娜那样的飓风在未来并不是会不会发生，而是何时发生的问题。当灾难再次面临时，这些区域是否能将损失降到最低，这是这些区域灾害评估、防灾减灾规划的重点。

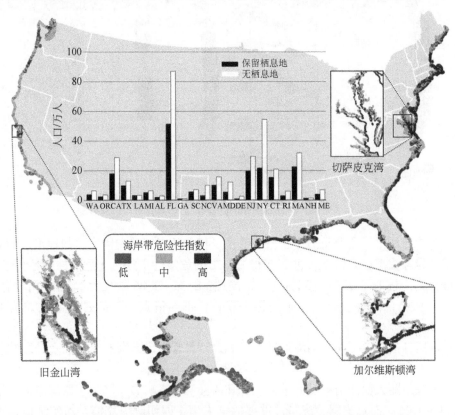

图 11.1.10　A2 情景下 2010 年海平面上升和风暴潮背景下受影响的海岸带和沿海人口情况（Arkema et al.，2013）

在未来 A2 和海平面上升两种情景下，自然栖息地减少了暴露到风暴潮和海平面上升影响下的总资产数，突出显示的几个区域包括佛罗里达州门罗县、南卡罗来纳州的乔治城和霍里县、北卡罗来纳州的不伦瑞克和彭德县（图 11.1.11）。

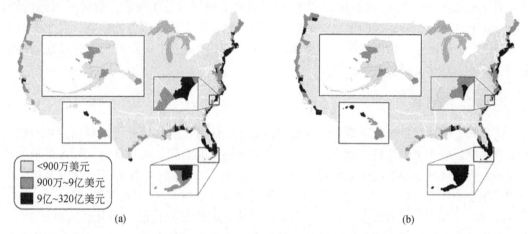

图 11.1.11　自然栖息地保护的美国海岸带总资产数（Arkema et al.，2013）

图 11.1.12 为在当前和未来 A2 情景海平面上升和风暴潮背景下，自然栖息地所保护的贫困家庭和老年人口占总人口的比例。高（最上 25%）、中（中间 50%）、低（最下

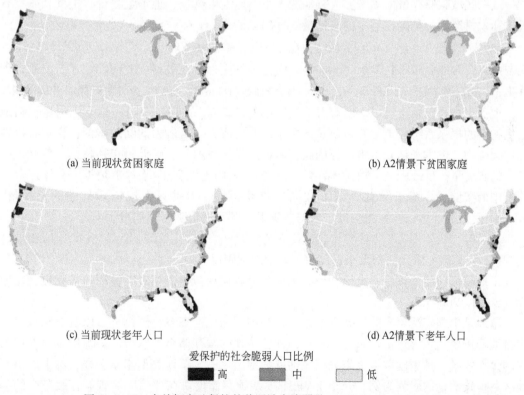

图 11.1.12　自然栖息地保护的美国社会脆弱县（Arkema et al.，2013）

25%）分离点的划分是基于两种海平面上升情景下贫困家庭和65岁以上老人比率的分布来定的。可以看到，佛罗里达州、华盛顿州、俄勒冈州处于高脆弱性区域。针对这里的弱势群体，政府在防灾减灾政策上要进行充分的考虑。除对全美海岸带脆弱性进行评估之外，Arkema 等（2015）还利用 InVEST 模型对海岸带规划进行了分析，通过对不同情景、不同目标下8种人类活动区的变化，考察了对栖息地和生态系统服务的影响，并主要分析了龙虾渔业、旅游业、海岸保护、栖息地的差异，指出 InVEST 模型对于海岸带规划的意义，成果发表在美国科学院院报上。

3. 固碳功能评估

植被和土壤碳储量是生态学、全球变化研究中的热点，因此研究土地利用变化对碳汇的影响对于区域和全球气候变化意义重大。区域碳储量的空间分布特征研究可为区域生态系统碳库管理和减排增汇政策制定提供重要科学依据。2015年12月12日，《联合国气候变化框架公约》近200个缔约方在巴黎达成新的全球气候协议——《巴黎协定》，指出各方将加强对的气候变化威胁的全球应对，把全球平均气温较工业化前水平升高控制在2℃之内，并为把升温控制在1.5℃内而努力。近年来，将未来气候变化控制在1.5℃之内是气候变化研究领域的热点（Huang et al.，2017）。与此相关的，控制碳排放（碳减排）或增加碳储量，进而实现增温幅度的控制意义重大。碳存储服务功能是最重要的生态系统服务功能之一，碳库储量及碳汇的问题受到世界各国的广泛关注。

某一区域碳储存量依赖于五大碳汇的大小：地上生物量、地下生物量、土壤、死亡有机质和木材产品、林副产品中的碳储量（HWPs）。

$$C_{\text{tot}} = C_{\text{above}} + C_{\text{below}} + C_{\text{dead}} + C_{\text{soil}} + \text{HWPs} \tag{11.1.1}$$

式中：C_{above} 为地上部分生物碳（t/hm²）；C_{below} 为地下部分生物碳（t/hm²）；C_{dead} 为死亡碳（t/hm²）；C_{tot} 为总碳（t/hm²）；C_{soil} 为土壤有机碳（t/hm²）；HWPs 为林副产品中的碳储量。

地上生物量包括土壤以上所有存活植物中的碳储量（如枝\叶）；地下生物量包括地上生物活的根系系统；土壤有机质是土壤中的有机成分，是最大的陆地碳汇；死亡有机碳包括凋落物、倒木和枯立木中储存的碳；木材产品和林副产品碳储量包括薪柴、焦炭、家具中的碳储量。InVEST 模型的碳储存和蓄积模型利用土地利用/土地覆被类型和储存在各碳汇中的碳储量。鉴于第五类碳汇数据的难获得性，本书只考虑前四种碳的蓄积量。InVEST 模型的计算以像元为基础，根据各碳汇的碳密度值确定碳储量大小。

$$C_i = S_i \times D_i \tag{11.1.2}$$

式中：S_i 为某碳汇像元面积大小；D_i 为某碳汇的碳密度值。

土地碳汇功能计算中，土地利用和土地覆盖数据越精确，其对碳蓄积的估计也会越准确（Small，2004）。

草地是中国广泛分布的生态系统之一，在中国陆地生态系统碳循环，以及全球碳循环中扮演着重要角色（Piao et al.，2009），评估草地的碳存储至关重要。新疆伊犁河谷作为中国重点牧区，是中国草地生态系统最活跃的地区之一，草地类型丰富多样，本书以伊犁地区草地碳储量的研究为例，介绍 InVEST 模型碳存储模块在评估区域碳存储服务中的应用（尚二萍和张红旗，2016）。伊犁地区过去对碳存储的研究主要集中在土壤有机碳估算上（孙慧兰等，2016；杨玉海等，2010），尚缺少针对整个草地生态系统的碳存储评估。本书参考国内外最新的研究结果，以草地的 4 个碳库为基础，基于大量实测数据估算伊犁地区不同时期（1980s、2000s、2010s）6 种草地类型碳存储的动态，判断固碳能力大的草地类型，以期为当地的草地改良方向及可持续利用提供参考。

新疆伊犁河谷地处 42°15′N ~ 44°55′N，80°5′E ~ 84°5′E，土地总面积为 5.53 万 km^2，行政上归属伊宁市、伊宁县、察布查尔锡伯自治县、霍城县、巩留县、新源县、昭苏县、特克斯县、尼勒克县（图 11.1.13）。气候为温带大陆性气候，年平均气温为 10.4℃，年降水量为 230 ~ 520mm。伊犁河谷是全国著名的牧区，草地面积约 30000km^2。

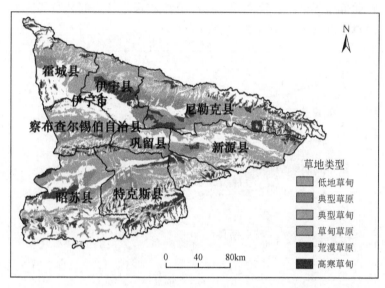

图 11.1.13　伊犁河谷草地类型分布（尚二萍和张红旗，2016）

总体技术路径为：用 InVEST 模型的碳储存模块，利用式（11.1.1），根据不同草地类型地上、地下、土壤、死亡四种碳库的平均碳密度乘以各草地类型的面积来计算伊犁地区整个草地生态系统的碳储量。在 InVEST 碳模型中输入伊犁河谷草地植被类型图和基于实测数据的草地四大碳库参数表，得到研究区草地的地上、地下和死亡碳三者碳密度总和，简称植被碳密度，即 C_v。在 ArcGIS 中运用栅格计算器，将土壤碳密度图层（C_{soil}）加上 C_v 图层得到研究区草地总的碳密度空间分布图，即 C_{tot}。

获取研究区草地植被类型图数据是研究的基础。伊犁地区草地主要包括草甸草原、典型草原、荒漠草原、典型草甸、低地草甸和高寒草甸等 6 种类型，1980s、2000s、2010s 各时段草地分布分别从三期土地利用图中提取。草地四大碳库数据是估算草地碳库（C_{tot}）的重心。为了便于和前人的研究进行比较，本书统一使用转换系数（0.45）将生物量转换为碳。地上碳数据主要来自全国第二次草地统一调查数据整理及自 1980 年以来其他学者在该地区或邻近地区的实测数据。研究区实测点草地类型的产草量及新疆不同草地类型的产草量数据，以及各种草地类型地上生物量数据由查阅中国草地资源数据等获取。地下部分碳数据是利用不同草地类型地上部分与地下部分的比值换算得到的；死亡碳数据则利用地上部分生物量与死亡生物量的比值换算得到。土壤有机碳数据以中国 1∶100 万土壤数据库为基础，利用土壤有机碳储量和碳密度的空间化表达和计算方法得到（孙慧兰等，2011）：

$$SOC = \sum_{i=1}^{n} (1 - \theta_i) \times p_i \times C_i \times T_i / 100 \qquad (11.1.3)$$

式中：SOC 为土壤剖面有机碳密度（kg/m²）；θ_i 为第 i 层>2mm 砾石含量（体积%）；p_i 为第 i 层土壤容重（g/cm³）；C_i 为第 i 层土壤有机碳含量（gC/kg）；T_i 为第 i 层土层厚度（cm）；n 为参与计算的土壤层次总数。最后，利用 ArcGIS 裁剪得到研究区草地的土壤碳密度。

伊犁河谷草地类型分布具有很强的空间异质性（图 11.1.13），到 2015 年，典型草甸的面积最大，占草地总面积的 28.80%；典型草原集中分布在伊犁河谷的中部区域；低地草甸主要分布在北部边界区域；高寒草甸主要分布在西北、南部和东北区域；草甸草原分布较分散，荒漠草原的面积最小（图 11.1.14）。

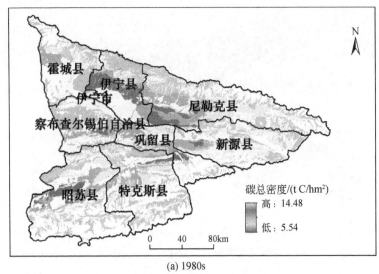

(a) 1980s

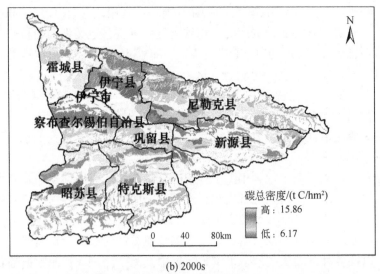

(b) 2000s

图 11.1.14　伊犁河谷草地 1980s、2000s 和 2010s 总碳密度空间分布及其变化
（尚二萍和张红旗，2016）

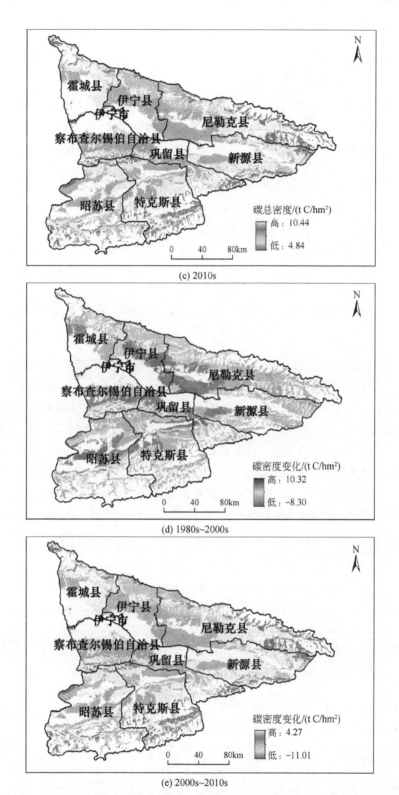

(c) 2010s

(d) 1980s~2000s

(e) 2000s~2010s

图 11.1.14　伊犁河谷草地 1980s、2000s 和 2010s 总碳密度空间分布及其变化
（尚二萍和张红旗，2016）（续）

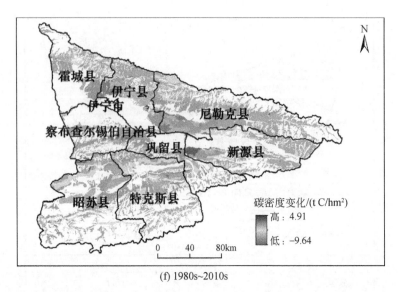

(f) 1980s～2010s

图 11.1.14　伊犁河谷草地 1980s、2000s 和 2010s 总碳密度空间分布及其变化
（尚二萍和张红旗，2016）（续）

从 1980s～2000s 和 2000s～2010s 两个时间段看，伊犁河谷草地碳密度呈现先增加后降低的趋势。1980s～2000s，草地平均碳密度增加了 2.5t C/hm²，除察布查尔锡伯自治县南部、尼勒克县中部少量草地碳密度有小幅度下降外，约98%的区域都表现出草地碳密度增加，其中草甸草原、荒漠草原、低地草甸、典型草原、典型草甸、高寒草甸分别以 100%、100%、99.98%、94.66%、84.82%、86.26% 的面积表现出草地碳密度的增加。2000s～2010s，草地平均碳密度降低了 3.81t C/hm²，除昭苏县和察布查尔锡伯自治县有极少部分增加外，约99%的区域表现出草地碳密度降低，低地草甸、典型草原、草甸草原以 99.98% 的面积表现出草地碳密度的降低，典型草原、高寒草原、荒漠草原以 99.6% 的面积表现出草地碳密度的降低。伊犁河谷草地地上、地下、死亡碳密度变化趋势与总碳密度变化相似，都呈先增加后减少的趋势（表 11.1.4）。

表 11.1.4　1980s～2010s 伊犁河谷草地类型、面积、碳密度与碳储量（尚二萍和张红旗，2016）

草地类型	1980s			2000s			2010s		
	草地面积 /hm²	碳密度 /(tC/hm²)	碳储量 /TgC	草地面积 /hm²	碳密度 /(tC/hm²)	碳储量 /TgC	草地面积 /hm²	碳密度 /(tC/hm²)	碳储量 /TgC
草甸草原	274815	8.65	2.38	401797	12.34	4.96	357747	7.77	2.78
典型草原	663228	6.96	4.62	650276	9.03	5.88	783265	8.00	6.27
荒漠草原	293732	5.54	1.63	226694	6.17	1.40	208737	5.70	1.19
典型草甸	858878	14.48	12.44	1 015970	15.86	16.11	883392	10.44	9.22
低地草甸	493811	9.24	4.56	472339	12.93	6.11	471412	9.97	4.70
高寒草甸	705711	9.20	6.49	469050	11.12	5.21	362745	4.84	1.76
总计	3290175	—	32.12	3236126	—	39.67	3067298	—	25.92

1980s、2000s 和 2010s 伊犁河谷草地碳储量分别约为 32.12TgC、39.67TgC 和 25.92TgC，平均碳密度分别约为 9.76tC/hm²、12.26tC/hm² 和 8.45tC/hm²。1980s~2000s 伊犁河谷草地碳储量和碳密度呈显著增加趋势。2000s~2010s 伊犁河谷草地碳储量呈降低态势，碳汇作用相对微弱。不同类型草地的碳储量差异显著。草地碳储量以典型草甸和典型草原碳积累量为高；荒漠草原的碳储量最低。

4. 森林水源涵养功能评估

水源涵养功能一直是生态学与水文学研究的重点内容。水源涵养是指养护水资源的各种举措。水源涵养能力与植被类型、盖度、枯落物组成、土层厚度及土壤物理性质等因素密切相关。植被，特别是森林，素有"绿色水库"之称，具有涵养水源、调节气候的功效，是促进自然界水分良性循环的有效途径之一。森林的水源涵养功能是指森林生态系统通过林冠层、枯落物层和土壤层对降水再分配，从而有效涵蓄水分、调节径流的功能。森林水源涵养能力受生态系统类型、气候因子、土壤理化性质、地形地貌等因素的影响，在空间上存在较大的异质性。众多学者对森林等生态系统的水源涵养功能进行了深入研究，但这些研究对不同森林生态系统进行高度的概化，缺少对森林生态系统水源涵养功能空间格局的研究。准确地评价森林水源涵养功能在空间上的分布一直是水源涵养功能研究中的热点。

下面以 2008 年四川汶川地震为背景，以地震对水源涵养功能的影响为出发点，介绍 InVEST 模型在水源涵养研究中的应用（傅斌等，2013）。都江堰市位于成都市的上游，是举世闻名的都江堰水利工程所在地。都江堰已成为实灌面积 67.3 万 hm² 的特大型灌区，不仅满足了成都平原和川中丘陵地区农业灌溉的需要，还为灌区提供了供水、发电、水产养殖、生态保护、旅游等综合服务（图 11.1.15）。汶川地震对都江堰市生态系统造成了巨大破坏，直接影响水源涵养功能。准确评估震后市域生态系统的水源涵养重要性对其创建国家级生态市，保障整个成都平原的生态安全具有重要意义。

InVEST 模型根据水量平衡原理计算流域产水量，在产水量的基础上再考虑土壤厚度、渗透性、地形等因素的影响，计算水源涵养量（图 11.1.16）。

具体计算方法如下

$$WR = (1 - TI) \times \min(1, K_{sat}/300) \times \min(1, TravTime/25) \times Yield \quad (11.1.4)$$

式中：WR 为多年平均涵养水量（mm）；TI 为地形指数，无量纲，根据 DEM 计算；K_{sat} 为土壤饱和导水率（cm/d）；TravTime 为径流运动时间（min），用坡长除以流速系数（vel_coef）得到；Yield 为产水量。

$$TI = \log\left(\frac{Drainage\ area}{Soil\ depth \times Percent\ slope}\right) \quad (11.1.5)$$

式中：Drainage area 为集水区栅格数量，无量纲；Soil depth 为土壤深度（mm）；Percent slope 为百分比坡度。

产水量 Yield 由下式计算：

$$Y_{jx} = \left(1 - \frac{AET_{xj}}{P_x}\right)P_x \quad (11.1.6)$$

式中：Y_{jx} 为年产水量；P_x 为栅格单元 x 的年均降水量；AET_{xj} 为土地利用类型 j 上栅格单元

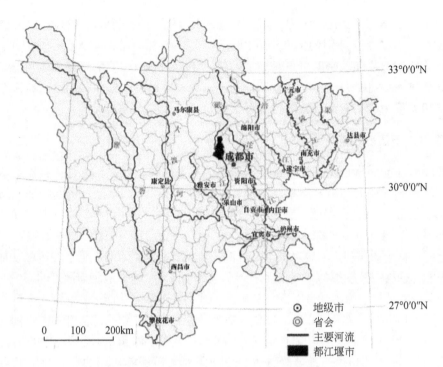

图 11.1.15 研究区示意图（傅斌等，2013）

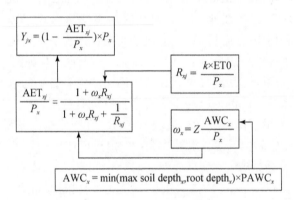

图 11.1.16 InVEST 模型水源涵养功能计算步骤

x 的年平均蒸散发量，由式（11.1.6）计算：

$$\frac{\mathrm{AET}_{xj}}{P_x} = \frac{1 + \omega_x R_{xj}}{1 + \omega_x R_{xj} + 1/R_{xj}} \qquad (11.1.7)$$

式中：R_{xj} 为土地利用类型 j 上栅格单元 x 的干燥指数，无量纲，表示潜在蒸发量与降水量的比值：

$$R_{xj} = \frac{k \times \mathrm{ET}_0}{P_x} \qquad (11.1.8)$$

式中：k（或 ET_k）为作物系数，是作物蒸散量 ET 与潜在蒸散量 ET_0 的比值；潜在蒸散发量 ET_0，是指假设平坦地面被特定矮秆绿色植物全部遮蔽，同时土壤保持充分湿润情况下

的蒸散量，用下式计算

$$\text{ET}_0 = 0.0013 \times 0.408 \times \text{RA} \times (T_{\text{avg}} + 17) \times (\text{TD} - 0.0123P)^{0.76} \tag{11.1.9}$$

式中：ET_0 为潜在蒸散量（mm/d）；RA 为太阳大气顶层辐射 [MJ/(m^2·d)]；T_{agv} 为日最高温均值和日最低温均值的平均值（℃）；TD 为日最高温均值和日最低温均值的差值（℃）。

太阳大气顶层辐射用气象站太阳平均总辐射除以 50% 计算获得（假设大气层顶的太阳辐射是 100%，那么，太阳辐射穿过大气后发生散射、吸收和反射，向上散射占 4%，大气吸收占 21%，云量吸收占 3%，云量反射 23%，共约损失 50%）。ω_x 为修正植被年可利用水量与降水量的比值，无量纲：

$$\omega_x = Z \frac{\text{AWC}_x}{P_x} \tag{11.1.10}$$

式中：Z 为 Zhang 系数，是表征多年平均降水特征的一个常数，是模型的关键参数，默认值是 9.433；AWC_x 为可利用水；

$$\text{AWC}_x = \min(\max \text{Soil depth}_x, \text{Root depth}_x) \times \text{PWAC}_x \tag{11.1.11}$$

式中：max Soil depth 为最大土壤深度；Root depth 为根系深度；PAWC_x 为植被可利用水，利用土壤质地计算；

$$\text{PAWC} = 54.509 - 0.132\text{sand} - 0.003(\text{sand})^2 - 0.055\text{silt} - 0.006(\text{silt})^2$$
$$- 0.738\text{clay} + 0.007(\text{clay})^2 - 2.688\text{OM} + 0.501(\text{OM})^2 \tag{11.1.12}$$

式中：sand 为土壤砂粒含量（%）；silt 为土壤粉粒含量（%）；clay 为土壤黏粒含量（%）；OM 为土壤有机质含量（%）。

水源涵养重要性评价采用综合指数法，同时考虑生态系统的供水功能，以及对洪水的减缓作用。水源涵养功能用水源涵养量表示，生态系统减洪作用用暴雨截流量表示。采用次降雨饱和截流量与多年平均暴雨日数相乘得到，然后对水源涵养量和植被截流量进行分级赋值后相加（表 11.1.5），结果按表 11.1.6 分级确定重要性。水源地保护区和饮用水水源地是水源涵养功能被利用的区域，直接被认为是极重要区。

表 11.1.5　水源涵养功能分级

涵养量	>60	40~60	20~40	<20
截留量	>6	4~6	1~4	<1
分级赋值	1	2	3	4

表 11.1.6　水源涵养重要性分级

重要性指数	0~4	5~7	>7
重要性级别	极重要	重要	一般重要

InVEST 水源涵养模型需要输入的参数有蒸散系数（ET_k）、根系深度、流速系数。潜在蒸散发量 PET，与模型中参考蒸散量（ET_0）概念相同，是指假设平坦地面被特定矮秆绿色植物全部遮蔽，同时土壤保持充分湿润情况下的蒸散量。估算潜在蒸散量的方法主要有 Penman-Monteith（PM）、Hargreaves（HG）、Thornthwaite、Modified-Hargreaves。InVEST

模型推荐数据难以获取的地区使用 Modified-Hargreaves 法。

最大根系深度表示植被能获得水的深度。各植被的最深根系可以由相关文献获得。作物系数是指一定时段内水分充分供应的农作物实际蒸散量与生长茂盛、覆盖均匀、高度一致（8~15cm）和土壤水分供应充足的开阔草地蒸散量的比值，参照联合国粮食及农组织（Food and Agriculture Organization of the United Nations，FAO）出版的《作物蒸散量–作物需水量计算指南》模型提供的参考数据及研究区地表植被覆盖实际情况确定。流速系数表示了不同的下垫面对地表径流运动的影响，以 USDA-NRCS 提供的国家工程手册上的流速-坡度-景观表格为基准，乘以 1000 得到的。土壤饱和导水率采用澳大利亚威尔士大学开发的 NeuroTheta 软件计算（表 11.1.7）。

表 11.1.7　水源涵养重要性分级

土地利用	1000ETK	根系深度/mm	流速系数	土地利用	1000ETK	根系深度/mm	流速系数
灌溉水田	700	300	2012	望天田	750	300	900
水浇地	750	300	900	旱地	750	300	900
菜地	750	300	600	园地	800	700	500
桑园	800	700	500	菜园	800	700	500
其他园地	800	700	500	有林地	1000	5000	200
灌林地	900	2000	249	疏林地	900	3000	300
未成林地	800	1500	400	迹地	800	1	2012
苗圃	800	500	600	天然草地	600	500	500
荒草地	650	500	400	农田水利用地	500	1	2012
建制镇	1	1	2012	农村居民地	1	1	2012
独立工矿	1	1	2012	特殊用地	1	1	2012
铁路用地	1	1	2012	公路用地	1	1	2012
水库水面	700	1	2012	水工建设用地	1	1	2012
坑塘水面	500	1	2012	养殖水面	500	1	2012
沼泽地	500	300	900	沙地	1	1	200
裸岩石砾地	1	1	1500	其他	1	1	500
河流	1000	0	2012	塘库	300	1	2012

除上述参数外，运行模型还需要土地利用、DEM、土壤质地和长期气象数据。其中，气象数据通过中国气象数据共享网获得，其他数据通过到都江堰市实地调查收集得到。

植被次暴雨截流量参考相关文献确定。暴雨日数为多年平均的日降雨量大于 50mm 的日数，采用四川省 1951~2005 年日降雨资料插值获得。

都江堰市全市生态系统多年平均水源涵养量为 266mm/a，占年均降水量的 21.7%，水源涵养总量达到 3.21 亿 m^3，为紫坪铺水库库容的 28.8%。水源涵养功能在市域内表现出明显的空间差异。水源涵养功能较高的区域有两个：其一为市域的北部中低山区，包括虹口乡与龙池镇的部分地区，多年平均水源涵养量在 200~260mm；其二为市域的西南部低山丘陵区，主要是青城山一带，多年平均水源涵养量在 150～220mm，与北部山区不同的是该地区虽然水源涵养功能总体较高，但分布不及前者集中，在高涵养区中间还散布一些中低功能区。水源涵养功能较差的地区主要分布在北部高山区和东部平原区。前者主要是受地质影响，但是大面积的森林和草地被破坏，形成涵养能力极差的裸岩石砾地，不过都江堰降水丰富，采用自然恢复为主结合人工植被重建应该能较快恢复。东部平原区是人口集中分布的区域，土地利用类型以耕地和建设用地为主，水源涵养能力较差。市域其他地区水源涵养功能处于中等。需要指出的是，都江堰水利工程及紫坪铺水库所在地的紫坪铺镇水源涵养功能并不是最高，原因是这一地区已处于岷江干旱河谷地区，植被稀疏、降雨偏少，因此生态系统水源涵养功能一般。

由于地处成都市的上游，都江堰水源涵养整体上都属重要。图 11.1.17 (b) 表明，都江堰市生态系统的减洪功能都重要，市域西部的青城山至虹口一带，是森林主要分布区，也是山区，其减洪功能对于缓解洪灾极为重要，这主要由生态系统的分布与暴雨分布决定。与之类似，水源涵养重要区空间分异也较为明显 [图 11.1.17 (c)]，极重要区主要集中在北部，包括龙池镇与虹口乡的大部分地区，以及西南的青城山风景区中部与大观镇的西部。由于紫坪铺水库对于下游的供水安全极为重要，因此尽管其水源涵养功能不是最高，其重要性等级仍然为极重要。市域东部的广大平原与丘陵区由于水源涵养功能较差，所以水源涵养重要性等级最低。其余地区重要性处于中等。水源涵养重要性总体上与水源涵养功能的格局一致，这说明生态功能评估结果在生态重要性评价中占有重要地位，因此在数据和方法可行的条件下，应尽量以水源涵养功能评估为基础进行水源涵养重要性评价。

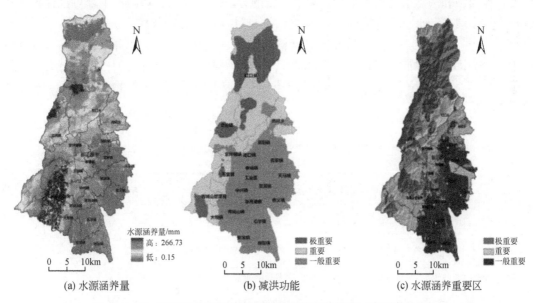

图 11.1.17　研究区生态系统水源涵养功能评估结果（傅斌等，2013）

采用 InVEST 模型可以对县域水源涵养功能进行定量评估，在此基础上开展的水源涵养重要性评价能够较为精细地反映水源涵养功能的空间差异及其对人类社会的重要性。根据本书的研究结果，都江堰市的水源涵养极重要区面积为 $421km^2$，占全市总面积的 34.9%，远大于目前县域的水源保护区面积。因此，在灾后重建及都江堰的生态市建设（2010～2020 年）中，需要围绕水源涵养功能的恢复，开展水源保护区建设。受地震影响，县域北部水源涵养功能破坏较严重，但由于都江堰地处川西高原向盆地过渡地区，地势西高东低，来自东部的季风县域西部和北部形成丰富的降水，有利于植被快速恢复，只要采取自然修复并辅以人工植被建设，就能在较短时间恢复该地区的水源涵养功能。

5. 土壤侵蚀与保持

1）土壤侵蚀模型的发展

土壤保持是生态系统的重要服务功能之一。侵蚀和沉积是形成健康生态系统的自然过程，但是过量的侵蚀与沉积就会造成严重的后果，如过度的土壤侵蚀会造成地形支离破碎，土壤肥力减退，土地生产力降低，影响农业生产和食物安全；还会导致洪涝灾害增加，污染物迁移扩散，威胁桥梁、铁路和电力设施。另外，侵蚀能够导致沉积物堆积，造成河床抬升、水库淤积、兴利库容减少及水环境恶化，危及水库和下游河道堤防安全，增加水库运行和管理成本，对异地（包括位于侵蚀流域的下游、湖泊和近海地区）生态、环境、人类生存和社会经济发展带来严重影响。同时，土壤侵蚀和泥沙搬运使土壤有机碳、氮的含量、组分产生较大变化，进而影响全球生源要素（碳、氮、磷、硫）循环乃至全球气候变化。

1965 年，Wischmeier 和 Smith 对美国 30 个州近 30 年的观测资料进行了系统分析，根据近万个径流小区的试验资料，提出了著名的经验模型——通用土壤流失方程（USLE）。作为预测面蚀和沟蚀引起的年平均土壤流失量的方法，它考虑了降雨、土壤可蚀性、作物管理、坡度坡长和水土保持措施五大因子（图 11.1.18），方程式如下：

$$USLE = R \times K \times L \times S \times C \times P \tag{11.1.13}$$

式中：USLE 为年平均土壤流失量（t/hm^2）；R 为降雨和径流侵蚀因子；K 为土壤可蚀性因子；L、S 为地形因子，其中 L 为坡长因子，S 为坡度因子；C 为作物管理因子；P 为治理措施因子。

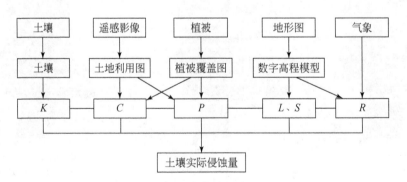

图 11.1.18　土壤侵蚀量计算流程图

USLE 计算的是实际土壤侵蚀量，即考虑了管理和工程措施，若只考虑地貌、气候条件，则可以计算在没有人为控制条件下潜在的土壤流失量，方程式如下：

$$RKLS = R \times K \times L \times S \qquad (11.1.14)$$

式中各因子与前面相同。

USLE 可用来计算年平均土壤流失量，从而指导人们进行正确的耕作、经营管理，采取适当的保护措施来保持土壤。它所依据的资料丰富，涉及区域广泛，因而具有较强的实用性，曾在世界范围内得到了广泛的推广。1978 年，Wischmeier 和 Smith 针对应用中存在的问题，对 USLE 进行了修正，使 USLE 更具有普遍性。

USLE 是目前使用最广泛的土壤侵蚀模型，能够估算潜在土壤侵蚀量、实际土壤侵蚀量和土壤保持量。从已有的研究来看，USLE 模型主要应用在以下三个方面：土壤侵蚀量及其空间格局研究、土壤保持量及其生态服务功能评估和人类活动与水土保持效益的响应。USLE 模型并未考虑地块自身拦截上游沉积物的能力，通过 USLE 模型计算的土壤保持量存在一定的问题。InVEST 模型的沉积物保留模型有两大创新：一是考虑了地块自身拦截上游沉积物的能力（USLE 忽视了这一重要水文过程），这使沉积物保留量的计算结果更准确；二是加入了水库数据，使评价结果更具针对性，能够更好地为管理者提供决策服务。需要强调的是，因为有水库数据的参与，模型提供了清淤和保证水质两种情景下的土壤保持量及其效益的计算，其计算方式与传统 USLE 模型方法是有区别的。

2）InVEST 模型的土壤侵蚀模块

已有学者利用 InVEST 模型研究了不同生态系统类型或土地利用类型的土壤保持能力。探讨不同土地利用/覆被情景下的土壤保持功能成为地理学研究的热点。在 InVEST 沉积物保留模型中是否也能计算不同土地利用类型的土壤保持能力？计算精度如何？这与模型推荐使用的水文意义子流域边界的计算结果有何异同？哪种视角的计算结果更为准确可信？胡胜等（2015a，2015b）以黄河一级支流无定河源头的营盘山库区为研究区，将 ArcGIS 与 InVEST 模型相结合，分别从水文和土地利用两种视角，比较了不同边界条件下地块截留能力、输出能力和保持能力的差异及优劣，并对避免清淤情境下研究区 2010 年的土壤保持能力及其空间格局进行了分析，以期对小流域的水土保持、土地利用结构调整、退耕还林、生态补偿及水库管理提供更好的决策支持。

InVEST 沉积物保留模型的理论基础是通用土壤流失方程（USLE），但在计算沉积物保留量方面，该模型考虑了地块本身拦截上游沉积物的能力，计算结果更加科学准确。沉积物保留模型不仅能够计算地块的潜在土壤侵蚀量、实际土壤侵蚀量、土壤保持量，还能够结合沉积物清除成本、水库设计和贴现率来计算水库不必要的沉积物清除成本（即沉积物保留价值），为水库管理者提供决策参考。沉积物保留模型最大的优点是能够对评价结果进行可视化表达，解决了以往生态服务功能评估单纯文字描述而不够直观的问题，结果可以直接用于分析服务功能空间分布特征及其空间异质性特征。

土壤保持量计算的步骤如下：第一步，根据潜在土壤流失量和实际土壤侵蚀量的计算公式，分别计算基于地貌、气候条件的潜在土壤流失量 RKLS 和考虑了管理、工程措施的实际土壤侵蚀量 USLE。

第二步，模型计算地块的沉积物保留量。以往研究中沉积物保留量的计算主要用潜在土壤侵蚀量减去实际土壤侵蚀量得出。然而，植被不仅能够抑制生长地的沉积物侵蚀，还能够拦截上游地块产生的沉积物，USLE 方程忽视了沉积动力学的这一部分内容。表

11.1.8 展示了沉积物沿着水文路径的迁移过程：因为地块 1 上游没有沉积物，所以其截留量为 0，输出量就等于其本身产生的实际土壤侵蚀量。第二个地块会拦截上游地块产生的沉积物，截留量等于上游地块的输出量乘以第二个地块的截留率，而输出量等于该地块本身产生的实际土壤侵蚀量与未被拦截的上游地块输出量之和，依次类推。InVEST 沉积物保留模型因考虑了地块的截留沉积物能力，弥补了 USLE 方程的不足。

表 11.1.8　水文径流路径上植被截流沉积的计算方法

像元	植被截留	现实侵蚀量	像元截留量	像元上的输出量（$G_i = 1 - E_i$）
1	E1	USLE 1	0	USLE 1
2	E2	USLE 2	USLE 1×E2	USLE 1×G2+USLE 2
3	E3	USLE 3	（USLE 1×G2+USLE 2）×E3	（USLE 1×G2+USLE 2）×G3+USLE 3
4	E4	USLE 4	（USLE 1×G2×G3+USLE 2×G3+USLE 3）×E4	USLE 1×G2×G3×G4+USLE 2×G3×G4+USLE 3×G4+USLE 4

因此，InVEST 模型中沉积物保留量应该等于地块自身的沉积物保留量与该地块拦截上游地块（不包括地块自身）的沉积物量之和，计算公式如下：

$$\text{sret}_x = \text{RKLS}_x - \text{USLE}_x + \text{ups\_retain}_x \tag{11.1.15}$$

式中：sret_x 为地块沉积物保留量（t）；$\text{RKLS}_x - \text{USLE}_x$ 为地块自身的沉积物保留量（t）；ups_retain_x 为该地块拦截上游地块（不包括地块自身）的沉积物量（t）。

第三步：计算清淤条件下的沉积物保留量。水库为了容纳沉积物和减少清淤成本往往会设计一个死库容，死库容未被填满之前也不需要清淤作业。因此，直到死库容被填满才能更好地从地块保留沉积物的能力中获益。为了避免高估地块保留沉积物的能力，模型在计算过程中减去水库设计时的死库容，计算公式如下：

$$\text{sed\_ret\_dr}_x = \text{sret}_x - \frac{\text{dr\_deadvol} \times c}{\text{dr\_time} \times \text{contrib}} \tag{11.1.16}$$

式中：sed_ret_dr_x 为清淤条件下地块沉积物保留量（t）；sret_x 为地块沉积物保留量（t）；dr_deadvol 为水库设计死库容（m^3）；c 为水库沉积物密度（t/m^3）；dr_time 为水库剩余寿命（年）；contrib 为流域内像元的数量（个）。

3）InVEST 土壤侵蚀模块在黄土高原的应用

黄河中游黄土高原是黄河泥沙的主要来源地，持续长期深入开展黄土高原中游地区的水土保持工作仍十分必要。胡胜等（2015a，2015b）用 InVEST 模型研究了陕西省营盘山库区的土壤保持及其生态效益。

营盘山库区位于陕西省榆林市定边县东南，黄河一级支流——无定河的源头，地理范围 108°5′33″E ~ 108°14′31″E，37°11′23″N ~ 37°18′21″N（图 11.1.19），为黄土丘陵沟壑区，海拔 1459 ~ 1788 m。研究区属温带半干旱大陆性季风气候，年均气温 7.6℃，年均降水量 327.3mm，年均无霜期 140 天左右。主要土壤类型有新积土、栗钙土、黑垆土和黄绵土，主要植被类型为稀疏草地、稀疏灌木林、落叶阔叶林。营盘山水库兴建于 1973 年，具有防洪、灌溉、拦蓄泥沙的服务功能，集水区面积 102.87km²，坝体为均质土坝，坝顶高程 1452.11m，最大坝高 52.4 m，坝顶长宽分别为 306m 和 8m，泄水量 2m³/s，设计库容 4790 万 m³，死库容 2250 万 m³，兴利库容 1080 万 m³。由于库区特殊的自然地理环境，加之陡坡开垦、滥砍滥伐和过度放牧，林地大面积减少，草地退化，水土流失十分严重，流域土壤侵蚀模数为 15000 ~ 20000t/(km²·a)，土壤侵蚀等级为剧烈侵蚀。大量泥沙汇入河流，造成下游水库淤积，水库泥面高程达 1443.75m，淤积库容 3940 万 m³，已严重影响水库的使用寿命和功能正常发挥。

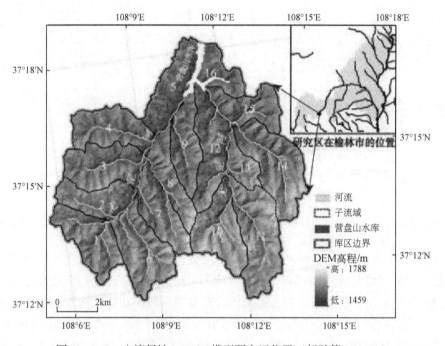

图 11.1.19　土壤侵蚀 InVEST 模型研究区位置（胡胜等，2015b）

利用 InVEST 模型计算地块截留能力，从图 11.1.20 中可以明显看出两种不同边界条件下地块的沉积物截留量有显著差异。图 11.1.20（a）显示，地块的沉积物截留量大致沿着沉积物迁移的水文路径自上游至下游逐渐增加，这说明基于水文学意义的子流域边界计算结果能够很好地反映沉积物截留量的空间分布规律。但由于 InVEST 沉积物保留模型不能模拟细沟、冲沟和河岸侵蚀/堆积过程，所以在河道内地块几乎没有土壤截留量。相反，基于土地利用边界的计算结果 [图 11.1.20（b）] 却显得较为零乱，毫无规律。为了比较这两种结果数量上的差异，在 ArcGIS 10.0 中利用子流域边界对二者进行分区统计。从子流域边界角度看，2010 年库区地块的沉积物截留总量为 586482.60t，是土地利用边界计算结果的 39.04 倍。基于子流域边界的地块沉积物截留总量最大值为 59612.20t，最小值为 14574.20t，单个像元最大值为 1530.09t。基于土地利用边界的地块沉积物截留总量最大值为 2387.84t，最小值为 93.96t，单个像元最大值为 303.30t。显然，基于子流域边界的结果更能反映地块沉积物截留量空间分布规律和空间异质性特点，基于土地利用边界的结果由于破坏了水文路径的完整性而造成信息"失真"，结果大打折扣，不能保证结果的准确性。

考察地块上土壤的输出能力，InVEST 模型的流域产沙能够反映土壤侵蚀状况，产沙量多少受自然因素和人类活动的共同影响。分析流域的输沙量情况可以为小流域水沙管理

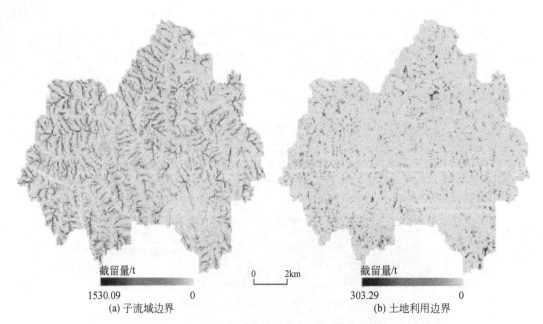

截留量/t

1530.09   0

(a) 子流域边界

0   2km

截留量/t

303.29   0

(b) 土地利用边界

图 11.1.20　基于子流域边界和土地利用边界的地块沉积物截留量对比（胡胜等，2015b）

提供参考。图 11.1.21 显示，在沉积物输出量（即产沙量）方面，采用不同边界的计算结果也有很大差异，这与地块截留量的计算结果十分相似。基于子流域边界的计算结果表明，地块沉积物输出量的空间分布与河网的分布高度一致，其值从河网上游向下游地区递减，河沟中心到两侧 150 m 的范围内，地块的产沙能力最强，是泥沙输出的集中分布区，输沙量占到研究区输沙总量的 96.3%。像元的最大沉积物输出量为 985.24t，最小值为 0，输出量大于 0 的像元占库区的 70.38%。2010 年营盘山库区沉积物输出总量为 129868.61t，平均输出量为 12.93 t/hm²，sub1 输出能力最高（21298.20t），sub16 输出能力最低（1412.15t）。而基于土地利用边界的结果显示像元的沉积物输出量在 0 ~ 224.712t，最大值只有前者计算结果最大值的 22.8%，输出量大于 0 的像元只有 0.26%，也就是说，99.74% 的像元没有输出能力。同样，基于土地利用边界的结果由于破坏了水文路径的完整性而造成信息"失真"，绝大部分地块输出沉积物的能力"被丧失"了，这也进一步证明了土地利用边界在 InVEST 沉积物保留模型中计算有缺陷。在黄土高原丘陵沟壑区，植被覆盖度达到一定程度减少效果才明显。由于河沟附近是主要产沙区，而各项水土保持措施中，对减少入黄泥沙量贡献最大的是淤地坝，因此要加强流域内淤地坝建设，减少入黄泥沙量。

　　分析流域内土壤的保持能力，沉积物保留量等于地块自身的沉积物保留量与该地块拦截上游地块（不包括地块自身）的沉积物量之和。通过对 InVEST 沉积物保留模型生成的图层进行比较发现，基于子流域边界和土地利用边界计算的潜在土壤侵蚀量与实际土壤侵蚀量是一样的。进一步结合式（11.1.15）和式（11.1.16）可以看出，清淤情景下土壤保持量的大小取决于地块的沉积物截留量。然而如前所述，两种输入边界的地块截留能力差异明显，这必然影响地块的土壤保持能力。对比图 11.1.22（a）和（b）可以看出，在

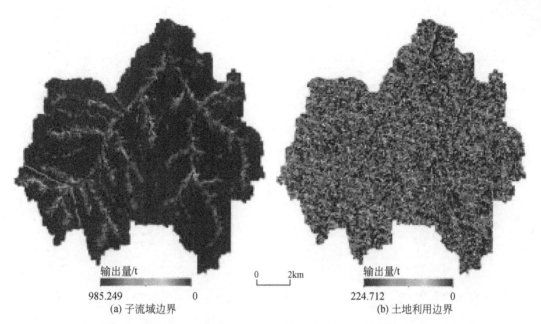

输出量/t

985.249　　　　　　　　　　　　　0

0　　2km

输出量/t

224.712　　　　　　　　　　　　　0

(a) 子流域边界　　　　　　　　　　　　　　　(b) 土地利用边界

图 11.1.21　基于子流域边界和土地利用边界的地块沉积物输出量对比（胡胜等，2015b）

像元尺度上，基于子流域边界的输出结果比较完整，具有很强的规律性，与地块截留能力的分布规律一致，能够反映流域内地块的土壤保持能力的空间分布特征；而基于土地利用边界的输出结果不太理想，重要的是二者在数量级上具有巨大差异，前者的计算结果准确度较高，后者的计算精度无法保证。图 11.1.23（a）表明，2010 年营盘山库区在避免清淤条件下，基于子流域边界的土壤保持总量为 1559198.40t，平均土壤保持量为 151.57 t/hm²。无定河西侧支流（sub1 ~ 9）的土壤保持总量和平均土壤保持量分别为 919779t 和 160.38t/hm²，而东侧支流（sub10 ~ 16）分别为 639419.39t 和 140.47t/hm²。显然，西侧支流的土壤保持能力比东侧支流偏高。究其原因，主要是西侧支流落叶阔叶林、稀疏草地、稀疏灌木林分布广泛、覆盖度较高，村庄规模和人口较少、陡坡耕种面积小，且西侧支流水域面积多造成坡面侵蚀大为减少。从局部看，子流域土壤保持总量变化范围为 45768.39 ~ 150626.36t，sub14 土壤保持总量最高（150626.36t），sub13 最低（45768.39t）。平均土壤保持量在 108.01 ~ 180.75t/hm²，sub4 平均土壤保持量最高（180.75t），sub11 最低（108.01t）。两大支流平均土壤保持量低值区均出现在河流上游地区，主要是因为上游河段地形起伏较大、植被覆盖率较低。图 11.1.23（b）显示了基于土地利用边界的土壤保持总量为 831432.82t，仅为子流域边界结果的 53.32%，平均土壤保持量为 103.28t/hm²，为子流域边界结果的 68.14%，每种地类土壤保持总量排序依次为旱地（311198.81t）>落叶阔叶林（270527.06t）>稀疏灌木林（91040.30t）>裸地（68017.09t）>稀疏草地（63992.16t）>居民地（15781.02t）>水域（10876.38t）。需要说明的是，这与理论上落叶阔叶林土壤保持量大于旱地略有出入，这是因为 5 月的遥感影像，农作物正处于生长期，植被覆盖度高。在库区的土地利用方式中，旱地的面积最大、比例也最高，因此，造成旱地土壤保持总量比落叶阔叶林高。

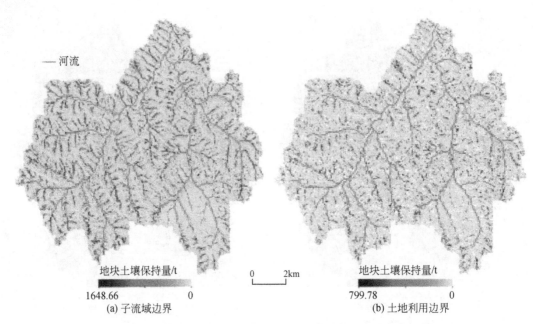

图 11.1.22　基于子流域边界和土地利用边界的土壤保持量对比（胡胜等，2015b）

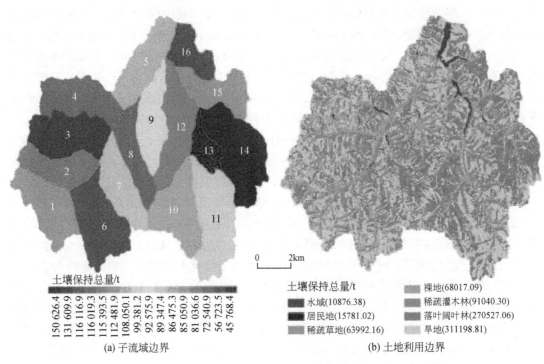

图 11.1.23　基于子流域边界和土地利用边界的土壤保持总量对比（胡胜等，2015b）

11.2　InVEST 模型的优缺点及应用中需要注意的问题

20 世纪最著名的统计学家之一 Box（1976）指出："所有的模型都是错误的……但有一些是有用的"。模型的作用在于刻画现实、增加对现实的了解，对未来的变化情景提供决策支持。模型可以帮助人们对较大但无法测量的区域进行归纳，对还未到达的未来进行预测。科学假说可以通过模型进行检验和挑战，新的理论也可以通过模型而得到涌现。但模型只有借助数据才能考察问题或现象的趋势，而数据需要通过模型才能探索事物发展变化的过程与机制。InVEST 模型为人们提供了模拟自然系统和其所提供的产品和服务直接关系的良好途径。模型本身并不能说明问题，只有使用者用其去验证具体的想法，才能发挥作用。而同时，模型应用的好，又可以发现重要的关联。模型的目的和任务并不完全是模拟现实，而是为探索趋势和敏感性提供一种工具。任何模型都不是万能的，有其使用的范围和条件。任何模型的使用都要充分考虑其优缺点。

11.2.1　InVEST 模型的优缺点

1. InVEST 模型的优点

一种方法要得到推广且有生命力，至少需要三个条件：合理的量化和模块化的工具，能根据区域条件进行参数的修改，模块需要不断地更新。从 2008 年 10 月发布 InVEST1.0 Beta 版本以来，InVEST 模型更新速度较快，目前已到 3.3.3 版本。新版本的运算脱离了 ArcGIS 平台，推出了可用于 Windows 和 Mac 的版本，也减少了因为无法安装 ArcGIS 而带来的问题，扩大了用户量。除了版本的更新，InVEST 模型也在不断推出新的模块，如作物生产模块、洪涝缓解模块。

自 1997 年生态系统服务的概念和评估方法在学术界推广开来后，相当长的时间内生态系统服务的评估以区域为基础，一直未能使空间明晰化。InVEST 模型的优点之一在于其可表现生态系统服务的空间分布，从而对生态系统服务变化的热点区、危急区进行识别，进而对其进行有效的调控和干预。InVEST 模型数据需求的可选性，对评估数据信息缺乏的区域生态系统服务功能提供了简便有效的方法，也为数据较完善的区域提供了较准确的生态系统服务评估结果。InVEST 模型具有从 0 级到 3 级共四级层次，可以根据需要选择模型的级别。在近期的发展中，InVEST 模型的设计也越来越人性化，如设置了专门的情景模块，以生产符合区域特色的情景。在一些系数的选择上，也在尽量减少用户的工作量，如 InVEST 模型开发组计划确定 zhang 系数在全球的分布，以方便用户使用。

InVEST 的全名为生态系统服务及其权衡的综合评估模型，可以用于评估不同土地利用和气候变化等情景下的生态系统服务变化，对土地利用的决策和未来气候变化的适应具有重要的价值。由于 InVEST 模型评估结果能够直观地体现生态系统服务功能的空间格局和重要程度，评估保护成本和功能效益，从而能够推动地方政府生态系统服务功能保护或恢复规划的实施。

2. InVEST 模型的缺点

1) InVEST 模型的尺度限制

InVEST 模型适合中、小流域的研究和探讨。尺度一般有粒度和幅度两个维度，而这两个往往是相互联系的。当幅度较大时其粒度往往较粗，而幅度较小时其粒度较细。在模型运算中，土地利用/覆盖数据是几乎所有模型的基础数据，土地利用数据的精度限制了模型的运算精度，因为植被覆盖数据、DEM 数据等在运算时都要与土地利用数据一致。若研究区域小至地块水平，景观比较单一则不需要用 InVEST 模型进行模拟；若区域太大，单个像元的分辨率较低，也难以获得生态系统服务空间差异的客观描述。

InVEST 模型也存在一定的空间局限性，如土壤保持模块中，模型忽视重力侵蚀；每个子流域面积不能太大（像元个数不能超过 4000×4000）；沉积物清除信息难以获取；对用户率定模型参数的能力要求较高；不适合做大尺度的服务决策等。

2) InVEST 模型的数据限制

模型并不是万能的。若要模型能较好地反映现实，还需要好的数据和准确的参数率定，否则就会出现"Garbage in, garbage out（GIGO）"的现象，成为纯粹的数字游戏。特别是 InVEST 模型是美国开发的，大部分参数应用到中国时都需要做参数的本地化。在模型运用中，野外监测、观察和室内的实验显得更加必要。如要准确估计区域碳蓄积量的大小，由于 InVEST 模型对土地利用的分类精度和碳密度的参数输入比较敏感，精确评价土地的碳汇功能和土地利用对碳汇功能的影响，就需要有精确的数据输入。而且林地中不同树龄的树木，其碳汇功能也存在差异，IPCC 给出了基于树龄的各碳汇数量（IPCC，2006b）。这对中国比较重要，因为中国退耕还林增加了很多处于幼、青年期的林地，其碳汇功能又高于一般的成年林，但这类数据比较缺乏。另外，对于同一森林，有些采用多层模型，估算了乔木层、灌木层、草本层的碳密度，而有些只以主要植被为主，并未考虑多层植被的碳汇作用，这也导致了精确估计碳汇的难度。而精确的数据离不开对研究区的观测和实验。模型的验证也需要来自局地的数据才能实现。

InVEST 模型对土地利用的变化比较敏感，基于像元的土地利用计算碳汇、水源涵养和土壤保持能力。因此，土地利用分类的精度直接影响着 InVEST 模型对产水、水源涵养和土壤保持能力的估计。目前已有的土地利用数据大多以 TM 遥感解译为基础，遥感影像本身存在的混合像元问题和分类中存在的分类精度问题，导致土地利用的精度一般都超不过 80%，所以导致对生态系统服务的估计存在误差。另外，土地利用分类的详细程度也决定了生态系统服务的评估，如对植被描述的准确性决定了结果的可靠性。不同的两块林地，即使所种树种相同，植被覆盖率和郁闭度不同，碳蓄积量、水源涵养和土壤保持能力也有很大的差异。基础数据的缺乏也导致了产水等模型计算中的误差，如研究中土壤深度、根系深度、水分利用参数、zhang 系数等，空间分辨率较好的数据比较缺乏，导致在具体的应用中需要根据土地利用对参数进行估计，导致了误差的累积。

InVEST 模型对土壤保持功能的评价考虑了植被的截留率、坡度阈值及人类的梯田化措施对土壤侵蚀的影响等，比起 RUSLE 模型等有很大的改进，能较好地反映区域的土壤侵蚀状态及其影响。但模型要求参数过多，也会影响其进一步广泛的应用，特别是在区域范围较大时，过多的参数要求便会为其利用带来不利影响。

11.2.2　应用中需要注意的问题

InVEST 模型使用中要考虑区域的适用性和差异。在某些自然地理环境比较特殊的区域，如喀斯特地区，地下结构的发育，有众多的地下暗河与地表水相互影响。对于一个较大的区域系统来说，地下水最终会出露成为地表水，所以并不影响产水量和净产水量的整体估计，但在具体的小流域内可能存在误差。因此，准确地估计小区域的产水量需要考虑地下水补给或者地表水与地下水的相互作用。

InVEST 模型的局限性还在于不能考虑生态系统服务在区域内的流动（生态系统服务流），也难以刻画流域内上游对下游的累积性影响，即存在假设子流域的污染物、土壤侵蚀均沉积于子流域内的湖泊和水库内，而实际条件下上游的湖泊和水库会对下游产生重要影响。目前，我国河流大多具有多级湖泊和电站，不仅存在子流域内的影响，还存在上游对下游的影响。

上述的问题，在某种意义上也是当前生态系统服务和自然地理过程研究所面临的问题，准确地理解区域变化并对其进行模拟，对于生态系统服务的形成机制、基础研究仍然具有重要的价值和意义。InVEST 模型的结果对土地利用和气候、水文参数比较敏感，因此利用 InVEST 模型探讨土地利用和气候变化对生态系统服务的影响效果较好，对于决策支持有重要的作用。

有兴趣的读者可以进一步阅读有关参考文献，也可以查看 InVEST 模型的官方网站（http://www.naturalcapitalproject.org/invest/），以了解 InVEST 模型的最新发展。每年在斯坦福大学均举办 InVEST 模型的应用培训大会，可以获得更多的信息。

参 考 文 献

陈龙. 2012. 澜沧江流域典型生态系统服务与生物多样性及其空间分布格局研究 [D]. 北京：中国科学院研究生院博士学位论文.

傅斌，徐佩，王玉宽，等. 2013. 都江堰市水源涵养功能空间格局 [J]. 生态学报，33（3）：789-797.

和瑞莉，李静. 1999. 黄河流域泥沙密度试验研究 [J]. 人民黄河，21（3）：5-7.

胡胜，曹明明，刘琪，等. 2015a. 不同视角下 InVEST 模型的土壤保持功能对比 [J]. 地理研究，33（12）：2393-2406.

胡胜，曹明明，张天琪，等. 2015b. 基于 InVEST 模型的小流域沉积物保留生态效益评估——以陕西省营盘山库区为例 [J]. 资源科学，37（1）：76-84.

潘摇韬，吴绍洪，戴尔阜. 2013. 基于 InVEST 模型的三江源区生态系统水源供给服务时空变化 [J]. 应用生态学报，24（1）：183-189.

彭怡，王玉宽，傅斌，等. 2013. 汶川地震重灾区生态系统碳储存功能空间格局与地震破坏评估 [J]. 生态学报，33（3）：798-808.

尚二萍，张红旗. 2016. 1980s-2010s 新疆伊犁河谷草地碳存储动态评估 [J]. 资源科学，38（7）：1229-1238.

孙慧兰, 陈亚宁, 李卫红. 2011. 新疆伊犁河流域草地类型特征及其生态服务价值研究 [J]. 中国沙漠, 31 (5): 1273-1277.

孙慧兰, 李卫红, 杨余辉, 等. 2016. 伊犁山地不同海拔土壤有机碳的分布 [J]. 地理科学, 32 (5): 603-608.

谢高地, 鲁春霞, 冷允法, 等. 2003. 青藏高原生态资产的价值评估 [J]. 自然资源学报, 18 (2): 189-196.

谢高地, 张镱锂, 鲁春霞, 等. 2001. 中国自然草地生态系统服务价值 [J]. 自然资源学报, 16 (1): 47-53.

谢高地, 甄霖, 鲁春霞, 等. 2008. 生态系统服务的供给, 消费和价值化 [J]. 资源科学, 30 (1): 93-99.

杨玉海, 陈亚宁, 李卫红, 等. 2010. 伊犁河谷不同植被带下土壤有机碳分布 [J]. 地理学报, 65 (5): 605-612.

余新晓, 周彬, 吕锡芝, 等. 2012. 基于 InVEST 模型的北京山区森林水源涵养功能评估 [J]. 林业科学, 48 (10): 1-5.

张灿强, 李文华, 张彪, 等. 2012. 基于 InVEST 模型的西苕溪流域产水量分析 [J]. 资源与生态学报 (英文版), 3 (1): 50-54.

张永民. 2012. 生态系统服务研究的几个基本问题 [J]. 资源科学, 34 (4): 725-733.

周彬, 余新晓, 陈丽华, 等. 2010. 基于 InVEST 模型的北京山区土壤侵蚀模拟 [J]. 水土保持研究, 17 (6): 9-13.

Arkema K K, Guannel G, Verutes G, et al. 2013. Coastal habitats shield people and property from sea-level rise and storms [J]. Nature climate change, 3 (10): 913-918.

Arkema K K, Verutes G M, Wood S A, et al. 2015. Embedding ecosystem services in coastal planning leads to better outcomes for people and nature [J]. Proceedings of the national academy of sciences, 112 (24): 7390-7395.

Box G E. 1976. Science and statistics [J]. Journal of the American statistical association, 71 (356): 791-799.

Cardinale B J, Duffy J E, Gonzalez A, et al. 2012. Biodiversity loss and its impact on humanity [J]. Nature, 486 (7401): 59-67.

Costanza R, d'Arge R, de Groot R, et al. 1997. The value of the world's ecosystem services and natural capital [J]. Nature, 387 (6630): 253-260.

Daily G. 1997. Nature's services: societal dependence on natural ecosystems [M]. Washington, D. C: Island Press.

Daily G C, Alexander S, Ehrlich P R, et al. 1997. Ecosystem services: benefits supplied to human societies by natural ecosystems [J]. Issues in ecology, (2): 1-16.

Daily G C, Polasky S, Goldstein J, et al. 2009. Ecosystem services in decision making: time to deliver [J]. Frontiers in ecology and the environment, 7 (1): 21-28.

De Groot R S, Wilson M A, Boumans R M J. 2002. A typology for the classification, description and valuation of ecosystem functions, goods and services [J]. Ecological economics, 41 (3): 393-408.

Diaz S, Quetier F, Caceres D M, et al. 2011. Linking functional diversity and social actor strategies in a framework for interdisciplinary analysis of nature's benefits to society [J]. Proceedings of the national academy of sciences of the United States of America, 108 (3): 895-902.

Ehrlich P R, Ehrlich A H, Holdren J P. 1977. Ecoscience: population, resources, environment [M]. San Francisco: W. H. Freeman & Company.

Ehrlich P R, Kareiva P M, Daily G C. 2012. Securing natural capital and expanding equity to rescale civilization [J]. Nature, 486 (7401): 68-73.

Goldstein J H, Caldarone G, Duarte T K, et al. 2012. Integrating ecosystem-service tradeoffs into land-use decisions [J]. Proceedings of the national academy of sciences, 109 (19): 7565-7570.

Hallegatte S, Green C, Nicholls R J, et al. 2013. Future flood losses in major coastal cities [J]. Nature climate change, 3 (9): 802-806.

Hanson S, Nicholls R, Ranger N, et al. 2011. A global ranking of port cities with high exposure to climate extremes [J]. Climatic change, 104 (1): 89-111.

Huang J, Yu H, Dai A, et al. 2017. Drylands face potential threat under 2 C global warming target [J]. Nature clim change, advance online, DOI: 10.1038/nclimate3275.

IPCC. 2006a. 2006 IPCC guidelines for national greenhouse gas inventories.

IPCC. 2006b. 国家温室气体清单指南.

IPCC. 2013. Climate change 2013: the physical science basis. Contribution of working group I to the fifth assessment report of the intergovernmental panel on climate change.

MA. 2005. Ecosystems and human well-being [M]. Washington, D. C: Island Press.

Mikesell M W. 1965. Man and nature: or, physical geography as modified by human action [J]. Economic geography, 41 (4): 372.

Pérez-Soba M, Petit S, Jones L, et al. 2008. Land use functions-a multifunctionality approach to assess the impact of land use changes on land use sustainability. //Helming K, Pérez-Soba M, Tabbush P. (Eds). Sustainability Impact Assessment of Land Use Changes: 375-404.

Piao S, Fang J, Ciais P, et al. 2009. The carbon balance of terrestrial ecosystems in China [J]. Nature, 458 (7241): 1009-1013.

Potschin M B, Haines-Young R H. 2011. Ecosystem services exploring a geographical perspective [J]. Progress in physical geography, 35 (5): 575-594.

Small C. 2004. The Landsat ETM+spectral mixing space [J]. Remote sensing of environment, 93 (1): 1-17.

Turner B L. 2002. Contested identities: human-environment geography and disciplinary implications in a restructuring academy [J]. Annals of the association of American geographers, 92 (1): 52-74.

Wallace K J. 2007. Classification of ecosystem services: problems and solutions [J]. Biological conservation, 139 (3): 235-246.

Westman W E. 1977. How much are natures services worth [J]. Science, 197 (4307): 960-964.

Wischmeier W, Smith D. 1965. Predicting rainfall erosion losses from cropland earth of the Rochy Mountains, USDA Handbook.

Wischmeier W, Smith D. 1978. Predicting rainfall erosion losses-a guide to conservation planning, USDA Handbook.

思考与练习题

1. 什么是生态系统服务？它有哪些类型？

2. 生态系统评估有哪些方法？各种方法有什么优缺点？

3. InVEST 模型在哪个尺度分析具有最好的效果？在哪些方面可以提供决策支持？

4. 试举例说明 InVEST 模型在海洋生态系统评估中的应用。

5. 试举例说明 InVEST 模型在陆地生态系统评估中的应用。

6. 试举例说明 InVEST 模型在湖泊水质净化中的应用。

7. 根据你自己的认识和理解，对 InVEST 模型未来的发展趋势简单地畅想。

8. 根据生态系统服务评估的需要，InVEST 模型还应该发展哪些模块？应该采取什么思路？

第 12 章　逸度模型评介

12.1　逸度模型的基本原理、计算方法及其应用

化学物质被排放于自然界中，会在大气、水体、土壤、沉积物、生物体等多个介质中迁移、转化并储存，为掌握这些化学物质带来的生态健康风险，实行有效而又经济的控制方法，需要有合适的计算方法，通过测算浓度、持久性、反应性及在各个介质中的分配趋势来预测它们的环境行为。目前来看，应用较多的多介质模型是加拿大特伦特大学环境模型研究中心的 Donald Mackay 教授于 1979 年提出的逸度模型，该方法以逸度概念为基础，通过化学物质的物理化学性质、环境特征，引入逸度容量和迁移系数，构建化学物质在各环境介质中的迁移、转化过程，利用质量平衡原理，求解化学物质在各个介质中的浓度分布，模拟化学物质在环境系统中的行为特征。

本章将根据相关研究成果（Mackay，1979，2001；Mackay and Paterson，1981，1982；Mackay et al.，1985；Mackay and Diamond，1989），从模型的基本原理、计算方法、应用、优缺点及应用中需要注意的问题等各个方面，对逸度模型进行评介。

12.1.1　基本概念

1）相

在研究化学物质在介质的环境行为时，为便于描述环境系统，模型中把自然环境视为一些互相关联的相或区间的组合体，如相可以是大气、土壤、水体、水体中的悬浮颗粒物、水中的生物等。并且由于某些相彼此互相接触，化学物质可以在相间迁移（如大气相和水相，水相和沉积物相）。研究者根据计算的需要，可以把研究的介质作为一个整体看做一个相，也可以再分类，把每个类单独作为一个相。

2）稳态和平衡

为更好地利用质量平衡原理分析化学物质进入一个系统中的行为，需要对这个系统的状态进行界定，从而构建简单而又最符合实际情况的系统特征。这包括了两种界定：稳态

和平衡。稳态意味着各个相中浓度不随时间变化，即 $dc/dt=0$；而平衡表示随时间变化系统状态不发生变化，即各相的浓度（或温度、压力）保持稳定且没有趋势在各项间发生质量的净迁移。平衡和稳态并不是同步进行的，根据系统的实际状态，基本分为四类：封闭稳态平衡系统、开放稳态平衡系统、开放稳态非平衡系统、开放动态非平衡系统。

3）质量平衡

a. 封闭系统、稳态方程

这是最简单的质量平衡方程，描述一定质量的化学品如何在给定体积的各个相间分配，方程表达为总的化学物质的物质量等于各相中化学物质物质量的和，各项中化学物质的物质量一般为浓度和体积的乘积。

例如，由空气、水体、沉积物构成的三相系统，向系统中加入 2mol 的化合物 a，用 A、W 和 S 表示空气、水体、沉积物的下标符号，体积用 V（m^3）、浓度用 c（mol/m^3）来表示，那么，该系统的质量平衡方程为

$$2 = V_A c_A + V_W c_W + V_S c_S \tag{12.1.1}$$

若要解此方程，需要确定 c_A、c_W、c_S 之间的关系，这个关系可以用相平衡方程表示，如 $c_A/c_W = 0.4$。这种比例关系称为分配系数，对上式的分配系数用指定符号 K_{AW} 表示。

这种质量平衡方程的计算称为一级模型计算。

b. 开放系统、稳态方程

这种质量平衡方程中，引入了化学物质进出系统和在系统内生成或反应的可能性。建立这类方程的基础在于：进入系统的化学物质的速率等于出去的化学物质的速率。速率用 mol/h 或 g/h 表示。

例如，一个容积为 10^4（m^3）的完全混合的水池，进水量和出水量都为 5（m^3/h）。在进水中含有浓度为 $0.01mol/m^3$ 的化学物质，此外，化学物质直接进入水池的速率为 $0.1mol/h$。该系统中，除了出水外，没有反应、蒸发等其他损失途径，那么流出的水中化学物质浓度为多少？

建立质量平衡方程为

$$5m^3/h \times 0.01mol/m^3 + 0.1mol/h = 5m^3/h \times c mol/m^3$$

得到 $c = 0.03mol/m^3$。

c. 非稳态方程式

非稳态条件对应的是以时间为自变量的微分方程，最简单的如下：

$$d（含量）/dt = 总的输入速率 - 总的输出速率 \tag{12.1.2}$$

式中：输入速率、输出速率的单位为物质量/时间，如 mol/h 或 g/h。

4）逸度

1901 年，Lewis 提出了逸度概念，把它作为一种比化学位能更便于使用的热力学平衡标准，用来表达"逃逸"的趋势。逸度的单位与压力一样（Pa），符号表示为 f。

5）逸度容量

Mackay 在建立逸度模型时，引入 Z，用来表达一种物质的逸度和浓度之间的比例关系：

$$c = Zf$$

式中：Z 为比例系数，也称逸度容量，其单位为 mol/（m³·Pa），表示各个相对物质的容纳能力。

6）迁移系数

当化学物质在各相中迁移时，用 G（m³/h）表示介质（如空气或水）的输入速度，则物质的迁移速率 N（mol/h）以 GZf 来表示。GZ 的组合及类似的组合会在逸度模型中经常出现，因此引入 D 值：$GZ=D$［mol/（Pa·h）］，则 $N=Df$。D 称为迁移系数，单位为 mol/（Pa·h），表示化学物质在各个相间的移动。

12.1.2　逸度模型的类别

根据前面所阐述的系统四类稳态与平衡关系，可建立对应的四类逸度模型，分别用 Ⅰ、Ⅱ、Ⅲ、Ⅳ级来表示。表 12.1.1 概括了四类模型的特征。

表 12.1.1　四类逸度模型的特征

模型类别	系统类别	系统特征
Ⅰ级模型	封闭稳态平衡系统	环境系统中物质总量不变，无反应衰减，无流入流出，有相间传输，系统达到平衡
Ⅱ级模型	开放稳态平衡系统	环境系统中物质总量不变，物质以恒定速率排入环境系统，有反应衰减，有流入流出，有相间传输，系统达到稳态与平衡
Ⅲ级模型	开放稳态非平衡系统	物质以稳定速率排入环境系统，有反应衰减，有流入流出，有相间传输，系统处于非平衡状态（相间存在逸度差）
Ⅳ级模型	开放动态非平衡系统	物质以非稳定速率排入环境系统，有反应衰减，有流入流出，有相间传质，系统处于非平衡状态

下面分别介绍不同类别的模型计算方法。特别需要指出的是，Mackay 教授在建立逸度模型时，详细讲解了不同介质的分配系数，建立起分配系数与 Z 值的关系，如表 12.1.2 所示，用于估算化学物质在各相中的 Z 值。本章中不做详细阐述，如需要了解，可查阅《环境多介质模型：逸度方法》中的具体表述。

表 12.1.2　化学物质在各介质中的 Z 值计算公式

介质	Z 的表示 mol/（m³·Pa）	
空气	$Z_A=1/RT$	R 为 8.314（Pa·m³）/（mol·K）；T 为温度（K）
水	$Z_W=1/H=Z_A/K_{AW}$ 或 c^S/p^S	c^S 为液相溶解度（mol/m³）；p^S 为蒸气压（Pa）
		K_{AW} 为气-水分配系数
		H 为亨利常数（Pa·m³/mol）
辛醇	$Z_O=Z_W K_{OW}$	K_{OW} 为辛醇-水分配系数
类脂	$Z_L=Z_O$	类脂等价于辛醇
气溶胶	$Z_Q=K_{QA}Z_A$	K_{QA} 为气溶胶-空气分配系数

介质		Z 的表示 mol/（m³ · Pa）	
有机碳	$Z_{OC} = K_{OC} Z_W (\rho_{OC}/1000)$	K_{OC} 为有机碳分配系数（L/kg）	
		ρ_{OC} 为有机碳的密度（约 1000）	
有机质	$Z_{OM} = K_{OM} Z_W (\rho_{OM}/1000)$	K_{OM} 为有机质分配系数（L/kg）	
		ρ_{OM} 为有机质的密度（约 1000）	
矿物质	$Z_{MM} = K_{MM} Z_W (\rho_{MM}/1000)$	K_{MM} 为矿物-水分配系数（L/kg）	
		ρ_{MM} 为矿物质的密度	
生物	$Z_B = L Z_L = K_B \rho_B / H$	L 为类脂的体积分数	
		ρ_B 为生物体密度（kg/L）	
		K_B 为生物浓缩因子（L/kg）	

1. Ⅰ级逸度模型

在Ⅰ级逸度模型中，设定系统处于封闭状态，介质没有流入和流出，物质总量保持不变，无反应衰减，因此建立如下平衡方程：

$$M = \sum V_i Z_i f \tag{12.1.3}$$

式中：f 为逸度（Pa）；M 为化学物质的总物质量（mol）；V 为体积（m³）。

计算出 f 后，根据

$$c_i = Z_i f; \quad m_i = c_i V_i = V_i Z_i f$$

式中，m_i 为相 i 中化学物质的物质量（mol），得到各相中化学物质的浓度、物质量。

2. Ⅱ级逸度模型

一级模型中，设定了化学物质既不发生反应过程，也不迁移出系统。但这种极简单的系统与实际有非常大的差异，化学物质会因为大气的平流而进入或离开研究的环境系统，因此在二级模型中，建立了公式来描述平流输入、输出、降解反应，从而预测这些过程对化学物质在环境系统中的归趋和影响。

在二级模型中，系统处于稳态平衡，因此系统内介质具有相同的逸度 f，对于平流：

$$D_{Ai} = G_i Z_i \tag{12.1.4}$$

对于反应：

$$D_{Ri} = V_i Z_i k_i \tag{12.1.5}$$

式中：k_i 为反应系数。

建立质量平衡方程：

$$I = E + \sum G_i c_{Bi} = \sum G_i c_i + \sum V_i c_i k_i \tag{12.1.6}$$

式中：C_{Bi} 为化学物质平流输入的浓度；c_i 为化学物质平流输出、反应的浓度，即

$$E + \sum G_i c_{Bi} = \sum D_{Ai} f + \sum D_{Ri} f \tag{12.1.7}$$

根据环境系统中的排放、平流输入等参数，计算出 D 值总和，从而计算出逸度 f，算

出浓度、物质量等其他结果。

3. Ⅲ级逸度模型

Ⅰ、Ⅱ级逸度模型都设定环境介质处于平衡状态，这种过于理想化的设定在实际环境中非常少见，通常化学物质在不同相中并不平衡，出现相间的迁移，因此不能使用相同的逸度。为在环境系统中描述这一迁移行为，引入了相间的迁移系数 D 和传质系数 k，

根据菲克第一扩散定律方程，$N = BA\Delta c/\Delta y$，式中，N 为化学物质通量（mol/h）；B 为扩散系数（m^2/h）；A 为面积（m^2）；c 为扩散化学物质的浓度；y 为在扩散方向上的距离（m）。这里有两个未知数，B 和 Δy，将其合并为一项 k_M，等于 $B/\Delta y$，则公式变为

$$N = Ak_M\Delta c \tag{12.1.8}$$

式中：k_M 为传质系数（m/h），被广泛用于环境迁移方程。将式（12.1.8）中的 c 用 Zf 代替，并定义 D 值为 $BAZ/\Delta y$ 或 $k_M AZ$，则

$$N = Df1 - Df2 = D(f_1 - f_2) \tag{12.1.9}$$

当在两相间扩散时，如从水体向空气中扩散，根据双阻力方程，两相的通量相同，建立如下：

$$N = k_W A(c_W - c_{WI}) = k_A A(c_{AI} - c_A) \tag{12.1.10}$$

式中：k_W、k_A 为化学物质在水中和空气中的传质系数；c_W、c_A 为化学物质在水中及空气中的浓度；c_{WI}、c_{AI} 为化学物质到达两相界面时在水中的浓度和突然变化到气相中的浓度。用 D 值和 f 值代替传质系数和浓度，得到如下公式：

$$N = D_V(f_W - f_A) \tag{12.1.11}$$

其中，$1/D_V = 1/D_W + 1/D_A$。

根据如上计算公式，迁移行为与其他行为就有了一套统一的 D 值表达公式，就可以构建出三级逸度模型。

例如，化学物质在一个包括空气、土壤、水、底泥四个相的环境系统中，其环境行为用三级模型表示，如图 12.1.1 所示。

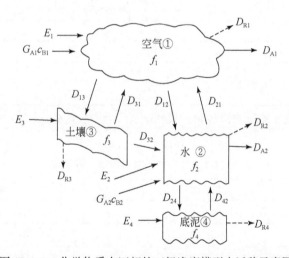

图 12.1.1　化学物质在四相的三级逸度模型中迁移示意图

表 12.1.3 列出了相间 D 值的表达公式,空气、水、土壤、底泥分别对应的下标为 1、2、3、4。迁移系数的示意及数量级如表 12.1.4 所示。

表 12.1.3 各介质间迁移系数 D 值的计算公式

相间	过程	D 值公式
空气①-水体②	扩散	$D_V = 1/((1/k_{VA}A_{12}Z_A)+(1/k_{VW}A_{12}Z_W))$
	雨水溶解	$D_{RW2} = A_{12}Z_W U_R$
	湿沉降	$D_{QW2} = A_{12}Z_Q U_R Qv_Q$
	干沉降	$D_{QD2} = A_{12}Z_Q U_Q v_Q$
		$D_{12} = D_V + D_{RW2} + D_{QW2} + D_{QD2}$
		$D_{21} = D_V$
空气①-土壤③	扩散	$D_E = 1/((1/(k_{EA}A_{13}Z_A))+Y_3/(A_{13}(B_{MA}Z_A+B_{MW}Z_W)))$
	雨水溶解	$D_{RW3} = A_{13}Z_W U_R$
	湿沉降	$D_{QW3} = A_{13}Z_Q U_R Qv_Q$
	干沉降	$D_{QD3} = A_{13}Z_Q U_Q v_Q$
		$D_{13} = D_E + D_{RW3} + D_{QW3} + D_{QD3}$
		$D_{31} = D_E$
土壤③-水体②	土壤径流	$D_{SW} = A_{13}Z_E U_{EW}$
	水径流	$D_{WW} = A_{13}Z_W U_{WW}$
		$D_{32} = D_{SW} + D_{WW}$
		$D_{23} = 0$
底泥④-水体②	扩散	$D_Y = 1/(1/k_{SW}A_{24}Z_W + Y_4/B_{MW}A_{24}Z_W)$
	再悬浮	$D_{RS} = A_{24}Z_S U_{RS}$
	沉降	$D_{DS} = A_{24}Z_P U_{DP}$
		$D_{24} = D_Y + D_{DS}$
		$D_{42} = D_Y + D_{RS}$
相的平流		$D_{Ai} = G_i Z_i$ 或 $U_i A_i Z_i$
相 i 内的反应或所有相的总和		$D_{Ri} = k_{Ri}V_i Z_i$
		$D_{Ri} = \sum (k_{Rij}V_{ij}Z_{ij})$

注:①A_{ij} 是介质 i 和 j 间的水平面积;②Z 的下标分别表示:A-空气;W-水;Q-气溶胶;E-土壤;S-底泥;P-水中颗粒物。

表 12.1.4 迁移参数的示意及数量级

符号	参数示意	建议典型值
k_{VA}	水上空气侧 MTC(气相传质系数)	3 m/h
k_{VW}	水侧 MTC	0.03 m/h
U_S	向更高处的迁移速率	0.01 m/h(90 m/a)
U_R	降水速率 $[m^3 雨水/(m^2 面积 \cdot h)]$	9.7×10^{-5} m/h(0.85 m/h)

符号	参数示意	建议典型值
Q	清除率	200000
v_Q	气溶胶的体积分数	30×10^{-12}
U_Q	干沉降速度	10.8m/h（0.003m/s）
k_{EA}	土壤上空气侧 MTC	1m/h
Y_3	土壤中扩散路径长度	0.05m
B_{MA}	空气中分子扩散系数	$0.04m^2/h$
B_{MW}	水中分子扩散系数	$4.0 \times 10^{-6} m^2/h$
U_{WW}	来自于土壤的水的径流速率	3.9×10^{-5} m/h（0.34m/a）
U_{EW}	来自于土壤的固体的径流速率	$2.3 \times 10^{-8} m^3/(m^2 \cdot h)$（0.0002m/a）
k_{SW}	底泥上水侧 MTC	0.01m/h
Y_4	底泥中扩散路径长度	0.005m
U_{DP}	底泥沉降速率	$4.6 \times 10^{-8} m^3/(m^2 \cdot h)$（0.0004m/a）
U_{RS}	底泥再悬浮速率	$1.1 \times 10^{-8} m^3/(m^2 \cdot h)$（0.0001 m/a）
U_{BS}	底泥掩埋速率	$3.4 \times 10^{-8} m^3/(m^2 \cdot h)$（0.0003 m/a）
U_L	水从底泥向地下水的过滤速率	$3.9 \times 10^{-5} m^3/(m^2 \cdot h)$（0.34 m/a）

对于三级逸度模型，是在每个相建立质量平衡方程，如下。

空气：
$$E_1 + G_{A1}c_{B1} + f_2 D_{21} + f_3 D_{31} = f_1(D_{12} + D_{13} + D_{R1} + D_{A1}) = f_1 D_{T1} \tag{12.1.12}$$

水：
$$E_2 + G_{A2}c_{B2} + f_1 D_{12} + f_3 D_{32} + f_4 D_{42} = f_2(D_{21} + D_{24} + D_{R2} + D_{A2}) = f_2 D_{T2}$$
$$\tag{12.1.13}$$

土壤：
$$E_3 + f_1 D_{13} = f_3(D_{31} + D_{32} + D_{R3}) = f_3 D_{T3} \tag{12.1.14}$$

底泥：
$$E_4 + f_2 D_{24} = f_4(D_{42} + D_{R4}) = f_4 D_{T4} \tag{12.1.15}$$

式中：E_i 为排放速率（mol/h）；G_A 为平流流入速率（m^3/h）；c_{Bi} 为平流流入浓度（mol/m^3）；D_{Ri} 为反应速率 D 值；D_{Ai} 为平流流速 D 值；D_{Ti} 为所有从介质 i 流失 D 值的总和。

解这四个方程得出逸度，则所有过程的速率都可以用 Df 计算出来，物质的量及浓度也可计算出来，计算结果如图 12.1.2 所示。

4. Ⅳ级逸度模型

Ⅳ级模型对应非稳态非平衡系统，可根据非稳态方程式将三级模型拓展到非稳态条件，对于相 i，建立方程如下：

$$V_i Z_i df_i/d_i = I_i + \sum (D_{ji}f_j) - D_{Ti}f_i \tag{12.1.16}$$

式中：V_i 为体积；Z_i 为相的 Z 值；I_i 为输入速率；$D_{ji}f_j$ 为介质间的输入；$D_{Ti}f_i$ 为总输出。

如以三级模型中举例的四相，则相应的方程如下。

空气：
$$df_1/d_t = (I_1 + f_2 D_{21} + f_3 D_{31} - f_1 D_{T1})/V_1 Z_1 \tag{12.1.17}$$

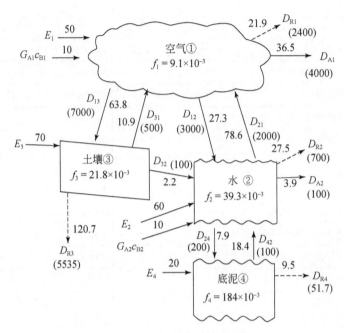

图 12.1.2　三级逸度模型示例计算结果

水：
$$\mathrm{d}f_2/\mathrm{d}t = (I_2 + f_1 D_{12} + f_3 D_{32} + f_4 D_{42} - f_2 D_{T2})/V_2 Z_2 \tag{12.1.18}$$

土壤：
$$\mathrm{d}f_3/d_t = (I_3 + f_1 D_{13} - f_3 D_{T3})/V_3 Z_3 \tag{12.1.19}$$

底泥：
$$\mathrm{d}f_4/d_t = (I_4 + f_2 D_{24} - f_4 D_{T4})/V_4 Z_4 \tag{12.1.20}$$

设定初始条件和输入量后，可通过 Runge-Kutta 积分法分析求解或数字求解。积分的时间步长可选择为迁移或转化过程的最短半衰期的 5%。

12.1.3　模型应用

逸度模型中定义了各种介质的 Z 值，以及各类过程如平流、反应和介质间迁移的 D 值的能力，从而建立质量平衡方程推导出逸度、浓度、通量和物质的量，因此具有了计算包括一、二、三级模型在内的一系列环境模型的能力。通过调整环境和化学物质的参数值来模拟特定的条件，通过增加和减少过程或改变模型的结构来满足需要的环境系统，并且可以用微分方程代替代数方程改写为随时间变化的模型，从而把握化学物质在环境介质中的迁移、转化和归趋。自逸度模型的框架提出后，研究者们迅速在四类逸度模型基础上进行了应用开发，建立了其他用于评价化学物质在多介质环境中的环境行为、暴露浓度的逸度模型，如 QWASI（quantitative water air sediment interaction，定量的水空气底泥相互作用）（Mackay et al.，1983）、Air-Water（Mackay et al.，1983）、Sediment（Diamond et al.，1990）、ChemCAN（Mackay et al.，1991）、Soil（Di Guardo et al.，1994a，1994b）、EQC（Mackay et al.，1996）、Foodweb（Campfens and Mackay，1997）、TaPL3（Beyer et al.，2000）、RAIDAR（Arnot and Mackay，2008）、BASL4（Hughes et al.，2008）、STP（Seth et al.，2008）。这些模型的软件可从特伦特大学的加拿大环境模型中心的网站（http://

www. trentu. ca/academic/aminss/envmodel/models/models. html）上查询及下载。

Air-Water（气-水交换模型）、Sediment（沉积物-水交换模型）、Soil（土壤模型）、Foodweb（食物链模型）、BASL4（生物固化土壤Ⅳ级模型）、STP（污水处理厂模型）等是用于特定环境介质及过程中的模型，主要用来研究在指定浓度或逸度时，化学物质在两介质间界面进行迁移或交换的特征，可以发现迁移速率及迁移机制；EQC（平衡准则模型）、在 EQC 基础上开发的 TaPL3（迁移和持久性Ⅲ级模型）、RAIDAR（风险评估的识别和排序模型）都是通过研究化学物质在假设的环境系统中的环境行为，评估其暴露、迁移性及持久性特征；QWASI、ChemCAN 则可以用于化学物质在真实环境中的行为、归趋。同时，基于逸度模型良好的环境行为模拟表现及构建的相对便捷，促使研究者持续开发逸度模型来预测化学物质在真实环境中的行为特征和基于行为的风险性评估的研究，产生了如 SimpleBox、BETR、GREAT-ER、ClimoChem、Globo-POP、G-CIEMS、MUM 等多种模型，下面就几种常用的多介质环境模型的功能、应用等进行简单介绍。

1. QWASI 模型

Mackay 等（1983）建立了 QWASI 模型，描述湖水中有机化学物质在水、沉积物、悬浮颗粒物、大气之间的迁移、转化。原则上，此模型适用于已设定水流和颗粒物流速的均匀混合水体。Mackay 等（1994）将 QWASI 模型中的逸度用浓度/逸度容量（c/Z）代替，Z 值用分配系数代替，并且将所有的 D 值转换为速率常数，这个"新模型"被称为"速率常数"模型，能给出相同的结果，适合不习惯逸度的研究者使用。该模型已广泛应用于各个国家和地区的河流、海湾或河口，如中国、印度、北极地区等。Whelan（2013）用改进后的 QWASI 稳态模型对挥发性环甲基硅氧烷（cVMS）在安大略湖和帕宾湖中的环境行为进行了对比。Tong 等（2014）用 QWASI 模型研究了城市河流中金属汞的归趋情况，结果发现，预测浓度与实测浓度很接近，其中，海河水体中汞的输入过程主要为河水流入、底泥再悬浮和底泥/水扩散。Tao 等（2013）使用 QWASI 模型研究了白洋淀小湖中 PAHs 的迁移和转化，发现温度是最重要的不确定性的因素，证实此模型对于研究湖泊中多环芳烃的归趋是很有价值的（图 12.1.3）。

2. SimpleBox 模型

SimpleBox 模型由荷兰国家公共卫生和环境研究所（National Institute of Public Health and the Environment，RIVM）的 Hollander 等（1996）开发和更新，是基于三级逸度模型的多介质模型软件（图 12.1.4）。模型中的介质包括了空气、两种水相、沉积物、三种土壤相和两种植被。SimpleBox 很大程度上克服了环境均质性假设带来的缺陷，引入了"嵌套"的概念，在嵌套模型中，本地或更小规模模型的输入和输出与区域性规模的模型相联系，而区域模型又与洲际模型相联系。通过此种方式，当评估化学物质的整体归趋时，就可以考虑区域内特定的环境特征。Hauck 等（2008）利用 SimpleBox 模型模拟欧洲地区苯并［a］芘在环境介质间的分布，通过敏感度分析和蒙特卡罗分析，给出不同模型的关键参数和不确定性信息。结果表明，在空气和水中对苯并［a］芘浓度影响较明显的参数分别为排放量和体积，不确定性分析给出的浓度比模型计算的浓度高 3 个

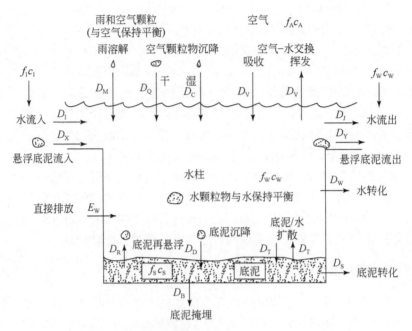

图 12.1.3 QWASI 模型示意图 (Mackay et al.，1983)

数量级。

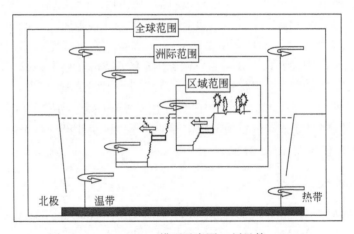

图 12.1.4 SimpleBox 模型示意图 (刘丹等，2014)

3. ChemCAN 模型

ChemCAN 是加拿大环境建模中心基于 Mackay 的 Level Ⅲ 模型开发的软件 (Mackay et al.，1991；Mackay et al.，1996)，主要用于研究稳态条件下区域内化学品的归趋，预测每种环境介质中的浓度 (图 12.1.5)。该模型以加拿大为研究区域，划分 24 个生态区 (每个生态区包括大气、植物、水体、土壤和沉积物 5 个相)，生态区的面积分为 100 km× 100 km 和 1000 km×1000 km。目前，该模型除了在加拿大使用外也能够应用到其他地区，如德国和英国的一些地区。Managaki 等（2012）利用 ChemCAN 模型研究了日本 3 条河流底泥中六溴环十二烷（HBCD）的分布情况，发现纺织废水中 HBCD 的浓度最高，其次是城市河流，最后强调了源头排放在污染物风险评价中的重要性。Antonio 等（2011）利用 ChemCAN 模型对瑞士 1 万 ~ 100 万 m²区域内空气中多氯联苯（PCBs）的暴露浓度进行了预测，结果表明，模拟值与实测值有较好的吻合度。

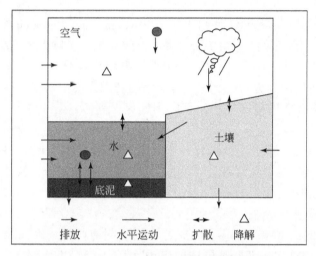

图 12.1.5 ChemCAN 模型示意图（刘丹等，2014）

4. EQC 模型

EQC 是加拿大环境建模和化学品中心基于 Mackay 的 LevelⅢ模型建立的多介质逸度模型，包括空气、土壤、水体、底泥四个环境相（图 12.1.6）。该模型的环境系统是假设的多介质环境系统，不能直接用于区域环境的模拟，但模拟结果可为真实环境暴露程度的深

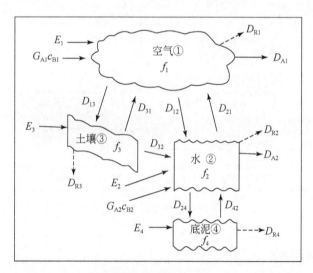

图 12.1.6 EQC 模型示意图（Mackay et al.，1991）

入研究提供参考数据，现已多次成功应用于环境中化学品行为的评价。Hughes 等（2012）应用 EQC 模型研究了十甲基环五硅氧烷（D5）在环境各介质中的分布，结果表明，空气相是它们在环境中的主要储存库，在稳定平衡时其残留量高达99.95%。该模型可用来预测新型化学物质的环境行为，为新型化学物质的环境风险评价提供有效的技术手段。

5. BETR 模型

BETR 模型由米兰大学环境研究小组（Environmental Research Group, University of Milan）开发，将整个环境系统分为 7 种介质：上层大气、下层大气、淡水、淡水沉积物、土壤、沿海水和植被，目前研究者也可以根据需要将系统分为数目各不相等的模块，如 EVn BETR 模型是将欧洲划分为 55 个区域、Global-BETR 模型是将全球划分为 288 个区域（图 12.1.7）。该模型适用范围较广，可以为地区、洲际，甚至是全球（Lammel et al., 2004）。该模型软件在评估化学品不同暴露条件下的浓度水平时需要输入大量的参数，这将导致太多的不确定性，因此需要选择一个关键参数评估模型计算过程的正确性。此外，通常将污染物在大气、淡水和沿海水域间的转移与水文数据库、气象数据和地理信息系统技术联系起来，用来分析模型的敏感度和不确定性（Woodfine et al., 2001）。相对于其他模型，BETR 更加适用于评估化学品远距离迁移规律，尤其对评估持久性有机化学品的远距离迁移具有较好的适用性（Toose et al., 2004）。对有机污染物在北美洲地区迁移规律的研究是 BETR 模型首次在洲际范围内的应用（Macleod, 2001）。Song 等（2016）应用 BETR-UR 模型就 PAHs 在城市和郊区的迁移进行了对比分析，发现城市土壤和空气中的浓度要明显高于郊区，同时不确定分析显示城市中复杂的排放源导致城市环境的不确定性要强于郊区。

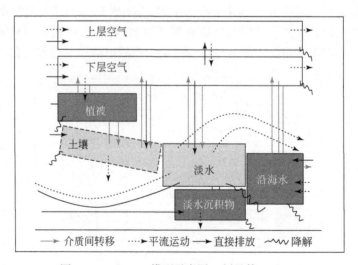

图 12.1.7　BETR 模型示意图（刘丹等，2014）

6. GREAT-ER 模型

GREAT-ER 由环境风险评价指导管理委员会（the Environmental Risk Assessment

Steering Management Committee, ERASM）开发，根据环境风险评估程序预测化学品在水中的暴露水平，是一款可以进行江河流域中化学品风险管理的软件（Seuntjens et al.，2006）。该软件可以估算消费性化学品在江河表层水中的 PEC，同其他模型相比，该软件可以使用自带的数据库和相关的数据库进行修正，使计算结果更加可靠且符合真实情况。目前，该软件已经刻录成光盘在欧洲地区广泛使用，由于评估的区域范围较小，主要应用于小型的湖泊或河流。图 12.1.8 为模型的示意图。Virginia 等（2009）采用 GREAT-ER 模型得到活性药物成分（API）的暴露预测浓度（predicted environmental concentration，PEC），通过与预测的无效应浓度（predicted noeffect concentration，PNEC）相比，证明 API 在饮用水和食用鱼类中的暴露水平给人类带来的健康风险是可以接受的。

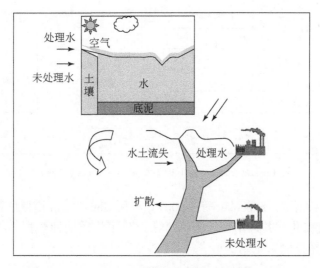

图 12.1.8　GREAT-ER 模型示意图（刘丹等，2014）

7. Globo-POP 模型

Wania 等（1999a，1999b）对全球范围内 α-HCH 的历史排放进行了估算，首次使用 Globo-POP 模型对其全球归趋进行模拟，并对时间趋势进行预测；YushanSu 等（2005）通过 Globo-POP 进行模拟，研究了森林过滤作用对半挥发性有机物长距离迁移潜力及在北极累积潜力（ACP）的影响；Wania 等（2007）利用 Globo-POP 模型结合对氟调聚物醇（FTOHs）和全氟代有机酸（PFCAs）的历史排放估算，评价了北冰洋地区 PFCAs 的两种来源——FTOHs 等前体物质在空气中氧化和 PFCAs 的海洋直接排放对应的两种传播途径的相对效率和对北冰洋总 PFCAs 污染负荷的贡献率（图 12.1.9）。

8. ClimoChem 模型

动态的全球分配模型（ClimoChem）则是按照纬度将研究区域划分为不同的气候带，研究不同气候带植物对半挥发有机化学品在全球范围内的迁移及分配规律的影响，以及随时间的变化趋势，该模型可以对长距离迁移化学品的风险性做出预测（图 12.1.10）。Scheringer 等（2000）用 ClimoChem 模型计算和探讨了四氯甲烷、α-六六六及灭蚁灵在全

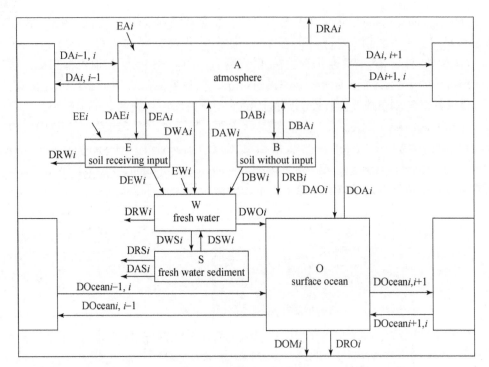

图 12. 1. 9　Globo-POP 模型示意图（Wania，1999）

球范围内的空间分布情况。Schenker 等（2009）利用 ClimoChem 模型计算了当前和未来全球 DDT 的环境浓度变化，并采用蒙特卡洛方法评价了物质属性数据、排放速率和环境参数不确定性对模拟结果的影响。

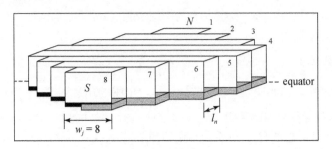

图 12. 1. 10　ClimoChem 模型示意图（Scheringer，2000）

9. G-CIEMS 模型

G-CIEMS 模型将组成较为均匀的大气划分为（5×5）km² 的栅格单元，地表集水区根据其本身的分布进行流域区块划分，对河流采用线状区块划分，而不同环境相间的物质传输则借助于 GIS 分析工具进行分析计算。Suzuki 等（2004）使用 G-CIEMS 模型针对日本地区模拟了二噁英、苯、1，3-丁二烯及邻苯二甲酸二辛酯在日本的环境中的多介质归趋。Suzuki（2007）还使用 G-CIEMS 模型对日本境内化学品的空间归趋情况进行了模拟，并利用监测数据、模型模拟和社会调查统计等方法分析和估算了人体食用鱼类后的暴露水平（图 12. 1. 11）。

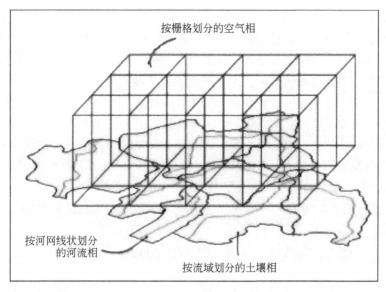

图 12.1.11　G-CIEMS 模型示意图（Suzuki et al.，2004）

10. MUM 模型

　　MUM（multimedia urban model）是由 Diamond 等（2001）基于 Mackay（1991）的三级逸度模型针对城市环境特征开发的。Diamond 等（2000a，2000b）发现在城市环境中特有的不透水层表面有一层有机膜（organic film），能够影响化学物质在城市环境系统中的环境行为，因此建立了由大气（A）、覆盖在不透水层上的膜（F）、土壤（S）、沉积物（Sed）、水体（W）及植被（V）六种介质构成的多介质逸度模型（图 12.1.12）。David

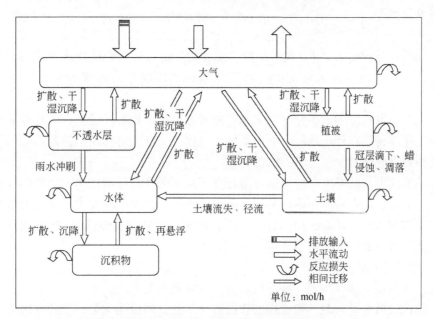

图 12.1.12　MUM 模型示意图（汪祖丞等，2011）

和 Diamond（2002）通过 MUM 模型对比了 SOCs 在城市环境系统和森林覆盖两种条件下的归趋，发现在城市环境中因为膜的存在，PCBs 更容易冲刷到水体中导致水体和沉积物中浓度更高，证实了膜能够增强污染物的迁移性。刘敏等（2008）用 MUM 模型定量模拟了芘在城市环境下的多介质环境行为，发现平流输出是最主要的损失过程，大气与不透水地面上的膜之间交换通量最大。汪祖丞等（2011）模拟了上海城区 16 种 PAHs 在各介质中的分布、归趋，发现 PAHs 主要富集在土壤和沉积物中，但在不透水层上覆盖的膜中浓度最大；随着环数的增加，PAHs 在水体、植被和土壤中的降解损失所占比例逐渐增大，而在大气中的降解损失明显减少；PAHs 从大气向植被和不透水层上的膜的迁移十分显著。Csiszar 等（2013）用多介质城市模型（MUM）耦合预测污染边界层大气迁移模型（BLFMAPS）建立的 SO-MUM 模型预测了多氯联苯和多溴二苯醚在多伦多的大气浓度。

12.2 逸度模型的优缺点及应用中需要注意的问题

12.2.1 逸度模型的优缺点

1）逸度模型的优点

逸度模型已经在不同尺度、不同环境条件、不同环境介质中对多种化学物质进行了各种各样的鉴定、测试和评价任务。与其他模型相比，逸度模型具有自身的优点，主要有以下几方面。

（1）逸度模型构建完成后，需要输入的参数为化学物质的理化参数及模拟环境的环境参数，参数要求相对较少。因此，可以快速地在所需环境系统中模拟多种化学物质的归趋行为，简单易操作。

（2）逸度模型以热力学原理为基础，大量参数可以由热力学计算获得，减少了实验测定工作。同时，通过引入 Z、D 值等参数，使各类环境过程的表达公式相统一，且更容易编制和运作，使得计算方法可推广到由任意数目的环境介质构成的宏观或微观环境系统中。

（3）利用逸度模型中的各种动力学和平衡参数可以比较各种迁移、转化和降解过程的速率，确定化学物质在环境系统中的主要变化过程，并合理解释模型的模拟结果，有助于与环境监测数据相比对。

（4）逸度模型因其环境介质的组合可任意变化，因此与应用在单一介质的其他模型具有较好的结合性，从而提高整体的模拟准确性。近年来，逸度模型常与水动力学模型、大气模型、生物积累模型及 GIS 相结合，从而在动态表征化学物质随时空变化的环境行为、预测生物积累性方面发挥了重要作用。

2）逸度模型的缺点

然而，逸度模型也存在着一些不足之处，主要表现为：

（1）模型仅适合均匀相。逸度模型假设各介质的空间特性均匀，即各介质内各点的逸度相等，因而相应的模型均为零维模型。对于非均匀相，如果采用这种零维的逸度模型，则无法体现化学物质行为特征的空间变异性，模型的准确性和可靠性将会降低，最终对模型的输出产生极大的不确定性。

（2）模型中的参数均为一级参数。逸度模型假设化学物质的迁移、转化和降解属一级反应或动力学过程，忽略了非线性因素和随机因素对化学物质变化规律的影响。对于非线性环境系统，如果采用一级参数模拟污染物的行为，终将产生不确定性。

12.2.2　应用中需注意的问题

随着研究的深入和细致，为使模型发挥更大的作用，特别是在小流域或小尺度环境系统中为更精确地模拟化学物质的行为变化、预测浓度及变化趋势等，模型建构越来越复杂，因此更好地建立和应用模型，需要考虑以下几点。

1）模型的应用目的

常用的逸度模型类别有Ⅲ级和Ⅳ级，同时在这个基础上延伸开发了多种形式的模型，如前面所述的多个版本。不同模型的运用目的各有不同，如探究化学物质在环境介质中环境行为、预测新型化学物质的分配特征、模拟环境特征对化学物质的行为影响等，导致模型中对环境相的组成、参数要求精度、模型的行为表达复杂程度均不相同。因此，需首先明确应用模型的目的，从而在实现目的的基础上，建立相对便捷的模型。

2）参数的收集与研究

（1）模型输入参数。逸度模型与其他模型相比，输入的参数相对较少，主要为环境参数及化学物质的理化参数，因此输入参数的准确性影响模拟的准确性，特别是对于既有研究中敏感性分析得出的关键参数，对模拟值的数据偏差影响会更大。因此，选定研究区域后，环境系统相关的数据在收集或测定时要确保细致准确。

（2）环境过程参数。既有研究中已开发的模型均对研究者开放，或者可以自行开发建立模型，因此各环境过程的数学表达式中参数均可进行调整。对于这些环境过程参数，部分是实测值、部分是经验值、部分是推导值，因此针对特定环境系统进行化学物质模拟研究时，建议要查询足够的资料采用更符合选定环境的特征数值，以提高模拟的精度。

3）环境过程的表达

目前，对化学物质的环境行为研究越发细致和深入，所以既有模型中引入的环境行为可能已不能满足模拟研究的需要，特别是化学物质在环境介质中的化学反应引起的损失、再传输等。因此，可以结合最新的研究进展，根据建构模型的复杂度需求，针对化学物质的物理、化学过程进行调整。

随着逸度模型开发及应用的越发广泛，本章中所列举的模型软件及应用领域没有完全涵盖既有的大量研究成果，撰写的内容可能还存在着不足，如读者对逸度模型有兴趣，可查阅更广泛的文献深入研究。

参 考 文 献

刘敏，谢雨杉，欧冬妮，等.2008. 上海市 PAHs 年排放量及芘的多介质行为模拟 [C]. 持久性有机污染
　　物 2008 论坛论文集：216-218.

刘丹, 张圣虎, 刘济宁, 等. 2014. 化学品多介质逸度模型软件研究进展 [J]. 环境化学, 33 (6): 891-900.

汪祖丞, 刘敏, 杨毅, 等. 2011. 上海城区多环芳烃的多介质归趋模拟研究 [J]. 中国环境科学, 31 (6): 984-990.

Arnot J A, Mackay D. 2008. Policies for chemical hazard and risk priority setting: can persistence, bioaccumulation, toxicity and quantity information be combined [J]. Environmental science and technology, 42 (13): 4648-4654.

Beyer A, Mackay D, Matthies M, et al. 2000. Assessing long- range transport potential of persistent organic pollutants [J]. Environmental science and technology, 34 (4): 699-703.

Brandes L J, Hollander H, Van de Meent D. 1996. Simple Box 2.0: a nested multimedia fate model for evaluating the environment fate for chemicals. RIVM Report 719101029 [R]. National Institute for Public Health and the Environment (RIVM), Bilthoven, The Netherlands.

Csiszar S A, Daggupaty S M. 2013. SO- MUM: a coupled atmospheric transport and multimedia model used to predict intra urban- scale PCB and PBDE emissions and fate [J]. Environmental science and technology, 47: 436-445.

Campfens J, Mackay D. 1997. Fugacity-based model of PCB bioaccumulation in complex aquatic food webs [J]. Environmental science and technology, 31: 577-583.

Cunningham V L, Binks S P, Olson M J. 2009. Human health risk assessment from the presence of human pharmaceuticals in the aquatic environment [J]. Regulatory toxicology and pharmacology, 53 (1): 39-45.

David A P, Diamond M. 2002. Application of the multimedia to compare the fate of SOCs in an urban and forested watershed [J]. Environmental science and technology, 36: 1004-1013.

Diamond M, Mackay D, Cornett R J, et al. 1990. A model of the exchange of inorganic chemicals between water and sediments [J]. Environmental science and technology, 24: 713-722.

Diamond M L, Gingrich S E, Fertuck K, et al. 2000a. Evidence for organic film on an impervious urban surface: characterization and potential teratogenic effects [J]. Environmental science and technology, 34: 2900-2908.

Diamond M L, Gingrich S E, Stern G A, et al. 2000b. Wash- off of SOCs from organic film on an urban impervious surface [J]. Organohal compound, 45: 272-275.

Diamond M L, Priemer D A, Law N L. 2001. Developing a multimedia model of chemical dynamics in an urban area [J]. Chemosphere, 44 (7): 1755-1767.

Di Guardo A, Calamari D, Zanin G, et al. 1994a. A Fugacity model of pesticide runoff to surface water: development and validation [J]. Chemosphere, 28 (3): 511-531.

Di Guardo A, Williams R J, Matthiessen P, et al. 1994b. Simulation of pesticide runoff at rosemaud farm (UK) using the soilfug model [J]. Environmental science and technology research, 1 (3): 151-160.

Hauck M, Huijbregts M A, Armitage J M, et al. 2008. Model and input uncertainty in multi- media fate modeling: Benzo [a] pyrene concentrations in Europe [J]. Chemosphere, 72: 959-967.

Hughes L, Mackay D, David E. 2012. An updated state of the science model for evaluating chemical fate in the environment: application to D5 (decamethylcyclopentasiloxane) [J]. Chemosphere, 87: 118-124.

Hughes L, Webster E, Mackay D. 2008. A model of the fate of chemicals in sludge- amended soils [J]. Soil sediments contam, 17: 564-585.

Lammel G, Klopffer W, Semeena V S, et al. 2004. Multi compartmental fate of persistent substances: comparison of prediction from multimedia box models and a multi compartment chemistry- atmospheric transport model [J]. Environmental science and pollution research, 14 (3): 153-165.

Mackay D. 1979. Finding fugacity feasible [J]. Environmental Science & Technology, 13 (10): 1218-1223.

Mackay D, Diamond M. 1989. Application of the QWASI (Quantitative Water Air Sediment Interaction) fugacity model to the dynamics of organic and inorganic chemicals in lakes [J]. Chemosphere, 18 (7-8): 1343-1365.

Mackay D, Paterson S. 1991. Evaluating the multimedia fate of organic chemicals: a level III fugacity model [J]. Environmental Science & Technology, 25 (3): 427-436.

Mackay D, Sang S, Vlahos P, et al. 1994. A rate constant model of chemical dynamics in a lake ecosystem: PCBs in Lake Ontario [J]. Journal of Great Lakes Research, 20 (4): 625-642.

Mackay D, Di Guardo A, Paterson S, et al. 1996a. Evaluating the environmental fate of a variety of types of chemicals using the EQC model [J]. Environmental toxicology and chemistry, 15 (9): 1627-1637.

Mackay D, Di Guardo A, Paterson S, et al. , 1996b. Assessment of chemical fate in the environment using evaluative, regional and local- scale models: Illustrative application to chlorobenzene and linear alkylbenzenesulfonates [J]. Environmental toxicology and chemistry, 15: 1638- 1648.

Mackay D, Joy M, Paterson S. 1983. A quantitative water, air, sediment interaction (QWASI) fugacity model for describing fate of chemicals in lakes [J]. Chemosphere, 12: 981-987.

Mackay D, Paterson S, Tam D D, 1991. Assessments of chemical fate in Canada: continued development of a fugacity model [C] . A report prepared for Health and Welfare Canada.

Mackay D. 2001. Multimedia environment models: the fugacity approach (Second edition) [M]. Boca Raton: Lewis Publishers: 1-141.

Macleod M, Woodfine D G, Mackay D, et al. 2001. BETR- North America: aregionally segmented multimedia contaminant fate model for North America [J]. Environmental science and pollution research, 8 (3): 156-163.

Melissa M, Davide G, Antonio D, et al. 2011. Modeling short-term variability of semi-volatile organic chemicals in air at a local scale: an integrated modeling approach [J]. Environmental pollution, 159: 1406-1412.

Managaki S, Enomoto I, Masunaga S. 2012. Sources and distribution of hexabromocyclododecanes (HBCDs) in Japanese river sediment [J]. Journal of environmental monitoring, 14: 901-907.

Seuntjens P, Steurbaut W, Vangronsve J. 2006. Chain model for the impact analysis of contaminants in primary food products [R]. Study Report of the Belgian Science Policy, CP-27.

Seth R, Webster E, Mackay D. 2008. Continued development of a mass balance model of chemical fate in a sewage treatment plant [J]. Water research, 42 (3): 595-604.

Scheringer M, Wegmann F, Fenner K. et al. 2000. Investigation of the cold condensation of persistent organic pollutants With a global multimedia fate model [J]. Environmental science and technology, 34 (9): 1842-1850.

Schenker U, Scheringer M, Sohn M D, et al. 2009. Using information on uncertainty to improve environmental fate modeling: a case study on DDT [J]. Environmental science and technology, 43 (1): 128-134.

Song S, Su C, Lu Y, et al. 2016. Urban and rural transport of semivolatile organic compounds at regional scale: A multimedia model approach [J]. Journal of Environmental Sciences, 39, 228-241.

Suciu N, Tanaka T, Trevisan M, et al. 2013. Environmental fate models [J]. Handbook of environmental chemistry, 23: 47-72.

Suzuki N, Murasawa K, Sakurai T, et al. 2004. Geo- referenced multimedia environmental fate model (G-CIEMS): Model for mulation and comparison to the generic Model and monitoring approaches [J]. Environmental science and technology, 38 (21): 5682-5693.

Suzuki N. 2007. Assessment of environmental fate and exposure variability of organic on taminants [J]. Yakugakuzasshi-journal of the pharmaceutical society of Japan, 127 （3）: 437-447.

Su Y S, Wania F. 2005. Does the forest filter effect prevent semi volatile organic compounds from reaching the arctic? ［J］. Environmental science and technology, 39 （18）: 7185-7193.

Tong Y D, Zhang W, Wang X J, et al. 2014. Fate modeling of mercury species and fluxes estimation in an urban river ［J］. Environmental pollution, 184: 54-61.

Toose L, Woodfine D, Mackay D, et al. 2004. BETR-World: a geographically explicit mode of chemical fate: application to transport of α-HCH to the Arctic ［J］. Environmental pollution, 128: 223-240.

Wania F, Mackay D. 1999a. Global chemical fate of alpha-hex achlorocyclohexane. 2. Use of a global distribution model for mass balancing, source apportionment, and trend prediction ［J］. Environmental toxicology and chemistry, 18 （7）: 1400-1407.

Wania F, Mackay D, Li Y F, et al. 1999b. Global chemical fate of alpha-hex achlorocyclohexane. 1. evaluation of a global distribution model ［J］. Environmental toxicology and chemistry, 18 （7）: 1390-1399.

Wania F. 2007. A global mass balance analysis of the source of perfluorocarboxylic acids in the Arctic ocean ［J］. Environmental science and technology, 41 （13）: 4529-4535.

Webster E, Mackay D, Antonio D G, et al. 2004. Regional differences in chemical fate model outcome ［J］. Chemosphere, 55 （10）: 1361-1376.

Webster E, Lian L, Mackay D, et al. 2005. Application of the quantitative water air sediment interaction （QWASI) model to the Great Lakes. Report to the Lakewide Management Plan （LaMP) Committee ［R］. Canadian Environmental Modeling Centre, Report No 200501.

Whelan M J. 2013. Evaluating the fate and behaviour of cyclic volatile methyl siloxanes in two contrasting North American lakes using a multimedia model ［J］. Chemosphere, 91: 1566-1576.

Woodne D G, Seth R, Mackay D, et al. 2000. Simulating the response of metal contaminated lakes to reductions in atmospheric loading using amodiled QWASI model ［J］. Chemosphere, 41: 1377-1388.

Woodfine D, Macleod M, Mackay D, et al. 2001. Development of continental scale multimedia contaminant fate models: integrating GIS ［J］. Environmental science and pollution research, 8 （3）: 164-172.

Xua F, Qin N, Tao S, et al. 2013. Multimedia fate modeling of polycyclic aromatic hydrocarbons （PAHs) in Lake Small Baiyangdian, Northern China ［J］. Ecological modeling, 252: 246-257.

思考与练习题

1. 逸度模型建立的基本原理是什么？常见的逸度模型有哪些？分别适用于什么环境系统特征？

2. 逸度模型有何用途？试结合具体问题，举例说明逸度模型的应用。

3. 请从网站上下载 EQC 模型，以 PAHs 为例输入参数，分析其在各介质中的迁移归趋特点。

4. 逸度模型有哪些优缺点？